Ernst Heinrich Philipp August Haeckel

Natürliche Schöpfungsgeschichte

Ernst Heinrich Philipp August Haeckel

Natürliche Schöpfungsgeschichte

ISBN/EAN: 9783741124457

Hergestellt in Europa, USA, Kanada, Australien, Japan

Cover: Foto ©Thomas Meinert / pixelio.de

Manufactured and distributed by brebook publishing software
(www.brebook.com)

Ernst Heinrich Philipp August Haeckel

Natürliche Schöpfungsgeschichte

Natürliche
Schöpfungsgeschichte.

Gemeinverständliche wissenschaftliche Vorträge
über die
Entwickelungslehre
im Allgemeinen und diejenige von
Darwin, Goethe und Lamarck
im Besonderen, über die Anwendung derselben auf den
Ursprung des Menschen
und andere damit zusammenhängende
Grundfragen der Naturwissenschaft.

Von

Dr. Ernst Haeckel,
Professor an der Universität Jena.

Mit Tafeln, Holzschnitten, systematischen und genealogischen Tabellen.

Berlin, 1868.
Verlag von Georg Reimer.

schen Genius des Dichters, weit seiner Zeit vorauseilend, ahnte, was
Jean Lamarck bereits, unverstanden von seinen befangenen Zeitgenossen, zu einer klaren wissenschaftlichen Theorie formte, das ist
durch das epochemachende Werk von Charles Darwin unver-
äußerliches Erbgut der menschlichen Erkenntniß und die erste Grundlage geworden, auf der alle wahre Wissenschaft in Zukunft weiter
bauen wird. „Entwickelung" heißt von jetzt an das Zauberwort,
durch das wir alle uns umgebenden Räthsel lösen, oder wenigstens
auf den Weg ihrer Lösung gelangen können. Aber wie Wenige haben
dieses Lösungswort wirklich verstanden, und wie Wenigen ist seine
weltumgestaltende Bedeutung klar geworden! Befangen in der mythischen Tradition von Jahrtausenden, und geblendet durch den falschen
Glanz mächtiger Autoritäten, haben selbst hervorragende Männer der
Wissenschaft in dem Siege der Entwickelungstheorie nicht den größten
Fortschritt, sondern einen gefährlichen Rückschritt der Naturwissenschaft
erblickt, und namentlich den biologischen Theil derselben, die Abstammungslehre oder Descendenztheorie, unrichtiger beurtheilt, als der gesunde Menschenverstand des gebildeten Laien.

Diese Wahrnehmung vorzüglich war es, welche mich zur Veröffentlichung dieser gemeinverständlichen wissenschaftlichen Vorträge bestimmte. Ich hoffe dadurch der Entwickelungslehre, welche ich für
die größte Eroberung des menschlichen Geistes halte, manchen Anhänger auch in jenen Kreisen der Gesellschaft zuzuführen, welche zunächst nicht mit dem empirischen Material der Naturwissenschaft, und
der Biologie insbesondere, näher vertraut, aber durch ihr Interesse
an dem Naturganzen berechtigt, und durch ihren natürlichen Menschenverstand befähigt sind, die Entwickelungstheorie zu begreifen, und als
Schlüssel zum Verständniß der Erscheinungswelt zu benutzen. Die
Form der freien Vorträge, in welcher hier die Grundzüge der allgemeinen Entwickelungsgeschichte behandelt sind, hat mancherlei Nachtheile. Aber ihre Vorzüge, namentlich der freie und unmittelbare
Verkehr zwischen dem Vortragenden und dem Zuhörer, überwiegen
in meinen Augen die Nachtheile bedeutend.

Der lebhafte Kampf, welcher in den letzten Jahren um die Ent=
wickelungslehre entbrannt ist, muß früher oder später nothwendig
mit ihrer allgemeinen Anerkennung endigen. Dieser glänzendste Sieg
des erkennenden Verstandes über das blinde Vorurtheil, der höchste
Triumph, den der menschliche Geist erringen konnte, wird sicherlich
mehr als alles Andere nicht allein zur geistigen Befreiung, sondern
auch zur sittlichen Vervollkommnung der Menschheit beitragen. Zwar
haben nicht nur diejenigen engherzigen Leute, die als Angehörige
einer bevorzugten Kaste jede Verbreitung allgemeiner Bildung über=
haupt scheuen, sondern auch wohlmeinende und edelgesinnte Männer
die Befürchtung ausgesprochen, daß die allgemeine Verbreitung der
Entwickelungstheorie die gefährlichsten moralischen und socialen Fol=
gen haben werde. Nur die feste Ueberzeugung, daß diese Besorgniß
gänzlich unbegründet ist, und daß im Gegentheil jeder große Fort=
schritt in der wahren Naturerkenntniß unmittelbar oder mittelbar auch
eine entsprechende Vervollkommnung des sittlichen Menschenwesens
herbeiführen muß, konnte mich dazu ermuthigen, die wichtigsten
Grundzüge der Entwickelungstheorie in der hier vorliegenden Form
einem weiteren Kreise zugänglich zu machen.

Den wißbegierigen Leser, welcher sich genauer über die in diesen
Vorträgen behandelten Gegenstände zu unterrichten wünscht, verweise
ich auf die im Texte mit Ziffern angeführten Schriften, welche am
Schlusse desselben im Zusammenhang verzeichnet sind. Bezüglich der=
jenigen Beiträge zum Ausbau der Entwickelungslehre, welche mein
Eigenthum sind, verweise ich insbesondere auf meine 1866 veröffent=
lichte „Generelle Morphologie der Organismen" (Erster Band: All=
gemeine Anatomie oder Wissenschaft von den entwickelten Formen;
Zweiter Band: Allgemeine Entwickelungsgeschichte oder Wissenschaft
von den entstehenden Formen). Dies gilt namentlich von meiner,
im ersten Bande ausführlich begründeten Individualitätslehre und
Grundformenlehre, auf welche ich in diesen Vorträgen nicht eingehen
konnte, und von meiner, im zweiten Bande enthaltenen mechanischen
Begründung des ursächlichen Zusammenhangs zwischen der indivi=

duellen und der paläontologischen Entwickelungsgeschichte. Der Leser, welcher sich specieller für das natürliche System der Thiere, Pflanzen und Protisten, sowie für die darauf begründeten Stammbäume interessirt, findet darüber das Nähere in der systematischen Einleitung zum zweiten Bande der generellen Morphologie. Die entsprechenden Stellen der letzteren, welche einzelne Gegenstände dieser freien Vorträge ausführlicher behandeln, sind im Texte mit (Gen. Morph.) angeführt.

So unvollkommen und mangelhaft diese Vorträge auch sind, so hoffe ich doch, daß sie dazu dienen werden, das segensreiche Licht der Entwickelungslehre in weiteren Kreisen zu verbreiten. Möchte dadurch in vielen denkenden Köpfen die unbestimmte Ahnung zur klaren Gewißheit werden, daß unser Jahrhundert durch die endgültige Begründung der Entwickelungstheorie, und namentlich durch die Entdeckung des menschlichen Ursprungs, den bedeutendsten und ruhmvollsten Wendepunkt in der ganzen Entwickelungsgeschichte der Menschheit bildet. Möchten dadurch viele Menschenfreunde zu der Ueberzeugung geführt werden, wie fruchtbringend und segensreich dieser größte Fortschritt in der Erkenntniß auf die weitere fortschreitende Entwickelung des Menschengeschlechts einwirken wird, und an ihrem Theile werkthätig zu seiner Ausbreitung beitragen. Möchten aber vor Allem dadurch recht viele Leser angeregt werden, tiefer in das innere Heiligthum der Natur einzudringen, und aus der nie versiegenden Quelle der natürlichen Offenbarung mehr und mehr jene höchste Befriedigung des Verstandes durch wahre Naturerkenntniß, jenen reinsten Genuß des Gemüthes durch tiefes Naturverständniß, und jene sittliche Veredelung der Vernunft durch einfache Naturreligion schöpfen, welche auf keinem anderen Wege erlangt werden kann.

Jena, am 18ten August 1868.

Ernst Heinrich Haeckel.

Inhaltsverzeichniß.

Erster Vortrag.

Allgemeine Bedeutung und wesentlicher Inhalt der von Darwin reformirten Abstammungslehre oder Descendenztheorie. Besondere Bedeutung derselben
für die Biologie (Zoologie und Botanik), für die mechanische Erklärung der
organischen Naturerscheinungen. Besondere Bedeutung derselben für die Anthropologie, für die natürliche Entwickelungsgeschichte des Menschengeschlechts.
Die Abstammungslehre als natürliche Schöpfungsgeschichte. Begriff der Schöpfung. Wissen und Glauben. Schöpfungsgeschichte und Entwickelungsgeschichte.
Zusammenhang der individuellen und paläontologischen Entwickelungsgeschichte.
Unzweckmäßigkeitslehre oder Wissenschaft von den rudimentären Organen. Unnütze und überflüssige Einrichtungen im Organismus. Gegensatz der beiden
grundverschiedenen Weltanschauungen, der monistischen (mechanischen, causalen) und der dualistischen (teleologischen, vitalen). Begründung der ersteren
durch die Abstammungslehre. Einheit der organischen und anorganischen Natur, und Gleichheit der wirkenden Ursachen in Beiden. Bedeutung der Abstammungslehre für die einheitliche (monistische) Auffassung der ganzen Natur.

Zweiter Vortrag.

Die Abstammungslehre oder Descendenztheorie als die einheitliche Erklärung der organischen Naturerscheinungen durch natürliche wirkende Ursachen.
Vergleichung derselben mit Newtons Gravitationstheorie. Zwingende Nothwendigkeit ihrer Annahme und allgemeine Verpflichtung der Naturforscher zu

Dritter Vortrag.

Vierter Vortrag.

Fünfter Vortrag.

Sechſter Vortrag.

Siebenter Vortrag.

Achter Vortrag.

Neunter Vortrag.

Zehnter Vortrag.

Dreizehnter Vortrag.

Vierzehnter Vortrag.

Genealogische Bedeutung der sechs Typen als selbstständiger Stämme des Thierreichs. Monophyletische und polyphyletische Descendenzhypothese des Thierreichs. Gemeinsamer Ursprung der fünf übrigen Thierstämme aus dem Würmerstamm. Eintheilung der sechs Thierstämme in 16 Hauptklassen und 32 Klassen. Stamm der Pflanzenthiere. Schwämme oder Spongien (Weichschwämme,
Hartschwämme). Nesselthiere oder Akalephen (Korallen, Schirmquallen, Kammquallen). Stamm der Würmer. Urwürmer oder Archelminthen (Infusorien).
Weichwürmer oder Scoleciden (Plattwürmer, Rundwürmer). Sackwürmer
oder Himatega (Mosthiere, Mantelthiere). Gliedwürmer oder Colelminthen
(Sternwürmer, Ringelwürmer, Räderwürmer). Stamm der Weichthiere (Spiralkiemer, Blattkiemer, Schnecken, Pulpen). Stamm der Sternthiere (Seesterne, Seelilien, Seeigel, Seewalzen). Stamm der Gliedfüßler. Krebse
(Gliederkrebse, Panzerkrebse). Spinnen (Streckspinnen, Rundspinnen). Tausendfüßer. Insecten. Kauende und saugende Insecten. Stammbaum und
Geschichte der acht Ordnungen der Insecten.

Achtzehnter Vortrag.

Das natürliche System der Wirbelthiere. Die vier Klassen der Wirbelthiere von Linné und Lamarck. Vermehrung derselben auf acht Klassen. Hauptklasse der Rohrherzen oder Schädellosen (Lanzetthiere). Hauptklasse der Unpaarnasen oder Rundmäuler (Inger und Lampreten). Hauptklasse der Anamnien oder Amnionlosen. Fische (Urfische, Schmelzfische, Knochenfische).
Lurchfische. Lurche (Panzerlurche, Nacktlurche). Hauptklasse der Amnionthiere
oder Amnioten. Reptilien (Stammschleicher, Schwimmschleicher, Schuppenschleicher, Drachenschleicher, Schnabelschleicher). Vögel (Fiederschwänzige, Fächerschwänzige, Büschelschwänzige). Säugethiere (Kloakenthiere, Beutelthiere,
Placentalthiere). Stammbaum und Geschichte der Säugethierordnungen.

Neunzehnter Vortrag.

Die Anwendung der Descendenztheorie auf den Menschen. Logische Nothwendigkeit derselben. Stellung des Menschen im natürlichen System der
Thiere, insbesondere unter den discoplacentalen Säugethieren. Unberechtigte
Trennung der Vierhänder und Zweihänder. Berechtigte Trennung der Halbaffen von den Affen. Stellung des Menschen in der Ordnung der Affen.

Zwanzigster Vortrag.

Erster Vortrag.

Inhalt und Bedeutung der Abstammungslehre oder Descendenztheorie.

Allgemeine Bedeutung und wesentlicher Inhalt der von Darwin reformirten Abstammungslehre oder Descendenztheorie. Besondere Bedeutung derselben für die Biologie (Zoologie und Botanik), für die mechanische Erklärung der organischen Naturerscheinungen. Besondere Bedeutung derselben für die Anthropologie, für die natürliche Entwickelungsgeschichte des Menschengeschlechts. Die Abstammungslehre als natürliche Schöpfungsgeschichte. Begriff der Schöpfung. Wissen und Glauben. Schöpfungsgeschichte und Entwickelungsgeschichte. Zusammenhang der individuellen und paläontologischen Entwickelungsgeschichte. Unzweckmäßigkeitslehre oder Wissenschaft von den rudimentären Organen. Unnütze und überflüssige Einrichtungen im Organismus. Gegensatz der beiden grundverschiedenen Weltanschauungen, der monistischen (mechanischen, causalen) und der dualistischen (teleologischen, vitalen). Begründung der ersteren durch die Abstammungslehre. Einheit der organischen und anorganischen Natur, und Gleichheit der wirkenden Ursachen in Beiden. Bedeutung der Abstammungslehre für die einheitliche (monistische) Auffassung der ganzen Natur.

Meine Herren! Die naturwissenschaftliche Lehre, welche durch den englischen Naturforscher Charles Darwin in den letzten Jahren einen hohen Ruf erlangt hat, und deren gemeinverständliche Darstellung und Erläuterung die Aufgabe dieser Vorträge ist, verdient in vollem Maaße die allgemeinste Theilnahme. Denn unter den zahlreichen und großartigen Fortschritten, welche die Naturwissenschaft in unserer Zeit gemacht hat, muß dieselbe, vom höchsten und allgemeinsten Gesichtspunkt aus betrachtet, zweifelsohne als der bei Weitem folgenreichste und bedeutendste angesehen werden.

Wenn man unser Jahrhundert mit Recht das Zeitalter der Naturwissenschaften nennt, wenn man mit Stolz auf die unermeßlich
bedeutenden Fortschritte in allen Zweigen derselben blickt, so pflegt man
dabei gewöhnlich weniger an die Erweiterung unserer allgemeinen Naturerkenntniß, als vielmehr an die unmittelbaren praktischen Erfolge
jener Fortschritte zu denken. Man erwägt dabei die völlige und unendlich folgenreiche Umgestaltung des menschlichen Verkehrs, welche
durch das entwickelte Maschinenwesen, durch die Eisenbahnen, Dampf-
schiffe, Telegraphen und andere Erfindungen der Physik hervorgebracht worden ist. Oder man denkt an den ungeheuren Einfluß,
welchen die Chemie in der Heilkunst, in der Landwirthschaft, in allen
Künsten und Gewerben gewonnen hat. Wie hoch Sie aber auch diesen
Einfluß der neueren Naturwissenschaft auf das praktische Leben anschlagen mögen, so muß derselbe, von einem höheren und allgemeineren
Standpunkt aus gewürdigt, doch unbedingt hinter dem ungeheuren
Einfluß zurückstehen, welchen die theoretischen Fortschritte der heutigen
Naturwissenschaft auf die gesammte Erkenntniß des Menschen, auf
seine ganze Weltanschauung und die Vervollkommnung seiner Bildung
nothwendig gewinnen werden. Unter diesen theoretischen Fortschritten
nimmt aber jedenfalls die von Darwin ausgebildete Theorie bei
Weitem den höchsten Rang ein.

Jeder von Ihnen wird den Namen Darwins gehört haben.
Aber die Meisten von Ihnen werden wahrscheinlich nur unvollkommene
Vorstellungen von dem eigentlichen Werth seiner Lehre besitzen. Denn
wenn man Alles vergleicht, was seit dem Erscheinen von Darwins
epochemachendem Werk[1]) über dasselbe geschrieben worden ist, so muß
demjenigen der sich nicht näher mit den organischen Naturwissenschaften befaßt hat, der nicht in die inneren Geheimnisse der Zoologie und
Botanik eingedrungen ist, der Werth jener Theorie sehr zweifelhaft erscheinen. Die Beurtheilung derselben ist so widerspruchsvoll, größtentheils so mangelhaft, daß es uns nicht Wunder nehmen darf, wenn
noch jetzt, neun Jahre nach dem Erscheinen von Darwins Werk, dasselbe nicht entfernt die Bedeutung erlangt hat, welche ihm von Rechts-

wegen gebührt, und welche es jedenfalls früher oder später erlangen wird. Gerade diese Ungewißheit über den wahren Werth von Darwins Theorie ist es, welche mich vorzugsweise bestimmt, dieselbe zum Gegenstand dieser allgemein verständlichen Darstellung zu machen. Ich halte es für die Pflicht der Naturforscher, daß sie nicht allein in dem engeren Kreise, den ihre Fachwissenschaft ihnen vorschreibt, auf Verbesserungen und Entdeckungen sinnen, daß sie sich nicht allein in das Studium des Einzelnen mit Liebe und Sorgfalt vertiefen, sondern daß sie auch die wichtigen, allgemeinen Resultate ihrer besonderen Studien für das Ganze nutzbar machen, und daß sie naturwissenschaftliche Bildung im ganzen Volke verbreiten helfen. Der höchste Triumph des menschlichen Geistes, die wahre Erkenntniß der allgemeinsten Naturgesetze, darf nicht das Privateigenthum einer privilegirten Gelehrtenkaste bleiben, sondern muß Gemeingut der ganzen Menschheit werden.

Die Theorie, welche durch Darwin an die Spitze unserer Naturerkenntniß gestellt worden ist, pflegt man gewöhnlich als Abstammungslehre oder Descendenztheorie zu bezeichnen. Andere nennen sie Umbildungslehre oder Transmutationstheorie. Beide Bezeichnungen sind richtig. Denn diese Lehre behauptet, daß alle verschiedenen Organismen (d. h. alle Thierarten und alle Pflanzenarten, welche jemals auf der Erde gelebt haben, und noch jetzt leben), von einer einzigen oder von wenigen höchst einfachen Stammformen abstammen, und daß sie sich aus diesen auf dem natürlichen Wege allmählicher Umbildung entwickelt haben. Obwohl diese Entwickelungstheorie schon im Anfange unseres Jahrhunderts von verschiedenen großen Naturforschern, insbesondere von Lamarck[2]) und Goethe[3]), aufgestellt und vertheidigt wurde, hat sie doch erst vor neun Jahren durch Darwin ihre vollständige Ausbildung und ihre ursächliche Begründung erfahren, und das ist der Grund, weshalb sie jetzt gewöhnlich ausschließlich (obwohl nicht ganz richtig) als Darwins Theorie bezeichnet wird.

Der hohe und wirklich unschätzbare Werth der Abstammungslehre erscheint in einem verschiedenen Lichte, je nachdem Sie bloß deren nähere Bedeutung für die organische Naturwissenschaft, oder aber ihren weiteren Einfluß auf die gesammte Welterkenntniß des Menschen in Betracht ziehen. Die organische Naturwissenschaft oder die Biologie, welche als Zoologie die Thiere, als Botanik die Pflanzen zum Gegenstand ihrer Erkenntniß hat, wird durch die Abstammungslehre von Grund aus umgestaltet und neu begründet. Denn die Descendenztheorie macht uns mit den wirkenden Ursachen der organischen Formerscheinungen bekannt, während die bisherige Thier= und Pflanzenkunde sich bloß mit den Thatsachen dieser Erscheinungen beschäftigte. Man kann daher auch die Abstammungslehre als die mechanische Erklärung der organischen Formerscheinungen, oder als „die Lehre von den wahren Ursachen in der organischen Natur" bezeichnen.

Da ich nicht voraussetzen kann, daß Ihnen Allen die Ausdrücke „organische und anorganische Natur" geläufig sind, und da uns die Gegenüberstellung dieser beiderlei Naturkörper in der Folge noch vielfach beschäftigen wird, so muß ich ein paar Worte zur Verständigung darüber vorausschicken. Organismen oder organische Naturkörper nennen wir alle Lebewesen oder belebten Körper, also alle Pflanzen und Thiere, den Menschen mit inbegriffen, weil bei ihnen fast immer eine Zusammensetzung aus verschiedenartigen Theilen (Werkzeugen oder „Organen") nachzuweisen ist, welche zusammenwirken, um die Lebenserscheinungen hervorzubringen. Eine solche Zusammensetzung vermissen wir dagegen bei den Anorganen oder anorganischen Naturkörpern, den sogenannten todten oder unbelebten Körpern, den Mineralien oder Gesteinen, dem Wasser, der atmosphärischen Luft u. s. w. Die Organismen enthalten stets eiweißartige Kohlenstoffverbindungen in festflüssigem Aggregatzustande, während diese den Anorganen stets fehlen. Auf diesem wichtigen Unterschiede beruht die Eintheilung der gesammten Naturwissenschaft in zwei große Hauptabtheilungen, die Biologie oder Wissenschaft von den Organismen (Zoologie und Botanik), und die Anorganologie oder Wissenschaft von den Anorganen (Mineralogie und Meteorologie).

Der unschätzbare Werth der Abstammungslehre für die Biologie liegt also, wie bemerkt, darin, daß sie uns die Entstehung der organischen Formen auf mechanischem Wege erklärt, und deren wirkende Ursachen nachweist. So hoch man aber auch mit Recht dieses Verdienst der Descendenztheorie anschlagen mag, so tritt dasselbe doch fast zurück vor der unermeßlichen Bedeutung, welche eine einzige nothwendige Folgerung derselben für sich allein in Anspruch nimmt. Diese nothwendige und unvermeidliche Folgerung ist die Lehre von der thierischen Abstammung des Menschengeschlechts.

Die Bestimmung der Stellung des Menschen in der Natur und seiner Beziehungen zur Gesammtheit der Dinge, diese Frage aller Fragen für die Menschheit, wie sie Huxley mit Recht nennt, wird durch jene Erkenntniß der thierischen Abstammung des Menschengeschlechts endgültig gelöst. Wir gelangen also in Folge der von Darwin reformirten Descendenztheorie zum ersten Male in die Lage, eine natürliche Entwickelungsgeschichte des Menschengeschlechts wissenschaftlich begründen zu können. Sowohl alle Vertheidiger, als alle denkenden Gegner Darwins haben anerkannt, daß die Abstammung des Menschengeschlechts zunächst von affenartigen Säugethieren, weiterhin aber von niederen Wirbelthieren, mit Nothwendigkeit aus seiner Theorie folgt.

Allerdings hat Darwin diese wichtigste von allen Folgerungen seiner Lehre nicht selbst ausgesprochen. In seinem ganzen Buche findet sich kein Wort von der thierischen Abstammung des Menschen. Offenbar ging der eben so vorsichtige als kühne Naturforscher absichtlich mit Stillschweigen darüber hinweg, weil er voraussah, daß dieser bedeutendste von allen Folgeschlüssen der Abstammungslehre zugleich das bedeutendste Hinderniß für die Verbreitung und Anerkennung derselben sein werde. Gewiß hätte Darwins Buch von Anfang an noch weit mehr Widerspruch und Aergerniß erregt, wenn sogleich diese wichtigste Konsequenz darin klar ausgesprochen worden wäre.

Jetzt dagegen, wo die Descendenztheorie bereits auf unerschütterlich festen Füßen steht und fast alle denkenden Naturforscher von allgemeinerer Bildung und weiterem Blick offen oder stillschweigend dieselbe anerkannt haben, wird uns Nichts mehr hindern können, auch jenen äußerst bedeutsamen Folgeschluß derselben offen zu erörtern, und die segensreichen Wirkungen, welche er auf die fortschreitende Entwickelung des Menschengeschlechts ausüben wird, in Betracht zu ziehen. Offenbar ist die Tragweite dieser Folgerung ganz unermeßlich, und keine Wissenschaft wird sich den Konsequenzen derselben entziehen können. Die Anthropologie oder die Wissenschaft vom Menschen wird in allen einzelnen Zweigen dadurch von Grund aus umgestaltet.

Es wird erst die spätere Aufgabe meiner Vorträge sein, diesen besonderen Punkt zu erörtern. Ich werde die Lehre von der thierischen Abstammung des Menschen erst behandeln, nachdem ich Ihnen Darwins Theorie in ihrer allgemeinen Begründung und Bedeutung vorgetragen habe. Um es mit einem Worte auszudrücken, so ist jene äußerst bedeutende, aber die meisten Menschen von vorn herein abstoßende Folgerung nichts weiter als ein besonderer Deduktionsschluß, den wir aus dem allgemeinen Induktionsgesetz der Descendenztheorie ziehen müssen.

Vielleicht ist Nichts geeigneter, Ihnen die ganze und volle Bedeutung der Abstammungslehre mit zwei Worten klar zu machen, als die Bezeichnung derselben mit dem Ausdruck: „Natürliche Schöpfungsgeschichte." Ich habe daher auch selbst diese Bezeichnung für die folgenden Vorträge gewählt. Jedoch ist dieselbe nur in einem gewissen Sinne richtig, und es ist zu berücksichtigen, daß, streng genommen, der Ausdruck „natürliche Schöpfungsgeschichte" einen inneren Widerspruch, eine „Contradictio in adjecto" einschließt.

Lassen Sie uns, um dies zu verstehen, einen Augenblick den Begriff der Schöpfung etwas näher ins Auge fassen. Wenn man unter Schöpfung die Entstehung eines Körpers durch eine schaffende Gewalt oder Kraft versteht, so kann man dabei entweder an die Entstehung seines Stoffes (der körperlichen Materie) oder an die **Entstehung seiner Form** (der körperlichen Gestalt) denken.

Die Schöpfung im ersteren Sinne, als die **Entstehung der Materie**, geht uns hier gar nichts an. Dieser Vorgang, wenn er überhaupt jemals stattgefunden hat, ist gänzlich der menschlichen Erkenntniß entzogen, und kann daher auch niemals Gegenstand naturwissenschaftlicher Erforschung sein. Die Naturwissenschaft hält die Materie für ewig und unvergänglich, weil durch die Erfahrung noch niemals das Entstehen und Vergehen auch nur des kleinsten Theilchens der Materie nachgewiesen worden ist. Da wo ein Naturkörper zu verschwinden scheint, wie z. B. beim Verbrennen, beim Verwesen, beim Verdunsten u. s. w., da ändert er nur seine Form, seinen physikalischen Aggregatzustand oder seine chemische Verbindungsweise. Aber noch niemals ist ein Fall beobachtet worden, daß auch nur das kleinste Stofftheilchen aus der Welt verschwunden, oder nur ein Atom zu der bereits vorhandenen Masse hinzugekommen ist. Der Naturforscher kann sich daher ein Entstehen der Materie eben so wenig als ein Vergehen derselben vorstellen, und betrachtet deshalb die in der Welt bestehende Quantität der Materie als eine gegebene Thatsache. Fühlt Jemand das Bedürfniß, sich die Entstehung dieser Materie als die Wirkung einer übernatürlichen Schöpfungsthätigkeit, einer außerhalb der Materie stehenden schöpferischen Kraft vorzustellen, so haben wir Nichts dagegen. Aber wir müssen bemerken, daß damit auch nicht das Geringste für eine wissenschaftliche Naturerkenntniß gewonnen ist. Eine solche Vorstellung von einer immateriellen Kraft, welche die Materie erst schafft, ist ein Glaubensartikel, welcher mit der menschlichen Wissenschaft gar nichts zu thun hat. **Wo der Glaube anfängt, hört die Wissenschaft auf.** Beide Thätigkeiten des menschlichen Geistes sind scharf von einander zu halten. Der Glaube hat seinen Ursprung in der dichtenden Einbildungskraft, das Wissen dagegen in dem erkennenden Verstande des Menschen. Die Wissenschaft hat die segenbringenden Früchte von dem Baume der Erkenntniß zu pflücken, unbekümmert darum, ob diese Eroberungen die dichterischen Einbildungen der Glaubenschaft beeinträchtigen oder nicht.

Wenn also die Naturwissenschaft sich die „natürliche Schöpfungsgeschichte" zu ihrer höchsten, schwersten und lohnendsten Aufgabe macht, so kann sie den Begriff der Schöpfung nur in der zweiten, oben angeführten Bedeutung verstehen, als die Entstehung der Form der Naturkörper. In dieser Beziehung kann man die Geologie, welche die Entstehung der geformten anorganischen Erdoberfläche und die mannichfaltigen geschichtlichen Veränderungen in der Gestalt der festen Erdrinde zu erforschen strebt, die Schöpfungsgeschichte der Erde nennen. Ebenso kann man die Entwickelungsgeschichte der Thiere und Pflanzen, welche die Entstehung der belebten Formen, und den mannichfaltigen historischen Wechsel der thierischen und pflanzlichen Gestalten untersucht, die Schöpfungsgeschichte der Organismen nennen. Da jedoch leicht in den Begriff der Schöpfung, auch wenn er in diesem Sinne gebraucht wird, sich die unwissenschaftliche Vorstellung von einem außerhalb der Materie stehenden und dieselbe umbildenden Schöpfer einschleicht, so wird es in Zukunft wohl besser sein, denselben durch die strengere Bezeichnung der Entwickelungsgeschichte zu ersetzen.

Der hohe Werth, welchen die Entwickelungsgeschichte für das wissenschaftliche Verständniß der Thier- und Pflanzenformen besitzt, ist jetzt seit mehreren Jahrzehnten so allgemein anerkannt, daß man ohne sie keinen sicheren Schritt in der organischen Morphologie oder Formenlehre thun kann. Jedoch hat man fast immer unter Entwickelungsgeschichte nur einen Theil dieser Wissenschaft, nämlich diejenige der organischen Individuen oder Einzelwesen verstanden, welche gewöhnlich Embryologie, richtiger und umfassender aber Ontogenie genannt wird. Außer dieser giebt es aber auch noch eine Entwickelungsgeschichte der organischen Arten, Klassen und Stämme (Phylen), welche zu der ersteren in den wichtigsten Beziehungen steht. Das Material dafür liefert uns die Versteinerungskunde oder Paläontologie, welche uns zeigt, daß jeder Stamm (Phylum) von Thieren und Pflanzen während der verschiedenen Perioden der Erdgeschichte durch eine

Reihe von ganz verschiedenen Klassen und Arten vertreten war. So war z. B. der Stamm der Wirbelthiere durch die Klassen der Fische, Amphibien, Reptilien, Vögel und Säugethiere vertreten, und jede dieser Klassen zu verschiedenen Zeiten durch ganz verschiedene Arten. Diese paläontologische Entwickelungsgeschichte der Organismen, welche man als Stammesgeschichte oder Phylogenie bezeichnen kann, steht in den wichtigsten und merkwürdigsten Beziehungen zu dem andern Zweige der organischen Entwickelungsgeschichte, derjenigen der Individuen oder der Ontogenie. Die letztere läuft der ersteren im Großen und Ganzen parallel. Um es kurz mit einem Satze zu sagen, so ist die individuelle Entwickelungsgeschichte oder die Ontogenie eine kurze und schnelle, durch die Gesetze der Vererbung und Anpassung bedingte Wiederholung oder Rekapitulation der paläontologischen Entwickelungsgeschichte oder der Phylogenie.

Da ich Ihnen diese höchst interessante und bedeutsame Thatsache später noch ausführlicher zu erläutern habe, so will ich mich hier nicht dabei weiter aufhalten, und nur hervorheben, daß dieselbe einzig und allein durch die Abstammungslehre erklärt und in ihren Ursachen verstanden wird, während sie ohne dieselbe gänzlich unverständlich und unerklärlich bleibt. Die Descendenztheorie erklärt uns dabei zugleich, warum überhaupt die einzelnen Thiere und Pflanzen sich entwickeln müssen, warum dieselben nicht gleich in fertiger und entwickelter Form ins Leben treten. Keine übernatürliche Schöpfungsgeschichte vermag uns das große Räthsel der organischen Entwickelung irgendwie zu erklären. Ebenso wie auf diese hochwichtige Frage giebt uns Darwins Theorie auch auf alle anderen allgemeinen biologischen Fragen vollkommen befriedigende Antworten, und zwar immer Antworten, welche rein mechanisch-causaler Natur sind, welche lediglich natürliche, physikalisch-chemische Kräfte als die Ursachen von Erscheinungen nachweisen, welche man früher gewohnt war, der unmittelbaren Einwirkung übernatürlicher, schöpferischer Kräfte zuzuschreiben.

Von ganz besonderem Interesse sind von diesen allgemeinen biologischen Phänomenen diejenigen, welche ganz unvereinbar sind mit der gewöhnlichen Annahme, daß jeder Organismus das Produkt einer zweckmäßig bauenden Schöpferkraft sei. Nichts hat in dieser Beziehung der früheren Naturforschung so große Schwierigkeiten verursacht, als die Deutung der sogenannten „rudimentären Organe", derjenigen Theile im Thier- und Pflanzenkörper, welche eigentlich ohne Leistung, ohne physiologische Bedeutung, und dennoch formell vorhanden sind. Diese Theile erregen das allerhöchste Interesse, obwohl sie den meisten Laien gar nicht oder nur wenig bekannt sind. Fast jeder Organismus, fast jedes Thier und jede Pflanze, besitzt neben den scheinbar äußerst zweckmäßigen Einrichtungen seiner Gesammtorganisation, eine Reihe von Einrichtungen, deren Zweck durchaus nicht einzusehen ist.

Beispiele davon finden sich überall. Bei den Embryonen mancher Wiederkäuer, unter Andern bei unserm gewöhnlichen Rindvieh, stehen Schneidezähne im Zwischenkiefer der oberen Kinnlade, welche niemals zum Durchbruch gelangen, also auch keinen Zweck haben. Die Embryonen mancher Wallfische, welche späterhin die bekannten Barten statt der Zähne besitzen, tragen, so lange sie noch nicht geboren sind und keine Nahrung zu sich nehmen, dennoch Zähne in ihrem Kiefer; auch dieses Gebiß tritt niemals in Thätigkeit. Ferner besitzen die meisten höheren Thiere Muskeln, die nie zur Anwendung kommen; selbst der Mensch besitzt solche rudimentäre Muskeln. Die Meisten von uns sind nicht fähig, ihre Ohren willkürlich zu bewegen, obwohl die Muskeln für diese Bewegung vorhanden sind, und obwohl es einzelnen Personen, die sich andauernd Mühe geben, diese Muskeln zu üben, in der That gelingt, ihre Ohren zu bewegen. In diesen noch jetzt vorhandenen, aber verkümmerten Organen, welche dem vollständigen Verschwinden entgegen gehen, ist es noch möglich, durch besondere Uebung, durch andauernden Einfluß der Willensthätigkeit des Nervensystems, die beinah erloschene Thätigkeit wieder zu beleben. Auch noch an anderen Stellen seines Körpers besitzt der Mensch solche rudimentäre Organe, welche durchaus von keiner Bedeutung für das Leben sind und niemals funktioniren.

Zu den schlagendsten Beispielen von rudimentären Organen gehö-

ren die Augen, welche nicht sehen. Solche finden sich bei sehr vielen
Thieren, welche im Dunkeln: z. B. in Höhlen, unter der Erde leben.
Die Augen sind hier oft wirklich in ausgebildetem Zustande vorhanden;
aber sie sind von der Haut bedeckt, so daß kein Lichtstrahl in sie hin-
einfallen kann, und sie also auch niemals sehen können. Solche
Augen ohne Gesichtsfunktion besitzen z. B. mehrere Arten von unterir-
disch lebenden Maulwürfen und Blindmäusen, von Schlangen und
Eidechsen, von Amphibien (Proteus, Caecilia) und von Fischen; ferner
zahlreiche wirbellose Thiere, die im Dunkeln ihr Leben zubringen: viele
Käfer, Krebsthiere, Schnecken, Würmer u. s. w.

Eine Fülle der interessantesten Beispiele von rudimentären Organen liefert die vergleichende Osteologie oder Skeletlehre der Wirbelthiere,
einer der anziehendsten Zweige der vergleichenden Anatomie.' Bei den
allermeisten Wirbelthieren finden wir zwei Paar Gliedmaßen am
Rumpf, ein Paar Vorderbeine und ein Paar Hinterbeine. Sehr
häufig ist jedoch das eine oder das andere Paar derselben verkümmert,
seltener beide, wie bei den Schlangen und einigen aalartigen Fischen.
Aber einige Schlangen, z. B. die Riesenschlangen (Boa, Python) haben hinten noch einige unnütze Knochenstückchen im Leibe, welche die
Reste der verloren gegangenen Hinterbeine sind. Ebenso haben die
wallfischartigen Säugethiere (Cetaceen), welche nur entwickelte Vorderbeine (Brustflossen) besitzen, hinten im Fleische noch ein Paar ganz
überflüssige Knochen, welche ebenfalls Ueberbleibsel der verkümmerten
Hinterbeine sind. Dasselbe gilt von vielen echten Fischen, bei denen
in gleicher Weise die Hinterbeine (Bauchflossen) verloren gegangen sind.
Umgekehrt besitzen unsere Blindschleichen (Anguis) und einige andere
Eidechsen inwendig ein vollständiges Schultergerüste, obwohl die Vorderbeine, zu deren Befestigung dasselbe dient, nicht mehr vorhanden
sind. Ferner finden sich bei verschiedenen Wirbelthieren die einzelnen
Knochen der beiden Beinpaare in allen verschiedenen Stufen der
Verkümmerung, und oft die rückgebildeten Knochen und die zugehörigen Muskeln stückweise erhalten, ohne doch irgendwie eine Verrichtung

ausführen zu können. Das Instrument ist noch da, aber es kann nicht mehr spielen.

Fast ganz allgemein finden Sie ferner rudimentäre Organe in den Pflanzenblüthen vor, indem der eine oder der andere Theil der männlichen Fortpflanzungsorgane (der Staubfäden und Staubbeutel), oder der weiblichen Fortpflanzungsorgane (Griffel, Fruchtknoten u. s. w.) mehr oder weniger verkümmert oder „fehlgeschlagen“ (abortirt) ist. Auch hier können Sie bei verschiedenen, nahe verwandten Pflanzenarten das Organ in allen Graden der Rückbildung verfolgen. So z. B. ist die große natürliche Familie der lippenblüthigen Pflanzen (Labiaten), zu welcher Melisse, Pfefferminze, Majoran, Gundelrebe, Thymian u. s. w. gehören, dadurch ausgezeichnet, daß die rachenförmige, zweilippige Blumenkrone zwei lange und zwei kurze Staubfäden enthält. Allein bei vielen einzelnen Pflanzen dieser Familie, z. B. bei verschiedenen Salbeiarten und beim Rosmarin, ist nur das eine Paar der Staubfäden ausgebildet, und das andere Paar ist mehr oder weniger verkümmert, oft ganz verschwunden. Bisweilen sind die Staubfäden vorhanden, aber ohne Staubbeutel, so daß sie ganz unnütz sind. Seltener aber findet sich sogar noch das Rudiment oder der verkümmerte Rest eines fünften Staubfadens, ein physiologisch (für die Lebensverrichtung) ganz nutzloses, aber morphologisch (für die Erkenntniß der Form und der natürlichen Verwandtschaft) äußerst werthvolles Organ. In meiner generellen Morphologie der Organismen [4]) habe ich in dem Abschnitt von der „Unzweckmäßigkeitslehre oder Dysteleologie“ noch eine große Anzahl von anderen derartigen Beispielen angeführt (Gen. Morph. II., 266).

Keine biologische Erscheinung hat wohl jemals die Zoologen und Botaniker in größere Verlegenheit versetzt als diese rudimentären, oder abortiven (verkümmerten) Organe. Es sind Werkzeuge außer Dienst, Körpertheile, welche da sind, ohne etwas zu leisten, zweckmäßig eingerichtet, ohne ihren Zweck in Wirklichkeit zu erfüllen. Wenn man die Versuche betrachtet, welche die früheren Naturforscher zur Erklärung dieses Räthsels machten, kann man sich in der That kaum eines Lächelns über die seltsamen Vorstellungen, zu denen sie geführt wurden, erwehren. Außer Stande, eine wirkliche Erklärung zu finden, kam man z. B. zu dem Endresultate, daß der Schöpfer „der Symmetrie wegen" diese Organe angelegt habe; oder man nahm an, es sei dem Schöpfer unpassend oder unverständig erschienen, daß diese Organe bei denjenigen Organismen, bei denen sie nicht leistungsfähig sind, und ihrer ganzen Lebensweise nach nicht sein können, völlig fehlten, während die nächsten Verwandten sie besäßen, und zum Ersatz für die mangelnde Funktion habe er ihnen wenigstens die äußere Ausstattung der leeren Form verliehen; ungefähr so, wie die uniformirten Civilbeamten bei Hofe mit einem unschuldigen Degen ausgestattet sind, den sie niemals aus der Scheide ziehen. Ich glaube aber kaum, daß Sie von einer solchen Erklärung befriedigt sein werden.

Nun wird gerade diese allgemein verbreitete und räthselhafte Erscheinung der rudimentären Organe, an welcher alle übrigen Erklärungsversuche scheitern, vollkommen erklärt, und zwar in der einfachsten und einleuchtendsten Weise erklärt durch Darwins Theorie von der Vererbung und von der Anpassung. Wir können die wichtigen Gesetze der Vererbung und Anpassung an den Hausthieren und Kulturpflanzen, welche wir künstlich züchten, verfolgen, und es ist bereits eine Reihe solcher Vererbungsgesetze festgestellt worden. Ohne jetzt auf diese einzugehen, will ich nur vorausschicken, daß einige davon auf mechanischem Wege die Entstehung der rudimentären Organe vollkommen erklären, so daß wir das Auftreten derselben als einen ganz natürlichen Prozeß ansehen müssen, bedingt durch den Nichtgebrauch der Organe. Durch Anpassung an besondere Lebensbedingungen sind die früher thätigen und wirklich arbeitenden Organe allmählich nicht mehr gebraucht worden und außer Dienst getreten. In Folge der mangelnden Uebung sind sie mehr und mehr schwächer geworden, trotzdem aber immer noch durch Vererbung von einer Generation auf die andere übertragen worden, bis sie endlich größtentheils oder ganz verschwanden. Wenn wir annehmen, daß alle oben angeführten Wirbelthiere von einem einzigen gemeinsamen Stammvater abstammen,

welcher zwei sehende Augen und zwei wohl entwickelte Beinpaare
besaß, so erklärt sich ganz einfach der verschiedene Grad der Verküm=
merung und Rückbildung dieser Organe bei solchen Nachkommen des=
selben, welche diese Theile nicht mehr gebrauchen konnten. Ebenso
erklärt sich vollständig der verschiedene Ausbildungsgrad der ursprüng=
lich (in der Blüthenknospe) angelegten fünf Staubfäden bei den La=
biaten, wenn wir annehmen, daß alle Pflanzen dieser Familie von
einem gemeinsamen, mit fünf Staubfäden ausgestatteten Stammva=
ter abstammen.

Ich habe Ihnen die Erscheinung der rudimentären Organe schon
jetzt etwas ausführlicher vorgeführt, weil dieselbe von der allergrößten
allgemeinen Bedeutung ist, und weil sie uns auf die großen, allge=
meinen, tiefliegenden Grundfragen der Philosophie und der Natur=
wissenschaft hinführt, für deren Lösung Darwin's Theorie nun=
mehr der unentbehrliche Leitstern geworden ist. Sobald wir nämlich,
dieser Theorie entsprechend, die ausschließliche Wirksamkeit physikalisch=
chemischer Ursachen ebenso in der lebenden (organischen) Körperwelt,
wie in der sogenannten leblosen (anorganischen) Natur anerkennen,
so räumen wir damit jener Weltanschauung die ausschließliche Herr=
schaft ein, welche man mit dem Namen der mechanischen bezeichnen
kann, und welche gegenübersteht der teleologischen Auffassung.
Wenn Sie alle Weltanschauungsformen der verschiedenen Völker und
Zeiten mit einander vergleichend zusammenstellen, können Sie dieselben
schließlich alle in zwei schroff gegenüberstehende Gruppen bringen:
eine causale oder mechanistische und eine teleologische oder
vitalistische. Die letztere war in der Biologie bisher allgemein
herrschend. Man sah danach das Thierreich und das Pflanzenreich als
Produkte einer zweckmäßig wirksamen, schöpferischen Thätigkeit an.
Bei dem Anblick jedes Organismus schien sich zunächst unabweislich
die Ueberzeugung aufzudrängen, daß eine so künstliche Maschine, ein
so verwickelter Bewegungs=Apparat, wie es der Organismus ist, nur
hervorgebracht werden könne durch eine Thätigkeit, welche analog, ob=
wohl unendlich viel vollkommener ist, als die Thätigkeit des Menschen

bei der Konstruktion seiner Maschinen. Wie erhaben man auch die
früheren Vorstellungen des Schöpfers und seiner schöpferischen Thätigkeit fassen, wie sehr man sie aller menschlichen Analogie entkleiden
mag, so bleibt doch im letzten Grunde bei der teleologischen Naturauffassung diese Analogie unabweislich und nothwendig. Man muß sich
im Grunde dann immer den Schöpfer selbst als einen Organismus
vorstellen, als ein Wesen, welches, analog dem Menschen, wenn auch
in unendlich vollkommnerer Form, über seine bildende Thätigkeit nachdenkt, den Plan der Maschinen entwirft, und dann mittelst Anwendung
geeigneter Materialien diese Maschinen zweckentsprechend ausführt.
Alle diese Vorstellungen leiden nothwendig an der Grundschwäche des
Anthropomorphismus oder der Vermenschlichung. Es
werden dabei, wie hoch man sich auch den Schöpfer vorstellen mag,
demselben die menschlichen Attribute beigelegt, einen Plan zu entwerfen
und danach den Organismus zweckmäßig zu construiren. Das wird
auch von derjenigen Anschauung, welche Darwins Lehre am schroff-
sten gegenüber steht, und welche unter den Naturforschern ihren bedeutendsten Vertreter in Agassiz gefunden hat, ganz klar ausgesprochen.
Das berühmte Werk (Essay on classification) von Agassiz,
welches dem Darwinschen Werke vollkommen entgegengesetzt ist, und
fast gleichzeitig erschien, hat ganz folgerichtig jene anthropomorphischen
Vorstellungen vom Schöpfer bis zum höchsten Grade ausgebildet.
Ich werde Gelegenheit haben, auf dieselben noch wiederholt zurückzu-
kommen, weil sie in der That nicht weniger zu Gunsten unserer Lehre
sprechen, als alle positiven Beweise, welche wir dafür beibringen
werden.

　　Was jene Zweckmäßigkeit in der Natur betrifft, so ist
sie überhaupt nur vorhanden für denjenigen, welcher die Erscheinung-
gen im Thier- und Pflanzenleben durchaus oberflächlich betrachtet.
Schon jene rudimentären Organe mußten dieser Lehre einen harten
Stoß versetzen. Jeder aber, der tiefer in die Organisation und Lebensweise der verschiedenen Thiere und Pflanzen eindringt, der sich mit der
Wechselwirkung der Lebenserscheinungen und der sogenannten „Oeko-

nomie der Natur" vertrauter macht, kommt nothwendig zu der An=
schauung, daß diese Zweckmäßigkeit leider nicht exiſtirt, ſo wenig als
etwa die vielgerühmte Allgüte des Schöpfers. Wenn Sie das Zu=
ſammenleben und die gegenſeitigen Beziehungen der Pflanzen und
der Thiere (mit Inbegriff des Menſchen) näher betrachten, ſo finden
Sie überall und zu jeder Zeit das Gegentheil von jenem gemüthlichen
und friedlichen Beiſammenſein, welches die Güte des Schöpfers den
Geſchöpfen hätte bereiten müſſen, vielmehr finden Sie überall einen
ſchonungsloſen, höchſt erbitterten **Kampf Aller gegen Alle.**
Nirgends in der Natur, wohin Sie auch Ihre Blicke lenken mögen,
iſt jener idylliſche, von den Dichtern beſungene Friede vorhanden, —
vielmehr überall Kampf, Streben nach Vernichtung des Nächſten und
nach Vernichtung der direkten Gegner. Leidenſchaft und Selbſtſucht,
bewußt oder unbewußt, iſt überall die Triebfeder des Lebens. Das
bekannte Dichterwort:

> „Die Natur iſt vollkommen überall,
>
> Wo der Menſch nicht hinkommt mit ſeiner Qual"

iſt ſchön, aber leider nicht wahr. Vielmehr bildet auch in dieſer Be=
ziehung der Menſch keine Ausnahme von der übrigen Thierwelt.
Die Betrachtungen, welche wir bei der Lehre vom „Kampf ums Da=
ſein" anzuſtellen haben, werden dieſe Behauptung zur Genüge recht=
fertigen. Es war auch **Darwin,** welcher gerade dieſen wichtigen
Punkt in ſeiner hohen und allgemeinen Bedeutung recht klar vor
Augen ſtellte, und derjenige Abſchnitt ſeiner Lehre, welchen er ſelbſt den
„Kampf ums Daſein" nennt, iſt einer der wichtigſten Theile derſelben.

Wenn wir alſo jener vitaliſtiſchen oder teleologiſchen Betrachtung
der lebendigen Natur, welche die Thier= und Pflanzenformen als Pro=
dukte eines gütigen und zweckmäßig thätigen Schöpfers oder einer
zweckmäßig thätigen ſchöpferiſchen Naturkraft anſieht, durchaus ent=
gegenzutreten gezwungen ſind, ſo müſſen wir uns entſchieden jene Welt=
anſchauung aneignen, welche man die m e ch a n i ſ ch e oder c a u ſ a l e
nennt. Man kann ſie auch als die m o n i ſ t i ſ ch e oder e i n h e i t l i ch e
bezeichnen, im Gegenſatz zu der z w i e ſ p ä l t i g e n oder d u a l i ſ t i =

ſchen Anſchauung, welche in jener teleologiſchen Weltauffaſſung noth=
wendig enthalten iſt. Die mechaniſche Naturbetrachtung iſt ſeit Jahr=
zehnten auf gewiſſen Gebieten der Naturwiſſenſchaft ſo ſehr eingebür=
gert, daß hier über die entgegengeſetzte kein Wort mehr verloren wird.
Es fällt keinem Phyſiker oder Chemiker, keinem Mineralogen oder
Aſtronomen mehr ein, in den Erſcheinungen, welche ihm auf ſeinem wiſ=
ſenſchaftlichen Gebiete fortwährend vor Augen kommen, die Wirkſam=
keit eines zweckmäßig thätigen Schöpfers vorzufinden oder aufzuſuchen.
Man betrachtet die Erſcheinungen, welche auf jenen Gebieten zu Tage
treten, allgemein und ohne Widerſpruch als die nothwendigen und un=
abänderlichen Wirkungen der phyſikaliſchen und chemiſchen Kräfte,
welche an dem Stoffe oder der Materie haften und inſofern iſt dieſe
Anſchauung rein materialiſtiſch, in einem gewiſſen Sinne dieſes viel=
deutigen Wortes. Wenn der Phyſiker die Bewegungserſcheinungen
der Elektricität oder des Magnetismus, den Fall eines ſchweren Körpers
oder die Schwingungen der Lichtwellen verfolgt, ſo iſt er bei dieſer
Arbeit durchaus davon entfernt, das Eingreifen einer übernatürlichen
ſchöpferiſchen Kraft anzunehmen. In dieſer Beziehung befand ſich
bisher die Biologie als die Wiſſenſchaft von den ſogenannten „bele b -
te n" Naturkörpern, in großem Gegenſatz zu jenen vorher genannten
anorganiſchen Naturwiſſenſchaften (der Anorganologie). Zwar hat die
neuere Phyſiologie, die Lehre von den Bewegungserſcheinungen der
Thier= und Pflanzenkörper, den mechaniſchen Standpunkt der letzteren
vollkommen angenommen; allein die Morphologie, die Wiſſenſchaft
von den Formen der Thiere und der' Pflanzen, ſchien dadurch gar
nicht berührt zu werden. Die Morphologen behandelten nach wie vor,
und größtentheils noch heutzutage, im Gegenſatz zu jener mechani=
ſchen Betrachtung der Leiſtungen, die Formen der Thiere und Pflan=
zen als etwas, was durchaus nicht mechaniſch erklärbar ſei, was noth=
wendig einer höheren, übernatürlichen, zweckmäßig thätigen Schöpfer=
kraft ſeinen Urſprung verdanken müſſe. Dabei war es ganz gleichgül=
tig, ob man dieſe Schöpferkraft als perſönlichen Gott anbetete, oder

ob man sie Lebenskraft (vis vitalis) oder Endursache (causa finalis) nannte. In allen Fällen flüchtete man hier, um es mit einem Worte zu sagen, zum Wunder als der Erklärung. Man warf sich einer Glaubensdichtung in die Arme, welche als solche auf dem Gebiete naturwissenschaftlicher Erkenntniß durchaus keine Geltung haben kann.

Alles nun, was vor Darwin geschehen ist, um eine natürliche, mechanische Auffassung von der Entstehung der Thier- und Pflanzenformen zu begründen, vermochte diese nicht zum Durchbruch und zu allgemeinerer Anerkennung zu bringen. Dies gelang erst Darwins Lehre, und hierin liegt ein unermeßliches Verdienst derselben. Denn es wird dadurch die Ansicht von der Einheit der organischen und der anorganischen Natur fest begründet; und derjenige Theil der Naturwissenschaft, welcher bisher am längsten und am hartnäckigsten sich einer mechanischen Auffassung und Erklärung widersetzte, die Lehre vom Bau der lebendigen Formen, von der Bedeutung und dem Entstehen derselben, wird dadurch mit allen übrigen naturwissenschaftlichen Lehren auf einen und denselben Weg der Vollendung gebracht. Es wird die Einheit aller Naturerscheinungen dadurch endgültig festgestellt.

Diese Einheit der ganzen Natur, die Beseelung aller Materie, die Untrennbarkeit der geistigen Kraft und des körperlichen Stoffes hat Goethe mit den Worten behauptet: „die Materie kann nie ohne Geist, der Geist nie ohne Materie existiren und wirksam sein". Von den großen monistischen Philosophen aller Zeiten sind diese obersten Grundsätze der mechanischen Weltanschauung vertreten worden. Schon Demokritus von Abdera, der unsterbliche Begründer der Atomenlehre, sprach dieselben fast ein halbes Jahrtausend vor Christus klar aus, ganz vorzüglich aber der große Dominikanermönch Giordano Bruno. Dieser wurde dafür am 17. Februar 1600 in Rom von der christlichen Inquisition auf dem Scheiterhaufen verbrannt, an demselben Tage, an welchem 36 Jahre früher sein großer Landsmann und Kampfesgenosse Galilei geboren wurde. Solche Männer, die für eine große Idee leben und sterben, pflegt man „Materialisten" zu nen-

nen, ihre Gegner aber, deren Beweisgründe Tortur und Scheiterhaufen sind, „Idealisten".

Durch Darwins Lehre wird es uns zum erstenmal möglich,
diese Einheit der Natur so zu begründen, daß eine mechanisch-causale
Erklärung auch der verwickeltsten organischen Erscheinungen z. B. der
Entstehung und Einrichtung der Sinnesorgane, in der That nicht
mehr Schwierigkeiten für das allgemeine Verständniß hat, als die mechanische Erklärung irgend eines physikalischen Prozesses, wie es z. B.
in der Meteorologie die Richtung des Windes oder die Strömungen
des Meeres sind.　Wir gelangen dadurch zu der äußerst wichtigen
Ueberzeugung, daß alle Naturkörper, die wir kennen, gleichmäßig belebt sind, daß der Gegensatz, welchen man zwischen leben-
diger und todter Körperwelt aufstellte, nicht existirt. Wenn ein Stein,
frei in die Luft geworfen, nach bestimmten Gesetzen zur Erde fällt,
oder wenn in einer Salzlösung sich ein Krystall bildet, so ist diese Erscheinung nicht mehr und nicht minder eine mechanische Lebenserscheinung, als das Wachsthum oder das Blühen der Pflanzen, als die
Fortpflanzung oder die Sinnesthätigkeit der Thiere, als die Empfin-
dung oder die Gedankenbildung des Menschen In dieser Herstellung der einheitlichen oder monistischen Naturauffassung liegt das höchste und allgemeinste Verdienst der von Darwin
reformirten Abstammungslehre.

Zweiter Vortrag.
Wissenschaftliche Berechtigung der Descendenztheorie.
Schöpfungsgeschichte nach Linné.

Die Abstammungslehre oder Descendenztheorie als die einheitliche Erklärung der organischen Naturerscheinungen durch natürliche wirkende Ursachen. Vergleichung derselben mit Newtons Gravitationstheorie. Zwingende Nothwendigkeit ihrer Annahme und allgemeine Verpflichtung der Naturforscher zu derselben. Die Abstammungslehre als festbegründete wissenschaftliche Theorie. Mangel jeder anderen Erklärung der organischen Schöpfung. Grenzen der wissenschaftlichen Erklärung und der menschlichen Erkenntniß überhaupt. Alle Erkenntniß ursprünglich durch sinnliche Erfahrung bedingt, aposteriori, daher beschränkt. Uebergang der aposteriorischen Erkenntnisse durch Vererbung in apriorische Erkenntnisse. Gegensatz der übernatürlichen Schöpfungshypothesen von Linné, Cuvier, Agassiz, und der natürlichen Entwickelungstheorien von Lamarck, Göthe, Darwin. Zusammenhang der ersteren mit der monistischen (mechanischen), der letzteren mit der dualistischen (teleologischen) Weltanschauung. Schöpfungsgeschichte des Moses. Ihre Vorzüge und Irrthümer. Linné als Begründer der systematischen Naturbeschreibung und Artunterscheidung. Linnés Classification und binäre Nomenclatur. Bedeutung des Speciesbegriffs bei Linné. Seine Schöpfungsgeschichte. Linnés Ansicht von der Entstehung der Arten.

Meine Herren! Der Werth, den jede naturwissenschaftliche Theorie besitzt, wird sowohl durch die Anzahl und das Gewicht der zu erklärenden Gegenstände gemessen, als auch durch die Einfachheit und Allgemeinheit der Ursachen, welche als Erklärungsgründe benutzt werden. Je größer einerseits die Anzahl, je wichtiger die Bedeutung der durch die Theorie zu erklärenden Erscheinungen ist, und je einfacher andrerseits, je allgemeiner die Ursachen sind, welche die Theorie zur Erklärung in Anspruch nimmt, desto höher ist ihr wissenschaftlicher Werth, desto sicherer bedienen wir uns ihrer Leitung, desto mehr sind wir verpflichtet zu ihrer Annahme.

Denken Sie z. B. an diejenige Theorie, welche bisher als der größte Erwerb des menschlichen Geistes galt, an die Gravitationstheorie, welche der Engländer Newton vor 200 Jahren in seinen mathematischen Principien der Naturphilosophie begründete. Hier finden Sie das zu erklärende Objekt so groß genommen als Sie es nur denken können. Er unternahm es, die Bewegungserscheinungen der Planeten und den Bau des Weltgebäudes auf mathematische Gesetze zurückzuführen. Als die höchst einfache Ursache dieser verwickelten Bewegungserscheinungen begründete Newton das Gesetz der Schwere oder der Massenanziehung, dasselbe, welches die Ursache des Falles der Körper, der Adhäsion, der Cohäsion und vieler anderen Erscheinungen ist.

Wenn Sie nun den gleichen Maßstab an die Theorie Darwins anlegen, so müssen Sie zu dem Schluß kommen, daß diese ebenfalls zu den größten Eroberungen des menschlichen Geistes gehört, und daß sie sich unmittelbar neben die Gravitationstheorie Newtons stellen kann. Vielleicht erscheint Ihnen dieser Ausspruch übertrieben oder wenigstens sehr gewagt; ich hoffe Sie aber im Verlauf dieser Vorträge zu überzeugen, daß diese Schätzung nicht zu hoch gegriffen ist. In der vorigen Stunde wurden bereits einige der wichtigsten und allgemeinsten Erscheinungen aus der organischen Natur namhaft gemacht, welche durch Darwins Theorie erklärt werden. Dahin gehören vor Allen die Formveränderungen, welche die individuelle Entwickelung der Organismen begleiten, äußerst mannichfaltige und verwickelte Erscheinungen, welche bisher einer mechanischen Erklärung, d. h. einer Zurückführung auf wirkende Ursachen die größten Schwierigkeiten in den Weg legten. Wir haben die rudimentären Organe erwähnt, jene außerordentlich merkwürdigen Einrichtungen in den Thier= und Pflanzenkörpern, welche keinen Zweck haben, welche jeder teleologi= schen, jeder nach einem Endzweck des Organismus suchenden Erklä= rung vollständig widersprechen. Es ließe sich noch eine große Anzahl von anderen Erscheinungen anführen, die nicht minder wichtig sind, die bisher nicht minder räthselhaft erschienen, und die in der einfachsten Weise durch die von Darwin reformirte Abstammungslehre erklärt werden. Ich erwähne vorläufig noch die Erscheinungen, welche uns die geographische Verbreitung der Thier= und Pflan= zenarten auf der Oberfläche unseres Planeten, sowie die geologi= sche Vertheilung der ausgestorbenen und versteinerten Organismen in den verschiedenen Schichten der Erdrinde darbietet. Auch diese wichtigen paläontologischen und geographischen Gesetze, wel= che wir bisher nur als Thatsachen kannten, werden durch die Abstam= mungslehre in ihren wirkenden Ursachen erkannt. Dasselbe gilt fer= ner von allen allgemeinen Gesetzen der vergleichenden Anatomie, insbesondere von dem großen Gesetze der Arbeitstheilung oder Sonderung (Polymorphismus oder Differenzirung), einem Gesetze welches ebenso in der ganzen menschlichen Gesellschaft, wie in der Or= ganisation des einzelnen Thier= und Pflanzenkörpers die wichtigste gestaltende Ursache ist, diejenige Ursache, welche ebenso eine immer größere Mannichfaltigkeit, wie eine fortschreitende Entwickelung der organischen Formen bedingt. In gleicher Weise, wie dieses bisher nur als That= sache erkannte Gesetz der Arbeitstheilung, wird auch das Gesetz der fortschreitenden Entwickelung, oder das Gesetz des Fortschritts, welches wir ebenso in der Geschichte der Völker, wie in der Geschichte der Thiere und Pflanzen überall wirksam wahrnehmen, in seinem Ur= sprung durch die Abstammungslehre erklärt. Und wenn Sie endlich Ihre Blicke auf das große Ganze der organischen Natur richten, wenn Sie vergleichend alle einzelnen großen Erscheinungsgruppen dieses un= geheuren Lebensgebietes zusammenfassen, so stellt sich Ihnen dasselbe im Lichte der Abstammungslehre nicht mehr als das künstlich ausge= dachte Werk eines planmäßig bauenden Schöpfers dar, sondern als

die nothwendige Folge wirkender Ursachen, welche in der chemischen
Zusammensetzung der Materie selbst liegen.

Man kann also im weitesten Umfang behaupten, und ich werde
diese Behauptung im Verlaufe meiner Vorträge rechtfertigen, daß die
Abstammungslehre wie sie durch D a r w i n ausgebildet wurde der erste
Versuch ist, die Gesammtheit aller organischen Naturerscheinungen auf
ein einziges Gesetz zurückzuführen, eine einzige wirkende Ursache für das
unendlich verwickelte Getriebe dieser ganzen reichen Erscheinungswelt
aufzufinden. In dieser Beziehung stellt sie sich ebenbürtig N e w t o n s
Gravitationstheorie an die Seite.

Aber auch die Erklärungsgründe sind hier nicht minder einfach,
wie dort. Es sind nicht neue, bisher unbekannte Eigenschaften des
Stoffes, welche D a r w i n zur Erklärung dieser höchst verwickelten Erscheinungswelt herbeizieht; es sind nicht etwa Entdeckungen neuer
Verbindungsverhältnisse der Materien, oder neuer Organisations-
kräfte derselben; sondern es ist lediglich die außerordentlich geistvolle
Verbindung, die synthetische Zusammenfassung und denkende Vergleichung einer Anzahl längst bekannter Thatsachen, durch welche D a r -
w i n das „heilige Räthsel" der lebendigen Formenwelt löst. Die erste
Rolle spielt dabei die Erwägung der Wechselbeziehungen, welche zwischen zwei allgemeinen Eigenschaften der Organismen bestehen, den
Eigenschaften der V e r e r b u n g und der A n p a s s u n g. Lediglich
durch Erwägung des Wechselverhältnisses zwischen diesen beiden Lebensthätigkeiten oder physiologischen Funktionen der Organismen, sowie
ferner durch Erwägung der gegenseitigen Beziehungen, welche alle
an einem und demselben Ort zusammenlebenden Thiere und Pflanzen
nothwendig zu einander besitzen — lediglich durch Würdigung dieser
einfachen Thatsachen, und durch die geistvolle Verbindung derselben
ist es D a r w i n möglich geworden, in denselben die wirkenden Ursachen (causae efficientes) für die unendlich verwickelte Gestaltenwelt
der organischen Natur zu finden.

Wir sind nun verpflichtet, diese Theorie auf jeden Fall anzunehmen und so lange zu behaupten, bis sich eine bessere findet, die es un-

ternimmt, die gleiche Fülle von Thatsachen ebenso einfach zu erklären. Bisher entbehrten wir einer solchen Theorie vollständig. Zwar war der Grundgedanke nicht neu, daß alle verschiedenen Thier- und Pflanzen- formen von einigen wenigen oder sogar von einer einzigen höchst ein- fachen Grundform abstammen müssen. Dieser Gedanke war längst aus- gesprochen und zuerst von Lamarck[2]) im Anfang unseres Jahrhunderts bestimmt formulirt worden. Allein Lamarck sprach doch eigentlich bloß die Hypothese der gemeinsamen Abstammung aus, ohne sie durch Erläu- terung der wirkenden Ursachen zu begründen. Und gerade in dem Nachweis dieser Ursachen liegt der außerordentliche Fortschritt, welchen Darwin über Lamarcks Theorie hinaus gethan hat. Er fand in den physiologischen Vererbungs- und Anpassungseigenschaften der or- ganischen Materie die wahre Ursache jenes genealogischen Verhält- nisses auf.

Die Theorie Darwins ist also nicht, wie es seine Gegner häufig darstellen, eine beliebige, aus der Luft gegriffene, bodenlose Hypothese. Es liegt nicht im Belieben der einzelnen Zoologen und Botaniker, ob sie dieselbe als erklärende Theorie annehmen wollen oder nicht. Viel- mehr sind sie dazu gezwungen und verpflichtet nach dem allgemeinen, in den Naturwissenschaften überhaupt gültigen Grundsatze, daß wir zur Erklärung der Erscheinungen jede mit den wirklichen Thatsachen vereinbare, wenn auch nur schwach begründete Theorie so lange an- nehmen und beibehalten müssen, bis sie durch eine bessere ersetzt wird. Wenn wir dies nicht thun, so verzichten wir auf eine wissenschaftliche Erklärung der Erscheinungen, und das ist in der That der Standpunkt, den viele Biologen noch gegenwärtig einnehmen. Sie betrachten das ganze Gebiet der belebten Natur als ein vollkommenes Räthsel und halten die Entstehung der Thier- und Pflanzenarten, die Erscheinungen ihrer Entwickelung und Verwandtschaft für ganz uner- klärlich, für ein Wunder.

Diejenigen Gegner Darwins, welche nicht geradezu in dieser Weise auf eine biologische Erklärung verzichten wollen, pflegen freilich zu sagen: „Darwins Lehre von dem gemeinschaftlichen Ursprung der verschiedenartigen Organismen ist nur eine Hypothese; wir stellen ihr eine andere entgegen, die Hypothese, daß die einzelnen Thier- und Pflanzenarten nicht durch Abstammung sich auseinander entwickelt haben, sondern daß sie unabhängig von einander durch ein noch unentdecktes Naturgesetz entstanden sind." So lange aber nicht gezeigt wird, wie diese Entstehung zu denken ist, und was das für ein „Naturgesetz" ist, so lange nicht einmal wahrscheinliche Erklärungsgründe geltend gemacht werden können, welche für eine unabhängige Entstehung der Thier- und Pflanzenarten sprechen, so lange ist diese Gegenhypothese in der That keine Hypothese, sondern eine leere, nichtssagende Redensart. Auch verdient Darwins Theorie nicht den Namen einer Hypothese. Denn eine wissenschaftliche Hypothese ist eine Annahme, welche sich auf unbekannte, bisher noch nicht durch die sinnliche Erfahrung wahrgenommene Eigenschaften oder Bewegungserscheinungen der Naturkörper stützt. Darwins Lehre aber nimmt keine derartigen unbekannten Verhältnisse an; sie gründet sich auf längst anerkannte allgemeine Eigenschaften der Organismen, und es ist, wie bemerkt, die außerordentliche geistvolle, umfassende Verbindung einer Menge bisher vereinzelt dagestandener Erscheinungen, welche dieser Theorie ihren außerordentlich hohen inneren Werth gibt. Wir gelangen durch sie zum ersten Mal in die Lage, für die Gesammtheit aller uns bekannten morphologischen Erscheinungen in der Thier- und Pflanzenwelt eine bewirkende Ursache nachzuweisen; und zwar ist diese wahre Ursache immer eine und dieselbe, nämlich die Wechselwirkung der Anpassung und der Vererbung, also ein physiologisches, d. h. ein physikalisch-chemisches oder ein mechanisches Verhältniß. Aus diesen Gründen ist die Annahme der durch Darwin mechanisch begründeten Abstammungslehre für die gesammte Zoologie und Botanik eine zwingende und unabweisbare Nothwendigkeit.

Da nach meiner Ansicht also die unermeßliche Bedeutung von Darwins Lehre darin liegt, daß sie die bisher nicht erklärten organischen Formerscheinungen mechanisch erklärt, so ist es wohl nothwendig, hier gleich noch ein Wort über den vieldeutigen

Begriff der Erklärung einzuschalten. Es wird sehr häufig Darwins Theorie entgegengehalten, daß sie allerdings jene Erscheinungen durch die Vererbung und Anpassung vollkommen erkläre, daß dadurch aber nicht diese Eigenschaften der organischen Materie selbst erklärt werden, daß wir nicht zu den letzten Gründen gelangen. Dieser Einwurf ist ganz richtig; allein er gilt in gleicher Weise von allen Erscheinungen. Wir gelangen nirgends zu einer Erkenntniß der letzten Gründe. Bei Erklärung der einfachsten physikalischen oder chemischen Erscheinungen, z. B. bei dem Fallen eines Steins oder bei der Bildung einer chemischen Verbindung gelangen wir durch Auffindung und Feststellung der wirkenden Ursachen, z. B. der Schwerkraft oder der chemischen Verwandtschaft, zu anderen weiter zurückliegenden Erscheinungen, die an und für sich Räthsel sind. Es liegt das in der Beschänktheit oder Relativität unseres Erkenntnißvermögens. Wir dürfen niemals vergessen, daß die menschliche Erkenntnißfähigkeit allerdings absolut beschränkt ist und nur eine relative Ausdehnung besitzt. Sie ist zunächst schon beschränkt durch die Beschaffenheit unserer Sinne und unseres Gehirns.

Ursprünglich stammt alle Erkenntniß aus der sinnlichen Wahrnehmung. Man führt wohl dieser gegenüber die angeborene, a priori entstehende Erkenntniß des Menschen an; indessen werden Sie sehen, daß sich die sogenannte apriorische Erkenntniß durch Darwins Lehre nachweisen läßt als a posteriori erworbene, in ihren letzten Gründen durch die Erfahrungen bedingt. Erkenntnisse, welche ursprünglich auf rein empirischen Wahrnehmungen beruhen, also rein sinnliche Erfahrungen sind, welche aber dann eine Reihe von Generationen hindurch vererbt werden, treten bei der jüngsten Generation scheinbar als unabhängige, angeborene, apriorische auf. Von unseren uralten thierischen Voreltern sind alle sogenannten „Erkenntnisse a priori" ursprünglich a posteriori gefaßt worden und erst durch Vererbung allmählich zu apriorischen geworden. Sie beruhen in letzter Instanz auf Erfahrungen, und wir können durch die Gesetze der Vererbung und Anpassung bestimmt nachweisen, daß in der Art, wie es gewöhnlich geſchieht, Erkenntniſſe a priori den Erkenntniſſen a posteriori nicht entgegen zu ſtellen ſind. Vielmehr iſt die ſinnliche Erfahrung die urſprüngliche Quelle aller Erkenntniſſe. Schon aus dieſem Grunde iſt alle unſere Wiſſenſchaft nur beſchränkt, und niemals vermögen wir die letzten Gründe irgend einer Erſcheinung zu erfaſſen. Die Schwerkraft und die chemiſche Verwandtſchaft bleiben uns, an und für ſich, eben ſo unbegreiflich, wie die Anpaſſung und die Vererbung.

Wenn uns nun die Theorie Darwins die Geſammtheit aller vorhin in einem kurzen Ueberblick zuſammengefaßten Erſcheinungen aus einem einzigen Geſichtspunkt erklärt, wenn ſie eine und dieſelbe Beſchaffenheit des Organismus als die wirkende Urſache nachweiſt, ſo leiſtet ſie vorläufig Alles, was wir verlangen können. Außerdem läßt ſich aber auch mit gutem Grunde hoffen; daß wir die letzten Gründe, zu welchen Darwin gelangt, nämlich die Eigenſchaften der Erblichkeit und der Anpaſſungsfähigkeit, noch weiter werden erklären lernen, und daß wir z. B. dahin gelangen werden, die Molekularverhältniſſe in der Zuſammenſetzung der Eiweißſtoffe als die weiter zurückliegenden, einfachen Gründe jener Erſcheinungen aufzudecken. Freilich iſt in der nächſten Zukunft hierzu noch keine Ausſicht, und wir begnügen uns vorläufig mit jener Zurückführung, wie wir uns in der Newton'ſchen Theorie mit der Zurückführung der Planetenbewegungen auf die Schwerkraft begnügen. Die Schwerkraft ſelbſt iſt uns ebenfalls ein Räthſel, an ſich nicht erkennbar.

Bevor wir nun an unſere Hauptaufgabe, an die eingehende Erörterung der Abſtammungslehre und der aus ihr ſich ergebenden Folgerungen herantreten, laſſen Sie uns einen geſchichtlichen Rückblick auf die wichtigſten und verbreitetſten von denjenigen Anſichten werfen, welche ſich die Menſchen vor Darwin über die organiſche Schöpfung, über die Entſtehung der mannigfaltigen Thier und Pflanzenarten gebildet hatten. Es liegt dabei keineswegs in meiner Abſicht, Sie mit einem vergleichenden Ueberblick über alle die zahlreichen Schöpfungsdichtungen der verſchiedenen MenſchenArten, Raſſen und Stämme zu unterhalten. So intereſſant und lohnend dieſe Aufgabe, ſowohl in ethnographischer als in culturhistorischer Beziehung, auch wäre, so würde uns dieselbe doch hier viel zu weit führen. Auch zeigt die über= große Mehrzahl aller dieser Schöpfungssagen zu sehr das Gepräge willkürlicher Dichtung, und den Mangel eingehender Naturbetrach= tung, als daß dieselben für eine naturwissenschaftliche Behandlung der Schöpfungsgeschichte von Interesse wären. Ich werde daher von den nicht wissenschaftlich begründeten Schöpfungsgeschichten bloß die mosaische hervorheben, wegen des beispiellosen Einflusses, den sie in der abendländischen Culturwelt gewonnen, und dann werde ich so= gleich zu den wissenschaftlich formulirten Schöpfungshypothesen über= gehen, welche erst nach Beginn des verflossenen Jahrhunderts, mit Linné, ihren Anfang nahmen.

Alle verschiedenen Vorstellungen, welche sich die Menschen jemals von der Entstehung der verschiedenen Thier= und Pflanzenarten ge= macht haben, lassen sich füglich in zwei große, entgegengesetzte Grup= pen bringen, in natürliche und übernatürliche Schöpfungsgeschichten. Diese beiden Gruppen entsprechen im Großen und Ganzen den beiden verschiedenen Hauptformen der menschlichen Weltanschauung, welche wir vorher als monistische (einheitliche) und dualistische (zwie= spältige) Naturauffassung gegenüber gestellt haben. Die gewöhnliche dualistische oder teleologische (vitale) Weltanschauung muß die organische Natur als das zweckmäßig ausgeführte Product eines plan= voll wirkenden Schöpfers ansehen. Sie muß in jeder einzelnen Thier= und Pflanzenart einen „verkörperten Schöpfungsgedanken" erblicken, den materiellen Ausdruck einer zweckmäßig thätigen Endursache oder einer zweckthätigen Ursache (causa finalis). Sie muß nothwen= dig übernatürliche (nicht mechanische) Vorgänge für die Entstehung der Organismen in Anspruch nehmen. Wir dürfen sie daher mit Recht als übernatürliche Schöpfungsgeschichte bezeichnen. Von allen hierher gehörigen teleologischen Schöpfungsgeschichten ge= wann diejenige des Moses sich den größten Einfluß, da sie durch so bedeutende Naturforscher, wie Linné, selbst in der Naturwissenschaft allgemeinen Eingang fand. Auch die Schöpfungsansichten von Cu=

vier und Agassiz, und überhaupt von der großen Mehrzahl der Naturforscher sowohl als der Laien gehören in diese Gruppe.

Die von Darwin ausgebildete Entwickelungstheorie dagegen, welche wir hier als natürliche Schöpfungsgeschichte zu behandeln haben, und welche bereits von Goethe und Lamarck aufgestellt wurde, muß, wenn sie folgerichtig durchgeführt wird, schließlich nothwendig zu der monistischen oder mechanischen (causalen) Weltanschauung hinführen. Im Gegensatz zu jener dualistischen oder teleologischen Naturauffassung betrachtet dieselbe die Formen der organischen Naturkörper, ebenso wie diejenigen der anorganischen, als die nothwendigen Produkte natürlicher Kräfte. Sie erblickt in den einzelnen Thier- und Pflanzenarten nicht verkörperte Gedanken des persönlichen Schöpfers, sondern den zeitweiligen Ausdruck eines mechanischen Entwickelungsganges der Materie, den Ausdruck einer nothwendig wirkenden Ursache oder einer mechanischen Ursache (causa efficiens). Sie braucht also niemals übernatürliche und daher für uns unbegreifliche Eingriffe des Schöpfers in den natürlichen Gang der Dinge zu Hülfe zu rufen. Ihr gehört die Zukunft.

Lassen Sie uns nun zunächst einen Blick auf die wichtigste von allen übernatürlichen Schöpfungsgeschichten werfen, diejenige des Moses, wie sie uns durch die alte Geschichts- und Gesetzeurkunde des jüdischen Volkes, durch die Bibel, überliefert worden ist. Bekanntlich ist die mosaische Schöpfungsgeschichte, wie sie im ersten Capitel der Genesis den Eingang zum alten Testament bildet, in der ganzen jüdischen und christlichen Kulturwelt bis auf den heutigen Tag in allgemeiner Geltung geblieben. Dieser außerordentliche Erfolg erklärt sich nicht allein aus der engen Verbindung derselben mit den jüdischen und christlichen Glaubenslehren, sondern auch aus dem wahrhaft großartigen, einfachen und natürlichen Ideengang, welcher dieselbe durchzieht, und welcher vortheilhaft gegen die bunte Schöpfungsmythologie der meisten anderen Völker des Alterthums absticht. Zuerst schafft Gott der Herr die Erde als anorganischen Weltkörper. Dann scheidet er Licht und Finsterniß, darauf Wasser und Festland.

Nun erst ist die Erde für Organismen bewohnbar geworden und es werden zunächst die Pflanzen, später erst die Thiere erschaffen, und zwar von den letzteren zuerst die Bewohner des Wassers und der Luft, später erst die Bewohner des Festlands. Endlich zuletzt von allen Organismen schafft Gott den Menschen, sich selbst zum Ebenbilde und zum Beherrscher der Erde.

Zwei große und wichtige Grundgedanken der natürlichen Entwickelungstheorie treten uns in dieser Schöpfungshypothese des Moses mit überraschender Klarheit und Einfachheit entgegen, der Gedanke der Sonderung oder Differenzirung, und der Gedanke der fortschreitenden Entwickelung oder Vervollkommnung. Obwohl Moses diese großen Gesetze der organischen Entwickelung, die wir später als nothwendige Folgerungen der Abstammungslehre nachweisen werden, als die unmittelbare Bildungsthätigkeit eines gestaltenden Schöpfers ansieht, liegt doch darin der erhabnere Gedanke einer fortschreitenden Entwickelung und Differenzirung der ursprünglich einfachen Materie verborgen. Wir können daher dem großartigen Naturverständniß des jüdischen Gesetzgebers und der einfach natürlichen Fassung seiner Schöpfungshypothese unsere gerechte und aufrichtige Bewunderung zollen, ohne darin gradezu eine göttliche Offenbarung zu erblicken. Daß sie dies nicht sein kann, geht einfach schon daraus hervor, daß darin zwei große Grundirrthümer behauptet werden, nämlich erstens der geocentrische Irrthum, daß die Erde der feste Mittelpunkt der ganzen Welt sei, um welchen sich Sonne, Mond und Sterne bewegen; und zweitens der anthropocentrische Irrthum, daß der Mensch das vorbedachte Endziel der irdischen Schöpfung sei, für dessen Dienst die ganze übrige Natur nur geschaffen sei. Der erstere Irrthum wurde durch Kopernikus' Weltsystem im Beginn des sechszehnten, der letztere durch Lamarck's Abstammungslehre im Beginn des neunzehnten Jahrhunderts vernichtet.

Trotzdem durch Kopernikus bereits der geocentrische Irrthum der mosaischen Schöpfungsgeschichte nachgewiesen und damit die Autorität derselben als einer absolut vollkommenen göttlichen Offenbarung aufgehoben wurde, erhielt sich dieselbe dennoch bis auf den heutigen Tag in solchem Ansehen, daß sie in weiten Kreisen das Haupt= hinderniß für die Annahme einer natürlichen Entwickelungstheorie bil= det.   Bekanntlich haben selbst viele Naturforscher noch in unserem Jahrhundert versucht, dieselbe mit den Ergebnissen der neueren Na= turwissenschaft, insbesondere der Geologie, in Einklang zu bringen, und z. B. die sieben Schöpfungstage des Moses als sieben große geologische Perioden gedeutet. Indessen sind alle diese künstlichen Deu= tungsversuche so vollkommen verfehlt, daß sie hier keiner Widerlegung bedürfen.   Die Bibel ist kein naturwissenschaftliches Werk, sondern eine Geschichts=, Gesetzes= und Religionsurkunde des jüdischen Vol= kes, deren außerordentlich hoher Werth dadurch nicht geschmälert wird, daß sie in allen naturwissenschaftlichen Fragen ohne maßgebende Be= deutung und voll von Irrthümern ist.

Wir können nun einen großen Sprung von mehr als drei Jahr= tausenden machen, von Moses, welcher ungefähr um das Jahr 1480 vor Christus starb, bis auf Linné, welcher 1707 nach Christus geboren wurde. Während dieses ganzen Zeitraums wurde keine Schö= pfungsgeschichte aufgestellt, welche eine bleibende Bedeutung gewann, oder deren nähere Betrachtung an diesem Orte von Interesse wäre. Insbesondere während der letzten 1500 Jahre, als das Christenthum die Weltherrschaft gewann, blieb die mit dessen Glaubenslehren ver= knüpfte mosaische Schöpfungsgeschichte so allgemein herrschend, daß erst das neunzehnte Jahrhundert sich entschieden dagegen aufzulehnen wagte. Selbst der große schwedische Naturforscher Linné, der Be= gründer der neueren Naturgeschichte, schloß sich in seinem Natursystem auf das Engste an die Schöpfungsgeschichte des Moses an.

Der außerordentliche Fortschritt, welchen Karl Linné in den sogenannten beschreibenden Naturwissenschaften that, besteht bekannt= lich in der Aufstellung eines Systems der Thier= und Pflanzenar= ten, welches er in so folgerichtiger und logisch vollendeter Form durch= führte, daß es bis auf den heutigen Tag in vielen Beziehungen die Richtschnur für alle folgenden, mit den Formen der Thiere und Pflan=

zen sich beschäftigenden Naturforscher geblieben ist.   Obgleich das Sy=
stem Linné's ein künstliches war, obgleich er für die Klassifikation der
Thier= und Pflanzenarten nur einzelne Theile als Eintheilungsgrund=
lagen hervorsuchte und anwendete, hat dennoch dieses System sich den
größten Erfolg errungen, erstens durch seine konsequente Durchfüh=
rung, und zweitens durch seine ungemein wichtig gewordene Benen=
nungsweise der Naturkörper, auf welche wir hier nothwendig sogleich
einen Blick werfen müssen.   Nachdem man nämlich vor Linné sich
vergeblich abgemüht hatte, in das unendliche Chaos der schon damals
bekannten verschiedenen Thier= und Pflanzenformen durch irgend eine
passende Namengebung und Zusammenstellung Licht zu bringen, ge=
lang es Linné durch Aufstellung der sogenannten „binären No=
menklatur" mit einem glücklichen Griff diese wichtige und schwierige
Aufgabe zu lösen.   Die binäre Nomenklatur oder die zweifache Be=
nennung, wie sie Linné zuerst aufstellte, wird noch heutigen Tages
ganz allgemein von allen Zoologen und Botanikern angewendet und
wird sich unzweifelhaft sehr lange noch in gleicher Geltung erhalten.   Sie
besteht darin, daß jede Thier= und Pflanzenart mit zwei Namen be=
zeichnet wird, welche sich ähnlich verhalten, wie Tauf= und Familien=
namen der menschlichen Individuen.   Der besondere Name, welcher
dem menschlichen Taufnamen entspricht, und welcher den Begriff der
Art (Species) ausdrückt, dient zur gemeinschaftlichen Bezeichnung
aller thierischen oder pflanzlichen Einzelwesen, welche in allen wesent=
lichen Formeigenschaften sich gleich sind, und sich nur durch ganz un=
tergeordnete Merkmale unterscheiden.   Der allgemeinere Name dage=
gen, welcher dem menschlichen Familiennamen entspricht, und wel=
cher den Begriff der Gattung (Genus) ausdrückt, dient zur gemein=
schaftlichen Bezeichnung aller nächst ähnlichen Arten oder Species.
Der allgemeinere, umfassende Genusname wird nach Linné's all=
gemein gültiger Benennungsweise vorangesetzt; der besondere, unter=
geordnete Speciesname folgt ihm nach.   So z. B. heißt die Haus=
katze Felis domestica, die wilde Katze Felis catus, der Panther Fe=
lis pardus, der Jaguar Felis onca, der Tiger Felis tigris, der

Löwe Felis leo; alle sechs Raubthierarten sind verschiedene Species eines und desselben Genus: Felis. Oder, um ein Beispiel aus der Pflanzenwelt hinzuzufügen, so heißt nach Linné's Benennung die Fichte Pinus abies, die Tanne Pinus picea, die Lärche Pinus larix, die Pinie Pinus pinea, die Zirbelkiefer Pinus cembra, das Knieholz Pinus mughus, die gewöhnliche Kiefer Pinus silvestris; alle sieben Nadelholzarten sind verschiedene Species eines und desselben Genus: Pinus.

Vielleicht scheint Ihnen dieser von Linné herbeigeführte Fortschritt in der praktischen Unterscheidung und Benennung der vielgestaltigen Organismen nur von untergeordneter Wichtigkeit zu sein. Allein in Wirklichkeit war er von der allergrößten Bedeutung, und zwar sowohl in praktischer als in theoretischer Beziehung. Denn es wurde nun erst möglich, die Unmasse der verschiedenartigen organischen Formen nach dem größeren oder geringeren Grade ihrer Aehnlichkeit zusammenzustellen und übersichtlich in das Fachwerk des Systems zu ordnen. Die Registratur dieses Fachwerks machte Linné dadurch noch übersichtlicher, daß er die nächstähnlichen Gattungen (Genera) in sogenannte Ordnungen (Ordines) zusammenstellte, und daß er die nächstähnlichen Ordnungen in noch umfassenderen Hauptabtheilungen, den Klassen (Classes) vereinigte. Es zerfiel also zunächst jedes der beiden organischen Reiche nach Linné in eine geringe Anzahl von Klassen; das Pflanzenreich in 24 Klassen, das Thierreich in 6 Klassen. Jede Klasse enthielt wieder mehrere Ordnungen. Jede einzelne Ordnung konnte eine Mehrzahl von Gattungen und jede einzelne Gattung wiederum mehrere Arten enthalten.

Nicht minder bedeutend aber, als der unschätzbare praktische Nutzen, welcher Linné's binäre Nomenclatur sofort für eine übersichtliche systematische Unterscheidung, Benennung, Anordnung und Eintheilung der organischen Formenwelt hatte, war der unberechenbare theoretische Einfluß, welchen dieselbe alsbald auf die gesammte allgemeine Beurtheilung der organischen Formen, und ganz besonders auf die Schöpfungsgeschichte gewann. Noch heute drehen sich alle die wichtigen Grundfragen, welche wir vorher kurz erörterten, zuletzt um die Entscheidung der scheinbar sehr abgelegenen und unwichtigen Vorfrage, was denn eigentlich die Art oder Species ist? Noch heute kann der Begriff der organischen Species als der Angelpunkt der ganzen Schöpfungsfrage bezeichnet werden, als der streitige Mittelpunkt, um dessen verschiedene Auffassung sich alle Darwinisten und Antidarwinisten herumschlagen.

Nach der Meinung Darwins und seiner Anhänger sind die verschiedenen Species einer und derselben Gattung von Thieren und Pflanzen weiter nichts, als verschiedenartig entwickelte Abkömmlinge einer und derselben ursprünglichen Stammform. Die verschiedenen vorhin genannten Nadelholzarten würden demnach von einer einzigen ursprünglichen Pinusform abstammen. Ebenso würden alle oben angeführten Katzenarten aus einer einzigen gemeinsamen Felisform ihren Ursprung ableiten, dem Stammvater der ganzen Gattung. Weiterhin müßten dann aber, der Abstammungslehre entsprechend, auch alle verschiedenen Gattungen einer und derselben Ordnung von einer einzigen gemeinschaftlichen Urform abstammen, und ebenso endlich alle Ordnungen einer Klasse von einer einzigen Stammform.

Nach der entgegengesetzten Vorstellung der Gegner Darwins sind dagegen alle Thier- und Pflanzenspezies ganz unabhängig von einander, und nur die Einzelwesen oder Individuen einer jeden Species stammen von einer einzigen gemeinsamen Stammform ab. Fragen wir sie nun aber, wie sie sich denn diese ursprünglichen Stammformen der einzelnen Arten entstanden denken, so antworten sie uns mit einem Sprung in das Unbegreifliche: „sie sind als solche geschaffen worden.''

Linné selbst bestimmte den Begriff der Species bereits in dieser Weise, indem er sagte: „Es gibt soviel verschiedene Arten, als im Anfang verschiedene Formen von dem unendlichen Wesen erschaffen worden sind.'' („Species tot sunt diversae, quot diversas formas ab initio creavit infinitum ens.'') Er schloß sich also in dieser Beziehung aufs Engste an die mosaische Schöpfungsgeschichte an, welche ja ebenfalls die Pflanzen und Thiere „ein jegliches nach seiner Art" erschaffen werden läßt. Näher hierauf eingehend, meinte Linné, daß ursprünglich von jeder Thier= und Pflanzenart entweder ein einzelnes Individuum oder ein Pärchen geschaffen worden sei; und zwar ein Pärchen, oder wie Moses sagt: „ein Männlein und ein Fräulein" von jenen Arten, welche getrennte Geschlechter haben; für jene Arten dagegen, bei welchen jedes Individuum beiderlei Geschlechts= organe in sich vereinigt (Hermaphroditen oder Zwitter), wie z. B. die Regenwürmer, die Garten= und Weinbergsschnecken, sowie die große Mehrzahl der Gewächse, meinte Linné, sei es hinreichend, wenn ein einzelnes Individuum erschaffen worden sei. Linné schloß sich wei= terhin an die mosaische Legende auch in Betreff der Sündfluth an, indem er annahm, daß bei dieser großen allgemeinen Ueberschwem= mung alle vorhandenen Organismen ertränkt worden seien, bis auf jene wenigen Individuen von jeder Art (sieben Paar von den Vögeln und von dem reinen Vieh, ein Paar von dem unreinen Vieh), welche in der Arche Noah gerettet und nach beendigter Sündfluth auf dem Ararat an das Land gesetzt wurden. Die geographische Schwierig= keit des Zusammenlebens der verschiedensten Thiere und Pflanzen suchte er sich dadurch zu erklären: der Ararat in Armenien, in einem warmen Klima gelegen, und bis über 16,000 Fuß Höhe aufsteigend, vereinigt in sich die Bedingungen für den zeitweiligen gemeinsamen Aufenthalt auch solcher Thiere, die in verschiedenen Zonen leben. Es konnten zunächst also die an das Polarklima gewöhnten Thiere auf den kalten Gebirgsrücken hinaufklettern, die an das warme Klima ge= wöhnten an den Fuß hinabgehen, und die Bewohner der gemäßigten Zone in der Mitte der Berghöhe sich aufhalten. Von hier aus war die Möglichkeit gegeben, sich über die Erde nach Norden und Süden zu verbreiten.

Es ist wohl kaum nöthig zu bemerken, daß diese Schöpfungs= hypothese Linné's, welche sich offenbar möglichst eng an den herr= schenden Bibelglauben anzuschließen suchte, keiner ernstlichen Widerle= gung bedarf. Wenn man die sonstige Klarheit des scharfsinnigen

Linné erwägt, darf man vielleicht zweifeln, daß er selbst daran
glaubte. Was die gleichzeitige Abstammung aller Individuen einer
jeden Species von je einem Elternpaare (oder bei den hermaphrodi-
tischen Arten von je einem Stammzwitter) betrifft, so ist sie offenbar
ganz unhaltbar, denn abgesehen von anderen Gründen, würden schon
in den ersten Tagen nach geschehener Schöpfung die wenigen Raubthiere ausgereicht haben, sämmtlichen Pflanzenfressern den Garaus zu
machen, wie die pflanzenfressenden Thiere die wenigen Individuen der
verschiedenen Pflanzenarten hätten zerstören müssen. Ein solches Gleichgewicht in der Oekonomie der Natur, wie es gegenwärtig existirt,
konnte unmöglich stattfinden, wenn von jeder Art nur ein Individuum
oder nur ein Paar ursprünglich und gleichzeitig geschaffen wurde.

Wie wenig übrigens Linné auf diese unhaltbare Schöpfungshypothese Gewicht legte, geht unter Anderen daraus hervor, daß er
die Bastardzeugung (Hybridismus) als eine Quelle der Entstehung neuer Arten anerkannte. Er nahm an, daß eine große Anzahl
von selbstständigen neuen Species auf diesem Wege, durch geschlechtliche Vermischung zweier verschiedener Species, entstanden sei. In
der That kommen solche Bastarde (Hybridae) durchaus nicht selten in
der Natur vor, und es ist jetzt erwiesen, daß eine große Anzahl von
Arten z. B. aus den Gattungen der Brombeere (Rubus), des Woll-
krauts (Verbascum), der Weide (Salix), der Distel (Cirsium) Bastarde von verschiedenen Arten dieser Gattungen sind. Ebenso kennen wir Bastarde von Hasen und Kaninchen (zwei Species der Gattung Lepus), ferner Bastarde verschiedener Arten der Hundegattung
(Canis) ꝛc., welche sich als selbstständige Arten fortzupflanzen im
Stande sind.

Es ist gewiß sehr bemerkenswerth, daß Linné bereits die physiologische (also mechanische) Entstehung von neuen Species auf diesem Wege der Bastardzeugung behauptete. Offenbar steht dieselbe
in unvereinbarem Gegensatz mit der übernatürlichen Entstehung der
anderen Species durch Schöpfung, welche er der mosaischen Schöpfungsgeschichte gemäß annahm. Die eine Abtheilung der Species

würde demnach durch dualistische (teleologische) Schöpfung, die andere durch monistische (mechanische) Entwickelung entstanden sein.

Das große und wohlverdiente Ansehen, welches sich Linné durch seine systematische Klassifikation und durch seine übrigen Verdienste um die Biologie erworben hatte, war offenbar die Ursache, daß auch seine Schöpfungsansichten das ganze vorige Jahrhundert hindurch unangefochten in voller und ganz allgemeiner Geltung blieben. Wenn nicht die ganze systematische Zoologie und Botanik die von Linné eingeführte Unterscheidung, Klassifikation und Benennung der Arten, und den damit verbundenen dogmatischen Speciesbegriff mehr oder minder unverändert beibehalten hätte, würde man nicht begreifen, daß seine Vorstellung von einer selbstständigen Schöpfung der einzelnen Species selbst bis auf den heutigen Tag ihre Herrschaft behaupten konnte. Nur durch die große Autorität Linné's war die Erhaltung seiner Schöpfungshypothese bis auf unsere Zeit möglich.

Dritter Vortrag.

Schöpfungsgeschichte nach Cuvier und Agassiz.

Allgemeine theoretische Bedeutung des Speciesbegriffs. Unterschied in der theoretischen und praktischen Bestimmung des Artbegriffs. Cuviers Definition der Species. Cuviers Verdienste als Begründer der vergleichenden Anatomie. Unterscheidung der vier Hauptformen (Typen oder Zweige) des Thierreichs durch Cuvier und Bär. Cuviers Verdienste um die Paläontologie. Seine Hypothese von den Revolutionen des Erdballs und den durch dieselben getrennten Schöpfungsperioden. Unbekannte, übernatürliche Ursachen dieser Revolutionen und der darauf folgenden Neuschöpfungen. Teleologisches Natursystem von Agassiz. Seine Vorstellungen vom Schöpfungsplane und dessen sechs Kategorien (Gruppenstufen des Systems). Agassiz' Ansichten von der Erschaffung der Species. Grobe Vermenschlichung (Anthropomorphismus) des Schöpfers in der Schöpfungshypothese von Agassiz. Innere Unhaltbarkeit derselben und Widersprüche mit den von Agassiz entdeckten wichtigen paläontologischen Gesetzen.

Meine Herren! Der entscheidende Schwerpunkt in dem Meinungskampf, der von den Naturforschern über die Entstehung der Organismen, über ihre Schöpfung oder Entwickelung geführt wird, liegt in den Vorstellungen, welche man sich von dem Wesen der Art oder Species macht. Entweder hält man mit Linné die verschiedenen Arten für selbstständige, von einander unabhängige Schöpfungsformen, oder man nimmt mit Darwin deren Blutsverwandschaft an. Wenn man Linné's Ansicht theilt (welche wir in dem letzten

Vortrag auseinandersetzten), daß die verschiedenen organischen Species unabhängig von einander entstanden sind, daß sie keine Blutsverwandtschaft haben, so ist man zu der Annahme gezwungen, daß dieselben selbstständig erschaffen sind; man muß entweder für jedes einzelne organische Individuum einen besonderen Schöpfungsakt annehmen (wozu sich wohl kein Naturforscher entschließen wird), oder man
muß alle Individuen einer jeden Art von einem einzigen Individuum
oder von einem einzigen Stammpaare ableiten, welches nicht auf natürlichem Wege entstanden, sondern durch den Machtspruch eines Schöpfers in das Dasein gerufen ist. Wenn man dagegen mit Darwin
die Formenähnlichkeit der verschiedenen Arten auf wirkliche Blutsverwandtschaft bezieht, so muß man alle verschiedenen Species der Thier-
und Pflanzenwelt als veränderte Nachkommen einer einzigen oder einiger wenigen, höchst einfachen, ursprünglichen Stammformen betrachten. Durch diese Anschauung gewinnt das natürliche System
der Organismen (die baumartig verzweigte Anordnung und Eintheil-
lung derselben in Klassen, Ordnungen, Familien, Gattungen und
Arten) die Bedeutung eines wirklichen Stammbaums, dessen Wurzel
durch jene uralten längst verschwundenen Stammformen gebildet wird.
Eine wirklich naturgemäße und folgerichtige Betrachtung der Organismen kann aber auch für diese einfachsten ursprünglichen Stammformen keinen übernatürlichen Schöpfungsakt annehmen, sondern nur
eine Entstehung durch Urzeugung (Archigonie oder Generatio spontanea). Durch Darwins Ansicht von dem Wesen der Species
gelangen wir daher zu einer natürlichen Entwickelungstheorie, durch Linné's Auffassung des Artbegriffs dagegen zu einem
übernatürlichen Schöpfungsdogma.

Die meisten Naturforscher nach Linné, dessen große Verdienste
um die unterscheidende und beschreibende Naturwissenschaft ihm das
höchste Ansehen gewannen, traten in seine Fußtapfen, und ohne
weiter über die Entstehung der Organisation nachzudenken, nahmen sie in dem Sinne Linné's eine selbstständige Schöpfung der einzelnen Arten an, in Uebereinstimmung mit dem mosaischen Schö-

pfungsbericht. Die Grundlage ihrer Speciesauffassung bildete Lin=
né's Ausspruch: „Es gibt so viele Arten, als ursprünglich verschie=
dene Formen erschaffen worden sind." Jedoch müssen wir hier, ohne
näher auf die Begriffsbestimmung der Species einzugehen, sogleich
bemerken, daß alle Zoologen und Botaniker in der systematischen
Praxis, bei der praktischen Unterscheidung und Benennung der Thier=
und Pflanzenarten, sich nicht im Geringsten um jene angenommene
Schöpfung ihrer elterlichen Stammformen kümmerten, und auch wirk=
lich nicht kümmern konnten. Denn natürlich waren sie niemals in der
Lage, die Abstammung aller zu einer Art gehörigen Individuen von
jener gemeinsamen, ursprünglich erschaffenen Stammform der Art
nachweisen zu können. Vielmehr bedienten sich sowohl die Zoologen
als die Botaniker in ihrer systematischen Praxis ausschließlich der Form=
ähnlichkeit, um die verschiedenen Arten zu unterscheiden und zu benen=
nen. Sie stellten in eine Art oder Species alle organischen Einzel=
wesen, die einander in der Formbildung sehr ähnlich oder fast gleich
waren, und die sich nur durch sehr unbedeutende Formunterschiede
von einander trennen ließen. Dagegen betrachteten sie als verschie=
dene Arten diejenigen Individuen, welche wesentlichere oder auffallen=
dere Unterschiede in ihrer Körpergestaltung darboten. Natürlich war
aber damit der größten Willkür in der systematischen Artunterschei=
dung Thür und Thor geöffnet. Denn da niemals alle Individuen ei=
ner Species in allen Stücken völlig gleich sind, vielmehr jede Art
mehr oder weniger abändert (variirt), so vermochte Niemand zu sa=
gen, welcher Grad der Abänderung eine wirkliche „gute Art", welcher
Grad bloß eine Spielart oder Rasse (Varietät) bezeichne.

Nothwendig mußte diese dogmatische Auffassung des Speciesbe=
griffs und die damit verbundene Willkür zu den unlösbarsten Wi=
dersprüchen und zu den unhaltbarsten Annahmen führen. Dies zeigt
sich deutlich schon bei demjenigen Naturforscher, welcher nächst Linné
den größten Einfluß auf die Ausbildung der Thierkunde gewann,
bei dem berühmten Cuvier (geb. 1769). Er schloß sich in seiner
Auffassung und Bestimmung des Speciesbegriffs im Ganzen an Linné

an, und theilte seine Vorstellung von einer unabhängigen Erschaffung
der einzelnen Arten. Die Unveränderlichkeit derselben hielt Cu=
vier für so wichtig, daß er sich bis zu dem thörichten Ausspruche ver=
stieg: „die Beständigkeit der Species ist eine nothwendige Bedingung
für die Existenz der wissenschaftlichen Naturgeschichte." Da Linné's
Definition der Species ihm nicht genügte, machte er den Versuch, eine
genauere und für die systematische Praxis mehr verwerthbare Be=
griffsbestimmung derselben zu geben, und zwar in folgender Defini=
tion: „Zu einer Art gehören alle diejenigen Individuen der Thiere
oder Pflanzen, welche entweder von einander oder von gemeinsamen
Stammeltern bewiesenermaßen abstammen, oder welche diesen so ähn=
lich sind, als die letzteren unter sich."

Cuvier dachte sich also in dieser Beziehung Folgendes: „Bei
denjenigen organischen Individuen, von denen wir wissen, sie stam=
men von einer und derselben Elternform ab, bei denen also ihre ge=
meinsame Abstammung empirisch erwiesen ist, leidet es keinen Zwei=
fel, daß sie zu einer Art gehören, mögen dieselben nun wenig oder
viel von einander abweichen, mögen sie fast gleich oder sehr ungleich
sein. Ebenso gehören dann aber zu dieser Art auch alle diejenigen
Individuen, welche von den letzteren (den aus gemeinsamem Stamm
empirisch abgeleiteten) nicht mehr verschieden sind, als diese unter
sich von einander abweichen. Bei näherer Betrachtung dieser Spe=
ciesdefinition Cuviers zeigt sich sofort, daß dieselbe weder theore=
tisch befriedigend, noch praktisch anwendbar ist. Cuvier fing mit
dieser Definition bereits an, sich in dem Kreise herum zu drehen, in
welchem fast alle folgenden Definitionen der Species im Sinne ihrer
Unveränderlichkeit sich bewegt haben.

Bei der außerordentlichen Bedeutung, welche George Cuvier
für die organische Naturwissenschaft gewonnen hat, angesichts der fast
unbeschränkten Alleinherrschaft, welche seine Ansichten während der
ersten Hälfte unsers Jahrhunderts in der Thierkunde ausübten, er=
scheint es an dieser Stelle angemessen, seinen Einfluß noch etwas
näher zu beleuchten. Es ist dies um so nöthiger, als wir in Cuvier

den bedeutendsten Gegner der Abstammungslehre und der durch sie begründeten einheitlichen (monistischen) Naturauffassung zu bekämpfen haben.

Unter den vielen und großen Verdiensten Cuviers stehen obenan diejenigen, welche er sich als Gründer der vergleichenden Anatomie erwarb. Während Linné die Unterscheidung der Arten, Gattungen, Ordnungen und Klassen meistens auf äußere Charaktere, auf einzelne, leicht auffindbare Merkmale in der Zahl, Größe, Lage und Gestalt einzelner organischer Theile des Körpers gründete, drang Cuvier viel tiefer in das Wesen der Organisation ein. Er wies große und durchgreifende Verschiedenheiten in dem inneren Bau der Thiere als die wesentliche Grundlage einer wissenschaftlichen Erkenntniß und Klassifikation derselben nach. Er unterschied natürliche Familien im Thierreich, und er gründete auf deren vergleichende Anatomie sein natürliches System des Thierreichs.

Der Fortschritt von dem künstlichen System Linné's zu dem natürlichen System Cuviers war außerordentlich bedeutend. Linné hatte sämmtliche Thiere in eine einzige Reihe geordnet, welche er in sechs Klassen eintheilte, zwei wirbellose und vier Wirbelthierklassen. Er unterschied dieselben künstlich nach der Beschaffenheit des Blutes und des Herzens. Cuvier dagegen zeigte, daß man im Thierreich vier große natürliche Hauptabtheilungen unterscheiden müsse, welche er Hauptformen oder Generalpläne oder Zweige des Thierreichs (Embranchements) nannte, nämlich 1) die Wirbelthiere (Vertebrata), 2) die Gliederthiere (Articulata), 3) die Weichthiere (Mollusca), und 4) die Strahlthiere (Radiata). Er wies ferner nach, daß in jedem dieser vier Zweige ein eigenthümlicher Bauplan oder Typus erkennbar sei, welcher diesen Zweig von jedem der drei andern Zweige unterscheidet. Bei den Wirbelthieren ist derselbe durch die Beschaffenheit des Skelets oder Knochengerüstes, sowie durch den Bau und die Lage des Rückenmarks, abgesehen von vielen anderen Eigenthümlichkeiten, bestimmt ausgedrückt. Die Gliederthiere werden durch ihr Bauchmark und ihr Rückenherz charakterisirt. Für die Weichthiere ist

die sackartige, ungegliederte Körperform bezeichnend. Die Strahlthiere endlich unterscheiden sich von den drei anderen Hauptformen
durch die Zusammensetzung ihres Körpers aus vier oder mehreren,
strahlenförmig in einem gemeinsamen Mittelkörper vereinigten Haupt-
abschnitten (Antimeren).

Man pflegt gewöhnlich die Unterscheidung dieser vier thierischen
Hauptformen, welche ungemein fruchtbar für die weitere Entwickelung
der Zoologie wurde, Cuvier allein zuzuschreiben. Indessen wurde
derselbe Gedanke fast gleichzeitig, und unabhängig von Cuvier, von
einem der größten, noch lebenden Naturforscher ausgesprochen, von
Bär, welcher um die Entwickelungsgeschichte der Thiere sich die her-
vorragendsten Verdienste erwarb. Bär zeigte, daß man auch in der
Entwickelungsweise der Thiere vier verschiedene Hauptformen oder Typen unterscheiden müsse. Diese entsprechen den vier thierischen Bau-
plänen, welche Cuvier auf Grund der vergleichenden Anatomie unterschieden hatte. So z. B. stimmt die individuelle Entwickelung aller
Wirbelthiere in ihren Grundzügen von Anfang an so sehr überein,
daß man die Keimanlagen oder Embryonen der verschiedenen Wirbelthiere (z. B. der Reptilien, Vögel und Säugethiere) in der frühesten
Zeit gar nicht unterscheiden kann. Erst im weiteren Verlaufe der
Entwickelung treten allmählich die tieferen Formunterschiede auf, welche
jene verschiedenen Klassen und deren Ordnungen von einander trennen. Ebenso ist die Körperanlage, welche sich bei der individuellen
Entwickelung der Gliederthiere (Insekten, Spinnen, Krebse) ausbil-
det, von Anfang an bei allen Gliederthieren gleich, dagegen verschieden von derjenigen aller Wirbelthiere. Dasselbe gilt mit gewissen
Einschränkungen von den Weichthieren und den Strahlthieren.

Weder Bär, welcher auf dem Wege der individuellen Entwickelungsgeschichte (oder Embryologie), noch Cuvier, welcher auf dem
Wege der vergleichenden Anatomie zur Unterscheidung der vier thierischen Typen oder Hauptformen gelangte, erkannten die wahre Ursache
dieses typischen Unterschiedes. Diese wird uns nur durch die Abstammungslehre enthüllt. Die wunderbare und wirklich überraschende

Aehnlichkeit in der inneren Organisation, in den anatomischen Struk=
turverhältnissen, und die noch merkwürdigere Uebereinstimmung in der
embryonalen Entwickelung bei allen Thieren, welche zu einem und
demselben Typus, z. B. zu dem Zweige der Wirbelthiere, gehören,
erklärt sich in der einfachsten Weise durch die Annahme einer gemein=
samen Abstammung derselben von einer einzigen Stammform. Alle
Wirbelthiere müssen von einer einzigen ursprünglichen Wirbelthierform
nothwendig abstammen. Entschließt man sich nicht zu dieser Annah=
me, so bleibt jene typische und durchgreifende Uebereinstimmung der
verschiedensten Wirbelthiere im inneren Bau und in der Entwicke=
lungsweise vollkommen unerklärlich. Sie kann nur durch die Ver=
erbung erklärt werden.

    Nächst der vergleichenden Anatomie der Thiere, und der durch
diese neu begründeten systematischen Zoologie, war es besonders die
Versteinerungskunde oder Paläontologie, um welche sich
Cuvier die größten Verdienste erwarb. Wir müssen dieser um so
mehr gedenken, als gerade die paläontologischen und die damit ver=
bundenen geologischen Ansichten Cuviers in der ersten Hälfte unseres
Jahrhunderts sich fast allgemein im höchsten Ansehen erhielten, und
der Entwickelung der natürlichen Schöpfungsgeschichte die größten
Hindernisse entgegenstellten.

    Die Versteinerungen oder Petrefakten, deren wissen=
schaftliche Kenntniß Cuvier im Anfange unseres Jahrhunderts im
umfassendsten Maße förderte und für die Wirbelthiere ganz neu be=
gründete, spielen in der „natürlichen Schöpfungsgeschichte“ eine der
wichtigsten Rollen. Denn diese in versteinertem Zustande uns erhal=
tenen Reste und Abdrücke von ausgestorbenen Thieren und Pflanzen
sind die wahren „Denkmünzen der Schöpfung“, die untrügli=
chen und unanfechtbaren Urkunden, welche unsere wahrhaftige Ge=
schichte der Organismen auf unerschütterlicher Grundlage feststellen.
Alle versteinerten oder fossilen Reste und Abdrücke berichten uns von
der Gestalt und dem Bau solcher Thiere und Pflanzen, welche ent=
weder die Urahnen und die Voreltern der jetzt lebenden Organismen

sind, oder aber ausgestorbene Seitenlinien, die sich von einem ge=
meinsamen Stamm mit den jetzt lebenden Organismen abgezweigt
haben. Diese unschätzbar werthvollen Urkunden der Schöpfungsge=
schichte haben sehr lange Zeit hindurch eine höchst untergeordnete Rolle
in der Wissenschaft gespielt. Obgleich bereits der große Naturfor=
scher des Alterthums, Aristoteles, sowie viele Philosophen die=
ses klassischen Zeitraums, richtig die wahre Natur der Petrefakten,
als wirklicher organischer Körperreste, beurtheilten, blieb dennoch
während des Mittelalters allgemein, und bei vielen Naturforschern
selbst noch im vorigen Jahrhundert, die Ansicht herrschend, daß die
Versteinerungen sogenannte Naturspiele seien (Lusus naturae), oder
Produkte einer unbekannten Bildungskraft der Natur, eines Gestal=
tungstriebes (Nisus formativus, Vis plastica). Ueber das Wesen und
die Thätigkeit dieser räthselhaften und mystischen Bildungskraft machte
man sich die abenteuerlichsten Vorstellungen. Einige glaubten, daß
diese bildende Schöpfungskraft, dieselbe, der sie auch die Entstehung
der lebenden Thier= und Pflanzenarten zuschrieben, zahlreiche Versuche
gemacht habe, Organismen verschiedener Form zu schaffen; diese
Versuche seien aber nur theilweise gelungen, häufig fehlgeschlagen,
und solche mißglückte Versuche seien die Versteinerungen. Nach Ande=
ren sollten die Petrefakten durch den Einfluß der Sterne im Inneren
der Erde entstehen. Andere machten sich noch eine gröbere Vorstel=
lung, daß nämlich der Schöpfer zunächst aus mineralischen Substan=
zen, z. B. aus Gyps oder Thon, vorläufige Modelle von denjenigen
Pflanzen = und Thierformen gemacht habe, die er später in organischer
Substanz ausführte, und denen er seinen lebendigen Odem einhauchte;
die Petrefakten seien solche rohe, anorganische Modelle. Selbst noch
im vorigen Jahrhundert waren solche rohe Ansichten verbreitet, und es
wurde z. B. eine besondere „Samenluft“ (Aura seminalis) angenom=
men, welche mit dem Wasser in die Erde dringe und durch Befruchtung
der Gesteine die Petrefakten, das „Steinfleisch“ (Caro fossilis) bilde.

Sie sehen, es dauerte gewaltig lange, ehe die einfache und na=
turgemäße Vorstellung zur Geltung gelangte, daß die Versteinerungen

wirklich nichts Anderes seien, als das, was schon der einfache Au=
genschein lehrt: die unverweslichen Ueberbleibsel von gestorbenen Or=
ganismen.   Zwar wagte der berühmte Maler Leonardo da Vinci
schon im fünfzehnten Jahrhundert zu behaupten, daß der aus dem
Wasser beständig sich absetzende Schlamm die Ursache der Versteine=
rungen sei, indem er die auf dem Boden der Gewässer liegenden un=
verweslichen Kalkschalen der Muscheln und Schnecken umschließe, und
allmählich zu festem Gestein erhärte.   Das Gleiche behauptete auch
im sechszehnten Jahrhundert ein Pariser Töpfer, Palissy, welcher
sich durch seine Porzellanerfindung berühmt machte.   Allein die soge=
nannten „Gelehrten von Fach“ waren weit entfernt, diese wichtigen
Aussprüche des einfachen gesunden Menschenverstandes zu würdigen,
und erst gegen das Ende des vorigen Jahrhunderts, während der
Begründung der neptunistischen Geologie durch Werner, gewannen
dieselben allgemeine Geltung.

Die Begründung der strengeren wissenschaftlichen Paläontologie
fällt jedoch erst in den Anfang unseres Jahrhunderts, als Cuvier
seine klassischen Untersuchungen über die versteinerten Wirbelthiere,
und sein großer Gegner Lamarck seine bahnbrechenden Forschungen
über die fossilen wirbellosen Thiere, namentlich die versteinerten Schne=
cken und Muscheln, veröffentlichte.   In seinem unsterblichen Werke
„über die fossilen Knochen“ der Wirbelthiere, insbesondere der Säu=
gethiere und Reptilien, gelangte Cuvier bereits zur Erkenntniß eini=
ger sehr wichtigen und allgemeinen paläontologischen Gesetze, welche
für die Schöpfungsgeschichte große Bedeutung gewannen.   Dahin ge=
hört vor Allen der Satz, daß die ausgestorbenen Thierarten, deren
Ueberbleibsel wir in den verschiedenen, über einander liegenden Schich=
ten der Erdrinde versteinert vorfinden, sich um so auffallender von
den jetzt noch lebenden, verwandten Thierarten unterscheiden, je tiefer
jene Erdschichten liegen, d. h. je früher die Thiere in der Vorzeit lebten.
In der That findet man bei jedem senkrechten Durchschnitt der geschich=
teten Erdrinde, daß die verschiedenen, aus dem Wasser in bestimm=
ter historischer Reihenfolge abgesetzten Erdschichten durch verschiedene

Petrefakten charakterisirt sind, und daß diese ausgestorbenen Organis=
men denjenigen der Gegenwart um so ähnlicher werden, je weiter wir
in der Schichtenfolge aufwärts steigen, d. h. je jünger die Periode
der Erdgeschichte war, in der sie lebten, starben, und von den abge=
lagerten und erhärtenden Schlammschichten umschlossen wurden.

So wichtig diese allgemeine Wahrnehmung Cuviers einerseits
war, so wurde sie doch andrerseits für ihn die Quelle eines folgen=
schweren Irrthums. Denn indem er die charakteristischen Versteinerun=
gen jeder einzelnen größeren Schichtengruppe, welche während eines
Hauptabschnitts der Erdgeschichte abgelagert wurde, für gänzlich ver=
schieden von denen der darüber und der darunter liegenden Schichten=
gruppe hielt, indem er irrthümlich glaubte, daß niemals eine und
dieselbe Thierart in zwei aufeinander folgenden Schichtengruppen sich
vorfinde, gelangte er zu der falschen Vorstellung, welche für die mei=
sten nachfolgenden Naturforscher maßgebend wurde, daß eine Reihe
von ganz verschiedenen Schöpfungsperioden aufeinander gefolgt sei,
und daß jede Periode ihre ganz besondere Thier= und Pflanzenwelt,
eine ihr eigenthümliche, specifische Fauna und Flora besessen habe.
Er stellte sich vor, daß die ganze Geschichte der Erdrinde seit der Zeit,
seit welcher überhaupt lebende Wesen auf der Erdrinde auftraten, in
eine Anzahl vollkommen getrennter Perioden oder Hauptabschnitte zer=
falle, und daß die einzelnen Perioden durch eigenthümliche Umwäl=
zungen unbekannter Natur, sogenannte Revolutionen (Kataklysmen
oder Katastrophen) von einander geschieden seien. Jede Revolution
hatte zunächst die vollkommene Vernichtung der damals lebenden
Thier= und Pflanzenwelt zur Folge, und nach ihrer Beendigung fand
eine vollständig neue Schöpfung der organischen Formen statt. Eine
neue Welt von Thieren und Pflanzen, durchweg specifisch verschieden
von denen der vorhergehenden Geschichtsperiode', wurde mit einem
Male in das Leben gerufen, und bevölkerte nun wieder eine Reihe
von Jahrtausenden hindurch den Erdball, bis sie plötzlich durch den
Eintritt einer neuen Revolution zu Grunde ging.

Von dem Wesen und den Ursachen dieser Revolutionen sagte Cu=

vier ausdrücklich, daß man sich keine Vorstellung darüber machen
könne, und daß die jetzt wirksamen Kräfte der Natur zu einer Erklä=
rung derselben nicht ausreichten. Als natürliche Kräfte oder mecha=
nische Agentien, welche in der Gegenwart beständig, obwohl lang=
sam, an einer Umgestaltung der Erdoberfläche arbeiten, führt Cu=
vier vier wirkende Ursachen auf: erstens den Regen, welcher die stei=
len Gebirgsabhänge abspült und Schutt an deren Fuß anhäuft; zwei=
tens die fließenden Gewässer, welche diesen Schutt fortführen
und als Schlamm im stehenden Wasser absetzen; drittens das Meer,
dessen Brandung die steilen Küstenränder abnagt, und an flachen Kü=
stensäumen Dünen aufwirft; und endlich viertens die Vulkane,
welche die Schichten der erhärteten Erdrinde durchbrechen und in die
Höhe heben, und welche ihre Auswurfsprodukte aufhäufen und um=
herstreuen. Während Cuvier die beständige langsame Umbildung
der gegenwärtigen Erdoberfläche durch diese vier mächtigen Ursachen
anerkennt, behauptet er gleichzeitig, daß dieselben nicht ausgereicht
haben könnten, um die Erdrevolutionen der Vorzeit auszuführen, und
daß man den anatomischen Bau der ganzen Erdrinde nicht durch die
nothwendige Wirkung jener mechanischen Agentien erklären könne:
vielmehr müßten jene wunderbaren, großen Umwälzungen der gan=
zen Erdoberfläche durch ganz eigenthümliche, uns gänzlich unbekannte
Ursachen bewirkt worden sein; der gewöhnliche Entwickelungsfaden
sei durch diese Revolutionen zerrissen, der Gang der Natur verändert.

Diese Ansichten legte Cuvier in einem besonderen, auch ins
Deutsche übersetzten Buche nieder: „Ueber die Revolutionen der Erd=
oberfläche, und die Veränderungen, welche sie im Thierreich hervor=
gebracht haben”. Sie erhielten sich lange Zeit hindurch in allgemeiner
Geltung, und wurden das größte Hinderniß für die Entwickelung einer
natürlichen Schöpfungsgeschichte. Denn wenn wirklich solche, Alles
vernichtende Revolutionen existirt hatten, so war natürlich eine Conti=
nuität der Artenentwickelung, ein zusammenhängender Faden der or=
ganischen Erdgeschichte gar nicht anzunehmen, und man mußte
dann seine Zuflucht zu der Wirksamkeit übernatürlicher Kräfte, zum

Eingriff von Wundern in den natürlichen Gang der Dinge nehmen. Nur durch Wunder konnten die Revolutionen der Erde herbeigeführt sein, und nur durch Wunder konnte nach deren Aufhören, am Anfange jeder neuen Periode, eine neue Thier= und Pflanzenwelt geschaffen sein. Für das Wunder hat aber die Naturwissenschaft nirgends einen Platz, sofern man unter Wunder einen Eingriff übernatürlicher Kräfte in den natürlichen Entwickelungsgang der Materie versteht.

Ebenso wie die große Autorität, welche sich Linné durch die systematische Unterscheidung und Benennung der organischen Arten gewonnen hatte, bei seinen Nachfolgern zu einer völligen Verknöcherung des dogmatischen Speciesbegriffs, und zu einem wahren Mißbrauche der systematischen Artunterscheidung führte; ebenso wurden die großen Verdienste, welche sich Cuvier um Kenntniß und Unterscheidung der ausgestorbenen Arten erworben hatte, die Ursache einer allgemeinen Annahme seiner Revolutions= oder Kataklysmenlehre, und der damit verbundenen grundfalschen Schöpfungsansichten.   In Folge dessen hielten während der ersten Hälfte unseres Jahrhunderts die meisten Zoologen und Botaniker an der Ansicht fest, daß eine Reihe unab= hängiger Perioden der organischen Erdgeschichte existirt habe; jede Periode sei durch eine bestimmte, ihr ganz eigenthümliche Bevölkerung von Thier= und Pflanzenarten ausgezeichnet gewesen; diese sei am Ende der Periode durch eine allgemeine Revolution vernichtet, und nach dem Aufhören der letzteren wiederum eine neue, spezifisch ver= schiedene Thier= und Pflanzenwelt erschaffen worden. Zwar machten schon frühzeitig einzelne selbstständig denkende Köpfe, vor Allen der große Naturphilosoph Lamarck, eine Reihe von gewichtigen Grün= den geltend, welche diese Kataklysmentheorie Cuviers widerlegten, und welche vielmehr auf eine einzige zusammenhängende und ununter= brochene Entwickelungsgeschichte der gesammten organischen Erdbe= völkerung aller Zeiten hinwiesen. Sie behaupteten, daß die Thier= und Pflanzenarten der einzelnen Perioden von denen der nächst vor= hergehenden Periode abstammen und nur die veränderten Nachkommen der ersteren seien. Indessen der großen Autorität Cuviers gegen=

über vermochte damals diese richtige Ansicht noch nicht durchzudringen. Ja selbst nachdem durch Lyells 1830 erschienene, classische Principien der Geologie die Kataklysmenlehre Cuviers aus dem Gebiete der Geologie gänzlich verdrängt worden war, blieb seine Ansicht von der specifischen Verschiedenheit der verschiedenen organischen Schöpfungen auf dem Gebiete der Paläontologie noch vielfach in Geltung. (Gen. Morph. II., 312.)

Durch einen seltsamen Zufall geschah es vor zehn Jahren, daß fast zu derselben Zeit, als Cuviers Schöpfungsgeschichte durch Darwins Werk ihren Todesstoß erhielt, ein anderer berühmter Naturforscher den Versuch unternahm, dieselbe von Neuem zu begründen, und in schroffster Form als Theil eines teleologisch-theologischen Natursystems durchzuführen. Der Schweizer Geologe Louis Agassiz nämlich, welcher durch seine Gletscher- und Eiszeittheorien einen so hohen Ruf erlangt hat, und welcher seit einer Reihe von Jahren in Nordamerika lebt, begann 1858 die Veröffentlichung eines höchst großartig angelegten Werks, welches den Titel führt: „Beiträge zur Naturgeschichte der vereinigten Staaten von Nordamerika"[5]. Der erste Band dieser Naturgeschichte, welche durch den Patriotismus der Nordamerikaner eine für ein so großes und kostspieliges Werk unerhörte Verbreitung erhielt, führt den Titel: „Ein Versuch über Klassifikation". Agassiz erläutert in diesem Versuche nicht allein das natürliche System der Organismen und die verschiedenen darauf abzielenden Klassifikationsversuche der Naturforscher, sondern auch alle allgemeinen biologischen Verhältnisse welche darauf Bezug haben. Die Entwickelungsgeschichte der Organismen, und zwar sowohl die embryologische als die paläontologische, ferner die allgemeinen Resultate der vergleichenden Anatomie, sodann die allgemeine Oekonomie der Natur, die geographische und topographische Verbreitung der Thiere und Pflanzen, kurz fast alle allgemeine Erscheinungsreihen der organischen Natur, kommen in dem Klassifikationsversuche von Agassiz zur Besprechung, und werden sämmtlich in einem Sinne und von einem Standpunkte aus erläutert, welcher demjenigen Darwins auf das Schroffste gegenübersteht. Während das Hauptverdienft Darwins darin befteht, natürliche Urfachen für die Entftehung der Thier- und Pflanzenarten nachzuweifen, und fomit die mechanifche oder moniftifche Weltanfchauung auch auf diefem fchwierigften Gebiete der Schöpfungsgefchichte geltend zu machen, ift Agaffiz im Gegentheil überall beftrebt, jeden mechanifchen Vorgang aus diefem ganzen Gebiete völlig auszufchließen und überall den übernatürlichen Eingriff eines perfönlichen Schöpfers an die Stelle der natürlichen Kräfte der Materie zu fetzen, mithin eine entfchieden teleologifche oder dualiftifche Weltanfchauung zur Geltung zu bringen. Schon aus diefem Grunde werden Sie es gewiß angemeffen finden, wenn ich hier auf die biologifchen Anfichten von Agaffiz, und insbefondere auf feine Schöpfungsvorftellungen etwas näher eingehe, um fo mehr, als kein anderes Werk unferer Gegner jene wichtigen allgemeinen Grundfragen mit gleicher Ausführlichkeit behandelt, und als zugleich die völlige Unhaltbarkeit ihrer dualiftifchen Weltanfchauung fich daraus auf das Klarfte ergiebt.

Die organifche Art oder Species, deren verfchiedenartige Auffaffung wir oben als den eigentlichen Angelpunkt der entgegengefetzten Schöpfungsanfichten bezeichnet haben, wird von Agaffiz, ebenfo wie von Cuvier und Linné, als eine in allen wefentlichen Merkmalen unveränderliche Geftalt angefehen; zwar können die Arten innerhalb enger Grenzen abändern oder variiren, aber nur in unwefentlichen, niemals in wefentlichen Eigenthümlichkeiten. Niemals können aus den Abänderungen oder Varietäten einer Art wirkliche neue Species hervorgehen. Keine von allen organifchen Arten ftammt alfo jemals von einer anderen ab; vielmehr ift jede einzelne für fich von Gott gefchaffen worden. Jede einzelne Thierart ift, wie fich Agaffiz ausdrückt, ein verkörperter Schöpfungsgedanke Gottes.

In fchroffem Gegenfatz zu der durch die paläontologifche Erfahrung feftgeftellten Thatfache, daß die Zeitdauer der einzelnen organifchen Arten eine höchft ungleiche ift, und daß manche Species unverändert durch mehrere auf einanderfolgende Perioden der Erdgefchichte hindurchgehen, während Andere nur einen kleinen Bruchtheil einer

4 *

ſolchen Periode durchlebten, behauptet Agaſſiz, daß niemals eine
und dieſelbe Species in zwei verſchiedenen Perioden vorkomme, und
daß vielmehr jede einzelne Periode durch eine ganz eigenthümliche, ihr
ausſchließlich angehörige Bevölkerung von Thier- und Pflanzenarten
charakteriſirt ſei. Er theilt ferner Cuviers Anſicht, daß durch die
großen und allgemeinen Revolutionen der Erdoberfläche, welche je
zwei auf einander folgende Perioden trennten, jene ganze Bevölkerung vernichtet und nach deren Untergang eine neue, davon ſpecifiſch
verſchiedene geſchaffen wurde. Dieſe Neuſchöpfung läßt Agaſſiz in
der Weiſe geſchehen, daß jedesmal die geſammte Erdbevölkerung in
ihrer durchſchnittlichen Individuenzahl und in den der Oekonomie der
Natur entſprechenden Wechſelbeziehungen der einzelnen Arten vom
Schöpfer als Ganzes plötzlich in die Welt geſetzt worden ſei. Hiermit
tritt er einem der beſtbegründeten und wichtigſten Geſetze der Thier-
und Pflanzengeographie entgegen, dem Geſetze nämlich, daß jede
Species einen einzigen urſprünglichen Entſtehungsort oder einen ſogenannten Schöpfungsmittelpunkt beſitzt, von dem aus ſie ſich über die
übrige Erde allmählich verbreitet hat. Statt deſſen läßt Agaſſiz
jede Species an verſchiedenen Stellen der Erdoberfläche und ſogleich
in einer größeren Anzahl von Individuen geſchaffen werden.

Das natürliche Syſtem der Organismen, deſſen verſchiedene über einander geordnete Gruppenſtufen oder Kategorien, die
Zweige, Klaſſen, Ordnungen, Familien, Gattungen und Arten, wir
der Abſtammungslehre gemäß als verſchiedene Aeſte und Zweige des
gemeinſchaftlichen organiſchen Stammbaumes betrachten, iſt nach
Agaſſiz der unmittelbare Ausdruck des göttlichen Schöpfungsplanes,
und indem der Naturforſcher das natürliche Syſtem erforſcht, denkt er
die Schöpfungsgedanken Gottes nach. Hierin findet Agaſſiz den kräf-
tigſten Beweis dafür, daß der Menſch das Ebenbild und Kind Gottes
iſt. Die verſchiedenen Gruppenſtufen oder Kategorien des natürlichen
Syſtems entſprechen den verſchiedenen Stufen der Ausbildung, welche
der göttliche Schöpfungsplan erlangt hatte. Beim Entwurfe und
bei der Ausführung dieſes Planes vertiefte ſich der Schöpfer, von all-

gemeinſten Schöpfungsideen ausgehend, immer mehr in die beſonde=
ren Einzelheiten. Was alſo z. B. das Thierreich betrifft, ſo hatte
Gott bei deſſen Schöpfung zunächſt vier grundverſchiedene Ideen vom
Thierkörper, welche er in dem verſchiedenen Bauplane der vier großen
Hauptformen, Typen oder Zweige des Thierreichs verkörperte, in den
Wirbelthieren, Gliederthieren, Weichthieren und Strahlthieren. In=
dem nun der Schöpfer darüber nachdachte, in welcher Art und Weiſe
er dieſe vier verſchiedenen Baupläne mannichfaltig ausführen könne,
ſchuf er zunächſt innerhalb jeder der vier Hauptformen mehrere ver=
ſchiedene Klaſſen, z. B. in der Wirbelthierform die Klaſſen der Säuge=
thiere, Vögel, Reptilien, Amphibien und Fiſche. Weiterhin vertiefte
ſich dann Gott in die einzelnen Klaſſen und brachte durch verſchiedene
Abſtufungen im Bau jeder Klaſſe deren einzelne Ordnungen hervor.
Durch weitere Variation der Ordnungsform erſchuf er die natürlichen
Familien. Indem der Schöpfer ferner in jeder Familie die letzten Struc=
tureigenthümlichkeiten einzelner Theile variirte, entſtanden die Gattun=
gen oder Genera. Endlich zuletzt ging Gott im weiteren Ausdenken
ſeines Schöpfungsplanes ſo ſehr ins Einzelne, daß die einzelnen Arten
oder Species ins Leben traten. Dieſe ſind alſo die verkörperten
Schöpfungsgedanken der ſpeciellſten Art. (Gen. Morph. II., 374.)

Sie ſehen, der Schöpfer verfährt nach Agaſſiz' Vorſtellung beim
Hervorbringen der organiſchen Formen genau ebenſo wie ein menſchli=
cher Baukünſtler, der ſich die Aufgabe geſtellt hat, möglichſt viel ver=
ſchiedene Bauwerke, zu möglichſt mannichfaltigen Zwecken, in mög=
lichſt abweichendem Style, in möglichſt verſchiedenen Graden der Ein=
fachheit, Pracht, Größe und Vollkommenheit auszudenken und auszu=
führen. Dieſer Architect würde zunächſt vielleicht für alle dieſe Gebäude
vier verſchiedene Style anwenden, etwa den gothiſchen, byzantiniſchen,
chineſiſchen und Roccocoſtyl. In jedem dieſer Style würde er eine
Anzahl von Kirchen, Paläſten, Kaſernen, Gefängniſſen und Wohn=
häuſern bauen. Jede dieſer verſchiedenen Gebäudeformen würde er
in roheren und vollkommneren, in größeren und kleineren, in einfachen
und prächtigen Arten ausführen u. ſ. w. Inſofern wäre jedoch der

menschliche Architekt vielleicht noch besser als der göttliche Schöpfer daran, daß ihm in der Anzahl der Gruppenstufen alle Freiheit gelassen wäre. Der Schöpfer dagegen darf sich nach Agaffiz immer nur in- nerhalb der genannten sechs Gruppenstufen oder Kategorien bewegen, innerhalb der Art, Gattung, Familie, Ordnung, Klasse und Typus. Mehr als diese sechs Kategorien giebt es für ihn nicht.

Wenn Sie in Agaffiz' Werk über die Klaffifikation selbst die weitere Ausführung und Begründung dieser seltsamen Ansichten lesen, — und ich kann Ihnen dies nur empfehlen, — so werden Sie kaum begreifen, wie man mit allem Anschein wiffenschaftlichen Ernstes die Vermenschlichung (den Anthropomorphismus) des göttli- chen Schöpfers so weit treiben, und eben durch die Ausführung im Einzelnen bis zum verkehrtesten Unsinn ausmalen kann. In dieser ganzen Vorstellungsreihe ist der Schöpfer weiter nichts als ein allmäch- tiger Mensch, der von Langeweile geplagt, sich mit dem Ausdenken und Aufbauen möglichst mannichfaltiger Spielzeuge, der organischen Arten, belustigt. Nachdem er sich mit denselben eine Reihe von Jahr- tausenden hindurch unterhalten, werden sie ihm langweilig; er ver- nichtet sie durch eine allgemeine Revolution der Erdoberfläche, indem er das ganze unnütze Spielzeug in Haufen zusammenwirft, und ruft nun, um sich an etwas Neuem und Befferem die Zeit zu vertreiben, eine neue und vollkommnere Thier- und Pflanzenwelt ins Leben. Um jedoch nicht die Mühe der ganzen Schöpfungsarbeit von vorn anzu- fangen, behält er immer den einmal ausgedachten Schöpfungsplan im Großen und Ganzen bei, und schafft nur lauter neue Arten, oder höchstens neue Gattungen, viel seltener neue Familien, Ordnungen oder gar Klaffen. Zu einem neuen Typus oder Style bringt er es nie. Dabei bleibt er immer streng innerhalb jener sechs Kategorien.

Nachdem der Schöpfer so nach Agaffiz' Ansicht sich Millionen von Jahrtausenden hindurch mit dem Aufbauen und Zerstören einer Reihe verschiedener Schöpfungen unterhalten hatte, kömmt er endlich zuletzt — obwohl sehr spät! — auf den guten Gedanken, sich seines- gleichen zu erschaffen, und er formt den Menschen nach seinem Eben-

bilde! Hiermit ist das Endziel aller Schöpfungsgeschichte erreicht und
die Reihe der Erdrevolutionen abgeschlossen. Der Mensch, das Kind
und Ebenbild Gottes, giebt demselben so viel zu thun, macht ihm so
viel Vergnügen und Mühe, daß er nun niemals mehr Langeweile hat,
und keine neue Schöpfung mehr eintreten zu lassen braucht. Sie sehen offenbar, wenn man einmal in der Weise, wie Agassiz, dem
Schöpfer durchaus menschliche Attribute und Eigenschaften beilegt, und
sein Schöpfungswerk durchaus analog einer menschlichen Schöpfungsthätigkeit betrachtet, so ist man nothwendig auch zur Annahme dieser
ganz absurden Konsequenzen gezwungen.

Die vielen inneren Widersprüche und die auffallenden Verkehrtheiten der Schöpfungsansichten von Agassiz, welche ihn nothwendig
zu dem entschiedensten Widerstand gegen die Abstammungslehre führten, müssen aber um so mehr unser Erstaunen erregen, als vielleicht
(in mancher Beziehung wenigstens) kein anderer Naturforscher der
neuern Zeit so sehr thatsächlich Darwin vorgearbeitet hat, insbesondere durch seine Thätigkeit auf dem paläontologischen Gebiete. Unter
den zahlreichen Untersuchungen über Versteinerungen, welche der jungen Paläontologie schnell die allgemeine Theilnahme erwarben, schließen sich diejenigen von Agassiz, namentlich das berühmte Werk „über
die fossilen Fische", zunächst ebenbürtig an die grundlegenden Arbeiten
von Cuvier an. Nicht allein haben die versteinerten Fische, mit denen uns Agassiz bekannt machte, eine außerordentlich hohe Bedeutung für das Verständniß der ganzen Wirbelthiergruppe und ihrer geschichtlichen Entwickelung gewonnen; sondern wir sind dadurch auch
zur sicheren Erkenntniß wichtiger allgemeiner Entwickelungsgesetze gelangt, die zum Theil von Agassiz zuerst entdeckt wurden. Insbesondere hat derselbe zuerst den merkwürdigen Parallelismus zwischen
der embryonalen und der paläontologischen Entwickelung, zwischen der
Ontogenie und Phylogenie hervorgehoben, eine Uebereinstimmung, welche
ich schon vorher (S. 9) als eine der stärksten Stützen für die Abstammungslehre in Anspruch genommen habe. Niemand hatte vorher so
bestimmt, wie es Agassiz that, hervorgehoben, daß von den Wirbel-

thieren zuerst nur Fische allein existirt haben, daß erst später Amphi=
bien auftraten, und daß erst in noch viel späterer Zeit Vögel und Säu=
gethiere erschienen; daß ferner von den Säugethieren, ebenso wie von
den Fischen, anfangs unvollkommnere, niedere Ordnungen, später erst
vollkommnere und höhere auftraten. Agassiz zeigte mithin, daß die
paläontologische Entwickelung der ganzen Wirbelthiergruppe nicht allein
der embryonalen parallel sei, sondern auch der systematischen Entwicke=
lung, d. h. der Stufenleiter, welche wir überall im System von den niede=
ren zu den höheren Klassen, Ordnungen u. s. w. aufsteigend erblicken.
Zuerst erschienen in der Erdgeschichte nur niedere, später erst höhere For=
men. Diese wichtige Thatsache erklärt sich, ebenso wie die Uebereinstim=
mung der embryonalen und paläontologischen Entwickelung, ganz ein=
fach und natürlich aus der Abstammungslehre, während sie ohne diese
ganz unerklärlich ist. Dasselbe gilt ferner auch von dem großen Gesetz der
fortschreitenden Entwickelung, von dem historischen Fortschritt
der Organisation, welcher sowohl im Großen und Ganzen in der ge=
schichtlichen Aufeinanderfolge aller Organismen sichtbar ist, als in der
besonderen Vervollkommnung einzelner Theile des Thierkörpers. So z. B.
erhielt das Skelet der Wirbelthiere, ihr Knochengerüst, erst langsam,
allmählich und stufenweis den hohen Grad von Vollkommenheit, welchen
es jetzt beim Menschen und den anderen höheren Wirbelthieren besitzt.
Dieser von Agassiz thatsächlich anerkannte Fortschritt folgt aber mit
Nothwendigkeit aus der von Darwin begründeten Züchtungslehre,
welche die wirkenden Ursachen desselben nachweist. Wenn diese Lehre
richtig ist, so mußte nothwendig die Vollkommenheit und Mannich=
faltigkeit der Thier= und Pflanzenarten im Laufe der organischen Erdge=
schichte stufenweise zunehmen, und konnte erst in neuester Zeit ihre
höchste Ausbildung erlangen.

Alle so eben angeführten, nebst einigen anderen allgemeinen Ent=
wickelungsgesetzen, welche von Agassiz ausdrücklich anerkannt und
mit Recht stark betont werden, welche sogar von ihm selbst zum Theil
erst aufgestellt wurden, sind, wie Sie später sehen werden, nur durch
die Abstammungslehre erklärbar und bleiben ohne dieselbe völlig un=

begreiflich.   Nur die von Darwin entwickelte Wechselwirkung der Vererbung und Anpassung kann die wahre Ursache derselben sein. Dagegen stehen sie alle in schroffem und unvereinbarem Gegensatz mit der vorher besprochenen Schöpfungshypothese von Agassiz, und mit allen Vorstellungen von der zweckmäßigen Werkthätigkeit eines persönlichen Schöpfers.   Will man im Ernst durch die letztere jene merkwürdigen Erscheinungen und ihren inneren Zusammenhang er- klären, so verirrt man sich nothwendig zu der Annahme, daß auch der Schöpfer selbst sich mit der organischen Natur, die er schuf und um- bildete, entwickelt habe.   Man kann sich dann nicht mehr von der Vor- stellung los machen, daß der Schöpfer selbst nach Art des menschlichen Organismus seine Pläne entworfen, verbessert und endlich unter vielen Abänderungen ausgeführt habe.   „Es wächst der Mensch mit seinen höher'n Zwecken".   Diese Gottes unwürdige Vorstellung müssen wir dann nothwendig auf ihn übertragen.   Wenn es nach der Ehrfurcht, mit der Agassiz auf jeder Seite vom Schöpfer spricht, scheinen könnte, daß wir dadurch zur erhabensten Vorstellung von seinem Wirken in der Natur gelangen, so findet in Wahrheit das Gegentheil statt.   Der göttliche Schöpfer wird dadurch zu einem idealisirten Menschen ernie- drigt, zu einem in der Entwickelung fortschreitenden Organismus.

Bei der weiten Verbreitung und dem hohen Ansehen, welches sich Agassiz' Werk erworben hat, und welches in Anbetracht der an- deren hohen wissenschaftlichen Verdienste des geistvollen Verfassers gewiß gerechtfertigt ist, glaubte ich es Ihnen schuldig zu sein, hier diese schwachen Seiten desselben stark hervorzuheben.   Sofern dies Werk eine naturwissenschaftliche Schöpfungsgeschichte sein will, ist dasselbe unzweifelhaft gänzlich verfehlt.   Es hat aber außerordentlichen Werth, als der einzige, ausführliche und mit wissenschaftlichen Beweisgründen geschmückte Versuch, den in neuerer Zeit ein hervorragender Natur- forscher zur Begründung einer teleologischen oder dualistischen Schö- pfungsgeschichte unternommen hat.   Die innere Unmöglichkeit einer solchen wird dadurch klar vor Jedermanns Augen gelegt.   Kein Gegner von Agassiz hätte vermocht, die von ihm entwickelte dua-

liſtiſche Anſchauung der organiſchen Natur und ihrer Entſtehung ſo
ſchlagend zu widerlegen, als ihm dies ſelbſt durch die überall hervor=
tretenden inneren Widerſprüche gelungen iſt. Sollten Sie bei dem
Leſen von Darwins Werk zweifelhaft werden über den Werth ſeiner
Lehre zur Erklärung dieſer oder jener allgemeinen Erſcheinungsreihe,
ſo brauchen Sie bloß in dem Werke von Agaſſiz den entgegenge=
ſetzten Erklärungsverſuch zu vergleichen, um ſofort die Unmöglichkeit
des letzteren, die Nothwendigkeit der erſteren zu erkennen.

Die Gegner der moniſtiſchen oder mechaniſchen Weltanſchauung
haben das Werk von Agaſſiz mit Freuden begrüßt und erblicken
darin eine vollendete Beweisführung für die unmittelbare Schöpfungs=
thätigkeit eines perſönlichen Gottes. Allein ſie überſehen dabei, daß
dieſer perſönliche Schöpfer bloß ein mit menſchlichen Attributen ausge=
rüſteter, idealiſirter Organismus iſt. Dieſe niedere dualiſtiſche Gottes=
vorſtellung entſpricht einer niederen thieriſchen Entwickelungsſtufe des
menſchlichen Organismus. Der höher entwickelte Menſch der Gegen=
wart iſt befähigt und berechtigt zu jener unendlich edleren und erha=
beneren Gottesvorſtellung, welche allein mit der moniſtiſchen Weltan=
ſchauung verträglich iſt, und welche Gottes Geiſt und Kraft in allen
Erſcheinungen ohne Ausnahme erblickt. Dieſe moniſtiſche Gottesidee,
welcher die Zukunft gehört, hat ſchon Giordano Bruno (S. 18)
mit den Worten ausgeſprochen: „Ein Geiſt findet ſich in allen Din=
gen, und es iſt kein Körper ſo klein, daß er nicht einen Theil der gött=
lichen Subſtanz in ſich enthielte, wodurch er beſeelt wird“. Dieſe
veredelte Gottesidee iſt es, von welcher Goethe ſagt: „Gewiß es
giebt keine ſchönere Gottesverehrung, als diejenige, welche kein Bild
bedarf welche aus dem Wechſelgeſpräch mit der Natur in unſerem Bu=
ſen entſpringt“. Durch ſie werden wir zu der edelſten und erhabenſten
Vorſtellung geführt, welcher der Menſch fähig iſt, zu der Vorſtellung
von der Einheit Gottes und der Natur.

Vierter Vortrag.

Entwickelungstheorie von Goethe und Oken.

Wissenschaftliche Unzulänglichkeit aller Vorstellungen von einer Schöpfung der einzelnen Arten. Nothwendigkeit der entgegengesetzten Entwickelungstheorien. Geschichtlicher Ueberblick über die wichtigsten Entwickelungstheorien. Aristoteles. Seine Lehre von der Urzeugung. Die Bedeutung der Naturphilosophie. Goethe. Seine Verdienste als Naturforscher. Seine Metamorphose der Pflanzen. Seine Wirbeltheorie des Schädels. Seine Entdeckung des Zwischenkiefers beim Menschen. Goethes Theilnahme an dem Streite zwischen Cuvier und Geoffroy S. Hilaire. Goethes Entdeckung der beiden organischen Bildungstriebe, des konservativen Specifikationstriebes (der Vererbung), und des progressiven Umbildungstriebes (der Anpassung). Goethes Ansicht von der gemeinsamen Abstammung aller Wirbelthiere mit Inbegriff des Menschen. Oken. Seine Naturphilosophie. Okens Vorstellung vom Urschleim (Protoplasmatheorie). Okens Vorstellung von den Infusorien (Zellentheorie). Okens Entwickelungstheorie.

Meine Herren! Alle verschiedenen Vorstellungen, welche wir uns über eine selbstständige, von einander unabhängige Entstehung der einzelnen organischen Arten durch Schöpfung machen können, laufen, folgerichtig durchdacht, auf einen sogenannten Anthropomorphismus, d. h. auf eine Vermenschlichung des Schöpfers hinaus, wie wir in dem letzten Vortrage bereits gezeigt haben. Es wird da der Schöpfer zu einem Organismus, der sich einen Plan entwirft, diesen Plan durchdenkt und verändert, und schließlich die Ge-

ſchöpfe nach dieſem Plane ausführt, wie ein menſchlicher Architekt
ſein Bauwerk.   Wenn ſelbſt ſo hervorragende Naturforſcher wie Lin=
né, Cuvier und Agaſſiz, die Hauptvertreter der dualiſtiſchen
Schöpfungshypotheſe, zu keiner genügenderen Vorſtellung gelangen
konnten, ſo wird daraus am beſten die Unzulänglichkeit aller derje=
nigen Vorſtellungen hervorgehen, welche die Mannichfaltigkeit der
organiſchen Natur aus einer ſolchen Schöpfung der einzelnen Arten
ableiten wollen.   Es haben zwar einige Naturforſcher, welche das
wiſſenſchaftlich ganz Unbefriedigende dieſer Vorſtellung einſahen, ver=
ſucht, den Begriff des perſönlichen Schöpfers durch denjenigen einer
unbewußt wirkenden ſchöpferiſchen Naturkraft zu erſetzen; indeſſen iſt
dieſer Ausdruck offenbar eine bloße umſchreibende Redensart, ſobald
nicht näher gezeigt wird, worin dieſe Naturkraft beſteht, und wie ſie
wirkt.   Daher haben auch dieſe letzteren Verſuche durchaus keine Gel=
tung in der Wiſſenſchaft errungen.   Vielmehr hat man ſich genöthigt
geſehen, ſobald man eine ſelbſtſtändige Entſtehung der verſchiedenen
Thier= und Pflanzenformen annahm, immer auf ebenſo viele Schö=
pfungsakte zurückzugreifen, d. h. auf übernatürliche Eingriffe des Schö=
pfers in den Gang der Dinge, der im Uebrigen ohne ſeine Mitwir=
kung abläuft.

Gegenüber nun dieſer vollſtändigen wiſſenſchaftlichen Unzuläng=
lichkeit aller Schöpfungshypotheſen ſind wir gezwungen, zu den entge=
gengeſetzten Entwickelungstheorien der Organismen unſere Zu=
flucht zu nehmen, wenn wir uns überhaupt eine wiſſenſchaftliche Vor=
ſtellung von der Entſtehung der Organismen machen wollen.   Wir
ſind gezwungen und verpflichtet dazu, ſelbſt wenn dieſe Entwickelungs=
theorien nur einen Schimmer von Wahrſcheinlichkeit auf eine mecha=
niſche, natürliche Entſtehung der Thier= und Pflanzenarten fallen laſ=
ſen; um ſo mehr aber, wenn, wie Sie ſehen werden, dieſe Theorien
eben ſo einfach und klar, als vollſtändig und umfaſſend die geſammten
Thatſachen erklären.   Dieſe Entwickelungstheorien ſind keineswegs,
wie ſie oft fälſchlich angeſehen werden, willkürliche Einfälle, oder be=
liebige Erzeugniſſe der Einbildungskraft, welche nur die Entſtehung

dieses oder jenes einzelnen Organismus annähernd zu erklären ver=
mögen; sondern sie sind streng wissenschaftlich begründete Theorien,
welche von einem festen und klaren Standpunkte aus die Gesammt=
heit der organischen Naturerscheinungen, und insbesondere die Entste=
hung der organischen Species auf das Einfachste erklären, und als
die nothwendigen Folgen mechanischer Naturvorgänge nachweisen.

Wie ich bereits im zweiten Vortrage Ihnen zeigte, fallen diese
Entwickelungstheorien naturgemäß mit derjenigen allgemeinen Welt=
anschauung zusammen, welche man gewöhnlich als die einheitliche oder
monistische, häufig auch als die mechanische oder causale zu be=
zeichnen pflegt, weil sie nur mechanische oder nothwendig wir=
kende Ursachen (causae efficientes) zur Erklärung der Naturer=
scheinungen in Anspruch nimmt. Ebenso fallen auf der anderen Seite
die von uns bereits betrachteten übernatürlichen Schöpfungshypothe=
sen mit derjenigen, völlig entgegengesetzten Weltanschauung zusam=
men, welche man im Gegensatz zur ersteren die zwiespältige oder dua=
listische, oft auch die teleologische oder vitale nennt, weil sie die
organischen Naturerscheinungen aus der Wirksamkeit zweckthätiger oder
zweckmäßig wirkender Ursachen (causae finales) ableitet. Ge=
rade in diesem tiefen inneren Zusammenhang der verschiedenen Schö=
pfungstheorien mit den höchsten Fragen der Philosophie liegt für uns
die Anreizung zu ihrer eingehenden Betrachtung.

Der Grundgedanke, welcher allen natürlichen Entwickelungs=
theorien nothwendig zu Grunde liegen muß, ist derjenige einer all=
mählichen Entwickelung aller (auch der vollkommensten)
Organismen aus einem einzigen oder aus sehr wenigen, ganz
einfachen und ganz unvollkommenen Urwesen, welche nicht durch
übernatürliche Schöpfung, sondern durch Urzeugung oder Archi=
gonie (Generatio spontanea) aus anorganischer Materie entstanden.
Eigentlich sind in diesem Grundgedanken zwei verschiedene Vorstellun=
gen verbunden, welche aber in tiefem inneren Zusammenhang stehen,
nämlich erstens die Vorstellung der Urzeugung oder Archigonie der ur=
sprünglichen Stammwesen, und zweitens die Vorstellung der fortschrei=

tenden Entwickelung der verschiedenen Organismenarten aus jenen einfachsten Stammwesen. Diese beiden wichtigen mechanischen Vorstellungen sind die unzertrennlichen Grundgedanken jeder streng wissenschaftlich durchgeführten Entwickelungstheorie. Weil dieselbe eine Abstammung der verschiedenen Thier- und Pflanzenarten von einfachsten gemeinsamen Stammarten behauptet, konnten wir sie auch als Abstammungslehre (Descendenztheorie), und weil damit zugleich eine Umbildung der Arten verbunden ist, als Umbildungslehre (Transmutationstheorie) bezeichnen.

Während übernatürliche Schöpfungsgeschichten schon vor vielen Jahrtausenden, in jener unvordenklichen Urzeit entstanden sein müssen, als der Mensch, eben erst aus dem Affenzustande sich entwickelnd, zum ersten Male anfing, eingehender über sich selbst und über die Entstehung der ihn umgebenden Körperwelt nachzudenken, so sind dagegen die natürlichen Entwickelungstheorien nothwendig viel jüngeren Ursprungs. Wir können diesen erst bei gereifteren Culturvölkern begegnen, denen durch philosophische Bildung die Nothwendigkeit einer natürlichen Ursachenerkenntniß klar geworden war; und auch bei diesen dürfen wir zunächst nur von einzelnen bevorzugten Naturen erwarten, daß sie den Ursprung der Erscheinungswelt ebenso wie deren Entwickelungsgang, als die nothwendige Folge von mechanischen, natürlich wirkenden Ursachen erkannten. Bei keinem Volke waren diese Vorbedingungen für die Entstehung einer natürlichen Entwickelungstheorie jemals so vorhanden, wie bei den Griechen des klassischen Alterthums. Diesen fehlte aber auf der anderen Seite zu sehr die nähere Bekanntschaft mit den Thatsachen der Naturvorgänge und ihren Formen, und somit die erfahrungsmäßige Grundlage für eine weitere Durchbildung der Entwickelungstheorie. Die exakte Naturforschung und die überall auf empirischer Basis begründete Naturerkenntniß war ja dem Alterthum ebenso wie dem Mittelalter fast ganz unbekannt und ist erst eine Errungenschaft der neuern Zeit. Wir haben daher auch hier keine nähere Veranlassung, auf die natürlichen Entwickelungstheorien der verschiedenen griechischen Weltweisen einzugehen, da denselben zu sehr die erfahrungsmäßige Kenntniß sowohl von der organischen als von der anorganischen Natur abging, und sie sich demgemäß fast immer nur in luftigen Speculationen verirrten.

Nur einen Mann müssen wir hier ausnahmsweise hervorheben, den größten und den einzigen wahrhaft großen Naturforscher des Alterthums und des Mittelalters, einen der erhabensten Genien aller Zeiten: Aristoteles. Wie derselbe in empirisch-philosophischer Naturerkenntniß, und insbesondere im Verständniß der organischen Natur, während eines Zeitraums von mehr als zweitausend Jahren einzig dasteht, beweisen uns die kostbaren Reste seiner nur theilweis erhaltenen Werke. Auch von einer natürlichen Entwickelungstheorie finden sich in denselben mehrfache Spuren vor. Aristoteles nimmt mit voller Bestimmtheit die Urzeugung als die natürliche Entstehungsart der niederen organischen Wesen an. Er läßt Thiere und Pflanzen aus der Materie selbst durch deren ureigene Kraft entstehen, so z. B. Motten aus Wolle, Flöhe aus faulem Mist, Milben aus feuchtem Holz u. s. w. Da ihm jedoch die Unterscheidung der organischen Species, welche erst mehr als zweitausend Jahre später Linné gelang, unbekannt war, konnte er über deren genealogisches Verhältniß sich wohl noch keine Vorstellungen bilden,

Der Grundgedanke der Entwickelungstheorie, daß die verschiedenen Thier- und Pflanzenarten sich aus gemeinsamen Stammarten durch Umbildung entwickelt haben, konnte natürlich erst klar ausgesprochen werden, nachdem die Arten oder Species selbst genauer bekannt geworden, und nachdem auch schon die ausgestorbenen Species neben den lebenden in Betracht gezogen und eingehender mit letzteren verglichen worden waren. Dies geschah erst gegen Ende des vorigen und im Beginn unseres Jahrhunderts. Erst im Jahre 1801 sprach der große Lamarck die Entwickelungstheorie aus, welche er 1809 in seiner klassischen „Philosophie zoologique" weiter ausführte. Während Lamarck und sein Landsmann Geoffroy S. Hilaire in Frankreich den Ansichten Cuviers gegenüber traten und eine natürliche Entwickelung der organischen Species durch Umbildung und Ab-

stammung behaupteten, vertraten gleichzeitig in Deutschland G o e -
t h e und O k e n dieselbe Richtung und halfen die Entwickelungstheorie
begründen. Da man gewöhnlich alle diese Naturforscher als „N a -
t u r p h i l o s o p h e n" zu bezeichnen pflegt, und da diese vieldeutige Bezeichnung in einem gewissen Sinne ganz richtig ist, so erscheint es mir
zunächst angemessen, hier einige Worte über die richtige Würdigung
der Naturphilosophie vorauszuschicken.

Während man in England schon seit langer Zeit die Begriffe
Naturwissenschaft und Philosophie fast als gleichbedeutend ansieht, und
mit vollem Recht jeden wahrhaft wissenschaftlich arbeitenden Naturforscher einen Naturphilosophen nennt, wird dagegen in Deutschland
schon seit mehr als einem halben Jahrhundert die Naturwissenschaft
streng von der Philosophie geschieden, und die naturgemäße Verbindung beider zu einer wahren „Naturphilosophie" wird nur von Wenigen anerkannt. An dieser Verkennung sind die phantastischen Aus-
schreitungen der früheren deutschen Naturphilosophen, O k e n s, S c h e l-
l i n g s u. s. w. Schuld, welche glaubten, die Naturgesetze aus ihrem
Kopfe konstruiren zu können, ohne überall auf dem Boden der thatsächlichen Erfahrung stehen bleiben zu müssen. Als sich diese Anmaßungen in ihrer ganzen Leerheit herausgestellt hatten, schlugen die
Naturforscher unter der „Nation von Denkern" in das gerade Gegentheil um, und glaubten, das hohe Ziel der Wissenschaft, die Erkenntniß der Wahrheit, auf dem Wege der nackten sinnlichen Erfahrung,
ohne jede philosophische Gedankenarbeit erreichen zu können. Von
nun an, besonders seit dem Jahre 1830, machte sich bei den meisten
Naturforschern eine starke Abneigung gegen jede allgemeinere, philosophische Betrachtung der Natur geltend. Man fand nun das eigentliche Ziel der Naturwissenschaft in der Erkenntniß des Einzelnen und
glaubte dasselbe in der Biologie erreicht, wenn man mit Hülfe der
feinsten Instrumente und Beobachtungsmittel die Formen und die Lebenserscheinungen aller einzelnen Organismen ganz genau erkannt haben würde. Zwar gab es immerhin unter diesen streng empirischen
oder sogenannten exakten Naturforschern zahlreiche, welche sich über

diesen beschränkten Standpunkt erhoben und das letzte Ziel in einer Erkenntniß allgemeiner Organisationsgesetze finden wollten. Indessen die große Mehrzahl der Zoologen und Botaniker in den letzten drei bis vier Decennien wollte von solchen allgemeinen Gesetzen Nichts wissen; sie gestanden höchstens zu, daß vielleicht in ganz entfernter Zukunft, wenn man einmal am Ende aller empirischen Erkenntniß angelangt sein würde, wenn alle einzelnen Thiere und Pflanzen vollständig untersucht worden seien, man daran denken könne, allgemeine biologische Gesetze zu entdecken.

Wenn Sie die wichtigsten Fortschritte, die der menschliche Geist in der Erkenntniß der Wahrheit gemacht hat, zusammenfassend vergleichen, so werden Sie bald sehen, daß es stets philosophische Gedankenoperationen sind, durch welche diese Fortschritte erzielt wurden, und daß jene, allerdings nothwendig vorhergehende sinnliche Erfahrung und die dadurch gewonnene Kenntniß des Einzelnen nur die Grundlage für jene allgemeinen Gesetze liefern. Empirie und Philosophie stehen daher keineswegs in so ausschließendem Gegensatz zu einander, wie es bisher von den Meisten angenommen wurde; sie ergänzen sich vielmehr nothwendig. Der Philosoph, welchem der unumstößliche Boden der sinnlichen Erfahrung, der empirischen Kenntniß fehlt, gelangt in seinen allgemeinen Speculationen sehr leicht zu Fehlschlüssen, welche selbst ein mäßig gebildeter Naturforscher sofort widerlegen kann. Andrerseits können die rein empirischen Naturforscher, die sich nicht um philosophische Zusammenfassung ihrer sinnlichen Wahrnehmungen bemühen, und nicht nach allgemeinen Erkenntnissen streben, die Wissenschaft nur in sehr geringem Maße fördern, und der Hauptwerth ihrer mühsam gewonnenen Einzelkenntnisse liegt in den allgemeinen Resultaten, welche später umfassendere Geister aus denselben ziehen. Bei einem allgemeinen Ueberblick über den Entwickelungsgang der Biologie seit Linné finden Sie leicht, wie dies Bär ausgeführt hat, ein beständiges Schwanken zwischen diesen beiden Richtungen, ein Ueberwiegen einmal der empirischen (sogenannten exakten) und dann wieder der philosophischen (speculativen) Richtung.

So hatte sich schon zu Ende des vorigen Jahrhunderts, im Gegensatz gegen Linné's rein empirische Schule, eine naturphilosophische Reaction erhoben, deren bewegende Geister, Lamarck, Geoffroy S. Hilaire, Goethe und Oken, durch ihre Gedankenarbeit Licht und Ordnung in das Chaos des aufgehäuften empirischen Rohmaterials brachten. Gegenüber den vielfachen Irrthümern und den zu weit gehenden Spekulationen dieser Naturphilosophen trat dann Cuvier auf, welcher eine zweite, rein empirische Periode herbeiführte. Diese erreichte ihre einseitigste Entwickelung während der Jahre 1830 —1860, und nun folgte ein zweiter philosophischer Rückschlag, durch Darwins Werk veranlaßt. Man fing nun in unserm Decennium wieder an, sich zur Erkenntniß der allgemeinen Naturgesetze hinzuwenden, denen doch schließlich alle einzelnen Erfahrungskenntnisse nur als Grundlage dienen, und durch welche letztere erst Werth erlangen. Durch die Philosophie wird die Naturkunde erst zur wahren Wissenschaft, zur „Naturphilosophie" (Gen. Morph. I, 63—108).

Unter den großen Naturphilosophen, denen wir die erste Begründung einer organischen Entwickelungstheorie verdanken, und welche neben Charles Darwin als die Urheber der Abstammungslehre glänzen, stehen obenan Jean Lamarck und Wolfgang Goethe. Jedes der drei großen Kulturländer der Neuzeit, Deutschland, England und Frankreich, hat einen geistvollen Naturforscher zur Lösung dieser hohen Aufgabe entsandt. Ich wende mich zunächst zu unserm theuren Goethe, welcher von Allen uns Deutschen am nächsten steht. Bevor ich Ihnen jedoch seine besonderen Verdienste um die Entwickelungstheorie erläutere, scheint es mir passend, Einiges über seine Bedeutung als Naturforscher überhaupt zu sagen, da dieselbe gewöhnlich sehr verkannt wird.

Gewiß die Meisten unter Ihnen verehren Goethe nur als Dichter und Menschen; nur Wenige werden eine Vorstellung von dem hohen Werth haben, den seine naturwissenschaftlichen Arbeiten besitzen, von dem Riesenschritt, mit dem er seiner Zeit vorauseilte, — so vorauseilte, daß eben die meisten Naturforscher der damaligen Zeit ihm

nicht nachkommen konnten. Das Mißgeschick, daß seine naturphilo=
sophischen Verdienste von seinen Zeitgenossen verkannt wurden, hat
Goethe beständig tief berührt. An verschiedenen Stellen seiner na=
turwissenschaftlichen Schriften beklagt er sich bitter über die beschränk=
ten Fachleute, welche seine Arbeiten nicht zu würdigen verstehen, welche
den Wald vor lauter Bäumen nicht sehen, und welche sich nicht dazu
erheben können, aus dem Wust des Einzelnen allgemeine Naturgesetze
herauszufinden. Nur zu gerecht ist sein Vorwurf: „Der Philosoph
wird gar bald entdecken, daß sich die Beobachter selten zu einem Stand=
punkte erheben, von welchem sie so viele bedeutend bezügliche Gegen=
stände übersehen können." Wesentlich allerdings wurde diese Verken=
nung verschuldet durch den falschen Weg, auf welchen Goethe in
seiner Farbenlehre gerieth. Die Farbenlehre, die er selbst als das
Lieblingskind seiner Muße bezeichnet, ist in ihren Grundlagen durch=
aus verfehlt, soviel Schönes sie auch im Einzelnen enthalten mag.
Die exakte mathematische Methode, mittelst welcher man allein zu=
nächst in den anorganischen Naturwissenschaften, in der Physik vor
Allem, Schritt für Schritt auf unumstößlich fester Basis weiter bauen
kann, war Goethe durchaus zuwider. Er ließ sich in der Verwer=
fung derselben nicht allein zu großen Ungerechtigkeiten gegen die her=
vorragendsten Physiker hinreißen, sondern auch auf Irrwege verleiten,
die seinen übrigen werthvollen Arbeiten sehr geschadet haben. Ganz
etwas Anderes ist es in den organischen Naturwissenschaften, in
welchen wir nur selten im Stande sind, von Anfang an gleich auf
der unumstößlich festen, mathematischen Basis vorzugehen, vielmehr
gezwungen sind, wegen der unendlich schwierigen und verwickelten
Natur der Aufgabe, uns zunächst Induktionsschlüsse zu bilden; d. h.
wir müssen aus zahlreichen einzelnen Beobachtungen, die doch nicht
ganz vollständig sind, ein allgemeines Gesetz zu begründen suchen.
Die Vergleichung der verwandten Erscheinungsreihen, die Combina=
tion ist hier das wichtigste Forschungsinstrument, und diese wurde
von Goethe mit ebensoviel Glück als bewußter Wertherkenntniß bei
seinen naturphilosophischen Arbeiten angewandt.

5 *

Von den Schriften Goethe's, die sich auf die organische Natur beziehen, ist am berühmtesten die Metamorphose der Pflanzen geworden, welche 1790 erschien; ein Werk, welches insofern den Grundgedanken der Entwickelungstheorie deutlich erkennen läßt, als Goethe darin bemüht war, ein einziges Grundorgan nachzuweisen, durch dessen unendlich mannichfaltige Ausbildung und Umbildung man sich den ganzen Formenreichthum der Pflanzenwelt entstanden denken könne; dieses Grundorgan fand er im Blatt. Wenn damals schon die Anwendung des Mikroskops eine allgemeine gewesen wäre, wenn Goethe den Bau der Organismen mit dem Mikroskop durchforscht hätte, so würde er noch weiter gegangen sein, und das Blatt bereits als ein Vielfaches von individuellen Theilen niederer Ordnung, von Zellen, erkannt haben. Er würde dann nicht das Blatt, sondern die Zelle als das eigentliche Grundorgan aufgestellt haben, durch dessen Vermehrung, Umbildung und Verbindung (Synthese) zunächst das Blatt entsteht; sowie weiterhin durch Umbildung, Variation und Zusammensetzung der Blätter alle die mannichfaltigen Schönheiten in Form und Farbe entstehen, welche wir ebenso an den echten Ernährungsblättern, wie an den Fortpflanzungsblättern oder den Blüthentheilen der Pflanzen bewundern. Indessen schon dieser Grundgedanke war durchaus richtig. Goethe zeigte darin, daß man, um das Ganze der Erscheinung zu erfassen, erstens vergleichen und dann zweitens einen einfachen Typus, eine einfache Grundform, ein Thema gewissermaßen suchen müsse, von dem alle übrigen Gestalten nur die unendlich mannichfaltigen Variationen seien.

Etwas Aehnliches, wie er hier in der Metamorphose der Pflanzen leistete, gab er dann für die Wirbelthiere in seiner berühmten Wirbeltheorie des Schädels. Goethe zeigte zuerst, unabhängig von Oken, welcher fast gleichzeitig auf denselben Gedanken kam, daß der Schädel des Menschen und aller anderen Wirbelthiere, zunächst der Säugethiere, Nichts weiter sei als eine Knochenkapsel, zusammengesetzt aus denselben Stücken, aus denen auch das Rückgrat oder die Wirbelsäule zusammengesetzt ist, aus Wirbeln. Die Wirbel des Schä-

dels sind gleich denen des Rückgrats hinter einander gelegene Knochen-
ringe, welche am Kopfe nur eigenthümlich umgebildet und gesondert
(differenzirt) sind. Auch diese Grundidee war außerordentlich wichtig.
Sie gehörte in jener Zeit zu den größten Fortschritten der vergleichenden Anatomie, und war nicht allein für das Verständniß des Wir-
belthierbaues eine der ersten Grundlagen, sondern erklärte zugleich
viele einzelne Erscheinungen. Wenn zwei Körpertheile, die auf den
ersten Blick so verschieden aussehen, wie der Hirnschädel und die Wirbelsäule, sich als ursprünglich gleichartige, aus einer und derselben
Grundlage hervorgebildete Theile nachweisen ließen, so war damit
eine der schwierigsten naturphilosophischen Aufgaben gelöst. Auch hier
wieder war es der Gedanke des einheitlichen Typus, der Gedanke
des einzigen Themas, das nur in den verschiedenen Arten und in den
Theilen der einzelnen Arten unendlich variirt wird, den wir als einen
außerordentlich großen Fortschritt begrüßen müssen.

Es waren aber nicht bloß solche weitgreifende Gesetze, um deren Erkenntniß sich G o e t h e bemühte, sondern es waren auch zahlreiche einzelne, namentlich vergleichend-anatomische Untersuchungen,
die ihn lange Zeit hindurch aufs lebhafteste beschäftigten. Unter diesen ist vielleicht keine interessanter, als die Entdeckung des Zwischenkiefers beim Menschen. Da diese in mehrfacher Beziehung
von Interesse für die Entwickelungstheorie ist, so erlaube ich mir, Ihnen dieselbe kurz hier darzulegen. Es existiren bei sämmtlichen Säugethieren in der oberen Kinnlade zwei Knochenstückchen, welche in der
Mittellinie des Gesichts, unterhalb der Nase, sich berühren, und in
der Mitte zwischen den beiden Hälften des eigentlichen Oberkieferkno-
chens gelegen sind. Dieses Knochenpaar, welches die vier oberen
Schneidezähne trägt, ist bei den meisten Säugethieren ohne Weiteres
sehr leicht zu erkennen; beim Menschen dagegen war es zu jener Zeit
nicht bekannt, und berühmte vergleichende Anatomen legten sogar auf
diesen Mangel des Zwischenkiefers einen sehr großen Werth, indem
sie denselben als Hauptunterschied zwischen Menschen und Affen ansa-
hen; es wurde der Mangel des Zwischenkiefers seltsamer Weise als

der menschlichste aller menschlichen Charaktere hervorgehoben. Nun
wollte es Goethe durchaus nicht in den Kopf, daß der Mensch, der
in allen übrigen körperlichen Beziehungen offenbar nur ein höher ent=
wickeltes Säugethier sei, diesen Zwischenkiefer entbehren solle. Er
behauptete a priori als eine Deduction aus dem allgemeinen Induc=
tionsgesetz des Zwischenkiefers bei den Säugethieren, daß derselbe
auch beim Menschen vorkommen müsse; und er hatte keine Ruhe,
bis er bei Vergleichung einer großen Anzahl von Schädeln wirklich
den Zwischenkiefer auffand.   Bei einzelnen Individuen ist derselbe
die ganze Lebenszeit hindurch erhalten, während er gewöhnlich früh=
zeitig mit dem benachbarten Oberkiefer verwächst, und nur bei sehr
jugendlichen Menschenschädeln als selbstständiger Knochen nachzuweisen
ist.   Bei den menschlichen Embryonen kann man ihn jetzt jeden Au=
genblick vorzeigen.   Es ist der Zwischenkiefer also beim Menschen in
der That vorhanden, und es gebührt Goethe der große Ruhm,
diese in vielfacher Beziehung wichtige Thatsache zuerst festgestellt zu ha=
ben, und zwar gegen den Widerspruch der wichtigsten Fachautoritäten,
z. B. des berühmten Anatomen Peter Camper.   Besonders inter=
essant ist dabei der Weg, auf dem er zu dieser Feststellung gelangte;
es ist der Weg, auf dem wir beständig in den organischen Naturwis=
senschaften fortschreiten, der Weg der Induction und Deduction.   Die
Induction ist ein Schluß aus zahlreichen einzelnen beobachteten
Fällen auf ein allgemeines Gesetz; die Deduction dagegen ist ein
Rückschluß aus diesem allgemeinen Gesetz auf einen einzelnen, noch
nicht wirklich beobachteten Fall.   Aus den damals gesammelten em=
pirischen Kenntnissen ging der Inductionsschluß hervor, daß sämmt=
liche Säugethiere den Zwischenkiefer besitzen.   Goethe zog daraus den
Deductionsschluß, daß der Mensch, der in allen übrigen Beziehungen
seiner Organisation nicht wesentlich von den Säugethieren verschieden
sei, auch diesen Zwischenkiefer besitzen müsse; und er fand sich in der
That bei eingehender Untersuchung   Es wurde der Deductionsschluß
durch die nachfolgende Erfahrung bestätigt oder verificirt.

Schon diese wenigen Züge mögen Ihnen den hohen Werth vor

Augen führen, den wir Göthe's biologischen Forschungen zuschreiben müssen. Leider sind die meisten seiner darauf bezüglichen Arbeiten so versteckt in seinen sämmtlichen Werken, und die wichtigsten Beobachtungen und Bemerkungen so zerstreut in zahlreichen einzelnen Aufsätzen, die andere Themata behandeln, daß es schwer ist, sie herauszufinden. Auch ist bisweilen eine vortreffliche, wahrhaft wissenschaftliche Bemerkung so eng mit einem Haufen unbrauchbarer naturphilosophischer Phantasiegebilde verknüpft, daß letztere der ersteren großen Eintrag thun.

Für das außerordentliche Interesse, welches Goethe für die organische Naturforschung hegte, ist vielleicht Nichts bezeichnender, als die lebendige Theilnahme, mit welcher er noch in seinen letzten Lebensjahren den in Frankreich ausgebrochenen Streit zwischen Cuvier und Geoffroy S. Hilaire verfolgte. Goethe hat eine interessante Darstellung dieses merkwürdigen Streites und seiner allgemeinen Bedeutung, sowie eine treffliche Charakteristik der beiden großen Gegner in einer besonderen Abhandlung gegeben, welche er erst wenige Tage vor seinem Tode, im März 1832, vollendete. Diese Abhandlung führt den Titel: „Principes de Philosophie zoologique par Mr. Geoffroy de Saint-Hilaire"; sie ist Goethe's letztes Werk, und bildet in der Gesammtausgabe seiner Werke deren Schluß. Der Streit selbst war in mehrfacher Beziehung von höchstem Interesse. Er drehte sich wesentlich um die Berechtigung der Entwickelungstheorie. Dabei wurde er im Schooße der französischen Akademie von beiden Gegnern mit einer persönlichen Leidenschaftlichkeit geführt, welche in den würdevollen Sitzungen jener gelehrten Körperschaft fast unerhört war, und welche bewies, daß beide Naturforscher für ihre heiligsten und tiefsten Ueberzeugungen kämpften. Am 22sten Februar 1830 fand der erste Konflikt statt, welchem bald mehrere andere folgten, der heftigste am 19. Juli 1830. Geoffroy als das Haupt der französischen Naturphilosophen vertrat die natürliche Entwickelungstheorie und die einheitliche (monistische) Naturauffassung. Er behauptete die Veränderlichkeit der organischen Species, die gemeinschaftliche Abstammung der

einzelnen Arten von gemeinsamen Stammformen, und die Einheit
der Organisation, oder die Einheit des Bauplanes, wie man sich damals ausdrückte. Cuvier war der entschiedenste Gegner dieser Anschauungen, wie es ja nach dem, was Sie gehört haben, nicht anders sein konnte. Er versuchte zu zeigen, daß die Naturphilosophen
kein Recht hätten, auf Grund des damals vorliegenden empirischen
Materials so weitgehende Schlüsse zu ziehen, und daß die behauptete
Einheit der Organisation oder des Bauplanes der Organismen nicht
existire. Er vertrat die teleologische (dualistische) Naturauffassung und
behauptete, daß „die Unveränderlichkeit der Species eine nothwendige
Bedingung für die Existenz der wissenschaftlichen Naturgeschichte sei.“
Cuvier hatte den großen Vortheil vor seinem Gegner voraus, für
seine Behauptungen lauter unmittelbar vor Augen liegende Beweisgründe vorbringen zu können, welche allerdings nur aus dem Zusammenhang gerissene einzelne Thatsachen waren. Geoffroy dagegen war nicht im Stande, den von ihm verfochtenen höheren allgemeinen Zusammenhang der einzelnen Erscheinungen mit so greifbaren
Einzelheiten belegen zu können. Daher behielt Cuvier in den Augen der Mehrheit den Sieg, und entschied für die folgenden drei Jahrzehnte die Niederlage der Naturphilosophie und die Herrschaft der
streng empirischen Richtung. Goethe dagegen nahm natürlich entschieden für Geoffroy Partei. Wie lebhaft ihn noch in seinem
81sten Jahre dieser große Kampf beschäftigte, mag folgende, von
Soret erzählte Anekdote bezeugen:

„Montag, 2. August 1830. Die Nachrichten von der begonne-
nen Julirevolution gelangten heute nach Weimar und setzten Alles in Aufregung. Ich ging im Laufe des Nachmittags zu Goethe.
„Nun? rief er mir entgegen, was denken Sie von dieser großen
Begebenheit? Der Vulkan ist zum Ausbruch gekommen; alles steht
in Flammen, und es ist nicht ferner eine Verhandlung bei geschlossenen Thüren!“ Eine furchtbare Geschichte! erwiderte ich. Aber was
ließ sich bei den bekannten Zuständen und bei einem solchen Ministerium
anderes erwarten, als daß man mit der Vertreibung der bisherigen

königlichen Familie endigen würde. „Wir scheinen uns nicht zu verstehen, mein Allerbester, erwiderte Goethe. Ich rede gar nicht
von jenen Leuten; es handelt sich bei mir um ganz andere Dinge.
Ich rede von dem in der Akademie zum öffentlichen Ausbruch gekom-
menen, für die Wissenschaft so höchst bedeutenden Streite zwischen
Cuvier und Geoffroy de S. Hilaire." Diese Aeußerung Goethe's war mir so unerwartet, daß ich nicht wußte, was ich sagen sollte, und daß ich während einiger Minuten einen völligen Stillstand in
meinen Gedanken verspürte. „Die Sache ist von der höchsten Bedeutung, fuhr Goethe fort, und Sie können sich keinen Begriff davon
machen, was ich bei der Nachricht von der Sitzung des 19. Juli em-
pfinde. Wir haben jetzt an Geoffroy de Saint Hilaire einen
mächtigen Alliirten auf die Dauer. Ich sehe aber zugleich daraus, wie
groß die Theilnahme der französischen wissenschaftlichen Welt in dieser
Angelegenheit sein muß, indem trotz der furchtbaren politischen Aufregung, die Sitzung des 19. Juli dennoch bei einem gefüllten Hause
stattfand. Das Beste aber ist, daß die von Geoffroy in Frankreich
eingeführte synthetische Behandlungsweise der Natur jetzt nicht mehr
rückgängig zu machen ist. Die Angelegenheit ist durch die freien Dis-
kussionen in der Akademie, und zwar in Gegenwart eines großen Pu-
blikums, jetzt öffentlich geworden, sie läßt sich nicht mehr an geheime
Ausschüsse verweisen und bei geschlossenen Thüren abthun und unterdrücken".

Von den zahlreichen interessanten und bedeutenden Sätzen, in
welchen sich Goethe klar über seine Auffassung der organischen Natur und ihrer beständigen Entwickelung ausspricht, habe ich in meiner
generellen Morphologie der Organismen[4]) eine Auswahl als Leit-
worte an den Eingang der einzelnen Bücher und Kapitel gesetzt. Hier
führe ich Ihnen zunächst eine Stelle aus dem Gedichte an, welches
die Ueberschrift trägt: „die Metamorphose der Thiere" (1819).

„Alle Glieder bilden sich aus nach ew'gen Gesetzen,
„Und die seltenste Form bewahrt im Geheimen das Urbild.
„Also bestimmt die Gestalt die Lebensweise des Thieres,

„Und die Weise zu leben, sie wirkt auf alle Gestalten
„Mächtig zurück. So zeiget sich fest die geordnete Bildung,
„Welche zum Wechsel sich neigt durch äußerlich wirkende Wesen."

Schon hier ist der Gegensatz zwischen zwei verschiedenen organischen Bildungstrieben angedeutet, welche sich gegenüber stehen, und durch ihre Wechselwirkung die Form des
Organismus bestimmen; einerseits ein gemeinsames inneres, fest sich
erhaltendes Urbild, welches den verschiedensten Gestalten zu Grunde
liegt; andrerseits der äußerlich wirkende Einfluß der Umgebung und
der Lebensweise, welcher umbildend auf das Urbild einwirkt. Noch
bestimmter tritt dieser Gegensatz in folgendem Ausspruch hervor:

„Eine innere ursprüngliche Gemeinschaft liegt aller Organisation
zu Grunde; die Verschiedenheit der Gestalten dagegen entspringt aus
den nothwendigen Beziehungsverhältnissen zur Außenwelt, und man
darf daher eine ursprüngliche; gleichzeitige Verschiedenheit und eine unaufhaltsam fortschreitende Umbildung mit Recht annehmen, um die
eben so konstanten als abweichenden Erscheinungen begreifen zu können."

Das „Urbild" oder der „Typus", welcher als „innere ursprüngliche Gemeinschaft" allen organischen Formen zu Grunde liegt, ist der
innere Bildungstrieb, welcher die ursprüngliche Bildungsrichtung
erhält und durch Vererbung fortpflanzt. Die „unaufhaltsam
fortschreitende Umbildung" dagegen, welche „aus den nothwendigen
Beziehungsverhältnissen zur Außenwelt entspringt", bewirkt als äußerer Bildungstrieb, durch Anpassung an die umgebenden Lebensbedingungen, die unendliche „Verschiedenheit der Gestalten".
(Gen. Morph. I., 154; II., 224). Den inneren Bildungstrieb der
Vererbung, welcher die Einheit des Urbildes erhält, nennt Goethe
an einer anderen Stelle die Centripetalkraft des Organismus, seinen Specifikationstrieb; im Gegensatz dazu nennt er den äußeren Bildungstrieb der Anpassung, welcher die Mannichfaltigkeit
der organischen Gestalten hervorbringt, die Centrifugalkraft des
Organismus, seinen Variationstrieb. Die betreffende Stelle, in wel-

cher Goethe ganz klar das „Gegengewicht" dieser beiden äußerst wichtigen organischen Bildungstriebe bezeichnet, lautet folgendermaßen:
„Die Idee der Metamorphose ist gleich der Vis centrifuga und
würde sich ins Unendliche verlieren, wäre ihr nicht ein Gegengewicht
zugegeben: ich meine den Specifikationstrieb, das zähe Beharr-
lichkeitsvermögen dessen, was einmal zur Wirklichkeit gekommen, eine
Vis centripeta, welcher in ihrem tiefsten Grunde keine Aeußerlichkeit
etwas anhaben kann".

Unter Metamorphose versteht Goethe nicht allein, wie es
heutzutage gewöhnlich verstanden wird, die Formveränderungen, welche
das organische Individuum während seiner individuellen Entwickelung
erleidet, sondern in weiterem Sinne überhaupt die Umbildung der
organischen Formen.   Die „Idee der Metamorphose" ist beinahe gleichbedeutend mit unserer „Entwickelungstheorie".   Dies zeigt
sich unter Anderm auch in folgendem Ausspruch: „Der Triumph der
physiologischen Metamorphose zeigt sich da, wo das Ganze sich in Familien, Familien sich in Geschlechter, Geschlechter in Sippen, und diese
wieder in andere Mannichfaltigkeiten bis zur Individualität scheiden,
sondern und umbilden.   Ganz ins Unendliche geht dieses Geschäft der
Natur; sie kann nicht ruhen, noch beharren, aber auch nicht Alles,
was sie hervorbrachte, bewahren und erhalten.   Aus den Samen entwickeln sich immer abweichende, die Verhältnisse ihrer Theile zu einander verändert bestimmende Pflanzen".

In den beiden organischen Bildungstrieben, in dem konservativen, centripetalen, innerlichen Bildungstriebe der Vererbung oder
der Specifikation einerseits, in dem progressiven, centrifugalen, äußerlichen Bildungstriebe der Anpassung oder der Metamorphose andrerseits, hatte Goethe bereits die beiden großen mechanischen Naturkräfte
entdeckt, welche die wirkenden Ursachen der organischen Gestalten sind.
Diese tiefe biologische Erkenntniß mußte ihn naturgemäß zu dem
Grundgedanken der Abstammungslehre führen, zu der Vorstellung,
daß die formverwandten organischen Arten wirklich blutsverwandt
sind, und daß dieselben von gemeinsamen ursprünglichen Stammfor-

men abstammen. Für die wichtigste von allen Thiergruppen, die Hauptabtheilung der Wirbelthiere, drückt dies Goethe in folgendem merkwürdigen Satze aus (1796!): „Dies also hätten wir gewonnen ungescheut behaupten zu dürfen, daß alle vollkommneren organischen Naturen, worunter wir Fische, Amphibien, Vögel, Säugethiere und an der Spitze der letzten den Menschen sehen, alle nach einem Urbilde geformt seien, das nur in seinen sehr beständigen Theilen mehr oder weniger hin- und herweicht, und sich noch täglich durch Fortpflanzung aus- und umbildet".

Dieser Satz ist in mehrfacher Beziehung von Interesse. Die Theorie, daß „alle vollkommneren organischen Naturen", d. h. alle Wirbelthiere, von einem gemeinsamen Urbilde abstammen, daß sie aus diesem durch Fortpflanzung (Vererbung) und Umbildung (Anpassung) entstanden sind, ist darin deutlich zu erkennen. Besonders interessant aber ist es dabei, daß Goethe auch hier für den Menschen keine Ausnahme gestattet, ihn vielmehr ausdrücklich in den Stamm der übrigen Wirbelthiere hineinzieht. Die wichtigste specielle Folgerung der Abstammungslehre, daß der Mensch von anderen Wirbelthieren abstammt, läßt sich hier im Keime erkennen [3]).

Als der bedeutendste der deutschen Naturphilosophen gilt gewöhnlich nicht Wolfgang Goethe sondern Lorenz Oken, welcher bei Begründung der Wirbeltheorie des Schädels als Nebenbuhler Goethe's auftrat und diesem nicht gerade freundlich gesinnt war. Bei der sehr verschiedenen Natur der beiden großen Männer, welche eine Zeit lang in nachbarschaftlicher Nähe lebten, konnten sie sich doch gegenseitig nicht wohl anziehen. Oken's Lehrbuch der Naturphilosophie, welches als das bedeutendste Erzeugniß der damaligen naturphilosophischen Schule in Deutschland bezeichnet werden kann, erschien 1809, in demselben Jahre, in welchem auch Lamarck's fundamentales Werk, die „Philosophie zoologique" erschien. Schon 1802 hatte Oken einen „Grundriß der Naturphilosophie" veröffentlicht. Wie schon früher angedeutet wurde, finden wir bei Oken, versteckt unter einer Fülle von irrigen, zum Theil sehr abenteuerlichen und phantastischen Vorstellungen, eine Anzahl von werthvollen und tiefen Gedanken. Einige von diesen Ideen haben erst in neuerer Zeit, viele Jahre nachdem sie von ihm ausgesprochen wurden, allmählich wissenschaftliche Geltung erlangt. Ich will Ihnen hier von diesen, fast prophetisch ausgesprochenen Gedanken nur zwei anführen, welche zugleich zu der Entwickelungstheorie in der innigsten Beziehung stehen.

Eine der wichtigsten Theorien Oken's, welche früherhin sehr verschrieen, und namentlich von den sogenannten exakten Empirikern auf das stärkste bekämpft wurde, ist die Idee, daß die Lebenserscheinungen aller Organismen von einem gemeinschaftlichen chemischen Substrate ausgehen, gewissermaßen einem allgemeinen, einfachen „Lebensstoff", welchen er mit dem Namen „Urschleim" belegte. Er dachte sich darunter, wie der Name sagt, eine schleimartige Substanz, eine Eiweißverbindung, die in festflüssigem Aggregatzustande befindlich ist, und das Vermögen besitzt, durch Anpassung an verschiedene Existenzbedingungen der Außenwelt, und in Wechselwirkung mit deren Materie, die verschiedensten Formen hervorzubringen. Nun brauchen Sie bloß das Wort Urschleim in das Wort Protoplasma oder Zellstoff umzusetzen, um zu einer der größten Errungenschaften zu gelangen, welche wir den mikroskopischen Forschungen der letzten sieben Jahre, insbesondere denjenigen von Max Schultze, verdanken. Durch diese Untersuchungen hat sich herausgestellt, daß in allen lebendigen Naturkörpern ohne Ausnahme eine gewisse Menge einer schleimigen, eiweißartigen Materie in festflüssigem Dichtigkeitszustande sich vorfindet, und daß diese stickstoffhaltige Kohlenstoffverbindung ausschließlich der ursprüngliche Träger und Bewirker aller Lebenserscheinungen und aller organischen Formbildung ist. Alle anderen Stoffe, welche außerdem noch im Organismus vorkommen, werden erst von diesem activen Lebensstoff gebildet, oder von außen aufgenommen. Das organische Ei, die ursprüngliche Zelle, aus welcher fast jedes Thier und jede Pflanze zuerst entsteht, besteht wesentlich nur aus einem runden Klümpchen solcher eiweißartigen Materie. Auch der Eidotter ist nur Eiweiß, mit Fettkörnchen gemengt. Oken hatte also wirklich

Recht, indem er mehr ahnend, als wissend den Satz aussprach: „Alles Organische ist aus Schleim hervorgegangen, ist Nichts als verschieden gestalteter Schleim. Dieser Urschleim ist im Meere im Verfolge der Planeten-Entwickelung aus anorganischer Materie entstanden."

Mit der Urschleimtheorie Oken's, welche wesentlich mit der neuerlichst erst fest begründeten, äußerst wichtigen Protoplasma= theorie zusammenfällt, steht eine andere, eben so großartige Idee desselben Naturphilosophen in engem Zusammenhang. Oken be= hauptete nämlich schon 1809, daß der durch Urzeugung im Meere entstehende Urschleim alsbald die Form von mikroskopisch kleinen Bläs= chen annehme, welche er Mile oder Infusorien nannte. „Die organische Welt hat zu ihrer Basis eine Unendlichkeit von solchen Bläschen." Die Bläschen entstehen aus den ursprünglichen festflüssi= gen Urschleimkugeln dadurch, daß die Peripherie derselben sich verdich= tet. Die einfachsten Organismen sind einfache solche Bläschen oder Infusorien. Jeder höhere Organismus, jedes Thier und jede Pflanze vollkommnerer Art ist weiter Nichts als „eine Zusammenhäufung (Syn= thesis) von solchen infusorialen Bläschen, die durch verschiedene Com= binationen sich verschieden gestalten und so zu höheren Organismen aufwachsen". Sie brauchen nun wiederum das Wort Bläschen oder Infusorium nur durch das Wort Zelle zu ersetzen, um zu einer der größten biologischen Theorien unseres Jahrhunderts, zur Zellen= theorie zu gelangen. Schleiden und Schwann haben zuerst vor dreißig Jahren den empirischen Beweis geliefert, daß alle Orga= nismen entweder einfache Zellen oder Zusammenhäufungen (Synthesen) von solchen Zellen sind; und die neuere Protoplasmatheorie hat nach= gewiesen, daß der wesentlichste (und bisweilen der einzige!) Bestand= theil der echten Zelle das Protoplasma (der Urschleim) ist. Die Eigenschaften, die Oken seinen Infusorien zuschreibt, sind eben die Eigenschaften der Zellen, die Eigenschaften der elementaren Indivi= duen, durch deren Zusammenhäufung, Verbindung und mannichfal= tige Ausbildung der Bau und die Lebenserscheinungen der höheren Organismen allein zu Stande kommen.

Diese beiden, außerordentlich fruchtbaren Gedanken Oken's wurden wegen der absurden Form, in der er sie aussprach, nur wenig berücksichtigt, oder gänzlich verkannt; und es war einer viel späteren Zeit vorbehalten, dieselben durch die Erfahrung zu begründen. Im engsten Zusammenhang mit diesen Vorstellungen stand natürlich auch die Annahme einer Abstammung der einzelnen Thier- und Pflanzenarten von gemeinsamen Stammformen und einer allmählichen, stufenweisen Entwickelung der höheren Organismen aus den niederen. Diese wurde von Oken ausdrücklich behauptet, obwohl er diese Behauptung nicht näher begründete und auch nicht im Einzelnen ausführte. Auch vom Menschen behauptete Oken seine Entwickelung aus niederen Organismen: „Der Mensch ist entwickelt, nicht erschaffen". Eine Schöpfung der Organismen, als einen übernatürlichen Eingriff des Schöpfers in den natürlichen Entwickelungsgang der Materie, mußte er als denkender Philosoph selbstverständlich leugnen. So viele willkürliche Verkehrtheiten und ausschweifende Phantasiesprünge sich auch in Oken's Naturphilosophie finden mögen, so können sie uns doch nicht hindern, diesen großen und ihrer Zeit weit vorauseilenden Ideen unsere gerechte Bewunderung zu zollen. So viel geht aus den angeführten Behauptungen Goethe's und Oken's, und aus den demnächst zu erörternden Ansichten Lamarck's und Geoffroy's mit Sicherheit hervor, daß in den ersten Decennien unseres Jahrhunderts Niemand der natürlichen, durch Darwin neu begründeten Entwickelungstheorie so nahe kam, als die vielverschrieene Naturphilosophie.

Fünfter Vortrag.
Entwickelungstheorie von Kant und Lamarck.

Kant's dualistische Biologie. Seine Ansicht von der Entstehung der Anorgane durch mechanische, der Organismen durch zweckthätige Ursachen. Widerspruch dieser Ansicht mit seiner Hinneigung zur Abstammungslehre. Kant's genealogische Entwickelungstheorie. Beschränkung derselben durch seine Teleologie. Vergleichung der genealogischen Biologie mit der vergleichenden Sprachforschung. Ansichten zu Gunsten der Descendenztheorie von Leopold Buch, Bär, Schleiden, Unger, Schaafhausen, Victor Carus, Büchner. Die französische Naturphilosophie. Lamarck's Philosophie zoologique. Lamarck's monistisches (mechanisches) Natursystem. Seine Ansichten von der Wechselwirkung der beiden organischen Bildungskräfte, der Vererbung und Anpassung. Lamarck's Ansicht von der Entwickelung des Menschengeschlechts aus affenartigen Säugethieren. Vertheidigung der Descendenztheorie durch Geoffroy S. Hilaire, Naudin und Lecoq. Die englische Naturphilosophie. Ansichten zu Gunsten der Descendenztheorie von Erasmus Darwin, W. Herbert, Grant, Patrick Matthew, Freke, Herbert Spencer, Huxley. Doppeltes Verdienst von Charles Darwin.

Meine Herren! Die teleologische Naturbetrachtung, welche die Erscheinungen in der organischen Welt durch die zweckmäßige Thätigkeit eines persönlichen Schöpfers oder einer zweckthätigen Endursache erklärt, führt nothwendig in ihren letzten Konsequenzen entweder zu ganz unhaltbaren Widersprüchen, oder zu einer zwiespältigen (dualistischen) Naturauffassung, welche zu der überall wahrnehmbaren Einheit und Einfachheit der obersten Naturgesetze im entschiedensten Wi-

derspruch steht. Die Philosophen, welche jener Teleologie huldigen,
müssen nothwendiger Weise zwei grundverschiedene Naturen annehmen:
eine anorganische Natur, welche durch mechanisch wirkende Ur=
sachen (causae efficientes), und eine organische Natur, welche
durch zweckmäßig thätige Ursachen (causae finales) erklärt wer=
den muß. (Vergl. S. 28.)

Dieser Dualismus tritt uns auffallend entgegen, wenn wir die
Naturanschauung des größten deutschen Philosophen, Kant's, betrach=
ten, und die Vorstellungen ins Auge fassen, welche er sich von der
Entstehung der Organismen bildete. Eine nähere Betrachtung dieser
Vorstellungen ist hier schon deshalb geboten, weil wir in Kant einen
der wenigen Philosophen verehren, welche eine gediegene naturwissen=
schaftliche Bildung mit einer außerordentlichen Klarheit und Tiefe der
Speculation verbinden. Der Königsberger Philosoph erwarb sich nicht
bloß durch Begründung der kritischen Philosophie den höchsten Ruhm un=
ter den speculativen Philosophen, sondern auch durch seine Naturgeschichte
des Himmels einen glänzenden Namen unter den Naturforschern.
Gleichzeitig mit dem französischen Mathematiker Laplace, und unab=
hängig von demselben, begründete er eine mechanische Theorie von der
Entstehung des Weltgebäudes, auf welche wir später zurückkommen
werden. Kant war also Naturphilosoph im besten und reinsten
Sinne des Wortes.

Wenn Sie Kant's Kritik der teleologischen Urtheilskraft, sein be=
deutendstes biologisches Werk, lesen, so gewahren Sie, daß er sich bei
Betrachtung der organischen Natur wesentlich immer auf dem teleo=
gischen oder dualistischen Standpunkt erhält, während er für die an=
organische Natur unbedingt und ohne Rückhalt die mechanische oder
monistische Erklärungsmethode annimmt. Er behauptet, daß sich im
Gebiete der anorganischen Natur sämmtliche Erscheinungen aus me=
chanischen Ursachen, aus den bewegenden Kräften der Materie selbst
erklären lassen, im Gebiete der organischen Natur dagegen nicht. In
der gesammten Anorganologie (in der Geologie und Mineralogie,
in der Meteorologie und Astronomie, in der Physik und Chemie der

anorganiſchen Naturkörper) ſollen alle Erſcheinungen blos durch M e =
c h a n i s m u s (causa efficiens), ohne Dazwiſchenkunft eines End=
zweckes erklärbar ſein. In der geſammten Biologie dagegen, in der
Botanik, Zoologie und Anthropologie, ſoll der Mechanismus nicht
ausreichend ſein, uns alle Erſcheinungen zu erklären; vielmehr können
wir dieſelben nur durch Annahme einer zweckmäßig wirkenden End=
u r ſ a c h e (causa finalis) begreifen. An mehreren Stellen hebt K a n t
ausdrücklich hervor, daß man, von einem ſtreng naturwiſſenſchaft=
lich = philoſophiſchen Standpunkt aus, für a l l e Erſcheinungen ohne
Ausnahme eine mechaniſche Erklärungsweiſe fordern müſſe, und daß
der M e c h a n i s m u s a l l e i n e i n e w i r k l i c h e E r k l ä r u n g ein=
ſchließe. Zugleich meint er aber, daß gegenüber den belebten Naturkör=
pern, den Thieren und Pflanzen, unſer menſchliches Erkenntnißver=
mögen beſchränkt ſei, und nicht ausreiche, um hinter die eigentliche
wirkſame Urſache der organiſchen Vorgänge, insbeſondere der Ent=
ſtehung der organiſchen Formen, zu gelangen. Die B e f u g n i ß der
menſchlichen Vernunft zur mechaniſchen Erklärung a l l e r Erſcheinun=
gen ſei unbeſchränkt, aber ihr V e r m ö g e n dazu begrenzt, indem man
die organiſche Natur nur teleologiſch betrachten könne.

Nun ſind aber einige Stellen ſehr merkwürdig, in denen K a n t
auffallend von dieſer Anſchauung abweicht, und mehr oder minder
beſtimmt den Grundgedanken der Abſtammungslehre ausſpricht. Er
behauptet da ſogar die Nothwendigkeit einer genealogiſchen Auffaſſung
des organiſchen Syſtems, wenn man überhaupt zu einem wiſſenſchaft=
lichen Verſtändniß deſſelben gelangen wolle. Die wichtigſte und merk=
würdigſte von dieſen Stellen findet ſich in der „Methodenlehre der te=
leologiſchen Urtheilskraft" (§. 79), welche 1790 in der „Kritik der Ur=
theilskraft" erſchien. Bei dem außerordentlichen Intereſſe, welches
dieſe Stelle ſowohl für die Beurtheilung der Kantiſchen Philoſophie,
als für die Geſchichte der Deſcendenztheorie beſitzt, erlaube ich mir,
Ihnen dieſelbe hier wörtlich mitzutheilen.

„Es iſt rühmlich, mittelſt einer comparativen Anatomie die große
Schöpfung organiſirter Naturen durchzugehen, um zu ſehen: ob ſich

daran nicht etwas einem System Aehnliches, und zwar dem Erzeu=
gungsprincip nach, vorfinde, ohne daß wir nöthig haben, beim
bloßen Beurtheilungsprincip, welches für die Einsicht ihrer Erzeugung
keinen Aufschluß giebt, stehen zu bleiben, und muthlos allen Anspruch
auf Natureinsicht in diesem Felde aufzugeben. Die Uebereinkunft
so vieler Thiergattungen in einem gewissen gemeinsamen Schema, das
nicht allein in ihrem Knochenbau, sondern auch in der Anordnung
der übrigen Theile zum Grunde zu liegen scheint, wo bewunderungs=
würdige Einfalt des Grundrisses durch Verkürzung einer und Verlän=
gerung anderer, durch Einwickelung dieser und Auswickelung jener Theile,
eine so große Mannichfaltigkeit von Species hat hervorbringen können,
läßt einen obgleich schwachen Strahl von Hoffnung ins Gemüth fallen,
daß hier wohl Etwas mit dem Princip des Mechanismus der
Natur, ohne das es ohnedies keine Naturwissenschaft geben kann,
auszurichten sein möchte. Diese Analogie der Formen, so fern sie
bei aller Verschiedenheit einen gemeinschaftlichen Urbilde gemäß er=
zeugt zu sein scheinen, verstärkt die Vermuthung einer wirklichen
Verwandtschaft derselben in der Erzeugung von einer gemeinschaft=
lichen Urmutter durch die stufenartige Annäherung einer Thiergattung
zur anderen, von derjenigen an, in welcher das Princip der Zwecke
am meisten bewährt zu sein scheint, nämlich dem Menschen, bis
zum Polyp, von diesem sogar bis zu Moosen und Flechten, und
endlich zu der niedrigsten uns merklichen Stufe der Natur, zur rohen
Materie: aus welcher und ihren Kräften nach mechanischen
Gesetzen (gleich denen, danach sie in Krystallerzeugungen
wirkt) die ganze Technik der Natur, die uns in organisirten Wesen so
unbegreiflich ist, daß wir uns dazu ein anderes Princip zu denken ge=
nöthigt glauben, abzustammen scheint. Hier steht es nun dem Ar=
chäologen der Natur frei, aus den übrig gebliebenen Spuren ihrer
ältesten Revolutionen, nach allen ihm bekannten oder gemuthmaßten
Mechanismen derselben, jene große Familie von Geschöpfen
(denn so müßte man sie sich vorstellen, wenn die genannte, durchgän=

6 *

gig zusammenhängende Verwandtschaft einen Grund haben soll) ent=
springen zu lassen".

Wenn Sie diese merkwürdige Stelle aus Kant's Kritik der teleo=
logischen Urtheilskraft herausnehmen und einzeln für sich betrachten, so
müssen Sie darüber erstaunen, wie tief und klar der große Denker
schon damals (1790!) die innere Nothwendigkeit der Abstammungs=
lehre erkannte, und sie als den einzig möglichen Weg zur Erklärung
der organischen Natur durch mechanische Gesetze, d. h. zu einer wahr=
haft wissenschaftlichen Erkenntniß bezeichnete. Auf Grund dieser einen
Stelle könnte man Kant geradezu neben Goethe und Lamarck als
einen der ersten Begründer der Abstammungslehre bezeichnen, und
dieser Umstand dürfte bei dem hohen Ansehn, in welchem Kant's
kritische Philosophie mit vollem Rechte steht, vielleicht geeignet sein,
manchen Philosophen zu Gunsten derselben umzustimmen. Sobald Sie
indessen diese Stelle im Zusammenhang mit dem übrigen Gedanken=
gang der „Kritik der Urtheilskraft" betrachten, und anderen geradezu
widersprechenden Stellen gegenüber halten, zeigt sich Ihnen deutlich,
daß Kant in diesen und einigen ähnlichen (aber schwächeren) Sätzen
über sich selbst hinausging und seinen in der Biologie gewöhnlich ein=
genommenen teleologischen Standpunkt verließ.

Selbst unmittelbar auf jenen wörtlich angeführten, bewunderungs=
würdigen Satz folgt ein Zusatz, welcher demselben die Spitze abbricht.
Nachdem Kant so eben ganz richtig die „Entstehung der organischen
Formen aus der rohen Materie nach mechanischen Gesetzen (gleich de=
nen der Kryftallerzeugung)", sowie eine stufenweise Entwickelung der
verschiedenen Species durch Abstammung von einer gemeinschaftlichen
Urmutter behauptet hatte, fügte er hinzu: „Allein er (der Archäolog
der Natur, d. h. der Paläontolog) muß gleichwohl zu dem Ende dieser
allgemeinen Mutter eine auf alle diese Geschöpfe zweckmäßig gestellte
Organisation beilegen, widrigenfalls die Zweckform der Producte des
Thier= und Pflanzenreichs ihrer Möglichkeit nach gar nicht zu denken
ist". Offenbar hebt dieser Zusatz den wichtigsten Grundgedanken des
vorhergehenden Satzes, daß durch die Descendenztheorie eine rein me=

chanische Erklärung der organischen Natur möglich werde, vollständig
wieder auf. Und daß diese teleologische Betrachtung der organischen
Natur bei Kant die herrschende war, zeigt schon die Ueberschrift des
merkwürdigen §. 79, welcher jene beiden widersprechenden Sätze enthält: „Von der nothwendigen Unterordnung des Princips
des Mechanismus unter das teleologische in Erklärung
eines Dinges als Naturzweck".

Am schärfsten spricht sich Kant gegen die mechanische Erklärung
der organischen Natur in folgender Stelle aus (§. 74): „Es ist ganz
gewiß, daß wir die organisirten Wesen und deren innere Möglichkeit
nach bloß mechanischen Principien der Natur nicht einmal zureichend
kennen lernen, viel weniger uns erklären können, und zwar so gewiß,
daß man dreist sagen kann: Es ist für Menschen ungereimt, auch nur
einen solchen Anschlag zu fassen, oder zu hoffen, daß noch etwa dereinst ein Newton aufstehen könne, der auch nur die Erzeugung eines
Grashalms nach Naturgesetzen, die keine Absicht geordnet hat, begreiflich machen werde, sondern man muß diese Einsicht dem Menschen
schlechterdings absprechen". Nun ist aber dieser unmögliche Newton
siebenzig Jahre später in Darwin wirklich erschienen, und seine Selectionstheorie hat die Aufgabe thatsächlich gelöst, deren Lösung Kant
für absolut undenkbar erklärt hatte!

Im Anschluß an Kant und an die deutschen Naturphilosophen,
mit deren Entwickelungstheorien wir uns im vorhergehenden Vortrage beschäftigt haben, erscheint es gerechtfertigt, jetzt noch kurz einiger anderer deutscher Naturforscher und Philosophen zu gedenken, welche
im Laufe unseres Jahrhunderts mehr oder minder bestimmt gegen die
herrschenden teleologischen Schöpfungsvorstellungen sich auflehnten,
und den mechanischen Grundgedanken der Abstammungslehre geltend
machten. Bald waren es mehr allgemeine philosophische Betrachtungen, bald mehr besondere empirische Wahrnehmungen, welche diese
denkenden Männer auf die Vorstellung brachten, daß die einzelnen
organischen Species von gemeinsamen Stammformen abstammen
müßten. Unter ihnen will ich zunächst den großen deutschen Geologen

Leopold Buch hervorheben. Wichtige Beobachtungen über die geographische Verbreitung der Pflanzen führten ihn in seiner trefflichen „physikalischen Beschreibung der canarischen Inseln" zu folgendem merkwürdigen Ausspruch:

„Die Individuen der Gattungen auf Continenten breiten sich aus, entfernen sich weit, bilden durch Verschiedenheit der Standörter, Nahrung und Boden Varietäten, welche, in ihrer Entfernung nie von anderen Varietäten gekreuzt und dadurch zum Haupttypus zurückgebracht, endlich constant und zur eignen Art werden. Dann erreichen sie vielleicht auf anderen Wegen auf das Neue die ebenfalls veränderte vorige Varietät, beide nun als sehr verschiedene und sich nicht wieder mit einander vermischende Arten. Nicht so auf Inseln. Gewöhnlich in enge Thäler, oder in den Bezirk schmaler Zonen gebannt, können sich die Individuen erreichen und jede gesuchte Fixirung einer Varietät wieder zerstören. Es ist dies ungefähr so, wie Sonderbarkeiten oder Fehler der Sprache zuerst durch das Haupt einer Familie, dann durch Verbreitung dieser selbst, über einen ganzen Distrikt einheimisch werden. Ist dieser abgesondert und isolirt, und bringt nicht die stete Verbindung mit andern die Sprache auf ihre vorige Reinheit zurück, so wird aus dieser Abweichung ein Dialekt. Verbinden natürliche Hindernisse, Wälder, Verfassung, Regierung die Bewohner des abweichenden Distrikts noch enger, und trennen sie sie noch schärfer von den Nachbarn, so fixirt sich der Dialekt, und es wird eine völlig verschiedene Sprache." (Uebersicht der Flora auf den Canarien, S. 133).

Sie sehen, daß Buch hier auf den Grundgedanken der Abstammungslehre durch die Erscheinungen der Pflanzengeographie geführt wird, ein biologisches Gebiet, welches in der That eine Masse von Beweisen zu Gunsten derselben liefert. Darwin hat diese Beweise in zwei besonderen Kapiteln seines Werkes (dem elften und zwölften) ausführlich erörtert. Buch's Bemerkung ist aber auch deshalb von Interesse, weil sie uns auf die äußerst lehrreiche Vergleichung der verschiedenen Sprachzweige und der Organismenarten führt, eine Vergleichung, welche sowohl für die vergleichende Sprachwissenschaft, als für die

vergleichende Thier = und Pflanzenkunde vom größten Nutzen ist.
Gleichwie z. B. die verschiedenen Dialecte, Mundarten, Sprachäste
und Sprachzweige der deutschen, slavischen, griechisch=lateinischen und
iranisch=indischen Grundsprache von einer einzigen gemeinschaftlichen in=
dogermanischen Ursprache abstammen, und gleichwie sich deren Unter =
schiede durch die Anpassung, ihre gemeinsamen Grundcharaktere
durch die Vererbung erklären, so stammen auch die verschiedenen Ar=
ten, Gattungen, Familien, Ordnungen und Klassen der Wirbelthiere von
einer einzigen gemeinschaftlichen Wirbelthierform ab; auch hier ist die
Anpassung die Ursache der Verschiedenheiten, die Vererbung die Ur=
sache des gemeinsamen Grundcharakters. Einer unserer ersten verglei=
chenden Sprachforscher, August Schleicher hat diesen Parallelis=
mus vortrefflich erörtert [6]).

Von anderen hervorragenden deutschen Naturforschern, die sich
mehr oder minder bestimmt für die Descendenztheorie aussprachen, und
die auf ganz verschiedenen Wegen zu derselben hingeführt wurden,
habe ich zunächst Carl Ernst Bär zu nennen, den großen Refor=
mator der thierischen Entwickelungsgeschichte. In einem 1834 gehal=
tenen Vortrage, betitelt: „Das allgemeinste Gesetz der Natur in aller
Entwickelung" erläutert derselbe vortrefflich, daß nur eine ganz kindi=
sche Naturbetrachtung die organischen Arten als bleibende und unver=
änderliche Typen ansehen könne, und daß im Gegentheil dieselben nur
vorübergehende Zeugungsreihen sein können, die durch Umbildung
aus gemeinsamen Stammformen sich entwickelt haben. Dieselbe An=
sicht begründete Bär später (1859) durch die Gesetze der geographischen
Verbreitung der Organismen.

J. M. Schleiden, welcher vor 25 Jahren hier in Jena durch
seine streng empirisch=philosophische und wahrhaft wissenschaftliche Me=
thode eine neue Epoche für die Pflanzenkunde begründete, erläuterte
in seinen bahnbrechenden Grundzügen der wissenschaftlichen Botanik [7])
die philosophische Bedeutung des organischen Speciesbegriffes, und
zeigte, daß derselbe nur in dem allgemeinen Gesetze der Specifi=
cation seinen subjectiven Ursprung habe. Die verschiedenen Pflan=

zenarten sind nur die specificirten Producte der Pflanzenbildungstriebe, welche durch die verschiedenen Combinationen der Grundkräfte der organischen Materie entstehen.

Der ausgezeichnete Wiener Botaniker F. U n g e r wurde durch seine gründlichen und umfassenden Untersuchungen über die ausgestor= benen Pflanzenarten zu einer paläontologischen Entwickelungsgeschichte des Pflanzenreichs geführt, welche den Grundgedanken der Abstam= mungslehre klar ausspricht. In seinem „Versuch einer Geschichte der Pflanzenwelt" (1852) behauptet er die Abstammung aller verschiede= nen Pflanzenarten von einigen wenigen Stammformen, und vielleicht von einer einzigen Urpflanze, einer einfachsten Pflanzenzelle. Er zeigt, daß diese Anschauungsweise von dem genetischen Zusammenhang aller Pflanzenformen nicht nur physiologisch nothwendig, sondern auch empirisch begründet sei [8]).

V i c t o r C a r u s in Leipzig that in der Einleitung zu seinem 1853 erschienenen trefflichen „System der thierischen Morphologie" [9]), welches die allgemeinen Bildungsgesetze des Thierkörpers durch die vergleichende Anatomie und Entwickelungsgeschichte philosophisch zu begründen versucht, folgenden Ausspruch: „Die in den ältesten geolo= gischen Lagern begrabenen Organismen sind als die Urahnen zu be= trachten, aus denen durch fortgesetzte Zeugung und Akkommodation an progressiv sehr verschiedene Lebensverhältnisse der Formenreichthum der jetzigen Schöpfung entstand".

In demselben Jahre (1853) erklärte sich der verdiente Anthropo= loge S c h a a f f h a u s e n in einem Aufsatze „über Beständigkeit und Umwandlung der Arten" entschieden zu Gunsten der Descendenztheo= rie. Die lebenden Pflanzen= und Thierarten sind nach ihm die um= gebildeten Nachkommen der ausgestorbenen Species, aus denen sie durch allmähliche Umbildung entstanden sind. Das Auseinanderwei= chen (die Divergenz oder Sonderung) der nächstverwandten Arten geschieht durch Zerstörung der verbindenden Zwischenstufen. Auch für den thierischen Ursprung des Menschengeschlechts und seine all= mähliche Entwickelung aus affenähnlichen Thieren, die wichtigste Con=

sequenz der Abstammungslehre, sprach sich Schaffhausen (1857) schon mit Bestimmtheit aus.

Endlich ist von deutschen Naturphilosophen noch Louis Büchner hervorzuheben, welcher in seinem weitverbreiteten, allgemein verständlichen Buche „Kraft und Stoff" 1855 ebenfalls die Grundzüge der Descendenztheorie selbstständig entwickelte, und zwar vorzüglich auf Grund der unwiderleglichen empirischen Zeugnisse, welche uns die paläontologische und die individuelle Entwickelung der Organismen, sowie ihre vergleichende Anatomie, und der Parallelismus dieser Entwickelungsreihen liefert. Büchner zeigte sehr einleuchtend, daß schon hieraus eine Entstehung der verschiedenen organischen Species aus gemeinsamen Stammformen nothwendig folge, und daß die Entstehung dieser ursprünglichen Stammformen nur durch Urzeugung denkbar sei[10].

Von den deutschen Naturphilosophen wenden wir uns nun zu den französischen, welche ebenfalls seit dem Beginne unseres Jahrhunderts die Entwickelungstheorie vertraten.

An der Spitze der französischen Naturphilosophie steht Jean Lamarck, welcher in der Geschichte der Abstammungslehre neben Darwin und Goethe den ersten Platz einnimmt. Ihm wird der unsterbliche Ruhm bleiben, zum ersten Male die Descendenztheorie als selbstständige wissenschaftliche Theorie ersten Ranges durchgeführt und als die naturphilosophische Grundlage der ganzen Biologie festgestellt zu haben. Obwohl Lamarck bereits 1744 geboren wurde, begann er doch mit Veröffentlichung seiner Theorie erst im Beginn unseres Jahrhunderts, im Jahre 1801, und begründete dieselbe erst ausführlicher 1809, in seiner klassischen „Philosophie zoologique"[2]. Dieses bewunderungswürdige Werk ist die erste zusammenhängende und streng bis zu allen Consequenzen durchgeführte Darstellung der Abstammungslehre. Durch die rein mechanische Betrachtungsweise der organischen Natur und die streng philosophische Begründung von deren Nothwendigkeit erhebt sich Lamarck's Werk weit über die vorherrschend dualistischen Anschauungen seiner Zeit, und bis auf Dar-

win's Werk, welches gerade ein halbes Jahrhundert später erschien,
finden wir kein zweites, welches wir der Philosophie zoologique an
die Seite setzen könnten. Wie weit dieselbe ihrer Zeit vorauseilte,
geht wohl am besten daraus hervor, daß sie von den Meisten gar
nicht verstanden und fünfzig Jahre hindurch todtgeschwiegen wurde.
Lamarck's größter Gegner, Cuvier, erwähnt in seinem Bericht
über die Fortschritte der Naturwissenschaften, in welchem die unbedeu=
tendsten anatomischen Untersuchungen Aufnahme fanden, dieses epo=
chemachende Werk mit keinem Worte. Auch Goethe, welcher sich
so lebhaft für die französische Naturphilosophie, für „die Gedanken der
verwandten Geister jenseits des Rheins", interessirte, gedenkt La=
marck's nirgends, und scheint die Philosophie zoologique gar nicht
gekannt zu haben. Den hohen Ruf, welchen Lamarck sich als Na=
turforscher erwarb, verdankt derselbe nicht seinem höchst bedeutenden
allgemeinen Werke, sondern zahlreichen speciellen Arbeiten über nie=
dere Thiere, insbesondere Mollusken, sowie einer ausgezeichneten „Na=
turgeschichte der wirbellosen Thiere", welche 1815—1822 in sieben
Bänden erschien. Der erste Band dieses berühmten Werkes (1815)
enthält in der allgemeinen Einleitung ebenfalls eine ausführliche Dar=
stellung seiner Abstammungslehre. Von der ungemeinen Bedeutung
der Philosophie zoologique kann ich Ihnen vielleicht keine bessere
Vorstellung geben, als wenn ich Ihnen daraus einige der wichtigsten
Sätze wörtlich anführe:

„Die systematischen Eintheilungen, die Klassen, Ordnungen, Fa=
milien, Gattungen und Arten, sowie deren Benennung sind willkür=
liche Kunsterzeugnisse des Menschen. Die Arten oder Species der Or=
ganismen sind von ungleichem Alter, nach einander entwickelt und
zeigen nur eine relative, zeitweilige Beständigkeit; aus Varietäten ge=
hen Arten hervor. Die Verschiedenheit in den Lebensbedingungen
wirkt verändernd auf die Organisation, die allgemeine Form und die
Theile der Thiere ein, ebenso der Gebrauch oder Nichtgebrauch der
Organe. Im ersten Anfang sind nur die allereinfachsten und niedrig=
sten Thiere und Pflanzen entstanden und erst zuletzt diejenigen von

der höchst zusammengesetzten Organisation. Der Entwickelungsgang der Erde und ihrer organischen Bevölkerung war ganz continuirlich, nicht durch gewaltsame Revolutionen unterbrochen. Das Leben ist nur ein physikalisches Phänomen. Alle Lebenserscheinungen beruhen auf mechanischen, auf physikalischen und chemischen Ursachen, die in der Beschaffenheit der organischen Materie selbst liegen. Die einfachsten Thiere und die einfachsten Pflanzen, welche auf der tiefsten Stufe der Organisationsleiter stehen, sind entstanden und entstehen noch heute durch Urzeugung (Generatio spontanea). Alle lebendigen Naturkörper oder Organismen sind denselben Naturgesetzen, wie die leblosen Naturkörper oder die Anorgane unterworfen. Die Ideen und Thätigkeiten des Verstandes sind Bewegungserscheinungen des Centralnervensystems. Der Wille ist in Wahrheit niemals frei. Die Vernunft ist nur ein höherer Grad von Entwickelung und Verbindung der Urtheile."

Das sind nun in der That erstaunlich kühne, großartige und weitreichende Ansichten, welche Lamarck vor 60 Jahren in diesen Sätzen niederlegte, und zwar zu einer Zeit, in welcher deren Begründung durch massenhafte Thatsachen nicht entfernt so, wie heutzutage, möglich war. Sie sehen, daß Lamarck's Werk eigentlich ein vollständiges, streng monistisches (mechanisches) Natursystem ist, daß alle wichtigen allgemeinen Grundsätze der monistischen Biologie bereits von ihm vertreten werden: Die Einheit der wirkenden Ursachen in der organischen und anorganischen Natur, der letzte Grund dieser Ursachen in den chemischen und physikalischen Eigenschaften der Materie, der Mangel einer besonderen Lebenskraft oder einer organischen Endursache; die Abstammung aller Organismen von einigen wenigen, höchst einfachen Stammformen oder Urwesen, welche durch Urzeugung aus anorganischen Materien entstanden sind; der zusammenhängende Verlauf der ganzen Erdgeschichte, und der Mangel der gewaltsamen und totalen Erdrevolutionen, und überhaupt die Undenkbarkeit jedes Wunders, jedes übernatürlichen Eingriffs in den natürlichen Entwickelungsgang der Materie.

Daß Lamarck's bewunderungswürdige Geistesthat fast gar keine Anerkennung fand, liegt theils in der ungeheuren Weite des Riesenschritts, mit welchem er dem folgenden halben Jahrhundert vorauseilte, theils aber auch in der mangelhaften empirischen Begründung derselben, und in der oft etwas einseitigen Art seiner Beweisführung. Als die nächsten mechanischen Ursachen, welche die beständige Umbildung der organischen Formen bewirken, erkennt Lamarck ganz richtig die Verhältnisse der Anpassung an, während er die Formähnlichkeit der verschiedenen Arten, Gattungen, Familien u. s. w. mit vollem Rechte auf ihre Blutsverwandtschaft zurückführt, also durch die Vererbung erklärt. Die Anpassung besteht nach ihm darin, daß die beständige langsame Veränderung der Außenwelt eine entsprechende Veränderung in den Thätigkeiten und dadurch auch weiter in den Formen der Organismen bewirkt. Das größte Gewicht legt er dabei auf die Wirkung der Gewohnheit, auf den Gebrauch und Nichtgebrauch der Organe. Allerdings ist dieser, wie Sie später sehen werden, für die Umbildung der organischen Formen von der höchsten Bedeutung. Allein in der Weise, wie Lamarck hieraus allein oder doch vorwiegend die Veränderung der Formen erklären wollte, ist das meistens doch nicht möglich. Er sagt z. B., daß der lange Hals der Giraffe entstanden sei durch das beständige Hinaufrecken des Halses nach hohen Bäumen, und das Bestreben, die Blätter von deren Aesten zu pflücken; da die Giraffe meistens in trockenen Gegenden lebt, wo nur das Laub der Bäume ihr Nahrung gewährt, war sie zu dieser Thätigkeit gezwungen. Ebenso sind die langen Zungen der Spechte, Colibris und Ameisenfresser durch die Gewohnheit entstanden, ihre Nahrung aus engen, schmalen und tiefen Spalten oder Kanälen herauszuholen. Die Schwimmhäute zwischen den Zehen der Schwimmfüße bei Fröschen und anderen Wasserthieren sind lediglich durch das fortwährende Bemühen zu schwimmen, durch das Schlagen der Füße in das Wasser, durch die Schwimmbewegungen selbst entstanden. Durch Vererbung auf die Nachkommen wurden diese Gewohnheiten befestigt und durch weitere Ausbildung derselben schließ

lich die Organe ganz umgebildet. So richtig im Ganzen dieser Grund=
gedanke ist, so legt doch Lamarck zu ausschließlich das Gewicht auf
die Gewohnheit (Gebrauch und Nichtgebrauch der Organe), aller=
dings eine der wichtigsten, aber nicht die einzige Ursache der Form=
veränderung. Dies kann uns jedoch nicht hindern, anzuerkennen,
daß Lamarck die Wechselwirkung der beiden organischen Bildungs=
triebe, der Anpassung und Vererbung, ganz richtig begriff. Nur
fehlte ihm dabei das äußerst wichtige Princip der „natürlichen Züch=
tung im Kampfe um das Dasein", mit welchem Darwin uns erst 50
Jahre später bekannt machte.

Als ein besonderes Verdienst Lamarck's ist nun noch hervorzu=
heben, daß er bereits versuchte, die Entwickelung des Men=
schengeschlechts aus anderen, zunächst affenartigen Säugethieren
darzuthun. Auch hier war es wieder in erster Linie die Gewohnheit,
der er den umbildenden, veredelnden Einfluß zuschrieb. Er nahm
also an, daß die niedersten, ursprünglichsten Urmenschen entstanden
seien aus den menschenähnlichsten Affen, indem die letzteren sich an=
gewöhnt hätten, aufrecht zu gehen. Die Erhebung des Rumpfes,
das beständige Streben, sich aufrecht zu erhalten, führte zunächst zu
einer Umbildung der Gliedmaßen, zu einer stärkeren Differenzirung
oder Sonderung der vorderen und hinteren Extremitäten, welche mit
Recht als einer der wesentlichsten Unterschiede zwischen Menschen und
Affen gilt. Hinten entwickelten sich Waden und platte Fußsohlen,
vorn Greifarme und Hände. Der aufrechte Gang hatte zunächst eine
freiere Umschau über die Umgebung zur Folge, und damit einen be=
deutenden Fortschritt in der geistigen Entwickelung. Die Menschen=
affen erlangten dadurch bald ein großes Uebergewicht über die ande=
ren Affen, und weiterhin überhaupt über die umgebenden Organismen.
Um die Herrschaft über diese zu behaupten, thaten sie sich in Gesell=
schaften zusammen, und es entwickelte sich, wie bei allen gesellig le=
benden Thieren, das Bedürfniß einer Mittheilung ihrer Bestrebungen
und Gedanken. So entstand das Bedürfniß der Sprache, deren an=
fangs rohe, ungegliederte Laute bald mehr und mehr in Verbindung

gesetzt, ausgebildet und artikulirt wurden. Die Entwickelung der ar=
tikulirten Sprache war nun wieder der stärkste Hebel für eine weiter
fortschreitende Entwickelung des Organismus und vor Allem des Ge=
hirns, und so verwandelten sich allmählich und langsam die Affen=
menschen in echte Menschen. Die wirkliche Abstammung der nieder=
sten und rohesten Urmenschen von den höchst entwickelten Affen wurde
also von Lamarck bereits auf das bestimmteste behauptet, und durch
eine Reihe der wichtigsten Beweisgründe unterstützt.

Als der bedeutendste der französischen Naturphilosophen gilt ge=
wöhnlich nicht Lamarck, sondern Etienne Geoffroy St. Hi=
laire (der Aeltere), geb. 1771, derjenige, für welchen auch Goe=
the sich besonders interessirte, und den wir oben bereits als den ent=
schiedensten Gegner Cuvier's kennen gelernt haben. Er entwickelte
seine Ideen von der Umbildung der organischen Species bereits gegen
Ende des vorigen Jahrhunderts, veröffentlichte dieselben aber erst im
Jahre 1828, und vertheidigte sie dann in den folgenden Jahren, be=
sonders 1830, tapfer gegen Cuvier. Geoffroy S. Hilaire nahm
im Wesentlichen die Descendenztheorie Lamarck's an, glaubte jedoch,
daß die Umbildung der Thier= und Pflanzenarten weniger durch die
eigene Thätigkeit des Organismus, (durch Gewohnheit, Uebung, Ge=
brauch oder Nichtgebrauch der Organe) bewirkt werde, als vielmehr
durch den „Monde ambiant", d. h. durch die beständige Verände=
rung der Außenwelt, insbesondere der Atmosphäre. Er faßt den Or=
ganismus gegenüber den Lebensbedingungen der Außenwelt mehr
passiv oder leidend auf, Lamarck dagegen mehr activ oder handelnd.
Geoffroy glaubt z. B., daß bloß durch Verminderung der Kohlen=
säure in der Atmosphäre aus eidechsenartigen Reptilien die Vögel ent=
standen seien, indem durch den größeren Sauerstoffgehalt der Ath=
mungsprozeß lebhafter und energischer wurde. Dadurch entstand
eine höhere Bluttemperatur, eine gesteigerte Nerven= und Muskelthä=
tigkeit, aus den Schuppen der Reptilien wurden die Federn der Vö=
gel u. s. w. Auch dieser Vorstellung liegt ein richtiger Gedanke zu
Grunde. Aber wenn auch gewiß die Veränderung der Atmosphäre

wie die Veränderung jeder andern äußern Existenzbedingung, auf den
Organismus direkt oder indirekt umgestaltend einwirkt, so ist dennoch
diese einzelne Ursache an sich viel zu unbedeutend, um ihr solche Wir=
kungen zuzuschreiben. Sie ist selbst unbedeutender, als die von La=
marck zu einseitig betonte Uebung und Gewohnheit. Das Haupt=
verdienst von Geoffroy besteht darin, dem mächtigen Einflusse von
Cuvier gegenüber die einheitliche Naturanschauung, die Einheit der
organischen Formbildung und den tiefen genealogischen Zusammen=
hang der verschiedenen organischen Gestalten geltend gemacht zu ha=
ben. Die berühmten Streitigkeiten zwischen den beiden großen Geg=
nern in der Pariser Akademie, insbesondere die heftigen Conflicte am
22sten Februar und am 19. Juli 1830, an denen Goethe den le=
bendigsten Antheil nahm, habe ich bereits in dem vorhergehenden Vor=
trage erwähnt (S. 72, 73). Damals blieb Cuvier der anerkannte
Sieger, und seit jener Zeit ist in Frankreich sehr Wenig oder eigentlich
Nichts mehr für die weitere Entwickelung der Abstammungslehre, für
den Ausbau einer monistischen Entwickelungstheorie geschehen. Of=
fenbar ist dies vorzugsweise dem hinderlichen Einflusse zuzuschreiben,
welchen Cuvier's große Autorität ausübte. Noch heute sind die mei=
sten französischen Naturforscher Schüler und blinde Anhänger Cuvi=
er's. In keinem wissenschaftlich gebildeten Lande Europa's hat Dar=
win's Lehre so wenig gewirkt und ist sie so wenig verstanden worden,
wie in Frankreich, so daß wir auf die französischen Naturforscher im
weitern Verlauf unserer Betrachtungen uns gar nicht mehr zu bezie=
hen brauchen. Höchstens könnten wir von den neuern französischen
Naturforschern noch zwei angesehene Botaniker hervorheben, Nau=
din (1852) und Lecoq (1854), welche sich zu Gunsten der Verän=
derlichkeit und Umbildung der Arten auszusprechen wagten.

Nachdem wir nun die älteren Verdienste der deutschen und fran=
zösischen Naturphilosophie um die Begründung der Abstammungslehre
erörtert haben, wenden wir uns zu dem dritten (und in sehr vielen
Beziehungen dem ersten!) großen Kulturlande Europas, zu dem
freien England, welches in den letzten zehn Jahren der Hauptsitz und

der eigentliche Ausgangsheerd für die weitere Ausbildung und die de=
finitive Feststellung der Entwickelungstheorie geworden ist. Im An=
fange unseres Jahrhunderts haben die Engländer, welche sonst im=
mer so lebendig an jedem großen wissenschaftlichen Fortschritt der
Menschheit Theil nehmen, und die ewigen Wahrheiten der Natur=
wissenschaft in erster Linie fördern, an der festländischen Naturphilo=
sophie und an deren bedeutendstem Fortschritt, der Descendenztheorie,
nur wenig Antheil gewonnen. Fast der einzige ältere englische
Naturforscher, den wir hier zu nennen haben, ist Erasmus Dar=
win, der Großvater des Reformators der Descendenztheorie. Er ver=
öffentlichte im Jahre 1794 unter dem Titel „Zoonomia" ein na=
turphilosophisches Werk, in welchem er ganz ähnliche Ansichten, wie
Goethe und Lamarck ausspricht, ohne jedoch von diesen Män=
nern damals irgend Etwas gewußt zu haben. Die Descendenztheorie
lag offenbar schon damals in der Luft. Auch Erasmus Darwin
legt großes Gewicht auf die Umgestaltung der Thier= und Pflanzen=
arten durch ihre eigene Lebensthätigkeit, durch die Angewöhnung an
veränderte Existenzbedingungen u. s. w. Sodann spricht sich im Jahre
1822 W. Herbert dahin aus, daß die Arten oder Species der
Thiere und Pflanzen Nichts weiter seien, als beständig gewordene Va=
rietäten oder Spielarten. Ebenso erklärte 1826 Grant in Edinburg,
als er die Fortpflanzungsorgane der Schwämme entdeckte, daß neue
Arten durch fortdauernde Umbildung aus bestehenden Arten hervor=
gehen. Schon 1831 sprach Patrik Matthew Ansichten über die
Entstehung der Arten aus, welche Charles Darwin's Züchtungs=
theorie sehr nahe kamen, aber damals gar nicht beachtet wurden.
1851 behauptete Freke, daß alle organischen Wesen von einer ein=
zigen Urform abstammen müßten. Ausführlicher und in sehr klarer
philosophischer Form bewies 1852 Herbert Spencer die Nothwen=
digkeit der Abstammungslehre und begründete dieselbe näher in seinen
1858 erschienenen vortrefflichen „Essays" und in den später veröf=
fentlichten „Principles of Biology". Derselbe hat zugleich das große
Verdienst, die Entwickelungstheorie auf die Psychologie angewandt

und gezeigt zu haben, daß auch die Seelenthätigkeiten und die Geistes=
kräfte nur stufenweise erworben und allmählich entwickelt werden konn=
ten. Endlich ist noch hervorzuheben, daß 1859 der Erste unter den
englischen Zoologen, Huxley, die Descendenztheorie als die einzige
Schöpfungshypothese bezeichnete, welche mit der wissenschaftlichen
Physiologie vereinbar sei.

Sämmtliche Naturforscher und Philosophen, welche Sie in die=
ser kurzen historischen Uebersicht als Anhänger der Entwickelungstheo=
rie kennen gelernt haben, gelangten im besten Falle zu der Anschau=
ung, daß alle verschiedenen Thier= und Pflanzenarten, die zu irgend
einer Zeit auf der Erde gelebt haben und jetzt noch leben, die allmäh=
lich veränderten und umgebildeten Nachkommen sind von einer einzigen,
oder von einigen wenigen, ursprünglichen, höchst einfachen Stamm=
formen, welche letztere einst durch Urzeugung (Generatio spontanea)
aus anorganischer Materie entstanden. Aber Keiner von jenen Natur=
philosophen gelangte dazu, diesen Grundgedanken der Abstammungs=
lehre ursächlich zu begründen, und die Umbildung der organischen
Species durch den wahren Nachweis ihrer mechanischen Ursachen wirk=
lich zu erklären. Diese schwierigste Aufgabe vermochte erst Charles
Darwin zu lösen, und hierin liegt die weite Kluft, welche denselben
von seinen Vorgängern trennt.

Das außerordentliche Verdienst Charles Darwin's ist nach
meiner Ansicht ein doppeltes: er hat erstens die Abstammungslehre,
deren Grundgedanken schon Goethe und Lamarck klar aussprachen,
viel umfassender entwickelt, viel eingehender nach allen Seiten verfolgt,
und viel strenger im Zusammenhang durchgeführt, als alle seine Vor=
gänger; und er hat zweitens eine neue Theorie aufgestellt, welche uns
die natürlichen Ursachen der organischen Entwickelung, die wirkenden
Ursachen (Causae efficientes) der organischen Formbildung, der
Veränderungen und Umformungen der Thier= und Pflanzenarten ent=
hüllt. Diese Theorie ist es, welche wir die Züchtungslehre oder Se=
lectionstheorie, oder genauer die Theorie von der natürlichen Züchtung
(Selectio naturalis) nennen.

Wenn Sie bedenken, daß (abgesehen von den wenigen vorher angeführten Ausnahmen) die gesammte Biologie vor Darwin den entgegengesetzten Anschauungen huldigte, und daß fast bei allen Zoologen und Botanikern die absolute Selbstständigkeit der organischen Species als selbstverständliche Voraussetzung aller Formbetrachtungen galt, so werden Sie jenes doppelte Verdienst Darwin's gewiß nicht gering anschlagen. Das falsche Dogma von der Beständigkeit und unabhängigen Erschaffung der einzelnen Arten hatte eine so hohe Autorität und eine so allgemeine Geltung gewonnen, und wurde außerdem durch den trügenden Augenschein bei oberflächlicher Betrachtung so sehr begünstigt, daß wahrlich kein geringer Grad von Muth, Kraft und Verstand dazu gehörte, sich reformatorisch gegen jenes allmächtige Dogma zu erheben und das künstlich darauf errichtete Lehrgebäude zu zertrümmern. Außerdem brachten aber Darwin und Wallace noch den neuen und höchst wichtigen Grundgedanken der „natürlichen Züchtung" zu Lamarck's und Goethe's Abstammungslehre hinzu.

Man muß diese beiden Punkte scharf unterscheiden, — freilich geschieht es gewöhnlich nicht, — man muß scharf unterscheiden erstens die Abstammungslehre oder Descendenztheorie von Lamarck, welche bloß behauptet, daß alle Thier- und Pflanzenarten von gemeinsamen, einfachsten, spontan entstandenen Urformen abstammen — und zweitens die Züchtungslehre oder Selectionstheorie von Darwin, welche uns zeigt, warum diese fortschreitende Umbildung der organischen Gestalten stattfand, welche mechanisch wirkenden Ursachen die ununterbrochene Neubildung und immer größere Mannichfaltigkeit der Thiere und Pflanzen bedingen.

Sechster Vortrag.

Entwickelungstheorie von Lyell und Darwin.

————

Charles Lyell's Grundsätze der Geologie. Seine natürliche Entwickelungsgeschichte der Erde. Entstehung der größten Wirkungen durch Summirung der kleinsten Ursachen. Entstehung der Gebirge durch langsame, sehr lange Zeit fortdauernde
Hebungen und Senkungen des Erdbodens. Unbegrenzte Länge der geologischen Zeiträume. Lyell's Widerlegung der Cuvier'schen Schöpfungsgeschichte. Begründung des
ununterbrochenen Zusammenhangs der geschichtlichen Entwickelung durch Lyell und
Darwin. Biographische Notizen über Charles Darwin. Seine wissenschaftlichen
Werke. Seine Korallenrifftheorie. Entwickelung der Selectionstheorie. Ein Brief
von Darwin. Gleichzeitige Veröffentlichung der Selectionstheorie von Charles Darwin und Alfred Wallace. Darwin's neuestes Werk. Sein Studium der Hausthiere und Culturpflanzen. Hohe Bedeutung dieses Studiums. Andreas Wagner's
Ansicht von der besonderen Schöpfung der Culturorganismen für den Menschen. Der
Baum des Erkenntnisses im Paradies. Vergleichung der wilden und der Culturorganismen. Darwin's Studium der Haustauben. Bedeutung der Taubenzucht.
Unendliche Verschiedenheit der Taubenrassen und gemeinsame Abstammung derselben von einer einzigen Stammart.

Meine Herren! In den letzten drei Jahrzehnten, welche vor dem
Erscheinen von Darwin's Werk verflossen, vom Jahre 1830—1859,
blieben in den organischen Naturwissenschaften die Schöpfungsvorstellungen durchaus herrschend, welche von Cuvier eingeführt waren.
Man bequemte sich zu der unwissenschaftlichen Annahme, daß im Ver-

7 *

laufe der Erdgeschichte eine Reihe von unerklärlichen Erdrevolutionen periodisch die ganze Thier- und Pflanzenwelt vernichtet habe, und daß am Ende jeder Revolution, beim Beginn einer neuen Periode, eine neue, vermehrte und verbesserte Auflage der organischen Bevölkerung erschienen sei. Trotzdem die Anzahl dieser Schöpfungsauflagen durchaus streitig und in Wahrheit gar nicht festzustellen war, trotzdem die zahlreichen Fortschritte, welche in allen Gebieten der Zoologie und Botanik während dieser Zeit gemacht wurden, auf die Unhaltbarkeit jener bodenlosen Hypothese Cuvier's und auf die Wahrheit der natürlichen Entwickelungstheorie Lamarck's immer dringender hinwiesen, blieb dennoch die erstere fast allgemein bei den Biologen in Geltung. Dies ist vor Allem der hohen Autorität zuzuschreiben, welche sich Cuvier erworben hatte, und es zeigt sich hier wieder schlagend, wie schädlich der Glaube an eine bestimmte Autorität dem Entwickelungsleben der Menschheit wird, die Autorität, von der Goethe einmal treffend sagt; daß sie im Einzelnen verewigt, was einzeln vorübergehen sollte, daß sie ablehnt und an sich vorübergehen läßt, was festgehalten werden sollte, und daß sie hauptsächlich Schuld ist, wenn die Menschheit nicht vom Flecke kommt.

Nur durch das große Gewicht von Cuvier's Autorität, und durch die gewaltige Macht der menschlichen Trägheit, welche sich schwer entschließt, von dem breitgetretenen Wege der alltäglichen Vorstellungen abzugehen, und neue, noch nicht bequem gebahnte Pfade zu betreten, läßt es sich begreifen, daß Lamarck's Descendenztheorie erst 1859 zur Geltung gelangte, nachdem Darwin ihr ein neues Fundament gegeben hatte. Der empfängliche Boden für dieselbe war längst vorbereitet, ganz besonders durch das Verdienst eines anderen englischen Naturforschers, Charles Lyell, auf dessen hohe Bedeutung für die „natürliche Schöpfungsgeschichte" wir hier nothwendig einen Blick werfen müssen.

Unter dem Titel: Grundsätze der Geologie (Principles of geology)[11] veröffentlichte Charles Lyell 1830 ein Werk, welches die Geologie, die Entwickelungsgeschichte der Erde, von Grund aus

umgestaltete, und dieselbe in ähnlicher Weise reformirte, wie 30 Jahre
später Darwin's Werk die Biologie. Lyell's epochemachendes
Buch, welches Cuvier's Schöpfungshypothese an der Wurzel zer-
störte, erschien in demselben Jahre, in welchem Cuvier seine großen
Triumphe über die Naturphilosophie feierte, und seine Oberherrschaft
über das morphologische Gebiet auf drei Jahrzehnte hinaus befestigte.
Während Cuvier durch seine künstliche Schöpfungshypothese und
die damit verbundene Revolutionstheorie einer natürlichen Entwickelungstheorie geradezu den Weg verlegte und den Faden der natürlichen Erklärung abschnitt, brach Lyell derselben wieder freie Bahn, und
führte einleuchtend den geologischen Beweis, daß jene dualistischen
Vorstellungen Cuvier's ebensowohl ganz unbegründet, als auch ganz
überflüssig seien. Er wies nach, daß diejenigen Veränderungen der
Erdoberfläche, welche noch jetzt unter unsern Augen vor sich gehen,
vollkommen hinreichend seien, Alles zu erklären, was wir von der
Entwickelung der Erdrinde überhaupt wissen, und daß es vollständig
überflüssig und unnütz sei, in räthselhaften Revolutionen die unerklärlichen Ursachen dafür zu suchen. Er zeigte, daß man weiter Nichts zu
Hülfe zu nehmen brauche, als außerordentlich lange Zeiträume, um
die Entstehung des Baues der Erdrinde auf die einfachste und natürlichste Weise aus denselben Ursachen zu erklären, welche noch heutzutage wirksam sind. Viele Geologen hatten sich früher gedacht, daß
die höchsten Gebirgsketten, welche auf der Erdoberfläche hervortreten,
ihren Ursprung nur ungeheuren, einen großen Theil der Erdoberfläche umgestaltenden Revolutionen, insbesondere colossalen vulkanischen Ausbrüchen verdanken könnten. Solche Bergketten z. B. wie
die Alpen, oder wie die Cordilleren, sollten auf einmal aus dem feuerflüssigen Erdinnern durch einen ungeheuren Spalt der weit geborste-
nen Erdrinde emporgestiegen sein. Lyell zeigte dagegen, daß wir
uns die Entwickelung solcher ungeheurer Gebirgsketten aus denselben
langsamen, unmerklichen Hebungen der Erdoberfläche erklären können,
die noch jetzt fortwährend vor sich gehen, und deren Ursachen keineswegs wunderbar sind. Diese Hebungen und Senkungen, wenn auch

langsam und unmerklich vor sich gehend, können die größten Erfolge erreichen, wenn sie nur einen hinlänglich großen Zeitraum hindurch ihre Wirksamkeit entfalten. Es ist bekannt, daß an zahlreichen
Stellen der Erde noch jetzt eine beständige langsame Senkung der
Küste sich nachweisen läßt, ebenso wie an anderen Stellen eine Hebung; Senkungen und Hebungen, die vielleicht im Jahrhundert nur
ein paar Zoll oder höchstens einige Fuß betragen. Sobald diese Hebungen Millionen oder Milliarden von Jahren andauern, so genügen dieselben vollständig, um die höchsten Gebirgsketten hervortreten
zu lassen, ohne daß dazu jene räthselhaften und unbegreiflichen Revolutionen nöthig wären. Auch die meteorologische Thätigkeit der Atmosphäre, die Wirksamkeit des Regens und des Schnees, ferner die
Brandung der Küste, welche an und für sich nur unbedeutend zu wirken scheinen, müssen die größten Veränderungen hervorbringen, wenn
man nur hinlänglich große Zeiträume für deren Wirksamkeit in Anspruch nimmt. Die Summirung der kleinsten Ursachen bringt die
größten Wirkungen hervor. Der Wassertropfen höhlt den Stein aus.

Auf die unermeßliche Länge der geologischen Zeiträume,
welche hierzu erforderlich sind, müssen wir nothwendig später noch
einmal zurückkommen, da, wie Sie sehen werden, auch für Darwin's Theorie, ebenso wie für diejenige Lyell's, die Annahme ganz
ungeheurer Zeitmaaße absolut unentbehrlich ist. Wenn die Erde und
ihre Organismen sich wirklich auf natürlichem Wege entwickelt haben,
so muß diese langsame und allmähliche Entwickelung jedenfalls eine
Zeitdauer in Anspruch genommen haben, deren Vorstellung unser Fassungsvermögen gänzlich übersteigt. Da Viele aber gerade hierin eine
Hauptschwierigkeit jener Entwickelungstheorien erblicken, so will ich hier
schon von vornherein bemerken, daß wir nicht einen einzigen vernünftigen Grund haben, irgend wie uns die hierzu erforderliche Zeit beschränkt zu denken. Wenn nicht allein viele Laien, sondern selbst hervorragende Naturforscher, z. B. Liebig, als Haupteinwand gegen
diese Theorien einwerfen, daß dieselben willkürlich zu lange Zeiträume
in Anspruch nähmen, so ist dieser Einwand kaum zu begreifen. Denn

es ist absolut nicht einzusehen, was uns in der Annahme derselben irgendwie beschränken sollte. Wir wissen längst allein schon aus dem Bau der geschichteten Erdrinde, daß die Entstehung derselben, der Absatz der geschichteten Steine aus dem Wasser, allermindestens mehrere Millionen Jahre gedauert haben muß. Ob wir aber hypothetisch für diesen Prozeß zehn Millionen oder zehntausend Billionen Jahre annehmen, ist vom Standpunkte der strengsten Naturphilosophie gänzlich gleichgültig. Vor uns und hinter uns liegt die Ewigkeit. Wenn sich bei Vielen gegen die Annahme von so ungeheuren Zeiträumen das Gefühl sträubt, so ist das die Folge der falschen Vorstellungen, welche uns von frühester Jugend an über die verhältnißmäßig kurze, nur wenige Jahrtausende umfassende Geschichte der Erde eingeprägt werden. Wie Albert Lange in seiner Geschichte des Materialismus[12]) Liebig gegenüber schlagend beweist, ist es vom streng kritisch=philosophischen Standpunkte aus jeder naturwissenschaftlichen Hypothese viel eher erlaubt, die Zeiträume zu groß, als zu klein anzunehmen. Jeder Entwickelungsvorgang läßt sich um so eher begreifen, je längere Zeit er dauert. Ein kurzer und beschränkter Zeitraum für denselben ist von vornherein das Unwahrscheinlichste. Jene angebliche Schwierigkeit wird uns daher in keinem Falle etwas zu schaffen machen.

Ich habe hier nicht Zeit, auf Lyell's vorzügliches Werk näher einzugehen, und will daher bloß das wichtigste Resultat desselben Ihnen mittheilen, daß es nämlich Cuvier's Schöpfungsgeschichte mit ihren mythischen Revolutionen gründlich widerlegte, und an deren Stelle einfach die beständige langsame Umbildung der Erdrinde durch die fortdauernde Thätigkeit der noch jetzt auf die Erdoberfläche wirkenden Kräfte setzte, die Thätigkeit des Wassers und des vulkanischen Erdinnern. Lyell wies also einen continuirlichen, ununterbrochenen Zusammenhang der ganzen Erdgeschichte nach, und er bewies denselben so unwiderleglich, er begründete so einleuchtend die Herrschaft der „existing caúses", der noch heute wirksamen, dauernden Ursa-

chen in der Umbildung der Erdrinde, daß in kurzer Zeit die Geolo=
gie Cuvier's Hypothese vollkommen aufgab.

Nun ist es aber merkwürdig, daß die Paläontologie, die Wissen=
schaft von den Versteinerungen, soweit sie von den Botanikern und
Zoologen getrieben wurde, von diesem großen Fortschritt der Geolo=
gie scheinbar unberührt blieb. Die Biologie nahm fortwährend noch
jene wiederholte neue Schöpfung der gesammten Thier= und Pflan=
zenbevölkerung am Beginne jeder neuen Periode der Erdgeschichte an,
obwohl diese Hypothese von den einzelnen, schubweise in die Welt ge=
setzten Schöpfungen ohne die Annahme der Revolutionen reiner Un=
sinn wurde und gar keinen Halt mehr hatte. Offenbar ist es voll=
kommen ungereimt, eine besondere neue Schöpfung der ganzen Thier=
und Pflanzenwelt zu bestimmten Zeitabschnitten anzunehmen, ohne
daß die Erdrinde selbst dabei irgend eine beträchtliche allgemeine Um=
wälzung erfährt. Trotzdem also jene Vorstellung auf das Engste mit
der Katastrophentheorie Cuvier's zusammenhängt, blieb sie den=
noch herrschend, nachdem die letztere bereits zerstört war.

Es war nun dem großen englischen Naturforscher Charles
Darwin vorbehalten, diesen Zwiespalt völlig zu beseitigen und zu
zeigen, daß auch die Lebewelt der Erde eine ebenso continuirlich zu=
sammenhängende Geschichte hat, wie die unorganische Rinde der Erde;
daß auch die Thiere und Pflanzen ebenso allmählich durch Umwand=
lung (Transmutation) auseinander hervorgegangen sind, wie die wech=
selnden Formen der Erdrinde, der Continente und der sie umschließen=
den und trennenden Meere aus früheren, ganz davon verschiedenen
Formen hervorgegangen sind. Wir können in dieser Beziehung wohl
sagen, daß Darwin auf dem Gebiete der Zoologie und Botanik den
gleichen Fortschritt herbeiführte, wie Lyell, sein großer Landsmann,
auf dem Gebiete der Geologie. Durch Beide wurde der ununterbro=
chene Zusammenhang der geschichtlichen Entwickelung bewiesen, und
eine allmähliche Umänderung der verschiedenen auf einander folgenden
Zustände dargethan.

Das besondere Verdienst Darwin's ist nun, wie bereits in dem vorigen Vortrage bemerkt worden ist, ein doppeltes. Er hat erstens die von Lamarck und Goethe aufgestellte Descendenztheorie in viel umfassenderer Weise als Ganzes behandelt und im Zusammenhang durchgeführt, als es von allen seinen Vorgängern geschehen war. Zweitens aber hat er dieser Abstammungslehre durch seine, ihm eigenthümliche Züchtungslehre (die Selectionstheorie) das causale Fundament gegeben, d. h. er hat die wirkenden Ursachen der Veränderungen nachgewiesen, welche von der Abstammungslehre nur als Thatsachen behauptet werden. Die von Lamarck 1809 in die Biologie eingeführte Descendenztheorie behauptet, daß alle verschiedenen Thier = und Pflanzenarten von einer einzigen oder einigen wenigen, höchst einfachen, spontan entstandenen Urformen abstammen. Die von Darwin 1859 begründete Selectionstheorie zeigt uns; warum dies der Fall sein mußte, sie weist uns die wirkenden Ursachen so nach, wie es nur Kant wünschen konnte, und Darwin ist in der That auf dem Gebiete der organischen Naturwissenschaft der Newton geworden, dessen Kommen Kant prophetisch verneinen zu können glaubte.

Ehe Sie nun an Darwin's Theorie herantreten, wird es Ihnen vielleicht von Interesse sein, Einiges über die Persönlichkeit dieses großen Naturforschers zu hören, über sein Leben und die Wege auf denen er zur Aufstellung seiner Lehre gelangte. Charles Darwin ist geboren im Jahr 1808, also jetzt sechzig Jahre alt. Bereits in seinem 24. Lebensjahre, 1832, wurde er zur Theilnahme an einer wissenschaftlichen Expedition berufen, welche von den Engländern ausgeschickt wurde, vorzüglich um die Südspitze Südamerika's genauer zu erforschen und verschiedene Punkte der Südsee zu untersuchen. Diese Expedition hatte, gleich vielen anderen, rühmlichen, von England ausgerüsteten Forschungsreisen, sowohl wissenschaftliche, als auch practische, auf die Schifffahrt bezügliche Aufgaben zu erfüllen. Das Schiff führte in treffend symbolischer Weise den Namen „Beagle" oder Spürhund. Die Reise des Beagle, welche fünf Jahre dauerte, wurde für Darwin's ganze Entwickelung von der größten Bedeutung, und schon im ersten Jahre, als er zum erstenmal den Boden Südamerika's betrat,

keimte in ihm der Gedanke der Abstammungslehre auf, den er dann
späterhin zu so vollendeter Blüthe entwickelte. Die Reise selbst hat
Darwin in einem von Dieffenbach in das Deutsche übersetzten
Werke beschrieben, welches sehr anziehend geschrieben ist, und dessen
Lectüre ich Ihnen angelegentlich empfehle [13]). In dieser Reisebeschrei=
bung, welche sich weit über den gewöhnlichen Durchschnitt erhebt, tritt
Ihnen nicht allein die liebenswürdige Persönlichkeit Darwin's in sehr
anziehender Weise entgegen, sondern Sie können auch vielfach die Spu=
ren der Wege erkennen, auf denen er zu seinen Vorstellungen gelangte.
Als Resultat dieser Reise erschien zunächst ein großes wissenschaftliches
Reisewerk, an dessen zoologischem und geologischem Theil sich Darwin
bedeutend betheiligte, und ferner eine ausgezeichnete Arbeit desselben
über die Bildung der Korallenriffe, welche allein genügt haben würde,
Darwin's Namen mit bleibendem Ruhme zu krönen. Es wird Ihnen
bekannt sein, daß die Inseln der Südsee größtentheils aus Korallen=
riffen bestehen oder von solchen umgeben sind. Die verschiedenen
merkwürdigen Formen derselben und ihr Verhältniß zu den nicht aus
Korallen gebildeten Inseln vermochte man sich früher nicht befriedi=
gend zu erklären. Erst Darwin war es vorbehalten diese schwierige
Aufgabe zu lösen, indem er außer der aufbauenden Thätigkeit der
Korallenthiere auch geologische Hebungen und Senkungen des Meeres=
bodens für die Entstehung der verschiedenen Riffgestalten in Anspruch
nahm. Darwin's Theorie von der Entstehung der Korallenriffe ist,
ebenso wie seine spätere Theorie von der Entstehung der organischen
Arten, eine Theorie, welche die Erscheinungen vollkommen erklärt,
und dafür nur die einfachsten natürlichen Ursachen in Anspruch nimmt,
ohne sich hypothetisch auf irgend welche unbekannten Vorgänge zu
beziehen. Unter den übrigen Arbeiten Darwin's ist noch seine aus=
gezeichnete Monographie der Cirrhipedien hervorzuheben, einer merk=
würdigen Klasse von Seethieren, welche im äußeren Ansehen den Mu=
scheln gleichen und von Cuvier in der That für zweischalige Mollus=
ken gehalten wurden, während dieselben in Wahrheit zu den Krebs=
thieren (Crustaceen) gehören.

Die außerordentlichen Strapazen, denen Darwin während der fünfjährigen Reise des Beagle ausgesetzt war, hatten seine Gesundheit dergestalt zerrüttet, daß er sich nach seiner Rückkehr aus dem unruhigen Treiben London's zurückziehen mußte, und seitdem in stiller Zurückge= zogenheit auf seinem Gute Down, in der Nähe von Bromley in Kent (mit der Eisenbahn kaum eine Stunde von London entfernt), wohnte. Diese Abgeschiedenheit von dem unruhigen Getreibe der großen Weltstadt wurde jedenfalls äußerst segensreich für Darwin, und es ist wahrscheinlich, daß wir ihr theilweise mit die Entstehung der Selectionstheorie verdanken. Unbehelligt durch die verschiedenen Geschäfte, welche in London seine Kräfte zersplittert haben würden, konnte er seine ganze Thätigkeit auf das Studium des großen Pro= blems concentriren, auf welches er durch jene Reise hingelenkt worden war. Um Ihnen zu zeigen, welche Wahrnehmungen während seiner Weltumsegelung vorzüglich den Grundgedanken der Selectionstheo= rie in ihm anregten, und in welcher Weise er denselben dann weiter entwickelte, erlauben Sie mir, Ihnen eine Stelle aus einem Briefe mitzutheilen, welchen Darwin am 8. October 1864 an mich richtete:

„In Südamerika traten mir besonders drei Klassen von Erscheinungen sehr lebhaft vor die Seele: Erstens die Art und Weise, in welcher nahe verwandte Species einander vertreten und er= setzen, wenn man von Norden nach Süden geht; — Zweitens die nahe Verwandtschaft derjenigen Species, welche die Südamerika nahe gelegenen Inseln bewohnen, und derjenigen Species, welche diesem Festland eigenthümlich sind; dies setzte mich in tiefes Erstaunen, be= sonders die Verschiedenheit derjenigen Species, welche die nahe gele= genen Inseln des Galopagosarchipels bewohnen; — Drittens die nahe Beziehung der lebenden zahnlosen Säugethiere (Edentata) und Nagethiere (Rodentia) zu den ausgestorbenen Arten. Ich werde nie= mals mein Erstaunen vergessen, als ich ein riesengroßes Panzerstück ausgrub, ähnlich demjenigen eines lebenden Gürtelthiers.

„Als ich über diese Thatsachen nachdachte und einige ähnliche Er=

scheinungen damit verglich, schien es mir wahrscheinlich, daß nahe verwandte Species von einer gemeinsamen Stammform abstammen könnten. Aber einige Jahre lang konnte ich nicht begreifen, wie eine jede Form so ausgezeichnet ihren besonderen Lebensverhältnissen angepaßt werden konnte. Ich begann darauf systematisch die Hausthiere und die Gartenpflanzen zu studiren, und sah nach einiger Zeit deutlich ein, daß die wichtigste umbildende Kraft in des Menschen Zuchtwahlvermögen liege, in seiner Benutzung auserlesener Individuen zur Nachzucht. Dadurch daß ich vielfach die Lebensweise und Sitten der Thiere studirt hatte, war ich darauf vorbereitet, den Kampf um's Dasein richtig zu würdigen; und meine geologischen Arbeiten gaben mir eine Vorstellung von der ungeheuren Länge der verflossenen Zeiträume. Als ich dann durch einen glücklichen Zufall das Buch von Malthus „über die Bevölkerung" las, tauchte der Gedanke der natürlichen Züchtung in mir auf. Unter allen den untergeordneten Punkten war der letzte, den ich schätzen lernte, die Bedeutung und Ursache des Divergenzprinzips".

Während der Muße und Zurückgezogenheit, in der Darwin nach der Rückkehr von seiner Reise lebte, beschäftigte er sich, wie aus dieser Mittheilung hervorgeht, zunächst vorzugsweise mit dem Studium der Organismen im Culturzustande, der Hausthiere und Gartenpflanzen. Unzweifelhaft war dies der nächste und richtigste Weg, um zur Selectionstheorie zu gelangen. Wie in allen seinen Arbeiten, verfuhr Darwin dabei äußerst sorgfältig und genau. Er hat vom Jahre 1837—1858, also 21 Jahre lang, über diese Sache Nichts veröffentlicht, selbst nicht eine vorläufige Skizze seiner Theorie, welche er schon 1844 niedergeschrieben hatte. Er wollte immer noch mehr sicher begründete empirische Beweise sammeln, um so die Theorie ganz vollständig, auf möglichst breiter Erfahrungsgrundlage festgestellt, veröffentlichen zu können. Zum Glück wurde er in diesem Streben nach möglichster Vervollkommnung, welches vielleicht dazu geführt haben würde, die Theorie überhaupt nicht zu veröffentlichen, durch einen Landsmann gestört, welcher unabhängig von Darwin die Selectionstheorie sich ausgedacht und aufgestellt hatte, und welcher 1858 die Grundzüge derselben an Darwin selbst einsendete, mit der Bitte, dieselben an Lyell zur Veröffentlichung in einem englischen Journal zu übergeben. Dieser Engländer ist Alfred Wallace, einer der kühnsten und verdientesten naturwissenschaftlichen Reisenden der neueren Zeit. Jahre lang war Wallace allein in den Wildnissen der Sundainseln, in den dichten Urwäldern des indischen Archipels umhergestreift, und bei diesem unmittelbaren und umfassenden Studium eines der reichsten und interessantesten Erdstücke mit seiner höchst mannichfaltigen Thier- und Pflanzenwelt war er genau zu denselben allgemeinen Anschauungen über die Entstehung der organischen Arten, wie Darwin gelangt. Lyell und Hooker, welche Beide Darwin's Arbeit seit langer Zeit kannten, veranlaßten ihn nun, einen kurzen Auszug aus seinen Manuscripten gleichzeitig mit dem eingesandten Manuscript von Wallace zu veröffentlichen, was auch im August 1858 im „Journal of the Linnean Society" geschah.

Im November 1859 erschien dann das epochemachende Werk Darwin's „Ueber die Entstehung der Arten," in welchem die Selectionstheorie ausführlich begründet ist. Jedoch bezeichnet Darwin selbst dieses Buch, von welchem 1866 die vierte Auflage und 1860 eine deutsche Uebersetzung von Bronn erschien[1]), nur als einen vorläufigen Auszug aus einem größeren und ausführlicheren Werke, welches in umfassender empirischer Beweisführung eine Masse von Thatsachen zu Gunsten seiner Theorie enthalten soll. Der erste Theil dieses von Darwin in Aussicht gestellten Hauptwerkes ist vor Kurzem unter dem Titel: „Das Variiren der Thiere und Pflanzen im Zustande der Domestication" erschienen und von Victor Carus ins Deutsche übersetzt worden[14]). Er enthält eine reiche Fülle von den trefflichsten Belegen für die außerordentlichen Veränderungen der organischen Formen, welche der Mensch durch seine Cultur und künstliche Züchtung hervorbringen kann. So sehr wir auch Darwin für diesen Ueberfluß an beweisenden Thatsachen verbunden sind, so theilen wir doch keineswegs die Meinung jener Naturforscher, welche glauben, daß durch diese weiteren Ausführungen die Selectionstheorie eigentlich erst fest begründet werden müsse. Nach unserer Ansicht enthält bereits Darwin's erstes, 1859 erschienenes Werk, diese Begründung in völlig ausreichendem Maaße. Die unangreifbare Stärke seiner Theorie liegt nicht in der Unmasse von einzelnen Thatsachen, welche man als Beweis dafür anführen kann, sondern in dem harmonischen Zusammenhang aller großen und allgemeinen Erscheinungsreihen der organischen Natur, welche übereinstimmend für die Wahrheit der Selectionstheorie Zeugniß ablegen.

Von der größten Bedeutung für die Begründung der Selectionstheorie war das eingehende Studium, welches Darwin den Hausthieren und Culturpflanzen widmete. Die unendlich tiefen und mannichfaltigen Formveränderungen, welche der Mensch an diesen domesticirten Organismen durch künstliche Züchtung erzeugt hat, sind für das richtige Verständniß der Thier= und Pflanzenformen von der allergrößten Wichtigkeit; und dennoch ist in kaum glaublicher Weise dieses Studium von den Zoologen und Botanikern bis in die neueste Zeit in der gröbsten Weise vernachlässigt worden. Es sind nicht allein dicke Bände, sondern ganze Bibliotheken vollgeschrieben worden mit den unnützesten Beschreibungen der einzelnen Arten oder Species, angefüllt mit höchst kindischen Streitigkeiten darüber, ob diese Species gute oder ziemlich gute, schlechte oder ziemlich schlechte Arten seien, ohne daß dem Artbegriff selbst darin zu Leibe gegangen ist. Wenn die Naturforscher, statt auf diese ganz unnützen Spielereien ihre Zeit zu verwenden, die Culturorganismen gehörig studirt und nicht die einzelnen todten Formen sondern die Umbildung der lebendigen Gestalten in das Auge gefaßt hätten, so würde man nicht so lange in den Fesseln des Cuvier'schen Dogmas befangen gewesen sein. Weil nun aber diese Culturorganismen gerade der dogmatischen Auffassung von der Beharrlichkeit der Art, von der Constanz der Species so äußerst unbequem sind, so hat man sich großen Theils absichtlich nicht um dieselben bekümmert und es ist sogar vielfach, selbst von berühmten Naturforschern der Gedanke ausgesprochen worden, diese Culturorganismen, die Haus=

thiere und Gartenpflanzen, seien Kunstproducte des Menschen, und deren Bildung und Umbildung könne gar Nichts über das Wesen der Bildung und über die Entstehung der Formen bei den wilden, im Naturzustande lebenden Arten entscheiden.

Diese verkehrte Auffassung ging so weit, daß z. B. ein Münchener Zoologe, Andreas Wagner, alles Ernstes die lächerliche Behauptung aufstellte: Die Thiere und Pflanzen im wilden Zustande sind vom Schöpfer als bestimmt unterschiedene und unveränderliche Arten erschaffen worden; allein bei den Hausthieren und Culturpflanzen war dies deshalb nicht nöthig, weil er dieselben von vornherein für den Gebrauch des Menschen einrichtete. Der Schöpfer machte also den Menschen aus einem Erdenkloß, blies ihm lebendigen Odem in seine Nase und schuf dann für ihn die verschiedenen nützlichen Hausthiere und Gartenpflanzen, bei denen er sich in der That die Mühe der Speciesunterscheidung sparen konnte. Ob der Baum des Erkenntnisses im Paradiesgarten eine „gute“ wilde Species, oder als Culturpflanze überhaupt „keine Species“ war, erfahren wir leider durch Andreas Wagner nicht. Da der Baum des Erkenntnisses vom Schöpfer mitten in den Paradiesgarten gesetzt wurde, möchte man eher glauben, daß er eine höchst bevorzugte Culturpflanze, also überhaupt keine Species war. Da aber andrerseits die Früchte vom Baume des Erkenntnisses dem Menschen verboten waren, und viele Menschen, wie Wagner's eigenes Beispiel klar zeigt, niemals von diesen Früchten gegessen haben, so ist er offenbar nicht für den Gebrauch des Menschen erschaffen und also wahrscheinlich eine wirkliche Species! Wie Schade daß uns Wagner über diese wichtige und schwierige Frage nicht belehrt hat!

So lächerlich Ihnen nun diese Ansicht auch vorkommen mag, so ist dieselbe doch nur ein folgerichtiger Auswuchs einer falschen, in der That aber weit verbreiteten Ansicht von dem besonderen Wesen der Culturorganismen, und Sie können bisweilen von ganz angesehenen Naturforschern ähnliche Einwürfe hören. Gegen diese grundfalsche Auffassung muß ich mich von vornherein ganz bestimmt wenden. Es ist dieselbe Verkehrtheit, wie sie die Aerzte begehen, welche behaupten, die Krankheiten seien künstliche Erzeugnisse, keine Naturerscheinungen. Es hat viele Mühe gekostet, dieses Vorurtheil zu bekämpfen; und erst in neuerer Zeit ist die Ansicht zur allgemeinen Anerkennung gelangt, daß die Krankheiten Nichts sind, als natürliche Veränderungen des Organismus, wirklich natürliche Lebenserscheinungen, die nur hervorgebracht werden durch veränderte, abnorme Existenzbedingungen. Es ist die Krankheit also nicht, wie die älteren Aerzte sagten, ein Leben außerhalb der Natur (Vita praeter naturam), sondern ein natürliches Leben unter bestimmten, krank machenden, den Körper mit Gefahr bedrohenden Bedingungen. Ganz ebenso sind die Culturerzeugnisse nicht künstliche Producte des Menschen, sondern sie sind Naturproducte, welche unter eigenthümlichen Lebensbedingungen entstanden sind. Der Mensch vermag durch seine Cultur niemals unmittelbar eine neue organische Form zu erzeugen; sondern er kann nur die Organismen unter neuen Lebensbedingungen züchten, welche umbildend auf sie einwirken. Alle Hausthiere und alle Gartenpflanzen stammen ursprünglich von wilden Arten ab, welche erst durch die eigenthümlichen Lebensbedingungen der Cultur umgebildet wurden.

Die eingehende Vergleichung der Culturformen (Rassen und Spielarten) mit den wilden, nicht durch Cultur veränderten Organismen (Arten und Varietäten) ist für die Selectionstheorie von der größten Wichtigkeit. Was Ihnen bei dieser Vergleichung zunächst am Meisten auffällt, das ist die ungewöhnlich kurze Zeit, in welcher der Mensch im Stande ist, eine neue Form hervorzubringen, und der ungewöhnliche hohe Grad, in welchem diese vom Menschen producirte Form von der ursprünglichen Stammform abweichen kann; während die wilden Thiere und die Pflanzen im wilden Zustande Jahr aus, Jahr ein dem sammelnden Zoologen und Botaniker annähernd in derselben Form erscheinen, so daß eben hieraus das falsche Dogma der Speciesconstanz entstehen konnte. So zeigen uns die Hausthiere und die Gartenpflanzen innerhalb weniger Jahre die größten Veränderungen. Die Vervollkommnung, welche die Züchtungskunst der Gärtner und der Landwirthe erreicht hat, gestattet es jetzt in sehr kurzer Zeit, in wenigen Jahren, eine ganz neue Thier- oder Pflanzenform willkürlich zu schaffen. Man braucht zu diesem Zwecke bloß den Organismus unter dem Einflusse der besonderen Bedingungen zu erhalten und fortzupflanzen, welche neue Bildungen zu erzeugen im Stande sind; und man kann schon nach Verlauf von wenigen Generationen neue Arten erhalten, welche von der Stammform in viel höherem Grade abweichen, als die sogenannten guten Arten im wilden Zustande von einander verschieden sind. Diese Thatsache ist äußerst wichtig und kann nicht genug hervorgehoben werden. Es ist nicht wahr, wenn behauptet wird, die Culturformen, die von einer und derselben Form abstammen, seien nicht so sehr von einander verschieden, wie die wilden Thier- und Pflanzenarten unter sich. Wenn man nur unbefangen Vergleiche anstellt, so läßt sich sehr leicht erkennen, daß eine Menge von Rassen oder Spielarten, die wir in einer kurzen Reihe von Jahren von einer einzigen Culturform abgeleitet haben, in höherem Grade von einander unterschieden sind, als sogenannte gute Species oder selbst verschiedene Gattungen (Genera) einer Familie im wilden Zustande sich unterscheiden.

Um diese äußerst wichtige Thatsache möglichst fest empirisch zu begründen, beschloß D a r w i n eine einzelne Gruppe von Hausthieren speciell in dem ganzen Umfang ihrer Formenmannichfaltigkeit zu studiren, und er wählte dazu die H a u s t a u b e n, welche in mehrfacher Beziehung für diesen Zweck ganz besonders geeignet sind. Er hielt sich lange Zeit hindurch auf seinem Gute alle möglichen Rassen und Spielarten von Tauben, welche er bekommen konnte, und wurde mit reichlichen Zusendungen aus allen Weltgegenden unterstützt. Ferner ließ er sich in zwei Londoner Taubenklubs aufnehmen, welche die Züchtung der verschiedenen Taubenformen mit wahrhaft künstlerischer Virtuosität und unermüdlicher Leidenschaft betreiben. Endlich setzte er sich noch mit Einigen der berühmtesten Taubenliebhaber in Verbindung. So stand ihm das reichste empirische Material zur Verfügung.

Die Kunst und Liebhaberei der Taubenzüchtung ist uralt. Schon mehr als 3000 Jahre vor Christus wurde sie von den Aegyptern betrieben. Die Römer der Kaiserzeit gaben ungeheure Summen dafür aus, und führten genaue Stammbaumregister über ihre Abstammung, ebenso wie die Araber über ihre Pferde und die mecklenburgischen Edelleute über ihre eigenen Ahnen sehr sorgfältige genealogische Register führen. Auch in Asien war die Taubenzucht eine uralte Liebhaberei der reichen Fürsten, und zur Hofhaltung des Akber Khan, um das Jahr 1600, gehörten mehr als 20,000 Tauben. So entwickelten sich denn im Laufe mehrerer Jahrtausende, und in Folge der mannichfaltigen Züchtungsmethoden, welche in den verschiedensten Weltgegenden geübt wurden, aus einer einzigen ursprünglich gezähmten Stammform eine ungeheure Menge verschiedenartiger Rassen und Spielarten, welche in ihren extremen Formen ganz außerordentlich von einander verschieden sind, und sich oft durch sehr auffallende Eigenthümlichkeiten auszeichnen.

Eine der auffallendsten Taubenrassen ist die bekannte Pfauentaube, bei der sich der Schwanz ähnlich entwickelt wie beim Pfau, und eine Anzahl von 30—40 radartig gestellten Federn trägt; während die anderen Tauben eine viel geringere Anzahl von Schwanzfedern, fast immer 12, besitzen. Hierbei mag erwähnt werden, daß die Anzahl der Schwanzfedern bei den Vögeln als systematisches Merkmal von den Naturforschern sehr hoch geschätzt wird, so daß man ganze Ordnungen danach unterscheidet. So besitzen z. B. die Singvögel fast ohne Ausnahme 12 Schwanzfedern, die Schrillvögel (Strisores) 10 u. s. w. Besonders ausgezeichnet sind ferner mehrere Taubenrassen durch einen Busch von Nackenfedern, welcher eine Art Perrücke bildet, andere durch abenteuerliche Umbildung des Schnabels und der Füße, durch eigenthümliche, oft sehr auffallende Verzierungen, z. B. Hautlappen, die sich am Kopf entwickeln; durch einen großen Kropf, welcher eine starke Hervortreibung der Speiseröhre am Hals bildet u. s. w. Merkwürdig sind auch die sonderbaren Gewohnheiten, die viele Tauben sich erworben haben, z. B. die Lachtauben, die Trommeltauben in ihren musikalischen Leistungen, die Brieftauben in ihrem topographischen Instinct. Die Purzeltauben haben die seltsame Gewohnheit, nach= dem sie in großer Schaar in die Luft gestiegen sind, sich zu über= schlagen und aus der Luft wie todt herabzufallen. Die Sitten und Gewohnheiten dieser unendlich verschiedenen Taubenrassen, die Form, Größe und Färbung der einzelnen Körpertheile, die Proportionen der= selben unter einander, sind in erstaunlich hohem Maaße von einander verschieden, in viel höherem Maaße, als es bei sogenannten guten Arten oder selbst bei ganz verschiedenen Gattungen unter den wilden Tauben der Fall ist. Und, was das Wichtigste ist, es beschränken sich jene Unterschiede nicht bloß auf die Bildung der äußerlichen Form, son= dern erstrecken sich selbst auf die wichtigsten innerlichen Theile; es kommen selbst sehr bedeutende Abänderungen des Skelets und der Muskulatur vor. So finden sich z. B. große Verschiedenheiten in der Zahl der Wirbel und Rippen, in der Größe und Form der Lücken im Brustbein, in der Form und Größe des Gabelbeins, des Unterkiefers, der Gesichtsknochen u. s. w. Kurz das knöcherne Skelet, das die Morphologen für einen sehr beständigen Körpertheil halten, welcher niemals in dem Grade, wie die äußeren Theile, variire, zeigt sich so sehr verändert, daß man viele Taubenrassen als besondere Gattungen oder Familien im Vögelsysteme aufführen könnte. Zweifelsohne würde dies geschehen, wenn man alle diese verschiedenen Formen in wildem Naturzustande auffände.

Wie weit die Verschiedenheit der Taubenrassen geht, zeigt am Besten der Umstand, daß alle Taubenzüchter einstimmig der Ansicht sind, jede eigenthümliche oder besonders ausgezeichnete Taubenrasse müsse von einer besonderen wilden Stammart abstammen. Freilich nimmt Jeder eine verschiedene Zahl von Stammarten an. Und dennoch hat D a r w i n mit überzeugendem Scharfsinn den schwierigen Beweis geführt, daß dieselben ohne Ausnahme sämmtlich von einer einzigen wilden Stammart, der blauen Felstaube (Columba livia) abstammen müssen. In gleicher Weise läßt sich bei den meisten übri= gen Hausthieren und bei den meisten Culturpflanzen der Beweis

8*

führen, daß alle verschiedenen Rassen Nachkommen einer einzigen ur=
sprünglichen wilden Art sind, die vom Menschen in den Culturzustand
übergeführt wurde. Für einige Hausthiere, namentlich die Hunde,
Schweine und Rinder, ist es allerdings wahrscheinlicher, daß die man=
nichfaltigen Rassen derselben von mehreren wilden Stammarten ab=
zuleiten sind, welche sich nachträglich im Culturzustande mit einan=
der vermischt haben. Indessen ist die Zahl dieser ursprünglichen wil=
den Stammarten immer viel geringer, als die Zahl der aus ihrer
Vermischung und Züchtung hervorgegangenen Culturformen, und na=
türlich stammen auch jene ersteren ursprünglich von einer einzigen ge=
meinsamen Stammform der ganzen Gattung ab. Auf keinen Fall
stammt jede besondere Culturrasse von einer eigenen wilden Art ab.

Im Gegensatz hierzu behaupten fast alle Landwirthe und Gärt=
ner mit der größten Bestimmtheit, daß jede einzelne, von ihnen
gezüchtete Rasse von einer besonderen wilden Stammart abstammen
müsse, weil sie die Unterschiede der Rassen scharf erkennen, die Ver=
erbung ihrer Eigenschaften sehr hochschätzen, und nicht bedenken, daß
dieselben erst durch langsame Häufung kleiner, kaum merklicher Abän=
derungen entstanden sind. Auch in dieser Beziehung ist die Verglei=
chung der Culturrassen mit den wilden Species äußerst lehrreich.
Die Entstehungsart ist in beiden Fällen dieselbe.

Siebenter Vortrag.

Die Züchtungslehre oder Selectionstheorie.
(Der Darwinismus.)

Darwinismus (Selectionstheorie) und Lamarckismus (Descendenztheorie). Der Vorgang der künstlichen Züchtung: Auslese (Selection) der verschiedenen Einzelwesen zur Nachzucht. Die wirkenden Ursachen der Umbildung: Abänderung, mit der Ernährung zusammenhängend, und Vererbung, mit der Fortpflanzung zusammenhängend. Mechanische Natur dieser beiden physiologischen Functionen. Der Vorgang der natürlichen Züchtung: Auslese (Selection) durch den Kampf um's Dasein. Malthus' Bevölkerungstheorie. Mißverhältniß zwischen der Zahl der möglichen (potentiellen) und der wirklichen (actuellen) Individuen jeder Organismenart. Allgemeiner Wettkampf um die Existenz, oder Mitbewerbung um die Erlangung der nothwendigen Lebensbedürfnisse. Umbildende und züchtende Kraft dieses Kampfes um's Dasein. Vergleichung der natürlichen und der künstlichen Züchtung.

Meine Herren! Wenn heutzutage häufig die gesammte Entwickelungstheorie, mit der wir uns in diesen Vorträgen beschäftigen, als Darwinismus bezeichnet wird, so geschieht dies eigentlich nicht mit Recht. Denn wie Sie aus der geschichtlichen Einleitung der letzten Vorträge gesehen haben werden, ist schon zu Anfang unseres Jahrhunderts die wichtigste Grundlage der Entwickelungstheorie, nämlich die Abstammungslehre, oder Descendenztheorie, deutlich ausgesprochen, und insbesondere durch Lamarck in die Naturwissenschaft eingeführt worden. Man könnte daher diesen Theil der Entwickelungs=

theorie, welcher die gemeinsame Abstammung aller Thier= und Pflan=
zenarten von einfachsten gemeinsamen Stammformen behauptet, seinem
verdientesten Begründer zu Ehren mit vollem Rechte Lamarckismus
nennen, wenn man einmal an den Namen eines einzelnen hervorra=
genden Naturforschers das Verdienst knüpfen will, eine solche Grund=
lehre zuerst durchgeführt zu haben. Dagegen würden wir mit Recht
als Darwinismus die Selectionstheorie oder Züchtungslehre zu
bezeichnen haben, denjenigen Theil der Entwickelungstheorie, welcher
uns zeigt, auf welchem Wege und warum die verschiedenen Orga=
nismenarten aus jenen einfachsten Stammformen sich entwickelt haben
(Gen. Morph. II, 166).

Diese Züchtungslehre oder Selectionstheorie, der Darwinismus
im eigentlichen Sinne, zu dessen Betrachtung wir uns jetzt wenden,
beruht wesentlich (wie es bereits in dem letzten Vortrage angedeutet
wurde) auf der Vergleichung derjenigen Thätigkeit, welche der Mensch
bei der Züchtung der Hausthiere und Gartenpflanzen ausübt, mit
denjenigen Vorgängen, welche in der freien Natur, außerhalb des
Kulturzustandes, zur Entstehung neuer Arten und neuer Gattungen
führen. Wir müssen uns, um diese letzten Vorgänge zu verstehen,
also zunächst zur künstlichen Züchtung des Menschen wenden, wie es
auch von Darwin selbst geschehen ist. Wir müssen untersuchen,
welche Erfolge der Mensch durch seine künstliche Züchtung erzielt, und
welche Mittel er anwendet, um diese Erfolge hervorzubringen; und
dann müssen wir uns fragen: „Giebt es in der Natur ähnliche Kräfte,
ähnliche wirkende Ursachen, wie sie der Mensch hier anwendet?"

Was nun zunächst die künstliche Züchtung betrifft, so gehen
wir von der Thatsache aus, die zuletzt erörtert wurde, daß deren Pro=
ducte in nicht seltenen Fällen viel mehr von einander verschieden sind,
als die Erzeugnisse der natürlichen Züchtung. In der That weichen
die Rassen oder Spielarten oft in höherem Grade von einander ab,
als es viele sogenannte „gute Arten" oder Species, ja bisweilen so=
gar mehr, als es sogenannte „gute Gattungen" im Naturzustande
thun. Vergleichen Sie z. B. die verschiedenen Aepfelsorten, welche

die Gartenkunst von einer und derselben ursprünglichen Apfelform ge=
zogen hat, oder vergleichen Sie die verschiedenen Pferderassen, welche
die Thierzüchter aus einer und derselben ursprünglichen Form des
Pferdes abgeleitet haben, so finden Sie leicht, daß die Unterschiede
der am meisten verschiedenen Formen ganz außerordentlich bedeutend
sind, viel bedeutender, als die Unterschiede, welche von den Zoologen
und Botanikern bei Vergleichung der wilden Arten angewandt wer=
den, um darauf hin verschiedene sogenannte „gute Arten" zu unter=
scheiden.

Wodurch bringt nun der Mensch diese außerordentliche Verschie=
denheit oder Divergenz mehrerer Formen hervor, die erwiesenermaßen
von einer und derselben Stammform abstammen? Lassen Sie uns
zur Beantwortung dieser Frage einen Gärtner verfolgen, der bemüht
ist, eine neue Pflanzenform zu züchten, die sich durch eine schöne Blu=
menfarbe auszeichnet. Derselbe wird zunächst unter einer großen An=
zahl von Pflanzen, welche Sämlinge einer und derselben Pflanze sind,
eine Auswahl oder Selection treffen. Er wird diejenigen Pflanzen
heraussuchen, welche die ihm erwünschte Blüthenfarbe am meisten
ausgeprägt zeigen. Gerade die Blüthenfarbe ist ein sehr veränder=
licher Gegenstand. Zum Beispiel zeigen Pflanzen, welche in der Re=
gel eine weiße Blüthe besitzen, sehr häufig Abweichungen in's Blaue
oder Rothe hinein. Gesetzt nun, der Gärtner wünscht eine solche, ge=
wöhnlich weiß blühende Pflanze in rother Farbe zu erhalten, so würde
er sehr sorgfältig unter den mancherlei verschiedenen Individuen, die
Abkömmlinge einer und derselben Samenpflanze sind, diejenigen her=
aussuchen, die am deutlichsten einen rothen Anflug zeigen, und diese
ausschließlich aussäen, um neue Individuen derselben Art zu erzielen.
Er würde die übrigen Samenpflanzen, die weiße oder weniger deut=
lich rothe Farbe zeigen, ausfallen lassen und nicht weiter cultiviren.
Ausschließlich die einzelnen Pflanzen, deren Blüthen das stärkste Roth
zeigen, würde er fortpflanzen und die Samen, welche diese auserlese=
nen Pflanzen bringen, würde er wieder aussäen. Von den Samen=
pflanzen dieser zweiten Generation würde er wiederum diejenigen sorg=

fältig herauslesen, die das Rothe, das nun der größte Theil der Samenpflanzen zeigen würde, am deutlichsten ausgeprägt haben. Wenn
eine solche Auslese durch eine Reihe von sechs oder zehn Generationen
hindurch geschieht, wenn immer mit großer Sorgfalt diejenige Blüthe
ausgesucht wird, die das tiefste Roth zeigt, so wird der Gärtner in
der sechsten oder zehnten Generation eine Pflanze von rein rother
Farbe bekommen, wie sie ihm erwünscht war.

Ebenso verfährt der Landwirth, welcher eine besondere Thierrasse
züchten will, also z. B. eine Schafsorte, welche sich durch besonders
feine Wolle auszeichnet. Das einzige Verfahren, welches bei der Vervollkommnung der Wolle angewandt wird, besteht darin, daß der
Landwirth mit der größten Sorgfalt und Ausdauer unter der ganzen
Schafherde diejenigen Individuen aussucht, die die feinste Wolle haben. Diese allein werden zur Nachzucht verwandt, und unter der
Nachkommenschaft dieser Auserwählten werden abermals diejenigen
herausgesucht, die sich durch die feinste Wolle auszeichnen u. s. f.
Wenn diese sorgfältige Auslese eine Reihe von Generationen hindurch
fortgesetzt wird, so zeichnen sich zuletzt die auserlesenen Zuchtschafe
durch eine Wolle aus, welche sehr auffallend, und zwar nach dem
Wunsche und zu Gunsten des Züchters, von der Wolle des ursprünglichen Stammvaters verschieden ist.

Die Unterschiede der einzelnen Individuen, auf die es bei dieser
künstlichen Auslese ankommt, sind sehr klein. Es ist ein gewöhnlicher
Mensch nicht im Stande, die ungemein feinen Unterschiede der Einzelwesen zu erkennen, welche ein geübter Züchter auf den ersten Blick
wahrnimmt. Das Geschäft des Züchters ist keine leichte Kunst; dasselbe erfordert einen außerordentlich scharfen Blick, eine große Geduld,
eine äußerst sorgsame Behandlungsweise der zu züchtenden Organismen. Bei jeder einzelnen Generation sind die Unterschiede der Individuen dem Laien vielleicht gar nicht in das Auge fallend; aber durch
die Häufung dieser feinen Unterschiede während einer Reihe von Generationen wird die Abweichung von der Stammform zuletzt sehr bedeutend. Sie wird so auffallend, daß endlich die künstlich erzeugte

Form von der ursprünglichen Stammform in weit höherem Grade abweichen kann, als zwei sogenannte gute Arten im Naturzustande thun. Die Züchtungskunst ist jetzt so-weit gediehen, daß der Mensch oft willkürlich bestimmte Eigenthümlichkeiten bei den cultivirten Arten der Thiere und Pflanzen erzeugen kann. Man kann an die geübtesten Gärtner und Landwirthe bestimmte Aufträge geben, und z. B. sagen: Ich wünsche diese Pflanzenart in der und der Farbe mit der und der Zeichnung zu haben. Wo die Züchtung so vervollkommnet ist, wie in England, sind die Gärtner und Landwirthe im Stande, innerhalb einer bestimmten Zeitdauer, nach Verlauf einer Anzahl von Generationen, das verlangte Resultat auf Bestellung zu liefern. Einer der erfahrensten englischen Züchter, Sir John Sebright, konnte sagen „er wolle eine ihm aufgegebene Feder in drei Jahren hervorbringen, er bedürfe aber sechs Jahre, um eine gewünschte Form des Kopfes und Schnabels zu erlangen". Bei der Zucht der Merinoschafe in Sachsen werden die Thiere dreimal wiederholt neben einander auf Tische gelegt und auf das Sorgfältigste vergleichend studirt. Jedesmal werden nur die besten Schafe, mit der feinsten Wolle ausgelesen, so daß zuletzt von einer großen Menge nur einzelne wenige, aber ganz auserlesen feine Thiere übrig bleiben. Nur diese letzten werden zur Nachzucht verwandt. Es sind also, wie Sie sehen, ungemein einfache Ursachen, mittelst welcher die künstliche Züchtung zuletzt große Wirkungen hervorbringt, und diese großen Wirkungen werden nur erzielt durch Summirung der einzelnen an sich sehr unbedeutenden Unterschiede, die durch fortwährend wiederholte Auslese oder Selection vergrößert werden.

Ehe wir nun zur Vergleichung dieser künstlichen Züchtung mit der natürlichen übergehen, wollen wir uns klar machen, welche natürlichen Eigenschaften der Organismen der künstliche Züchter oder Cultivateur benutzt. Man kann alle verschiedenen Eigenschaften, die hierbei in das Spiel kommen, schließlich zurückführen auf zwei physiologische Grundeigenschaften des Organismus, die sämmtlichen Thieren und Pflanzen gemeinschaftlich sind, und die mit den beiden Thä-

tigkeiten der Fortpflanzung und Ernährung auf das Innigste
zusammenhängen. Diese beiden Grundeigenschaften sind die Erblich=
keit oder die Fähigkeit der Vererbung und die Veränderlich=
keit oder die Fähigkeit der Anpassung. Der Züchter geht aus von
der Thatsache, daß alle Individuen einer und derselben Art verschie=
den sind, wenn auch in sehr geringem Grade, eine Thatsache, die so=
wohl von den Organismen im wilden wie im Culturzustande gilt.
Wenn Sie sich in einem Walde umsehen, der nur aus einer einzigen
Baumart, z. B. Buche, besteht, werden Sie ganz gewiß im ganzen
Walde nicht zwei Bäume dieser Art finden, die absolut gleich sind,
die in der Form der Verästelung, in der Zahl der Zweige und Blätter
sich vollkommen gleichen. Es finden sich individuelle Unterschiede
überall, gerade so wie bei dem Menschen. Es giebt nicht zwei Men=
schen, welche absolut identisch sind, vollkommen gleich in Größe, Ge=
sichtsbildung, Zahl der Haare, Temperament, Charakter u. s. w.
Ganz dasselbe gilt aber auch von den Einzelwesen aller verschiedenen
Thier= und Pflanzenarten. Bei den meisten Organismen erscheinen
allerdings die Unterschiede für den Laien sehr geringfügig. Es kommt
aber hierbei wesentlich an auf die Uebung in der Erkenntniß dieser oft
sehr feinen Formcharaktere. Ein Schafhirt z. B. kennt in seiner Herde
jedes einzelne Individuum bloß durch genaue Beobachtung der Eigen=
schaften, während ein Laie oft nicht im Stande ist, die verschiedenen
Individuen einer und derselben Herde zu unterscheiden. Die That=
sache der individuellen Verschiedenheit ist die äußerst wichtige Grund=
lage, auf welche sich das ganze Züchtungsvermögen des Menschen
gründet. Wenn nicht jene individuellen Unterschiede wären, so könnte
er nicht aus einer und derselben Stammform eine Masse verschiede=
ner Spielarten oder Rassen erziehen. Es ist von vornherein festzuhal=
ten, daß diese Erscheinung eine ganz allgemeine ist, und daß wir noth=
wendig dieselbe auch da voraussetzen müssen, wo wir mit unseren
sinnlichen Hülfsmitteln nicht im Stande sind, die Unterschiede zu er=
kennen. Wir können bei den höheren Pflanzen, bei den Phaneroga=
men oder Blüthenpflanzen, wo die einzelnen individuellen Stöcke so

zahlreiche Unterschiede in der Zahl der Aeste und Blätter zeigen, fast immer diese Unterschiede leicht wahrnehmen. Aber bei den meisten Thieren ist dies nicht der Fall, namentlich bei den niederen Thieren. Es liegt jedoch kein Grund vor, bloß denjenigen Organismen eine individuelle Verschiedenheit zuzuschreiben, bei denen wir sie sogleich erkennen können. Vielmehr können wir dieselbe mit voller Sicherheit als allgemeine Eigenschaft aller Organismen annehmen, und wir können dies um so mehr, da wir im Stande sind, die Veränderlichkeit der Individuen zurückzuführen auf die mechanischen Verhältnisse der Ernährung, da wir zeigen können, daß wir durch Beeinflussung der Ernährung im Stande sind, auffallende individuelle Unterschiede da hervorzubringen, wo sie unter nicht veränderten Ernährungsverhältnissen nicht wahrzunehmen sein würden.

Ebenso nun, wie wir die Veränderlichkeit oder die Anpassungsfähigkeit in ursächlichem Zusammenhang mit den allgemeinen Ernährungsverhältnissen der Thiere und Pflanzen sehen, so finden wir die zweite fundamentale Lebenserscheinung, mit der wir es hier zu thun haben, nämlich die Vererbungsfähigkeit oder Erblichkeit, in unmittelbarem Zusammenhang mit den Erscheinungen der Fortpflanzung. Das zweite, was der Landwirth und der Gärtner bei der künstlichen Züchtung thut, nachdem er ausgesucht, also die Veränderlichkeit angewandt hat, ist, daß er die veränderten Formen festzuhalten und auszubilden sucht durch die Vererbung. Er geht aus von der allgemeinen Thatsache, daß die Kinder ihren Eltern ähnlich sind: „Der Apfel fällt nicht weit vom Stamm." Diese Erscheinung der Erblichkeit ist bisher in sehr geringem Maaße wissenschaftlich untersucht worden, was zum Theil daran liegen mag, daß die Erscheinung eine zu alltägliche ist. Jedermann findet es natürlich, daß eine jede Art ihres Gleichen erzeugt, daß nicht plötzlich ein Pferd eine Gans oder eine Gans einen Frosch erzeugt. Man ist gewöhnt, diese alltäglichen Vorgänge der Erblichkeit als selbstverständlich anzusehen. Nun ist aber diese Erscheinung nicht so selbstverständlich einfach, wie sie auf den ersten Blick erscheint und namentlich wird sehr häufig bei der Be-

trachtung der Erblichkeit übersehen, daß die verschiedenen Nachkom=
men, die von einem und demselben Elternpaar herstammen, in der
That auch niemals absolut gleich den Eltern, sondern immer ein we=
nig verschieden sind. Wir können den Grundsatz der Erblichkeit nicht
dahin formuliren: „Gleiches erzeugt Gleiches“, sondern wir müssen
ihn vielmehr bedingter dahin aussprechen: „Aehnliches erzeugt Aehn=
liches.“ Der Gärtner wie der Landwirth benutzt in dieser Beziehung
die Thatsache der Vererbung im weitesten Umfang, und zwar mit be=
sonderer Rücksicht darauf, daß nicht allein diejenigen Eigenschaften
von den Organismen vererbt werden, die sie bereits von den Eltern
ererbt haben, sondern auch diejenigen, die sie selbst erworben haben.
Das ist ein wichtiger Punkt, auf den sehr viel ankommt. Der Or=
ganismus vermag nicht allein auf seine Nachkommen diejenigen Ei=
genschaften, diejenige Gestalt, Farbe, Größe zu übertragen, die er
selbst von seinen Eltern ererbt hat; er vermag auch Abänderungen
dieser Eigenschaften zu vererben, die er erst während seines Lebens
durch Einfluß äußerer Umstände, des Klimas, der Nahrung u. s. w.
erworben hat.

Das sind die beiden Grundeigenschaften der Thiere und Pflan=
zen, welche die Züchter benutzen, um neue Formen zu erzeugen. So
außerordentlich einfach das Prinzip der Züchtung ist, so schwierig und
ungeheuer verwickelt ist im Einzelnen die practische Verwerthung die=
ses einfachen Princips. Der denkende, planmäßig arbeitende Züchter
muß die Kunst verstehen, die allgemeine Wechselwirkung zwischen den
beiden Grundeigenschaften der Erblichkeit und der Veränderlichkeit
richtig in jedem einzelnen Falle zu verwerthen.

Wenn wir nun die eigentliche Natur jener beiden wichtigen Le=
benseigenschaften untersuchen, so finden wir, daß wir sie, gleich allen
physiologischen Functionen, zurückführen können auf physikalische und
chemische Ursachen, auf Eigenschaften und Bewegungserscheinungen
der Materien, aus denen der Körper der Thiere und Pflanzen besteht.
Wie wir später bei einer genaueren Betrachtung dieser beiden Func=
tionen zu begründen haben werden, ist ganz allgemein ausgedrückt die

Vererbung wesentlich bedingt durch die materielle Continuität, durch die theilweise stoffliche Gleichheit des erzeugenden und des gezeugten Organismus, des Kindes und der Eltern. Andrerseits ist die Anpassung oder Abänderung lediglich die Folge der materiellen Einwirkungen, welche die Materie des Organismus durch die denselben umgebende Materie erfährt, in der weitesten Bedeutung des Worts durch die Lebensbedingungen. Die Erscheinung der Anpassung, oder Abänderung beruht also auf der materiellen Wechselwirkung des Organismus und seiner Umgebung oder seiner Existenzbedingungen, während die Vererbung in der theilweisen Identität des zeugenden und des erzeugten Organismus begründet ist. Das sind also die eigentlichen, einfachen, mechanischen Grundlagen des künstlichen Züchtungsprocesses.

Darwin frug sich nun: Kommt ein ähnlicher Züchtungsproceß in der Natur vor, und giebt es in der Natur Kräfte, welche die Thätigkeit des Menschen bei der künstlichen Züchtung ersetzen können? Giebt es ein natürliches Verhältniß unter den wilden Thieren und Pflanzen, welches züchtend wirken kann, welches auslesend wirkt in ähnlicher Weise, wie bei der künstlichen Zuchtwahl oder Züchtung der planmäßige Wille des Menschen eine Auswahl übt? Auf die Entdeckung eines solchen Verhältnisses kam hier alles an und sie gelang Darwin in so befriedigender Weise, daß wir eben deshalb seine Züchtungslehre oder Selectionstheorie als vollkommen ausreichend betrachten, um die Entstehung der wilden Thier- und Pflanzenarten mechanisch zu erklären. Dasjenige Verhältniß, welches im freien Naturzustande züchtend und umbildend auf die Formen der Thiere und Pflanzen einwirkt, bezeichnet Darwin mit dem Ausdruck: „Kampf um's Dasein" (Struggle for life).

Die Bezeichnung „Kampf um's Dasein" ist vielleicht in mancher Beziehung nicht ganz glücklich gewählt, und würde wohl schärfer gefaßt werden können als „Mitbewerbung um die nothwendigen Existenzbedürfnisse". Man hat nämlich unter dem „Kampfe um das Dasein" manche Verhältnisse begriffen, die eigentlich im strengen Sinne nicht hierher gehören. Zu der Idee des „Struggle for life" gelangte Darwin, wie aus dem in der letzten Stunde mitge= theilten Briefe ersichtlich ist, durch das Studium des Buches von Mal= thus „über die Bedingung und die Folgen der Volksvermehrung." In diesem wichtigen Werke wurde der Beweis geführt, daß die Zahl der Menschen im Ganzen durchschnittlich in geometrischer Progression wächst, während die Menge ihrer Nahrungsmittel nur in arithme= thischer Progression zunimmt. Aus diesem Mißverhältnisse entsprin= gen eine Masse von Uebelständen in der menschlichen Gesellschaft, welche einen beständigen Wettkampf der Menschen um die Erlangung der nothwendigen, aber nicht für Alle ausreichenden Unterhaltsmittel veranlassen.

Darwin's Theorie vom Kampfe um das Dasein ist gewisser= maßen eine allgemeine Anwendung der Bevölkerungstheorie von Mal= thus auf die Gesammtheit der organischen Natur. Sie geht von der Erwägung aus, daß die Zahl der möglichen organischen Indivi= duen, welche aus den erzeugten Keimen hervorgehen könnten, viel größer ist, als die Zahl der wirklichen Individuen, welche that= sächlich gleichzeitig auf der Erdoberfläche leben; die Zahl der mögli= chen oder potentiellen Individuen wird uns gegeben durch die Zahl der Eier und der ungeschlechtlichen Keime, welche die Organismen er= zeugen. Die Zahl dieser Keime, aus deren jedem unter günstigen Verhältnissen ein Individuum entstehen könnte, ist sehr viel größer, als die Zahl der wirklichen oder actuellen Individuen, d. h. derjeni= gen, welche wirklich aus diesen Keimen entstehen, zum Leben gelan= gen und sich fortpflanzen. Die bei weitem größte Zahl aller Keime geht in der frühesten Lebenszeit zu Grunde, und es sind immer nur einzelne bevorzugte Organismen, welche sich ausbilden können, welche namentlich die erste Jugendzeit glücklich überstehen und schließlich zur Fortpflanzung gelangen. Diese wichtige Thatsache wird einfach bewie= sen durch die Vergleichung der Eierzahl bei den einzelnen Arten mit der Zahl der Individuen, die von diesen Arten leben. Diese Zah= lenverhältnisse zeigen die auffallendsten Widersprüche. Es giebt z. B.

Hühnerarten, welche sehr zahlreiche Eier legen, und die dennoch zu den seltesten Vögeln gehören; und derjenige Vogel, der der gemeinste von allen sein soll, der Eissturmvogel (Procellaria glacialis) legt nur ein einziges Ei. Ebenso ist das Verhältniß bei anderen Thieren. Es giebt viele, sehr seltene, wirbellose Thiere, welche eine ungeheure Masse von Eiern legen; und wieder andere, die nur sehr wenige Eier produciren und doch zu den gemeinsten Thieren gehören. Denken Sie z. B. an das Verhältniß, welches sich bei den menschlichen Bandwürmern findet. Jeder Bandwurm erzeugt binnen kurzer Zeit Millionen von Eiern, während der Mensch, der den Bandwurm beherbergt, eine viel geringere Zahl Eier in sich bildet; und dennoch ist glücklicher Weise die Zahl der Bandwürmer viel geringer, als die der Menschen. Ebenso sind unter den Pflanzen viele prachtvolle Orchideen, die Tausende von Samen erzeugen, sehr selten, und einige asterähnliche Pflanzen (Compositen), die nur wenige Samen bilden, äußerst gemein.

Diese wichtige Thatsache ließe sich noch durch eine ungeheure Masse anderer Beispiele erläutern. Es bedingt also offenbar nicht die Zahl der wirklich vorhandenen Keime die Zahl der später in's Leben tretenden und sich am Leben erhaltenden Individuen, sondern es ist vielmehr die Zahl dieser letzteren durch ganz andere Verhältnisse bedingt, zumal durch die Wechselbeziehungen, in denen sich der Organismus zu seiner organischen, wie anorganischen Umgebung befindet. Jeder Organismus kämpft von Anbeginn seiner Existenz an mit einer Anzahl von feindlichen Einflüssen; er kämpft mit Thieren, welche von diesem Organismus leben, denen er als natürliche Nahrung dient, mit Raubthieren und mit Schmarotzerthieren; er kämpft mit anorganischen Einflüssen der verschiedensten Art, mit Temperatur, Witterung und anderen Umständen, er kämpft aber (und das ist viel wichtiger!) vor allem mit den ihm ähnlichsten, gleichartigen Organismen. Jedes Individuum einer jeden Thier= oder Pflanzenart ist im heftigsten Wettstreit mit den andern Individuen derselben Art begriffen, die mit ihm an demselben Orte leben. Die Mittel zum Lebensunterhalt sind in der Oekonomie der Natur nirgends in Fülle ausgestreut, vielmehr im Ganzen sehr beschränkt, und nicht entfernt für die Masse von Individuen ausreichend, die sich aus den Keimen entwickeln könnte. Daher müssen bei den meisten Thier- und Pflanzenarten die jugendlichen Individuen es sich sehr sauer werden lassen, um zu den nöthigen Mitteln des Lebensunterhaltes zu gelangen; und es findet also nothwendiger Weise ein Wettkampf zwischen denselben um die Erlangung dieser unentbehrlichen Existenzbedingungen statt.

Dieser große Wettkampf um die Lebensbedürfnisse findet überall und jederzeit statt, ebenso bei den Menschen und Thieren, wie bei den Pflanzen, bei welchen auf den ersten Blick dies Verhältniß nicht so klar am Tage zu liegen scheint. Wenn Sie ein Feld betrachten, welches sehr reichlich mit Weizen besäet ist, so kann von den zahlreichen jungen Weizenpflanzen (vielleicht von einigen Tausenden), die auf einem ganz beschränkten Raume emporkeimen, nur ein ganz kleiner Bruchtheil sich am Leben erhalten. Es findet da ein Wettkampf statt um den Bodenraum, den jede Pflanze braucht, um ihre Wurzel zu befestigen, ein Wettkampf um Sonnenlicht und Feuchtigkeit. Und ebenso finden Sie bei jeder Thierart, daß alle Individuen einer und derselben Art mit einander streiten um die Erlangung der unentbehrlichen Lebensmittel, der Existenzbedingungen im weitesten Sinne des Worts. Allen sind sie gleich unentbehrlich; aber nur wenigen werden sie wirklich zu Theil. Alle sind berufen; aber wenige sind auserwählt! Die Thatsache des großen Wettkampfes ist ganz allgemein. Sie brauchen bloß Ihren Blick auf die menschliche Gesellschaft zu lenken, in der ja überall, in allen verschiedenen Fächern der menschlichen Thätigkeit dieser Wettkampf ebenfalls existirt, und in welcher auch die freie Concurrenz der verschiedenen Arbeiter einer und derselben Klasse wesentlich die Verhältnisse des Wettkampfes regelt. Hier wie überall schlägt dieser Wettkampf zum Vortheil der Sache aus, zum Vortheil der Arbeit, welche Gegenstand der Concurrenz ist. Je größer und allgemeiner der Wettkampf oder die Concurrenz, desto schneller

häufen sich die Verbesserungen und Erfindungen auf diesem Arbeits=
gebiete, desto mehr vervollkommnen sich die Arbeiter.

Nun ist offenbar die Stellung der verschiedenen Individuen in die=
sem Kampfe um das Dasein ganz ungleich. Ausgehend wieder von
der thatsächlichen Ungleichheit der Individuen, müssen wir überall
nothwendig annehmen, daß nicht alle Individuen einer und derselben
Art gleich günstige Aussichten haben. Schon von vornherein sind die=
selben durch ihre verschiedenen Kräfte und Fähigkeiten verschieden im
Wettkampfe gestellt, abgesehen davon, daß die Existenzbedingungen
an jedem Punkt der Erdoberfläche verschieden sind und verschieden
einwirken. Offenbar waltet hier ein unendlich verwickeltes Getriebe
von Einwirkungen, die im Vereine mit der ursprünglichen Ungleichheit
der Individuen während des bestehenden Wettkampfes um die Er=
langung der Existenzbedingungen einzelne Individuen bevorzugen,
andere benachtheiligen. Die bevorzugten Individuen werden über die
andern den Sieg erlangen, und während die letzteren in mehr oder
weniger früher Zeit zu Grunde gehen, ohne Nachkommen zu hinter=
lassen, werden die ersteren allein jene überleben können und schließlich
zur Fortpflanzung gelangen. Indem also ausschließlich oder doch vor=
wiegend die im Kampfe um das Dasein begünstigten Einzelwesen zur
Fortpflanzung gelangen, werden wir (schon allein in Folge dieses Ver=
hältnisses) in der nächsten Generation, die von dieser erzeugt wird,
Unterschiede von der vorhergehenden wahrnehmen. Es werden schon
die Individuen dieser zweiten Generation, wenn auch nicht alle, doch
zum Theile, durch Vererbung den individuellen Vortheil überkommen
haben, durch welchen ihre Eltern über deren Nebenbuhler den Sieg
davon trugen.

Nun wird aber — und das ist ein sehr wichtiges Vererbungs=
gesetz — wenn eine Reihe von Generationen hindurch eine solche
Uebertragung eines günstigen Characters stattfindet, derselbe nicht
einfach in der ursprünglichen Weise übertragen, sondern er wird fort=
während gehäuft und gestärkt, und er gelangt schließlich in einer letzten
Generation zu einer Stärke, welche diese Generation schon sehr we=

sentlich von der ursprünglichen Stammform unterscheidet. Lassen Sie
uns zum Beispiel eine Anzahl von Pflanzen einer und derselben Art
betrachten, die an einem sehr trockenen Standort zusammenwachsen.
Da die Haare der Blätter für die Aufnahme von Feuchtigkeit aus der
Luft sehr nützlich sind, und da die Behaarung der Blätter sehr veränderlich ist, so werden an diesem ungünstigen Standorte, wo die Pflanzen direct mit dem Mangel an Wasser kämpfen und dann noch einen
Wettkampf unter einander um die Erlangung des Wassers bestehen,
die Individuen mit den dichtest behaarten Blättern bevorzugt sein.
Diese werden allein aushalten, während die andern, mit kahleren
Blättern, zu Grunde gehen; die behaarteren werden sich fortpflanzen
und die Abkömmlinge derselben werden sich durchschnittlich durch dichte
und starke Behaarung mehr auszeichnen als es bei den Individuen
der ersten Generation der Fall war. Geht dieser Prozeß an einem
und demselben Orte mehrere Generationen fort, so entsteht schließlich
eine solche Häufung des Characters, eine solche Vermehrung der
Haare auf der Blattoberfläche, daß eine ganz neue Art vorzuliegen
scheint. Dabei ist zu berücksichtigen, daß in Folge der Wechselbeziehungen aller Theile jedes Organismus zu einander in der Regel nicht
ein einzelner Theil sich verändern kann, ohne zugleich Aenderungen
in andern Theilen nach sich zu ziehen. Wenn also im letzten Beispiel
die Zahl der Haare auf den Blättern bedeutend zunimmt, so wird
dadurch wahrscheinlich Nahrungsmaterial andern Theilen entzogen;
das Material, welches zur Blüthenbildung oder vielleicht Samenbildung verwendet werden könnte, wird verringert, und es wird dann also die geringere Größe der Blüthe oder des Samens die mittelbare oder
indirecte Folge des Kampfes um's Dasein werden, welcher zunächst
nur eine Veränderung der Blätter bewirkte. Es wirkt also in diesem
Falle der Kampf um das Dasein züchtend und umbildend. Das Ringen der verschiedenen Individuen um die Erlangung der nothwendigen
Existenzbedingungen, oder im weitesten Sinne gefaßt, die Wechselbeziehungen der Organismen mit ihrer gesammten Umgebung, bewirken

Formveränderungen, wie sie im Culturzustande durch die Thätigkeit des züchtenden Menschen hervorgebracht werden.

Es wird Ihnen auf den ersten Blick dieser Gedanke vielleicht sehr unbedeutend und kleinlich erscheinen, und Sie werden nicht geneigt sein der Thätigkeit jenes Verhältnisses ein solches Gewicht einzuräumen, wie dasselbe in der That besitzt. Ich muß mir daher vorbehalten, in einem spätern Vortrage an weiteren Beispielen das ungeheuer weit reichende Umgestaltungsvermögen der natürlichen Züchtung Ihnen vor Augen zu führen. Vorläufig beschränke ich mich darauf, Ihnen nochmals die beiden Vorgänge der künstlichen und natürlichen Züch= tung neben einander zu stellen und Uebereinstimmung und Unterschied in beiden Züchtungsprozessen scharf gegen einander zu halten.

Natürliche sowohl, als künstliche Züchtung sind ganz einfache, natürliche, mechanische Lebensverhältnisse, welche auf der **Wechsel= wirkung** zweier physiologischer Functionen beruhen, nämlich der **An= passung** und der **Vererbung**, Functionen, die als solche wieder auf physikalische und chemische Eigenschaften der organischen Materie zurückzuführen sind. Ein Unterschied beider Züchtungsformen besteht darin, daß bei der künstlichen Züchtung der Wille des Menschen **planmäßig** die Auswahl oder Auslese betreibt, während bei der na= türlichen Züchtung der Kampf um das Dasein (jenes allgemeine Wechselverhältniß der Organismen) **planlos** wirkt, aber übrigens ganz dasselbe Resultat erzeugt, nämlich eine Auswahl oder Selection besonders gearteter Individuen zur Nachzucht. Die Veränderungen, welche durch die Züchtung hervorgebracht werden, schlagen bei der künstlichen Züchtung zum **Vortheil des züchtenden Menschen** aus, bei der natürlichen Züchtung dagegen zum **Vortheil des gezüchteten Organismus** selbst, wie es in der Natur der Sache liegt.

Das sind die wesentlichsten Unterschiede und Uebereinstimmungen zwischen beiderlei Züchtungsarten. Es ist dann aber ferner noch zu berücksichtigen, daß ein weiterer Unterschied in der Zeitdauer besteht, welche für den Züchtungsprozeß der beiderlei Arten erforderlich ist. Der Mensch vermag bei der künstlichen Zuchtwahl in viel kürzerer

Zeit sehr bedeutende Veränderungen hervorzubringen, während bei der natürlichen Zuchtwahl Aehnliches erst in viel längerer Zeit zu Stande gebracht wird. Das beruht darauf, daß der Mensch die Auslese viel sorgfältiger betreiben kann. Der Mensch kann unter einer großen Anzahl von Individuen mit der größten Sorgfalt Einzelne herauslesen, die übrigen ganz fallen lassen, und bloß die Bevorzugten zur Fortpflanzung verwenden, während das bei der natürlichen Zuchtwahl nicht der Fall ist. Da werden sich neben den bevorzugten, zuerst zur Fortpflanzung gelangenden Individuen, auch noch Einzelne oder Viele von den übrigen, weniger ausgezeichneten Individuen, neben den erstern fortpflanzen. Ferner ist der Mensch im Stande, die Kreuzung zu verhüten zwischen der ursprünglichen und der neuen Form, die bei der natürlichen Züchtung oft nicht zu vermeiden ist. Die natürliche Züchtung wirkt daher sehr viel langsamer; sie erfordert viel längere Zeiträume, als der künstliche Züchtungsprozeß. Aber eine wesentliche Folge dieses Unterschiedes ist, daß dann auch das Product der künstlichen Zuchtwahl viel leichter wieder verschwindet, und die neu erzeugte Form in die ältere zurückschlägt, während das bei der natürlichen Züchtung nicht der Fall ist. Die neuen Arten der Species, welche aus der natürlichen Züchtung entstehen, erhalten sich viel constanter, schlagen viel weniger leicht in die Stammform zurück, als es bei den künstlichen Züchtungsproducten der Fall ist, und sie erhalten auch demgemäß sich eine viel längere Zeit hindurch beständig, als die künstlichen Rassen, die der Mensch erzeugt. Aber das sind nur untergeordnete Unterschiede, die sich durch die verschiedenen Bedingungen der natürlichen und der künstlichen Auslese erklären, und die auch wesentlich nur die Zeitdauer betreffen. Das Wesen der Formveränderung, und die Mittel, durch welche sie erzeugt wird, sind bei der künstlichen und natürlichen Züchtung ganz dieselben. (Gen. Morph. II., 248).

Die gedankenlosen und beschränkten Gegner Darwin's werden nicht müde zu behaupten, daß seine Selectionstheorie eine bodenlose Vermuthung, oder wenigstens eine Hypothese sei, welche erst bewiesen werden müsse. Daß diese Behauptung vollkommen unbegründet ist,

können Sie schon aus den so eben erörterten Grundzügen der Züch=
tungslehre selbst entnehmen. Darwin nimmt als wirkende Ursachen
für die Umbildung der organischen Gestalten keinerlei unbekannte Na=
turkräfte oder hypothetische Verhältnisse an, sondern einzig und allein
die allgemein bekannten Lebensthätigkeiten aller Organismen, welche
wir als Vererbung und Anpassung bezeichnen. Jeder physio=
logisch gebildete Naturforscher weiß, daß diese beiden Functionen un=
mittelbar mit den Thätigkeiten der Fortpflanzung und Ernährung zu=
sammenhängen, und gleich allen anderen Lebenserscheinungen mecha=
nische Naturprozesse sind, d. h. auf Bewegungserscheinungen der or=
ganischen Materie beruhen. Daß die Wechselwirkung dieser beiden
Functionen an einer beständigen langsamen Umbildung der organischen
Formen arbeitet, und daß diese zur Entstehung neuer Arten führt,
wird mit Nothwendigkeit durch den Kampf um's Dasein bedingt.
Dieser ist aber ebenso wenig ein hypothetisches oder des Beweises be=
dürftiges Verhältniß, als jene Wechselwirkung der Vererbung und An=
passung. Vielmehr ist der Kampf um's Dasein eine mathematische
Nothwendigkeit, welche aus dem Mißverhältniß zwischen der beschränk=
ten Zahl der Stellen im Naturhaushalt und der übermäßigen Zahl der
organischen Keime entspringt. Die Entstehung neuer Arten durch die
natürliche Züchtung, oder was dasselbe ist, durch die Wechsel=
wirkung der Vererbung und Anpassung im Kampfe um's Dasein, ist
mithin eine mathematische Naturnothwendigkeit, welche
keines weiteren Beweises bedarf.

Die natürliche Züchtung benutzt, wie Sie sehen, die ein=
fachsten mechanischen Mittel, um die mannnichfaltige Umbildung der
Arten hervorzubringen. Ich kann nicht erwarten, daß Ihnen schon
jetzt die mächtige Wirksamkeit dieses einfachen Vorganges, der durch
die Gesetze der Vererbung und Anpassung, sowie durch den Kampf
um das Dasein bedingt ist, hinlänglich einleuchtet; um dieselbe richtig
zu würdigen, ist zunächst eine eingehende Betrachtung der beiden wich=
tigen Erscheinungsreihen der Vererbung und der Anpassung erfor=
derlich.

Achter Vortrag.

Vererbung und Fortpflanzung.

Allgemeinheit der Erblichkeit und der Vererbung. Auffallende besondere Aeuße-
rungen derselben. Menschen mit vier, sechs oder sieben Fingern und Zehen. Stachelschweinmenschen. Vererbung von Krankheiten, namentlich von Geisteskrankheiten.
Erbsünde. Erbliche Monarchie. Erbadel. Erbliche Talente und Seeleneigenschaf-
ten. Materielle Ursachen der Vererbung. Zusammenhang der Vererbung mit der
Fortpflanzung. Urzeugung und Fortpflanzung. Ungeschlechtliche oder monogone
Fortpflanzung. Moneren. Fortpflanzung der Moneren und der Amoeben durch
Selbsttheilung. Vermehrung der organischen Zellen und der Eier durch Selbsttheilung. Fortpflanzung der Korallen durch Theilung. Fortpflanzung durch Knospenbildung, durch Keimknospenbildung und durch Keimzellenbildung. Geschlechtliche
oder amphigone Fortpflanzung. Zwitterbildung oder Hermaphroditismus. Geschlechtstrennung oder Gonochorismus. Jungfräuliche Zeugung oder Parthenogenesis. Materielle Uebertragung der Eigenschaften beider Eltern auf das Kind bei
der geschlechtlichen Fortpflanzung. Unterschied der Vererbung bei der geschlechtlichen
und bei der ungeschlechtlichen Fortpflanzung.

Meine Herren! Als die formbildende Naturkraft, welche die verschiedenen Gestalten der Thier- und Pflanzenarten erzeugt, haben Sie
in dem letzten Vortrage nach Darwin's Theorie die natürliche
Züchtung kennen gelernt. Wir verstanden unter diesem Ausdruck
die allgemeine Wechselwirkung, welche im Kampfe um das Dasein
zwischen der Erblichkeit und der Veränderlichkeit der Orga-

nismen stattfindet; zwischen zwei physiologischen Functionen, welche allen Thieren und Pflanzen eigenthümlich sind, und welche sich auf andere Lebensthätigkeiten, auf die Functionen der Fortpflanzung und Ernährung zurückführen lassen. Alle die verschiedenen Formen der Organismen, welche man gewöhnlich geneigt ist, als Producte einer zweckmäßig thätigen Schöpferkraft anzusehen, konnten wir nach jener Züchtungstheorie auffassen als die nothwendigen Producte der zweck= los wirkenden natürlichen Züchtung, der unbewußten Wechselwirkung zwischen jenen beiden Eigenschaften der Veränderlichkeit und der Erb= lichkeit. Bei der außerordentlichen Wichtigkeit, welche diesen Lebens= eigenschaften der Organismen demgemäß zukommt, müssen wir zu= nächst dieselben etwas näher in das Auge fassen, und wir wollen uns heute mit der Erblichkeit und der Vererbung beschäftigen (Gen. Morph. II., 170—191).

Genau genommen müssen wir unterscheiden zwischen der Erb= lichkeit und der Vererbung. Die Erblichkeit (Atavismus) ist die Vererbungskraft, die Fähigkeit der Organismen, ihre Eigenschaf= ten auf ihre Nachkommen durch die Fortpflanzung zu übertragen. Die Vererbung (Hereditas) dagegen bezeichnet die wirkliche Aus= übung dieser Fähigkeit, die thatsächlich stattfindende Uebertragung.

Erblichkeit und Vererbung sind so allgemeine, alltägliche Erschei= nungen, daß die meisten Menschen dieselben überhaupt nicht beachten, und daß die wenigsten geneigt sind, besondere Reflexionen über den Werth und die Bedeutung dieser Lebenserscheinungen anzustellen. Man findet es allgemein ganz natürlich und selbstverständlich, daß jeder Organismus seines Gleichen erzeugt, und daß die Kinder den Eltern im Ganzen wie im Einzelnen ähnlich sind. Gewöhnlich pflegt man die Erblichkeit nur in jenen Fällen hervorzuheben und zu bespre= chen, wo sie eine besondere Eigenthümlichkeit betrifft, die an einem menschlichen Individuum, ohne ererbt zu sein, zum ersten Male auf= trat und von diesem auf seine Nachkommen übertragen wurde. In besonders auffallendem Grade zeigt sich so die Vererbung bei bestimm=

ten Krankheiten und bei ganz ungewöhnlichen und unregelmäßigen (monströsen) Abweichungen von der gewöhnlichen Körperbildung.

Unter diesen Fällen von Vererbung monströser Abänderungen sind besonders lehrreich diejenigen, welche eine abnorme Vermehrung oder Verminderung der Fünfzahl der menschlichen Finger und Zehen betreffen. Es kommen nicht selten menschliche Familien vor, in denen mehrere Generationen hindurch 6 Finger an jeder Hand oder 6 Zehen an jedem Fuße beobachtet werden. Seltener sind die Beispiele von Siebenzahl oder von Vierzahl der Finger und Zehen, die ebenfalls Generationen hindurch vererbt wird. In diesen Fällen geht die ungewöhnliche Bildung immer zuerst von einem einzigen Individuum aus, welches aus unbekannten Ursachen mit einem Ueberschuß über die gewöhnliche Fünfzahl der Finger und Zehen geboren wird und diesen durch Vererbung auf einen Theil seiner Nachkommen überträgt. In einer und derselben Familie kann man die Sechszahl der Finger und Zehen durch drei, vier und mehr Generationen hindurch verfolgen. In einer spanischen Familie waren nicht weniger als 40 Individuen durch diese Ueberzahl ausgezeichnet. In allen Fällen ist die Vererbung der sechsten überzähligen Zehe oder des sechsten Fingers nicht bleibend und durchgreifend, weil die sechsfingerigen Menschen sich immer wieder mit fünffingerigen vermischen. Würde eine sechsfingerige Familie sich in reiner Inzucht fortpflanzen, würden sechsfingerige Männer immer nur sechsfingerige Frauen heirathen, so würde durch Fixirung dieses Characters eine besondere sechsfingerige Menschenart entstehen. Da aber die sechsfingerigen Männer immer fünffingerige Frauen heirathen, und umgekehrt, so zeigt ihre Nachkommenschaft meistens sehr gemischte Zahlenverhältnisse und schlägt schließlich nach Verlauf einiger Generationen wieder in die normale Fünfzahl zurück. So können z. B. von 8 Kindern eines sechsfingerigen Vaters und einer fünffingerigen Mutter 3 Kinder an allen Händen und Füßen 6 Finger und 6 Zehen haben, 3 Kinder auf der einen Seite 5, auf der andern 6, und zwei Kinder überall die gewöhnliche Fünfzahl. In einer spanischen Familie hatten sämmtliche Kinder bis auf das Jüngste an

Händen und Füßen die Sechszahl; nur das Jüngste hatte überall fünf Finger und Zehen, und der sechsfingerige Vater des Kindes wollte dieses letzte daher nicht als das seinige anerkennen.

Sehr auffallend zeigt sich ferner die Vererbungskraft in der Bildung und Färbung der menschlichen Haut und Haare. Es ist allbekannt, wie genau in vielen menschlichen Familien eine eigenthümliche Beschaffenheit des Hautsystems, z. B. eine besonders weiche oder spröde Haut, eine besondere Ueppigkeit des Haarwuchses, eine besondere Farbe und Größe der Augen u. s. w. viele Generationen hindurch forterbt. Ebenso werden besondere locale Auswüchse und Flecke der Haut, sogenannte Muttermaale, Leberflecke und andere Pigmentanhäufungen, die an bestimmten Stellen vorkommen, gar nicht selten mehrere Generationen hindurch so genau vererbt, daß sie bei den Nachkommen an denselben Stellen sich zeigen, an denen sie bei den Eltern vorhanden waren. Besonders berühmt geworden sind die Stachelschweinmenschen aus der Familie Lambert, welche im vorigen Jahrhundert in London lebte. Edward Lambert, der 1717 geboren wurde, zeichnete sich durch eine ganz ungewöhnliche und monströse Bildung der Haut aus. Der ganze Körper war mit einer zolldicken hornartigen Kruste bedeckt, welche sich in Form zahlreicher stachelförmiger und schuppenförmiger Fortsätze (bis über einen Zoll lang) erhob. Diese monströse Bildung der Oberhaut oder Epidermis vererbte Lambert auf seine Söhne und Enkel, aber nicht auf die Enkelinnen. Die Uebertragung blieb also hier in der männlichen Linie, wie es auch sonst oft der Fall ist. Ebenso vererbt sich übermäßige Fettentwickelung an gewissen Körperstellen oft nur innerhalb der weiblichen Linie. Wie genau sich die charakteristische Gesichtsbildung erblich überträgt, braucht wohl kaum erinnert zu werden; bald bleibt dieselbe innerhalb der männlichen, bald innerhalb der weiblichen Linie; bald vermischt sie sich in beiden Linien.

Sehr lehrreich und allbekannt sind ferner die Vererbungserscheinungen pathologischer Zustände, besonders der menschlichen Krankheitsformen. Es sind insbesondere bekanntlich Krankheiten der Athmungsorgane und des Nervensystems, welche sich sehr leicht erblich übertragen. Sehr häufig tritt plötzlich in einer sonst gesunden Familie eine derselben bisher unbekannte Erkrankung auf; sie wird erworben durch äußere Ursachen, durch krankmachende Lebensbedingungen. Diese Krankheit, welche bei einem einzelnen Individuum durch äußere Ursachen bewirkt wurde, pflanzt sich von diesem auf seine Nachkommen fort, und diese haben nun alle oder zum Theil an derselben Krankheit zu leiden. Bei Lungenkrankheiten, z. B. Schwindsucht, ist dieses traurige Verhältniß der Erblichkeit allbekannt, ebenso bei Leberkrankheiten, bei Geistes= krankheiten. Diese letzteren sind von ganz besonderem Interesse. Ebenso wie besondere Characterzüge des Menschen, Stolz, Ehrgeiz, Dummheit, Leichtsinn u. s. w. streng durch die Vererbung auf die Nachkommenschaft übertragen werden, so gilt das auch von den be= sonderen, abnormen Aeußerungen der Seelenthätigkeit, welche man als fixe Ideen, Schwermuth, Blödsinn und überhaupt als Geistes= krankheiten bezeichnet. Es zeigt sich hier deutlich und unwiderleglich, daß die Seele des Menschen, ebenso wie die Seele der Thiere, eine rein mechanische Thätigkeit, eine physiologische Bewegungserscheinung der Gehirntheilchen ist, und daß sie mit ihrem Substrate, ebenso wie jede andere Körpereigenschaft, durch die Fortpflanzung materiell über= tragen, vererbt wird.

Diese äußerst wichtige und unleugbare Thatsache erregt, wenn man sie ausspricht, gewöhnlich großes Aergerniß, und doch wird sie eigent= lich stillschweigend allgemein anerkannt. Denn worauf beruhen die Vorstellungen von der „Erbsünde", der „Erbweisheit", dem „Erb= adel" u. s. w. Anders, als auf der Ueberzeugung, daß die menschliche Geistesbeschaffenheit durch die Fortpflanzung — also durch einen rein materiellen Vorgang! — körperlich von den Eltern auf die Nachkommen übertragen wird? — Die Anerkennung dieser gro= ßen Bedeutung der Erblichkeit äußert sich in einer Menge von mensch= lichen Einrichtungen, wie z. B. in der Kasteneintheilung vieler Völker in Kriegerkasten, Priesterkasten, Arbeiterkasten u. s. w. Offenbar be= ruht ursprünglich die Einrichtung solcher Kasten auf der Vorstellung

von der hohen Wichtigkeit erblicher Vorzüge, welche gewiffen Familien
beiwohnten, und von denen man vorausfeßte, daß fie immer wieder
von den Eltern auf die Nachkommen übertragen werden würden. Die
Einrichtung des erblichen Adels und der erblichen Monarchie ift zwei=
felsohne auf die Vorftellung einer folchen Vererbung befonderer Tu=
genden zurückzuführen. Allerdings find es leider nicht nur die Tu=
genden, fondern auch die Lafter, welche vererbt werden, und wenn Sie
in der Weltgefchichte die verfchiedenen Individuen der einzelnen Dy=
naftien vergleichen, fo werden Sie zwar überall eine große Anzahl von
Beweifen für die Erblichkeit auffinden können, aber weniger für die
Erblichkeit der Tugenden, als der entgegengefeßten Eigenfchaften.
Denken Sie z. B. nur an die römifchen Kaifer, an die Julier und
die Claudier, oder an die Bourbonen in Frankreich, Spanien und
Italien!

In der That dürfte kaum irgendwo eine folche Fülle von fchla=
genden Beifpielen für die merkwürdige Vererbung der feinften körper=
lichen und geiftigen Züge gefunden werden, als in der Gefchichte der
regierenden Häufer in den erblichen Monarchien. Ganz befonders gilt
dies mit Bezug auf die vorher erwähnten Geifteskrankheiten. Gerade
in regierenden Familien find Geifteskrankheiten in ungewöhnlichem
Maße erblich. Schon der berühmte Irrenarzt Esquirol wies nach,
daß das Verhältniß der Geifteskranken in den regierenden Häufern
gegenüber denjenigen in der gewöhnlichen Bevölkerung fich verhält,
wie 60 : 1, d. h. daß Geifteskrankheit in den bevorzugten Familien
der regierenden Häufer fechzig mal fo häufig vorkommt, als in der
gewöhnlichen Menfchheit. Würde eine gleiche genaue Statiftik auch
für den erblichen Adel durchgeführt, fo dürfte fich leicht herausftellen,
daß auch diefer ein ungleich größeres Contingent von Geifteskranken
ftellt, als die gemeine, nichtadelige Menfchheit. Diefe Erfcheinung
wird uns kaum mehr wundern, wenn wir bedenken, welchen Nach=
theil fich diefe privilegirten Kaften felbft durch ihre unnatürliche einfei=
tige Erziehung und durch ihre künftliche Abfperrung von der übrigen
Menfchheit zufügen. Es werden dadurch manche dunkle Schatten=

seiten der menschlichen Natur besonders entwickelt, gleichsam künstlich
gezüchtet, und pflanzen sich nun nach den Vererbungsgesetzen mit
immer verstärkter Kraft und Einseitigkeit durch die Reihe der Gene=
rationen fort.

Wie sich in der Generationsfolge mancher Dynastien, z. B. der
sächsisch = thüringischen Fürsten, der Medicäer, die edle Vorliebe für
die höchsten menschlichen Thätigkeiten, für Wissenschaft und Kunst, und
in Folge dessen die schönste Lichtseite der menschlichen Natur, humaner
Eifer für Freiheit, Wohlstand und Bildung des ganzen Volkes durch
viele Generationen erblich überträgt und erhält, wie dagegen in vielen
anderen Dynastien Jahrhunderte hindurch eine besondere Neigung
für das Kriegshandwerk, für Unterdrückung der menschlichen Freiheit
und für andere rohe Gewaltthätigkeiten vererbt wird, ist aus der Völ=
kergeschichte Ihnen hinreichend bekannt. Ebenso vererben sich in
manchen Familien viele Generationen hindurch ganz bestimmte Fähig=
keiten für einzelne Geistesthätigkeiten, z. B. Mathematik, Dichtkunst,
Tonkunst, bildende Kunst, Medicin, Naturforschung, Philosophie
u. s. w. In der Familie Bach hat es nicht weniger als 22 hervor=
ragende musikalische Talente gegeben. Natürlich beruht die Verer=
bung solcher Geisteseigenthümlichkeiten, wie die Vererbung der Geistes=
eigenschaften überhaupt, auf dem materiellen Vorgang der Zeugung.
Es ist hier die Lebenserscheinung, die Kraftäußerung unmittelbar (wie
überall in der Natur) verbunden mit bestimmten Mischungsverhält=
nissen des Stoffes, und die Mischung des Stoffes ist es, welche bei der
Zeugung übertragen wird.

Bevor wir nun die verschiedenen und zum Theil sehr interessanten
und bedeutenden Gesetze der Vererbung näher untersuchen, wollen wir
über die eigentliche Natur dieses Vorganges uns verständigen. Man
pflegt vielfach die Erblichkeitserscheinungen als etwas ganz Räthselhaf=
tes anzusehen, als eigenthümliche Vorgänge, welche durch die Natur=
wissenschaft nicht ergründet, in ihren Ursachen und eigentlichem Wesen
nicht erfaßt werden könnten. Man pflegt gerade hier sehr allgemein
übernatürliche Einwirkungen anzunehmen. Es läßt sich aber schon

jetzt, bei dem heutigen Zustande der Physiologie, mit vollkommner Sicherheit nachweisen, daß alle Erblichkeitserscheinungen durchaus na= türliche Vorgänge sind, daß sie durch mechanische Ursachen bewirkt werden, und daß sie auf materiellen Bewegungserscheinungen im Körper der Organismen beruhen, welche wir als Theilerscheinungen der Fortpflanzung betrachten können. Alle Erblichkeitserscheinungen und Vererbungsgesetze lassen sich auf die materiellen Vorgänge der Fortpflanzung zurückführen.

Jeder einzelne Organismus, jedes lebendige Individuum ver= dankt sein Dasein entweder einem Acte der elternlosen Zeugung oder Urzeugung (Generatio spontanea, Archigonia), oder einem Acte der elterlichen Zeugung oder Fortpflanzung (Gene- ratio parentalis, Tocogonia). Auf die Urzeugung oder Archigonie werden wir in einem späteren Vortrage zurückkommen. Jetzt haben wir uns nur mit der Fortpflanzung oder Tocogonie zu beschäftigen, deren nähere Betrachtung für das Verständniß der Vererbung von der größten Wichtigkeit ist. Die Meisten von Ihnen werden von den Fortpflanzungserscheinungen wahrscheinlich nur diejenigen kennen, wel= che Sie allgemein bei den höheren Pflanzen und Thieren beobachten, die Vorgänge der geschlechtlichen Fortpflanzung oder der Amphigonie. Viel weniger allgemein bekannt sind die Vorgänge der ungeschlechtli= chen Fortpflanzung oder der Monogonie. Gerade diese sind aber bei weitem mehr als die vorhergehenden geeignet, ein erklärendes Licht auf die Natur der mit der Fortpflanzung zusammenhängenden Ver= erbung zu werfen.

Aus diesem Grunde ersuche ich Sie, jetzt zunächst bloß die Er= scheinungen der ungeschlechtlichen oder monogonen Fort= pflanzung (Monogonia) in das Auge zu fassen. Diese tritt in mannichfach verschiedener Form auf, als Selbsttheilung, Knospenbil= dung und Keimzellen= oder Sporenbildung (Gen. Morph. II., 36 — 58). Am lehrreichsten ist es hier, zunächst die Fortpflanzung bei den einfachsten Organismen zu betrachten, welche wir kennen, und auf welche wir später bei der Frage von der Urzeugung zurückkommen müssen. Diese allereinfachsten uns bis jetzt bekannten, und zugleich die denkbar einfachsten Organismen sind die Moneren: sehr kleine lebendige Körperchen, welche eigentlich streng genommen den Namen des Organismus gar nicht verdienen. Denn die Bezeichnung „Organismus" für die lebenden Wesen beruht auf der Vorstellung, daß jeder belebte Naturkörper aus Organen zusammengesetzt ist, aus verschieden=artigen Theilen, die als Werkzeuge, ähnlich den verschiedenen Theilen einer künstlichen Maschine, in einander greifen und zusammenwirken, um die Thätigkeit des Ganzen hervorzubringen. Nun haben wir aber in den Moneren während der letzten Jahre Organismen kennen ge=lernt, welche in der That nicht aus Organen zusammengesetzt sind, son=dern ganz und gar aus einer structurlosen, einfachen, gleichartigen Ma=terie bestehen. (Vergl. Fig. 1. auf S. 144). Der ganze Körper dieser Moneren ist zeitlebens weiter Nichts, als ein formloses bewegliches Schleimklümpchen, das aus einer eiweißartigen Kohlenstoffverbindung besteht. Einfachere, unvollkommnere Organismen sind gar nicht denkbar. Die Moneren leben zum Theil im Süßwasser (Protamoeba, Protomo=nas, Vampyrella), zum Theil im Meere (Protogenes, Protomyxa, Myx=astrum) [16]. Im Ruhezustande erscheint jedes Moner als ein kleines Schleimkügelchen, für das unbewaffnete Auge nicht sichtbar oder eben sichtbar, höchstens von der Größe eines Stecknadelkopfes. Wenn das Moner sich bewegt, bilden sich an der Oberfläche der kleinen Schleim=kugel formlose fingerartige Fortsätze oder sehr feine strahlende Fäden, sogenannte Scheinfüße oder Pseudopodien. Diese Scheinfüße sind einfache, unmittelbare Fortsetzungen der eiweißartigen schleimigen Masse, aus der der ganze Körper besteht. Bei der stärksten Vergrö=ßerung, mit unseren schärfsten Instrumenten untersucht, stellt der ge=sammte Körper der Moneren immer nur eine structurlose, vollkommen gleichartige Masse dar. Wir sind nicht im Stande, verschiedenartige Theile in demselben wahrzunehmen, und wir können den directen Be=weis für die absolute Einfachheit der festflüssigen Eiweißmasse dadurch führen, daß wir die Nahrungsaufnahme der Moneren verfolgen. Wenn kleine Körperchen, die zur Ernährung derselben tauglich sind,

z. B. kleine Theilchen von zerstörten organischen Körpern, oder mi=
kroskopische Pflänzchen und Infusionsthierchen, zufällig in Berührung
mit den Moneren kommen, so bleiben sie an der klebrigen Oberfläche
des festflüssigen Schleimklümpchens hängen, erzeugen hier einen Reiz,
welcher stärkeren Zufluß der schleimigen Körpermasse zur Folge hat,
und werden endlich ganz von dieser umschlossen; oder sie werden durch
Verschiebungen der einzelnen Eiweißtheilchen des Monerenkörpers in
diesen hineingezogen und dort verdaut, durch einfache Diffusion (Endos=
mose) ausgesogen. Ebenso einfach wie die Ernährung, ist die Fortpflan=
zung dieser Urwesen, die man eigentlich weder Thiere noch Pflanzen
nennen kann. Alle Moneren pflanzen sich nur auf dem ungeschlecht=
lichen Wege fort, durch Monogonie; und zwar im einfachsten Falle
durch diejenige Art der Monogonie, welche wir an die Spitze der ver=
schiedenen Fortpflanzungsformen stellen, durch Selbsttheilung. Wenn
ein solches Klümpchen, z. B. eine Protamoeba oder ein Protogenes,
eine gewisse Größe durch Aufnahme fremder Eiweißmaterie erhalten
hat, so zerfällt es in zwei Stücke; es bildet sich eine Einschnürung,
welche ringförmig herumgeht, und schließlich zur Trennung der beiden
Hälften führt. (Vergl. Fig. 1 auf nächster Seite). Jede Hälfte rundet
sich alsbald ab und erscheint nun als ein selbstständiges Individuum,
welches das einfache Spiel der Lebenserscheinungen, Ernährung und
Fortpflanzung, von Neuem beginnt. Bei anderen Moneren (Vam=
pyrella) zerfällt der Körper bei der Fortpflanzung nicht in zwei, son=
dern in vier gleiche Stücke, und bei noch anderen (Protomonas, Pro=
tomyxa, Myxastrum) sogleich in eine große Anzahl von kleinen
Schleimkügelchen, deren jedes durch einfaches Wachsthum dem elter=
lichen Körper wieder gleich wird. Es zeigt sich hier deutlich, daß der
Vorgang der Fortpflanzung weiter Nichts ist, als ein
Wachsthum des Organismus über sein individuelles ·
Maaß hinaus.

Die einfache Fortpflanzungsweise der Moneren durch Selbstthei=
lung ist eigentlich die allgemeinste und weitest verbreitete von allen ver=
schiedenen Fortpflanzungsarten; denn durch denselben einfachen Prozeß

der Theilung pflanzen ſich auch die Z e l l e n fort, diejenigen einfachen organiſchen Individuen, welche in ſehr großer Zahl den Körper
der allermeiſten Organismen, den menſchlichen Körper nicht ausgenommen, zuſammenſetzen. Abgeſehen von den Organismen niederſten

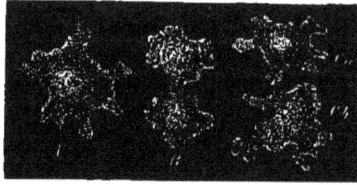

Fig. 1. Fortpflanzung eines einfachſten Organismus, eines Moneres, durch
Selbſttheilung. *A.* Das ganze Moner, eine Protamoeba. *B.* Dieſelbe zerfällt
durch eine mittlere Einſchnürung in zwei Hälften. *C.* Jede der beiden Hälften hat
ſich von der andern getrennt und ſtellt nun ein ſelbſtſtändiges Individuum dar.

Ranges, welche noch nicht einmal den Formwerth einer Zelle haben
(Moneren), oder zeitlebens eine einfache Zelle darſtellen (viele Protiſten und einzellige Pflanzen), iſt der Körper jedes organiſchen Individuums aus einer großen Anzahl von Zellen zuſammengeſetzt. Jede
organiſche Zelle iſt bis zu einem gewiſſen Grade ein ſelbſtſtändiger
Organismus, ein ſogenannter „Elementarorganismus" oder ein „Individuum erſter Ordnung". Jeder höhere Organismus iſt gewiſſer-
maßen eine Geſellſchaft oder ein Staat von ſolchen vielgeſtaltigen,
durch Arbeitstheilung mannichfaltig ausgebildeten Elementarindivi-
duen. Urſprünglich iſt jede organiſche Zelle auch nur ein einfaches
Schleimklümpchen; gleich einem Moner, jedoch von dieſem dadurch
verſchieden, daß die gleichartige Eiweißmaſſe in zwei verſchiedene Be-
ſtandtheile ſich geſondert hat: ein inneres, feſteres Eiweißkörperchen,
den Z e l l e n k e r n (Nucleus), und einen äußeren, weicheren Eiweißkörper, den Z e l l ſ t o f f (Protoplasma). Außerdem bilden viele Zellen
ſpäterhin noch einen dritten (jedoch häufig fehlenden) Formbeſtandtheil,
indem ſie ſich einkapſeln, eine äußere Hülle oder Z e l l h a u t (Membrana) ausſchwitzen. Alle übrigen Formbeſtandtheile, die ſonſt noch an

den Zellen vorkommen, sind von untergeordneter Bedeutung und interessiren uns hier weiter nicht.

Ursprünglich ist auch jeder mehrzellige Organismus eine einfache Zelle, und er wird erst dadurch mehrzellig, daß jene Zelle sich durch Theilung fortpflanzt, und daß die so entstehenden neuen Zellenindividuen beisammen bleiben und durch Arbeitstheilung eine Gemeinde oder einen Staat bilden. Die Formen und Lebenserscheinungen aller mehrzelligen Organismen sind lediglich die Wirkung oder der Ausdruck der gesammten Formen und Lebenserscheinungen aller einzelnen sie zusammensetzenden Zellen. Das Ei, aus welchem sich die meisten Thiere entwickeln, ist eine einfache Zelle, ebenso das sogenannte Keimbläschen oder Embryobläschen, aus welchem sich die meisten Pflanzen entwickeln.

Die einzelligen Organismen, d. h. diejenigen, welche zeitlebens den Formwerth einer einzigen Zelle beibehalten, z. B. die Amoeben (Fig. 2), pflanzen sich in der Regel auf die einfachste Weise durch

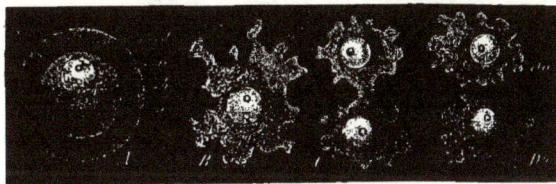

Fig. 2. Fortpflanzung eines einzelligen Organismus, einer Amoeba, durch Selbsttheilung. *A.* die eingekapselte Amoeba, eine einfache kugelige Zelle, bestehend aus einem Protoplasmaklumpen (*b*), welcher einen Kern (*a*) einschließt, und von einer Zellhaut oder Kapsel umgeben ist. *B.* Die freie Amoeba, welche die Cyste oder Zellhaut gesprengt und verlassen hat. *C.* Dieselbe beginnt sich zu theilen, indem ihr Kern in zwei Kerne zerfällt und der Zellstoff zwischen beiden sich einschnürt. *D.* Die Theilung ist vollendet, indem auch der Zellstoff vollständig in zwei Hälften zerfallen ist (*Da* und *Db*).

Theilung fort. Dieser Prozeß unterscheidet sich von der vorher bei den Moneren beschriebenen Selbsttheilung nur dadurch, daß zunächst der festere Zellkern (Nucleus) durch Einschnürung in zwei Hälften zerfällt. Die beiden jungen Kerne entfernen sich von einander und wirken nun

wie zwei verschiedene Anziehungsmittelpunkte auf die umgebende wei=
chere Eiweißmasse, den Zellstoff (Protoplasma). Dadurch zerfällt
schließlich auch dieser in zwei Hälften, und es sind nun zwei neue Zellen
vorhanden, welche der Mutterzelle gleich sind. War die Zelle von
einer Membran umgeben, so theilt sich diese entweder nicht, wie bei
der Eifurchung (Fig. 3, 4), oder sie folgt passiv der activen Einschnü=
rung des Protoplasma, oder es wird von jeder jungen Zelle eine
neue Haut ausgeschwitzt.

Ganz ebenso wie die selbstständigen einzelligen Organismen, z. B.
Amoeba (Fig. 2), pflanzen sich nun auch die unselbstständigen Zellen fort,
welche in Gemeinden oder Staaten vereinigt bleiben und so den Körper
der höheren Organismen zusammensetzen. Ebenso vermehren sich auch
durch einfache Theilung die Zellen, welche als Eier den meisten Thieren,
als Embryobläschen den meisten Pflanzen den Ursprung geben. Wenn
sich aus einem Ei ein Thier, z. B. ein Säugethier (Fig. 3, 4) entwickelt,

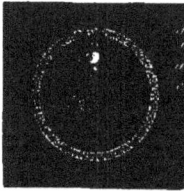

Fig. 3. Ei eines Säugethieres (eine einfache
Zelle). a Kernkörperchen oder Nucleolus (sogenannter
Keimfleck des Eies); b Kern oder Nucleus (sogenann=
tes Keimbläschen des Eies); c Zellstoff oder Protoplasma (sogenannter Dotter des Eies); d Zellhaut
oder Membrana (Dotterhaut des Eies, beim Säuge=
thier wegen ihrer Durchsichtigkeit Membrana pellucida
genannt.

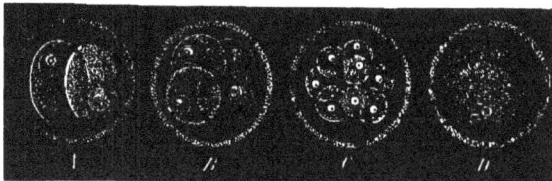

Fig. 4. Erster Beginn der Entwickelung des Säugethiereies, sogenannte „Ei=
furchung" (Fortpflanzung der Eizelle durch wiederholte Selbsttheilung). Fig. 4 A.
Das Ei zerfällt durch Bildung der ersten Furche in zwei Zellen. Fig 4 B.
Diese zerfallen durch Halbirung in 4 Zellen. Fig. 4 C. Diese letzteren sind in
8 Zellen zerfallen. Fig. 4 D. Durch fortgesetzte Theilung ist ein kugeliger Hau=
fen von zahlreichen Zellen entstanden.

so beginnt dieser Entwickelungsprozeß stets damit, daß die einfache Eizelle (Fig. 3) durch fortgesetzte Selbsttheilung einen Zellenhaufen bildet (Fig. 4). Die äußere Hülle oder Zellhaut des kugeligen Eies bleibt ungetheilt. Zuerst zerfällt der Zellenkern des Eies (das sogenannte Keimbläschen) durch Selbsttheilung in zwei Kerne, dann folgt der Zellstoff (der Dotter des Eies) nach (Fig. 4 A). In gleicher Weise zerfallen durch die fortgesetzte Selbsttheilung die zwei Zellen in vier (Fig. 4 B), diese in acht (Fig. 4 C), in sechzehn, zweiunddreißig u. s. w., und es entsteht schließlich ein kugeliger Haufe von sehr zahlreichen kleinen Zellen (Fig. 4 D), die nun durch weitere Vermehrung und ungleichartige Ausbildung (Arbeitstheilung) allmählich den zusammengesetzten mehrzelligen Organismus aufbauen. Jeder von uns hat im Beginne seiner individuellen Entwickelung denselben, in Fig. 4 dargestellten Prozeß durchgemacht. Das in Fig. 3 abgebildete Säugethierei und die in Fig. 4 dargestellte Entwickelung desselben könnte eben so gut vom Menschen, als vom Affen, vom Hunde oder irgend einem anderen placentalen Säugethier herrühren.

Wenn Sie nun zunächst nur diese einfachste Form der Fortpflanzung, die Selbsttheilung betrachten, so werden Sie es gewiß nicht wunderbar finden, daß die Theilproducte des ursprünglichen Organismus dieselben Eigenschaften besitzen, wie das elterliche Individuum. Sie sind ja Theilhälften des elterlichen Organismus, und da die Materie, der Stoff in beiden Hälften derselbe ist, da die beiden jungen Individuen gleich viel und gleich beschaffene Materie von dem elterlichen Individuum überkommen haben, so finden Sie es gewiß natürlich, daß auch die Lebenserscheinungen, die physiologischen Eigenschaften in den beiden Kindern dieselben sind. In der That sind in jeder Beziehung, sowohl hinsichtlich ihrer Form und ihres Stoffes, als hinsichtlich ihrer Lebenserscheinungen, die beiden Tochterzellen (wenigstens im Anfang) nicht von einander und von der Mutterzelle zu unterscheiden. Sie haben von ihr die gleiche Natur geerbt.

Nun findet sich aber dieselbe einfache Fortpflanzung durch Theilung nicht bloß bei den einfachen Zellen, sondern auch bei höher stebenden mehrzelligen Organismen, z. B. bei den Korallenthieren. Viele derselben, welche schon einen höheren Grad von Zusammensetzung und Organisation zeigen, pflanzen sich dennoch einfach durch Theilung fort. Hier zerfällt der ganze Organismus mit allen seinen Organen in zwei gleiche Hälften, sobald er durch Wachsthum ein gewisses Maß der Größe erreicht hat. Jede Hälfte ergänzt sich alsbald wieder durch Wachsthum zu einem vollständigen Individuum. Auch hier finden Sie es gewiß selbstverständlich, daß die beiden Theilproducte die Eigenschaften des elterlichen Organismus theilen, da sie ja selbst Substanzhälften desselben sind. Die Vererbung aller Eigenschaften der ursprünglichen Koralle auf ihre beiden, durch Wachsthum sich er=gänzenden Hälften, hat gewiß nichts Befremdendes.

An die Fortpflanzung durch Theilung schließt sich zunächst die Fortpflanzung durch Knospenbildung an. Diese Art der Mo=nogonie ist außerordentlich weit verbreitet. Sie findet sich sowohl bei den einfachen Zellen (obwohl seltener), als auch bei den aus vielen Zellen zusammengesetzten höheren Organismen. Ganz allgemein verbreitet ist die Knospenbildung im Pflanzenreich, seltener im Thierreich. Jedoch kommt sie auch hier in dem Stamme der Pflanzenthiere, insbesondere bei den Korallen und bei einem großen Theile der Hydromedusen sehr häufig vor, ferner auch bei einem Theile der Würmer (Plattwürmern, Ringelwürmern, Moosthieren und Mantelthieren). Alle verzweigten Thierstöcke, welche auch äußerlich den verzweigten Pflanzenstöcken so ähnlich sind, entstehen gleich diesen durch Knospenbildung.

Die Fortpflanzung durch Knospenbildung (Gemmatio) unter=scheidet sich von der Fortpflanzung durch Theilung wesentlich dadurch, daß die beiden, durch Knospung neu erzeugten Organismen nicht von gleichem Alter, und daher anfänglich auch nicht von gleichem Werthe sind, wie es bei der Theilung der Fall ist. Bei der letzteren können wir offenbar keines der beiden neu erzeugten Individuen als das elter=liche, als das erzeugende ansehen, weil beide ja gleichen Antheil an der Zusammensetzung des ursprünglichen, elterlichen Individuums haben. Wenn dagegen ein Organismus eine Knospe treibt, so ist

die letztere das Kind des ersteren. Beide Individuen sind von un=
gleichem Alter und daher zunächst auch von ungleicher Größe und un=
gleichem Formwerth. Wenn z. B. eine Zelle durch Knospenbildung
sich fortpflanzt, so sehen wir nicht, daß die Zelle in zwei gleiche Hälf=
ten zerfällt, sondern es bildet sich an einer Stelle eine Hervorragung,
welche größer und größer wird, und welche sich mehr oder weniger von
der elterlichen Zelle absondert und nun selbstständig wächst. Ebenso
bemerken wir bei der Knospenbildung einer Pflanze oder eines Thie=
res, daß an einer Stelle des ausgebildeten Individuums eine kleine
locale Wucherung entsteht, welche größer und größer wird, und eben=
falls durch selbstständiges Wachsthum sich mehr oder weniger von dem
elterlichen Organismus absondert. Die Knospe kann, nachdem sie
eine gewisse Größe erlangt hat, entweder vollkommen von dem El=
ternindividuum sich ablösen, oder sie kann mit diesem im Zusammen=
hang bleiben und einen Stock bilden, dabei aber doch ganz selbststän=
dig weiter leben. Während das Wachsthum, welches die Fortpflan=
zung einleitet, bei der Theilung ein totales ist und den ganzen Körper
betrifft, ist dasselbe dagegen bei der Knospenbildung ein partielles und
betrifft nur einen Theil des elterlichen Organismus. Aber auch hier
werden Sie es wieder sehr natürlich finden, daß die Knospe, das neu
erzeugte Individuum, welches mit dem elterlichen Organismus so lange
im unmittelbarsten Zusammenhang steht und aus diesem hervorgeht,
dieselben Eigenschaften zeigt, wie der letztere. Denn auch die Knospe
ist ursprünglich ein Theil des Leibes, von dem sie erzeugt wurde, und
Sie können sich nicht darüber wundern, daß dieselbe die ursprünglich
eingeschlagene Bildungsrichtung verfolgt und alle wesentlichen Eigen=
schaften durch Vererbung von dem Elternindividuum überkömmt.

An die Knospenbildung schließt sich unmittelbar eine dritte Art
der ungeschlechtlichen Fortpflanzung an, diejenige durch Keimknos=
penbildung (Polysporogonia). Bei niederen, unvollkommenen
Organismen, unter den Thieren insbesondere bei den Pflanzenthieren
und Würmern, finden Sie sehr häufig, daß im Innern eines aus
vielen Zellen zusammengesetzten Individuums eine kleine Zellengruppe

von den umgebenden Zellen ſich abſondert, und daß dieſe kleine iſolirte
Zellengruppe allmählich zu einem Individuum heranwächſt, welches
dem elterlichen ähnlich wird, und früher oder ſpäter aus dieſem her=
austritt. So entſtehen z. B. im Körper der Saugwürmer (Tremato=
den) oft zahlreiche, aus vielen Zellen zuſammengeſetzte Körperchen,
Keimknospen oder Polyſporen, welche ſich ſchon frühzeitig ganz
von dem Elternkörper abſondern und dieſen verlaſſen, nachdem ſie
einen gewiſſen Grad ſelbſtſtändiger Ausbildung erreicht haben. Auch
hier vererben ſich die ſpecifiſchen Eigenſchaften des zeugenden Indivi=
duums auf die Keimknospen, obwohl dieſe ſich viel früher abſondern
und ſelbſtſtändig wachſen, als es bei den Knospen der Fall iſt.

Offenbar iſt die Keimknospenbildung von der echten Knospen=
bildung nur wenig verſchieden. Andrerſeits aber berührt ſie ſich mit
einer vierten Form der ungeſchlechtlichen Fortpflanzung, welche beinahe
ſchon zur geſchlechtlichen Zeugung hinüberführt, nämlich mit der
Keimzellenbildung (Monosporogonia), welche auch oft ſchlecht=
weg die Sporenbildung (Sporogonia) genannt wird. Hier iſt es nicht
mehr eine Zellengruppe, ſondern eine einzelne Zelle, welche ſich im
Innern des zeugenden Organismus von den umgebenden Zellen ab=
ſondert, und ſich erſt weiter entwickelt, nachdem ſie aus jenem ausge=
treten iſt. Nachdem dieſe Keimzelle oder Monospore (gewöhnlich
kurzweg Spore genannt) das Elternindividuum verlaſſen hat, ver=
mehrt ſie ſich durch Theilung und bildet ſo einen vielzelligen Organis=
mus, welcher durch Wachsthum und allmähliche Ausbildung die erb=
lichen Eigenſchaften des elterlichen Organismus erlangt. So geſchieht
es ſehr allgemein bei den niederen Pflanzen (Kryptogamen).

Obwohl die Keimzellenbildung der Keimknospenbildung ſehr nahe
ſteht, entfernt ſie ſich doch offenbar von dieſer, wie von den vorher ange=
führten anderen Formen der ungeſchlechtlichen Fortpflanzung ſehr weſent=
lich dadurch, daß nur ein ganz kleiner Theil des zeugenden Organismus
die Fortpflanzung und ſomit auch die Vererbung vermittelt. Bei der
Selbſttheilung, wo der ganze Organismus in zwei Hälften zerfällt, bei
der Knospenbildung und Keimknospenbildung, wo ein anſehnlicher und

bereits mehr oder minder entwickelter Körpertheil von dem zeugenden Individuum ſich abſondert, finden wir es ſehr begreiflich, daß Formen und Lebenserſcheinungen in dem zeugenden und dem erzeugten Organismus dieſelben ſind. Viel ſchwieriger iſt es ſchon bei der Keimzellenbildung zu begreifen, wie dieſer ganz kleine, ganz unentwickelte Körpertheil, dieſe einzelne Zelle, nicht bloß gewiſſe elterliche Eigenſchaften unmittelbar mit in ihre ſelbſtſtändige Exiſtenz hinübernimmt, ſondern auch nach ihrer Trennung vom elterlichen Individuum ſich zu einem mehrzelligen Körper entwickelt, und in dieſem die Formen und die Lebenserſcheinungen des urſprünglichen, zeugenden Organismus wieder zu Tage treten läßt. Dieſe letzte Form der monogenen Fortpflanzung, die Keimzellen- oder Sporenbildung, führt uns hierdurch bereits unmittelbar zu der am ſchwierigſten zu erklärenden Form der Fortpflanzung, zur geſchlechtlichen Zeugung, hinüber.

Die geſchlechtliche (amphigone oder ſexuelle) Zeugung (Amphigonia) iſt die gewöhnliche Fortpflanzungsart bei allen höheren Thieren und Pflanzen. Offenbar hat ſich dieſelbe erſt ſehr ſpät im Verlaufe der Erdgeſchichte aus der ungeſchlechtlichen Fortpflanzung, und zwar zunächſt aus der Keimzellenbildung entwickelt. In den früheſten Perioden der organiſchen Erdgeſchichte pflanzten ſich alle Organismen nur auf ungeſchlechtlichem Wege fort, wie es gegenwärtig noch zahlreiche niedere Organismen thun, insbeſondere diejenigen, welche auf der niedrigſten Stufe der Organiſation ſtehen, welche man weder als Thiere noch als Pflanzen mit vollem Rechte betrachten kann, und welche man daher am beſten als Urweſen oder Protiſten aus dem Thier- und Pflanzenreich ausſcheidet. Allein bei den höheren Thieren und Pflanzen erfolgt gegenwärtig die Vermehrung der Individuen in der Regel auf dem Wege der geſchlechtlichen Fortpflanzung, und bei der Wichtigkeit dieſer hervorragenden Erſcheinung müſſen wir dieſelbe hier näher in's Auge faſſen.

Während bei allen vorhin erwähnten Hauptformen der ungeſchlechtlichen Fortpflanzung, bei der Theilung, Knospenbildung, Keimknospenbildung und Keimzellenbildung, die abgeſonderte Zelle oder Zellen-

gruppe für sich allein im Stande war, sich zu einem neuen Individuum
auszubilden, so muß dieselbe dagegen bei der geschlechtlichen Fort=
pflanzung erst durch einen anderen Zeugungsstoff befruchtet werden.
Der befruchtende männliche Samen muß sich erst mit der weiblichen
Keimzelle, dem Ei, vermischen, ehe sich dieses zu einem neuen Indi=
viduum entwickeln kann. Diese beiden verschiedenen Zeugungsstoffe,
der männliche Samen und das weibliche Ei, werden entweder von
einem und demselben Individuum erzeugt (Hermaphroditismus) oder
von zwei verschiedenen Individuen (Gonochorismus) (Gen. Morph.
II., 58 — 59).

Die einfachere Form der geschlechtlichen Fortpflanzung ist die
Zwitterbildung (Hermaphroditismus). Sie findet sich bei
der großen Mehrzahl der Pflanzen, aber nur bei einer großen Minder=
zahl der Thiere, z. B. bei den Gartenschnecken, Blutegeln, Regen=
würmern und vielen andern Würmern. Jedes einzelne Individuum
erzeugt als Zwitter (Hermaphroditus) in sich beiderlei Geschlechts=
stoffe, Eier und Samen. Bei den meisten höheren Pflanzen enthält
jede Blüthe sowohl die männlichen Organe (Staubfäden und Staub=
beutel) als die weiblichen Organe (Griffel und Fruchtknoten). Jede
Gartenschnecke erzeugt an einer Stelle ihrer Geschlechtsdrüse Eier, an
einer andern Samen. Viele Zwitter können sich selbst befruchten; bei
anderen dagegen ist eine Copulation und gegenseitige Befruchtung
zweier Zwitter nothwendig, um die Eier zur Entwickelung zu veran=
lassen. Dieser letztere Fall ist offenbar schon der Uebergang zur Ge=
schlechtstrennung.

Die Geschlechtstrennung (Gonochorismus), die verwickel=
tere von beiden Arten der geschlechtlichen Zeugung, hat sich offenbar erst
in einer viel späteren Zeit der organischen Erdgeschichte aus der Zwit=
terbildung entwickelt. Sie ist gegenwärtig die allgemeine Fortpflan=
zungsart der höheren Thiere, findet sich dagegen nur bei einer ge=
ringeren Anzahl von Pflanzen (z. B. manchen Wasserpflanzen, Hydro=
charis, Vallisneria) und Bäumen (Weiden, Pappeln). Jedes or=
ganische Individuum als Nichtzwitter (Gonochoristus) erzeugt in

sich nur einen von beiden Zeugungsstoffen, entweder männlichen oder weiblichen. Die weiblichen Individuen bilden bei den Thieren Eier, bei den Pflanzen den Eiern entsprechende Zellen (Embryobläschen bei den Phanerogamen, Archegoniumcentralzellen bei den höheren Kryptogamen). Die männlichen Individuen sondern bei den Thieren den befruchtenden Samen (Sperma) ab, bei den Pflanzen dem Sperma entsprechende Körperchen (Pollenkörner oder Blüthenstaub bei den Phanerogamen, bei den Kryptogamen ein Sperma, welches gleich demjenigen der meisten Thiere aus lebhaft beweglichen, in einer Flüssigkeit schwimmenden Fäden besteht).

Eine interessante Uebergangsform von der geschlechtlichen Zeugung zu der (dieser nächststehenden) ungeschlechtlichen Keimzellenbildung bietet die sogenannte jungfräuliche Zeugung (Parthenogenesis) dar, welche bei den Insecten in neuerer Zeit vielfach beobachtet worden ist. Hier werden Keimzellen, die sonst den Eizellen ganz ähnlich erscheinen und ebenso gebildet werden, fähig, zu neuen Individuen sich zu entwickeln, ohne des befruchtenden Samens zu bedürfen. Die merkwürdigsten und lehrreichsten von den verschiedenen parthenogenetischen Erscheinungen bieten uns diejenigen Fälle, in denen dieselben Keimzellen, je nachdem sie befruchtet werden oder nicht, verschiedene Individuen erzeugen. Bei unseren gewöhnlichen Honigbienen entsteht aus den Eiern der Königin ein männliches Individuum, wenn das Ei nicht befruchtet wird, ein weibliches, wenn das Ei befruchtet wird, eine Erscheinung, die schon dem Aristoteles bekannt gewesen zu sein scheint, die aber neuerdings erst wieder vollkommen festgestellt wurde. Es zeigt sich hier deutlich, daß in der That eine tiefe Kluft zwischen geschlechtlicher und geschlechtsloser Zeugung nicht existirt, daß beide Formen vielmehr unmittelbar zusammenhängen. Offenbar ist die geschlechtliche Zeugung, die als ein so wunderbarer, räthselhafter Vorgang erscheint, erst in sehr später Zeit aus gewissen Formen der ungeschlechtlichen Zeugung hervorgegangen. Wenn wir aber bei der letzteren die Vererbung als eine nothwendige

Theilerscheinung der Fortpflanzung betrachten müssen, so werden wir das auch bei der ersteren können.

In allen verschiedenen Fällen der Fortpflanzung ist das Wesentliche dieses Vorgangs immer die Ablösung eines Theiles des elterlichen Organismus und die Befähigung desselben zur individuellen, selbstständigen Existenz. In allen Fällen dürfen wir daher von vornherein schon erwarten, daß die kindlichen Individuen, die ja, wie man sich ausdrückt, Fleisch und Bein der Eltern sind, zugleich immer dieselben Lebenserscheinungen und Formeigenschaften erlangen werden, welche die elterlichen Individuen besitzen. Immer ist es nur eine größere oder geringere Quantität der elterlichen Materie, welche auf das kindliche Individuum übergeht. Mit der Materie werden aber auch deren Lebenseigenschaften übertragen, welche sich dann in ihrer Form äußern. Wenn Sie sich die angeführte Kette von verschiedenen Fortpflanzungsformen in ihrem Zusammenhange vor Augen stellen, so verliert die Vererbung durch geschlechtliche Zeugung sehr Viel von dem Räthselhaften und Wunderbaren, das sie auf den ersten Blick für den Laien besitzt. Es erscheint anfänglich höchst wunderbar, daß bei der geschlechtlichen Fortpflanzung des Menschen, wie aller höheren Thiere, das kleine Ei, eine für das bloße Auge oft kaum sichtbare Zelle (beim Menschen und den anderen Säugethieren nur von $\frac{1}{10}$ Linie Durchmesser) im Stande ist, alle Eigenschaften des mütterlichen Organismus auf den kindlichen zu übertragen; und nicht weniger räthselhaft muß es erscheinen, daß zugleich die wesentlichen Eigenschaften des väterlichen Organismus auf den kindlichen übertragen werden vermittelst des männlichen Sperma, welches die Eizelle befruchtete, vermittelst einer schleimigen Masse, in der unendlich feine Eiweißfäden, die Samenfäden, sich umherbewegen. Sobald Sie aber jene zusammenhängende Stufenleiter der verschiedenen Fortpflanzungsarten vergleichen, bei welcher der kindliche Organismus als überschüssiges Wachsthumsproduct des Elternindividuums sich immer mehr von ersterem absondert, und immer frühzeitiger die selbstständige Laufbahn betritt; sobald Sie zugleich erwägen, daß auch das Wachsthum und die Ausbildung jedes höheren Organismus bloß auf der Vermehrung

der ihn zusammensetzenden Zellen, auf der einfachen Fortpflanzung
durch Theilung beruht, so wird es Ihnen klar, daß alle diese merk=
würdigen Vorgänge in eine Reihe gehören, und daß überall die
Uebertragung eines Theiles der elterlichen Materie auf den kindlichen
Organismus einzig und allein die Ursache der Vererbung, die mecha=
nische Ursache der Uebertragung auch der Formen und Lebenser=
scheinungen vom zeugenden auf den erzeugten Organismus ist.

Das Leben jedes organischen Individuums ist Nichts weiter, als
eine zusammenhängende Kette von sehr verwickelten materiellen Bewe=
gungserscheinungen. Die specifisch bestimmte Richtung dieser gleich=
artigen, anhaltenden, immanenten Lebensbewegung wird in jedem Or=
ganismus durch die materielle Beschaffenheit, durch die chemische
Mischung des eiweißartigen Zeugungsstoffes bedingt, welcher ihm
den Ursprung gab. Bei dem Menschen, wie bei den höheren Thieren,
welche geschlechtlich sich fortpflanzen, beginnt die individuelle Lebens=
bewegung in dem Momente, in welchem die Eizelle von den Sa=
menfäden des Sperma befruchtet wird, in welchem beide Zeugungs=
stoffe sich thatsächlich vermischen, und hier wird nun die Richtung der
Lebensbewegung durch die specifische, oder richtiger individuelle Be=
schaffenheit sowohl des Samens als des Eies bestimmt. Ueber die
rein mechanische, materielle Natur dieses Vorgangs kann kein Zwei=
fel sein. Aber staunend und bewundernd müssen wir hier vor der
unendlichen, für uns unfaßbaren Feinheit der eiweißartigen Materie
still stehen. Staunen müssen wir über die unleugbare Thatsache, daß
die einfache Eizelle der Mutter, der einzige Samenfaden des Vaters
die individuelle Lebensbewegung dieser beiden Individuen so genau
auf das Kind überträgt, daß nachher die feinsten körperlichen und
geistigen Eigenthümlichkeiten der beiden Eltern an diesem wieder zum
Vorschein kommen.

Hier stehen wir vor einer mechanischen Naturerscheinung, von
welcher Virchow, der geistvolle Begründer der „Cellularpathologie",
mit vollem Rechte sagt: „Wenn der Naturforscher dem Gebrauche
der Geschichtschreiber und Kanzelredner zu folgen liebte, ungeheure und

in ihrer Art einzige Erſcheinungen mit dem hohlen Gepränge ſchwerer und tönender Worte zu überziehen, ſo wäre hier der Ort dazu; denn wir ſind an eines der großen Myſterien der thieriſchen Natur getreten, welche die Stellung des Thieres gegenüber der ganzen übrigen Erſcheinungswelt enthalten. Die Frage von der Zellenbildung, die Frage von der Erregung anhaltender gleichartiger Bewegung, endlich die Fragen von der Selbſtſtändigkeit des Nervenſyſtems und der Seele — das ſind die großen Aufgaben, an denen der Menſchengeiſt ſeine Kraft mißt. Die Beziehung des Mannes und des Weibes zur Eizelle zu erkennen, heißt faſt ſo viel, als alle jene Myſterien löſen. Die Entſtehung und Entwickelung der Eizelle im mütterlichen Körper, die Uebertragung körperlicher und geiſtiger Eigenthümlichkeiten des Vaters durch den Samen auf dieſelbe, berühren alle Fragen, welche der Menſchengeiſt je über des Menſchen Sein aufgeworfen hat [1 2])." Und, fügen wir hinzu, ſie löſen dieſe höchſten Fragen mittelſt der Deſcendenztheorie in rein mechaniſchem, rein moniſtiſchem Sinne!

Daß alſo auch bei der geſchlechtlichen Fortpflanzung des Menſchen und aller höheren Organismen die Vererbung, ein rein mechaniſcher Vorgang, unmittelbar durch den materiellen Zuſammenhang des zeugenden und des gezeugten Organismus bedingt iſt, ebenſo wie bei der einfachſten ungeſchlechtlichen Fortpflanzung der niederen Organismen, darüber kann kein Zweifel mehr ſein. Doch will ich Sie bei dieſer Gelegenheit ſogleich auf einen wichtigen Unterſchied aufmerkſam machen, welchen die Vererbung bei der geſchlechtlichen und bei der ungeſchlechtlichen Fortpflanzung darbietet. Es iſt eine längſt bekannte Thatſache, daß die individuellen Eigenthümlichkeiten des zeugenden Organismus viel genauer durch die ungeſchlechtliche als durch die geſchlechtliche Fortpflanzung auf das erzeugte Individuum übertragen werden. Die Gärtner machen von dieſer Thatſache ſchon lange vielfach Gebrauch. Wenn z. B. in einem Garten zufällig ein einzelnes Individuum von einer Baumart, welche ſonſt ſteife, aufrecht ſtehende Aeſte und Zweige trägt, herabhängende Zweige bekömmt, ſo kann der Gärtner in der Regel dieſe Eigenthümlichkeit nicht durch geſchlechtliche, sondern nur durch ungeschlechtliche Fortpflanzung vererben. Die von einem solchen Trauerbaum abgeschnittenen Zweige, als Stecklinge ge= pflanzt, bilden späterhin Bäume, welche ebenfalls hängende Aeste haben, wie z. B. die Trauerweiden, Trauerbuchen. Samenpflanzen dagegen, welche man aus den Samen eines solchen Trauerbaumes zieht, erhalten in der Regel wieder die ursprüngliche, steife und auf= rechte Zweigform der Voreltern. In sehr auffallender Weise kann man dasselbe auch an den sogenannten „Blutbäumen" wahrnehmen, d. h. Spielarten von Bäumen, welche sich durch rothe oder rothbraune Farbe der Blätter auszeichnen. Abkömmlinge von solchen Blutbäu= men (z. B. Blutbuchen), welche man durch ungeschlechtliche Fortpflan= zung, durch Stecklinge von Knospen und Zweigen erzeugt, zeigen die eigenthümliche Farbe und Beschaffenheit der Blätter, welche das elter= liche Individuum auszeichnet, während andere, aus den Samen der Blutbäume gezogene Individuen in die grüne Blattfarbe zurückschlagen.

Dieser Unterschied in der Vererbung wird Ihnen sehr natürlich vorkommen, sobald Sie erwägen, daß der materielle Zusammenhang zwischen zeugenden und erzeugten Individuen bei der ungeschlechtlichen Fortpflanzung viel inniger ist und viel länger dauert, als bei der ge= schlechtlichen. Auch geht bei der letzteren ein viel kleineres Stück der elterlichen Materie auf den kindlichen Organismus über, als bei der ersteren. Die individuelle Richtung der Lebensbewegung kann sich daher bei der ungeschlechtlichen Fortpflanzung viel länger und gründ= licher in dem kindlichen Organismus befestigen, und viel strenger ver= erben. Alle diese Erscheinungen im Zusammenhang betrachtet bezeugen klar, daß die Vererbung der körperlichen und geistigen Eigenschaften ein rein materieller, mechanischer Vorgang ist, und daß die Uebertra= gung eines größern oder geringern Stofftheilchens vom elterlichen Or= ganismus auf den kindlichen die einzige Ursache der Aehnlichkeit zwi= schen Beiden ist. Sie erklären uns hinlänglich, warum auch die feine= ren Eigenthümlichkeiten, die an der Materie des elterlichen Organis= mus haften, früher oder später an der Materie des kindlichen Or= ganismus wieder erscheinen.

Neunter Vortrag.

Vererbungsgesetze. Anpassung und Ernährung.

Unterscheidung der erhaltenden und fortschreitenden Vererbung. Gesetze der erhaltenden oder conservativen Erblichkeit: Vererbung ererbter Charactere. Ununterbrochene oder continuirliche Vererbung. Unterbrochene oder latente Vererbung. Generationswechsel. Rückschlag. Verwilderung. Geschlechtliche oder sexuelle Vererbung. Secundäre Sexualcharactere. Gemischte oder amphigone Vererbung. Bastardzeugung. Abgekürzte oder vereinfachte Vererbung. Gesetze der fortschreitenden oder progressiven Erblichkeit: Vererbung erworbener Charactere. Angepaßte oder erworbene Vererbung. Befestigte oder constituirte Vererbung. Gleichzeitliche oder homochrone Vererbung. Gleichörtliche oder homotope Vererbung. Anpassung und Veränderlichkeit. Zusammenhang der Anpassung und der Ernährung. Unterscheidung der indirecten und directen Anpassung.

Meine Herren! Von den beiden allgemeinen Lebensthätigkeiten der Organismen, der Anpassung und der Vererbung, welche in ihrer Wechselwirkung die verschiedenen Organismenarten hervorbringen, haben wir im letzten Vortrage die Vererbung betrachtet und wir haben versucht, diese in ihren Wirkungen so räthselhafte Lebensthätigkeit zurückzuführen auf eine andere physiologische Function der Organismen, auf die Fortpflanzung. Diese beruht ihrerseits wieder, wie alle anderen Lebenserscheinungen der Thiere und Pflanzen, auf physikalischen und chemischen Verhältnissen, welche allerdings bisweilen äußerst verwickelt erscheinen, dennoch aber im Grunde auf einfache, mechanische

Ursachen, auf Anziehungs- und Abstoßungsverhältnisse der Stofftheilchen, auf Bewegungserscheinungen der Materie zurückzuführen sind.

Bevor wir nun zur zweiten, der Vererbung entgegenwirkenden
Function, der Erscheinung der Anpassung oder Abänderung übergehen,
erscheint es zweckmäßig, zuvor noch einen Blick auf die verschiedenen
Aeußerungsweisen der Erblichkeit zu werfen; welche man vielleicht
schon jetzt als „Vererbungsgesetze" aufstellen kann.   Leider ist
für diesen so außerordentlich wichtigen Gegenstand sowohl in der Zoologie, als auch in der Botanik, bisher nur sehr Wenig geschehen, und fast
Alles, was man von den verschiedenen Vererbungsgesetzen weiß, beruht
auf den Erfahrungen der Landwirthe und der Gärtner.   Daher ist es
nicht zu verwundern, daß im Ganzen diese äußerst interessanten und
wichtigen Erscheinungen nicht mit der wünschenswerthen wissenschaftlichen Schärfe untersucht und in die Form von naturwissenschaftlichen
Gesetzen gebracht worden sind.   Was ich Ihnen demnach im Folgenden von den verschiedenen Vererbungsgesetzen mittheilen werde, sind
nur einige Bruchstücke, die vorläufig aus dem unendlich reichen Schatz,
welcher für die Erkenntniß hier offen liegt, herausgenommen werden.

Wir können zunächst alle verschiedenen Erblichkeitserscheinungen
in zwei Gruppen bringen, welche wir als Vererbung ererbter Charactere und Vererbung erworbener Charactere unterscheiden; und
wir können die erstere als die erhaltende (conservative) Vererbung,
die zweite als die fortschreitende (progressive) Vererbung bezeichnen.   Diese Unterscheidung beruht auf der äußerst wichtigen Thatsache,
daß die Einzelwesen einer jeden Art von Thieren und Pflanzen nicht
allein diejenigen Eigenschaften auf ihre Nachkommen vererben können,
welche sie selbst von ihren Vorfahren ererbt haben, sondern auch die
eigenthümlichen, individuellen Eigenschaften, die sie erst während ihres
Lebens erworben haben.   Diese letzteren werden durch die fortschreitende, die ersteren durch die erhaltende Erblichkeit übertragen.   Zunächst haben wir nun hier die Erscheinungen der conservativen
oder erhaltenden Vererbung zu untersuchen, d. h. der Verer-

bung solcher Eigenschaften, welcher der betreffende Organismus selbst von seinen Eltern oder Vorfahren schon erhalten hat (Gen. Morph. II, 180).

Unter den Erscheinungen der conservativen Vererbung tritt uns zunächst als das allgemeinste Gesetz dasjenige entgegen, welches wir das Gesetz der ununterbrochenen oder continuirlichen Vererbung nennen können. Dasselbe hat unter den höheren Thieren und Pflanzen so allgemeine Gültigkeit, daß der Laie zunächst seine Wirksamkeit überschätzen und es für das einzige, allein maßgebende Vererbungsgesetz halten dürfte. Es besteht dieses Gesetz einfach darin, daß innerhalb der meisten Thier- oder Pflanzenarten jede Generation im Ganzen der andern gleich ist, daß die Eltern ebenso den Großeltern, wie den Kindern ähnlich sind. „Gleiches erzeugt Gleiches", sagt man gewöhnlich, richtiger aber: „Aehnliches erzeugt Aehnliches". Denn in der That sind die Nachkommen oder Descendenten eines jeden Organismus demselben niemals in allen Stücken absolut gleich, sondern immer nur in einem mehr oder weniger hohen Grade ähnlich. Dieses Gesetz ist so allgemein bekannt, daß ich keine Beispiele dafür anzuführen brauche.

In einem gewissen Gegensatze zu demselben steht das Gesetz der unterbrochenen oder latenten Vererbung, welche man auch als abwechselnde oder alternirende Vererbung bezeichnen könnte. Dieses wichtige Gesetz erscheint hauptsächlich in Wirksamkeit bei vielen niederen Thieren und Pflanzen, und äußert sich hier, im Gegensatz zu dem ersteren, darin, daß die Kinder den Eltern nicht gleich, sondern sehr unähnlich sind, und daß erst die dritte oder eine spätere Generation der ersten wieder ähnlich wird. Die Enkel sind den Großeltern gleich, den Eltern aber ganz unähnlich. Es ist das eine merkwürdige Erscheinung, welche bekanntermaßen in geringerem Grade auch in den menschlichen Familien sehr häufig auftritt. Zweifelsohne wird Jeder von Ihnen einzelne Familienglieder kennen, welche in dieser oder jener Eigenthümlichkeit viel mehr dem Großvater oder der Großmutter, als dem Vater oder der Mutter gleichen. Bald sind

es körperliche Eigenschaften, z. B. Gesichtszüge, Haarfarbe, Körper=
größe, bald geistige Eigenheiten, z. B. Temperament, Energie,
Verstand, welche in dieser Art sprungweise vererbt werden. Ebenso
wie beim Menschen können Sie diese Thatsache bei den Hausthieren
beobachten. Bei den am meisten veränderlichen Hausthieren, beim
Hund, Pferd, Rind, machen die Thierzüchter sehr häufig die Erfah=
rung, daß ihr Züchtungsproduct mehr dem großelterlichen, als dem
elterlichen Organismus ähnlich ist. Wollen Sie dies Gesetz allgemein
ausdrücken, und die Reihe der Generationen mit den Buchstaben des
Alphabets bezeichnen, so wird A = C = E, ferner B = D = F u. s. f.

Noch viel auffallender, als bei den höheren, tritt Ihnen bei den
niederen Thieren und Pflanzen diese sehr merkwürdige Thatsache ent=
gegen, und zwar in dem berühmten Phänomen des Generations=
wechsels (Metagenesis). Hier finden Sie sehr häufig z. B. unter
den Plattwürmern, Mantelthieren, Pflanzenthieren (Coelenteraten),
ferner unter den Farrnkräutern und Moosen, daß das organische In=
dividuum bei der Fortpflanzung zunächst eine Form erzeugt, die gänz=
lich von der Elternform verschieden ist, und daß erst die Nachkommen
dieser Generation der ersten wieder ähnlich werden. Dieser regelmä=
ßige Generationswechsel wurde 1819 von dem Dichter Chamisso
auf seiner Weltumsegelung bei den Salpen entdeckt, cylindrischen und
glasartig durchsichtigen Mantelthieren, welche an der Oberfläche des
Meeres schwimmen. Hier erzeugt die größere Generation, welche
als Einsiedler lebt und ein hufeisenförmiges Auge besitzt, auf unge=
schlechtlichem Wege (durch Knospenbildung) eine gänzlich verschiedene
kleinere Generation. Die Individuen dieser zweiten kleineren Gene=
ration leben in Ketten vereinigt und besitzen ein kegelförmiges Auge.
Jedes Individuum einer solchen Kette erzeugt auf geschlechtlichem Wege
(als Zwitter) wiederum einen geschlechtslosen Einsiedler der ersten, grö=
ßeren Generation. Es ist also hier bei den Salpen immer die erste,
dritte, fünfte Generation, und ebenso die zweite, vierte, sechste Ge=
neration einander ganz ähnlich. Nun ist es aber nicht immer bloß
eine Generation, die so überschlagen wird, sondern in andern Fällen

auch mehrere, so daß also die erste Generation der vierten, siebenten u. s. w. gleicht, die zweite der fünften und achten, die dritte der sechsten und neunten, und so weiter fort. Drei in dieser Weise verschiedene Generationen wechseln z. B. bei den zierlichen Seetönnchen (Doliolum) mit einander ab, kleinen Mantelthieren, welche den Salpen nahe verwandt sind. Hier ist A=D=G, ferner B=E=H, und C=F=I. Bei den Blattläusen folgt auf jede geschlechtliche Generation eine Reihe von acht bis zehn bis zwölf ungeschlechtlichen Generationen, die unter sich ähnlich und von der geschlechtlichen verschieden sind. Dann tritt erst wieder eine geschlechtliche Generation auf, die der längst verschwundenen gleich ist.

Wenn Sie dieses merkwürdige Gesetz der latenten oder unterbrochenen Vererbung weiter verfolgen und alle dahin gehörigen Erscheinungen zusammenfassen, so können Sie auch die bekannten Erscheinungen des Rückschlags darunter begreifen. Unter Rückschlag oder Atavismus im engeren Sinne — im weiteren Sinne nennt man überhaupt die Erblichkeit Atavismus — versteht man die allen Thierzüchtern bekannte merkwürdige Thatsache, daß bisweilen einzelne Thiere eine Form annehmen, welche schon seit vielen Generationen nicht vorhanden war, welche einer längst entschwundenen Generation angehört. Eines der merkwürdigsten hierher gehörigen Beispiele ist die Thatsache, daß bei einzelnen Pferden bisweilen ganz characteristische dunkle Streifen auftreten, ähnlich denen des Zebra, Quagga und anderer wilden Pferdearten Africas. Hauspferde von den verschiedensten Rassen und von allen Farben zeigen bisweilen solche dunkle Streifen, z. B. einen Längsstreifen des Rückens, Querstreifen der Schultern und der Beine u. s. w. Die plötzliche Erscheinung dieser Streifen läßt sich nur erklären als eine Wirkung der latenten Vererbung, als ein Rückschlag in die längst verschwundene uralte gemeinsame Stammform aller Pferdearten, welche zweifelsohne gleich den Zebras, Quaggas u. s. w. gestreift war. Ebenso erscheinen auch bei andern Hausthieren oft plötzlich gewisse Eigenschaften wieder, welche ihre längst ausgestorbenen wilden Stammeltern auszeichneten. Auch unter den Pflanzen kann man den Rückschlag sehr häufig beobachten. Sie kennen wohl Alle das wilde gelbe Löwenmaul (Linaria vulgaris), eine auf unsern Aeckern und Wegen sehr gemeine Pflanze. Die rachen= förmige gelbe Blüthe derselben enthält zwei lange und zwei kurze Staubfäden. Bisweilen aber erscheint eine einzelne Blüthe (Peloria), welche trichterförmig und ganz regelmäßig aus fünf einzelnen gleichen Abschnitten zusammengesetzt ist, mit fünf gleichartigen Staubfäden. Diese Peloria können wir nur erklären als einen Rückschlag in die längst entschwundene uralte gemeinsame Stammform aller derjenigen Pflanzen, welche gleich dem Löwenmaul eine rachenförmige zweilippige Blüthe mit zwei langen und zwei kurzen Staubfäden besitzen. Jene Stammform besaß gleich der Peloria eine regelmäßige fünftheilige Blüthe mit fünf gleichen, später erst allmählich ungleich werdenden Staubfäden (Vergl. oben S. 12, 14). Alle solche Rückschläge sind unter das Gesetz der unterbrochenen oder latenten Vererbung zu bringen. wenn gleich die Zahl der Generationen, die übersprungen wird, ganz ungeheuer groß sein kann. Das ist auch bei den Rückschlägen des Menschen der Fall, z. B. bei den kürzlich von Carl Vogt unter= suchten Affenmenschen (Microcephali). Diese Mißgeburten, von denen man schon gegen fünfzig genauer kennt, sind Hemmungsbildun= gen, bei denen zwar der Körper sonst gut entwickelt ist, aber das Ge= hirn und der Gehirnschädel auf der niederen Stufe unserer uralten Voreltern, der Affen, stehen geblieben ist. Demgemäß sind auch die Seelenerscheinungen der Affenmenschen, welche von ganz gesunden Eltern erzeugt sind, nicht denen der Menschen, sondern der Affen gleich. Es sind, zum Theil wenigstens, Rückschläge in die längst aus= gestorbene affenartige Stammform des Menschen.

Wenn Culturpflanzen oder Hausthiere verwildern, wenn sie den Bedingungen des Culturlebens entzogen werden, so gehen sie Ver= änderungen ein, welche nicht als bloße Anpassung an die neuerwor= bene Lebensweise erscheinen, sondern als Rückschlag in die uralte Stammform, aus welcher die Culturformen erzogen worden sind. So kann man die verschiedenen Sorten des Kohls, die ungemein in ihrer Form verſchieden ſind, durch abſichtliche Verwilderung allmählich auf die urſprüngliche Stammform zurückführen. Ebenſo ſchlagen die verwildernden Hunde, Pferde, Rinder u. ſ. w. oft mehr oder weniger in die längſt ausgeſtorbene Generation zurück. Es kann eine erſtaunlich lange Reihe von Generationen verfließen, ehe dieſe latente Vererbungskraft erliſcht.

Als ein drittes Geſetz der erhaltenden oder conſervativen Vererbung können wir das Geſetz der geſchlechtlichen oder ſexuellen Vererbung bezeichnen, nach welchem jedes Geſchlecht auf ſeine Nachkommen deſſelben Geſchlechts Eigenthümlichkeiten überträgt, welche es nicht auf die Nachkommen des andern Geſchlechts vererbt. Die ſogenannten „ſecundären Sexualcharaktere‟, welche in mehrfacher Beziehung von außerordentlichem Intereſſe ſind, liefern für dieſes Geſetz überall zahlreiche Beiſpiele. Als untergeordnete oder ſecundäre Sexualcharaktere bezeichnet man ſolche Eigenthümlichkeiten des einen der beiden Geſchlechter, welche nicht unmittelbar mit den Geſchlechtsorganen ſelbſt zuſammenhängen. Solche Charaktere, welche bloß dem männlichen Geſchlecht zukommen, ſind z. B. das Geweih des Hirſches, die Mähne des Löwen, der Sporn des Hahns. Hierher gehört auch der menſchliche Bart, eine Zierde, welche gewöhnlich dem weiblichen Geſchlecht verſagt iſt. Aehnliche Charaktere, welche bloß das weibliche Geſchlecht auszeichnen, ſind z. B. die entwickelten Brüſte mit den Milchdrüſen der weiblichen Säugethiere, der Beutel der weiblichen Beutelthiere. Auch Körpergröße und Hautfärbung iſt bei den weiblichen Thieren vieler Arten abweichend. Alle dieſe ſecundären Geſchlechtseigenſchaften werden, ebenſo wie die Geſchlechtsorgane ſelbſt, vom männlichen Organismus nur auf den männlichen vererbt, und nicht auf den weiblichen, und umgekehrt. Die entgegengeſetzten Thatſachen ſind Ausnahmen von der Regel.

Ein viertes hierher gehöriges Vererbungsgeſetz ſteht in gewiſſem Sinne im Widerſpruch mit dem letzterwähnten, und beſchränkt daſſelbe, nämlich das Geſetz der gemiſchten oder beiderſeitigen (amphigonen) Vererbung. Dieſes Geſetz ſagt aus, daß ein

jedes organiſche Individuum, welches auf geſchlechtlichem Wege erzeugt wird, von beiden Eltern Eigenthümlichkeiten annimmt, ſowohl
vom Vater als von der Mutter.   Dieſe Thatſache, daß von jedem
der beiden Geſchlechter perſönliche Eigenſchaften auf alle, ſowohl
männliche als weibliche Kinder übergehen, iſt ſehr wichtig.   G o e t h e
drückt ſie von ſich ſelbſt in dem hübſchen Verſe aus:

„Vom Vater hab ich die Statur, des Lebens ernſtes Führen,
„Vom Mütterchen die Frohnatur und Luſt zu fabuliren.“

Dieſe Erſcheinung wird Ihnen allen ſo bekannt ſein, daß ich
hier darauf nicht weiter einzugehen brauche.   Durch den verſchiedenen
Antheil ihres Charakters, welchen Vater und Mutter auf ihre Kinder
vererben, werden vorzüglich die individuellen Verſchiedenheiten der
Geſchwiſter bedingt.

Unter dieſes Geſetz der gemiſchten oder amphigonen Vererbung gehört auch die ſehr wichtige und intereſſante Erſcheinung der B a -
ſ t a r d z e u g u n g (Hybridismus).   Richtig gewürdigt, genügt ſie allein
ſchon vollſtändig, um das herrſchende Dogma von der Conſtanz der
Arten zu widerlegen.   Pflanzen ſowohl als Thiere, welche zwei ganz
verſchiedenen Species angehören, können ſich mit einander geſchlecht-
lich vermiſchen und eine Nachkommenſchaft erzeugen, die in vielen
Fällen ſich ſelbſt wieder fortpflanzen kann, und zwar entweder (häufiger) durch Vermiſchung mit einem der beiden Stammeltern, oder aber
(ſeltener) durch reine Inzucht, indem Baſtard ſich mit Baſtard ver-
miſcht.   Das letztere iſt z. B. bei den Baſtarden von Haſen und Kaninchen feſtgeſtellt.   Allbekannt ſind die Baſtarde zwiſchen Pferd und
Eſel, zwei ganz verſchiedenen Arten einer Gattung (Equus).   Dieſe
Baſtarde ſind verſchieden, je nachdem der Vater oder die Mutter zu
der einen oder zu der andern Art, zum Pferd oder zum Eſel gehört.
Das M a u l t h i e r (Mulus), welches von einer Pferdeſtute und einem
Eſelhengſt erzeugt iſt, hat ganz andere Eigenſchaften als der M a u l -
e ſ e l (Hinnus), der Baſtard vom Pferdehengſt und der Eſelſtute.
In jedem Fall iſt der B a ſ t a r d (Hybrida), der aus der Kreuzung
zweier verſchiedener Arten erzeugte Organismus, eine Miſchform,

welche Eigenſchaften von beiden Eltern angenommen hat; allein die
Eigenſchaften des Baſtards ſind ganz verſchieden, je nach der Form
der Kreuzung. So zeigen auch die Mulattenkinder, welche von einem
Europäer mit einer Negerin erzeugt werden, eine andere Miſchung der
Charactere, als diejenigen Baſtarde, welche ein Neger mit einer Eu=
ropäerin erzeugt. Bei dieſen Erſcheinungen der Baſtardzeugung ſind
wir wie bei den anderen vorher erwähnten Vererbungsgeſetzen jetzt
noch nicht im Stande, die mechaniſchen Urſachen im Einzelnen nach=
zuweiſen. Aber kein Naturforſcher zweifelt daran, daß die Urſachen
hier überall rein mechaniſch, in der Natur der organiſchen Materie
ſelbſt begründet ſind. Wenn wir feinere Unterſuchungsmittel als un=
ſere groben Sinnesorgane und deren Hülfsmittel hätten, ſo würden
wir jene mechaniſchen Urſachen erkennen, und ſicherlich auf die chemi=
ſchen und phyſikaliſchen Eigenſchaften der Materie, aus welcher der
Organismus beſteht, zurückführen können.

Als ein fünftes Geſetz müſſen wir nun unter den Erſcheinungen
der conſervativen oder erhaltenden Vererbung noch das Geſetz der
abgekürzten oder vereinfachten Vererbung anführen.
Daſſelbe iſt ſehr wichtig für die Embryologie oder Ontogenie, d. h.
für die Entwickelungsgeſchichte der organiſchen Individuen. Wie ich
bereits im erſten Vortrage (S. 9) erwähnte und ſpäter noch ausführ=
lich zu erläutern habe, iſt die Ontogenie oder die Entwickelungs=
geſchichte der Individuen weiter nichts als eine kurze und ſchnelle,
durch die Geſetze der Vererbung und Anpaſſung bedingte Wieder=
holung der Phylogenie, d. h. der paläontologiſchen Entwickelungs=
geſchichte des ganzen organiſchen Stammes oder Phylum, zu wel=
chem der betreffende Organismus gehört. Wenn Sie z. B. die indi=
viduelle Entwickelung des Menſchen, des Affen, oder irgend eines
anderen höheren Säugethieres innerhalb des Mutterleibes vom Ei
an verfolgen, ſo finden Sie, daß der aus dem Ei entſtehende Keim
oder Embryo eine Reihe von ſehr verſchiedenen Formen durchläuft,
welche im Ganzen übereinſtimmt oder wenigſtens parallel iſt mit der
Formenreihe, welche die hiſtoriſche Vorfahrenkette der höheren Säuge=

thiere uns darbietet. Zu dieſen Vorfahren gehören gewiſſe Fiſche,
Amphibien, Beutelthiere u. ſ. w. Allein der Parallelismus oder die
Uebereinſtimmung dieſer beiden Entwickelungsreihen iſt niemals ganz
vollſtändig. Vielmehr ſind in der Ontogenie immer Lücken und
Sprünge, welche dem Ausfall einzelner Stadien der Phylogenie ent=
ſprechen. Wie Fritz Müller in ſeiner ausgezeichneten Schrift
„Für Darwin"[16]) an dem Beiſpiel der Cruſtaceen oder Krebſe
vortrefflich erläutert hat „wird die in der individuellen Entwickelungs=
geſchichte erhaltene geſchichtliche Urkunde allmählich verwiſcht, indem
die Entwickelung einen immer geraderen Weg vom Ei zum fertigen
Thiere einſchlägt." Dieſe Verwiſchung oder Abkürzung wird durch
das Geſetz der abgekürzten Vererbung bedingt, und ich will daſſelbe
hier deshalb beſonders hervorheben, weil es von großer Bedeutung
für das Verſtändniß der Embryologie iſt, und die anfangs befrem=
dende Thatſache erklärt, daß nicht alle Entwickelungsformen, welche
unſere Stammeltern durchlaufen haben, in der Formenreihe unſerer
eigenen individuellen Entwickelung noch ſichtbar ſind.

Den bisher erörterten Geſetzen der erhaltenden oder conſerva=
tiven Vererbung ſtehen nun gegenüber die Vererbungserſcheinungen
der zweiten Reihe, die Geſetze der fortſchreitenden oder pro=
greſſiven Vererbung. Sie beruhen, wie erwähnt, darauf, daß
der Organismus nicht allein diejenigen Eigenſchaften auf ſeine Nach=
kommen überträgt, die er bereits von den Voreltern ererbt hat, ſondern
auch eine Anzahl von denjenigen individuellen Eigenthümlichkeiten,
welche er ſelbſt erſt während ſeines Lebens erworben hat. Die Anpaſſung
verbindet ſich hier bereits mit der Vererbung. (Gen. Morph. II, 186).

Unter dieſen wichtigen Erſcheinungen der fortſchreitenden oder
progreſſiven Vererbung können wir an die Spitze als das allgemeinſte
das Geſetz der angepaßten oder erworbenen Verer=
bung ſtellen. Daſſelbe beſagt eigentlich weiter Nichts, als was ich
eben ſchon ausſprach, daß unter beſtimmten Umſtänden der Organis=
mus fähig iſt, alle Eigenſchaften auf ſeine Nachkommen zu vererben,
welche er ſelbſt erſt während ſeines Lebens durch Anpaſſung erworben

hat. Am deutlichsten zeigt sich diese Erscheinung natürlich dann, wenn
die neu erworbene Eigenthümlichkeit die ererbte Form bedeutend ab=
ändert.   Das war in den Beispielen der Fall, welche ich Ihnen in
dem vorigen Vortrage von der Vererbung überhaupt angeführt habe,
bei den Menschen mit sechs Fingern und Zehen, den Stachelschwein=
menschen, den Blutbuchen, Trauerweiden u. s. w.   Auch die Verer=
bung erworbener Krankheiten, z. B. der Schwindsucht, des Wahn=
sinns, beweist dies Gesetz sehr auffällig, ebenso die Vererbung des
Albinismus.   Albinos oder Kakerlaken nennt man solche Individuen,
welche sich durch Mangel der Farbstoffe oder Pigmente in der Haut
auszeichnen. Solche kommen bei Menschen, Thieren und Pflanzen sehr
verbreitet vor.   Bei Thieren, welche eine bestimmte dunkle Farbe
haben, werden nicht selten einzelne Individuen geboren, welche der
Farbe gänzlich entbehren, und bei den mit Augen versehenen Thieren
ist dieser Pigmentmangel auch auf die Augen ausgedehnt, so daß die
gewöhnlich lebhaft oder dunkel gefärbte Regenbogenhaut oder Iris
des Auges farblos ist, aber wegen der durchschimmernden Blutgefäße
roth erscheint.   Bei manchen Thieren, z. B. den Kaninchen, Mäusen,
sind solche Albinos mit weißem Fell und rothen Augen so beliebt, daß
man sie in großer Menge als besondere Rasse hält und fortpflanzt.
Dies wäre nicht möglich ohne das Gesetz der angepaßten Verer=
bung.

Welche von einem Organismus erworbene Abänderungen sich
auf seine Nachkommen übertragen werden, welche nicht, ist von vorn=
herein nicht zu bestimmen, und wir kennen leider die bestimmten Be=
dingungen nicht, unter denen die Vererbung erfolgt.   Wir wissen nur
im Allgemeinen, daß gewisse erworbene Eigenschaften sich viel leichter
vererben als andere, z. B. als die durch Verwundung entstehenden
Verstümmelungen.   Diese letzteren werden in der Regel nicht erblich
übertragen; sonst müßten die Descendenten von Menschen, die ihre
Arme oder Beine verloren haben, auch mit dem Mangel des entspre=
chenden Armes oder Beines geboren werden.   Ausnahmen sind aber
auch hier vorhanden, und man hat z. B. eine schwanzlose Hunderasse

dadurch gezogen, daß man mehrere Generationen hindurch beiden Geschlechtern des Hundes consequent den Schwanz abschnitt. Noch vor
einigen Jahren kam hier in der Nähe von Jena auf einem Gute der
Fall vor, daß beim unvorsichtigen Zuschlagen des Stallthores einem
Zuchtstier der Schwanz an der Wurzel abgequetscht wurde, und die
von diesem Stiere erzeugten Kälber wurden sämmtlich schwanzlos
geboren. Das ist allerdings eine Ausnahme. Es ist aber sehr
wichtig, die Thatsache festzustellen, daß unter gewissen uns unbekannten Bedingungen auch solche gewaltsame Veränderungen erblich übertragen werden, in gleicher Weise wie es bei Krankheiten sehr allgemein der Fall ist.

In sehr vielen Fällen ist die Abänderung, welche durch angepaßte
Vererbung übertragen und erhalten wird, angeboren, so bei dem vorher erwähnten Albinismus. Dann beruht die Abänderung auf derjenigen Form der Anpassung, welche wir die indirecte oder potentielle
nennen. Ein sehr auffallendes Beispiel dafür liefert das hornlose
Rindvieh von Paraguay in Südamerika. Daselbst wird eine besondere Rindviehrasse gezogen, die ganz der Hörner entbehrt, abstammend
von einem einzigen Stiere, welcher im Jahre 1770 von einem gewöhnlichen gehörnten Elternpaare geboren wurde, und bei welchem
der Mangel der Hörner durch irgendwelche unbekannte Ursache veranlaßt worden war. Alle Nachkommen dieses Stieres, welche er
mit einer gehörnten Kuh erzeugte, entbehrten der Hörner vollständig.
Man fand diese Eigenschaft vortheilhaft, und indem man die ungehörnten Rinder unter einander fortpflanzte, erhielt man eine hornlose
Rindviehrasse, welche gegenwärtig die gehörnten Rinder in Paraguay
fast verdrängt hat. Ein ähnliches Beispiel liefern die nordamerikanischen Otterschafe. Im Jahre 1791 lebte in Massachusetts in Nordamerika ein Landwirth, Seth Wright mit Namen. In seiner
wohlgebildeten Schafheerde wurde auf einmal ein Lamm geboren,
welches einen auffallend langen Leib und ganz kurze und krumme
Beine hatte. Es konnte daher keine großen Sprünge machen und namentlich nicht über den Zaun in des Nachbars Garten springen; eine

Eigenschaft, welche dem Besitzer wegen der Abgrenzung des dortigen Gebiets durch Hecken sehr vortheilhaft erschien. Er kam also auf den Gedanken, diese Eigenschaft auf die Nachkommen zu übertragen, und in der That erzeugte er durch Kreuzung dieses Schafbocks mit wohlge= bildeten Mutterschafen eine ganze Rasse von Schafen, die alle die Ei= genschaften des Vaters hatten, kurze und gekrümmte Beine und einen langen Leib. Sie konnten alle nicht über die Hecken springen, und wur= den deshalb damals in Massachusetts sehr beliebt und weit verbreitet.

Ein zweites Gesetz, welches ebenfalls unter die Reihe der pro= gressiven oder fortschreitenden Vererbung gehört, können wir das Gesetz der befestigten oder constituirten Vererbung nennen, dasselbe äußert sich darin, daß Eigenschaften, die von einem Organismus während seines individuellen Lebens erworben wurden, um so sicherer auf seine Nachkommen erblich übertragen werden, je längere Zeit hindurch die Ursachen jener Abänderung einwirken, und daß diese Abänderung um so sicherer Eigenthum auch aller folgenden Generationen wird, je längere Zeit hindurch auch auf diese die ab= ändernde Ursache einwirkt. Die durch Anpassung oder Abänderung neu erworbene Eigenschaft muß in der Regel erst bis zu einem ge= wissen Grade befestigt oder constituirt sein, ehe mit Wahrscheinlichkeit darauf zu rechnen ist, daß sich dieselbe auch auf die Nachkommen= schaft erblich überträgt. Es verhält sich in dieser Beziehung die Verer= bung ähnlich wie die Anpassung. Je längere Zeit hindurch eine neuer= worbene Eigenschaft bereits durch Vererbung übertragen ist, desto siche= rer wird sie auch in den kommenden Generationen sich erhalten. Wenn also z. B. ein Gärtner durch methodische Behandlung eine neue Aepfel= sorte gezüchtet hat, so kann er um so sicherer darauf rechnen, die er= wünschte Eigenthümlichkeit dieser Sorte zu erhalten, je länger er dieselbe bereits vererbt hat. Dasselbe zeigt sich deutlich in der Vererbung von Krankheiten. Je länger bereits in einer Familie Schwindsucht oder Wahnsinn erblich ist, desto tiefer gewurzelt ist das Uebel, desto wahrschein= licher werden auch alle folgenden Generationen davon ergriffen werden.

Endlich können wir die Betrachtung der Erblichkeitserscheinungen

schließen mit den beiden ungemein wichtigen Gesetzen der gleichört=
lichen und der gleichzeitlichen Vererbung. Wir verstehen darunter die
Thatsache, daß Veränderungen, welche von einem Organismus wäh=
rend seines Lebens erworben und erblich auf seine Nachkommen über=
tragen wurden, bei diesen an derselben Stelle des Körpers hervor=
treten, an welcher der elterliche Organismus zuerst von ihnen betrof=
fen wurde, und daß sie bei den Nachkommen auch im gleichen Lebens=
alter erscheinen, wie bei dem ersteren.

Das Gesetz der gleichzeitlichen oder homochronen
Vererbung, welches Darwin das Gesetz der „Vererbung in
correspondirendem Lebensalter" nennt, läßt sich wiederum sehr deut=
lich an der Vererbung von Krankheiten nachweisen, zumal von sol=
chen, die wegen ihrer Erblichkeit sehr verderblich werden. Diese treten
im kindlichen Organismus in der Regel zu einer Zeit auf, welche der=
jenigen entspricht, in welcher der elterliche Organismus die Krankheit
erwarb. Erbliche Erkrankungen der Lunge, der Leber, der Zähne,
des Gehirns, der Haut u. s. w. erscheinen bei den Nachkommen ge=
wöhnlich in der gleichen Zeit oder nur wenig früher, als sie beim
elterlichen Organismus eintraten, oder von diesem überhaupt erwor=
ben wurden. Das Kalb bekommt seine Hörner in demselben Lebens=
alter wie seine Eltern. Ebenso erhält das junge Hirschkalb sein Ge=
weih in derselben Lebenszeit, in welcher es bei seinem Vater und Groß=
vater hervorgesproßt war. Bei jeder der verschiedenen Weinsorten
reifen die Trauben zur selben Zeit, wie bei ihren Voreltern. Bekannt=
lich ist diese Reifezeit bei den verschiedenen Sorten sehr verschieden; da
aber alle von einer einzigen Art abstammen, ist diese Verschiedenheit
von den Stammeltern der einzelnen Sorten erst erworben worden und
hat sich dann erblich fortgepflanzt.

Das Gesetz der gleichörtlichen oder homotopen
Vererbung endlich, welches mit dem letzterwähnten Gesetze im engsten
Zusammenhange steht, und welches man auch „das Gesetz der Vererbung
an correspondirender Körperstelle" nennen könnte, läßt sich wiederum
in pathologischen Erblichkeitsfällen sehr deutlich erkennen. Große Mut=

termaale z. B. oder Pigmentanhäufungen an einzelnen Hautstellen, ebenso Geschwülste der Haut, erscheinen oft Generationen hindurch nicht allein in demselben Lebensalter, sondern auch an derselben Stelle der Haut. Ebenso ist übermäßige Fettentwickelung an einzelnen Körperstellen erblich. Eigentlich aber sind für dieses Gesetz, wie für das vorige, zahllose Beispiele überall in der Embryologie zu finden. **Sowohl das Gesetz der gleichzeitlichen als das Gesetz der gleichörtlichen Vererbung sind Grundgesetze der Embryologie oder Ontogenie.** Denn wir erklären uns durch diese Gesetze die merkwürdige Thatsache, daß die verschiedenen auf einander folgenden Formzustände während der individuellen Entwickelung in allen Generationen einer und derselben Art stets in derselben Reihenfolge auftreten, und daß die Umbildungen des Körpers immer an denselben Stellen erfolgen. Diese scheinbar einfache und selbstverständliche Erscheinung ist doch überaus wunderbar und merkwürdig; wir können die näheren Ursachen derselben nicht erklären, aber mit Sicherheit behaupten, daß sie auf der unmittelbaren Uebertragung der organischen Materie vom elterlichen auf den kindlichen Organismus beruhen, wie wir es im Vorigen für den Vererbungsprozeß im Allgemeinen aus den Thatsachen der Fortpflanzung nachgewiesen haben.

Nachdem wir so die wichtigsten Vererbungsgesetze hervorgehoben haben, wenden wir uns zur zweiten Reihe der Erscheinungen, welche bei der natürlichen Züchtung in Betracht kommen, nämlich zu denen der Anpassung oder Abänderung. Diese Erscheinungen stehen, im Großen und Ganzen betrachtet, in einem gewissen Gegensatze zu den Vererbungserscheinungen, und die Schwierigkeit, welche die Betrachtung beider darbietet, besteht zunächst darin, daß beide sich auf das Vollständigste durchkreuzen und verweben. Daher sind wir nur selten im Stande, bei den Formveränderungen, die unter unsern Augen geschehen, mit Sicherheit zu sagen, wieviel davon auf die Vererbung, wieviel auf die Abänderung zu beziehen ist. Alle Formcharaktere, durch welche sich die Organismen unterscheiden, sind entweder durch die Vererbung oder durch die Anpassung verursacht; da aber beide

Functionen beständig in Wechselwirkung zu einander stehen, ist es für den Systematiker außerordentlich schwer, den Antheil jeder der beiden Functionen an der speciellen Bildung der einzelnen Form zu erkennen. Dies ist gegenwärtig um so schwieriger, als man sich noch kaum der ungeheuren Bedeutung dieser Thatsache bewußt geworden ist, und als die meisten Naturforscher die Theorie der Anpassung ebenso wie die der Vererbung vernachlässigt haben. Die soeben aufgestellten Vererbungsgesetze, wie die sogleich anzuführenden Gesetze der Anpassung, bilden gewiß nur einen kleinen Bruchtheil der vorhandenen, meist noch nicht untersuchten Erscheinungen dieses Gebietes; und da jedes dieser Gesetze mit jedem anderen in Wechselbeziehung treten kann, so geht daraus die unendliche Verwickelung von physiologischen Thätigkeiten hervor, die bei der Formbildung der Organismen in der That wirksam sind.

Was nun die Erscheinung der Abänderung oder Anpassung im Allgemeinen betrifft, so müssen wir dieselbe, ebenso wie die Thatsache der Vererbung, als eine ganz allgemeine physiologische Grundeigenschaft aller Organismen ohne Ausnahme hinstellen, als eine Lebensäußerung, welche von dem Begriffe des Organismus gar nicht zu trennen ist. Streng genommen müssen wir auch hier, wie bei der Vererbung, unterscheiden zwischen der Anpassung selbst und der Anpassungsfähigkeit. Unter Anpassung (Adaptatio) oder Abänderung (Variatio) verstehen wir die Thatsache, daß der Organismus in Folge von Einwirkungen der umgebenden Außenwelt gewisse neue Eigenthümlichkeiten in seiner Lebensthätigkeit, Mischung und Form annimmt, welche er nicht von seinen Eltern geerbt hat; diese erworbenen individuellen Eigenschaften stehen den ererbten gegenüber, welche seine Eltern und Voreltern auf ihn übertragen haben. Dagegen nennen wir Anpassungsfähigkeit (Adaptabilitas) oder Veränderlichkeit (Variabilitas) die allen Organismen innewohnende Fähigkeit, derartige neue Eigenschaften unter dem Einflusse der Außenwelt zu erwerben. (Gen. Morph. II, 191).

Die unleugbare Thatsache der organischen Anpassung oder Abänderung ist allbekannt, und an tausend uns umgebenden Erscheinungen jeden Augenblick wahrzunehmen. Allein gerade deshalb, weil die Erscheinungen der Abänderung durch äußere Einflüsse selbstverständlich erscheinen, hat man dieselben bisher noch fast gar nicht einer genaueren physiologischen wissenschaftlichen Untersuchung unterzogen. Es gehören dahin alle Erscheinungen, welche wir als die Folgen der Angewöhnung und Abgewöhnung, der Uebung und Nichtübung betrachten, oder als die Folgen der Dressur, der Erziehung, der Acclimatisation, der Gymnastik u. s. w. Auch die Veränderungen durch krankmachende Ursachen, die Krankheiten selbst sind zum größten Theil weiter nichts als Anpassungen des Organismus an bestimmte Lebensbedingungen. Bei den Culturpflanzen und Hausthieren tritt die Erscheinung der Abänderung so auffallend und mächtig hervor, daß eben darauf der Thierzüchter und Gärtner seine ganze Thätigkeit gründet, oder vielmehr auf die Wechselbeziehung, in welche er diese Erscheinungen mit denen der Vererbung setzt. Ebenso ist es bei den Pflanzen und Thieren im wilden Zustande allbekannt, daß sie abändern oder variiren. Jede systematische Bearbeitung einer Thier- oder Pflanzengruppe müßte, wenn sie ganz vollständig und erschöpfend sein wollte, bei jeder einzelnen Art eine Menge von Abänderungen anführen, welche mehr oder weniger von der herrschenden oder typischen Hauptform der Species abweichen. In der That finden Sie in jedem genauer gearbeiteten systematischen Specialwerk fast bei jeder Art eine Anzahl von solchen Variationen oder Umbildungen angeführt, welche bald als individuelle Abweichungen, bald als sogenannte Spielarten, Rassen, Varietäten, Abarten oder Unterarten bezeichnet werden, und welche oft außerordentlich weit sich von der Stammart entfernen, lediglich durch die Anpassung des Organismus an die äußern Lebensbedingungen.

Wenn wir nun zunächst die allgemeinen Ursachen dieser Anpassungserscheinungen zu ergründen suchen, so kommen wir zu dem Resultat, daß dieselben in Wirklichkeit so einfach sind, als die Ursachen der Erblichkeitserscheinungen. Wie wir für die Vererbungsthatsachen

die Fortpflanzung als allgemeine Grundursache nachwiesen, die Ueber=
tragung der elterlichen Materie auf den kindlichen Körper, so können
wir für die Thatsachen der Anpassung oder Abänderung als die allge=
meine Grundursache die physiologische Thätigkeit der Ernährung
oder des Stoffwechsels hinstellen. Wenn ich Ihnen hier die „Er=
nährung" als Grundursache der Abänderung und Anpassung anführe,
so nehme ich dieses Wort im weitesten Sinne, und verstehe darunter
fast die gesammten materiellen Wechselbeziehungen, welche der Orga=
nismus in allen seinen Theilen zu der ihn umgebenden Außenwelt
besitzt. Es gehört also zur Ernährung nicht allein die Aufnahme der
wirklich nährenden Stoffe und der Einfluß der verschiedenartigen Nah=
rung, sondern auch z. B. die Einwirkung des Wassers und der Ath=
mosphäre, der Einfluß des Sonnenlichts, der Temperatur und aller
derjenigen meteorologischen Erscheinungen, welche man unter dem
Begriff „Klima" zusammenfaßt. Auch der mittelbare und unmittel=
bare Einfluß der Bodenbeschaffenheit und des Wohnorts gehört hier=
her, ferner der äußerst wichtige und vielseitige Einfluß, welchen die
umgebenden Organismen, die Freunde und Nachbarn, die Feinde
und Räuber, die Schmarotzer oder Parasiten u. s. w. auf jedes Thier
und auf jede Pflanze ausüben. Alle diese und noch viele andere höchst
wichtige Einwirkungen, welche alle den Organismus mehr oder we=
niger zu verändern im Stande sind, müssen hier bei der Ernährung in
Betracht gezogen werden. In diesem weitesten Sinne ist also die Er=
nährung durch sämmtliche Wechselbeziehungen des Or=
ganismus zu der ihn umgebenden Außenwelt bedingt.
Diese Beziehungen sind natürlich stets ganz materielle, und die Verän=
derungen, welche aus diesen Wechselbeziehungen durch die Anpassung
folgen, beruhen wieder auf rein mechanischen, d. h. physikalischen und
chemischen Ursachen.

Wie sehr jeder Organismus von seiner gesammten äußern Umge=
bung abhängt und durch deren Wechsel verändert wird, ist Ihnen
Allen im Allgemeinen bekannt. Denken Sie bloß daran, wie die
menschliche Thatkraft von der Temperatur der Luft abhängig ist, oder

die Gemüthsstimmung von der Farbe des Himmels. Je nachdem der Himmel wolkenlos und sonnig ist, oder mit trüben, schweren Wolken bedeckt, ist unsere Stimmung heiter oder trübe. Wie anders empfinden und denken wir im Walde während einer stürmischen Winternacht und während eines heiteren Sommertages! Alle diese verschiedenen Stimmungen unserer Seele beruhen auf rein materiellen Veränderungen unseres Gehirns, welche mittelst der Sinne durch die verschiedene Einwirkung des Lichts, der Wärme, der Feuchtigkeit u. s. w. hervorgebracht werden. „Wir sind ein Spiel von jedem Druck der Luft!"

Nicht minder wichtig und tiefgreifend sind die Einwirkungen, welche unser Geist und unser Körper durch die verschiedene Qualität und Quantität der Nahrungsmittel im engeren Sinne erfährt. Unsere Geistesarbeit, die Thätigkeit unseres Verstandes und unserer Phantasie ist gänzlich verschieden, je nachdem wir vor und während derselben Thee und Kaffee, oder Wein und Bier genossen haben. Unsere Stimmungen, Wünsche und Gefühle sind ganz anders, wenn wir hungern und wenn wir gesättigt sind. Der Nationalcharakter der Engländer und der Gauchos in Südamerika, welche vorzugsweise von Fleisch, von stickstoffreicher Nahrung leben, ist gänzlich verschieden von demjenigen der kartoffelessenden Irländer und der reisessenden Chinesen, welche vorwiegend stickstofflose Nahrung genießen. Auch lagern die letzteren viel mehr Fett ab, als die ersteren. Hier wie überall gehen die Veränderungen des Geistes mit entsprechenden Umbildungen des Körpers Hand in Hand; beide sind durch rein materielle Ursachen bedingt. Ganz ebenso wie der Mensch, werden aber auch alle anderen Organismen durch die verschiedenen Einflüsse der Ernährung abgeändert und umgebildet. Ihnen Allen ist bekannt, daß wir ganz willkürlich die Form, Größe, Farbe u. s. w. bei unseren Culturpflanzen und Hausthieren durch Veränderung der Nahrung abändern können, daß wir z. B. einer Pflanze ganz bestimmte Eigenschaften nehmen oder geben können, je nachdem wir sie einem größeren oder geringeren Grade von Sonnenlicht und Feuchtigkeit aussetzen. Da diese Erschei-

mungen ganz allgemein verbreitet und bekannt ſind, und wir ſogleich
zur Betrachtung der verſchiedenen Anpaſſungsgeſeße übergehen wer=
den, wollen wir uns hier nicht länger bei den allgemeinen Thatſachen
der Abänderung aufhalten.

Gleichwie die verſchiedenen Vererbungsgeſeße ſich naturgemäß in
die beiden Reihen der conſervativen und der progreſſiven Vererbung
ſondern laſſen, ſo kann man unter den Anpaſſungsgeſeßen ebenfalls
zwei verſchiedene Reihen unterſcheiden, nämlich erſtens die Reihe der
indirecten oder mittelbaren, und zweitens die Reihe der directen
oder unmittelbaren Anpaſſungsgeſeße. Leßtere kann man auch als
actuelle, erſtere als potentielle Anpaſſungsgeſeße bezeichnen.

Die erſte Reihe, welche die Erſcheinungen der unmittelbaren oder
indirecten (potentiellen) Anpaſſung umfaßt, iſt im Ganzen bis
jeßt ſehr wenig berückſichtigt worden, und es bleibt das Verdienſt
Darwin's, auf dieſe Reihe von Veränderungen ganz beſonders hin=
gewieſen zu haben. Es iſt etwas ſchwierig, dieſen Gegenſtand gehö=
rig klar darzuſtellen; ich werde verſuchen, Ihnen denſelben nachher
durch Beiſpiele deutlich zu machen. Ganz allgemein ausgedrückt
beſteht die indirecte oder potentielle Anpaſſung in der Thatſache, daß
gewiſſe Veränderungen des Organismus, welche durch den Einfluß
der Nahrung (im weiteſten Sinne) und überhaupt der äußeren Exi=
ſtenzbedingungen bewirkt werden, nicht in der individuellen Formbe=
ſchaffenheit des betroffenen Organismus ſelbſt, ſondern in derjenigen
ſeiner Nachkommen ſich äußern und in die Erſcheinung treten. So
wird namentlich bei den Organismen, welche ſich auf geſchlechtlichem
Wege fortpflanzen, das Reproductionsſyſtem oder der Geſchlechts=
apparat oft durch äußere Wirkungen, welche im Uebrigen den Orga=
nismus wenig berühren, dergeſtalt beeinflußt, daß die Nachkommen=
ſchaft deſſelben eine ganz veränderte Bildung zeigt. Sehr auffällig
kann man das an den künſtlich erzeugten Monſtroſitäten ſehen. Man
kann Monſtroſitäten oder Mißgeburten dadurch erzeugen, daß man
den elterlichen Organismus einer beſtimmten, außerordentlichen Le=
bensbedingung unterwirft. Dieſe ungewohnte Lebensbedingung er=

zeugt aber nicht eine Veränderung des Organismus ſelbſt, ſondern eine Veränderung ſeiner Nachkommen. Man kann das nicht als Vererbung bezeichnen, weil ja nicht eine im elterlichen Organismus vorhandene Eigenſchaft als ſolche erblich auf die Nachkommen übertragen wird. Viel= mehr tritt eine Abänderung, welche den elterlichen Organismus betraf, aber nicht wahrnehmbar afficirte, erſt in der eigenthümlichen Bildung ſeiner Nachkommen wirkſam und offen zu Tage. Bloß der Anſtoß zu dieſer neuen, eigenthümlichen Bildung wird durch das Ei der Mutter oder durch den Samenfaden des Vaters bei der Fortpflanzung übertragen. Die Neubil= dung iſt im elterlichen Organismus bloß der Möglichkeit nach (po= tentia) vorhanden; im kindlichen wird ſie zur Wirklichkeit (actu).

Während man dieſe ſehr wichtige und ſehr allgemeine Erſcheinung bisher ganz vernachläſſigt hatte, war man geneigt, alle wahrnehm= baren Abänderungen und Umbildungen der organiſchen Formen als Anpaſſungserſcheinungen der zweiten Reihe zu betrachten, der= jenigen der unmittelbaren oder directen (actuellen) Anpaſſung. Das Weſen dieſer Anpaſſungsgeſetze liegt darin, daß die den Orga= nismus betreffende Veränderung (in der Ernährung u. ſ. w.) bereits in deſſen eigener Umbildung und nicht erſt in derjenigen ſeiner Nach= kommen ſich äußert. Hierher gehören alle die bekannten Erſcheinun= gen, bei denen wir den umgeſtaltenden Einfluß des Klimas, der Nah= rung, der Erziehung, Dreſſur u. ſ. w. unmittelbar an den betroffenen Individuen ſelbſt in ſeiner Wirkung verfolgen können.

Wie die beiden Erſcheinungsreihen der conſervativen und der progreſſiven Vererbung trotz ihres principiellen Unterſchiedes vielfach in einander greifen und ſich gegenſeitig modificiren, vielfach zuſam= menwirken und ſich durchkreuzen, ſo gilt das in noch höherem Maße von den beiden entgegengeſetzten und doch innig zuſammenhängenden Erſcheinungsreihen der indirecten und der directen Anpaſſung. Einige Naturforſcher, namentlich Darwin und Carl Vogt, ſchreiben den indirecten oder potentiellen Anpaſſungen eine viel bedeutendere oder ſelbſt eine faſt ausſchließliche Wirkſamkeit zu. Die Mehrzahl der Na= turforſcher aber war bisher geneigt, umgekehrt das Hauptgewicht auf die Wirkung der directen oder actuellen Anpassungen zu legen. Ich halte diesen Streit vorläufig für ziemlich unnütz. Nur selten sind wir in der Lage, im einzelnen Abänderungsfalle beurtheilen zu können, wieviel davon auf Rechnung der directen, wieviel auf Rechnung der indirecten Anpassung kömmt. Wir kennen im Ganzen diese außerordentlich wichtigen und verwickelten Verhältnisse noch viel zu wenig, und können daher nur im Allgemeinen die Behauptung aufstellen, daß die Umbildung und Neubildung der organischen Formen e n t w e - d e r bloß der directen, o d e r bloß der indirecten, oder endlich drittens dem Zusammenwirken der directen u n d der indirecten Anpassung zuzuschreiben ist.

Zehnter Vortrag.

Anpassungsgesetze.

Gesetze der indirecten oder potentiellen Anpassung. Individuelle Anpassung. Monströse oder sprungweise Anpassung. Geschlechtliche oder sexuelle Anpassung. Gesetze der directen oder actuellen Anpassung. Allgemeine oder universelle Anpassung. Gehäufte oder cumulative Anpassung. Gehäufte Einwirkung der äußeren Existenzbedingungen und gehäufte Gegenwirkung des Organismus. Der freie Wille. Gebrauch und Nichtgebrauch der Organe. Uebung und Gewohnheit. Wechselbezügliche oder correlative Anpassung. Wechselbeziehungen der Entwickelung. Correlation der Organe. Erklärung der indirecten oder potentiellen Anpassung durch die Correlation der Geschlechtsorgane und der übrigen Körpertheile. Abweichende oder divergente Anpassung. Unbeschränkte oder unendliche Anpassung.

Meine Herren! Die Erscheinungen der Anpassung oder Abänderung, welche in Verbindung und in Wechselwirkung mit den Vererbungserscheinungen die ganze unendliche Mannichfaltigkeit der Thier- und Pflanzenformen hervorbringen, hatten wir im letzten Vortrage in zwei verschiedene Gruppen gebracht, erstens die Reihe der indirecten oder potentiellen und zweitens die Reihe der directen oder actuellen Anpassungen. Wir wenden uns nun heute zu einer näheren Betrachtung der verschiedenen allgemeinen Gesetze, welche wir unter diesen beiden Reihen von Abänderungserscheinungen zu erkennen im Stande sind. Lassen Sie uns zunächst die merkwürdigen Erscheinungen der indirecten oder mittelbaren Abänderung in's Auge fassen.

Die indirecte oder potentielle Anpassung äußerte sich, wie Sie sich erinnern werden, in der auffallenden und äußerst wichtigen Thatsache, daß die organischen Individuen Umbildungen erleiden und neue Formen annehmen in Folge von Ernährungsveränderungen, welche nicht sie selbst, sondern ihren elterlichen Organismus betrafen. Der umgestaltende Einfluß der äußeren Existenzbedingungen, des Klimas, der Nahrung ꝛc. äußert hier seine Wirkung nicht direct, in der Umbildung des Organismus selbst, sondern indirect, in derjenigen seiner Nachkommen (Gen. Morph. II., 202).

Als das oberste und allgemeinste von den Gesetzen der indirecten Abänderung können wir das Gesetz der individuellen An= passung hinstellen, nämlich den wichtigen Satz, daß alle organischen Individuen von Anbeginn ihrer individuellen Existenz an ungleich, wenn auch oft höchst ähnlich sind. Zum Beweis dieses Satzes können wir zunächst auf die Thatsache hinweisen, daß beim Menschen allge= mein alle Geschwister, alle Kinder eines Elternpaares von Geburt an ungleich sind. Es wird Niemand behaupten, daß zwei Geschwister von der Geburt an vollkommen gleich sind, daß die Größe aller einzel= nen Körpertheile, die Zahl der Kopfhaare, der Oberhautzellen, der Blutzellen in beiden Geschwistern ganz gleich sei, daß beide dieselben Anlagen und Talente mit auf die Welt gebracht haben. Ganz beson= ders beweisend für dieses Gesetz der individuellen Verschiedenheit ist aber die Thatsache, daß bei denjenigen Thieren, welche mehrere Junge werfen, z. B. bei den Hunden und Katzen, alle Jungen eines jeden Wurfes von einander verschieden sind, bald durch geringere, bald durch auffallendere Differenzen in der Größe, Färbung, Länge der einzel= nen Körpertheile, Stärke u. f. w. Nun gilt aber dieses Gesetz ganz allgemein. Alle organischen Individuen sind von Anfang an durch ge= wisse, wenn auch oft höchst feine Unterschiede ausgezeichnet und die Ur= sache dieser individuellen Unterschiede, wenn auch im Einzelnen uns gewöhnlich ganz unbekannt, liegt theilweise oder ausschließlich in ge= wissen Einwirkungen, welche die Fortpflanzungsorgane des elterli= chen Organismus erfahren haben.

Weniger wichtig und allgemein, als dieses Gesetz der indivi=
duellen Abänderung, ist ein zweites Gesetz der indirecten Anpassung,
welches wir das Gesetz der monströsen oder sprungweisen
Anpassung nennen wollen. Hier sind die Abweichungen des kind=
lichen Organismus von der elterlichen Form so auffallend, daß wir
sie in der Regel als Mißgeburten oder Monstrositäten bezeichnen kön=
nen. Diese werden in vielen Fällen, wie es durch Experimente nach=
gewiesen ist, dadurch erzeugt, daß man den elterlichen Organismus
einer bestimmten Behandlung unterwirft, in eigenthümliche Ernäh=
rungsverhältnisse versetzt, z. B. Luft und Licht ihm entzieht oder andere
auf seine Ernährung mächtig einwirkende Einflüsse in bestimmter Weise
abändert. Die neue Existenzbedingung bewirkt eine starke und auffallende Abänderung der Gestalt, aber nicht an dem unmittelbar davon
betroffenen Organismus, sondern erst an dessen Nachkommenschaft.
Die Art und Weise dieser Einwirkung im Einzelnen zu erkennen, ist
uns auch hier nicht möglich, und wir können nur ganz im Allgemei=
nen den ursächlichen Zusammenhang zwischen der monströsen Bil=
dung des Kindes und einer gewissen Veränderung in den Existenzbe=
dingungen seiner Eltern, sowie deren Einfluß auf die Fortpflanzungs=
organe der letzteren, feststellen. In diese Reihe der monströsen oder
sprungweisen Abänderungen gehören wahrscheinlich die früher erwähn=
ten Erscheinungen des Albinismus, sowie die einzelnen Fälle von
Menschen mit sechs Fingern und Zehen, von ungehörnten Rindern, so=
wie von Schafen und Ziegen mit vier oder sechs Hörnern. Wahr=
scheinlich verdankt in allen diesen Fällen die monströse Abänderung
ihre erste Entstehung einer Ursache, welche zunächst nur das Repro=
ductionssystem des elterlichen Organismus afficirte.

Als eine dritte eigenthümliche Aeußerung der indirecten Anpassung
können wir das Gesetz der geschlechtlichen oder sexuellen
Anpassung bezeichnen. So nennen wir die merkwürdige Thatsache,
daß bestimmte Einflüsse, welche auf die männlichen Fortpflanzungs=
organe einwirken, nur in der Formbildung der männlichen Nachkom=
men, und ebenso andere Einflüsse, welche die weiblichen Geschlechts=

organe betreffen, nur in der Geſtaltenveränderung der weiblichen Nach=
kommen ihre Wirkung äußern. Dieſe Erſcheinung iſt noch ſehr dunkel
und wenig beachtet, wahrſcheinlich aber von großer Bedeutung für die
Entſtehung der früher betrachteten „ſecundären Sexualcharaktere".

Alle die angeführten Erſcheinungen der geſchlechtlichen, der
ſprungweiſen und der individuellen Anpaſſung, welche wir als „Ge=
ſetze der indirecten oder mittelbaren (potentiellen) Anpaſſung", zuſam=
menfaſſen können, ſind uns in ihrem eigentlichen Weſen, in ihrem tieferen
urſächlichen Zuſammenhang noch äußerſt wenig bekannt. Nur ſo viel
läßt ſich ſchon jetzt mit Sicherheit behaupten, daß ſehr zahlreiche und
wichtige Umbildungen der organiſchen Formen dieſem Vorgange ihre
Entſtehung verdanken. Viele und auffallende Formveränderungen
ſind lediglich bedingt durch Urſachen, welche zunächſt nur auf die Er=
nährung des elterlichen Organismus und zwar auf deſſen Fortpflan=
zungsorgane einwirkten. Offenbar ſind hierbei die wichtigen Wechſel=
beziehungen, in denen die Geſchlechtsorgane zu den übrigen Körper=
theilen ſtehen, von der größten Bedeutung. Von dieſen werden wir
ſogleich bei dem Geſetze der wechſelbezüglichen Anpaſſung noch mehr zu
ſagen haben. Wie mächtig überhaupt Veränderungen in den Lebens=
bedingungen, in der Ernährung auf die Fortpflanzung der Organis=
men einwirken, beweiſt allein ſchon die merkwürdige Thatſache, daß
zahlreiche wilde Thiere, die wir in unſeren zoologiſchen Gärten halten,
und ebenſo viele in unſere botaniſchen Gärten verpflanzte exotiſche
Gewächſe nicht mehr im Stande ſind, ſich fortzupflanzen, ſo z. B. die
meiſten Raubvögel, Papageyen und Affen. Auch der Elephant und
die bärenartigen Raubthiere werfen in der Gefangenſchaft faſt niemals
Junge. Ebenſo werden viele Pflanzen im Culturzuſtand unfruchtbar.
Es erfolgt zwar die Verbindung der beiden Geſchlechter, aber keine
Befruchtung oder keine Entwickelung der befruchteten Keime. Hieraus
ergiebt ſich unzweifelhaft, daß die durch den Culturzuſtand veränderte
Ernährungsweiſe die Fortpflanzungsfähigkeit gänzlich aufzuheben, alſo
den größten Einfluß auf die Geſchlechtsorgane auszuüben im Stande
iſt. Ebenſo können andere Anpaſſungen oder Ernährungsverände=

rungen des elterlichen Organismus zwar nicht den gänzlichen Ausfall der Nachkommenschaft, wohl aber bedeutende Umbildungen in deren Form veranlassen.

Viel bekannter als die Erscheinungen der indirecten oder poten= tiellen Anpassung sind diejenigen der directen oder actuellen Anpassung, zu deren näherer Betrachtung wir uns jetzt wenden. Es gehören hierher alle diejenigen Abänderungen der Organismen, welche man als die Folgen der Uebung, Gewohnheit, Dressur, Erzie= hung u. s. w. betrachtet, ebenso diejenigen Umbildungen der organi= schen Formen, welche unmittelbar durch den Einfluß der Nahrung, des Klimas und anderer äußerer Existenzbedingungen bewirkt werden. Wie schon vorher bemerkt, tritt hier bei der directen oder unmittelbaren Anpassung der umbildende Einfluß der äußeren Ursache unmittelbar in der Form des betroffenen Organismus selbst, und nicht erst in derjenigen seiner Nachkommenschaft zu Tage (Gen. Morph. II., 207).

Unter den verschiedenen Gesetzen der directen oder actuellen An= passung können wir als das oberste und umfassendste das Gesetz der allgemeinen oder universellen Anpassung an die Spitze stellen. Dasselbe läßt sich kurz in dem Satze aussprechen: „Alle organische Individuen werden im Laufe ihres Lebens durch Anpassung an verschiedene Lebensbedingungen einander ungleich, obwohl die In= dividuen einer und derselben Art sich meistens sehr ähnlich bleiben." Eine gewisse Ungleichheit der organischen Individuen wurde, wie Sie sahen, schon durch das Gesetz der individuellen (indirecten) Anpassung bedingt. Allein diese ursprüngliche Ungleichheit der Einzelwesen wird späterhin dadurch noch gesteigert, daß jedes Individuum sich während seines selbstständigen Lebens seinen eigenthümlichen Existenzbedingun= gen unterwirft und anpaßt. Alle verschiedenen Einzelwesen einer jeden Art, so ähnlich sie in ihren ersten Lebensstadien auch sein mögen, wer= den im weiteren Verlaufe der Existenz einander mehr oder minder ungleich. In geringeren oder bedeutenderen Eigenthümlichkeiten ent= fernen sie sich von einander, und das ist eine natürliche Folge der ver= schiedenen Bedingungen, unter denen alle Individuen leben. Es gibt nicht zwei einzelne Wesen irgend einer Art, die unter ganz gleichen äußeren Umständen ihr Leben vollbringen. Die Lebensbedingungen der Nahrung, der Feuchtigkeit, der Luft, des Lichts, ferner die Lebens= bedingungen der Gesellschaft, die Wechselbeziehungen zu den umgeben= den Individuen derselben Art und anderer Arten, sind bei allen Ein= zelwesen verschieden; und diese Verschiedenheit wirkt zunächst auf die Functionen, weiterhin auf die Formen jedes einzelnen Organismus um= bildend ein. Wenn Geschwister einer menschlichen Familie schon von Anfang an gewisse individuelle Ungleichheiten zeigen, die wir als Folge der individuellen (indirecten) Anpassung betrachten können, so erscheinen uns dieselben noch weit mehr verschieden in späterer Lebenszeit, wo die einzelnen Geschwister verschiedene Erfahrungen durchgemacht, und sich verschiedenen Lebensverhältnissen angepaßt haben. Die ursprünglich angelegte Verschiedenheit des individuellen Entwickelungsganges wird offenbar um so größer, je länger das Leben dauert, je mehr verschie= denartige äußere Bedingungen auf die einzelnen Individuen Einfluß erlangen. Das können Sie am einfachsten an den Menschen selbst, sowie an den Hausthieren und Culturpflanzen nachweisen, bei denen Sie willkührlich die Lebensbedingungen modificiren können. Zwei Brüder, von denen der eine zum Arbeiter, der andere zum Priester erzogen wird, entwickeln sich in körperlicher und geistiger Beziehung ganz verschieden; ebenso zwei Hunde eines und desselben Wurfes, von denen der eine zum Jagdhund, der andere zum Kettenhund er= zogen wird. Dasselbe gilt aber auch von den organischen Individuen im Naturzustande. Wenn Sie z. B. in einem Kiefern= oder in einem Buchenwalde, der bloß aus Bäumen einer einzigen Art besteht, sorg= fältig alle Bäume mit einander vergleichen, so finden Sie allemal, daß von allen hundert oder tausend Bäumen nicht zwei Individuen in der Größe des Stammes und der einzelnen Theile, in der Zahl der Zweige, Blätter, Früchte u. s. w. völlig übereinstimmen. Ueberall finden Sie individuelle Ungleichheiten, welche zum Theil wenigstens bloß die Folge der verschiedenen Lebensbedingungen sind, unter denen sich alle Bäume entwickelten. Freilich läßt sich niemals mit Bestimmt=

heit sagen, wieviel von dieser Ungleichheit aller Einzelwesen jeder Art ursprünglich (durch die indirecte individuelle Anpassung bedingt), wieviel davon erworben (durch die directe universelle Anpassung bewirkt) ist.

Nicht minder wichtig und allgemein als die universelle Anpassung ist eine zweite Erscheinungsreihe der directen Anpassung, welche wir das Gesetz der gehäuften oder cumulativen Anpassung nennen können. Unter diesem Namen fasse ich eine große Anzahl von sehr wichtigen Erscheinungen zusammen, die man gewöhnlich in zwei ganz verschiedene Gruppen bringt. Man unterscheidet in der Regel erstens solche Veränderungen der Organismen, welche unmittelbar durch den anhaltenden Einfluß äußerer Bedingungen (durch die dauernde Einwirkung der Nahrung, des Klimas, der Umgebung u. s. w.) erzeugt werden, und zweitens solche Veränderungen, welche durch Gewohnheit und Uebung, durch Angewöhnung an bestimmte Lebensbedingungen, durch Gebrauch oder Nichtgebrauch der Organe entstehen. Diese letzteren Einflüsse sind insbesondere von Lamarck als wichtige Ursachen der Umbildung der organischen Formen hervorgehoben, während man die ersteren schon sehr lange in weiteren Kreisen als solche anerkannt hat.

Die scharfe Unterscheidung, welche man zwischen diesen beiden Gruppen der gehäuften oder cumulativen Anpassung gewöhnlich macht, und welche auch Darwin noch sehr hervorhebt, verschwindet, sobald man eingehender und tiefer über das eigentliche Wesen und den ursächlichen Grund der beiden scheinbar sehr verschiedenen Anpassungsreihen nachdenkt. Man gelangt dann zu der Ueberzeugung, daß man es in beiden Fällen immer mit zwei verschiedenen wirkenden Ursachen zu thun hat, nämlich einerseits mit der äußeren Einwirkung oder Action der anpassend wirkenden Lebensbedingung, und andrerseits mit der inneren Gegenwirkung oder Reaction des Organismus, welcher sich jener Lebensbedingung unterwirft und anpaßt. Wenn man die gehäufte Anpassung in ersterer Hinsicht für sich betrachtet, indem man die umbildenden Wirkungen der andauernden

äußeren Existenzbedingungen auf diese letzteren allein bezieht, so legt
man einseitig das Hauptgewicht auf die äußere Einwirkung, und man
vernachlässigt die nothwendig eintretende innere Gegenwirkung des
Organismus. Wenn man umgekehrt die gehäufte Anpassung einseitig in der zweiten Richtung verfolgt, indem man die umbildende
Selbstthätigkeit des Organismus, seine Gegenwirkung gegen den
äußeren Einfluß, seine Veränderung durch Uebung, Gewohnheit, Gebrauch oder Nichtgebrauch der Organe hervorhebt, so vergißt man, daß
diese Gegenwirkung oder Reaction erst durch die Einwirkung der äußeren Existenzbedingung hervorgerufen wird. Es ist also nur ein Unterschied der Betrachtungsweise, auf welchem die Unterscheidung jener
beiden verschiedenen Gruppen beruht, und ich glaube, daß man sie
mit vollem Rechte zusammenfassen kann. Das Wesentlichste bei diesen
gehäuften Anpassungserscheinungen ist immer, daß die Veränderung
des Organismus, welche zunächst in seiner Function und weiterhin
in seiner Formbildung sich äußert, entweder durch lange andauernde
oder durch wiederholte Einwirkungen einer äußeren Ursache veranlaßt
wird. Die neue äußere Existenzbedingung, welche umbildend wirkt,
muß entweder lange Zeit hindurch oder oft wiederholt auf den Organismus einwirken. Die kleinste Ursache kann durch Häufung oder
Cumulation ihrer Wirkung die größten Erfolge erzielen.

Die Beispiele für diese Art der directen Anpassung sind unendlich
zahlreich. Wo Sie nur hineingreifen in das Leben der Thiere und
Pflanzen, finden Sie überall einleuchtende und überzeugende Veränderungen dieser Art vor Augen. Wir wollen hier zunächst einige durch
die Nahrung selbst unmittelbar bedingte Anpassungserscheinungen hervorheben. Jeder von Ihnen weiß, daß man die Hausthiere, die
man für gewisse Zwecke züchtet, verschieden umbilden kann durch die
verschiedene Quantität und Qualität der Nahrung, welche man ihnen
darreicht. Wenn der Landwirth bei der Schafzucht feine Wolle erzeugen will, so giebt er den Schafen anderes Futter, als wenn er
gutes Fleisch oder reichliches Fett erzielen will. Die auserlesenen Renn-
pferde und Luxuspferde erhalten besseres Futter als die schweren Last-

pferde und Karrengaule. Die Körperform des Menschen selbst, der
Grad der Fettablagerung z. B., ist ganz verschieden nach der Nah=
rung. Bei stickstoffreicher Kost wird wenig, bei stickstoffarmer Kost
viel Fett abgelagert. Leute, die nach der neuerdings beliebten Ban=
ting=Cur mager werden wollen, essen nur Fleisch und Eier, kein Brod,
keine Kartoffeln. Welche bedeutenden Veränderungen man an Cul=
turpflanzen hervorbringen kann, lediglich durch veränderte Quantität
und Qualität der Nahrung, ist allbekannt. Dieselbe Pflanze erhält
ein ganz anderes Aussehen, wenn man sie an einem trockenen, war=
men Ort dem Sonnenlicht ausgesetzt hält, oder wenn man sie an
einer kühlen, feuchten Stelle im Schatten hält. Viele Pflanzen be=
kommen, wenn man sie an den Meeresstrand versetzt, nach einiger
Zeit dicke, fleischige Blätter, und dieselben Pflanzen, an ausnehmend
trockene und heiße Standorte versetzt, bekommen behaarte Blätter.
Alle diese Formveränderungen entstehen unmittelbar durch den ge=
häuften Einfluß der veränderten Nahrung.

Aber nicht nur die Quantität und Qualität der Nahrungsmittel
wirkt mächtig verändernd und umbildend auf den Organismus ein,
sondern auch alle anderen äußeren Existenzbedingungen, vor Allen
die nächste organische Umgebung, die Gesellschaft von freundlichen
oder feindlichen Organismen. Ein und dasselbe Pferd oder Rind ent=
wickelt sich ganz anders, wenn es das Jahr hindurch im Stalle steht,
als wenn es den Sommer über frei in Wald und Wiese umherstreift.
Ein und derselbe Baum entwickelt sich ganz verschieden an einem offe=
nen Standort, wo er von allen Seiten frei steht, als im Walde, wo
er sich den Umgebungen anpassen muß, wo er von den nächsten Nach=
barn gedrängt und zum Emporschießen gezwungen wird. Im ersten
Fall wird die Krone weit ausgebreitet, im letzten dehnt sich der
Stamm in die Höhe und die Krone bleibt klein und gedrungen. Wie
mächtig alle diese Umstände, wie mächtig der feindliche oder freund=
liche Einfluß der umgebenden Organismen, der Parasiten u. s. w.
auf jedes Thier und jede Pflanze einwirken, ist so bekannt, daß eine
Anführung weiterer Beispiele überflüssig erscheint. Die Veränderung

der Form, die Umbildung, welche dadurch bewirkt wird, ist niemals bloß die unmittelbare Folge des äußeren Einflusses, sondern muß immer zurückgeführt werden auf die entsprechende Gegenwirkung, auf die Selbstthätigkeit des Organismus, die man als Angewöhnung, Uebung, Gebrauch oder Nichtgebrauch der Organe bezeichnet. Daß man diese letzteren Erscheinungen in der Regel getrennt von der ersteren betrachtete, liegt erstens an der schon hervorgehobenen einseitigen Betrachtungsweise, und dann zweitens daran, daß man sich eine ganz falsche Vorstellung von dem Einfluß der Willensthätigkeit bei den Thieren gebildet hatte.

Die Thätigkeit des Willens, welche der Angewöhnung, der Uebung, dem Gebrauch oder Nichtgebrauch der Organe bei den Thieren zu Grunde liegt, ist gleich jeder anderen Thätigkeit der thierischen Seele durch materielle Vorgänge im Centralnervensystem bedingt, durch eigenthümliche Bewegungen, welche von der eiweißartigen Materie der Ganglienzellen und der mit ihnen verbundenen Nervenfasern ausgehen. Der Wille der höheren Thiere ist in dieser Beziehung, ebenso wie die übrigen Geistesthätigkeiten, von denjenigen des Menschen nur quantitativ (nicht qualitativ) verschieden. Der Wille des Thieres, wie des Menschen ist niemals frei. Das weitverbreitete Dogma von der Freiheit des Willens ist naturwissenschaftlich durchaus nicht haltbar. Jeder Physiologe, der die Erscheinungen der Willensthätigkeit bei Menschen und Thieren naturwissenschaftlich untersucht, kommt mit Nothwendigkeit zu der Ueberzeugung, daß der Wille eigentlich niemals frei, sondern stets durch äußere oder innere Einflüsse bedingt ist. Diese Einflüsse sind größtentheils Vorstellungen, die entweder durch Anpassung oder durch Vererbung erworben, und auf eine von diesen beiden physiologischen Functionen zurückführbar sind. Sobald man seine eigene Willensthätigkeit streng untersucht, ohne das herkömmliche Vorurtheil von der Freiheit des Willens, so wird man gewahr, daß jede scheinbar freie Willenshandlung bewirkt wird durch vorhergehende Vorstellungen, die entweder in ererbten oder in anderweitig erworbenen Vorstellungen wurzeln, und in letzter

Linie also wiederum durch Anpassungs= oder Vererbungsgesetze be=
dingt sind. Dasselbe gilt von der Willensthätigkeit aller Thiere. So=
bald man diese eingehend im Zusammenhang mit ihrer Lebensweise
betrachtet, und in ihrer Beziehung zu den Veränderungen, welche die
Lebensweise durch die äußeren Bedingungen erfährt, so überzeugt
man sich alsbald, daß eine andere Auffassung nicht möglich ist. Da=
her müssen auch die Veränderungen der Willensbewegung, welche
aus veränderter Ernährung folgen, und welche als Uebung, Gewohn=
heit u. s. w. umbildend wirken, unter jene materiellen Vorgänge der
gehäuften Anpassung gerechnet werden.

Indem sich der thierische Wille den veränderten Existenzbedin=
gungen durch andauernde Gewöhnung, Uebung u. s. w. anpaßt,
vermag er die bedeutendsten Umbildungen der organischen Formen zu
bewirken. Mannigfaltige Beispiele hierfür sind überall im Thierleben
zu finden. So verkümmern z. B. bei den Hausthieren manche Or=
gane, indem sie in Folge der veränderten Lebensweise außer Thätig=
keit treten. Die Enten und Hühner, welche im wilden Zustande aus=
gezeichnet fliegen, verlernen diese Bewegung mehr oder weniger im
Culturzustande. Sie gewöhnen sich daran, mehr ihre Beine, als ihre
Flügel zu gebrauchen, und in Folge davon werden die dabei gebrauch=
ten Theile der Muskulatur und des Skelets in ihrer Ausbildung und
Form wesentlich verändert. Für die verschiedenen Rassen der Haus=
ente, welche alle von der wilden Ente (Anas boschas) abstammen,
hat dies Darwin durch eine sehr sorgfältige vergleichende Messung
und Wägung der betreffenden Skelettheile nachgewiesen. Die Knochen
des Flügels sind bei der Hausente schwächer, die Knochen des Beines
dagegen umgekehrt stärker entwickelt, als bei der wilden Ente. Bei
den Straußen und anderen Laufvögeln, welche sich das Fliegen
gänzlich abgewöhnt haben, ist in Folge dessen der Flügel ganz
verkümmert, zu einem völlig „rudimentären Organ" herabgesunken
(S. 10). Bei vielen Hausthieren, insbesondere bei vielen Rassen von
Hunden und Kaninchen bemerken Sie ferner, daß dieselben durch den
Culturzustand herabhängende Ohren bekommen haben. Dies ist ein=

fach eine Folge des verminderten Gebrauchs der Ohrmuskeln. Im wilden Zustande müssen diese Thiere ihre Ohren gehörig anstrengen, um einen nahenden Feind zu bemerken, und es hat sich dadurch ein starker Muskelapparat entwickelt, welcher die äußeren Ohren in aufrechter Stellung erhält, und nach allen Richtungen dreht. Im Culturzustande haben dieselben Thiere nicht mehr nöthig so aufmerksam zu lauschen; sie spitzen und drehen die Ohren nur wenig; die Ohrmuskeln kommen außer Gebrauch, verkümmern allmählich, und die Ohren sinken nun schlaff herab, oder sie werden selbst ganz rudimentär (Vergl. oben S. 10).

Wie in diesen Fällen die Function und dadurch auch die Form des Organs durch Nichtgebrauch rückgebildet wird, so wird dieselbe andrerseits durch stärkeren Gebrauch mehr entwickelt. Dies tritt uns besonders deutlich entgegen, wenn wir das Gehirn und die dadurch bewirkten Seelenthätigkeiten bei den wilden Thieren und den Hausthieren, welche von ihnen abstammen, vergleichen. Insbesondere der Hund und das Pferd, welche in so erstaunlichem Maße durch die Cultur veredelt sind, zeigen im Vergleiche mit ihren wilden Stammverwandten einen außerordentlichen Grad von Ausbildung der Geistesthätigkeit, und offenbar ist die damit zusammenhängende Umbildung des Gehirns größtentheils durch die andauernde Uebung bedingt. Allbekannt ist es ferner, wie schnell und mächtig die Muskeln durch anhaltende Uebung wachsen und ihre Form verändern. Vergleichen Sie z. B. Arme und Beine eines geübten Turners mit denjenigen eines unbeweglichen Stubensitzers.

Wie mächtig äußere Einflüsse die Gewohnheiten der Thiere, ihre Lebensweise beeinflussen und dadurch weiterhin auch ihre Form umbilden, zeigen sehr auffallend manche Beispiele von Amphibien und Reptilien. Unsere häufigste einheimische Schlange, die Ringelnatter, legt Eier, welche zu ihrer Entwickelung noch drei Wochen brauchen. Wenn man sie aber in Gefangenschaft hält und in den Käfig keinen Sand streut, so legt sie die Eier nicht ab, sondern behält sie bei sich, so lange bis die Jungen entwickelt sind. Der Unterschied zwischen lebendig gebärenden Thieren und solchen, die Eier legen, wird hier einfach durch die Veränderung des Bodens, auf welchem das Thier lebt, verwischt.

Außerordentlich interessant sind in dieser Beziehung auch die Wassermolche oder Tritonen, welche man gezwungen hat, ihre ursprünglichen Kiemen beizubehalten. Die Tritonen, Amphibien, welche den Fröschen nahe verwandt sind, besitzen gleich diesen in ihrer Jugend äußere Athmungsorgane, Kiemen, mit welchen sie, im Wasser lebend, Wasser athmen. Später tritt bei den Tritonen eine Metamorphose ein, wie bei den Fröschen. Sie gehen auf das Land, verlieren die Kiemen und gewöhnen sich an das Lungenathmen. Wenn man sie nun daran verhindert, indem man sie in einem geschlossenen Wasserbecken hält, so verlieren sie die Kiemen nicht. Diese bleiben vielmehr bestehen, und der Wassermolch verharrt zeitlebens auf jener niederen Ausbildungsstufe, welche bei seinen tiefer stehenden Verwandten, den Kiemenmolchen oder Sozobranchien normal ist. Der Wassermolch erreicht seine volle Größe, wird geschlechtsreif und pflanzt sich fort, ohne die Kiemen zu verlieren.

Großes Aufsehen erregte unter den Zoologen vor Kurzem der Axolotel (Siredon pisciformis), ein dem Triton nahe verwandter Kiemenmolch aus Mexico, welchen man schon seit langer Zeit kennt, und in den letzten Jahren im Pariser Pflanzengarten im Großen gezüchtet hat. Dieses Thier hat auch äußere Kiemen, wie der Wassermolch, behält aber dieselben gleich allen anderen Sozobranchien zeitlebens bei. Für gewöhnlich bleibt dieser Kiemenmolch mit seinen Wasserathmungsorganen im Wasser und pflanzt sich hier auch fort. Nun krochen aber plötzlich im Pflanzengarten unter Hunderten dieser Thiere eine geringe Anzahl aus dem Wasser auf das Land, verloren ihre Kiemen, und verwandelten sich in eine kiemenlose Molchform, welche von einer nordamerikanischen Tritonengattung (Ambystoma) nicht mehr zu unterscheiden ist, und nur noch durch Lungen athmet. In diesem letzten, höchst merkwürdigen Falle können wir unmittelbar den großen Sprung von einem wasserathmenden zu einem luftathmenden Thiere verfolgen, ein Sprung, der allerdings bei der indivi-

duellen Entwickelungsgeschichte der Frösche und Salamander in jedem
Frühling beobachtet werden kann. Ebenso aber, wie jeder einzelne
Frosch und jeder einzelne Salamander aus dem ursprünglich kiemen=
athmenden Amphibium späterhin in ein lungenathmendes sich ver=
wandelt, so ist auch die ganze Gruppe der Frösche und Salamander
ursprünglich aus kiemenathmenden, dem Siredon verwandten Thie=
ren entstanden. Die Sozobranchien sind noch bis auf den heutigen
Tag auf jener niederen Stufe stehen geblieben. Die Ontogenie erläu=
tert auch hier die Phylogenie, die Entwickelungsgeschichte der Indivi=
duen diejenige der ganzen Gruppe (S. 9).

An die gehäufte oder cumulative Anpassung schließt sich als eine
dritte Erscheinung der directen oder actuellen Anpassung das Ge=
setz der wechselbezüglichen oder correlativen Anpas=
sung an. Nach diesem wichtigen Gesetze werden durch die actuelle
Anpassung nicht nur diejenigen Theile des Organismus abgeändert,
welche unmittelbar durch die äußere Einwirkung betroffen werden,
sondern auch andere, nicht unmittelbar davon berührte Theile. Dies
ist eine Folge des organischen Zusammenhangs, und namentlich der
einheitlichen Ernährungsverhältnisse, welche zwischen allen Theilen
jedes Organismus bestehen. Wenn z. B. bei einer Pflanze durch
Versetzung an einen trocknen Standort die Behaarung der Blätter zu=
nimmt, so wirkt diese Veränderung auf die Ernährung anderer Theile
zurück, und kann eine Verkürzung der Stengelglieder und somit eine
gedrungenere Form der ganzen Pflanze zur Folge haben. Bei einigen
Rassen von Schweinen und Hunden, z. B. bei dem türkischen Hunde,
welche durch Anpassung an ein wärmeres Klima ihre Behaarung
mehr oder weniger verloren, wurde zugleich das Gebiß rückgebildet.
So zeigen auch die Walfische und die Edentaten (Schuppenthiere,
Gürtelthiere 2c.), welche sich durch ihre eigenthümliche Hautbedeckung
am meisten von den übrigen Säugethieren entfernt haben, die größ=
ten Abweichungen in der Bildung des Gebisses. Ferner bekommen
solche Rassen von Hausthieren (z. B. Rindern, Schweinen), bei denen
sich die Beine verkürzen, in der Regel auch einen kurzen und gedrun=

genen Kopf. So zeichnen sich u. a. die Taubenrassen, welche die längsten
Beine haben, zugleich auch durch die längsten Schnäbel aus. Dieselbe
Wechselbeziehung zwischen der Länge der Beine und des Schnabels
zeigt sich ganz allgemein in der Ordnung der Stelzvögel (Grallatores),
beim Storch, Kranich, der Schnepfe u. s. w. Die Wechselbeziehun=
gen, welche in dieser Weise zwischen verschiedenen Theilen des Orga=
nismus bestehen, sind äußerst merkwürdig, und im Einzelnen ihrer
Ursache nach uns unbekannt. Im Allgemeinen können wir natürlich
sagen: die Ernährungsveränderungen, die einen einzelnen Theil be=
treffen, müssen nothwendig auf die übrigen Theile zurückwirken, weil
die Ernährung eines jeden Organismus eine zusammenhängende, cen=
tralisirte Thätigkeit ist. Allein warum nun gerade dieser oder jener
Theil in dieser merkwürdigen Wechselbeziehung zu einem andern steht,
ist uns in den meisten Fällen ganz unbekannt. Es sind eine große
Anzahl solcher Wechselbeziehungen in der Bildung bekannt, namentlich
bei den neulich schon erwähnten Abänderungen der Thiere und Pflan=
zen, die sich durch Pigmentmangel auszeichnen, den Albinos oder
Kakerlaken. Der Mangel des gewöhnlich vorhandenen Farbestoffs be=
dingt hier gewöhnlich auch gewisse Veränderungen in der Bildung
anderer Theile, z. B. des Muskelsystems, des Knochensystems, also
organischer Systeme, die zunächst gar nicht mit dem System der äu=
ßeren Haut zusammenhängen. Sehr häufig sind diese schwächer ent=
wickelt und daher der ganze Körperbau zarter und schwächer, als bei
den gefärbten Thieren derselben Art. Ebenso werden auch die Sinnes=
organe und das Nervensystem durch diesen Pigmentmangel eigenthüm=
lich afficirt. Katzen mit blauen Augen sind jederzeit taub. Die Schim=
mel zeichnen sich vor den gefärbten Pferden durch die besondere Nei=
gung zur Bildung sarkomatöser Geschwülste aus. Auch beim Menschen
ist der Grad der Pigmententwicklung in der äußeren Haut vom größ=
ten Einflusse auf die Empfänglichkeit des Organismus für gewisse
Krankheiten, so daß z. B. Europäer mit dunkler Hautfarbe, schwarzen
Haaren und braunen Augen, sich leichter in den Tropengegenden ak=
klimatisiren, und viel weniger den dort herrschenden Krankheiten (Le=

berentzündungen, gelbem Fieber u. f. w.) unterworfen find, als Europäer mit heller Hautfarbe, blondem Haar und blauen Augen. Diese letztern find viel mehr, als die Individuen von dunkler Complexion, den klimatischen Einflüssen der Tropengegenden ausgesetzt.

Vorzugsweise merkwürdig find unter diesen Wechselbeziehungen der Bildung verschiedener Organe diejenigen, welche zwischen den Geschlechtsorganen und den übrigen Theilen des Körpers bestehen. Keine Veränderung eines Theiles wirkt so mächtig zurück auf die übrigen Körpertheile, als eine bestimmte Behandlung der Geschlechtsorgane. Die Landwirthe, welche bei Schweinen, Schafen u. f. w. reichliche Fettbildung erzielen wollen, entfernen die Geschlechtsorgane durch Herausschneiden (Castration), und zwar geschieht dies bei Thieren beiderlei Geschlechts. In Folge davon tritt eine übermäßige Fettentwickelung ein. Dasselbe thut auch seine Heiligkeit, der Papst, bei den Castraten, welche in der Peterskirche zu Ehren Gottes singen müssen. Diese Unglücklichen werden in früher Jugend castrirt, damit sie ihre hohen Knabenstimmen beibehalten. In Folge dieser Verstümmelung der Genitalien bleibt der Kehlkopf auf der jugendlichen Entwickelungsstufe stehen. Zugleich bleibt die Muskulatur des ganzen Körpers schwach entwickelt, während sich unter der Haut reichliche Fettmengen ansammeln. Aber auch auf die Ausbildung des Centralnervensystems, der Willensenergie u. f. w. wirkt jene Verstümmelung mächtig zurück, und es ist bekannt, daß die menschlichen Castraten oder Eunuchen ebenso wie die castrirten männlichen Hausthiere, des bestimmten psychischen Charakters, welcher das männliche Geschlecht auszeichnet, gänzlich entbehren. Der Mann ist eben Leib und Seele nach nur Mann durch seine männliche Generationsdrüse.

Diese äußerst wichtigen und einflußreichen Wechselbeziehungen zwischen den Geschlechtsorganen und den übrigen Körpertheilen, vor allem dem Gehirn, finden sich in gleicher Weise bei beiden Geschlechtern. Es läßt sich dies schon von vornherein deshalb erwarten, weil bei den meisten Thieren die beiderlei Organe aus gleicher Grundlage sich entwickeln und anfänglich nicht verschieden sind. Beim Menschen,

13*

wie bei allen übrigen Wirbelthieren, sind in der ursprünglichen Anlage des Keims die männlichen und weiblichen Organe völlig gleich, und erst allmählich entstehen im Laufe der embryonalen Entwickelung (beim Menschen in der neunten Woche seines Embryolebens) die Unterschiede der beiden Geschlechter, indem eine und dieselbe Sexualdrüse beim Weibe zum Eierstock, beim Manne zum Testikel wird. Jede Veränderung des weiblichen Eierstocks äußert daher eine nicht minder bedeutende Rückwirkung auf den gesammten weiblichen Organismus, wie jede Veränderung des Testikels auf den männlichen Organismus. Die Wichtigkeit dieser Wechselbeziehung hat Birchow in seinem vortrefflichen Aufsatz „das Weib und die Zelle" mit folgenden Worten ausgesprochen: „Das Weib ist eben Weib nur durch seine Generationsdrüse; alle Eigenthümlichkeiten seines Körpers und Geistes oder seiner Ernährung und Nerventhätigkeit: die süße Zartheit und Rundung der Glieder bei der eigenthümlichen Ausbildung des Beckens, die Entwickelung der Brüste bei dem Stehenbleiben der Stimmorgane, jener schöne Schmuck des Kopfhaares bei dem kaum merklichen, weichen Flaum der übrigen Haut, und dann wiederum diese Tiefe des Gefühls, diese Wahrheit der unmittelbaren Anschauung, diese Sanftmuth, Hingebung und Treue — kurz, Alles was wir an dem wahren Weibe Weibliches bewundern und verehren, ist nur eine Dependenz des Eierstocks. Man nehme den Eierstock hinweg, und das Mannweib in seiner häßlichsten Halbheit steht vor uns."

Dieselbe innige Correlation oder Wechselbeziehung zwischen den Geschlechtsorganen und den übrigen Körpertheilen findet sich auch bei den Pflanzen eben so allgemein wie bei den Thieren vor. Wenn man bei einer Gartenpflanze reichlichere Früchte zu erzielen wünscht, beschränkt man den Blätterwuchs durch Abschneiden eines Theils der Blätter. Wünscht man umgekehrt eine Zierpflanze mit einer Fülle von großen und schönen Blättern zu erhalten, so verhindert man die Blüthen= und Fruchtbildung durch Abschneiden der Blüthenknospen. In beiden Fällen entwickelt sich das eine Organsystem auf Kosten des anderen. So ziehen auch die meisten Abänderungen der vegetativen

Blattbildung bei den wilden Pflanzen eine entsprechende Umbildung in den generativen Blüthentheilen nach sich.   Die hohe Bedeutung dieser „Compensation der Entwickelung", dieser „Correlation der Theile" ist bereits von G o e t h e, von G e o f f r o y S. H i l a i r e und von anderen Naturphilosophen hervorgehoben worden. Sie beruht wesent= lich darauf, daß die directe oder actuelle Anpassung keinen einzigen Körpertheil wesentlich verändern kann, ohne zugleich auf den ganzen Organismus einzuwirken.

Die correlative Anpassung der Fortpflanzungsorgane und der übrigen Körpertheile verdient deßhalb eine ganz besondere Berücksichti= gung, weil sie vor allen geeignet ist, ein erklärendes Licht auf die vor= her betrachteten dunkeln und räthselhaften Erscheinungen der indirecten oder potentiellen Anpassung zu werfen.   Denn ebenso wie jede Ver= änderung der Geschlechtsorgane mächtig auf den übrigen Körper zu= rückwirkt, so muß natürlich umgekehrt auch jede eingreifende Verände= rung eines anderen Körpertheils mehr oder weniger auf die Gene= rationsorgane zurückwirken.   Diese Rückwirkung wird sich aber erst in der Bildung der Nachkommenschaft, welche aus den veränderten Generationstheilen entsteht, wahrnehmbar äußern. Gerade jene merk= würdigen, aber unmerklichen und an sich ungeheuer geringfügigen Veränderungen des Genitalsystems, der Eier und des Sperma, welche durch solche Wechselbeziehungen hervorgebracht werden, sind vom größten Einflusse auf die Bildung der Nachkommenschaft, und alle vorher erwähnten Erscheinungen der indirecten oder potentiellen An= passungen können schließlich auf diese wechselbezügliche Anpassung zu= rückgeführt werden.

Eine weitere Reihe von ausgezeichneten Beispielen der correlati= ven Anpassung liefern die verschiedenen Thiere und Pflanzen, welche durch das Schmarotzerleben oder den Parasitismus rückgebildet sind. Keine andere Veränderung der Lebensweise wirkt so bedeutend auf die Formbildung der Organismen ein, wie die Angewöhnung an das Schmarotzerleben. Pflanzen verlieren dadurch ihre grünen Blätter, wie z. B. unsere einheimischen Schmarotzerpflanzen: Orobanche, Lathraea, Monotropa. Thiere, welche ursprünglich selbstständig und frei gelebt haben, dann aber eine parasitische Lebensweise auf andern Thieren oder auf Pflanzen annehmen, geben zunächst die Thätigkeit ihrer Bewegungsorgane und ihrer Sinnesorgane auf. Der Verlust der Thätigkeit zieht aber den Verlust der Organe, durch welche sie bewirkt wurde, nach sich, und so finden wir z. B. viele Krebsthiere oder Crustaceen, die in der Jugend einen ziemlich hohen Organisationsgrad, Beine, Fühlhörner und Augen besaßen, im Alter als Parasiten vollkommen degenerirt wieder, ohne Augen, ohne Bewegungswerkzeuge und ohne Fühlhörner. Aus der munteren, beweglichen Jugendform ist ein unförmlicher, unbeweglicher Klumpen geworden. Nur die nöthigsten Ernährungs- und Fortpflanzungsorgane sind noch in Thätigkeit. Der ganze übrige Körper ist rückgebildet. Offenbar sind diese tiefgreifenden Umbildungen großentheils directe Folgen der gehäuften oder cumulativen Anpassung, des Nichtgebrauchs und der mangelnden Uebung der Organe; aber zum großen Theile kommen dieselben sicher auch auf Rechnung der wechselbezüglichen oder correlativen Anpassung.

Ein siebentes Anpassungsgesetz, das vierte in der Gruppe der directen Anpassungen, ist das Gesetz der abweichenden oder divergenten Anpassung. Wir verstehen darunter die Erscheinung, daß ursprünglich gleichartig angelegte Theile sich durch den Einfluß äußerer Bedingungen in verschiedener Weise ausbilden. Dieses Anpassungsgesetz ist ungemein wichtig für die Erklärung der Arbeitstheilung oder des Polymorphismus. An uns selbst können wir es sehr leicht erkennen, z. B. in der Thätigkeit unserer beiden Hände. Die rechte Hand wird gewöhnlich von uns an ganz andere Arbeiten gewöhnt, als die linke; es entsteht in Folge der abweichenden Beschäftigung auch eine verschiedene Bildung der beiden Hände. Die rechte Hand, welche man gewöhnlich viel mehr braucht, als die linke, zeigt stärker entwickelte Nerven, Muskeln und Knochen. Ebenso findet man häufig die beiden Augen nach diesem Gesetze verschieden entwickelt. Wenn man sich z. B. als Naturforscher gewöhnt, immer nur mit dem einen Auge (am besten mit dem linken) zu mikroskopiren, und mit dem anderen nicht, so erlangt das eine eine ganz andere Beschaffenheit, als das andere, und diese Arbeitstheilung ist von großem Vortheil. Das eine Auge wird dann kurzsichtiger, geeigneter für das Sehen in die Nähe, das andere Auge weitsichtiger, schärfer für den Blick in die Ferne. Wenn man dagegen abwechselnd mit beiden Augen mikroskopirt, so erlangt man nicht auf dem einen Auge den Grad der Kurzsichtigkeit, auf dem andern den Grad der Weitsichtigkeit, welchen man durch eine weise Vertheilung dieser verschiedenen Gesichtsfunctionen auf beide Augen erreicht.

Zunächst wird auch hier wieder durch die Gewohnheit die Function, die Thätigkeit der ursprünglich gleich gebildeten Organe ungleich, divergent; allein die Function wirkt wiederum auf die Form des Organs zurück, und daher finden wir bei einer längeren Dauer jenes Einflusses eine Veränderung in den feineren Formbestandtheilen und in den Wachsthumsverhältnissen der abweichenden Theile, die zuletzt auch in gröberen Umrissen erkennbar wird. Bei Handarbeitern z. B. welche zu gewissen Zwecken fast beständig bloß den rechten Arm gebrauchen, wird dieser allmählich weit stärker als der linke, was sich auch durch Maß und Gewicht nachweisen läßt. Der Unterschied in der Function hat also hier umbildend auf die Form zurückgewirkt.

Unter den Pflanzen können wir die abweichende oder divergente Anpassung besonders bei den Schlinggewächsen sehr leicht wahrnehmen. Aeste einer und derselben Schlingpflanze, welche ursprünglich gleichartig angelegt sind, erhalten eine ganz verschiedene Form und Ausdehnung, einen ganz verschiedenen Krümmungsgrad und Durchmesser der Spiralwindung, je nachdem sie um einen dünneren oder dickeren Stab sich herumwinden. Ebenso ist auch die abweichende Veränderung der Formen ursprünglich gleich angelegter Theile, welche divergent nach verschiedenen Richtungen unter abweichenden äußeren Bedingungen sich entwickeln, in vielen anderen Erscheinungen der Formbildung bei Thieren und Pflanzen deutlich nachweisbar. Indem diese abweichende oder divergente Anpassung mit der fortschreitenden

Vererbung in Wechselwirkung tritt, wird sie die Ursache der Arbeits=
theilung der verschiedenen Organe.

Ein achtes und letztes Anpassungsgesetz können wir als d a s
G e s e tz d e r u n b e s ch r ä n k t e n o d e r u n e n d l i ch e n A n p a s =
f u n g bezeichnen. Wir wollen damit einfach ausdrücken, daß uns
keine Grenze für die Veränderung der organischen Formen durch den
Einfluß der äußeren Existenzbedingungen bekannt ist. Wir können
von keinem einzigen Theil des Organismus behaupten, daß er nicht
mehr veränderlich sei, daß, wenn man ihn unter neue äußere Be=
dingungen brächte, er durch diese nicht verändert werden würde. Noch
niemals hat sich in der Erfahrung eine Grenze für die Abänderung
nachweisen lassen. Wenn z. B. ein Organ durch Nichtgebrauch dege=
nerirt, so geht diese Degeneration schließlich bis zum vollständigen
Schwunde des Organs fort, wie es bei den Augen vieler Thiere der
Fall ist. Andrerseits können wir durch fortwährende Uebung, Ge=
wohnheit, und immer gesteigerten Gebrauch eines Organs dasselbe in
einem Maße vervollkommnen, wie wir es von vornherein für un=
möglich gehalten haben würden. Wenn man die uncivilisirten Wilden
mit den Culturvölkern vergleicht, so findet man bei jenen eine Aus=
bildung der Sinnesorgane, Gesicht, Geruch, Gehör, von der die
Culturvölker keine Ahnung haben. Umgekehrt ist bei den höheren
Culturvölkern das Gehirn, die Geistesthätigkeit in einem Grade ent=
wickelt, von welchem die rohen Wilden keine Vorstellung besitzen. In
beiden Fällen läßt sich der weiter gehenden Ausbildung durch gehäufte
Anpassung keine Grenze setzen.

Allerdings scheint für jeden Organismus eine Grenze der An=
passungsfähigkeit durch den Typus seines Stammes oder Phylum ge=
geben zu sein, d. h. durch die wesentlichen Grundeigenschaften dieses
Stammes, welche von dem gemeinsamen Stammvater desselben er=
erbt sind und sich durch conservative Vererbung auf alle Descendenten
desselben übertragen. So kann z. B. niemals ein Wirbelthier statt
des charakteristischen Rückenmarks der Wirbelthiere das Bauchmark
der Gliederthiere sich erwerben. Allein innerhalb dieser erblichen

Grundform, innerhalb dieses unveräußerlichen Typus, ist der Grad der Anpassungsfähigkeit unbeschränkt. Die Biegsamkeit und Flüssigkeit der organischen Form äußert sich innerhalb desselben frei nach allen Richtungen hin, und in ganz unbeschränktem Umfang. Es giebt aber einzelne Thiere, wie z. B. die durch Parasitismus rückgebildeten Krebsthiere und Würmer, welche selbst jene Grenze des Typus zu überspringen scheinen, und durch erstaunlich weit gehende Degeneration fast alle wesentlichen Charaktere ihres Stammes eingebüßt haben. Was die Anpassungsfähigkeit des Menschen betrifft, so ist dieselbe, wie bei allen anderen Thieren, ebenfalls unbegrenzt, und da sich dieselbe beim Menschen vor allen in der Umbildung des Gehirns äußert, so läßt sich durchaus keine Grenze der Erkenntniß setzen, welche der Mensch bei weiter fortschreitender Geistesbildung nicht würde überschreiten können. Auch der menschliche Geist genießt nach dem Gesetze der unbeschränkten Anpassung eine unendliche Perspective für seine Vervollkommnung in der Zukunft.

Diese Bemerkungen genügen wohl, um die Tragweite der Anpassungserscheinungen hervorzuheben, und ihnen das Gewicht zuzuschreiben, welches ich von vornherein für dieselben in Anspruch genommen habe. Die Anpassungsgesetze, die Thatsachen der Veränderung durch den Einfluß äußerer Bedingungen, sind von ebenso großer Bedeutung, wie die Vererbungsgesetze. Alle Anpassungserscheinungen lassen sich in letzter Linie zurückführen auf die Ernährungsverhältnisse des Organismus, in gleicher Weise wie die Vererbungserscheinungen in den Fortpflanzungsverhältnissen begründet sind; diese aber sowohl als jene sind weiter zurückzuführen auf chemische und physikalische Gründe, also auf mechanische Ursachen. Lediglich durch die Wechselwirkung derselben entstehen nach Darwin's Selectionstheorie die neuen Formen der Organismen, die Umbildungen, welche die künstliche Züchtung im Culturzustande, die natürliche Züchtung im Naturzustande hervorbringt.

Elfter Vortrag.

Die natürliche Züchtung durch den Kampf um's Dasein.
Arbeitstheilung und Fortschritt.

Wechselwirkung der beiden organischen Bildungstriebe, der Vererbung und Anpassung. Natürliche und künstliche Züchtung. Kampf um's Dasein oder Wettkampf
um die Lebensbedürfnisse. Mißverhältniß zwischen der Zahl der möglichen (potentiellen) und der Zahl der wirklichen (actuellen) Individuen. Verwickelte Wechselbeziehungen aller benachbarten Organismen. Wirkungsweise der natürlichen Züchtung. Gleichfarbige Zuchtwahl als Ursache der sympathischen Färbungen. Geschlechtliche Zuchtwahl als Ursache der secundären Sexualcharaktere. Gesetz der Sonderung oder Arbeitstheilung (Polymorphismus, Differenzirung, Divergenz des Charakters). Uebergang der Varietäten in Species. Begriff der Species. Bastardzeugung. Gesetz des Fortschritts oder der Vervollkommnung (Progressus, Teleosis).

Meine Herren! Um zu einem richtigen Verständniß des Darwinismus zu gelangen, ist es vor Allem nothwendig, die beiden
organischen Functionen genau in das Auge zu fassen, die wir in den
letzten Vorträgen betrachtet haben, die Vererbung und Anpassung. Wenn man nicht einerseits die rein mechanische Natur dieser
beiden physiologischen Thätigkeiten und die mannichfaltige Wirkung
ihrer verschiedenen Gesetze in's Auge faßt, und wenn man nicht andrerseits erwägt, wie verwickelt die Wechselwirkung dieser verschiedenen Vererbungs- und Anpassungsgesetze nothwendig sein muß, so
wird man nicht begreifen, daß diese beiden Functionen für sich allein

die ganze Mannichfaltigkeit der Thier= und Pflanzenformen sollen er=
zeugen können; und doch ist das in der That der Fall. Wir sind
wenigstens bis jetzt nicht im Stande gewesen, andere formbildende
Ursachen aufzufinden, als diese beiden; und wenn wir die nothwen=
dige und unendlich verwickelte Wechselwirkung der Vererbung und An=
passung richtig verstehen, so haben wir auch gar nicht mehr nöthig,
noch nach anderen unbekannten Ursachen der Umbildung der organi=
schen Gestalten zu suchen. Jene beiden Grundursachen erscheinen uns
dann völlig genügend.

Schon früher, lange bevor Darwin seine Selectionstheorie
aufstellte, nahmen einige Naturforscher, insbesondere Goethe, als
Ursache der organischen Formenmannichfaltigkeit·die Wechselwirkung
zweier verschiedener Bildungstriebe an, eines conservativen oder er=
haltenden, und eines umbildenden oder fortschreitenden Bildungstrie=
bes. Ersteren nannte Goethe den centripetalen oder Specifications=
trieb, letzteren den centrifugalen oder den Trieb der Metamorphose
(S. 74). Diese beiden Triebe entsprechen vollständig den beiden Func=
tionen der Vererbung und der Anpassung. Die Vererbung ist der
centripetale oder innere Bildungstrieb, welcher bestrebt ist
die organische Form in ihrer Art zu erhalten, die Nachkommen den
Eltern gleich zu gestalten, und Generationen hindurch immer Gleich=
artiges zu erzeugen. Die Anpassung dagegen, welche der Verer=
bung entgegenwirkt, ist der centrifugale oder äußere Bil=
dungstrieb, welcher beständig bestrebt ist, durch die veränderlichen
Einflüsse der Außenwelt die organische Form umzubilden, neue For=
men aus den vorhergehenden zu schaffen und die Constanz der Spe=
cies, die Beständigkeit der Art gänzlich aufzuheben. Je nachdem die
Vererbung oder die Anpassung das Uebergewicht im Kampfe erhält,
bleibt die Speciesform beständig oder sie bildet sich in eine neue Art
um. Der in jedem Augenblick stattfindende Grad der Formbeständig=
keit bei den verschiedenen Thier= und Pflanzenarten ist einfach das
nothwendige Resultat des augenblicklichen Uebergewichts, welches jeder

dieser beiden Bildungstriebe (oder physiologischen Functionen) über den anderen erlangt hat.

Wenn wir nun zurückkehren zu der Betrachtung des Züchtungs= vorgangs, der Auslese oder Selection, die wir bereits im siebenten Vor= trag (S. 118) in ihren Grundzügen untersuchten, so werden wir jetzt um so klarer und bestimmter erkennen, daß sowohl die künstliche als die natürliche Züchtung einzig und allein auf der Wechselwirkung dieser beiden Functionen oder Bildungstriebe beruhen. Wenn Sie die Thätig= keit des künstlichen Züchters, des Landwirths oder Gärtners, scharf in's Auge fassen, so erkennen Sie, daß nur jene beiden Bildungstriebe von ihm zur Hervorbringung neuer Formen benutzt werden. Die ganze Kunst der künstlichen Zuchtwahl beruht eben nur auf einer denkenden und vernünftigen Anwendung der Vererbungs= und Anpassungsgesetze, auf einer kunstvollen und planmäßigen Benutzung und Regulirung derselben. Dabei ist der vervollkommnete menschliche Wille die aus= lesende, züchtende Kraft.

Ganz ähnlich verhält sich die natürliche Züchtung. Auch diese benutzt bloß jene beiden organischen Bildungstriebe, jene physiologi= schen Grundeigenschaften der Anpassung und Vererbung, um die ver= schiedenen Arten oder Species hervorzubringen. Dasjenige züchtende Princip aber, diejenige auslesende Kraft, welche bei der k ü n s t l i c h e n Züchtung durch den planmäßig wirkenden und bewußten W i l l e n d e s M e n s c h e n vertreten wird, ist bei der n a t ü r l i c h e n Züchtung der planlos wirkende und unbewußte K a m p f u m ' s D a s e i n. Was wir unter „Kampf um's Dasein" verstehen, haben wir im siebenten Vor= trage bereits auseinandergesetzt. Es ist gerade die Erkenntniß dieses äußerst wichtigen Verhältnisses eines der größten Verdienste D a r = w i n ' s. Da aber dieses Verhältniß sehr häufig unvollkommen oder falsch verstanden wird, ist es nothwendig, dasselbe jetzt noch näher in's Auge zu fassen, und an einigen Beispielen die Wirksamkeit des Kampfes um's Dasein, die Thätigkeit der natürlichen Züchtung d u r c h d e n Kampf um's Dasein zu erläutern. (Gen. Morph. II., 231).

Wir gingen bei der Betrachtung des Kampfes um's Dasein von der Thatsache aus, daß die Zahl der Keime, welche alle Thiere und Pflanzen erzeugen, unendlich viel größer ist, als die Zahl der Individuen, welche wirklich in das Leben treten und sich längere oder kürzere Zeit am Leben erhalten können. Die meisten Organismen erzeugen während ihres Lebens Tausende oder Millionen von Keimen, aus deren jedem sich unter günstigen Umständen ein neues Individuum entwickeln könnte. Bei den meisten Thieren sind diese Keime Eier, bei den meisten Pflanzen den Eiern entsprechende Zellen (Embryobläschen), welche zu ihrer weiteren Entwickelung der geschlechtlichen Befruchtung bedürfen. Dagegen bei den Protisten, niedersten Organismen, welche weder Thiere noch Pflanzen sind, und welche sich bloß ungeschlechtlich fortpflanzen, bedürfen die Keimzellen oder Sporen keiner Befruchtung. In allen Fällen steht nun die Zahl sowohl dieser ungeschlechtlichen als jener geschlechtlichen Keime in gar keinem Verhältniß zu der Zahl der wirklich lebenden Individuen.

Im Großen und Ganzen genommen bleibt die Zahl der lebenden Thiere und Pflanzen auf unserer Erde durchschnittlich immer dieselbe. Die Zahl der Stellen im Naturhaushalt ist beschränkt, und an den meisten Punkten der Erdoberfläche sind diese Stellen immer annähernd besetzt. Gewiß finden überall in jedem Jahre Schwankungen in der absoluten und in der relativen Individuenzahl aller Arten statt. Allein im Großen und Ganzen genommen werden diese Schwankungen nur geringe Bedeutung haben gegenüber der Thatsache, daß die Gesammtzahl aller Individuen durchschnittlich beinahe constant bleibt. Der Wechsel, der überall stattfindet, besteht darin, daß in einem Jahre diese und im andern Jahre jene Reihe von Thieren und Pflanzen überwiegt, und daß in jedem Jahre der Kampf um's Dasein dieses Verhältniß wieder etwas anders gestaltet.

Jede einzelne Art von Thieren und Pflanzen würde in kurzer Zeit die ganze Erdoberfläche dicht bevölkert haben, wenn sie nicht mit einer Menge von Feinden und feindlichen Einflüssen zu kämpfen hätte. Schon Linné berechnete, daß wenn eine einjährige Pflanze nur zwei

Samen hervorbrächte (und es gibt keine, die so wenig erzeugt), sie in 20 Jahren schon eine Million Individuen geliefert haben würde. Darwin berechnete vom Elephanten, der sich am langsamsten von allen Thieren zu vermehren scheint, daß in 500 Jahren die Nachkommenschaft eines einzigen Paares bereits 15 Millionen Individuen betragen würde, vorausgesetzt, daß jeder Elephant während der Zeit seiner Fruchtbarkeit (vom 30. bis 90. Jahre) nur 3 Paar Junge erzeugte. Ebenso würde die Zahl der Menschen, wenn man die mittlere Fortpflanzungszahl zu Grunde legt, und wenn keine Hindernisse der natürlichen Vermehrung im Wege stünden, bereits in 25 Jahren sich verdoppelt haben. In jedem Jahrhundert würde die Gesammtzahl der menschlichen Bevölkerung um das sechszehnfache gestiegen sein. Nun wissen Sie aber, daß die Gesammtzahl der Menschen nur sehr langsam wächst, und daß die Zunahme der Bevölkerung in verschiedenen Gegenden sehr verschieden ist. Während europäische Stämme sich über den ganzen Erdball ausbreiten, gehen andere Stämme, ja sogar ganze Arten oder Species des Menschengeschlechts mit jedem Jahre mehr ihrem völligen Aussterben entgegen. Dies gilt namentlich von den Rothhäuten Amerikas und von den Alfurus, den schwarzbraunen Eingeborenen Australiens. Selbst wenn diese Völker sich reichlicher fortpflanzten, als die weiße Menschenart Europas, würden sie dennoch früher oder später der letzteren im Kampfe um's Dasein erliegen. Von allen Menschenarten aber, ebenso wie von allen übrigen Organismen, geht bei weitem die überwiegende Mehrzahl in der frühesten Lebenszeit zu Grunde. Von der ungeheuren Masse von Keimen, die jede Art erzeugt, gelangen nur sehr wenige wirklich zur Entwickelung, und von diesen wenigen ist es wieder nur ein ganz kleiner Bruchtheil, welcher das Alter erreicht, in dem er sich fortpflanzen kann (Vergl. S. 127).

Aus diesem Mißverhältniß zwischen der ungeheuren Ueberzahl der organischen Keime und der geringen Anzahl von auserwählten Individuen, die wirklich neben und mit einander fortbestehen können, folgt mit Nothwendigkeit jener allgemeine Kampf um's Dasein, jenes beständige Ringen um die Existenz, jener unaufhörliche Wettkampf um die Lebensbedürfniffe, von welchem ich Ihnen bereits im fiebenten Vortrage ein Bild entwarf. Jener Kampf um's Dafein ift es, welcher die natürliche Züchtung veranlaßt, welcher die Wechfelwirkung der Vererbungs- und Anpaffungserfcheinungen züchtend benutzt und da- durch an einer beftändigen Umbildung aller organifchen Formen ar- beitet. Immer werden in jenem Kampf um die Erlangung der noth- wendigen Exiftenzbedingungen diejenigen Individuen ihre Nebenbuhler befiegen, welche irgend eine individuelle Begünftigung, eine vortheil- hafte Eigenfchaft befitzen, die ihren Mitbewerbern fehlt. Freilich können wir nur in den wenigften Fällen, bei uns näher bekannten Thieren und Pflanzen, uns eine ungefähre Vorftellung von der un- endlich complicirten Wechfelwirkung der zahlreichen Verhältniffe ma- chen, welche alle hierbei in Frage kommen. Denken Sie nur daran, wie unendlich mannichfaltig und verwickelt die Beziehungen jedes ein- zelnen Menfchen zu den übrigen und überhaupt zu der ihn umgeben- den Außenwelt find. Aehnliche Beziehungen walten aber auch zwi- fchen allen Thieren und Pflanzen, die an einem Orte mit einander le- ben. Alle wirken gegenfeitig, activ oder paffiv, auf einander ein. Jedes Thier, jede Pflanze kämpft direct mit einer Anzahl von Feinden, welche denfelben nachftellen, mit Raubthieren, parafitifchen Thieren u. f. w. Die zufammenftehenden Pflanzen kämpfen mit einander um den Bodenraum, den ihre Wurzeln bedürfen, um die nothwendige Menge von Licht, Luft, Feuchtigkeit u. f. w. Ebenfo ringen die Thiere eines jeden Bezirks mit einander um ihre Nahrung, Wohnung u. f. w. Es wird in diefem äußerft lebhaften und verwickelten Kampf jeder noch fo kleine perfönliche Vorzug, jeder individuelle Vortheil möglicherweife den Ausfchlag geben können, zu Gunften feines Be- fitzers. Diefes bevorzugte einzelne Individuum bleibt im Kampfe Sieger und pflanzt fich fort, während feine Mitbewerber zu Grunde gehen, ehe fie zur Fortpflanzung gelangen. Der perfönliche Vorzug, welcher ihm den Sieg verlieh, wird auf feine Nachkommen vererbt, und kann durch weitere Ausbildung die Urfache zur Bildung einer neuen Art werden.

Die unendlich verwickelten Wechselbeziehungen, welche zwischen den Organismen eines jeden Bezirks bestehen, und welche als die eigentlichen Bedingungen des Kampfes um's Dasein angesehen werden müssen, sind uns größtentheils unbekannt und meistens auch sehr schwierig zu erforschen. Nur in einzelnen Fällen haben wir dieselben bisher bis zu einem gewissen Grade verfolgen können, so z. B. in dem von Darwin angeführten Beispiel von den Beziehungen der Katzen zum rothen Klee in England. Die rothe Kleeart (Trifolium pratense), welche in England eines der vorzüglichsten Futterkräuter für das Rindvieh bildet, bedarf, um zur Samenbildung zu gelangen, des Besuchs der Hummeln. Indem diese Insecten den Honig aus dem Grunde der Kleeblüthe saugen, bringen sie den Blüthenstaub mit der Narbe in Berührung und vermitteln so die Befruchtung der Blüthe, welche ohne sie niemals erfolgt. Darwin hat durch Versuche gezeigt, daß rother Klee, den man von dem Besuche der Hummeln absperrt, keinen einzigen Samen liefert. Die Zahl der Hummeln ist bedingt durch die Zahl ihrer Feinde, unter denen die Feldmäuse die verderblichsten sind. Je mehr die Feldmäuse überhand nehmen, desto weniger wird der Klee befruchtet. Die Zahl der Feldmäuse ist wiederum von der Zahl ihrer Feinde abhängig, zu denen namentlich die Katzen gehören. Daher giebt es in der Nähe der Dörfer und Städte, wo viel Katzen gehalten werden, besonders viel Hummeln. Eine große Zahl von Katzen ist also offenbar von großem Vortheil für die Befruchtung des Klees. Man kann nun, wie es von Karl Vogt geschehen ist, dieses Beispiel noch weiter verfolgen, wenn man erwägt, daß das Rindvieh, welches sich von dem rothen Klee nährt, eine der wichtigsten Grundlagen des Wohlstands von England ist. Die Engländer conserviren ihre körperlichen und geistigen Kräfte vorzugsweise dadurch, daß sie sich größtentheils von trefflichem Fleisch, namentlich ausgezeichnetem Rostbeaf und Beafsteak nähren. Dieser vorzüglichen Fleischnahrung verdanken die Britten zum großen Theil das Uebergewicht ihres Gehirns und Geistes über die anderen Nationen. Offenbar ist dieses aber indirect abhängig von den Katzen, welche die Feldmäuse verfolgen. Man kann auch mit Huxley auf die alten Jungfern zurückgehen, welche vorzugsweise die Katzen hegen und pflegen, und somit für die Befruchtung des Klees und den Wohlstand Englands von größter Wichtigkeit sind. An diesem Beispiel können Sie erkennen, daß, je weiter man dasselbe verfolgt, desto größer der Kreis der Wirkungen und der Wechselbeziehungen wird. Man kann aber mit Bestimmtheit behaupten, daß bei jeder Pflanze und bei jedem Thiere eine Masse solcher Wechselbeziehungen existiren. Nur sind wir selten im Stande, die Kette derselben so herzustellen, wie es hier der Fall ist.

Ein anderes merkwürdiges Beispiel von wichtigen Wechselbeziehungen ist nach Darwin folgendes: In Paraguay finden sich keine verwilderten Rinder und Pferde, wie in den benachbarten Theilen Südamerikas, nördlich und südlich von Paraguay. Dieser auffallende Umstand erklärt sich einfach dadurch, daß in diesem Lande eine kleine Fliege sehr häufig ist, welche die Gewohnheit hat, ihre Eier in den Nabel der neugeborenen Rinder und Pferde zu legen. Die neugeborenen Thiere sterben in Folge dieses Eingriffs, und jene kleine gefürchtete Fliege ist also die Ursache, daß die Rinder und Pferde in diesem District niemals verwildern. Angenommen, daß durch irgend einen insectenfressenden Vogel jene Fliege zerstört würde, so würden in Paraguay ebenso wie in den benachbarten Theilen Südamerikas diese großen Säugethiere massenhaft verwildern, und da dieselben eine Menge von bestimmten Pflanzenarten verzehren, würde die ganze Flora, und in Folge davon wiederum die ganze Fauna dieses Landes eine andere werden.

Interessante Beispiele für die Veränderung der Wechselbeziehungen im Kampf um's Dasein liefern auch jene isolirten Inseln der Südsee, auf denen zu verschiedenen Malen von Seefahrern Ziegen oder Schweine ausgesetzt wurden. Diese Thiere verwilderten und nahmen aus Mangel an Feinden an Zahl bald so übermäßig zu, daß die ganze übrige Thier- und Pflanzenbevölkerung darunter litt, und daß schließlich die Insel beinahe ausstarb, weil den zu massenhaft sich vermehrenden großen Säugethieren die hinreichende Nahrung fehlte.

In einigen Fällen wurden auf einer solchen von Ziegen oder Schwei=
nen übervölkerten Insel später von anderen Seefahrern ein Paar
Hunde ausgesetzt, die sich in diesem Futterüberfluß sehr wohl befan=
den, sich wieder sehr rasch vermehrten und furchtbar unter den Heer=
den aufräumten, so daß nach einer Anzahl von Jahren den Hunden
selbst das Futter fehlte, und auch sie beinahe ausstarben. So wechselt
beständig in der Oekonomie der Natur das Gleichgewicht der Arten,
je nachdem die eine oder andere Art sich auf Kosten der übrigen ver=
mehrt. In den meisten Fällen sind freilich die Beziehungen der ver=
schiedenen Thier= und Pflanzenarten zu einander viel zu verwickelt, als
daß wir ihnen nachkommen könnten, und ich überlasse es Ihrem eige=
nen Nachdenken, sich auszumalen, welches unendlich verwickelte Ge=
triebe an jeder Stelle der Erde in Folge dieses Kampfes stattfinden
muß. In letzter Instanz sind die Triebfedern, welche den Kampf be=
dingen, und welche den Kampf an allen verschiedenen Stellen verschie=
den gestalten und modificiren, die Triebfedern der Selbsterhaltung, und
zwar sowohl der Erhaltungstrieb der Individuen (Ernährungstrieb),
als der Erhaltungstrieb der Arten (Fortpflanzungstrieb). Diese bei=
den Grundtriebe der organischen Selbsterhaltung sind es, von denen
der Dichter sagt:

> „So lange bis den Bau der Welt
> „Philosophie zusammenhält,
> „Erhält sich ihr Getriebe
> „Durch Hunger und durch Liebe.“

Diese beiden mächtigen Grundtriebe sind es, welche durch ihre
verschiedene Ausbildung in den verschiedenen Arten den Kampf um's
Dasein so ungemein mannichfaltig gestalten, und welche den Erschei=
nungen der Vererbung und Anpassung zu Grunde liegen. Wir konn=
ten alle Vererbung auf die Fortpflanzung, alle Anpassung auf die Er=
nährung als die materielle Grundursache zurückführen.

Der Kampf um das Dasein wirkt bei der natürlichen Züchtung ebenso
züchtend oder auslesend, wie der Wille des Menschen bei der künstlichen
Züchtung. Aber dieser wirkt planmäßig und bewußt, jener planlos und

unbewußt. Dieser wichtige Unterschied zwischen der künstlichen und na=
türlichen Züchtung verdient besondere Beachtung. Denn wir lernen hier=
durch verstehen, warum zweckmäßige Einrichtungen ebenso durch zweck=
los wirkende mechanische Ursachen, wie durch zweckmäßig thätige Endur=
sachen erzeugt werden können. Die Producte der natürlichen Züch=
tung sind ebenso zweckmäßig eingerichtet, wie die Kunstproducte des
Menschen, und dennoch verdanken sie ihre Entstehung nicht einer
zweckmäßig thätigen Schöpferkraft, sondern einem unbewußt und plan=
los wirkenden mechanischen Verhältniß. Wenn man nicht tiefer über
die Wechselwirkung der Vererbung und Anpassung unter dem Ein=
fluß des Kampfes um's Dasein nachgedacht hat, so ist man zunächst
nicht geneigt, solche Erfolge von diesem natürlichen Züchtungsproceß
zu erwarten, wie derselbe in der That liefert. Es ist daher wohl an=
gemessen, hier ein Paar Beispiele von der Wirksamkeit der natürlichen
Züchtung anzuführen.

Lassen Sie uns zunächst die von Darwin hervorgehobene
gleichfarbige Zuchtwahl oder die sogenannte „sympathische Far=
benwahl" der Thiere betrachten. Schon frühere Naturforscher haben
es sonderbar gefunden, daß zahlreiche Thiere im Großen und Ganzen
dieselbe Färbung zeigen wie der Wohnort, oder die Umgebung, in der
sie sich beständig aufhalten. So sind z. B. die Blattläuse und viele
andere auf Blättern lebende Insecten grün gefärbt. Die Wüstenbe=
wohner, Springmäuse, Wüstenfüchse, Gazellen, Löwen u. s. w. sind
meist gelb oder gelblichbraun gefärbt, wie der Sand der Wüste. Die
Polarthiere, welche auf Eis und Schnee leben, sind weiß oder grau,
wie Eis und Schnee. Viele von diesen ändern ihre Färbung im
Sommer und Winter. Im Sommer, wenn der Schnee theilweis ver=
geht, wird das Fell dieser Polarthiere graubraun oder schwärzlich wie
der nackte Erdboden, während es im Winter wieder weiß wird.
Schmetterlinge und Colibris, welche die bunten, glänzenden Blüthen
umschweben, gleichen diesen in der Färbung. Darwin erklärt nun
diese auffallende Thatsache ganz einfach dadurch, daß eine solche Fär=
bung, die übereinstimmt mit der des Wohnortes, den betreffenden

Thieren von größtem Nutzen ist. Wenn diese Thiere Raubthiere sind, so werden sie sich dem Gegenstand ihres Appetits viel sicherer und unbemerkter nähern können, und ebenso werden die von ihnen verfolgten Thiere viel leichter entfliehen können, wenn sie sich in der Färbung möglichst wenig von ihrer Umgebung unterscheiden. Wenn also ursprünglich eine Thierart in allen Farben variirte, so werden diejenigen Individuen, deren Farbe am meisten derjenigen ihrer Umgebung glich, im Kampf um's Dasein am meisten begünstigt gewesen sein. Sie blieben unbemerkter, erhielten sich und pflanzten sich fort, während die anders gefärbten Individuen oder Spielarten ausstarben.

Aus derselben gleichfarbigen Zuchtwahl läßt sich wohl auch die merkwürdige Wasserähnlichkeit der pelagischen Glasthiere erklären, die wunderbare Thatsache, daß die Mehrzahl der pelagischen Thiere, d. h. derer, welche an der Oberfläche der offenen See leben, bläulich oder ganz farblos, und glasartig durchsichtig ist, wie das Wasser selbst. Solche farblose, glasartige Thiere kommen in den verschiedensten Klassen vor. Es gehören dahin unter den Fischen die Helmichthyiden, durch deren glashellen Körper hindurch man die Schrift eines Buches lesen kann; unter den Weichthieren die Flossenschnecken und Kielschnecken; unter den Würmern die Salpen, Alciope und Sagitta; ferner sehr zahlreiche pelagische Krebsthiere (Crustaceen) und der größte Theil der Medusen (Schirmquallen, Kammquallen u. s. w.) Alle diese pelagischen Thiere, welche an der Oberfläche des offenen Meeres schwimmen, sind glasartig durchsichtig und farblos, wie das Wasser selbst, während ihre nächsten Verwandten, die auf dem Grunde des Meeres leben, gefärbt und undurchsichtig wie die Landbewohner sind. Auch diese merkwürdige Thatsache läßt sich ebenso wie die sympathische Färbung der Landbewohner durch die natürliche Züchtung erklären. Unter den Voreltern der pelagischen Glasthiere, welche einen verschiedenen Grad von Farblosigkeit und Durchsichtigkeit zeigten, werden diejenigen, welche am meisten farblos und durchsichtig waren, offenbar in dem lebhaften Kampf um's Dasein, der an der Meeresoberfläche stattfindet, am meisten begünstigt gewesen sein. Sie konnten sich

ihrer Beute am leichteſten unbemerkt nähern, und wurden ſelbſt von
ihren Feinden am wenigſten bemerkt. So konnten ſie ſich leichter erhalten und fortpflanzen, als ihre mehr gefärbten und undurchſichtigen
Verwandten, und ſchließlich erreichte durch gehäufte Anpaſſung und
Vererbung, durch natürliche Auslese im Laufe vieler Generationen der
Körper denjenigen Grad von glasartiger Durchſichtigkeit und Farb-
loſigkeit, den wir gegenwärtig an den pelagiſchen Glasthieren bewundern (Gen. Morph. II, 242).

Nicht minder intereſſant und lehrreich, als die gleichfarbige Zuchtwahl, iſt diejenige Art der natürlichen Züchtung, welche Darwin die
ſexuelle oder geſchlechtliche Zuchtwahl nennt, und welche beſonders die Entſtehung der ſogenannten „ſecundären Sexualcharaktere"
erklärt. Wir haben dieſe untergeordneten Geſchlechtscharaktere, die in ſo
vieler Beziehung lehrreich ſind, ſchon früher erwähnt, und verſtanden
darunter ſolche Eigenthümlichkeiten der Thiere und Pflanzen, welche bloß
einem der beiden Geſchlechter zukommen, und welche nicht in unmittelbarer Beziehung zu der Fortpflanzungsthätigkeit ſelbſt ſtehen. (Vergl.
oben S. 164). Solche ſecundäre Geſchlechtscharaktere kommen in
großer Mannichfaltigkeit bei den Thieren vor. Sie wiſſen Alle, wie
auffallend ſich bei vielen Vögeln und Schmetterlingen die beiden Geſchlechter durch Größe und Färbung unterſcheiden. Meiſt iſt hier
das Männchen das größere und ſchönere Geſchlecht. Oft beſitzt
daſſelbe beſondere Zierrathe oder Waffen, wie z. B. das Geweih der
männlichen Hirſche und Rehe, der Sporn und Federkragen des Hahns
u. ſ. w. Alle dieſe Eigenthümlichkeiten der beiden Geſchlechter haben mit der Fortpflanzung ſelbſt, welche durch die „primären Sexualcharaktere", die eigentlichen Geſchlechtsorgane, vermittelt wird, unmittelbar Nichts zu thun.

Die Entſtehung dieſer merkwürdigen „ſecundären Sexualcharaktere" erklärt nun Darwin einfach durch eine Auslese oder Selection, welche bei der Fortpflanzung der Thiere geſchieht. Bei den
meiſten Thieren iſt die Zahl der Individuen beiderlei Geſchlechts mehr
oder weniger ungleich; entweder iſt die Zahl der weiblichen oder die

der männlichen Individuen größer, und wenn die Fortpflanzungszeit herannaht, findet in der Regel ein Kampf zwischen den betreffenden Nebenbuhlern um Erlangung der Thiere des anderen Geschlechts statt. Es ist bekannt, mit welcher Kraft und Heftigkeit gerade bei den höchsten Thieren, bei den Säugethieren und Vögeln, besonders bei den in Polygamie lebenden dieser Kampf gefochten wird. Bei den Hühnervögeln, wo auf einen Hahn zahlreiche Hennen kommen, findet zur Erlangung eines möglichst großen Harems ein lebhafter Kampf zwischen den mitbewerbenden Hähnen statt. Dasselbe gilt von vielen Wiederkäuern. Bei den Hirschen und Rehen z. B. entstehen zur Zeit der Fortpflanzung gefährliche Kämpfe zwischen den Männchen um den Besitz der Weibchen. Der secundäre Sexualcharakter, welcher hier die Männchen auszeichnet, das Geweih der Hirsche und Rehe, das den Weibchen fehlt, ist nach Darwin die Folge jenes Kampfes. Hier ist also nicht, wie beim Kampfe um die individuelle Existenz, die Selbsterhaltung, sondern die Erhaltung der Art, die Fortpflanzung, das Motiv und die bestimmende Ursache des Kampfes. Es giebt eine ganze Menge von Waffen, die in dieser Weise von den Thieren erworben wurden, sowohl passive Schutzwaffen als active Angriffswaffen. Eine solche Schutzwaffe ist zweifelsohne die Mähne des Löwen, die dem Weibchen abgeht; sie ist bei den Bissen, die die männlichen Löwen sich am Halse beizubringen suchen, wenn sie um die Weibchen kämpfen, ein tüchtiges Schutzmittel; und daher sind die mit der stärksten Mähne versehenen Männchen in dem sexuellen Kampfe am Meisten begünstigt. Eine ähnliche Schutzwaffe ist die Wamme des Stiers und der Federkragen des Hahns. Active Angriffswaffen sind dagegen das Geweih des Hirsches, der Hauzahn des Ebers, der Sporn des Hahns und der entwickelte Oberkiefer des männlichen Hirschkäfers; alles Instrumente, welche beim Kampfe der Männchen um die Weibchen zur Vernichtung oder Vertreibung der Nebenbuhler dienen.

In den letzterwähnten Fällen sind es die unmittelbaren Vernichtungskämpfe der Nebenbuhler, welche die Entstehung des secundären Sexualcharakters bedingen. Außer diesen unmittelbaren Vernichtungs-

kämpfen sind aber bei der geschlechtlichen Auslese auch die mehr mit=
telbaren Wettkämpfe von großer Wichtigkeit, welche auf die Neben=
buhler nicht minder umbildend einwirken.   Diese bestehen vorzugs=
weise darin, daß das werbende Geschlecht dem anderen zu gefallen
sucht, durch äußeren Putz, durch Schönheit, oder durch eine melodische
Stimme.   Darwin meint, daß die schöne Stimme der Singvögel
wesentlich auf diesem Wege entstanden ist.   Bei vielen Vögeln findet
ein wirklicher Sängerkrieg statt zwischen den Männchen, die um den
Besitz der Weibchen kämpfen.   Von mehreren Singvögeln weiß man,
daß zur Zeit der Fortpflanzung die Männchen sich zahlreich vor den
Weibchen versammeln und vor ihnen ihren Gesang erschallen lassen,
und daß dann die Weibchen denjenigen Sänger, welcher ihnen am
besten gefällt, zu ihrem Gemahl erwählen.   Bei anderen Singvögeln
lassen die einzelnen Männchen in der Einsamkeit des Waldes ihren
Gesang ertönen, um die Weibchen anzulocken, und diese folgen dem
anziehendsten Locktone.   Ein ähnlicher musikalischer Wettkampf, der
allerdings weniger melodisch ist, findet bei den Cikaden und Heu=
schrecken statt.   Bei den Cikaden hat das Männchen am Unterleib
zwei trommelartige Instrumente und erzeugt damit die scharfen zir=
penden Töne, welche die alten Griechen seltsamer Weise als schöne
Musik priesen.   Bei den Heuschrecken bringen die Männchen, theils
indem sie die Hinterschenkel wie Violinbogen an den Flügeldecken rei=
ben, theils durch Reiben der Flügeldecken an einander Töne hervor,
die für uns allerdings nicht melodisch sind, die aber den weiblichen
Heuschrecken so gefallen, daß sie die am besten geigenden Männchen
sich aussuchen.

Bei anderen Insecten und Vögeln ist es nicht der Gesang oder
überhaupt die musikalische Leistung, sondern der Putz oder die Schön=
heit des einen Geschlechts, welche das andere anzieht.   So finden wir,
daß bei den meisten Hühnervögeln die Hähne durch Hautlappen auf
dem Kopfe sich auszeichnen, oder durch einen schönen Schweif, den sie
radartig ausbreiten, wie z. B. der Pfau und der Truthahn.   Auch
der prachtvolle Schweif des Paradiesvogels ist eine ausschließliche

Zierde des männlichen Geschlechts. Ebenso zeichnen sich bei sehr vielen anderen Vögeln und bei sehr vielen Insecten, namentlich Schmetterlingen, die Männchen durch besondere Farben oder andere Zierden vor den Weibchen aus. Offenbar sind dieselben Producte der sexuellen Züchtung. Da den Weibchen diese Reize und Verzierungen fehlen, so müssen wir schließen, daß dieselben von den Männchen im Wettkampf um die Weibchen erst mühsam erworben worden sind, wobei die Weibchen auslesend wirkten.

Die Anwendung dieses interessanten Schlusses auf die menschliche Gesellschaft können Sie sich selbst leicht im Einzelnen ausmalen. Offenbar sind auch hier dieselben Ursachen bei der Ausbildung der secundären Sexualcharaktere wirksam gewesen. Ebensowohl die Vorzüge, welche den Mann, als diejenigen, welche das Weib auszeichnen, verdanken ihren Ursprung ganz gewiß größtentheils der sexuellen Auslese des anderen Geschlechts. Im Alterthum und im Mittelalter, besonders in der romantischen Ritterzeit, waren es die unmittelbaren Vernichtungskämpfe, die Turniere und Duelle, welche die Brautwahl vermittelten; der Stärkere führte die Braut heim. In neuerer Zeit dagegen sind die mittelbaren Wettkämpfe der Nebenbuhler beliebter, welche mittelst musikalischer Leistungen, Spiel und Gesang, oder mittelst körperlicher Reize, natürlicher Schönheit oder künstlichen Putzes, in unseren sogenannten „feinen" und „hochcivilisirten" Gesellschaften ausgekämpft werden. Bei weitem am Wichtigsten aber von diesen verschiedenen Formen der Geschlechtswahl des Menschen ist die am meisten veredelte Form derselben, nämlich die p s y c h i s c h e A u s l e s e, bei welcher die geistigen Vorzüge des einen Geschlechts bestimmend auf die Wahl des anderen einwirken. Indem der am höchsten veredelte Culturmensch sich bei der Wahl der Lebensgefährtin Generationen hindurch von den Seelenvorzügen derselben leiten ließ, und diese auf die Nachkommenschaft vererbte, half er mehr, als durch vieles Andere, die tiefe Kluft schaffen, welche ihn gegenwärtig von den rohesten Naturvölkern und von unseren gemeinsamen thierischen Voreltern trennt (Gen. Morph. II, 247).

Im Anschluß an diese Betrachtung der natürlichen Züchtung lassen Sie uns nun einen Blick auf die unmittelbaren Folgen werfen, welche aus deren Thätigkeit sich ergeben. Unter diesen Folgen treten uns zunächst zwei äußerst wichtige organische Grundgesetze entgegen, welche man schon lange empirisch in der Biologie festgestellt hatte, nämlich das Gesetz der Arbeitstheilung oder Differenzirung und das Gesetz des Fortschritts oder der Vervollkommnung. Diese beiden Grundgesetze lassen sich durch die Selectionstheorie als nothwendige Folgen der natürlichen Züchtung im Kampf um's Dasein erklären. Wir haben diesen Proceß selbst als mechanisch nachgewiesen und gezeigt, daß die Vererbung materiell durch die Fortpflanzung, die Anpassung materiell durch die Ernährung bedingt ist, und daß beide Functionen auf mechanische, also physikalische und chemische Ursachen zurückzuführen sind. Wie von der natürlichen Züchtung selbst, so gilt dies auch von jenen beiden großen Erscheinungen, mit denen wir uns jetzt zu beschäftigen haben, von den Gesetzen der Divergenz und des Fortschritts. Man war früher, als man in der geschichtlichen Entwickelung, in der individuellen Entwickelung und in der vergleichenden Anatomie der Thiere und Pflanzen durch die Erfahrung diese beiden Gesetze kennen lernte, geneigt, dieselben wieder auf eine unmittelbare schöpferische Einwirkung zurückzuführen. Es sollte in dem zweckmäßigen Plane des Schöpfers gelegen haben, die Formen der Thiere und Pflanzen im Laufe der Zeit immer mannichfaltiger auszubilden und immer vollkommener zu gestalten. Wir werden offenbar einen großen Schritt in der Erkenntniß der Natur thun, wenn wir diese teleologische und anthropomorphe Vorstellung zurückweisen, und die beiden Gesetze der Arbeitstheilung und Vervollkommnung als nothwendige Folgen der natürlichen Züchtung im Kampfe um's Dasein nachweisen können.

Das erste große Gesetz, welches unmittelbar und mit Nothwendigkeit aus der natürlichen Züchtung folgt, ist dasjenige der Sonderung oder Differenzirung, welche man auch häufig als Arbeitstheilung oder Polymorphismus bezeichnet, und welche Darwin als Divergenz des Charakters erläutert. (Gen.

Morph. II., 249). Wir verstehen darunter die allgemeine Neigung aller organischen Individuen, sich in immer höherem Grade ungleichartig auszubilden und von dem gemeinsamen Urbilde zu entfernen. Die Ursache dieser allgemeinen Neigung zur Sonderung und der dadurch bewirkten **Hervorbildung ungleichartiger Formen aus gleichartiger Grundlage** ist nach **Darwin** einfach auf den Umstand zurückzuführen, daß der Kampf um's Dasein zwischen je zwei Organismen um so heftiger entbrennt, je näher sich diese Individuen in jeder Beziehung stehen, je gleichartiger sie sind. Dies ist ein ungemein wichtiges und eigentlich äußerst einfaches Verhältniß, welches aber gewöhnlich gar nicht gehörig in's Auge gefaßt wird.

Es wird Jedem von Ihnen einleuchten, daß auf einem Acker von bestimmter Größe neben den Kornpflanzen, die dort ausgesäet sind, eine große Anzahl von Unkräutern existiren können, und zwar an Stellen, welche nicht von den Kornpflanzen eingenommen werden könnten. Die trockneren, sterileren Stellen des Bodens, auf denen keine Kornpflanze gedeihen würde, können noch zum Unterhalt von Unkraut verschiedener Art dienen; und zwar werden davon um so mehr verschiedene Arten und Individuen neben einander existiren können, je besser die verschiedenen Unkrautarten geeignet sind, sich den verschiedenen Stellen des Ackerbodens anzupassen. Ebenso ist es mit den Thieren. Offenbar können in einem und demselben beschränkten Bezirk eine viel größere Anzahl von thierischen Individuen zusammenleben, wenn dieselben von mannichfach verschiedener Natur, als wenn sie alle gleich sind. Es giebt Bäume (wie z. B. die Eiche), auf welchen ein paar Hundert verschiedene Insectenarten neben einander leben. Die einen nähren sich von den Früchten des Baumes, die anderen von den Blättern, noch andere von der Rinde, der Wurzel u. s. f. Es wäre ganz unmöglich, daß die gleiche Zahl von Individuen auf diesem Baume lebte, wenn alle von einer Art wären, wenn z. B. alle nur von der Rinde oder nur von den Blättern lebten. Ganz dasselbe ist in der menschlichen Gesellschaft der Fall. In einer und derselben kleinen Stadt kann eine bestimmte Anzahl von Handwerkern nur leben, wenn dieselben verschie-

dene Geschäfte betreiben. Wenn hier in Jena ebenso viel Schuster
existiren wollten, als Schuster, Schneider, Tischler, Buchbinder u. s.
w. zusammengenommen da sind, so würde bald der größte Theil derselben zu Grunde gehen. Offenbar können hier um so mehr Individuen neben einander existiren, je verschiedenartiger ihre Beschäftigung ist. Die Arbeitstheilung, welche sowohl der ganzen Gemeinde,
als auch dem einzelnen Arbeiter den größten Nutzen bringt, ist eine
unmittelbare Folge des Kampfes um's Dasein, der natürlichen Züchtung; denn dieser Kampf ist um so leichter zu bestehen, je mehr sich
die Thätigkeit und somit auch die Form der verschiedenen Individuen
von einander entfernt. Natürlich wirkt die verschiedene Function
umbildend auf die Form zurück, und die physiologische Arbeitstheilung bedingt nothwendig die morphologische Differenzirung.

Nun bitte ich Sie wieder zu erwägen, daß alle Thier- und Pflanzenarten veränderlich sind, und die Fähigkeit besitzen, sich an verschiedenen Orten den localen Verhältnissen anzupassen. Die Spielarten,
Varietäten oder Rassen einer jeden Species werden sich den Anpas-
sungsgesetzen gemäß um so mehr von der ursprünglichen Stammart
entfernen, je verschiedenartiger die neuen Verhältnisse sind, denen sie
sich anpassen. Wenn wir nun diese von einer gemeinsamen Grundform ausgehenden Varietäten uns in Form eines verzweigten Strah-
lenbüschels vorstellen, so werden diejenigen Spielarten am besten neben einander existiren und sich fortpflanzen können, welche am weitesten von einander entfernt sind, welche an den Enden der Reihe
oder auf entgegengesetzten Seiten des Büschels stehen. Die in der
Mitte stehenden Uebergangsformen dagegen haben den schwierigsten
Stand im Kampfe um's Dasein. Die nothwendigen Lebensbedürfnisse sind bei den extremen, am weitesten aus einandergehenden Spielarten am meisten verschieden, und daher werden diese in dem allgemeinen Kampfe um's Dasein am wenigsten in ernstlichen Conflict ge-
rathen. Die vermittelnden Zwischenformen dagegen, welche sich am
wenigsten von der ursprünglichen Stammform entfernt haben, theilen
mehr oder minder dieselben Lebensbedürfnisse, und daher werden sie

in der Mitbewerbung um dieselben am meisten zu kämpfen haben und
am gefährlichsten bedroht sein. Wenn also zahlreiche Varietäten oder
Spielarten einer Species auf einem und demselben Fleck der Erde mit
einander leben, so können viel eher die Extreme, die am meisten abwei=
chenden Formen, neben einander fort bestehen, als die vermittelnden
Zwischenformen, welche mit jedem der verschiedenen Extreme zu käm=
pfen haben. Die letzteren werden auf die Dauer den feindlichen Ein=
flüssen nicht widerstehen können, welche die ersteren siegreich überwin=
den. Diese allein erhalten sich, pflanzen sich fort, und sind nun nicht
mehr durch vermittelnde Uebergangsformen mit der ursprünglichen
Stammart verbunden. So entstehen aus Varietäten „gute Arten.“
Der Kampf um's Dasein begünstigt nothwendig die allgemeine Di=
vergenz oder das Auseinandergehen der organischen Formen, die be=
ständige Neigung der Organismen, neue Arten zu bilden. Diese be=
ruht nicht auf einer mystischen Eigenschaft, auf einem unbekannten
Bildungstrieb der Organismen, sondern auf der Wechselwirkung der
Vererbung und Anpassung im Kampfe um's Dasein. Indem von
den Varietäten einer jeden Species die vermittelnden Zwischenformen
erlöschen und die Uebergangsglieder aussterben, geht der Divergenz=
proceß immer weiter, und bildet in den Extremen Gestalten aus,
die wir als neue Arten unterscheiden.

Obgleich alle Naturforscher die Variabilität oder Veränderlichkeit
aller Thier= und Pflanzenarten zugeben müssen, haben doch die mei=
sten bisher bestritten, daß die Abänderung oder Umbildung der orga=
nischen Form die ursprüngliche Grenze des Speziescharakters über=
schreite. Unsere Gegner halten an dem Satze fest: „Soweit auch eine
Art in Varietätenbüschel aus einander gehen mag, so sind die Spiel=
arten oder Varietäten derselben doch niemals in dem Grade von ein=
ander unterschieden, wie zwei wirkliche gute Arten.“ Diese Behaup=
tung, die gewöhnlich von Darwin's Gegnern an die Spitze ihrer
Beweisführung gestellt wird, ist vollkommen unhaltbar und unbe=
gründet. Dies wird Ihnen sofort klar, sobald Sie kritisch die ver=
schiedenen Versuche vergleichen, den Begriff der Species oder

Art festzustellen. Was eigentlich eine „echte oder gute Species" sei, diese Frage vermag kein Naturforscher zu beantworten, trotzdem ganze Bibliotheken über die Frage geschrieben worden sind, ob diese oder jene beobachtete Form eine Species oder Varietät, eine wirklich gute oder schlechte Art sei. Die verhältnißmäßig beste und vernünftigste Antwort auf diese Frage war noch immer folgende: „Zu einer Art gehören alle Individuen, die in allen wesentlichen Merkmalen übereinstimmen. Wesentliche Speciescharaktere sind aber solche, welche beständig oder constant sind, und niemals abändern oder variiren." Sobald nun aber der Fall eintrat, daß ein Merkmal, das man bisher für wesentlich hielt, dennoch abänderte, so sagte man: „Dieses Merkmal ist für die Art nicht wesentlich gewesen, denn wesentliche Charaktere variiren nicht." Man bewegte sich also in einem offenbaren Zirkelschluß, und die Naivität ist wirklich erstaunlich, mit der diese Kreisbewegung der Artdefinition in Tausenden von Büchern als unumstößliche Wahrheit hingestellt und immer noch wiederholt wird.

Ebenso wie dieser, so sind auch alle übrigen Versuche, welche man zu einer festen und logischen Begriffsbestimmung der organischen „Species" gemacht hat, völlig fruchtlos und vergeblich gewesen. Der Natur der Sache nach kann es nicht anders sein. Der Begriff der Species ist ebenso gut relativ, und nicht absolut, wie der Begriff der Varietät, Gattung, Familie, Ordnung, Classe u. s. w. Ich habe dies in meiner Kritik des Speciesbegriffs in meiner generellen Morphologie ausführlich nachgewiesen (Gen. Morph. II. 323—364). Ich will mit dieser unerquicklichen Erörterung hier keine Zeit verlieren, und nur noch ein paar Worte über das Verhältniß der Species zur Bastardzeugung sagen. Früher galt es als Dogma, daß zwei gute Arten niemals mit einander Bastarde zeugen könnten, welche sich als solche fortpflanzten. Man berief sich dabei fast immer auf die Bastarde von Pferd und Esel, die Maulthiere und Maulesel, die in der That selten oder fast niemals ihre Art fortpflanzen können. Allein solche unfruchtbare Bastarde sind, wie sich herausgestellt hat, seltene Ausnahmen, und in der Mehrzahl der Fälle sind Bastarde zweier ganz ver-

ſchiedenen Arten fruchtbar und können ſich fortpflanzen. Faſt immer
können ſie mit einer der beiden Elternarten, bisweilen aber auch rein
unter ſich fruchtbar ſich vermiſchen. Daraus können aber nach dem
„Geſetze der gemiſchten Vererbung" (S. 165) ganz neue Formen ent=
ſtehen. In der That iſt ſo die Baſtardzeugung eine Quelle der Ent=
ſtehung neuer Arten, verſchieden von der bisher betrachteten Quelle der
natürlichen Züchtung. Da im Ganzen dieſe Erſcheinungen noch dunkel
und die meiſten Beobachtungen noch ſehr lückenhaft ſind, ſo wollen wir
uns bei denſelben hier nicht weiter aufhalten. Nur ein paar Beiſpiele
von neuen Arten, welche durch Baſtardzeugung oder Hybridismus
entſtanden ſind, will ich anführen. Zu den intereſſanteſten gehört
das Haſen=Kaninchen (Lepus Darwinii), der Baſtard vom
Haſen und Kaninchen, welcher in Frankreich ſchon ſeit 1850 zu ga=
ſtronomiſchen Zwecken in vielen Generationen gezüchtet worden iſt.
Ich beſitze ſelbſt durch die Güte des Herrn Dr. Conrad, welcher
dieſe Züchtungsverſuche auf ſeinem Gute wiederholt hat, ſolche Ba=
ſtarde, welche aus reiner Inzucht hervorgegangen ſind, d. h. deren
beide Eltern ſelbſt Baſtarde eines Haſenvaters und einer Kaninchen=
mutter ſind [17]). Nun ſind aber Haſe und Kaninchen zwei ſo ver=
ſchiedene Species der Gattung Lepus, daß kein Syſtematiker ſie als
Varietäten eines Genus anerkennen wird. Man kennt ferner fruchtbare
Baſtarde von Schafen und Ziegen, die in Chile ſeit langer Zeit zu
induſtriellen Zwecken gezogen werden. Welche unweſentliche Um=
ſtände bei der geſchlechtlichen Vermiſchung die Fruchtbarkeit der ver=
ſchiedenen Arten bedingen, das zeigt der Umſtand, daß Ziegenböcke
und Schafe bei ihrer Vermiſchung fruchtbare Baſtarde erzeugen, wäh=
rend Schafbock und Ziege ſich überhaupt ſelten paaren, und dann
ohne Erfolg. So ſind alſo die Erſcheinungen des Hybridismus, auf
welche man irrthümlicherweiſe ein ganz übertriebenes Gewicht gelegt
hat, für den Speciesbegriff von durchaus untergeordneter Bedeutung,
ſo daß wir bei ihnen nicht länger zu verweilen brauchen.

Daß die vielen vergeblichen Verſuche, den Speciesbegriff theore=
tiſch feſtzuſtellen, mit der praktiſchen Speciesunterſcheidung gar Nichts

zu thun haben, wurde ſchon früher angeführt (S. 40). Die ver-
ſchiedenartige praktiſche Verwerthung des Speciesbegriffes, wie ſie
ſich in der ſyſtematiſchen Zoologie und Botanik durchgeführt findet,
iſt ſehr lehrreich für die Erkenntniß der menſchlichen Thorheit. Die
bei weitem überwiegende Mehrzahl der Zoologen und Botaniker war
bisher bei Unterſcheidung und Beſchreibung der verſchiedenen Thier-
und Pflanzenformen vor Allem beſtrebt, die verwandten Formen als
„gute Species“ ſcharf zu trennen. Allein eine ſcharfe und folgerichtige
Unterſcheidung ſolcher „echten oder guten Arten“ zeigte ſich nirgends
möglich. Es giebt nicht zwei Zoologen, nicht zwei Botaniker, welche
in allen Fällen darüber einig wären, welche von den nahe verwandten Formen einer Gattung gute Arten ſeien und welche nicht. Alle
Autoren haben darüber verſchiedene Anſichten. Bei der Gattung
Hieracium z. B., einer der gemeinſten deutſchen Pflanzengattungen,
hat man über 300 Arten in Deutſchland allein unterſchieden. Der
Botaniker F r i e s läßt davon aber nur 106, K o c h nur 52 als „gute
Arten“ gelten, und Andere nehmen deren kaum 20 an. Eben ſo
groß ſind die Differenzen bei den Brombeerarten (Rubus). Wo der
eine Botaniker über hundert Arten macht, nimmt der zweite bloß etwa
die Hälfte, ein dritter nur fünf bis ſechs oder noch weniger Arten an.
Die Vögel Deutſchlands kennt man ſeit längerer Zeit ſehr genau.
B e c h ſ t e i n hat in ſeiner ſorgfältigen Naturgeſchichte der deutſchen
Vögel 367 Arten unterſchieden, L. R e i c h e n b a c h 379, M e y e r
u n d W o l f f 406, und Paſtor B r e h m ſogar mehr als 900 verſchiedene Arten.

Sie ſehen alſo, daß die größte Willkür hier wie in jedem anderen Gebiete der zoologiſchen und botaniſchen Syſtematik herrſcht, und
der Natur der Sache nach herrſchen muß. Denn es iſt ganz unmöglich, Varietäten, Spielarten und Raſſen von den ſogenannten „guten
Arten“ ſcharf zu unterſcheiden. V a r i e t ä t e n ſ i n d b e g i n n e n d e
A r t e n. Aus der Variabilität oder Anpaſſungsfähigkeit der Arten
folgt mit Nothwendigkeit unter dem Einfluſſe des Kampfes um's Daſein die immer weiter gehende Sonderung oder Differenzirung der

Spielarten, die beständige Divergenz der neuen Formen, und indem diese durch Erblichkeit eine Anzahl von Generationen hindurch constant erhalten werden, während die vermittelnden Zwischenformen aussterben, bilden sie selbstständige „neue Arten". Die Entstehung neuer Species durch die Arbeitstheilung oder Sonderung, Divergenz oder Differenzirung der Varietäten, ist mithin eine nothwendige Folge der natürlichen Züchtung.

Dasselbe gilt nun auch von dem zweiten großen Gesetze, welches wir unmittelbar aus der natürlichen Züchtung ableiten, und welches dem Divergenzgesetze zwar sehr nahe verwandt aber keineswegs damit identisch ist, nämlich von dem Gesetze des Fortschritts (Progressus) oder der Vervollkommnung (Teleosis). (Gen. Morph. II, 257). Auch dieses große und wichtige Gesetz ist gleich dem Differenzirungsgesetze längst empirisch durch die paläontologische Erfahrung festgestellt worden, ehe uns Darwin's Selectionstheorie den Schlüssel zu seiner ursächlichen Erklärung lieferte. Die meisten ausgezeichneten Paläontologen haben das Fortschrittsgesetz als allgemeinstes Resultat ihrer Untersuchungen über die Versteinerungen und deren historische Reihenfolge hingestellt, so namentlich der verdienstvolle Bronn, dessen Untersuchungen über die Gestaltungsgesetze[18]) und Entwickelungsgesetze[19]) der Organismen, obwohl wenig gewürdigt, dennoch vortrefflich sind, und die allgemeinste Beachtung verdienen. Die allgemeinen Resultate, zu welchen Bronn bezüglich des Differenzirungs- und Fortschrittsgesetzes auf rein empirischem Wege, durch außerordentlich fleißige, mühsame und sorgfältige Untersuchungen gekommen ist, sind glänzende Bestätigungen für die Wahrheit dieser beiden großen Gesetze, die wir als nothwendige Folgerungen aus der Selectionstheorie ableiten müssen.

Das Gesetz des Fortschritts oder der Vervollkommnung constatirt auf Grund der paläontologischen Erfahrung die äußerst wichtige Thatsache, daß zu allen Zeiten des organischen Lebens auf der Erde eine beständige Zunahme in der Vollkommenheit der organischen Bildungen stattgefunden hat. Seit jener unvordenklichen Zeit, in welcher das Leben auf unſerem Planeten mit der Urzeugung von Moneren begann, haben ſich die Organismen aller Gruppen beſtändig im Ganzen wie im Einzelnen vervollkommnet und höher ausgebildet. Die ſtetig zunehmende Mannichfaltigkeit der Lebensformen war ſtets zugleich vom Fortſchritt in der Organiſation begleitet. Je tiefer Sie in die Schichten der Erde hinabſteigen, in welchen die Reſte der aus- geſtorbenen Thiere und Pflanzen begraben liegen, je älter die letzteren mithin ſind, deſto einförmiger, einfacher und unvollkommener ſind ihre Geſtalten. Dies gilt ſowohl von den Organismen im Großen und Ganzen, als von jeder einzelnen größeren oder kleineren Gruppe derſelben, abgeſehen natürlich von jenen Ausnahmen, die durch Rückbildung einzelner Formen entſtehen, und die wir nachher be- ſprechen werden.

Zur Beſtätigung dieſes Geſetzes will ich Ihnen hier wieder nur die wichtigſte von allen Thiergruppen, den Stamm der Wirbelthiere anführen. Die älteſten foſſilen Wirbelthierreſte, welche wir kennen, gehören der tiefſtehenden Fiſchclaſſe an. Auf dieſe folgten ſpäterhin die vollkommneren Amphibien, dann die Reptilien, und endlich in noch viel ſpäterer Zeit die höchſtorganiſirten Wirbelthierclaſſen, die Vögel und Säugethiere. Von den letzteren erſchienen zuerſt nur die niedrigſten und unvollkommenſten Formen, ohne Placenta, die Beu- telthiere, und viel ſpäter wiederum die vollkommneren Säugethiere, mit Placenta. Auch von dieſen traten zuerſt nur niedere, ſpäter hö- here Formen auf, und erſt in der jüngeren Tertiärzeit entwickelte ſich aus den letzteren allmählich der Menſch.

Verfolgen Sie die hiſtoriſche Entwickelung des Pflanzenreichs, ſo finden Sie hier daſſelbe Geſetz beſtätigt. Auch von den Pflanzen exi- ſtirte anfänglich bloß die niedrigſte und unvollkommenſte Claſſe, die- jenige der Algen oder Tange. Auf dieſe folgte ſpäter die Gruppe der farrnkrautartigen Pflanzen oder Filicinen (Farrne, Schafthalme, Schuppenpflanzen u. ſ. w.). Aber noch exiſtirten keine Blüthen- pflanzen oder Phanerogamen. Dieſe begannen erſt ſpäter mit den Gymnoſpermen (Nadelhölzern und Cycadeen), welche in ihrer ganzen Bildung tief unter den übrigen Blüthenpflanzen (Angiospermen) stehen, und den Uebergang von jenen farrnkrautartigen Pflanzen zu den Angiospermen vermitteln. Diese letzteren entwickelten sich wiederum viel später, und zwar waren auch hier anfangs bloß kronenlose Blüthenpflanzen (Monocotyledonen und Monochlamydeen), später erst kronenblüthige (Dichlamydeen) vorhanden. Endlich gingen unter diesen wieder die niederen Polypetalen den höheren Gamopetalen voraus. Diese ganze Reihenfolge ist ein unwiderleglicher und handgreiflicher Beweis für das große Gesetz der fortschreitenden Entwickelung der Organismen, welches von denkenden Paläontologen als empirische Thatsache auch längst anerkannt ist.

Fragen wir nun, wodurch diese Thatsache bedingt ist, so kommen wir wiederum, gerade so wie bei der Thatsache der Differenzirung, auf die natürliche Züchtung im Kampf um das Dasein zurück. Wenn Sie noch einmal den ganzen Vorgang der natürlichen Züchtung, wie er durch die verwickelte Wechselwirkung der verschiedenen Vererbungs- und Anpassungsgesetze sich gestaltet, sich vor Augen stellen, so werden Sie als die nächste nothwendige Folge nicht allein die Divergenz des Charakters, sondern auch die Vervollkommnung desselben erkennen. Es ist eine Naturnothwendigkeit, daß die beständige Zunahme der Arbeitstheilung oder Differenzirung im Großen und Ganzen zugleich einen Fortschritt der Organisation, eine Vervollkommnung der organischen Formen in sich schließt. Wir sehen ganz dasselbe in der Geschichte des menschlichen Geschlechts. Auch hier ist es natürlich und nothwendig, daß die fortschreitende Arbeitstheilung beständig die Menschheit fördert, und in jedem einzelnen Zweige der menschlichen Thätigkeit zu neuen Erfindungen und Verbesserungen antreibt. Im Großen und Ganzen beruht der Fortschritt selbst auf der Differenzirung und ist daher gleich dieser eine unmittelbare Folge der natürlichen Züchtung durch den Kampf um's Dasein.

Zwölfter Vortrag.

Entwickelungsgesetze der organischen Stämme und Individuen. Phylogenie und Ontogenie.

Entwickelungsgesetze der Menschheit: Differenzirung und Vervollkommnung. Mechanische Ursache dieser beiden Grundgesetze. Fortschritt ohne Differenzirung und Differenzirung ohne Fortschritt. Entstehung der rudimentären Organe durch Nichtgebrauch und Abgewöhnung. Ontogenesis oder individuelle Entwickelung der Organismen. Allgemeine Bedeutung derselben. Ontogenie oder individuelle Entwickelungsgeschichte der Wirbelthiere, mit Inbegriff des Menschen. Eifurchung. Bildung der drei Keimblätter. Entwickelungsgeschichte des Centralnervensystems, der Extremitäten, der Kiemenbogen und des Schwanzes bei den Wirbelthieren. Ursächlicher Zusammenhang und Parallelismus der Ontogenesis und Phylogenesis, der individuellen und der Stammesentwickelung. Ursächlicher Zusammenhang und Parallelismus der Phylogenesis und der systematischen Entwickelung. Parallelismus der drei organischen Entwickelungsreihen.

Meine Herren! Wenn der Mensch seine Stellung in der Natur begreifen und sein Verhältniß zu der für ihn erkennbaren Erscheinungswelt naturgemäß erfassen will, so ist es durchaus nothwendig, daß er objectiv die menschlichen Erscheinungen mit den außermenschlichen vergleicht, und vor allen mit den thierischen Erscheinungen. Wir haben bereits früher gesehen, daß die ungemein wichtigen physiologischen Gesetze der Vererbung und der Anpassung in ganz gleicher Weise für den menschlichen Organismus, wie für das Reich der

15 *

Thiere und Pflanzen ihre Geltung haben, und hier wie dort in Wech=
selwirkung mit einander stehen. Daher wirkt auch die natürliche Züch=
tung durch den Kampf um's Dasein ebenso in der menschlichen Gesell=
schaft, wie im Leben der Thiere und Pflanzen umgestaltend ein, und
ruft hier wie dort immer neue Formen hervor. Ganz besonders wichtig
ist diese Vergleichung der menschlichen und der thierischen Umbildungs=
phänomene bei Betrachtung des Divergenzgesetzes und des Fortschritts=
gesetzes, der beiden Grundgesetze, die wir am Ende des letzten Vor=
trags als unmittelbare und nothwendige Folgen der natürlichen Züch=
tung im Kampf um's Dasein nachgewiesen haben.

Ein vergleichender Ueberblick über die Völkergeschichte oder die
sogenannte „Weltgeschichte" zeigt Ihnen zunächst als allgemeinstes
Resultat eine beständig zunehmende Mannichfaltigkeit der
menschlichen Thätigkeit, im einzelnen Menschenleben sowohl als im
Familien= und Staatenleben. Diese Differenzirung oder Sonderung,
diese stetig zunehmende Divergenz des menschlichen Charakters und
der menschlichen Lebensform wird hervorgebracht durch die immer
weiter gehende und tiefer greifende Arbeitstheilung der Individuen.
Während die ältesten und niedrigsten Stufen der menschlichen Cultur
uns überall nahezu dieselben rohen und einfachen Verhältnisse vor
Augen führen, bemerken wir in jeder folgenden Periode der Geschichte
eine größere Mannichfaltigkeit in Sitten, Gebräuchen und Einrich=
tungen bei den verschiedenen Nationen. Die zunehmende Arbeits=
theilung bedingt eine steigende Mannichfaltigkeit der Formen in jeder
Beziehung. Das spricht sich selbst in der menschlichen Gesichtsbildung
aus. Unter den niedersten Volksstämmen gleichen sich die meisten
Individuen so sehr, daß die europäischen Reisenden dieselben gewöhn=
lich gar nicht unterscheiden können. Mit zunehmender Cultur diffe=
renzirt sich die Physiognomie der Individuen. Endlich bei den höchst
entwickelten Culturvölkern, bei Engländern und Deutschen, geht die
Divergenz der Gesichtsbildung bei allen stammverwandten Individuen
so weit, daß wir nur selten in die Verlegenheit kommen, zwei Gesichter
gänzlich mit einander zu verwechseln.

Als zweites oberstes Grundgesetz tritt uns in der Völkergeschichte das große Gesetz des Fortschritts oder der Vervollkommnung entgegen. Im Großen und Ganzen ist die Geschichte der Menschheit die Geschichte ihrer fortschreitenden Entwickelung. Freilich kommen überall und zu jeder Zeit Rückschritte im Einzelnen vor, oder es werden schiefe Bahnen des Fortschritts eingeschlagen, welche nur einer einseitigen und äußerlichen Vervollkommnung entgegenführen, und dabei von dem höheren Ziele der inneren und werthvolleren Vervollkommnung sich mehr und mehr entfernen. Allein im Großen und Ganzen ist und bleibt die Entwickelungsbewegung der ganzen Menschheit eine fortschreitende, indem der Mensch sich immer weiter von seinen affenartigen Vorfahren entfernt und immer mehr seinen selbstgesteckten idealen Zielen nähert.

Wenn Sie nun erkennen wollen, durch welche Ursachen eigentlich diese beiden großen Entwickelungsgesetze der Menschheit, das Divergenzgesetz und das Fortschrittsgesetz bedingt sind, so müssen Sie dieselben mit den entsprechenden Entwickelungsgesetzen der Thierheit vergleichen, und Sie werden bei tieferem Eingehen nothwendig zu dem Schlusse kommen, daß sowohl die Erscheinungen wie ihre Ursachen in beiden Fällen ganz dieselben sind. Ebenso in dem Entwickelungsgange der Menschenwelt wie in demjenigen der Thierwelt sind die beiden Grundgesetze der Differenzirung und Vervollkommnung lediglich durch rein mechanische Ursachen bedingt, lediglich die nothwendigen Folgen der natürlichen Züchtung im Kampf um's Dasein.

Vielleicht hat sich Ihnen bei der vorhergehenden Betrachtung die Frage aufgedrängt: „Sind nicht diese beiden Gesetze identisch? Ist nicht immer der Fortschritt nothwendig mit der Divergenz verbunden?" Diese Frage ist oft bejaht worden, und Carl Ernst Bär z. B., einer der größten Forscher im Gebiete der Entwickelungsgeschichte, hat als eines der obersten Gesetze in der Ontogenesis des Thierkörpers den Satz ausgesprochen: „Der Grad der Ausbildung (oder Vervollkommnung) besteht in der Stufe der Sonderung (oder Differenzirung) der Theile" [20]. So richtig dieser Satz im Ganzen ist, so hat er dennoch keine allgemeine Gültigkeit. Vielmehr zeigt sich in vielen einzelnen Fällen, daß Divergenz und Fortschritt keineswegs durchweg zusammenfallen. Es ist nicht jeder Fortschritt eine Differenzirung, und es ist nicht jede Differenzirung ein Fortschritt.

Was zunächst die Vervollkommnung oder den Fortschritt betrifft, so hat man schon früher, durch rein anatomische Betrachtungen geleitet, das Gesetz aufgestellt, daß allerdings die Vervollkommnung des Organismus größtentheils auf der Arbeitstheilung der einzelnen Organe und Körpertheile beruht, daß es jedoch auch andere organische Umbildungen gibt, welche einen Fortschritt in der Organisation bedingen. Eine solche ist besonders die Zahlverminderung gleichartiger Theile. Wenn Sie z. B. die niederen krebsartigen Gliederthiere, welche sehr zahlreiche Beinpaare besitzen, vergleichen mit den Spinnen, die stets nur vier Beinpaare, und mit den Insecten, die stets nur drei Beinpaare besitzen, so finden Sie dieses Gesetz, für welches eine Masse von Beispielen sich anführen läßt, bestätigt. Die Zahlreduction der Beinpaare ist ein Fortschritt in der Organisation der Gliederthiere. Ebenso ist die Zahlreduction der gleichartigen Wirbelabschnitte des Rumpfes bei den Wirbelthieren ein Fortschritt in deren Organisation. Die Fische und Amphibien mit einer sehr großen Anzahl von gleichartigen Wirbeln sind schon deshalb unvollkommener und niedriger als die Vögel und Säugethiere, bei denen die Wirbel nicht nur im Ganzen viel mehr differenzirt, sondern auch die Zahl der gleichartigen Wirbel viel geringer ist. Nach demselben Gesetze der Zahlverminderung sind ferner die Blüthen mit zahlreichen Staubfäden unvollkommener als die Blüthen der verwandten Pflanzen mit einer geringen Staubfädenzahl u. s. w. Wenn also ursprünglich eine sehr große Anzahl von gleichartigen Theilen im Körper vorhanden war, und wenn diese Zahl im Laufe zahlreicher Generationen allmählich abnahm, so war diese Umbildung eine Vervollkommnung.

Ein anderes Fortschrittsgesetz, welches von der Differenzirung ganz unabhängig, ja sogar dieser gewissermaßen entgegengesetzt erscheint, ist das Gesetz der Centralisation. Im Allgemeinen ist der ganze Organismus um so vollkommener, je einheitlicher er organisirt ist, je mehr die Theile dem Ganzen untergeordnet, je mehr die Functionen und ihre Organe centralisirt sind. So ist z. B. das Blutgefäßsystem da am vollkommensten, wo ein centralisirtes Herz da ist. Ebenso ist die zusammengedrängte Markmasse, welche das Rückenmark der Wirbelthiere und das Bauchmark der höheren Gliederthiere bildet, vollkommener, als die decentralisirte Ganglienkette der niederen Gliederthiere und das zerstreute Gangliensystem der Weichthiere. Bei der Schwierigkeit, welche die Erläuterung dieser verwickelten Fortschrittsgesetze im Einzelnen hat, kann ich hier nicht näher darauf eingehen, und muß Sie bezüglich derselben auf Bronn's treffliche „Morphologische Studien" [18] und auf meine generelle Morphologie verweisen (I, 370, 550; II, 257—266).

Während Sie hier Fortschrittserscheinungen kennen lernten, die ganz unabhängig von der Divergenz sind, so begegnen Sie andrerseits sehr häufig Differenzirungen, welche keine Vervollkommnungen, sondern vielmehr das Gegentheil, Rückschritte sind. Es ist leicht einzusehen, daß die Umbildungen, welche jede Thier- und Pflanzenart erleidet, nicht immer Verbesserungen sein können. Vielmehr sind viele Differenzirungserscheinungen, welche von unmittelbarem Vortheil für den Organismus sind, insofern schädlich, als sie die allgemeine Leistungsfähigkeit desselben beeinträchtigen. Häufig findet ein Rückschritt zu einfacheren Lebensbedingungen und durch Anpassung an dieselben eine Differenzirung in rückschreitender Richtung statt. Wenn z. B. Organismen, die bisher frei lebten, sich an das parasitische Leben gewöhnen, so bilden sie sich dadurch zurück. Solche Thiere, die bisher ein wohlentwickeltes Nervensystem und scharfe Sinnesorgane, sowie freie Bewegung besaßen, verlieren dieselben, wenn sie sich an parasitische Lebensweise gewöhnen; sie bilden sich dadurch mehr oder minder zurück. Hier ist, für sich betrachtet, die Differenzirung ein Rückschritt, obwohl sie für den parasitischen Organismus selbst von Vortheil ist. Im Kampf um's Dasein würde ein solches Thier, das sich

gewöhnt hat, auf Kosten Anderer zu leben, durch Beibehaltung seiner
Augen und Bewegungswerkzeuge, die ihm nichts mehr nützen, nur an
Material verlieren; und wenn es diese Organe einbüßt, so kommt da=
für eine Masse von Ernährungsmaterial, das zur Erhaltung dieser
Theile verwandt wurde, anderen Theilen zu Gute.   Im Kampf um's
Dasein zwischen den verschiedenen Parasiten werden daher diejenigen,
welche am wenigsten Ansprüche machen, im Vortheil vor den anderen
sein, und dies begünstigt ihre Rückbildung.

Ebenso wie in diesem Falle mit den ganzen Organismen, so
verhält es sich auch mit den Körpertheilen des einzelnen Organismus.
Auch eine Differenzirung dieser Theile, welche zu einer theilweisen
Rückbildung, und schließlich selbst zum Verlust einzelner Organe führt,
ist an sich betrachtet ein Rückschritt, kann aber für den Organismus
im Kampf um's Dasein von Vortheil sein.   Man kämpft leichter und
besser, wenn man unnützes Gepäck fortwirft.   Daher begegnen wir
überall im entwickelteren Thier= und Pflanzenkörper Divergenzpro=
cessen, welche wesentlich die Rückbildung und schließlich den Verlust
einzelner Theile bewirken.   Hier tritt uns nun vor Allen die höchst
wichtige und lehrreiche Erscheinungsreihe der rudimentären oder
verkümmerten Organe entgegen.

Sie erinnern sich, daß ich schon im ersten Vortrage diese außer=
ordentlich merkwürdige Erscheinungsreihe als eine der wichtigsten in
theoretischer Beziehung hervorgehoben habe, als einen der schlagend=
sten Beweisgründe für die Wahrheit der Abstammungslehre.   Wir
bezeichneten als rudimentäre Organe solche Theile des Körpers, die für
einen bestimmten Zweck eingerichtet und dennoch ohne Function sind.
Ich erinnere Sie an die Augen derjenigen Thiere, welche in Höhlen
oder unter der Erde im Dunkeln leben, und daher niemals ihre Au=
gen gebrauchen können.   Bei diesen Thieren finden wir unter der
Haut versteckt wirkliche Augen, oft gerade so gebildet wie die Augen
der wirklich sehenden Thiere; und dennoch functioniren diese Augen
niemals, und können nicht functioniren, schon einfach aus dem Grunde,
weil dieselben von dem undurchsichtigen Felle überzogen sind und da=

her kein Lichtstrahl in sie hineinfällt (vergl. oben S. 11). Bei den
Vorfahren dieser Thiere, welche frei am Tageslichte lebten, waren die
Augen wohl entwickelt, von der durchsichtigen Hornhaut überzogen
und dienten wirklich zum Sehen. Aber als sie sich nach und nach an
unterirdische Lebensweise gewöhnten, sich dem Tageslicht entzogen
und ihre Augen nicht mehr brauchten, wurden dieselben rückgebildet.

Sehr anschauliche Beispiele von rudimentären Organen sind fer=
ner die Flügel von Thieren, welche nicht fliegen können, z. B. unter
den Vögeln die Flügel der straußartigen Laufvögel, (Strauß, Ca=
suar u. s. w.), bei welchen sich die Beine außerordentlich entwickelt ha=
ben. Diese Vögel haben sich das Fliegen abgewöhnt und haben da=
durch den Gebrauch der Flügel verloren; allein die Flügel sind noch
da, obwohl in verkümmerter Form. Sehr häufig finden Sie solche
verkümmerte Flügel in der Klasse der Insecten, von denen die meisten
fliegen können. Aus vergleichend anatomischen und anderen Grün=
den können wir mit Sicherheit den Schluß ziehen, daß alle jetzt leben=
den Insecten (alle Netzflügler, Heuschrecken, Käfer, Bienen, Wanzen,
Fliegen, Schmetterlinge u. s. w.) von einer einzigen gemeinsamen El=
ternform, einem Stamminsect abstammen, welches zwei entwickelte
Flügelpaare und drei Beinpaare besaß. Nun giebt es aber sehr zahl=
reiche Insecten, bei denen entweder eines oder beide Flügelpaare mehr
oder minder rückgebildet, und viele, bei denen sie sogar völlig ver=
schwunden sind. In der ganzen Ordnung der Fliegen oder Dipteren
z. B. ist das hintere Flügelpaar, bei den Drehflüglern oder Strepsipte=
ren dagegen das vordere Flügelpaar verkümmert oder ganz verschwun=
den. Außerdem finden Sie in jeder Insectenordnung einzelne Gat=
tungen oder Arten, bei denen die Flügel mehr oder minder rückgebil=
det oder verschwunden sind. Insbesondere ist letzteres bei Parasiten
der Fall. Oft sind die Weibchen flügellos, während die Männchen
geflügelt sind, z. B. bei den Leuchtkäfern oder Johanniskäfern (Lam=
pyris), bei den Strepsipteren u. s. w. Offenbar ist diese theilweise
oder gänzliche Rückbildung der Insectenflügel durch natürliche Züch=
tung im Kampf um's Dasein entstanden. Denn wir finden die In=

secten vorzugsweise dort ohne Flügel, wo das Fliegen ihnen nutzlos oder sogar entschieden schädlich sein würde. Wenn z. B. Insecten, welche Inseln bewohnen, viel und gut fliegen, so kann es leicht vorkommen, daß sie beim Fliegen durch den Wind in das Meer geweht werden, und wenn (wie es immer der Fall ist) das Flugvermögen individuell verschieden entwickelt ist, so haben die schlechtfliegenden Individuen einen Vorzug vor den gutfliegenden; sie werden weniger leicht in das Meer geweht, und bleiben länger am Leben als die gutfliegenden Individuen derselben Art. Im Verlaufe vieler Generationen muß durch die Wirksamkeit der natürlichen Züchtung dieser Umstand nothwendig zu einer vollständigen Verkümmerung der Flügel führen. Wenn man sich diesen Schluß rein theoretisch entwickelt hätte, so könnte man nur befriedigt sein, thatsächlich denselben bewahrheitet zu finden. In der That ist auf isolirt gelegenen Inseln das Verhältniß der flügellosen Insecten zu den mit Flügeln versehenen ganz auffallend groß, viel größer als bei den Insecten des Festlandes. So sind z. B. nach Wollaston von den 550 Käferarten, welche die Insel Madeira bewohnen, 200 flügellos oder mit so unvollkommenen Flügeln versehen, daß sie nicht mehr fliegen können; und von 29 Gattungen, welche jener Insel ausschließlich eigenthümlich sind, enthalten nicht weniger als 23 nur solche Arten. Offenbar ist dieser merkwürdige Umstand nicht durch die besondere Weisheit des Schöpfers zu erklären, sondern durch die natürliche Züchtung, indem hier der erbliche Nichtgebrauch der Flügel, die Abgewöhnung des Fliegens im Kampf mit den gefährlichen Winden, den faulleren Käfern einen großen Vortheil im Kampf um's Dasein gewährte. Bei anderen flügellosen Insecten war der Flügelmangel aus anderen Gründen vortheilhaft. An sich betrachtet ist der Verlust der Flügel ein Rückschritt; aber für den Organismus unter diesen besonderen Lebensverhältnissen ist er ein Fortschritt, ein Vortheil im Kampf um's Dasein.

Von anderen rudimentären Organen will ich hier noch beispielsweise die Lungen der Schlangen und der schlangenartigen Eidechsen erwähnen. Alle Wirbelthiere, welche Lungen besitzen, Amphibien,

Reptilien, Vögel und Säugethiere, haben ein Paar Lungen, eine rechte und eine linke. Da aber, wo der Körper sich außerordentlich verdünnt und in die Länge streckt, wie bei den Schlangen und schlangenartigen Eidechsen, hat die eine Lunge neben der anderen nicht mehr Platz, und es ist für den Mechanismus der Athmung ein offen= barer Vortheil, wenn nur eine Lunge entwickelt ist. Eine einzige große Lunge leistet hier mehr, als zwei kleine neben einander, und daher finden wir bei diesen Thieren fast durchgängig die rechte oder die linke Lunge allein ausgebildet. Die andere ist ganz verkümmert, obwohl als unnützes Rudiment vorhanden. Ebenso ist bei allen Vögeln der rechte Eierstock verkümmert und ohne Function; der linke Eierstock allein ist entwickelt und liefert alle Eier.

Daß auch der Mensch solche ganz unnütze und überflüssige rudi= mentäre Organe besitzt, habe ich bereits im ersten Vortrage erwähnt, und damals die Muskeln, welche die Ohren bewegen, als solche an= geführt. Außerdem gehört hierher das Rudiment des Schwanzes, welches der Mensch in seinen 3—5 Schwanzwirbeln besitzt, und wel= ches beim menschlichen Embryo während der beiden ersten Monate der Entwickelung noch frei hervorsteht (Vgl. S. 240 b, c, Fig. Bs und Ds). Späterhin verwächst es vollständig. Dieses verkümmerte Schwänzchen des Menschen ist ein unwiderleglicher Zeuge für die unleugbare That= sache, daß er von geschwänzten Voreltern abstammt. Beim Weibe ist das Schwänzchen gewöhnlich um einen Wirbel länger, als beim Manne. Auch rudimentäre Muskeln sind am Schwanze des Men= schen noch vorhanden, welche denselben vormals bewegten.

Ein anderes rudimentäres Organ des Menschen, welches aber bloß dem Manne zukommt, und welches ebenso bei sämmtlichen männ= lichen Säugethieren sich findet, sind die Milchdrüsen an der Brust, welche in der Regel bloß beim weiblichen Geschlechte in Thätigkeit tre= ten. Indessen kennt man von verschiedenen Säugethieren, nament= lich vom Menschen, vom Schafe und von der Ziege, einzelne Fälle, in denen die Milchdrüsen auch beim männlichen Geschlechte wohl ent= wickelt waren und Milch zur Ernährung des Jungen lieferten. Daß auch die rudimentären Ohrenmuskeln des Menschen von einzelnen Personen in Folge andauernder Uebung noch zur Bewegung der Ohren verwendet werden können, wurde bereits früher erwähnt (S. 10). Ueberhaupt sind die rudimentären Organe bei verschiedenen Individuen derselben Art oft sehr verschieden entwickelt, bei den einen ziemlich groß, bei den anderen sehr klein. Dieser Umstand ist für ihre Erklärung sehr wichtig, ebenso wie der andere Umstand, daß sie allgemein bei den Embryonen, oder überhaupt in früher Lebenszeit, viel größer und stärker im Verhältniß zum übrigen Körper sind, als bei den ausgebildeten und erwachsenen Organismen. Insbesondere ist dies leicht nachzuweisen an den rudimentären Geschlechtsorganen der Pflanzen (Staubfäden und Griffeln), welche ich früher bereits angeführt habe (S. 12). Diese sind verhältnißmäßig viel größer in der jungen Blüthenknospe als in der entwickelten Blüthe.

Schon damals (S. 13) bemerkte ich, daß die rudimentären oder verkümmerten Organe zu den stärksten Stützen der monistischen oder mechanistischen Weltanschauung gehören. Wenn die Gegner derselben, die Dualisten und Teleologen, das ungeheure Gewicht dieser Thatsachen begriffen, müßten sie dadurch zur Verzweiflung gebracht werden. Die lächerlichen Erklärungsversuche derselben, daß die rudimentären Organe vom Schöpfer „der Symmetrie halber" oder „zur formalen Ausstattung" oder „aus Rücksicht auf seinen allgemeinen Schöpfungsplan" den Organismen verliehen seien, beweisen zur Genüge die völlige Ohnmacht jener verkehrten Weltanschauung. Ich muß hier wiederholen, daß, wenn wir auch gar Nichts von den übrigen Entwickelungserscheinungen wüßten, wir ganz allein schon auf Grund der rudimentären Organe die Descendenztheorie für wahr halten müßten. Kein Gegner derselben hat vermocht, auch nur einen schwachen Schimmer von einer annehmbaren Erklärung auf diese äußerst merkwürdigen und bedeutenden Erscheinungen fallen zu lassen. Es gibt beinahe keine irgend höher entwickelte Thier= oder Pflanzenform, die nicht irgend welche rudimentäre Organe hätte, und fast immer läßt sich nachweisen, daß dieselben Producte der natürlichen Züchtung sind, daß sie durch Nichtgebrauch oder durch Abgewöhnung verkümmert sind. Es ist der umgekehrte Bildungsprozeß, wie wenn neue Organe durch Angewöhnung an besondere Lebensbedingungen und durch Gebrauch eines noch unentwickelten Theiles entstehen. Es wird zwar gewöhnlich von unsern Gegnern behauptet, daß die Entstehung ganz neuer Theile ganz und gar nicht durch die Descendenztheorie zu erklären sei. Indessen kann ich Ihnen versichern, daß diese Erklärung für denjenigen, der vergleichend = anatomische und physiologische Kenntnisse besitzt, nicht die mindeste Schwierigkeit hat. Jeder, der mit der vergleichenden Anatomie und Entwickelungsgeschichte vertraut ist, findet in der Entstehung ganz neuer Organe ebenso wenig Schwierigkeit, als hier auf der anderen Seite in dem völligen Schwunde der rudimentären Organe. Das Vergehen der letzteren ist an sich betrachtet das Gegentheil vom Entstehen der ersteren. Beide Prozesse sind Differenzirungserscheinungen, die wir gleich allen übrigen ganz einfach und mechanisch aus der Wirksamkeit der natürlichen Züchtung im Kampf um das Dasein erklären können.

Die unendlich wichtige Betrachtung der rudimentären Organe und ihrer Entstehung, die Vergleichung ihrer paläontologischen und ihrer embryologischen Entwickelung führt uns jetzt naturgemäß zur Erwägung einer der wichtigsten und größten biologischen Erscheinungsreihen, nämlich des Parallelismus, welchen uns die Fortschritts = und Divergenzerscheinungen in dreifach verschiedener Beziehung darbieten. Als wir im Vorhergehenden von Vervollkommnung und Arbeitstheilung sprachen, verstanden wir darunter diejenigen Fortschritts = und Sonderungsbewegungen, und diejenigen dadurch bewirkten Umbildungen, welche in dem langen und langsamen Verlaufe der Erdgeschichte zu einer beständigen Veränderung der Flora und Fauna, zu einem Entstehen neuer und Vergehen alter Thier = und Pflanzenarten geführt haben. Ganz denselben Erscheinungen des Fortschritts und der Differenzirung begegnen wir nun aber auch, und zwar in derselben Reihenfolge, wenn wir die Entstehung, die Entwickelung und den Lebenslauf jedes einzelnen organischen Individuums verfolgen. Die indivi-

duelle Entwickelung oder die Ontogenesis jedes einzelnen Organismus
vom Ei an aufwärts bis zur vollendeten Form, besteht in nichts An=
derem, als im Wachsthum und in einer Reihe von Differenzirungs=
und Fortschrittsbewegungen.   Dies gilt in gleicher Weise von den
Thieren, wie von den Pflanzen und Protisten.   Wenn Sie z. B. die
Ontogenie irgend eines Säugethiers, des Menschen, des Affen oder
des Beutelthiers betrachten, oder die individuelle Entwickelung irgend
eines anderen Wirbelthiers aus einer anderen Klasse verfolgen, so fin=
den Sie überall wesentlich dieselben Erscheinungen.   Jedes dieser
Thiere entwickelt sich ursprünglich aus einer einfachen Zelle, dem Ei.
Diese Zelle vermehrt sich durch Theilung, bildet einen Zellenhaufen,
und durch Wachsthum dieses Zellenhaufens, durch ungleichartige Aus=
bildung der ursprünglich gleichartigen Zellen, durch Arbeitstheilung
und Vervollkommnung derselben, entsteht der vollkommene Organis=
mus, dessen Zusammensetzung wir bewundern.

Hier scheint es mir nun unerläßlich, Ihre Aufmerksamkeit etwas
eingehender auf jene unendlich wichtigen und interessanten Vorgänge
hinzulenken, welche die Ontogenesis oder die individuelle
Entwickelung der Organismen, und ganz vorzüglich diejenige
der Wirbelthiere mit Einschluß des Menschen begleiten.   Ich möchte
diese außerordentlich merkwürdigen und lehrreichen Erscheinungen
ganz besonders Ihrem eingehendsten Nachdenken empfehlen, einerseits,
weil dieselben zu den stärksten Stützen der Descendenztheorie gehören,
andrerseits, weil dieselben bisher nur von Wenigen in ihrer unermeß=
lichen allgemeinen Bedeutung gewürdigt worden sind.

Man muß in der That erstaunen, wenn man die tiefe Unkennt=
niß erwägt, welche noch gegenwärtig in den weitesten Kreisen über
die Thatsachen der individuellen Entwickelung des Menschen und der
Organismen überhaupt herrscht.   Diese Thatsachen, deren allgemeine
Bedeutung man nicht hoch genug anschlagen kann, wurden in ihren
wichtigsten Grundzügen schon vor mehr als einem Jahrhundert, im
Jahre 1759, von dem großen deutschen Naturforscher Caspar Frie=
drich Wolff in seiner klassischen „Theoria generationis“

festgestellt. Aber gleichwie Lamarck's 1809 begründete Descendenz=
theorie ein halbes Jahrhundert hindurch schlummerte und erst 1859
durch Darwin zu neuem unsterblichem Leben erweckt wurde, so blieb
auch Wolff's Theorie der Epigenesis fast ein halbes Jahrhundert
hindurch unbekannt, und erst nachdem Oken 1806 seine Entwicke=
lungsgeschichte des Darmkanals veröffentlicht und Meckel 1812
Wolffs Arbeit über denselben Gegenstand in's Deutsche übersetzt hatte,
wurde Wolff's Theorie der Epigenesis allgemeiner bekannt, und
die Grundlage aller folgenden Untersuchungen über individuelle Ent=
wickelungsgeschichte. Das Studium der Ontogenesis nahm nun einen
mächtigen Aufschwung, und bald erschienen die klassischen Untersuchun=
gen der beiden Freunde Christian Pander (1817) und Carl
Ernst Bär (1819). Insbesondere wurde durch Bär's epochema=
chende „Entwickelungsgeschichte der Thiere"[20] die Ontogenie der
Wirbelthiere in allen ihren wichtigsten Thatsachen durch so vortreffliche
Beobachtungen festgestellt, und durch so vorzügliche philosophische Re=
flexionen erläutert, daß sie für das Verständniß dieser wichtigsten Thier=
gruppe, zu welcher ja auch der Mensch gehört, die unentbehrliche
Grundlage wurde. Jene Thatsachen würden für sich allein schon
ausreichen, die Frage von der Stellung des Menschen in der Natur
und somit das höchste aller Probleme zu lösen. Betrachten Sie auf=
merksam und vergleichend die sechs Figuren, welche auf den nächst=
henden Tafeln (S. 240 b, c) abgebildet sind, und Sie werden erkennen,
daß man die philosophische Bedeutung der Embryologie nicht hoch
genug anschlagen kann.

Nun darf man wohl fragen: Was wissen unsere sogenannten
„gebildeten" Kreise, die auf die hohe Cultur des neunzehnten Jahr=
hunderts sich so viel einbilden, von diesen wichtigsten biologischen
Thatsachen, von diesen unentbehrlichen Grundlagen für das Verständ=
niß ihres eigenen Organismus? Was wissen unsere speculativen Phi=
losophen und Theologen davon, welche durch reine Speculationen
oder durch göttliche Inspirationen das Verständniß des menschlichen
Organismus gewinnen zu können meinen? Ja was wissen selbst die

meisten Naturforscher davon, die Mehrzahl der sogenannten „Zoologen" (mit Einschluß der Entomologen!) nicht ausgenommen?

Die Antwort auf diese Frage fällt sehr beschämend aus, und
wir müssen wohl oder übel eingestehen, daß jene unschätzbaren Thatsachen der menschlichen Ontogenie noch heute den Meisten entweder
ganz unbekannt sind, oder doch keineswegs in gebührender Weise gewürdigt werden. Hierbei werden wir deutlich gewahr, auf welchem
schiefen und einseitigen Wege sich die vielgerühmte Bildung des neunzehnten Jahrhunderts noch gegenwärtig befindet. Unwissenheit und Aber-
glauben sind die Grundlagen, auf denen sich die meisten Menschen das
Verständniß ihres eigenen Organismus und seiner Beziehungen zur Gesammtheit der Dinge aufbauen, und jene handgreiflichen Thatsachen der
Entwickelungsgeschichte, welche das Licht der Wahrheit darüber verbreiten könnten, werden ignorirt. Allerdings sind diese Thatsachen nicht geeignet, Wohlgefallen bei denjenigen zu erregen, welche einen durch-
greifenden Unterschied zwischen dem Menschen und der übrigen Natur
annehmen und namentlich den thierischen Ursprung des Menschengeschlechts nicht zugeben wollen. Insbesondere müssen bei denjenigen
Völkern, bei denen in Folge von falscher Auffassung der Erblichkeitsge-
setze eine erbliche Kasteneintheilung existirt, die Mitglieder der herrschenden privilegirten Kasten dadurch sehr unangenehm berührt werden.
Bekanntlich geht heute noch in vielen Culturländern die erbliche Ab-
stufung der Stände so weit, daß z. B. der Adel ganz anderer Natur, als der Bürgerstand zu sein glaubt, und daß Edelleute, welche
ein entehrendes Verbrechen begehen, zur Strafe dafür aus der Adels-
kaste ausgestoßen und in die Pariakaste des „gemeinen" Bürgerstandes
hinabgeschleudert werden. Was sollen diese Edelleute noch von dem
Vollblut, das in ihren privilegirten Adern rollt, denken, wenn sie erfahren, daß alle menschlichen Embryonen, adelige ebenso wie bürger-
liche, während der ersten beiden Monate der Entwickelung von den
geschwänzten Embryonen des Hundes und anderer Säugethiere
kaum zu unterscheiden sind? (Fig. A—D auf beistehenden Tafeln).

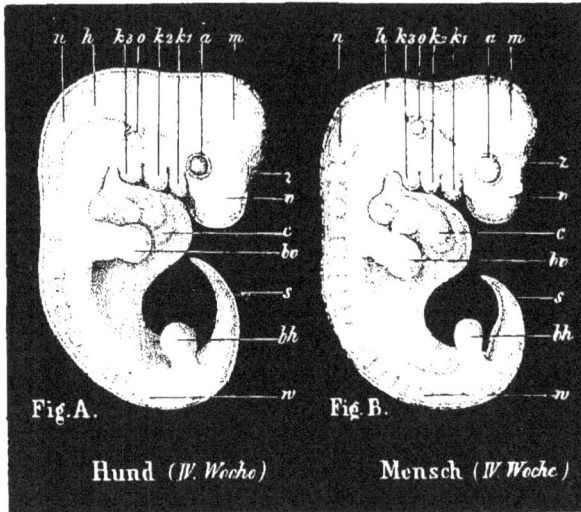

Fig. A. Keim des Hundes, 5′″ lang (aus der vierten Woche). Fig. B. Keim des Menschen, 5′″ lang (aus der vierten Woche). Fig. C. Keim des Hundes, $8\frac{1}{2}$′″ lang (aus der sechsten Woche). Fig. D. Keim des Menschen, $8\frac{1}{2}$′″ lang (aus der achten Woche). Fig. E. Keim der Schildkröte, 7′″ lang (aus der sechsten Woche). Fig. F. Keim des Huhns, 7′″ lang (acht Tage alt). Fig. A und B sind 5 mal, Fig. C—F 4 mal vergrössert. Die Buchstaben haben in allen sechs Figuren dieselbe Bedeutung. v Vorderhirn. z Zwischenhirn. m Mittelhirn. h Hinterhirn. n Nachhirn. r Rückenmark. a Auge. o Ohr. k 1, k 2, k 3 erster, zweiter und dritter Kiemenbogen. w Wirbel. c Herz. bv Vorderbein. bh Hinterbein. s Schwanz.

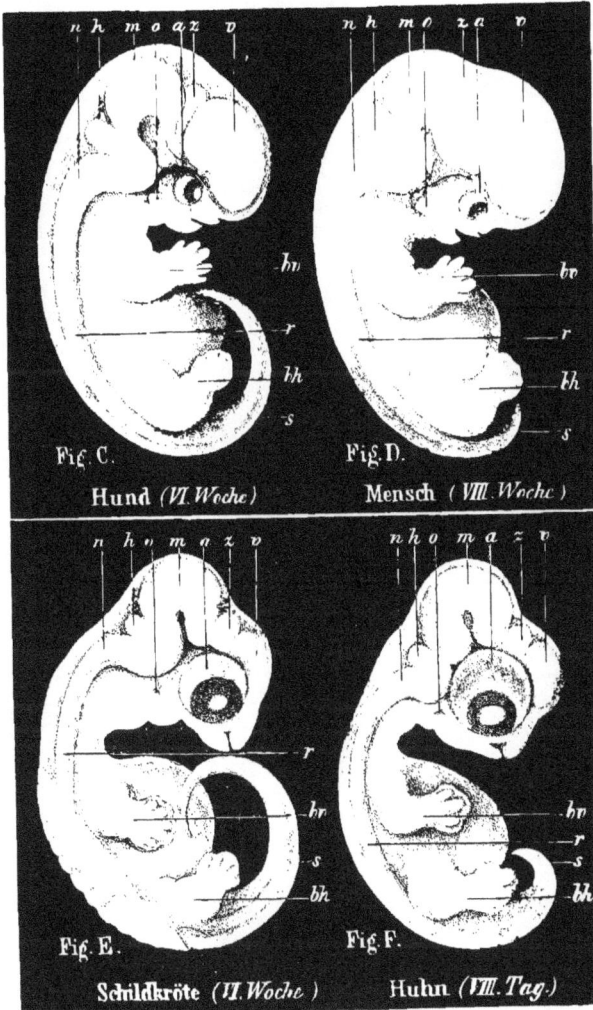

Fig. C.
Hund (*VI. Woche*)

Fig. D.
Mensch (*VIII. Woche*)

Fig. E.
Schildkröte (*II. Woche*)

Fig. F.
Huhn (*VIII. Tag.*)

Da die Absicht dieser Vorträge lediglich ist, die allgemeine Kennt=
niß der natürlichen Wahrheiten zu fördern, und eine naturgemäße An=
schauung von den Beziehungen des Menschen zur übrigen Natur in
weiteren Kreisen zu verbreiten, so werden Sie es hier gewiß gerecht=
fertigt finden, wenn ich jene weit verbreiteten Vorurtheile von einer
privilegirten Ausnahmestellung des Menschen in der Schöpfung nicht
berücksichtige, und Ihnen einfach die embryologischen Thatsachen vor=
führe, aus denen Sie selbst sich die Schlüsse von der Grundlosigkeit
jener Vorurtheile bilden können. Ich möchte Sie um so mehr bitten,
über diese Thatsachen der Ontogenie eingehend nachzudenken, als es
meine feste Ueberzeugung ist, daß die allgemeine Kenntniß derselben
nur die Veredelung und die Vervollkommnung ' des Menschenge=
schlechts fördern kann.

Aus dem unendlich reichen und interessanten Erfahrungsmaterial,
welches in der Ontogenie oder individuellen Entwickelungsgeschichte
der Wirbelthiere vorliegt, beschränke ich mich hier darauf, Ihnen einige
von denjenigen Thatsachen vorzuführen, welche sowohl für die Descen=
denztheorie im Allgemeinen, als für deren besondere Anwendung auf
den Menschen von der höchsten Bedeutung sind. Der Mensch ist im
Beginn seiner individuellen Existenz ein einfaches Ei, eine einzige kleine
Zelle, so gut wie jeder andere thierische Organismus, welcher auf dem
Wege der geschlechtlichen Zeugung entsteht. Das menschliche Ei ist
wesentlich demjenigen aller anderen Säugethiere gleich, und höchstens
durch seine Größe um ein Geringes davon verschieden. Vergleichen
Sie das Ei des Menschen (Fig. 5) mit demjenigen des Affen (Fig. 6)
und des Hundes (Fig. 7), und Sie werden keinerlei Unterschied da=
ran wahrnehmen können. Auch die Größe des Eies ist bei den mei=
sten Säugethieren dieselbe wie beim Menschen, nämlich ungefähr
$\frac{1}{10}$''' Durchmesser, der 120ste Theil eines Zolles, so daß man das Ei
unter günstigen Umständen mit bloßem Auge eben als ein feines
Pünktchen wahrnehmen kann. Die Unterschiede, welche zwischen den
Eiern der verschiedenen Säugethiere und Menschen wirklich vorhan=
den sind, bestehen nicht in der Formbildung, sondern in der chemischen

Mischung, in der molekularen Zusammensetzung der eiweißartigen Kohlenstoffverbindung, aus welcher das Ei wesentlich besteht. Diese feinen individuellen Unterschiede aller Eier, welche auf der indirecten oder potentiellen Anpassung (und zwar speciell auf dem Gesetze der individuellen Anpassung) beruhen, sind zwar für die außerordentlich groben Erkenntnißmittel des Menschen nicht direct sinnlich wahrnehmbar, aber durch indirecte Schlüsse als die ersten Ursachen des Unterschiedes aller Individuen erkennbar. .

Fig. 5.

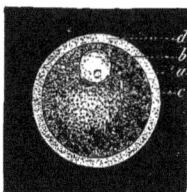
Fig. 5.

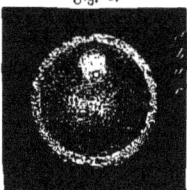
Fig. 6.

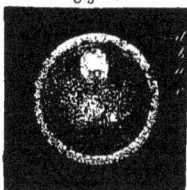
Fig. 7.

Fig. 5. Das Ei des Menschen. Fig. 6. Das Ei des Affen. Fig. 7. Das Ei des Hundes. Alle drei Eier sind hundertmal vergrößert. Die Buchstaben bedeuten in allen drei Figuren dasselbe: *a* Kernkörperchen oder Nucleolus (sogenannter Keimfleck des Eies); *b* Kern oder Nucleus (sogenanntes Keimbläschen des Eies); *c* Zellstoff oder Protoplasma (sogenannter Dotter des Eies); *d* Zellhaut oder Membrana (Dotterhaut des Eies, beim Säugethier wegen ihrer Durchsichtigkeit Zona pellucida genannt). Bei sehr starker Vergrößerung erscheint die Dotterhaut des Säugethiereies von sehr feinen und zahlreichen Kanälen in radialer oder strahliger Richtung durchsetzt.

Das Ei des Menschen ist, wie das aller anderen Säugethiere, ein kugeliges Bläschen, welches alle wesentlichen Bestandtheile einer einfachen organischen Zelle enthält (Fig. 5—7). Der wesentlichste Theil desselben ist der schleimartige Zellstoff oder das Protoplasma (c), welches beim Ei „Dotter" genannt wird, und der davon umschlossene Zellenkern oder Nucleus (b), welcher hier den besonderen Namen des „Keimbläschens" führt. Der letztere ist ein zartes, glashelles Eiweißkügelchen von ungefähr $\frac{1}{50}$ ''' Durchmesser, und umschließt noch ein viel kleineres, scharf abgegrenztes rundes Körnchen (a), das Kernkörperchen oder den Nucleolus der Zelle (beim Ei „Keimfleck" genannt). Nach außen ist die kugelige Eizelle des Säugethiers durch eine dicke, glasartig durchsichtige Haut, die Zellenmembran oder Dotter= haut, abgeschlossen, welche hier den besonderen Namen der Zona pellucida führt (d). Die Eier vieler niederen Thiere (z. B. vieler Me= dusen) sind dagegen nackte Zellen, indem ihnen die äußere Hülle oder die Zellenmembran fehlt.

Sobald das Ei (Ovulum) des Säugethiers seinen vollen Reife= grad erlangt hat, tritt dasselbe aus dem Eierstock des Weibes, in dem es entstand, heraus, und gelangt in den Eileiter und durch diese enge Röhre in den weiteren Keimbehälter oder Fruchtbehälter (Uterus). Wird inzwischen das Ei durch den entgegenkommenden männlichen Sa= men (Sperma) befruchtet, so entwickelt es sich in diesem Behälter weiter zum Keim (Embryo), und verläßt denselben nicht eher, als bis der Keim vollkommen ausgebildet und fähig ist, als junges Säugethier durch den Geburtsakt in die Welt zu treten.

Die Formveränderungen und Umbildungen, welche das befruch= tete Ei innerhalb des Keimbehälters durchlaufen muß, ehe es die Ge= stalt des jungen Säugethiers annimmt, sind äußerst merkwürdig, und verlaufen vom Anfang an beim Menschen ganz ebenso wie bei den übri= gen Säugethieren. Zunächst benimmt sich das befruchtete Säuge= thierei gerade so, wie ein einzelliger Organismus, welcher sich auf seine Hand selbstständig fortpflanzen und vermehren will, z. B. eine Amoebe (Vergl. Fig. 2, S. 145). Die einfache Eizelle zerfällt näm= lich durch den Proceß der Zellentheilung, welchen ich Ihnen bereits früher beschrieben habe, in zwei Zellen. Zunächst entstehen aus dem Keimfleck (dem Kernkörperchen der ursprünglichen einfachen Ei= zelle) zwei neue Kernkörperchen und ebenso dann aus dem Keim= bläschen (dem Nucleus) zwei neue Zellenkerne. Nun erst schnürt sich das kugelige Protoplasma durch eine Aequatorialfurche dergestalt in zwei Hälften ab, daß jede Hälfte einen der beiden Kerne nebst Kernkörperchen umschließt. So sind aus der einfachen Eizelle inner=

halb der ursprünglichen Zellenmembran zwei nackte Zellen geworden (Fig. 8 A).

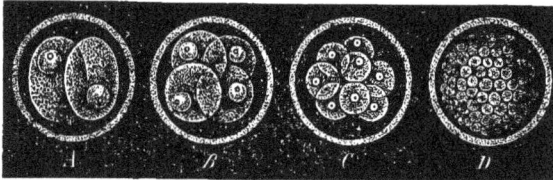

Fig. 8. Erster Beginn der Entwickelung des Säugethiereies, sogenannte „Ei= furchung" (Fortpflanzung der Eizelle durch wiederholte Selbsttheilung). Fig. 8 *A*. Das Ei zerfällt durch Bildung der ersten Furche in zwei Zellen. Fig 8 *B*. Diese zerfallen durch Halbirung in 4 Zellen. Fig. 8 *C*. Diese letzteren sind in 8 Zellen zerfallen. Fig. 8 *D*. Durch fortgesetzte Theilung ist ein kugeliger Hau= sen von zahlreichen Zellen entstanden.

Derselbe Vorgang der Zellentheilung wiederholt sich nun mehr= mals hinter einander. In der gleichen Weise entstehen aus zwei Zellen (Fig. 8 A) vier (Fig. 8 B); aus vier werden acht (Fig. 8 C), aus acht sechzehn, aus diesen zweiunddreißig u. s. w. Jedesmal geht die Theilung des Kernkörperchens derjenigen des Kernes, und diese wie= derum derjenigen des Zellstoffs oder Protoplasma vorher. Weil die Theilung des letzteren immer mit der Bildung einer oberflächlichen ringförmigen F u r c h e beginnt, nennt man den ganzen Vorgang ge= wöhnlich die F u r c h u n g des Eies, und die Producte desselben, die kleinen, durch fortgesetzte Zweitheilung entstehenden Zellen die F u r c h u n g s k u g e l n. Indessen ist der ganze Vorgang weiter Nichts als eine einfache und wiederholte Z e l l e n t h e i l u n g, und die Pro= ducte desselben sind echte, nackte Z e l l e n. Schließlich entsteht aus der fortgesetzten Theilung oder „Furchung" des Säugethiereies eine maul= beerförmige oder brombeerförmige Kugel, welche aus sehr zahlreichen kleinen Kugeln, nackten kernhaltigen Zellen zusammengesetzt ist (Fig. 8 D). Diese Zellen sind die Bausteine, aus denen sich der Leib des jungen Säugethiers aufbaut. Jeder von uns war einmal eine solche einfache, brombeerförmige, aus lauter kleinen gleichen Zellen zusam= mengesetzte Kugel.

Die weitere Entwickelung des kugeligen Zellenhaufens, welcher den jungen Säugethierkörper jetzt repräsentirt, besteht zunächst darin, daß derselbe sich in eine kugelige Blase verwandelt, indem im Inneren sich Flüssigkeit ansammelt. Diese Blase nennt man Keimblase (Vesicula blastodermica). Die Wand derselben ist anfangs aus lauter gleichartigen Zellen zusammengesetzt. Bald aber entsteht an einer Stelle der Wand eine scheibenförmige Verdickung, indem sich hier die Zellen rasch vermehren; und diese Verdickung ist nun die Anlage für den eigentlichen Leib des Keims oder Embryo, während der übrige Theil der Keimblase bloß zur Ernährung des Embryo verwendet wird. Die verdickte Scheibe der Embryonalanlage nimmt bald eine länglich runde und dann, indem rechter und linker Seitenrand ausgeschweift werden, eine geigenförmige oder bisquitförmige Gestalt an (Fig. 9, S. 248). In diesem Stadium der Entwickelung, in der ersten Anlage des Keims oder Embryo, sind nicht allein alle Säugethiere mit Inbegriff des Menschen, sondern sogar alle Wirbelthiere überhaupt, alle Säugethiere, Vögel, Reptilien, Amphibien und Fische, entweder gar nicht oder nur durch ihre Größe, oder durch höchst unbedeutende Merkmale in Form und äußerem Umriß von einander zu unterscheiden. Bei Allen besteht der ganze Leib aus weiter Nichts, als aus einer ganz einfachen, länglichrunden, ovalen oder geigenförmigen, dünnen Scheibe, welche aus drei über einander liegenden, eng verbundenen Blättern zusammengesetzt ist. Jedes dieser drei Keimblätter besteht aus weiter Nichts, als aus gleichartigen Zellen; jedes hat aber eine andere Bedeutung für den Aufbau des Wirbelthierkörpers. Aus dem oberen oder äußeren Keimblatt entsteht bloß die äußere Oberhaut (Epidermis) nebst den Centraltheilen des Nervensystems (Rückenmark und Gehirn); aus dem unteren oder inneren Blatt entsteht bloß die innere zarte Haut (Epithelium), welche den ganzen Darmcanal vom Mund bis zum After, nebst allen seinen Anhangsdrüsen (Lunge, Leber, Speicheldrüsen, Darmdrüsen u. s. w.) auskleidet; aus dem zwischen beiden gelegenen mittleren Keimblatt entstehen alle übrigen Organe.

Die Vorgänge nun, durch welche aus so einfachem Baumaterial, aus den drei einfachen, nur aus Zellen zusammengesetzten Keimblättern, die verschiedenartigen und höchst verwickelt zusammengesetzten Theile des reifen Wirbelthierkörpers entstehen, sind erstens wiederholte Theilungen und dadurch Vermehrung der Zellen, zweitens Arbeitstheilung oder Differenzirung dieser Zellen, und drittens Verbindung der verschiedenartig ausgebildeten oder differenzirten Zellen zur Bildung der verschiedenen Organe. So entsteht der stufenweise Fortschritt oder die Vervollkommnung, welche in der Ausbildung des embryonalen Leibes Schritt für Schritt zu verfolgen ist. Die einfachen Embryonalzellen, welche den Wirbelthierkörper zusammensetzen wollen, verhalten sich wie Bürger, welche einen Staat gründen wollen. Die einen ergreifen diese, die anderen jene Thätigkeit, und bilden dieselbe zum Besten des Ganzen aus. Durch diese Arbeitstheilung oder Differenzirung, und die damit im Zusammenhang stehende Vervollkommnung (den organischen Fortschritt), wird es dem ganzen Staate möglich, Leistungen zu vollziehen, welche dem einzelnen Individuum unmöglich wären. Der ganze Wirbelthierkörper, wie jeder andere mehrzellige Organismus, ist ein republikanischer Zellenstaat, und daher kann derselbe organische Functionen vollziehen, welche die einzelne Zelle als Einsiedler (z. B. eine Amoebe oder eine einzellige Pflanze) niemals leisten könnte.

Es wird keinem vernünftigen Menschen einfallen, in den zweckmäßigen Einrichtungen, welche zum Wohle des Ganzen und der Einzelnen in jedem menschlichen Staate getroffen sind, die zweckmäßige Thätigkeit eines persönlichen überirdischen Schöpfers erkennen zu wollen. Vielmehr weiß Jedermann, daß jene zweckmäßigen Organisationseinrichtungen des Staats die Folge von dem Zusammenwirken der einzelnen Bürger und ihrer Regierung, sowie von deren Anpassung an die Existenzbedingungen der Außenwelt sind. Ganz ebenso müssen wir aber auch den mehrzelligen Organismus beurtheilen. Auch in diesem sind alle zweckmäßigen Einrichtungen lediglich die natürliche und nothwendige Folge des Zusammenwirkens, der Dif-

ferenzirung und Vervollkommnung der einzelnen Staatsbürger, der
Zellen; und nicht etwa die künstlichen Einrichtungen eines zweckmäßig
thätigen Schöpfers. Wenn Sie diesen Vergleich recht erwägen und
weiter verfolgen, wird Ihnen deutlich die Verkehrtheit jener dualisti=
schen Naturanschauung klar werden, welche in der Zweckmäßigkeit
der Organisation die Wirkung eines schöpferischen Bauplans sucht.

Lassen Sie uns nun die individuelle Entwickelung des Wirbel=
thierkörpers noch einige Schritte weiter verfolgen, und sehen, was die
Staatsbürger dieses embryonalen Organismus zunächst anfangen.
In der Mittellinie der geigenförmigen Scheibe, welche aus den drei
zelligen Keimblättern zusammengesetzt ist, entsteht eine gerade feine
Furche, die sogenannte „Primitivrinne," durch welche der geigenförmige
Leib in zwei gleiche Seitenhälften abgetheilt wird, ein rechtes und ein
linkes Gegenstück oder Antimer. Beiderseits jener Rinne oder Furche
erhebt sich das obere oder äußere Keimblatt in Form einer Längsfalte,
und beide Falten wachsen dann über der Rinne in der Mittellinie
zusammen und bilden so ein cylindrisches Rohr. Dieses Rohr heißt das
Markrohr oder Medullarrohr, weil es die Anlage des Centralnerven=
systems, des Rückenmarks (Medulla spinalis) ist. Anfangs ist
dasselbe vorn und hinten zugespitzt, und so bleibt dasselbe bei den nie=
dersten Wirbelthieren, den gehirnlosen Röhrenherzen oder Leptocar=
diern (Amphioxus) zeitlebens. Bei allen übrigen Wirbelthieren aber,
die wir von letzteren als Beutelherzen oder Pachycardier unterschei=
den, wird alsbald ein Unterschied zwischen vorderem und hinterem
Ende des Medullarrohrs sichtbar, indem das erstere sich aufbläht und
in eine rundliche Blase, die Anlage des Gehirns verwandelt.

Bei allen Pachycardiern, d. h. bei allen mit Gehirn versehenen
Wirbelthieren, zerfällt das Gehirn, welches anfangs bloß die blasen=
förmige Auftreibung vom vorderen Ende des Rückenmarks ist, bald
in fünf hinter einander liegende Blasen, indem sich vier oberflächliche
quere Einschnürungen bilden. Diese fünf ursprünglichen Hirn=
blasen, aus denen sich späterhin alle verschiedenen Theile des so
verwickelt gebauten Gehirns hervorbilden, haben folgende Bedeutung.

Fig. 9.   Fig. 10.   Fig. 11.

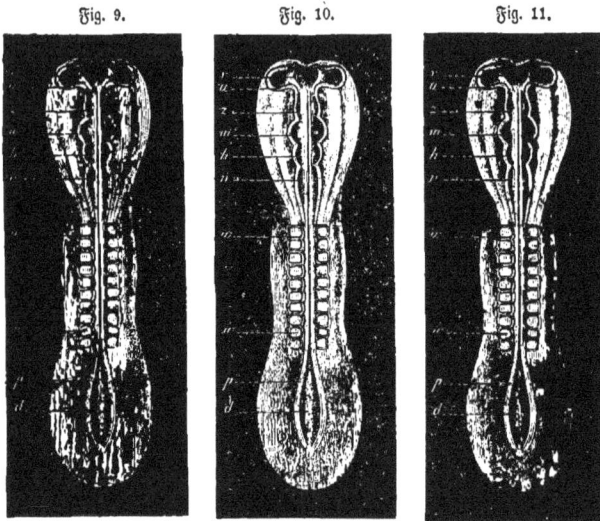

Fig. 9. Embryo des Hundes. Fig. 10. Embryo des Huhns. Fig. 11. Embryo der Schildkröte. Alle drei Embryonen sind genau aus demselben Entwickelungsstadium genommen, in dem soeben die fünf Hirnblasen angelegt sind. Die Buchstaben bedeuten in allen drei Figuren dasselbe: *v* Vorderhirn. *z* Zwischenhirn. *m* Mittelhirn. *h* Hinterhirn. *n* Nachhirn. *p* Rückenmark. *a* Augenblasen. *w* Urwirbel. *d* Rückenstrang oder Chorda.

Die erste Blase, das Vorderhirn (v) ist insofern die wichtigste, als sie vorzugsweise die sogenannten großen Hemisphären, oder die Halbkugeln des großen Gehirns bildet, desjenigen Theiles, welcher der Sitz der höheren Geistesthätigkeiten ist. Je höher diese letzteren sich bei dem Wirbelthier entwickeln, desto mehr wachsen die beiden Seitenhälften des Vorderhirns oder die großen Hemisphären auf Kosten der vier übrigen Blasen und legen sich von vorn und oben her über die anderen herüber. Beim Menschen, wo sie verhältnißmäßig am stärksten entwickelt sind, entsprechend der höheren Geistesentwickelung, bedecken sie später die übrigen Theile von oben her fast ganz.

(Vergl. S. 240 c, Fig. C—F.) Die zweite Blase, das Zwischen=
hirn (z) bildet besonders denjenigen Gehirntheil, welchen man
Sehhügel nennt, und steht in der nächsten Beziehung zu den Au=
gen (a), welche als zwei Blasen rechts und links aus dem Vorderhirn
hervorwachsen und später am Boden des Zwischenhirns liegen.   Die
dritte Blase, das Mittelhirn (m) geht größtentheils in der Bildung
der sogenannten Vierhügel auf, eines hochgewölbten Gehirn=
theiles, welcher besonders bei den Reptilien (Fig. E, S. 240 c) und
bei den Vögeln (Fig. F) stark ausgebildet ist, während er bei den
Säugethieren (C, D) viel mehr zurücktritt.   Die vierte Blase, das
Hinterhirn (h) bildet die sogenannten kleinen Hemisphären
oder die Halbkugeln nebst dem Mitteltheil des kleinen Gehirns (Cere=
bellum), ein Gehirntheil, über dessen Bedeutung man die widerspre=
chendsten Vermuthungen hegt, der aber vorzugsweise die Coordina=
tion der Bewegungen zu regeln scheint.   Endlich die fünfte Blase,
das Nachhirn (n), bildet sich zu demjenigen sehr wichtigen Theil des
Centralnervensystems aus, welchen man das verlängerte Mark
(Medulla oblongata) nennt.   Es ist das Centralorgan der Athem=
bewegungen und anderer wichtiger Functionen, und seine Verletzung
führt sofort den Tod herbei, während man die großen Hemisphären
des Vorderhirns (oder die „Seele" im engeren Sinne) stückweise ab=
tragen und zuletzt ganz vernichten kann, ohne daß das Wirbelthier
deßhalb stirbt; nur seine höheren Geistesthätigkeiten schwinden dadurch.

Diese fünf Hirnblasen sind ursprünglich bei allen Wirbelthieren,
die überhaupt ein Gehirn besitzen, gleichmäßig angelegt, und bilden
sich erst allmählich bei den verschiedenen Gruppen so verschiedenartig
aus, daß es nachher sehr schwierig ist, in den ganz entwickelten Ge=
hirnen die gleichen Theile wieder zu erkennen.   Wenn Sie die jungen
Embryonen des Hundes, des Huhns und der Schildkröte in Fig. 9, 10
und 11 vergleichen, werden Sie nicht im Stande sein, einen Unter=
schied wahrzunehmen.   Wenn Sie dagegen die viel weiter entwickelten
Embryonen in Fig. C—F mit einander vergleichen, werden Sie schon
deutlich die ungleichartige Ausbildung erkennen, und namentlich wahr=

nehmen, daß das Gehirn der beiden Säugethiere (C und D) schon stark von dem der Vögel (F) und Reptilien (E) abweicht. Bei letzteren beiden zeigt bereits das Mittelhirn, bei den ersteren dagegen das Vorderhirn sein Uebergewicht. Aber auch noch in diesem Stadium ist das Gehirn des Vogels (F) von dem der Schildkröte (E) kaum verschieden, und ebenso ist das Gehirn des Hundes (C) demjenigen des Menschen (D) jetzt fast noch gleich. Wenn Sie dagegen die Gehirne dieser vier Wirbelthiere im ausgebildeten Zustande mit einander vergleichen, so finden Sie dieselben so sehr verschieden, daß Sie nicht einen Augenblick darüber in Zweifel sein können, welchem Thiere jedes Gehirn angehört.

Ich habe Ihnen hier die ursprüngliche Gleichheit und die erst allmählich eintretende und dann immer wachsende Sonderung oder Differenzirung des Embryo bei den verschiedenen Wirbelthieren speciell an dem Beispiele des Gehirns erläutert, weil gerade dieses Organ der Seelenthätigkeit von ganz besonderem Interesse ist. Ich hätte aber ebenso gut das Herz oder die Leber oder die Gliedmaßen, kurz jeden anderen Körpertheil statt dessen anführen können, da sich immer dasselbe Schöpfungswunder hier wiederholt, nämlich die Thatsache, daß alle Theile ursprünglich bei den verschiedenen Wirbelthieren gleich sind, und daß erst allmählich die Verschiedenheiten sich ausbilden, durch welche die verschiedenen Klassen, Ordnungen, Familien, Gattungen u. s. w. sich von einander sondern und abstufen.

Es giebt gewiß wenige Körpertheile, welche so verschiedenartig ausgebildet sind, wie die Gliedmaßen oder Extremitäten der verschiedenen Wirbelthiere. Nun bitte ich Sie, in Fig. C—F auf S. 240 c die vorderen Extremitäten (b v) der verschiedenen Embryonen mit einander zu vergleichen, und Sie werden kaum im Stande sein, irgend welche bedeutende Unterschiede zwischen dem Arm des Menschen (D b v), dem Flügel des Vogels (F b v), dem schlanken Vorderbein des Hundes (C b v) und dem plumpen Vorderbein der Schildkröte (E b v) zu erkennen. Ebenso wenig werden Sie bei Vergleichung der hinteren Extremität (b h) in diesen Figuren herausfinden,

wodurch das Bein des Menschen (D) und des Vogels (F), das Hin=
terbein des Hundes (C) und der Schildkröte (E) sich unterscheiden.
Vordere sowohl als hintere Extremitäten sind jetzt noch kurze und
breite Platten, an deren Endausbreitung die Anlagen der fünf Zehen
noch durch Schwimmhäute verbunden sind. In einem noch früheren
Stadium (Fig. A und B) sind die fünf Zehen noch nicht einmal an=
gelegt, und es ist ganz unmöglich auch nur vordere und hintere Glied=
maßen zu unterscheiden. Diese sowohl als jene sind nichts als ganz
einfache rundliche Fortsätze, welche aus der Seite des Rumpfes her=
vorgesproßt sind. In dem frühen Stadium, welches Fig. 9—11
darstellt, fehlen dieselben überhaupt noch ganz, und der ganze Em=
bryo ist ein einfacher Rumpf ohne eine Spur von Gliedmaßen.

An den Embryonen des Hundes (Fig. A) und des Menschen
(Fig. B) aus der vierten Woche der Entwickelung, in denen Sie jetzt
wohl noch keine Spur des erwachsenen Thieres werden erkennen kön=
nen, möchte ich Sie noch besonders aufmerksam machen auf eine äu=
ßerst wichtige Bildung, welche allen Wirbelthieren ursprünglich ge=
meinsam ist, welche aber späterhin zu den verschiedensten Organen
umgebildet wird. Sie kennen gewiß Alle die Kiemenbogen der
Fische, jene knöchernen Bogen, welche zu drei oder vier hinter ein=
ander auf jeder Seite des Halses liegen, und welche die Athmungs=
organe der Fische, die Kiemen tragen (Doppelreihen von rothen
Blättchen, welche das Volk „Fischohren" nennt). Diese Kiemenbogen
nun sind beim Menschen (B) und beim Hunde (A) ursprünglich so
gut vorhanden, wie bei allen übrigen Wirbelthieren. (In Figur A
und B sind die drei Kiemenbogen der rechten Halsseite mit den Buch=
staben k 1, k 2, k 3 bezeichnet). Allein nur bei den Fischen bleiben
dieselben in der ursprünglichen Anlage bestehen und bilden sich zu Ath=
mungsorganen aus. Bei den übrigen Wirbelthieren werden dieselben
theils zur Bildung des Gesichts (namentlich des Kieferapparats),
theils zur Bildung des Gehörorgans verwendet.

Endlich will ich nicht verfehlen, Sie bei Vergleichung der in
Fig. A—F, S. 240 b, c abgebildeten Embryonen nochmals auf das

Schwänzchen des Menschen (s) aufmerksam zu machen, welches derselbe mit allen übrigen Wirbelthieren in der ursprünglichen
Anlage theilt. Die Auffindung „geschwänzter Menschen" wurde lange
Zeit von vielen Monisten mit Sehnsucht erwartet, um darauf eine
nähere Verwandtschaft des Menschen mit den übrigen Säugethieren
begründen zu können. Und ebenso hoben ihre dualistischen Gegner
oft mit Stolz hervor, daß der gänzliche Mangel des Schwanzes einen
der wichtigsten körperlichen Unterschiede zwischen dem Menschen und
den Thieren bilde, wobei sie nicht an die vielen schwanzlosen Thiere
dachten, die es wirklich giebt. Nun besitzt aber der Mensch in den
ersten Monaten der Entwickelung ebenso gut einen wirklichen Schwanz,
wie die nächstverwandten schwanzlosen Affen (Orang, Schimpanse,
Gorilla) und wie die Wirbelthiere überhaupt. Während derselbe aber
bei den Meisten, z. B. beim Hunde (Fig. A, C) im Laufe der Entwickelung immer länger wird, bildet er sich beim Menschen (Fig. B, D)
und bei den ungeschwänzten Säugethieren von einem gewissen Zeit-
punct der Entwickelung an zurück und verwächst zuletzt völlig. Indessen ist auch beim ausgebildeten Menschen der Rest des Schwanzes
als verkümmertes oder rudimentäres Organ noch in den drei bis fünf
Schwanzwirbeln (Vertebrae coccygeae) zu erkennen, welche das
hintere oder untere Ende der Wirbelsäule bilden (S. 235).

Die meisten Menschen wollen noch gegenwärtig die wichtigste
Folgerung der Descendenztheorie, die paläontologische Entwickelung
des Menschen aus affenähnlichen und weiterhin aus niederen Säugethieren nicht anerkennen, und halten eine solche Umbildung der organischen Form für unmöglich. Ich frage Sie aber, sind die Erscheinungen der individuellen Entwickelung des Menschen, von denen ich
Ihnen hier die Grundzüge vorgeführt habe, etwa weniger wunderbar? Ist es nicht im höchsten Grade merkwürdig, daß alle Wirbelthiere aus den verschiedensten Klassen, Fische, Amphibien, Reptilien,
Vögel und Säugethiere, in den ersten Zeiten ihrer embryonalen Entwickelung gradezu nicht zu unterscheiden sind, und daß selbst viel später noch, in einer Zeit, wo bereits Reptilien und Vögel sich deutlich

von den Säugethieren unterſcheiden, Hund und Menſch noch beinahe
identiſch ſind? Fürwahr, wenn man jene beiden Entwickelungsreihen
mit einander vergleicht, und ſich fragt, welche von beiden wunder=
barer iſt, ſo muß uns die Ontogenie oder die kurze und ſchnelle
Entwickelungsgeſchichte des Individuums viel räthſelhafter er=
ſcheinen, als die Phylogenie oder die lange und langſame Ent=
wickelungsgeſchichte des Stammes. Denn eine und dieſelbe groß=
artige Formwandelung und Umbildung wird von der letzteren im
Laufe von vielen tauſend Jahren, von der erſteren dagegen im Laufe
weniger Monate vollbracht. Offenbar iſt dieſe überaus ſchnelle und
auffallende Umbildung des Individuums in der Ontogeneſis, welche
wir jeden Augenblick thatſächlich durch directe Beobachtung feſtſtellen
können, an ſich viel wunderbarer, viel erſtaunlicher, als die entſpre=
chende, aber viel langſamere und allmählichere Umbildung, welche
die lange Vorfahrenkette deſſelben Individuums in der Phylogeneſis
durchgemacht hat.

Beide Reihen der organiſchen Entwickelung, die Ontogeneſis des
Individuums, und die Phylogeneſis des Stammes, zu welchem daſ=
ſelbe gehört, ſtehen im innigſten urſächlichen Zuſammenhange. Ich
habe dieſe Theorie, welche ich für äußerſt wichtig halte, im zweiten
Bande meiner generellen Morphologie[4]) ausführlich zu begründen
verſucht. Wie ich dort zeigte, iſt die Ontogeneſis, oder die Ent=
wickelung des Individuums, eine kurze und ſchnelle,
durch die Geſetze der Vererbung und Anpaſſung be=
dingte Wiederholung (Recapitulation) der Phyloge=
neſis oder der Entwickelung des zugehörigen Stam=
mes, d. h. der Vorfahren, welche die Ahnenkette des betreffenden
Individuums bilden. (Gen. Morph. II, S. 110—147, 371).

In dieſem innigen Zuſammenhang der Ontogenie und Phylo=
genie erblicke ich einen der wichtigſten und unwiderleglichſten Beweiſe
der Deſcendenztheorie. Es vermag Niemand dieſe Erſcheinungen
zu erklären, wenn er nicht auf die Vererbungs= und Anpaſſungsge=
ſetze zurückgeht; durch dieſe erſt ſind ſie erklärlich. Ganz beſonders

verdienen dabei die Gesetze unsere Beachtung, welche wir früher als **die Gesetze der abgekürzten, der gleichzeitlichen und der gleichörtlichen Vererbung** erläutert haben. Indem sich ein so hochstehender und verwickelter Organismus, wie es der menschliche oder der Organismus jedes anderen Säugethiers ist, von jener einfachen Zellenstufe an aufwärts erhebt, indem er fortschreitet in seiner Differenzirung und Vervollkommnung, durchläuft er dieselbe Reihe von Umbildungen, welche seine thierischen Ahnen vor undenklichen Zeiten, während ungeheurer Zeiträume durchlaufen haben. Schon früher habe ich auf diesen äußerst wichtigen Parallelismus der individuellen und Stammesentwickelung hingewiesen (S. 9). Gewisse, sehr frühe und tief stehende Entwickelungsstadien des Menschen und der höheren Wirbelthiere überhaupt entsprechen durchaus gewissen Bildungen, welche zeitlebens bei niederen Fischen fortdauern. Es folgt dann eine Umbildung des fischähnlichen Körpers zu einem amphibienartigen. Viel später erst entwickelt sich aus diesem der Säugethierkörper mit seinen bestimmten Charakteren, und man kann hier wieder in den auf einander folgenden Entwickelungsstadien eine Reihe von Stufen fortschreitender Umbildung erkennen, welche offenbar den Verschiedenheiten verschiedener Säugethierordnungen und Familien entsprechen. In derselben Reihenfolge sehen wir aber auch die Vorfahren des Menschen und der höheren Säugethiere in der Erdgeschichte nach einander auftreten: zuerst Fische, dann Amphibien, später niedere und zuletzt erst höhere Säugethiere. Hier ist also die embryonale Entwickelung des Individuums durchaus parallel der paläontologischen Entwickelung des ganzen zugehörigen Stammes; und diese äußerst interessante und wichtige Erscheinung ist einzig und allein durch Darwin's Selectionstheorie, durch die Wechselwirkung der Vererbungs- und Anpassungsgesetze zu erklären.

Das zuletzt angeführte Beispiel von dem Parallelismus der paläontologischen und der individuellen Entwickelungsreihe lenkt nun unsere Aufmerksamkeit noch auf eine dritte Entwickelungsreihe, welche zu diesen beiden in den innigsten Beziehungen steht und denselben

ebenfalls im Ganzen parallel läuft. Das ist nämlich diejenige Entwickelungsreihe von Formen, welche das Untersuchungsobject der
vergleichenden Anatomie ist, und welche wir kurz die systematische oder specifische Entwickelung nennen wollen.
Wir verstehen darunter die Kette von verschiedenartigen, aber doch
verwandten und zusammenhängenden Formen, welche zu irgend einer
Zeit der Erdgeschichte, also z. B. in der Gegenwart, neben einander existiren. Indem die vergleichende Anatomie die verschiedenen
ausgebildeten Formen der entwickelten Organismen mit einander vergleicht, sucht sie das gemeinsame Urbild zu erkennen, welches den
mannichfaltigen Formen der verwandten Arten, Gattungen, Klassen
u. s. w. zu Grunde liegt, und welches durch deren Differenzirung nur
mehr oder minder versteckt wird. Sie sucht die Stufenleiter des Fortschritts festzustellen, welche durch den verschiedenen Vervollkommnungs-
grad der divergenten Zweige des Stammes bedingt ist. Um bei dem
angeführten Beispiele zu bleiben, so zeigt uns die vergleichende Anatomie, wie die einzelnen Organe und Organsysteme des Wirbelthierstammes in den verschiedenen Klassen, Familien, Arten desselben sich
ungleichartig entwickelt, differenzirt und vervollkommnet haben. Sie
erklärt uns, in welchen Beziehungen die Reihenfolge der Wirbelthierklassen von den Fischen aufwärts durch die Amphibien zu den Säugethieren, und hier wieder von den niederen zu den höheren Säugethierordnungen, eine aufsteigende Stufenleiter bildet. Diesem Bestreben,
eine zusammenhängende anatomische Entwickelungsreihe herzustellen,
begegnen Sie in den Arbeiten der großen vergleichenden Anatomen aller
Zeiten, in den Arbeiten von Goethe[3]), Meckel, Cuvier, Johannes Müller, Gegenbaur[21]), Huxley.

Die Entwickelungsreihe der ausgebildeten Formen, welche die
vergleichende Anatomie in den verschiedenen Divergenz- und Fort-
schrittsstufen des organischen Systems nachweist, und welche wir die
systematische Entwickelungsreihe nannten, ist parallel der paläontologischen Entwickelungsreihe, weil sie das anatomische Resultat der
letzteren betrachtet, und sie ist parallel der individuellen Entwickelungs-

reihe, weil diese selbst wiederum der paläontologischen parallel ist. Wenn zwei Parallelen einer dritten parallel sind, so müssen sie auch unter einander parallel sein.

Die mannichfaltige Differenzirung und der ungleiche Grad von Vervollkommnung, welchen die vergleichende Anatomie in der Entwickelungsreihe des Systems nachweist, ist wesentlich bedingt durch die zunehmende Mannichfaltigkeit der Existenzbedingungen, denen sich die verschiedenen Gruppen im Kampf um das Dasein anpaßten, und durch den verschiedenen Grad von Schnelligkeit und Vollständigkeit, mit welchem diese Anpassung geschah. Die conservativen Gruppen, welche die ererbten Eigenthümlichkeiten am zähesten festhielten, blieben in Folge dessen auf der tiefsten und rohesten Entwickelungsstufe stehen. Die am schnellsten und vielseitigsten fortschreitenden Gruppen, welche sich den vervollkommneten Existenzbedingungen am bereitwilligsten anpaßten, erreichten selbst den höchsten Vollkommenheitsgrad. Je weiter sich die organische Welt im Laufe der Erdgeschichte entwickelte, desto mehr mußte diese Divergenz der niederen conservativen und der höheren progressiven Gruppen werden, wie das ja eben so auch aus der Völkergeschichte ersichtlich ist. Hieraus erklärt sich auch die historische Thatsache, daß die vollkommensten Thier- und Pflanzengruppen sich verhältnißmäßig in kurzer Zeit zu sehr bedeutender Höhe entwickelt haben, während die niedrigsten, conservativsten Gruppen durch alle Zeiten hindurch auf der ursprünglichen, rohesten Stufe stehen geblieben, oder nur sehr langsam und allmählich etwas fortgeschritten sind. Auch die Ahnenreihe des Menschen zeigt dies Verhältniß deutlich. Die Haifische der Jetztzeit stehen den Urfischen, welche zu den ältesten Wirbelthierahnen des Menschen gehören, noch sehr nahe, ebenso die heutigen niedersten Amphibien (Kiemenmolche und Salamander) den Amphibien, welche sich aus jenen zunächst entwickelten. Und ebenso sind unter den späteren Vorfahren des Menschen die Beutelthiere, die ältesten Säugethiere, zugleich die unvollkommensten Thiere dieser Klasse, die heute noch leben. Die uns bekannten Gesetze der Vererbung uud Anpassung genügen vollständig, um diese äußerst wichtige

und interessante Erscheinung zu erklären, die man kurz als den Parallelismus der individuellen, der paläontologischen
und der systematischen Entwickelung, des betreffenden
Fortschrittes und der betreffenden Differenzirung bezeichnen
kann. Kein Gegner der Descendenztheorie ist im Stande gewesen,
für diese höchst wunderbare Thatsache eine Erklärung zu liefern, während sie sich nach der Descendenztheorie aus den Gesetzen der Vererbung und Anpassung vollkommen erklärt.

Wenn Sie diesen Parallelismus der drei organischen Entwickelungsreihen schärfer in's Auge fassen, so müssen Sie noch folgende
nähere Bestimmung hinzufügen. Die Ontogenie oder die individuelle Entwickelungsgeschichte jedes Organismus (Embryologie und
Metamorphologie) bildet eine einfache, unverzweigte oder leiter-
förmige Kette von Formen; und ebenso derjenige Theil der Phylogenie, welcher die paläontologische Entwickelungsgeschichte der
directen Vorfahren jenes individuellen Organismus enthält.
Dagegen bildet die ganze Phylogenie, welche uns in dem natürlichen System jedes organischen Stammes oder Phylum ent-
gegentritt, und welche die paläontologische Entwickelung aller Zweige
dieses Stammes untersucht, eine verzweigte oder baumförmige
Entwickelungsreihe, einen wirklichen Stammbaum. Untersuchen Sie
vergleichend die entwickelten Zweige dieses Stammbaums und stellen
Sie dieselben nach dem Grade ihrer Differenzirung und Vervollkommnung zusammen, so erhalten Sie die baumförmig verzweigte systematische Entwickelungsreihe der vergleichenden Anatomie.
Genau genommen ist also diese letztere der ganzen Phylogenie parallel und kann mithin nur theilweise der Ontogenie parallel sein;
denn die Ontogenie selbst ist nur einem Theile der Phylogenie
parallel.

Alle im Vorhergehenden erläuterten Erscheinungen der organischen Entwickelung, insbesondere dieser dreifache genealogische Parallelismus, und die Differenzirungs- und Fortschrittsgesetze, welche
in jeder dieser drei organischen Entwickelungsreihen sichtbar sind, so-

dann die ganze Erscheinungsreihe der rudimentären Organe, sind
äußerst wichtige Belege für die Wahrheit der Descendenztheorie. Denn
sie sind nur durch diese zu erklären, während die Gegner derselben
auch nicht die Spur einer Erklärung dafür aufbringen können. Ohne
die Abstammungslehre läßt sich die Thatsache der organischen Entwickelung überhaupt nicht begreifen. Wir würden daher gezwungen
sein, auf Grund derselben Lamarck's Descendenztheorie anzunehmen, auch wenn wir nicht Darwin's Züchtungstheorie besäßen.
Die letztere ist gewissermaßen der directe Beweis für die erstere,
während jene großen Thatsachen der organischen Entwickelung den
indirecten Beweis dafür liefern.

Dreizehnter Vortrag.

Entwickelungstheorie des Weltalls, der Erde und ihrer ersten Organismen. Urzeugung. Plastidentheorie.

Entwickelungsgeschichte der Erde. Feste Rinde und feuerflüssiger Kern des Erdballs. Vormaliger geschmolzener Zustand des ganzen Erdballs. Kant's Entwickelungstheorie des Weltalls oder die kosmologische Gastheorie. Entwickelung der Sonnen, Planeten und Monde. Bildung der ersten Erstarrungskruste der Erde. Erste Entstehung des Wassers. Vergleichung der Organismen und Anorgane. Organische und anorganische Stoffe. Verbindungen der Elemente. Dichtigkeitsgrade oder Aggregatzustände. Eiweißartige Kohlenstoffverbindungen. Organische und anorganische Formen. Krystalle und structurlose Organismen ohne Organe. Stereometrische Grundformen der Krystalle und der Organismen. Organische und anorganische Kräfte. Lebenskraft. Wachsthum und Anpassung bei Krystallen und bei Organismen. Bildungstriebe der Krystalle. Einheit der organischen und anorganischen Natur. Urzeugung oder Archigonie. Autogonie und Plasmogonie. Kritik der Urzeugung. Entstehung der Moneren durch Urzeugung. Entstehung der Zellen aus Moneren. Zellentheorie. Plastidentheorie. Plastiden oder Bildnerinnen. Cytoden und Zellen. Vier verschiedene Arten von Plastiden.

Meine Herren! Durch unsere bisherigen Betrachtungen haben wir vorzugsweise die Frage zu beantworten versucht, durch welche Ursachen neue Arten von Thieren und Pflanzen aus bestehenden Arten hervorgegangen sind. Wir haben diese Frage nach Darwin's Theorie dahin beantwortet, daß die natürliche Züchtung im Kampf um's Dasein, d. h. die Wechselwirkung der Vererbungs- und Anpassungsgesetze völlig genü-

17 *

gend ist, um die unendliche Mannichfaltigkeit der verschiedenen, schein=
bar zweckmäßig nach einem Bauplane organisirten Thiere und Pflan=
zen mechanisch zu erzeugen.　Inzwischen wird sich Ihnen schon wie=
derholt die Frage aufgedrängt haben: Wie entstanden aber nun die
ersten Organismen, oder der eine ursprüngliche Stammorganismus,
von welchem wir alle übrigen ableiten?

Diese Frage hat Lamarck²) durch die Hypothese der Urzeu=
gung oder Archigonie beantwortet.　Darwin dagegen geht
über dieselbe hinweg, indem er ausdrücklich hervorhebt, daß er „Nichts
mit dem Ursprung der geistigen Grundkräfte, noch mit dem des Lebens
selbst zu schaffen habe.“　Am Schlusse seines Werkes spricht er sich dar=
über bestimmter in folgenden Worten aus: „Ich nehme an, daß
wahrscheinlich alle organischen Wesen, die jemals auf dieser Erde ge=
lebt, von irgend einer Urform abstammen, welcher das Leben zuerst
vom Schöpfer eingehaucht worden ist.“　Außerdem beruft sich Dar=
win zur Beruhigung derjenigen, welche in der Descendenztheorie den
Untergang der ganzen „sittlichen Weltordnung“ erblicken, auf einen
berühmten Schriftsteller und Geistlichen, welcher ihm geschrieben
hatte: „Er habe allmählich einsehen gelernt, daß es eine ebenso er=
habene Vorstellung von der Gottheit sei, zu glauben, daß sie nur
einige wenige der Selbstentwickelung in andere und nothwendige For=
men fähige Urtypen geschaffen, als daß sie immer wieder neue Schö=
pfungsacte nöthig gehabt habe, um die Lücken auszufüllen, welche
durch die Wirkung ihrer eigenen Gesetze entstanden seien.“　Diejenigen,
denen der Glaube an eine übernatürliche Schöpfung ein Gemüths=
bedürfniß ist, können sich bei dieser Vorstellung beruhigen.　Sie können
jenen Glauben mit der Descendenztheorie vereinbaren; denn sie kön=
nen in der Erschaffung eines einzigen ursprünglichen Organismus, der
die Fähigkeit besaß, alle übrigen durch Vererbung und Anpassung
aus sich zu entwickeln, wirklich weit mehr Erfindungskraft und Weis=
heit des Schöpfers bewundern, als in der unabhängigen Erschaffung
der verschiedenen Arten.

Wenn wir uns in dieser Weise die Entstehung der ersten irdischen Organismen, von denen alle übrigen abstammen, durch die zweckmäßige und planvolle Thätigkeit eines persönlichen Schöpfers erklären wollten, so würden wir damit auf eine wissenschaftliche Erkenntniß derselben verzichten, und aus dem Gebiete der wahren Wissenschaft auf das gänzlich getrennte Gebiet der dichtenden Glaubenschaft hinübertreten. Wir würden durch die Annahme eines übernatürlichen Schöpfungsaktes einen Sprung in das Unbegreifliche thun. Ehe wir uns zu diesem letzten Schritte entschließen und damit auf eine wissenschaftliche Erkenntniß jenes Vorgangs verzichten, sind wir jedenfalls zu dem Versuche verpflichtet, denselben durch eine mechanische Hypothese zu beleuchten. Wir müssen jedenfalls untersuchen, ob denn wirklich jener Vorgang so wunderbar ist, und ob wir uns keine haltbare Vorstellung von einer ganz natürlichen Entstehung jenes ersten Stammorganismus machen können. Auf das Wunder der Schöpfung würden wir dann gänzlich verzichten können.

Es wird hierbei nothwendig sein, zunächst etwas weiter auszuholen und die natürliche Schöpfungsgeschichte der Erde und, noch weiter zurückgehend, die natürliche Schöpfungsgeschichte des ganzen Weltalls in ihren allgemeinen Grundzügen zu betrachten. Es wird Ihnen Allen wohl bekannt sein, daß aus dem Bau der Erde, wie wir ihn gegenwärtig kennen, die Vorstellung abgeleitet und bis jetzt noch nicht widerlegt ist, daß das Innere unserer Erde sich in einem feurigflüssigen Zustande befindet, und daß die aus verschiedenen Schichten zusammengesetzte feste Rinde, auf deren Oberfläche die Organismen leben, nur eine sehr dünne Kruste oder Schale um den feurigflüssigen Kern bildet. Zu dieser Anschauung sind wir durch verschiedene übereinstimmende Erfahrungen und Schlüsse gelangt. Zunächst spricht dafür die Erfahrung, daß die Temperatur der Erdrinde nach dem Inneren hin stetig zunimmt. Je tiefer wir hinabsteigen, desto höher steigt die Wärme des Erdbodens, und zwar in dem Verhältniß, daß auf jede 100 Fuß Tiefe die Temperatur ungefähr um einen Grad zunimmt. In einer Tiefe von 6 Meilen würde demnach bereits eine

Hitze von 1500 ⁰ herrschen, hinreichend, um die meisten festen Stoffe unserer Erdrinde in geschmolzenem feuerflüssigem Zustande zu er= halten. Diese Tiefe ist aber erst der 286ste Theil des ganzen Erddurch= messers (1717 Meilen). Wir wissen ferner, daß Quellen, die aus beträchtlicher Tiefe hervorkommen, eine sehr hohe Temperatur besitzen, und zum Theil selbst das Wasser im kochenden Zustande an die Ober= fläche befördern. Sehr wichtige Zeugen sind endlich die vulkanischen Erscheinungen, das Hervorbrechen feurigflüssiger Gesteinsmassen durch einzelne berstende Puncte der Erdrinde hindurch. Alle diese Erschei= nungen führen uns mit großer Sicherheit zu der wichtigen Annahme, daß die feste Erdrinde nur einen ganz geringen Bruchtheil, noch lange nicht den tausendsten Theil von dem ganzen Durchmesser der Erdkugel bildet, und daß diese sich noch heute größtentheils in geschmolzenem oder feuerflüssigem Zustande befindet.

Wenn wir nun auf Grund dieser Annahme über die einstige Ent= wickelungsgeschichte des Erdballs nachdenken, so werden wir folge= richtig noch einen Schritt weiter geführt, nämlich zu der Annahme, daß in früherer Zeit die ganze Erde ein feurigflüssiger Körper, und daß die Bildung einer dünnen erstarrten Rinde auf der Oberfläche dieses Balls erst ein späterer Vorgang war. Erst allmählich, durch Aus= strahlung der inneren Gluthhitze an den kalten Weltraum, verdichtete sich die Oberfläche des glühenden Erdballs zu einer dünnen Rinde. Daß die Temperatur der Erde früher allgemein eine viel höhere war, wird durch viele Erscheinungen bezeugt. Unter Anderen spricht dafür die gleichmäßige Vertheilung der Organismen in früheren Zeiten der Erdgeschichte. Während bekanntlich jetzt den verschiedenen Erdzonen und ihren mittleren Temperaturen verschiedene Bevölkerungen von Thieren und Pflanzen entsprechen, war dies früher entschieden nicht der Fall, und wir sehen aus der Vertheilung der Versteinerungen in den älteren Zeiträumen, daß erst sehr spät, in einer verhältnißmäßig neuen Zeit der organischen Erdgeschichte (im Beginn der sogenannten ceno= lithischen oder Tertiärzeit), eine Sonderung der Zonen und dem ent= sprechend auch ihrer organischen Bevölkerung stattfand. Während

der ungeheuer langen Primär- und Secundärzeit lebten tropische Pflanzen, welche einen sehr hohen Temperaturgrad bedürfen, nicht allein
in der heutigen heißen Zone unter dem Aequator, sondern auch in der
heutigen gemäßigten und kalten Zone. Auch viele andere Erscheinungen haben eine allmähliche Abnahme der Temperatur des Erdkörpers
im Ganzen, und insbesondere eine erst spät eingetretene Abkühlung
der Erdrinde von den Polen her kennen gelehrt. In seinen ausgezeichneten „Untersuchungen über die Entwickelungsgesetze der organischen Welt" hat der vortreffliche Bronn [19]) die zahlreichen geologischen und paläontologischen Beweise dafür zusammengestellt.

Auf diese Erscheinungen einerseits und auf die mathematisch-astro-
nomischen Erkenntnisse vom Bau des Weltgebäudes andrerseits gründet
sich nun die Theorie, daß die ganze Erde vor undenklicher Zeit, lange
vor der ersten Entstehung von Organismen auf derselben, ein feuerflüssiger Ball war. Diese Theorie aber steht wiederum in Uebereinstimmung mit der bewunderungswürdigen Theorie von der Entstehung
des Weltgebäudes und speciell unseres Planetensystems, welche auf
Grund von mathematischen und astronomischen Thatsachen 1755 unser
kritischer Philosoph Kant [22]) aufstellte, und welche später die berühmten Mathematiker Laplace und Herschel ausführlicher begründeten.
Diese Kosmogenie oder Entwickelungstheorie des Weltalls steht noch
heute in fast allgemeiner Geltung; sie ist durch keine bessere ersetzt
worden, und Mathematiker, Astronomen und Geologen ersten Ranges
haben dieselbe durch mannichfaltige Beweise immer fester unterstützt.
Wir müssen sie daher, gleich der Lamarck-Darwin'schen Theorie,
so lange annehmen, bis sie durch eine bessere ersetzt wird.

Die Kosmogenie Kant's behauptet, daß das ganze
Weltall in unvordenklichen Zeiten ein gasförmiges Chaos bildete. Alle Materien, welche auf der Erde und anderen Weltkörpern
gegenwärtig in verschiedenen Dichtigkeitszuständen, in festem, festflüssigem, tropfbarflüssigem und elastisch flüssigem oder gasförmigem
Aggregatzustande sich gesondert finden, bildeten ursprünglich zusammen eine einzige gleichartige, den Weltraum gleichmäßig erfüllende

Masse, welche in Folge eines außerordentlich hohen Temperaturgrades in gasförmigem oder luftförmigem, äußerst dünnem Zustande sich
befand. Die Millionen von Weltkörpern, welche gegenwärtig auf die
verschiedenen Sonnensysteme vertheilt sind, existirten damals noch
nicht. Sie entstanden erst in Folge einer allgemeinen Drehbewegung
oder Rotation, bei welcher sich eine Anzahl von festeren Massengrup-
pen mehr als die übrige gasförmige Masse verdichteten, und nun auf
letztere als Anziehungsmittelpuncte wirkten. So entstand eine Scheidung des chaotischen Urnebels oder Weltgases in eine Anzahl von
rotirenden Nebelbällen, welche sich mehr und mehr verdichteten. Auch
unser Sonnensystem war ein solcher riesiger gasförmiger Luftball,
dessen Theilchen sich sämmtlich um einen gemeinsamen Mittelpunct,
den Sonnenkern, herumdrehten. Der Nebelball selbst nahm durch die
Rotationsbewegung, gleich allen übrigen, eine Sphäroidform oder
abgeplattete Kugelgestalt an.

Während die Centripetalkraft die rotirenden Theilchen immer
näher an den festen Mittelpunkt des Nebelballs heranzog, und so diesen
mehr und mehr verdichtete, war umgekehrt die Centrifugalkraft bestrebt, die peripherischen Theilchen immer weiter von jenem zu entfernen und sie abzuschleudern. An dem Aequatorialrande der an beiden
Polen abgeplatteten Kugel war diese Centrifugalkraft am stärksten, und
sobald sie bei weiter gehender Verdichtung das Uebergewicht über die
Centripetalkraft erlangte, löste sich hier eine ringförmige Nebelmasse
von dem rotirenden Balle ab. Diese Nebelringe zeichneten die Bahnen der zukünftigen Planeten vor. Allmählich verdichtete sich die
Nebelmasse des Ringes zu einem Planeten, der sich um seine eigene Are
drehte und zugleich um den Centralkörper rotirte. In ganz gleicher
Weise aber wurden von dem Aequator der Planetenmasse, sobald die
Centrifugalkraft wieder das Uebergewicht über die Centripetalkraft gewann, neue Nebelringe abgeschleudert, welche in gleicher Weise um
die Planeten, wie diese um die Sonne sich bewegten. Auch diese Nebelringe verdichteten sich wieder zu rotirenden Bällen. So entstanden
die Monde, von denen nur einer um die Erde, aber vier um den Jupi-

ter, sechs um den Uranus sich bewegen. Der Ring des Saturnus
stellt uns noch heute einen Mond auf jenem früheren Entwickelungssta=
dium dar. Indem bei immer weiter schreitender Abkühlung sich diese
einfachen Vorgänge der Verdichtung und Abschleuderung vielfach wie=
derholten, entstanden die verschiedenen Sonnensysteme, die Planeten,
welche sich rotirend um ihre centrale Sonne, und die Trabanten oder
Monde, welche sich drehend um ihren Planeten bewegten.

Der anfängliche gasförmige Zustand der rotirenden Weltkörper
ging allmählich durch fortschreitende Abkühlung und Verdichtung in
den feurigflüssigen oder geschmolzenen Aggregatzustand über. Durch
den Verdichtungsvorgang selbst wurden große Mengen von Wärme
frei, und so gestalteten sich die rotirenden Sonnen, Planeten und
Monde bald zu glühenden Feuerbällen, gleich riesigen geschmolzenen
Metalltropfen, welche Licht und Wärme ausstrahlten. Durch den
damit verbundenen Wärmeverlust verdichtete sich wiederum die ge=
schmolzene Masse an der Oberfläche der feuerflüssigen Bälle und so
entstand eine dünne feste Rinde, welche einen feurigflüssigen Kern um=
schloß. In allen diesen Beziehungen wird sich unsere mütterliche Erde
nicht wesentlich verschieden von den übrigen Weltkörpern verhalten
haben.

Gleich allen anderen großen Hypothesen und Theorien, welche
die Wissenschaft gefördert und den Gesichtskreis der menschlichen Er=
kenntniß erweitert haben, zeichnet sich auch Kant's Kosmogenie,
welche man die kosmologische Gastheorie nennen könnte,
durch große Einfachheit aus. Die einfachen Vorgänge der Verdich=
tung rotirender Massen und der Hüllenbildung an ihrer erstarren=
den Oberfläche führen zur Bildung der geformten Weltkörper. Wir
werden dadurch lebhaft an die biologische Plasmatheorie
erinnert. Das Plasma oder Protoplasma der neueren Biologie, der
„Urschleim" der älteren Naturphilosophie, jene festflüssige, eiweiß=
artige Kohlenstoffverbindung, aus welcher alles Leben hervorgegangen
ist, bewirkte die erste Entwickelung desselben auch wesentlich durch die
beiden Vorgänge der Verdichtung und Hüllenbildung. Die

gleichartige festflüssige Plasmasubstanz, welche einzig und allein den Körper der ersten Organismen bildete, und ihn bei den Moneren (S. 142) noch heute ganz allein bildet, ist vergleichbar der zähflüssigen Planetensubstanz, welche alle verschiedenen Elemente oder Grundstoffe der jugendlichen Erde, wie der übrigen glühenden Weltkörper noch ungesondert enthielt. Durch Verdichtung entstanden an bestimmten Stellen in dem Urmeere, welches die dazu erforderlichen Stoffe gelöst enthielt, die ersten Moneren. Späterhin bildeten sich durch centrale Verdichtung in dem homogenen Plasmakörper dieser Urorganismen die ersten Kerne (Nuclei), und durch diesen Gegensatz von Plasma und Kern entstanden die ersten wirklichen Zellen. Aber diese Zellen waren noch nackte und hüllenlose, kernhaltige Plasmaklumpen. Indem sich die Oberfläche dieser festflüssigen Eiweißklumpen wiederum verdichtete, entstand eine umschließende Membran, und somit durch Hüllenbildung die feste äußere Rinde, welche in dem Leben vieler Zellen eine hervorragende Rolle spielt. Der Makrokosmos der Planeten und der Mikrokosmos der Zellen nahm in gleicher Weise den Ausgangspunkt seiner individuellen Entwickelung von den beiden wichtigen Vorgängen der Verdichtung und der Hüllenbildung. In beiden Fällen geschah die „Schöpfung" der Form nicht durch den launenhaften Einfall eines persönlichen Schöpfers, sondern durch die ureigene Kraft der sich selbst gestaltenden Materie. Anziehung und Abstoßung, Centripetalkraft und Centrifugalkraft, Verdichtung und Verdünnung der materiellen Theilchen sind die einzigen Schöpferkräfte, welche hier die einfachen Fundamente des verwickelten Schöpfungs=baues legten.

Für den Zweck dieser Vorträge hat es weiter kein besonderes Interesse, die „natürliche Schöpfungsgeschichte des Weltalls" mit seinen verschiedenen Sonnensystemen und Planetensystemen im Einzelnen zu verfolgen und durch alle verschiedenen astronomischen und geologischen Beweismittel mathematisch zu begründen. Ich begnüge mich daher mit den eben angeführten Grundzügen derselben und verweise Sie bezüglich des Näheren auf Kant's klassische „Allgemeine Naturgeschichte

und Theorie des Himmels." [22]) Nur die Bemerkung will ich noch aus=
drücklich hinzufügen, daß diese höchst bewunderungswürdige Theorie mit
allen uns bis jetzt bekannten allgemeinen Erscheinungsreihen im besten
Einklang, und mit keiner einzigen derselben in unvereinbarem Wider=
spruch steht. Ferner ist dieselbe rein mechanisch oder monistisch, nimmt
ausschließlich die ureigenen Kräfte der ewigen Materie für sich in An=
spruch, und schließt jeden übernatürlichen Vorgang, jede zweckmäßige
und bewußte Thätigkeit eines persönlichen Schöpfers vollständig aus.
Kant's kosmologische Gastheorie nimmt daher in der Anorgano=
logie, und insbesondere in der Geologie eine ähnliche herrschende
Stellung ein, und krönt in ähnlicher Weise unsere Gesammterkenntniß,
wie Lamarck's biologische Descendenztheorie in der ganzen Biolo=
gie, und namentlich in der Anthropologie. Beide stützen sich aus=
schließlich auf mechanische oder bewußtlose Ursachen (Causac efficientes), nirgends auf zweckthätige oder bewußte Ursachen (Causae finales).
(Vergl. oben S. 80—83). Beide erfüllen somit alle Anforderun=
gen einer wissenschaftlichen Theorie und werden daher in allgemeiner
Geltung bleiben, bis sie durch eine bessere ersetzt werden. Neuer=
dings sind mehrfache Versuche gemacht worden, Kant's Kosmogenie
durch eine andere zu verdrängen; indessen sind diese Versuche bis jetzt
so unbefriedigend und mangelhaft, daß sie nicht beanspruchen können,
an deren Stelle zu treten.

Nach diesem allgemeinen Blick auf die monistische Kosmogenie
oder die natürliche Entwickelungsgeschichte des Weltalls lassen Sie
uns zu einem winzigen Bruchtheil desselben zurückkehren, zu unserer
mütterlichen Erde, welche wir im Zustande einer feurigflüssigen, an
beiden Polen abgeplatteten Kugel verlassen haben, deren Oberfläche
sich durch Abkühlung zu einer ganz dünnen festen Rinde verdichtet
hatte. Die erste Erstarrungskruste wird die ganze Oberfläche des
Erdsphäroids als eine zusammenhängende, glatte, dünne Schale
gleichmäßig überzogen haben. Bald aber wurde dieselbe uneben und
höckerig. Indem nämlich bei fortschreitender Abkühlung der feuerflüs=
sige Kern sich mehr und mehr verdichtete und zusammenzog, und so

der ganze Erddurchmesser sich verkleinerte, mußte die dünne starre
Rinde, welche der weicheren Kernmasse nicht nachfolgen konnte, über
derselben vielfach zusammenbrechen. Es würde zwischen beiden ein
leerer Raum entstanden sein, wenn nicht der äußere Atmosphärendruck
die zerbrechliche Rinde nach innen hinein gedrückt hätte. Andere Un=
ebenheiten entstanden wahrscheinlich dadurch, daß an verschiedenen
Stellen die soeben erstarrte und abgekühlte Rinde selbst sich zusam=
menzog und Sprünge oder Risse bekam. Der feurigflüssige Kern
quoll von Neuem durch diese Sprünge hervor und erstarrte abermals.
So entstanden schon frühzeitig mancherlei Erhöhungen und Vertiefun=
gen, welche die ersten Grundlagen der Berge und der Thäler wurden.

Nachdem die Temperatur des abgekühlten Erdballs bis auf
einen gewissen Grad gesunken war, erfolgte ein sehr wichtiger neuer
Vorgang, nämlich die erste Entstehung des Wassers. Das
Wasser war bisher nur in Dampfform in der den Erdball umgebenden
Atmosphäre vorhanden gewesen. Offenbar konnte das Wasser sich
erst zu tropfbarflüssigem Zustande verdichten, nachdem die Temperatur
der Athmosphäre bedeutend gesunken war. Nun begann die weitere
Umbildung der Erdrinde durch die Kraft des Wassers. Indem dasselbe
beständig in Form von Regen niederfiel, hierbei die Erhöhungen der
Erdrinde abspülte, die Vertiefungen durch den abgespülten Schlamm
ausfüllte, und diesen schichtenweise ablagerte, bewirkte es die außer=
ordentlich wichtigen neptunischen Umbildungen der Erdrinde, welche
seitdem ununterbrochen fortdauerten, und auf welche wir im nächsten
Vortrage noch einen näheren Blick werfen werden (Vergl. oben S. 48).

Erst nachdem die Erdrinde so weit abgekühlt war, daß das
Wasser sich zu tropfbarer Form verdichtet hatte, erst als die bis da=
hin trockene Erdkruste zum ersten Male von flüssigem Wasser bedeckt
wurde, konnte die Entstehung der ersten Organismen erfolgen. Denn
alle Thiere und alle Pflanzen, alle Organismen überhaupt bestehen
zum großen Theile oder zum größten Theile aus tropfbarflüssigem
Wasser, welches mit anderen Materien in eigenthümlicher Weise sich
verbindet, und diese in den festflüssigen Aggregatzustand versetzt. Wir

können also aus diesen allgemeinen Grundzügen der anorganischen Erdgeschichte zunächst die wichtige Thatsache folgern, daß zu irgend einer bestimmten Zeit das Leben auf der Erde seinen Anfang hatte, daß die irdischen Organismen nicht von jeher existirten, sondern in irgend einem bestimmten Zeitpunkte zum ersten Mal entstanden.

Wie haben wir uns nun diese Entstehung der ersten Organismen zu denken? Hier ist derjenige Punkt, an welchem die meisten Naturforscher noch heutzutage geneigt sind, den Versuch einer natürlichen Erklärung aufzugeben, und zu dem Wunder einer unbegreiflichen Schöpfung zu flüchten. Mit diesem Schritt treten sie, wie schon vorher bemerkt wurde, außerhalb des Gebiets der naturwissenschaftlichen Erkenntniß und verzichten auf jede wahre Einsicht in den nothwendigen Zusammenhang der Naturgeschichte. Ehe wir muthlos diesen letzten Schritt thun, ehe wir an der Möglichkeit jeder Erkenntniß dieses wichtigen Vorgangs verzweifeln, wollen wir wenigstens einen Versuch machen, denselben zu begreifen. Lassen Sie uns sehen, ob denn wirklich die Entstehung eines ersten Organismus aus anorganischem Stoffe, die Entstehung eines lebendigen Körpers aus lebloser Materie etwas ganz Undenkbares, außerhalb aller bekannten Erfahrung Stehendes sei. Lassen Sie uns mit einem Worte die Frage von der Urzeugung oder Archigonie untersuchen. Vor Allem ist hierbei erforderlich, sich die hauptsächlichsten Eigenschaften der beiden Hauptgruppen von Naturkörpern, der sogenannten leblosen oder anorganischen und der belebten oder organischen Körper klar zu machen, und das Gemeinsame einerseits, das Unterscheidende beider Gruppen andrerseits festzustellen. Auf diese Vergleichung der Organismen und Anorgane müssen wir hier um so mehr eingehen, als sie gewöhnlich sehr vernachlässigt wird, und als sie doch zu einem richtigen, einheitlichen oder monistischen Verständniß der Gesammtnatur ganz nothwendig ist. Am zweckmäßigsten wird es hierbei sein, die drei Grundeigenschaften jedes Naturkörpers, Stoff, Form und Kraft, gesondert zu betrachten. Beginnen wir zunächst mit dem Stoff. (Gen. Morph. II, 111.)

Durch die Chemie sind wir dahin gelangt, sämmtliche uns be=
kannte Körper zu zerlegen in eine geringe Anzahl von Elementen oder
Grundstoffen, nicht weiter zerlegbaren Körpern, z. B. Kohlenstoff,
Sauerstoff, Stickstoff, Schwefel, ferner die verschiedenen Metalle
Kalium, Natrium, Eisen, Gold u. f. w. Man zählt jetzt gegen sieb=
zig solcher Elemente oder Grundstoffe. Die Mehrzahl derselben ist
ziemlich unwichtig und selten; nur die Minderzahl ist allgemeiner ver=
breitet und setzt nicht allein die meisten Anorgane, sondern auch sämmt=
liche Organismen zusammen. Vergleichen wir nun diejenigen Ele=
mente, welche den Körper der Organismen aufbauen, mit denjenigen,
welche in den Anorganen sich finden, so haben wir zunächst die höchst
wichtige Thatsache hervorzuheben, daß im Thier= und Pflanzenkörper
kein Grundstoff vorkommt, der nicht auch außerhalb desselben in der
leblosen Natur zu finden wäre. Es giebt keine besonderen organischen
Elemente oder Grundstoffe.

Die chemischen und physikalischen Unterschiede, welche zwischen
den Organismen und den Anorganen existiren, haben also ihren ma=
teriellen Grund nicht in einer verschiedenen Natur der sie zusammen=
setzenden Grundstoffe, sondern in der verschiedenen Art und
Weise, in welcher die letzteren zu chemischen Verbindungen zu=
sammengesetzt sind. Diese verschiedene Verbindungsweise bedingt zu=
nächst gewisse physikalische Eigenthümlichkeiten, insbesondere in der
Dichtigkeit der Materie, welche auf den ersten Blick eine tiefe
Kluft zwischen beiden Körpergruppen zu begründen scheinen. Die
geformten anorganischen oder leblosen Naturkörper, die Krystalle und
die amorphen Gesteine, befinden sich in einem Dichtigkeitszustande,
den wir den festen nennen, und den wir entgegensetzen dem tropfbar=
flüssigen Dichtigkeitszustande des Wassers und dem gasförmigen
Dichtigkeitszustande der Luft. Es ist Ihnen bekannt, daß diese drei
verschiedenen Dichtigkeitsgrade oder Aggregatzustände der Anorgane
durchaus nicht den verschiedenen Elementen eigenthümlich, sondern
die Folgen eines bestimmten Temperaturgrades sind. Jeder anor=
ganische feste Körper kann durch Erhöhung der Temperatur zunächst

in den tropfbarflüssigen oder geschmolzenen, und durch weitere Er=
hitzung in den gasförmigen oder elastischflüssigen Zustand versetzt
werden. Ebenso kann jeder gasförmige Körper durch gehörige Er=
niedrigung der Temperatur zunächst in den tropfbarflüssigen und wei=
terhin in den festen Dichtigkeitszustand gebracht werden.

Im Gegensatze zu diesen drei Dichtigkeitszuständen der Anorgane
befindet sich der lebendige Körper aller Organismen, Thiere sowohl
als Pflanzen, in einem ganz eigenthümlichen, vierten Aggregatzu=
stande. Dieser ist weder fest, wie Gestein, noch tropfbarflüssig, wie
Wasser; vielmehr hält er zwischen diesen beiden Zuständen die Mitte,
und kann daher als der festflüssige oder gequollene Aggregatzustand
bezeichnet werden. In allen lebenden Körpern ohne Ausnahme ist
eine gewisse Menge Wasser mit fester Materie in ganz eigenthümlicher
Art und Weise verbunden, und eben durch diese charakteristische Ver=
bindung des Wassers mit der organischen Materie entsteht jener weiche,
weder feste noch flüssige, Aggregatzustand, welcher für die mechani=
sche Erklärung der Lebenserscheinungen von der größten Bedeutung
ist. Die Ursache desselben liegt wesentlich in den physikalischen und
chemischen Eigenschaften eines einzigen unzerlegbaren Grundstoffs,
des Kohlenstoffs.

Von allen Elementen ist der Kohlenstoff für uns bei weitem das
wichtigste und interessanteste, weil bei allen uns bekannten Thier= und
Pflanzenkörpern dieser Grundstoff die größte Rolle spielt. Er ist das=
jenige Element, welches durch seine eigenthümliche Neigung zur Bil=
dung verwickelter Verbindungen mit den andern Elementen die größte
Mannichfaltigkeit in der chemischen Zusammensetzung, und daher auch
in den Formen und Lebenseigenschaften der Thier= und Pflanzen=
körper hervorruft. Der Kohlenstoff zeichnet sich ganz besonders da=
durch aus, daß er sich mit den andern Elementen in unendlich man=
nichfaltigen Zahlen= und Gewichtsverhältnissen verbinden kann. Es
entstehen zunächst durch Verbindung des Kohlenstoffs mit drei andern
Elementen, dem Sauerstoff, Wasserstoff und Stickstoff (zu denen sich
meist auch noch Schwefel und häufig Phosphor gesellt), jene äußerst

wichtigen Verbindungen, welche wir als das erste und unentbehrlichste
Substrat aller Lebenserscheinungen kennen gelernt haben, die eiweiß=
artigen Verbindungen oder Albuminkörper (Proteïnstoffe). Schon
früher (S. 142) haben wir in den Moneren Organismen der aller=
einfachsten Art kennen gelernt, deren ganzer Körper in vollkommen
ausgebildetem Zustande aus weiter Nichts besteht, als aus einem fest=
flüssigen eiweißartigen Klümpchen, Organismen, welche für die Lehre
von der ersten Entstehung des Lebens von der allergrößten Bedeutung
sind. Aber auch die meisten übrigen Organismen sind zu einer ge=
wissen Zeit ihrer Existenz, wenigstens in der ersten Zeit ihres Lebens,
als Eizellen oder Keimzellen, im Wesentlichen weiter Nichts als ein=
fache Klümpchen eines solchen eiweißartigen Bildungsstoffes, des
Plasma oder Protoplasma. Sie sind dann von den Moneren
nur dadurch verschieden, daß im Inneren des eiweißartigen Körper=
chens sich der Zellenkern (Nucleus) von dem umgebenden Zellstoff
(Protoplasma) gesondert hat. Wie wir schon früher zeigten, sind
Zellen von ganz einfacher Beschaffenheit die Staatsbürger, welche
durch ihr Zusammenwirken und ihre Sonderung den Körper auch
der vollkommensten Organismen, einen republikanischen Zellenstaat,
aufbauen (S. 246). Die entwickelten Formen und Lebenserschei=
nungen des letzteren werden lediglich durch die Thätigkeit jener eiweiß=
artigen Körperchen zu Stande gebracht.

Es darf als einer der größten Triumphe der neueren Biologie,
insbesondere der Gewebelehre angesehen werden, daß wir jetzt im
Stande sind, das Wunder der Lebenserscheinungen auf diese Stoffe
zurückzuführen, daß wir die unendlich mannichfaltigen und
verwickelten physikalischen und chemischen Eigen=
schaften der Eiweißkörper als die eigentliche Ursache
der organischen oder Lebenserscheinungen nachgewiesen
haben. Alle verschiedenen Formen der Organismen sind zunächst und
unmittelbar das Resultat der Zusammensetzung aus verschiedenen
Formen von Zellen. Die unendlich mannichfaltigen Verschiedenheiten
in der Form, Größe und Zusammensetzung der Zellen sind aber erst

allmählich durch die Arbeitstheilung und Vervollkommnung der ein=
fachen gleichartigen Plasmaklümpchen entstanden, welche ursprüng=
lich allein den Zellenleib bildeten. Daraus folgt mit Nothwendigkeit,
daß auch die Grunderscheinungen des organischen Lebens, Ernährung
und Fortpflanzung, ebenso in ihren höchst zusammengesetzten wie in
ihren einfachsten Aeußerungen, auf die materielle Beschaffenheit jenes
eiweißartigen Bildungsstoffes, des Plasma, zurückzuführen sind. Aus
jenen beiden haben sich die übrigen Lebensthätigkeiten erst allmählich
hervorgebildet. So hat denn gegenwärtig die allgemeine Erklärung
des Lebens für uns nicht mehr Schwierigkeit als die Erklärung der
physikalischen Eigenschaften der anorganischen Körper. Alle Lebens=
erscheinungen und Gestaltungsprocesse der Organismen sind ebenso
unmittelbar durch die chemische Zusammensetzung und den physikali=
schen Zustand der organischen Materie bedingt, wie die Lebenser=
scheinungen der anorganischen Krystalle, d. h. die Vorgänge ihres
Wachsthums und ihrer specifischen Formbildung, die unmittelbaren
Folgen ihrer chemischen Zusammensetzung und ihres physikalischen Zu=
standes sind. Die letzten Ursachen bleiben uns freilich in b e i d e n
Fällen gleich verborgen. Wenn Gold und Kupfer im tesseralen, Wis=
muth und Antimon im hexagonalen, Jod und Schwefel im rhombi=
schen Krystallsystem krystallisiren, so ist uns dies im Grunde nicht
mehr und nicht weniger räthselhaft, als jeder elementare Vorgang der
organischen Formbildung, jede Selbstgestaltung der organischen Zelle.
Auch in dieser Beziehung können wir gegenwärtig den fundamentalen
Unterschied zwischen Organismen und anorganischen Körpern nicht
mehr festhalten, von welchem man früher allgemein überzeugt war.

Betrachten wir zweitens die Uebereinstimmungen und Unterschiede,
welche die F o r m b i l d u n g der organischen und anorganischen Na=
turkörper uns darbietet (Gen. Morph. I, 130). Als Hauptunter=
schied in dieser Beziehung sah man früher die einfache Structur der
letzteren, den zusammengesetzten Bau der ersteren an. Der Körper
aller Organismen sollte aus ungleichartigen oder heterogenen Theilen
zusammengesetzt sein, aus Werkzeugen oder Organen, welche zum

Zweck des Lebens zusammenwirken. Dagegen sollten auch die voll=
kommensten Anorgane, die Kryftalle, durch und durch aus gleich=
artiger oder homogener Materie beſtehen. Dieſer Unterſchied erſcheint
ſehr weſentlich. Allein er verliert alle Bedeutung dadurch, daß wir
in den letzten Jahren die höchſt merkwürdigen und wichtigen Moneren
kennen gelernt haben [15]). (Vergl. oben S. 142—144). Der ganze
Körper dieſer einfachſten von allen Organismen, ein feſtflüſſiges, form=
loſes und ſtructurloſes Eiweißklümpchen, beſteht in der That nur
aus einer einzigen chemiſchen Verbindung, und iſt ebenſo vollkommen
einfach in ſeiner Structur, wie jeder Kryftall, der aus einer einzigen
anorganiſchen Verbindung, z. B. einem Metallſalze, oder aus einem
einzigen Elemente, z. B. Schwefel oder Blei beſteht.

Ebenſo wie in der inneren Structur oder Zuſammenſetzung, hat
man auch in der äußeren Form durchgreifende Unterſchiede zwiſchen
den Organismen und Anorganen finden wollen, insbeſondere in der
mathematiſch beſtimmbaren Kryftallform der letzteren. Allerdings iſt
die Kryftalliſation vorzugsweiſe eine Eigenſchaft der ſogenannten An=
organe. Die Kryftalle werden begrenzt von ebenen Flächen, welche
in geraden Linien und unter beſtimmten meßbaren Winkeln zuſammen=
ſtoßen. Die Thier= und Pflanzengeſtalt dagegen ſcheint auf den erſten
Blick keine derartige geometriſche Beſtimmung zuzulaſſen. Sie iſt
meiſtens von gebogenen Flächen und krummen Linien begrenzt, welche
unter veränderlichen Winkeln zuſammenſtoßen. Allein wir haben in
neuerer Zeit in den Radiolarien [23]) und in vielen anderen Protiſten
eine große Anzahl von niederen Organismen kennen gelernt, bei
denen der Körper in gleicher Weiſe, wie bei den Kryftallen, auf eine
mathematiſch beſtimmbare Grundform ſich zurückführen läßt, bei
denen die Geſtalt im Ganzen wie im Einzelnen durch geometriſch be=
ſtimmbare Flächen, Kanten und Winkel begrenzt wird. In meiner all=
gemeinen Grundformenlehre oder Promorphologie habe
ich hierfür die ausführlichen Beweiſe geliefert, und zugleich ein allge=
meines Formenſyſtem aufgeſtellt, deſſen ideale ſtereometriſche Grund=
formen ebenſo gut die realen Formen der anorganiſchen Kryftalle wie

der organischen Individuen erklären (Gen. Morph. II, 375—574). Außerdem giebt es übrigens auch vollkommen amorphe Organismen, wie die Moneren, Amöben u. s. w., welche jeden Augenblick ihre Gestalt wechseln, und bei denen man ebenso wenig eine bestimmte Grundform nachweisen kann, als es bei den formlosen oder amorphen Anorganen, bei den nicht krystallisirten Gesteinen, Niederschlägen u. s. w. der Fall ist. Wir sind also nicht im Stande, irgend einen principiellen Unterschied in der äußeren Form oder in der inneren Structur der Anorgane und Organismen aufzufinden.

Wenden wir uns drittens an die Kräfte oder an die Bewegungserscheinungen dieser beiden verschiedenen Körpergruppen (Gen. Morph. I, 140). Hier stoßen wir auf die größten Schwierigkeiten. Die Lebenserscheinungen, wie sie die meisten Menschen nur von hoch ausgebildeten Organismen, von vollkommneren Thieren und Pflanzen kennen, erscheinen so räthselhaft, so wunderbar, so eigenthümlich, daß die Meisten der bestimmten Ansicht sind, in der anorganischen Natur komme gar nichts Aehnliches oder nur entfernt damit Vergleichbares vor. Man nennt ja eben deshalb die Organismen belebte und die Anorgane leblose Naturkörper. Daher erhielt sich bis in unser Jahrhundert hinein, selbst in der Wissenschaft, die sich mit der Erforschung der Lebenserscheinungen beschäftigt, in der Physiologie, die irrthümliche Ansicht, daß die physikalischen und chemischen Eigenschaften der Materie nicht zur Erklärung der Lebenserscheinungen ausreichten. Heutzutage, namentlich seit dem letzten Jahrzehnt, darf diese Ansicht als völlig überwunden angesehen werden. In der Physiologie wenigstens hat sie nirgends mehr eine Stätte. Es fällt heutzutage keinem Physiologen mehr ein, irgend welche Lebenserscheinungen als das Resultat einer wunderbaren Lebenskraft aufzufassen, einer besonderen zweckmäßig thätigen Kraft, welche außerhalb der Materie steht, und welche die physikalisch-chemischen Kräfte gewissermaßen nur in ihren Dienst nimmt. Die heutige Physiologie ist zu der streng monistischen Ueberzeugung gelangt, daß sämmtliche Lebenserscheinungen, und vor allen die beiden Grunderscheinungen der Ernährung

18*

und Fortpflanzung, rein physikalisch=chemische Vorgänge, und ebenso
unmittelbar von der materiellen Beschaffenheit des Organismus ab=
hängig sind, wie alle physikalischen und chemischen Eigenschaften oder
Kräfte eines jeden Krystalles lediglich durch seine materielle Zusammen=
setzung bedingt werden.   Da nun derjenige Grundstoff, welcher die
eigenthümliche materielle Zusammensetzung der Organismen bedingt,
der Kohlenstoff ist, so müssen wir alle Lebenserscheinungen, und vor
allen die beiden Grunderscheinungen der Ernährung und Fortpflan=
zung, in letzter Linie auf die chemisch=physikalischen Eigenschaften des
K o h l e n s t o f f s zurückführen.   Diese allein, und namentlich der fest=
flüssige Aggregatzustand und die eigenthümliche Zersetzbarkeit der höchst
zusammengesetzten e i w e i ß a r t i g e n K o h l e n s t o f f v e r b i n d u n =
g e n, sind die mechanischen Ursachen jener eigenthümlichen Bewe=
gungserscheinungen, durch welche sich die Organismen von den An=
organen unterscheiden, und die man im engeren Sinne das „Leben"
zu nennen pflegt.

Um diesen höchst wichtigen Satz richtig zu würdigen, ist es vor
Allem nöthig, diejenigen Bewegungserscheinungen scharf in's Auge
zu fassen, welche beiden Gruppen von Naturkörpern gemeinsam sind.
Unter diesen steht obenan das W a c h s t h u m.   Wenn Sie irgend
eine anorganische Salzlösung langsam verdampfen lassen, so bilden
sich darin Salzkrystalle, welche bei weiter gehender Verdunstung des
Wassers langsam an Größe zunehmen.   Dieses Wachsthum erfolgt
dadurch, daß immer neue Theilchen aus dem flüssigen Aggregatzu=
stande in den festen übergehen und sich an den bereits gebildeten festen
Krystallkern nach bestimmten Gesetzen anlagern.   Durch solche Anla=
gerung oder Apposition der Theilchen entstehen die mathematisch be=
stimmten Krystallformen.   Ebenso durch Aufnahme neuer Theilchen
geschieht auch das Wachsthum der Organismen.   Der Unterschied
ist nur der, daß beim Wachsthum der Organismen in Folge ihres
festflüssigen Aggregatzustandes die neu aufgenommenen Theilchen in's
Innere des Organismus vorrücken (Intussusception), während die
Anorgane nur durch Apposition, durch Ansatz neuer, gleichartiger

Materie von außen her zunehmen. Indeß ist dieser wichtige Unter=
schied des Wachsthums durch Intussusception und durch Apposition
augenscheinlich nur die nothwendige und unmittelbare Folge des ver=
schiedenen Dichtigkeitszustandes oder Aggregatzustandes der Organis=
men und der Anorgane.

Ich kann hier an dieser Stelle leider nicht näher die mancherlei
höchst interessanten Parallelen und Analogien verfolgen, welche sich
zwischen der Bildung der vollkommensten Anorgane, der Krystalle,
und der Bildung der einfachsten Organismen, der Moneren und der
nächst verwandten Formen, vorfinden. Ich muß Sie in dieser Be=
ziehung auf die eingehende Vergleichung der Organismen und der
Anorgane verweisen, welche ich im fünften Capitel meiner generellen
Morphologie durchgeführt habe (Gen. Morph. I, 111—166). Dort
habe ich ausführlich bewiesen, daß durchgreifende Unterschiede zwi=
schen den organischen und anorganischen Naturkörpern weder in Be=
zug auf Form und Structur, noch in Bezug auf Stoff und Kraft
existiren, daß die wirklich vorhandenen Unterschiede von der eigen=
thümlichen Natur des Kohlenstoffs abhängen, und daß keine unüber=
steigliche Kluft zwischen organischer und anorganischer Natur existirt.
Besonders einleuchtend erkennen Sie diese höchst wichtige Thatsache,
wenn Sie die Entstehung der Formen bei den Krystallen und bei den
einfachsten organischen Individuen vergleichend untersuchen. Auch bei
der Bildung der Krystallindividuen treten zweierlei verschiedene, ein=
ander entgegenwirkende Bildungstriebe in Wirksamkeit. Die innere
Gestaltungskraft oder der innere Bildungstrieb, welcher der
Erblichkeit der Organismen entspricht, ist bei dem Krystalle der un=
mittelbare Ausfluß seiner materiellen Constitution oder seiner chemi=
schen Zusammensetzung. Die Form des Krystalles, soweit sie durch
diesen inneren, ureigenen Bildungstrieb bestimmt wird, ist das Re=
sultat der specifisch bestimmten Art und Weise, in welcher sich die
kleinsten Theilchen der krystallisirenden Materie nach verschiedenen Rich=
tungen hin gesetzmäßig an einander lagern. Dieser selbstständigen
inneren Bildungskraft, welche der Materie selbst unmittelbar anhaftet,

wirkt eine zweite formbildende Kraft geradezu entgegen. Diese äu=
ßere Gestaltungskraft oder den äußeren Bildungstrieb können
wir bei den Kryſtallen ebenſo gut wie bei den Organismen als An=
paſſung bezeichnen. Jedes Kryſtallindividuum muß ſich während
ſeiner Entſtehung ganz ebenſo wie jedes organiſche Individuum den
umgebenden Einflüſſen und Exiſtenzbedingungen der Außenwelt unter=
werfen und anpaſſen. In der That iſt die Form und Größe eines
jeden Kryſtalles abhängig von ſeiner geſammten Umgebung, z. B. von
dem Gefäß, in welchem die Kryſtalliſation ſtattfindet, von der Tem=
peratur und von dem Luftdruck, unter welchem der Kryſtall ſich
bildet, von der Anweſenheit oder Abweſenheit ungleichartiger Körper
u. ſ. w. Die Form jedes einzelnen Kryſtalles iſt daher ebenſo wie
die Form jedes einzelnen Organismus das Reſultat der Gegenwir=
kung zweier einander gegenüber ſtehender Factoren, des inneren
Bildungstriebes, der durch die chemiſche Conſtitution der eigenen
Materie gegeben iſt, und des äußeren Bildungstriebes, welcher
durch die Einwirkung der umgebenden Materie bedingt iſt. Beide
in Wechſelwirkung ſtehende Geſtaltungskräfte ſind im Organismus
ebenſo wie im Kryſtall rein mechaniſcher Natur, unmittelbar an dem
Stoffe des Körpers haftend. Wenn man das Wachsthum und die
Geſtaltung der Organismen als einen Lebensprozeß bezeichnet, ſo
kann man daſſelbe eben ſo gut von dem ſich bildenden Kryſtall be=
haupten. Die teleologiſche Naturbetrachtung, welche in den organi=
ſchen Formen zweckmäßig eingerichtete Schöpfungsmaſchinen erblickt,
muß folgerichtiger Weiſe dieſelben auch in den Kryſtallformen aner= ·
kennen. Die Unterſchiede, welche ſich zwiſchen den einfachſten orga=
niſchen Individuen und den anorganiſchen Kryſtallen vorfinden, ſind
durch den feſten Aggregatzuſtand der lezteren, durch den feſtflüſ=
ſigen Zuſtand der erſteren bedingt. Im Uebrigen ſind die bewirkenden
Urſachen der Form in beiden vollſtändig dieſelben. Ganz beſonders
klar drängt ſich Ihnen dieſe Ueberzeugung auf, wenn Sie die höchſt
merkwürdigen Erſcheinungen von dem Wachsthum, der Anpaſſung
und der „Wechſelbeziehung oder Correlation der Theile‟ bei den ent=

stehenden Krystallen mit den entsprechenden Erscheinungen bei der Entstehung der einfachsten organischen Individuen (Moneren und Zellen) vergleichen. Die Analogie zwischen Beiden ist so groß, daß wirklich keine scharfe Grenze zu ziehen ist. In meiner generellen Morphologie habe ich hierfür eine Anzahl von schlagenden Thatsachen angeführt (Gen. Morph. I, 146, 156, 158).

Wenn Sie diese „Einheit der organischen und anor= ganischen Natur", diese wesentliche Uebereinstimmung der Orga= nismen und Anorgane in Stoff, Form und Kraft sich lebhaft vor Augen halten, wenn Sie sich erinnern, daß wir nicht im Stande sind, irgend welche fundamentalen Unterschiede zwischen diesen beiderlei Körpergruppen festzustellen (wie sie früherhin allgemein angenommen wurden), so verliert die Frage von der Urzeugung sehr viel von der Schwierigkeit, welche sie auf den ersten Blick zu haben scheint. Es wird uns dann die Entwickelung des ersten Organismus aus anorga= nischer Materie als ein viel leichter denkbarer und verständlicher Pro= ceß erscheinen, als es bisher der Fall war, wo man jene künstliche absolute Scheidewand zwischen organischer oder belebter und anorga= nischer oder lebloser Natur aufrecht erhielt.

Bei der Frage von der Urzeugung oder Archigonie, die wir jetzt bestimmter beantworten können, erinnern Sie sich zunächst daran, daß wir unter diesem Begriff ganz allgemein die elternlose Zeugung eines organischen Individuums, die Entste= hung eines Organismus unabhängig von einem elterlichen oder zeu= genden Organismus verstehen. In diesem Sinne haben wir früher die Urzeugung (Archigonia) der Elternzeugung oder Fortpflanzung (Tocogonia) entgegengesetzt (S. 141). Bei der letzteren entsteht das organische Individuum dadurch, daß ein größerer oder geringerer Theil von einem bereits bestehenden Organismus sich ablöst und selbst= ständig weiter wächst (Gen. Morph. II, 32).

Von der Urzeugung, welche man auch oft als freiwillige oder ursprüngliche Zeugung bezeichnet (Generatio spontanea, aequivoca, primaria etc.), müssen wir zunächst zwei wesentlich verschiedene Arten unterſcheiden, nämlich die Autogonie und die Plasmogonie. Unter Autogonie verſtehen wir die Entſtehung eines einfachſten organiſchen Individuums in einer anorganiſchen Bildungsflüſſigkeit, d. h. in einer Flüſſigkeit, welche die zur Zuſammenſetzung des Organismus erforderlichen Grundſtoffe in einfachen und feſten Verbindungen gelöſt enthält (z. B. Kohlenſäure, Ammoniak, binäre Salze u. ſ. w.). Plasmogonie dagegen nennen wir die Urzeugung dann, wenn der Organismus in einer organiſchen Bildungsflüſſigkeit entſteht, d. h. in einer Flüſſigkeit, welche jene erforderlichen Grundſtoffe in Form von verwickelten und lockeren Kohlenſtoffverbindungen gelöſt enthält (z. B. Eiweiß, Fett, Kohlenhydraten 2c.) (Gen. Morph. I, 174; II, 33).

Der Vorgang der Autogonie ſowohl als der Plasmogonie iſt bis jetzt noch nicht direct mit voller Sicherheit beobachtet. In älterer und neuerer Zeit hat man über die Möglichkeit oder Wirklichkeit der Urzeugung ſehr zahlreiche und zum Theil auch intereſſante Verſuche angeſtellt. Allein dieſe Experimente beziehen ſich faſt ſämmtlich nicht auf die Autogonie, ſondern auf die Plasmogonie, auf die Entſtehung eines Organismus aus bereits gebildeter organiſcher Materie. Offenbar hat aber für unſere Schöpfungsgeſchichte dieſer letztere Vorgang nur ein untergeordnetes Intereſſe. Es kommt für uns vielmehr darauf an, die Frage zu löſen: „Giebt es eine Autogenie?“ Iſt es möglich, daß ein Organismus nicht aus vorgebildeter organiſcher, ſondern aus rein anorganiſcher Materie entſteht?“ Daher können wir hier auch ruhig alle jene zahlreichen Experimente, welche ſich nur auf die Plasmogonie beziehen, welche in dem letzten Jahrzehnt mit beſonderem Eifer betrieben worden ſind, und welche meiſt ein negatives Reſultat hatten, bei Seite laſſen Denn angenommen auch, es würde dadurch die Wirklichkeit der Plasmogonie ſtreng bewieſen, ſo wäre damit noch nicht die Autogonie erklärt.

Die Verſuche über Autogonie haben bis jetzt ebenfalls kein ſicheres poſitives Reſultat geliefert. Jedoch müſſen wir uns von vorn herein auf das Beſtimmteſte dagegen verwahren, daß durch dieſe

Experimente die Unmöglichkeit der Urzeugung überhaupt nachgewiesen sei. Die allermeisten Naturforscher, welche bestrebt waren, diese Frage experimentell zu entscheiden, und welche bei Anwendung aller möglichen Vorsichtsmaßregeln unter ganz bestimmten Verhältnissen keine Organismen entstehen sahen, stellten auf Grund dieser negativen Resultate sofort die Behauptung auf: „Es ist überhaupt unmöglich, daß Organismen von selbst, ohne elterliche Zeugung, entstehen." Diese leichtfertige und unüberlegte Behauptung stützten sie einfach und allein auf das negative Resultat ihrer Experimente, welche doch weiter Nichts beweisen konnten, als daß unter diesen oder jenen, höchst künstlichen Verhältnissen, wie sie durch die Experimentatoren geschaffen wurden, kein Organismus sich bildete. Man kann auf keinen Fall aus jenen Versuchen, welche meistens unter den unnatürlichsten Bedingungen, in höchst künstlicher Weise angestellt wurden, den Schluß ziehen, daß die Urzeugung überhaupt unmöglich sei. Die Unmöglichkeit eines solches Vorganges kann überhaupt niemals bewiesen werden. Denn wie können wir wissen, daß in jener ältesten unvordenklichen Urzeit nicht ganz andere Bedingungen, als gegenwärtig, existirten, welche eine Urzeugung ermöglichten? Ja, wir können sogar mit voller Sicherheit positiv behaupten, daß die allgemeinen Lebensbedingungen der Primordialzeit gänzlich von denen der Gegenwart verschieden gewesen sein müssen. Denken Sie allein an die Thatsache, daß die ungeheuren Massen von Kohlenstoff, welche wir gegenwärtig in den primären Steinkohlengebirgen abgelagert finden, erst durch die Thätigkeit des Pflanzenlebens in feste Form gebracht, und die mächtig zusammengepreßten und verdichteten Ueberreste von zahllosen Pflanzenleichen sind, die sich im Laufe vieler Millionen Jahre anhäuften. Allein zu der Zeit, als auf der abgekühlten Erdrinde nach der Entstehung des tropfbarflüssigen Wassers zum ersten Male Organismen durch Urzeugung sich bildeten, waren jene unermeßlichen Kohlenstoffquantitäten in ganz anderer Form vorhanden, wahrscheinlich größtentheils in Form von Kohlensäure in der Atmosphäre vertheilt. Die ganze Zusammensetzung der Atmosphäre war also außerordent-

lich von der jetzigen verschieden. Ferner waren, wie sich aus chemischen, physikalischen und geologischen Gründen schließen läßt, der
Dichtigkeitszustand und die elektrischen Verhältnisse der Athmosphäre
nothwendiger Weise ganz andere. Ebenso war auch jedenfalls die
chemische und physikalische Beschaffenheit des Urmeeres, welches damals als eine ununterbrochene Wasserhülle die ganze Erdoberfläche
im Zusammenhang bedeckte, ganz eigenthümlich. Temperatur, Dichtigkeit, Salzgehalt u. s. w. müssen sehr von denen der jetzigen Meere
verschieden gewesen sein. Es bleibt also auf jeden Fall für uns, wenn
wir auch sonst Nichts weiter davon wissen, die Annahme wenigstens
nicht bestreitbar, daß zu jener Zeit unter ganz anderen Bedingungen
eine Urzeugung möglich gewesen sei, die heutzutage vielleicht nicht
mehr möglich ist.

Nun kommt aber dazu, daß durch die neueren Fortschritte der
Chemie und Physiologie das Räthselhafte und Wunderbare, das zunächst der viel bestrittene und doch nothwendige Vorgang der Urzeugung an sich zu haben scheint, größtentheils oder eigentlich ganz zerstört worden ist. Es ist erst vierzig Jahre her, daß noch sämmtliche
Chemiker behaupteten, wir seien nicht im Stande, irgend eine zusammengesetzte Kohlenstoffverbindung oder eine sogenannte „organische
Verbindung" künstlich in unseren Laboratorien herzustellen. Nur die
mystische „Lebenskraft" sollte diese Verbindungen zu Stande bringen
können. Als daher 1828 Wöhler in Göttingen zum ersten Male
dieses Dogma thatsächlich widerlegte, und auf künstlichem Wege aus
rein anorganischen Körpern (Cyan- und Ammoniakverbindungen) den
rein „organischen" Harnstoff darstellte, war man im höchsten Grade
erstaunt und überrascht. In der neueren Zeit ist es nun durch die
Fortschritte der synthetischen Chemie gelungen, derartige „organische"
Kohlenstoffverbindungen rein künstlich in großer Mannichfaltigkeit in
unseren Laboratorien aus anorganischen Substanzen herzustellen, z. B.
Alkohol, Essigsäure, Ameisensäure u. s. w. Selbst viele höchst verwickelte Kohlenstoffverbindungen werden jetzt künstlich zusammengesetzt,
so daß alle Aussicht vorhanden ist, auch die am meisten zusammen-

gesetzten und zugleich die wichtigsten von allen, die Eiweißverbindun=
gen oder Plasmakörper, früher oder später künstlich in unseren chemi=
schen Werkstätten zu erzeugen. Dadurch ist aber die tiefe Kluft zwi=
schen organischen und anorganischen Körpern, die man früher allge=
mein festhielt, größtentheils beseitigt, und für die Vorstellung der
Urzeugung der Weg gebahnt.

Von noch größerer, ja von der allergrößten Wichtigkeit für die
Hypothese der Urzeugung sind endlich die höchst merkwürdigen Mo=
neren, jene schon vorher mehrfach erwähnten Lebewesen, welche
nicht nur die einfachsten beobachteten, sondern auch überhaupt die
denkbar einfachsten von allen Organismen sind[15]). Schon früher,
als wir die einfachsten Erscheinungen der Fortpflanzung und Vererbung
untersuchten, habe ich Ihnen diese wunderbaren „Organismen
ohne Organ" beschrieben. Wir kennen jetzt schon sechs verschiedene
Gattungen solcher Moneren, von denen einige im süßen Wasser,
andere im Meere leben (vergl. oben S. 142—144). In vollkommen
ausgebildetem und frei beweglichem Zustande stellen sie sämmtlich wei=
ter Nichts dar, als ein structurloses Klümpchen einer eiweißartigen
Kohlenstoffverbindung. Nur durch die Art der Fortpflanzung und
Entwickelung, sowie der Nahrungsaufnahme sind die einzelnen Gat=
tungen und Arten ein wenig verschieden. Durch die Entdeckung dieser
Organismen, die von der allergrößten Bedeutung ist, verliert die An=
nahme einer Urzeugung den größten Theil ihrer Schwierigkeiten. Denn
da denselben noch jede Organisation, jeder Unterschied ungleichartiger
Theile fehlt, da alle Lebenserscheinungen von einer und derselben
gleichartigen und formlosen Materie vollzogen werden, so können wir
uns ihre Entstehung durch Urzeugung sehr wohl denken. Geschieht
dieselbe durch Plasmagonie, ist bereits lebensfähiges Plasma
vorhanden, so braucht dasselbe bloß sich zu individualisiren, in gleicher
Weise, wie bei der Krystallbildung sich die Mutterlauge der Krystalle
individualisirt. Geschieht dagegen die Urzeugung der Moneren durch
wahre Autogonie, so ist dazu noch erforderlich, daß vorher jenes
lebensfähige Plasma, jener Urschleim, aus einfacheren Kohlenstoffver=

bindungen sich bildet. Da wir jetzt im Stande sind, in unseren che=
mischen Laboratorien ähnliche zusammengesetzte Kohlenstoffverbindun=
gen künstlich herzustellen, so liegt durchaus kein Grund für die An=
nahme vor, daß nicht auch in der freien Natur sich Verhältnisse finden,
unter denen ähnliche Verbindungen entstehen können. Sobald man
früherhin die Vorstellung der Urzeugung zu fassen suchte, scheiterte man
sofort an der organischen Zusammensetzung auch der einfachsten Or=
ganismen, welche man damals kannte. Erst seitdem wir mit den
höchst wichtigen Moneren bekannt geworden sind, erst seitdem wir in
ihnen Organismen kennen gelernt haben, welche gar nicht aus Or=
ganen zusammengesetzt sind, welche bloß aus einer einzigen chemischen
Verbindung bestehen, und dennoch wachsen, sich ernähren und fort=
pflanzen, ist jene Hauptschwierigkeit gelöst, und die Hypothese der
Urzeugung hat dadurch denjenigen Grad von Wahrscheinlichkeit ge=
wonnen, welcher sie berechtigt, die Lücke zwischen Kant's Kosmo=
genie und Lamarck's Descendenztheorie auszufüllen.

Nur solche homogene, noch gar nicht differenzirte Organismen,
welche in ihrer gleichartigen Zusammensetzung aus einerlei Theilchen
den organischen Krystallen gleichstehen, konnten durch Urzeugung ent=
stehen, und konnten die Ureltern aller übrigen Organismen werden.
Bei der weiteren Entwickelung derselben haben wir als den wichtigsten
Vorgang zunächst die Bildung eines Kernes (Nucleus) in dem
structurlosen Eiweißklümpchen anzusehen. Diese können wir uns rein
physikalisch durch Verdichtung der innersten, centralen Eiweißtheilchen
vorstellen. Die dichtere centrale Masse, welche anfangs allmählich in
das peripherische Plasma überging, sonderte sich später ganz von die=
sem ab und bildete so ein selbstständiges rundes Eiweißkörperchen, den
Kern. Durch diesen Vorgang ist aber bereits aus dem Moner eine
Zelle geworden. Daß nun die weitere Entwickelung aller übrigen
Organismen aus einer solchen Zelle keine Schwierigkeit hat, muß
Ihnen aus den bisherigen Vorträgen klar geworden sein. Denn jedes
Thier und jede Pflanze ist im Beginn ihres individuellen Lebens eine
einfache Zelle. Der Mensch so gut, wie jedes andere Thier, ist an=

fangs weiter Nichts, als eine einfache Eizelle, ein einziges Schleim= klümpchen, worin sich ein Kern befindet.

Ebenso wie der Kern der organischen Zellen durch Sonderung in der inneren oder centralen Masse der ursprünglichen gleichartigen Plasmaklümpchen entstand, so bildete sich die erste Zellhaut oder Membran an deren Oberfläche. Auch diesen einfachen, aber höchst wichtigen Vorgang können wir, wie oben schon bemerkt, einfach phy= sikalisch erklären, entweder durch einen chemischen Niederschlag oder eine physikalische Verdichtung in der oberflächlichsten Rindenschicht, oder durch eine Ausscheidung. Eine der ersten Anpassungsthätigkeiten, welche die durch Urzeugung entstandenen Moneren ausübten, wird die Verdichtung einer äußeren Rindenschicht gewesen sein, welche als schützende Hülle das weichere Innere gegen die angreifenden Einflüsse der Außenwelt abschloß. War aber erst durch Verdichtung der ho= mogenen Moneren im Inneren ein Zellkern, an der Oberfläche eine Zellhaut entstanden, so waren damit alle die fundamentalen Formen der Bausteine gegeben, aus denen durch Zusammensetzung sich erfah= rungsgemäß der Körper sämmtlicher Organismen aufbaut.

Wie schon früher erwähnt wurde, beruht unser ganzes Verständniß des Organismus wesentlich auf der von Schleiden und Schwann vor dreißig Jahren aufgestellten Zellentheorie. Danach ist jeder Or= ganismus entweder eine einfache Zelle oder eine Gemeinde, ein Staat von eng verbundenen Zellen. Die gesammten Formen und Lebenserscheinun= gen eines jeden Organismus sind das Gesammtresultat der Formen und Lebenserscheinungen aller einzelnen ihn zusammensetzenden Zellen. Durch die neueren Fortschritte der Zellenlehre ist es nöthig geworden, die Elementarorganismen, oder die organischen „Individuen erster Ord= nung," welche man gewöhnlich als „Zellen" bezeichnet, mit dem allgemeineren und passenderen Namen der Bildnerinnen oder Plastiden zu belegen. Wir unterscheiden unter diesen Bildnerinnen zwei Hauptgruppen, nämlich Cytoden und echte Zellen. Die Cy= toden sind kernlose Plasmastücke, gleich den Moneren (S. 144, Fig. 1). Die Zellen dagegen sind Plasmastücke, welche einen Kern

oder Nucleus enthalten (S. 145, Fig. 2). Jede dieser beiden Haupt=
formen von Plastiden zerfällt wieder in zwei untergeordnete Form=
gruppen, je nachdem sie eine äußere Umhüllung (Haut, Schale oder
Membran) besitzen oder nicht. Wir können demnach allgemein fol=
gende Stufenleiter von vier verschiedenen Plastidenarten unterscheiden,
nämlich: 1. Urcytoden (S. 144, Fig. 1 B); 2. Hüllcytoden;
3. Urzellen (S. 145, Fig. 2 B); 4. Hüllzellen (S. 145, Fig. 2 A)
(Gen. Morph. I, 269 — 289).

Was das Verhältniß dieser vier Plastidenformen zur Urzeugung
betrifft, so ist folgendes das Wahrscheinlichste: 1. die Urcytoden
(Gymnocytoda), nackte Plasmastücke ohne Kern, gleich den heute
noch lebenden Moneren, sind die einzigen Plastiden, welche unmittel=
bar durch Urzeugung entstanden; 2. die Hüllcytoden (Lepo-
cytoda), Plasmastücke ohne Kern, welche von einer Hülle (Membran
oder Schale) umgeben sind, entstanden aus den Urcytoden entweder
durch Verdichtung der oberflächlichsten Plasmaschichten oder durch
Ausscheidung einer Hülle; 3. die Urzellen (Gymnocyta) oder nackte
Zellen, Plasmastücke mit Kern, aber ohne Hülle, entstanden aus den
Urcytoden durch Verdichtung der innersten Plasmatheile zu einem Kerne
oder Nucleus, durch Differenzirung von centralem Kerne und peri=
pherischem Zellstoff; 4. die Hüllzellen (Lepocyta) oder Hautzellen,
Plasmastücke mit Kern und mit äußerer Hülle (Membran oder Schale),
entstanden entweder aus den Hüllcytoden durch Bildung eines Kernes
oder aus den Urzellen durch Bildung einer Membran. Alle übrigen
Formen von Bildnerinnen oder Plastiden, welche außerdem noch vor=
kommen, sind erst nachträglich durch natürliche Züchtung, durch
Abstammung mit Anpassung, durch Differenzirung und Umbildung
aus jenen vier Grundformen entstanden.

Durch diese Plastidentheorie, durch diese Ableitung aller
verschiedenen Plastidenformen und somit auch aller aus ihnen zu=
sammengesetzten Organismen von den Moneren, kommt ein einfacher
und natürlicher Zusammenhang in die gesammte Entwickelungs=
theorie. Die Entstehung der ersten Moneren durch Urzeugung er=

scheint uns als ein einfacher und nothwendiger Vorgang in dem Entwickelungsproceß des Erdkörpers. Wir geben zu, daß dieser Vorgang, so lange er noch nicht direct beobachtet oder durch das Experiment wiederholt ist, eine reine Hypothese bleibt. Allein ich wiederhole, daß diese Hypothese für den ganzen Zusammenhang der natürlichen Schöpfungsgeschichte unentbehrlich ist, daß sie an sich durchaus nichts Gezwungenes und Wunderbares mehr hat, und daß sie keinenfalls jemals positiv widerlegt werden kann. Wenn Sie die Hypothese der Urzeugung nicht annehmen, so müssen Sie an diesem einzigen Punkte der Entwickelungstheorie zum Wunder einer übernatürlichen Schöpfung Ihre Zuflucht nehmen. Der Schöpfer muß dann den ersten Organismus oder die wenigen ersten Organismen, von denen alle übrigen abstammen, jedenfalls einfachste Moneren oder Urcytoden, als solche geschaffen und ihnen die Fähigkeit beigelegt haben, sich in mechanischer Weise weiter zu entwickeln. . Ich überlasse es einem Jeden von Ihnen, zwischen dieser Vorstellung und der Hypothese der Urzeugung zu wählen. Mir scheint die Vorstellung, daß der Schöpfer an diesem einzigen Punkte willkürlich in den gesetzmäßigen Entwickelungsgang der Materie eingegriffen habe, der im Uebrigen ganz ohne seine Mitwirkung verläuft, ebenso unbefriedigend für das gläubige Gemüth, wie für den wissenschaftlichen Verstand zu sein. Nehmen wir dagegen für die Entstehung der ersten Organismen die Hypothese der Urzeugung an, welche aus den oben erörterten Gründen, insbesondere durch die Entdeckung der Moneren, ihre frühere Schwierigkeit verloren hat, so gelangen wir zur Herstellung eines ununterbrochenen natürlichen Zusammenhanges zwischen der Entwickelung der Erde und der von ihr geborenen Organismen, und wir erkennen auch in dem letzten noch zweifelhaften Punkte die Einheit der gesammten Natur und die Einheit ihrer Entwickelungsgesetze (Gen. Morph. I, 164).

Vierzehnter Vortrag.

Schöpfungsperioden und Schöpfungsurkunden.

Reform der Systematik durch die Descendenztheorie. Das natürliche System als Stammbaum. Paläontologische Urkunden des Stammbaumes. Die Versteinerungen als Denkmünzen der Schöpfung. Ablagerung der neptunischen Schichten und Einschluß der organischen Reste. Eintheilung der organischen Erdgeschichte in fünf Hauptperioden: Zeitalter der Tangwälder, Farnwälder, Nadelwälder, Laubwälder und Culturwälder. System der währenddessen abgelagerten neptunischen Schichten. Unermeßliche Dauer der während ihrer Bildung verflossenen Zeiträume. Ablagerung der Schichten nur während der Senkung, nicht während der Hebung des Bodens. Anteperioden. Andere Lücken der Schöpfungsurkunde. Metamorphischer Zustand der ältesten neptunischen Schichten. Geringe Ausdehnung der paläontologischen Erfahrungen. Geringer Bruchtheil der versteinerungsfähigen Organismen und organischen Körpertheile. Seltenheit vieler versteinerten Arten. Mangel fossiler Zwischenformen. Die Schöpfungsurkunden der Ontogenie und der vergleichenden Anatomie.

Meine Herren! Von dem umgestaltenden Einfluß, welchen die Abstammungslehre auf alle Wissenschaften ausüben muß, wird wahrscheinlich nächst der Anthropologie kein anderer Wissenschaftszweig so sehr betroffen werden, als der beschreibende Theil der Naturgeschichte, die systematische Zoologie und Botanik. Die meisten Naturforscher, die sich bisher mit der Systematik der Thiere und Pflanzen beschäftigten, sammelten, benannten und ordneten die verschiedenen Arten dieser Naturkörper mit einem ähnlichen Interesse, wie die Alterthumsforscher

und Ethnographen die Waffen und Geräthschaften der verschiedenen
Völker sammeln. Viele erhoben sich selbst nicht über denjenigen
Grad der Wißbegierde, mit dem man Wappen, Briefmarken und
ähnliche Curiositäten zu sammeln, zu etikettiren und zu ordnen pflegt.
In ähnlicher Weise wie diese Sammler an der Formenmannichfaltigkeit, Schönheit oder Seltsamkeit der Wappen, Briefmarken u. s. w.
ihre Freude finden, und dabei die erfinderische Bildungskunst der
Menschen bewundern, in ähnlicher Weise ergötzen sich die meisten
Naturforscher an den mannichfaltigen Formen der Thiere und Pflanzen, und erstaunen über die reiche Phantasie des Schöpfers, über seine
unermüdliche Schöpfungsthätigkeit und über die seltsame Laune, in
welcher er neben so vielen schönen, nützlichen und guten Organismen
auch eine Anzahl häßlicher, unnützer und schlechter Formen gebildet habe.

Diese kindliche Behandlung der systematischen Zoologie und Botanik wird durch die Abstammungslehre gründlich vernichtet. An die
Stelle des oberflächlichen und spielenden Interesses, mit welchem die
Meisten bisher die organischen Gestalten betrachteten, tritt das weit
höhere Interesse des erkennenden Verstandes, welcher in der Formverwandtschaft der Organismen ihre wahre Blutsverwandtschaft erblickt. Das natürliche System der Thiere und
Pflanzen, welches man früher entweder nur als Namenregister
zur übersichtlichen Ordnung der verschiedenen Formen oder als Sach-
register zum kurzen Ausdruck ihres Aehnlichkeitsgrades schätzte, erhält
durch die Abstammungslehre den ungleich höheren Werth eines wahren Stammbaumes der Organismen. Diese Stammtafel
muß uns den genealogischen Zusammenhang der kleineren und größeren Gruppen enthüllen. Sie muß zu zeigen versuchen, in welcher Weise
die verschiedenen Klassen, Ordnungen, Familien, Gattungen und Arten des Thier- und Pflanzenreichs, den verschiedenen Zweigen, Aesten
und Astgruppen ihres Stammbaums entsprechen. Jede weitere und
höher stehende Kategorie oder Gruppenstufe des Systems (z. B.
Klasse, Ordnung) umfaßt eine Anzahl von größeren und stärkeren

Zweigen des Stammbaums, jede engere und tiefer stehende Kategorie (z. B. Gattung, Art) nur eine kleinere und schwächere Gruppe von Aestchen. Nur wenn wir in dieser Weise das natürliche System als Stammbaum betrachten, können wir den wahren Werth desselben erkennen. (Gen. Morph. II., S. XVII, 397).

Indem wir an dieser genealogischen Auffassung des organischen Systems, welcher ohne Zweifel allein die Zukunft gehört, festhalten, können wir uns jetzt zu einer der wesentlichsten, aber auch schwierigsten Aufgaben der „natürlichen Schöpfungsgeschichte" wenden, nämlich zur wirklichen Construction der organischen Stammbäume. Lassen Sie uns sehen, wie weit wir vielleicht schon jetzt im Stande sind, alle verschiedenen organischen Formen als die divergenten Nachkommen einer einzigen oder einiger wenigen gemeinschaftlichen Stammformen nachzuweisen. Wie können wir uns aber den wirklichen Stammbaum der thierischen und pflanzlichen Formengruppen aus den dürftigen und fragmentarischen bis jetzt darüber gewonnenen Erfahrungen construiren? Die Antwort hierauf liegt schon zum Theil in demjenigen, was wir früher über den Parallelismus der drei Entwickelungsreihen bemerkt haben, über den wichtigen ursächlichen Zusammenhang, welcher die paläontologische Entwickelung der ganzen organischen Stämme mit der embryologischen Entwickelung der Individuen und mit der systematischen Entwickelung der Gruppenstufen verbindet.

Zunächst werden wir uns zur Lösung dieser schwierigen Aufgabe an die Phylogenie oder die paläontologische Entwickelungsgeschichte zu wenden haben. Denn wenn wirklich die Descendenztheorie wahr ist, wenn wirklich die versteinerten Reste der vormals lebenden Thiere und Pflanzen von den ausgestorbenen Urahnen und Vorfahren der jetzigen Organismen herrühren, so müßte uns eigentlich ohne Weiteres die Kenntniß und Vergleichung der Versteinerungen den Stammbaum der Organismen aufdecken. So einfach und einleuchtend nach dem theoretisch entwickelten Princip Ihnen dies erscheinen wird, so außerordentlich schwierig und verwickelt gestaltet sich die Aufgabe, wenn man sie wirklich in Angriff nimmt. Ihre

praktische Lösung würde schon sehr schwierig sein, wenn die Versteine=
rungen einigermaßen vollständig erhalten wären. Das ist aber keines=
wegs der Fall. Vielmehr ist die handgreifliche Schöpfungsurkunde,
welche in den Versteinerungen begraben liegt, über alle Maaßen un=
vollständig. Daher erscheint es jetzt vor Allem nothwendig, diese Ur=
kunde kritisch zu prüfen, und den Werth, welchen die Versteinerungen
für die Entwickelungsgeschichte der organischen Stämme besitzen, zu be=
stimmen. Da ich Ihnen die allgemeine Bedeutung der Versteinerun=
gen als „Denkmünzen der Schöpfung“ bereits früher erörtert habe,
als wir Cuvier's Verdienste um die Petrefactenkunde betrachteten,
so können wir jetzt sogleich zur Untersuchung der Bedingungen und
Verhältnisse übergehen, unter denen die organischen Körperreste verstei=
nert und so für uns in mehr oder weniger kenntlicher Form erhal=
ten wurden.

In der Regel finden wir Versteinerungen oder Petrefacten nur in
denjenigen Gesteinen eingeschlossen, welche schichtenweise als Schlamm
im Wasser abgelagert wurden, und welche man deshalb neptunische,
geschichtete oder sedimentäre Gesteine nennt. Die Ablagerung solcher
Schichten konnte natürlich erst beginnen, nachdem im Verlaufe der
Erdgeschichte die Verdichtung des Wasserdampfes zu tropfbarflüssigem
Wasser erfolgt war. Seit diesem Zeitpunkt, welchen wir im letzten Vor=
trage bereits betrachtet hatten, begann nicht allein das Leben auf der
Erde, sondern auch eine ununterbrochene und höchst wichtige Umgestal=
tung der erstarrten anorganischen Erdrinde. Das Wasser begann seit=
dem jene außerordentlich wichtige mechanische Wirksamkeit, durch welche
die Erdoberfläche fortwährend, wenn auch langsam, umgestaltet wird.
Ich darf wohl als bekannt voraussetzen, welchen außerordentlich be=
deutenden Einfluß in dieser Beziehung noch jetzt das Wasser in jedem
Augenblick ausübt. Indem es als Regen niederfällt, die obersten
Schichten der Erdrinde durchsickert und von den Erhöhungen in die
Vertiefungen herabfließt, löst es verschiedene mineralische Bestandtheile
des Bodens chemisch auf und spült mechanisch die lockerzusammen hän=
genden Theilchen ab. An den Bergen herabfließend führt das Wasser

den Schutt derselben in die Ebene oder lagert ihn als Schlamm im
stehenden Wasser ab. So arbeitet es beständig an einer Erniedrigung
der Berge und Ausfüllung der Thäler. Ebenso arbeitet die Brandung des Meeres ununterbrochen an der Zerstörung der Küsten und
an der Auffüllung des Meeresbodens durch die herabgeschlämmten
Trümmer. So würde schon die Thätigkeit des Wassers allein, wenn
sie nicht durch andere Umstände wieder aufgewogen würde, mit der
Zeit die ganze Erde nivelliren. Es kann keinem Zweifel unterliegen,
daß die Gebirgsmassen, welche alljährlich als Schlamm dem Meere
zugeführt werden und sich auf dessen Boden absetzen, so bedeutend
sind, daß im Verlauf einer längeren oder kürzeren Periode, vielleicht
von wenigen Millionen Jahren, die Erdoberfläche vollkommen geebnet
und von einer zusammenhängenden Wasserschale umschlossen werden
würde. Daß dies nicht geschieht, verdanken wir der fortdauernden vulkanischen und plutonischen Gegenwirkung des feurigflüssigen Erdinnern.
Diese Reaction des geschmolzenen Kerns gegen die feste Rinde bedingt
ununterbrochen wechselnde Hebungen und Senkungen an den verschiedensten Stellen der Erdoberfläche. Meistens geschehen diese Hebungen
und Senkungen sehr langsam und allmählich; allein indem sie Jahrtausende hindurch fortdauern, bringen sie durch Summirung der kleinen Einzelwirkungen nicht minder großartige Resultate hervor, wie
die entgegenwirkende und nivellirende Thätigkeit des Wassers.

Indem die Hebungen und Senkungen der verschiedenen Erdtheile
im Laufe von Jahrmillionen vielfach mit einander wechseln, kömmt
bald dieser bald jener Theil der Erdoberfläche über oder unter dem
Spiegel des Meeres. Es giebt vielleicht keinen Oberflächentheil der
Erdrinde, der nicht in Folge dessen schon wiederholt über und unter
dem Meeresspiegel gewesen wäre. Durch diesen vielfachen Wechsel erklärt sich die Mannichfaltigkeit und die verschiedene Zusammensetzung
der zahlreichen neptunischen Gesteinsschichten, welche sich an den meisten Stellen in beträchtlicher Dicke über einander abgelagert haben.
In den verschiedenen Geschichtsperioden, während deren die Ablagerung statt fand, lebte eine mannichfach verschiedene Bevölkerung von

Thieren und Pflanzen. Wenn die Leichen derselben auf den Boden der Gewässer herabsanken, drückten sie ihre Körperform in dem weichen Schlamme ab, und unverwesliche Theile, harte Knochen, Zähne, Schalen u. s. w. wurden unzerstört in demselben eingeschlossen. Sie blieben in dem Schlamm, der sich zu neptunischem Gestein verdichtete, erhalten, und dienten nun als Versteinerungen zur Charakteristik der betreffenden Schichten. Durch sorgfältige Vergleichung der verschiedenen über einander gelagerten Schichten und der in ihnen enthaltenen Versteinerungen ist es so möglich geworden, sowohl das relative Alter der Schichten und Schichtengruppen zu bestimmen, als auch die Hauptmomente der Phylogenie oder der Entwickelungsgeschichte der Thier- und Pflanzenstämme empirisch festzustellen.

Die verschiedenen über einander abgelagerten Schichten der neptunischen Gesteine, welche in sehr mannichfaltiger Weise aus Kalk, Thon und Sand zusammengesetzt sind, haben die Geologen gruppenweise in ein ideales System zusammengestellt, welches dem ganzen Zusammenhang der organischen Erdgeschichte entspricht, d. h. desjenigen Theiles der Erdgeschichte, während dessen organisches Leben existirte. Wie die sogenannte „Weltgeschichte" in größere und kleinere Perioden zerfällt, welche durch den zeitweiligen Entwickelungszustand der bedeutendsten Völker charakterisirt und durch hervorragende Ereignisse von einander abgegrenzt werden, so theilen wir auch die unendlich längere organische Erdgeschichte in eine Reihe von größeren oder kleineren Perioden ein. Jede dieser Perioden ist durch eine charakteristische Flora und Fauna, durch die besonders starke Entwickelung einer bestimmten Pflanzen- oder Thiergruppe ausgezeichnet, und jede ist von der vorhergehenden und folgenden Periode durch einen auffallenden Wechsel in der Zusammensetzung der Thier- und Pflanzenbevölkerung getrennt.

Für die nachfolgende Uebersicht des historischen Entwickelungsganges, den die großen Thier- und Pflanzenstämme genommen haben, ist es nothwendig, zunächst hier die systematische Classification der neptunischen Schichtengruppen und der denselben entsprechenden größeren und kleineren Geschichtsperioden anzugeben. Wie Sie sogleich sehen werden, sind wir im Stande, die ganze Masse der über einan= derliegenden Sedimentgesteine in fünf oberste Hauptgruppen oder Terrains, jedes Terrain in mehrere untergeordnete Schichtengruppen oder Systeme und jedes System von Schichten wiederum in noch kleinere Gruppen oder Formationen einzutheilen; endlich kann auch jede Formation wieder in Etagen oder Unterformationen, und jede von diesen wiederum in noch kleinere Lagen, Bänke u. s. w. ein= getheilt werden. Jedes der fünf großen Terrains wurde während eines großen Hauptabschnittes der Erdgeschichte, während eines Zeitalters abgelagert; jedes System während einer kürzeren Pe= riode, jede Formation während einer noch kürzeren Epoche u. s. w. Indem wir so die Zeiträume der organischen Erdgeschichte und die während derselben abgelagerten neptunischen und versteinerungsfüh= renden Erdschichten in ein gegliedertes System bringen, verfahren wir genau wie die Historiker, welche die Völkergeschichte in die drei Haupt= abschnitte des Alterthums, des Mittelalters und der Neuzeit, und jeden dieser Abschnitte wieder in untergeordnete Perioden und Epochen ein= theilen. Wie aber der Historiker durch diese scharfe systematische Ein= theilung und durch die bestimmte Abgrenzung der Perioden durch einzelne Jahreszahlen nur die Uebersicht erleichtern und keineswegs den ununter= brochenen Zusammenhang der Ereignisse und der Völkerentwickelung leugnen will, so gilt ganz dasselbe auch von unserer systematischen Ein= theilung, Specification oder Classification der organischen Erdgeschichte. Auch hier geht der rothe Faden der zusammmenhängenden Entwickelung überall ununterbrochen hindurch. Wir verwahren uns also ausdrück= lich gegen die Anschauung, als wollten wir durch unsere scharfe Ab= grenzung der größeren und kleineren Schichtengruppen und der ihnen entsprechenden Zeiträume irgendwie an Cuvier's Lehre von den Erdrevolutionen und von den wiederholten Neuschöpfungen der orga= nischen Bevölkerung anknüpfen. Daß diese irrige Lehre durch Lyell längst gründlich widerlegt ist, habe ich Ihnen bereits früher gezeigt. (S. 48, 99).

Die fünf großen Hauptabschnitte der organischen Erdgeschichte oder der paläontologischen Entwickelungsgeschichte bezeichnen wir als primordiales, primäres, secundäres, tertiäres und quartäres Zeitalter. Jedes ist durch die vorwiegende Entwickelung bestimmter Thier- und Pflanzengruppen in demselben bestimmt charakterisirt, und wir könnten demnach auch die fünf Zeitalter einerseits durch die natürlichen Hauptgruppen des Pflanzenreichs, andrerseits durch die verschiedenen Klassen des Wirbelthierstammes anschaulich bezeichnen. Dann wäre das erste oder primordiale Zeitalter dasjenige der Tange und Rohrherzen, das zweite oder primäre Zeitalter das der Farne und Fische, das dritte oder secundäre Zeitalter das der Nadelwälder und Schleicher, das vierte oder tertiäre Zeitalter das der Laubwälder und Säugethiere, endlich das fünfte oder quartäre Zeitalter dasjenige des Menschen und seiner Cultur. Die Abschnitte oder Perioden, welche wir in jedem der fünf Zeitalter unterscheiden, werden durch die verschiedenen Systeme von Schichten bestimmt, in die jedes der fünf großen Terrains zerfällt. Lassen Sie uns jetzt noch einen flüchtigen Blick auf die Reihe dieser Systeme und zugleich auf die charakteristische Bevölkerung der fünf großen Zeitalter werfen.

Den ersten und längsten Hauptabschnitt der organischen Erdgeschichte bildet die Primordialzeit oder das Zeitalter der Tangwälder, das auch das archolithische oder archozoische Zeitalter genannt wird. Es umfaßt den ungeheuren Zeitraum von der ersten Urzeugung, von der Entstehung des ersten irdischen Organismus, bis zum Ende der silurischen Schichtenbildung. Während dieses unermeßlichen Zeitraumes, welcher wahrscheinlich viel länger war, als alle übrigen vier Zeiträume zusammengenommen, lagerten sich die drei mächtigsten von allen neptunischen Schichtensystemen ab, nämlich zu unterst das laurentische, darüber das cambrische und darüber das silurische System. Die ungefähre Dicke oder Mächtigkeit dieser drei Systeme zusammengenommen beträgt siebzigtausend Fuß. Davon kommen ungefähr 30,000 auf das laurentische, 18,000 auf das cambrische und 22,000 auf das silurische System. Die durchschnittliche Mächtigkeit aller vier übrigen Terrains, des primären, secundären, tertiären und quartären zusammengenommen, mag dagegen etwa höchstens 60,000 Fuß betragen, und schon hieraus, abgesehen von vielen anderen Gründen, ergiebt sich, daß die Dauer der Primordialzeit wahrscheinlich viel länger war, als die Dauer der folgenden Zeitalter bis zur Gegenwart zusammengenommen. Viele Millionen von Jahrtausenden müssen zur Ablagerung solcher Schichtenmassen erforderlich gewesen sein. Leider befindet sich der bei weitem größte Theil der primordialen Schichtengruppen in dem sogleich zu erörternden metamorphischen Zustande, und dadurch sind die in ihnen enthaltenen Versteinerungen, die ältesten und wichtigsten von allen, größtentheils zerstört und unkenntlich geworden. Nur aus einem Theile der cambrischen und silurischen Schichten sind Petrefacten in größerer Menge und in kenntlichem Zustande erhalten worden. Die älteste von allen deutlich erhaltenen Versteinerungen, das später noch zu beschreibende „kanadische Morgenwesen" (Eozoon canadense) ist in den untersten laurentischen Schichten (in der Ottawaformation) gefunden worden.

Trotzdem die primordialen oder archolithischen Versteinerungen uns nur zum bei weitem kleinsten Theile in kenntlichem Zustande erhalten sind, besitzen dieselben dennoch den Werth unschätzbarer Documente für diese älteste und dunkelste Zeit der organischen Erdgeschichte. Zunächst scheint daraus hervorzugehen, daß während dieses ganzen ungeheuren Zeitraums nur Wasserbewohner existirten. Wenigstens ist bis jetzt unter allen archolithischen Petrefacten noch kein einziges gefunden worden, welches man mit Sicherheit auf einen landbewohnenden Organismus beziehen könnte. Alle Pflanzenreste, die wir aus der Primordialzeit besitzen, gehören zu der niedrigsten von allen Pflanzengruppen, zu der im Wasser lebenden Klasse der Tange oder Algen. Diese bildeten in dem warmen Urmeere der Primordialzeit mächtige Wälder, von deren Formenreichthum und Dichtigkeit uns noch heutigen Tages ihre Epigonen, die Tangwälder des atlantischen Sargassomeeres eine ungefähre Vorstellung geben mögen. Die co=

loſſalen Tangwälder der archolithiſchen Zeit erſetzten damals die noch
gänzlich fehlende Waldvegetation des Feſtlandes. Gleich den Pflanzen
lebten auch alle Thiere, von denen man Reſte in den archolithiſchen
Schichten gefunden hat, im Waſſer. Von den Gliederfüßern finden
ſich nur Krebsthiere, noch keine Spinnen und Inſecten. Von den
Wirbelthieren ſind nur ſehr wenige Fiſchreſte bekannt, welche ſich in
den jüngſten von allen primordialen Schichten, in der oberen Silur=
formation vorfinden. Dagegen müſſen die kopfloſen Wirbelthiere,
welche wir Rohrherzen oder Leptocardier nennen, und aus
denen ſich die Fiſche erſt entwickeln konnten, maſſenhaft während der
Primordialzeit gelebt haben. Daher können wir ſie ſowohl nach den
Rohrherzen als nach den Tangen benennen,

Die Primärzeit oder das Zeitalter der Farnwälder,
der zweite Hauptabſchnitt der organiſchen Erdgeſchichte, welchen man
auch das paläolithiſche oder paläozoiſche Zeitalter nennt, dauerte vom
Ende der ſiluriſchen Schichtenbildung bis zum Ende der permiſchen
Schichtenbildung. Auch dieſer Zeitraum war von ſehr langer Dauer
und zerfällt wiederum in drei Perioden, während deren ſich drei
mächtige Schichtenſyſteme ablagerten, nämlich zu unterſt das devo=
niſche Syſtem oder der alte rothe Sandſtein, darüber das car=
boniſche oder Steinkohlenſyſtem, und darüber das permiſche Sy=
ſtem oder der neue rothe Sandſtein und der Zechſtein. Die durch=
ſchnittliche Dicke dieſer drei Syſteme zuſammengenommen mag etwa
42,000 Fuß betragen, woraus ſich ſchon die ungeheure Länge der für
ihre Bildung erforderlichen Zeiträume ergiebt.

Die devoniſchen und permiſchen Formationen ſind vorzüglich
reich an Fiſchreſten, ſowohl an Urfiſchen, als an Schmelzfiſchen.
Aber noch fehlen in der primären Zeit gänzlich die Knochenfiſche. In
der Steinkohle finden ſich die älteſten Reſte von landbewohnenden
Thieren, und zwar ſowohl Gliederfüßern (Spinnen und Inſecten) als
Wirbelthieren (Amphibien). Im permiſchen Syſtem kommen zu den
Amphibien noch die höher entwickelten Schleicher oder Reptilien, und
zwar unſeren Eidechſen nahverwandte Formen (Proterosaurus ꝛc.).

Trotzdem können wir das primäre Zeitalter das der Fische nennen, weil diese wenigen Amphibien und Reptilien ganz gegen die ungeheure Menge der paläolithischen Fische zurücktreten. Ebenso wie die Fische unter den Wirbelthieren, so herrschen unter den Pflanzen während dieses Zeitraums die Farnpflanzen oder Filicinen vor, und zwar sowohl echte Farnkräuter und Farnbäume (Geopteriden), als Schaftfarne (Calamophyten) und Schuppenfarne (Lepidophyten). Diese landbewohnenden Farne oder Filicinen bildeten die Hauptmasse der dichten paläolithischen Inselwälder, deren fossile Reste uns in den ungeheuer mächtigen Steinkohlenlagern des carbonischen Systems, und in den schwächeren Kohlenlagern des devonischen und permischen Systems erhalten sind. Sie berechtigen uns, die Primärzeit eben sowohl das Zeitalter der Farne, als das der Fische zu nennen.

Der dritte große Hauptabschnitt der paläontologischen Entwickelungsgeschichte wird durch die Secundärzeit oder das Zeitalter der Nadelwälder gebildet, welches auch das mesolithische oder mesozoische Zeitalter genannt wird. Es reicht vom Ende der permischen Schichtenbildung bis zum Ende der Kreideschichtenbildung, und zerfällt abermals in drei große Perioden. Die währenddessen abgelagerten Schichtensysteme sind zu unterst das Triassystem, in der Mitte das Jurasystem, und zu oberst das Kreidesystem. Die durchschnittliche Dicke dieser drei Systeme zusammengenommen bleibt schon weit hinter derjenigen der primären Systeme zurück und beträgt im Ganzen nur ungefähr 15,000 Fuß. Die Secundärzeit wird demnach wahrscheinlich nicht halb so lang als die Primärzeit gewesen sein.

Wie in der Primärzeit die Fische, so herrschen in der Secundärzeit die Schleicher oder Reptilien über alle übrigen Wirbelthiere vor. Zwar entstanden während dieses Zeitraums die ersten Vögel und Säugethiere; auch lebten damals wichtige Amphibien, und zu den zahlreich vorhandenen Urfischen und Schmelzfischen der älteren Zeit gesellten sich die ersten Knochenfische. Allein die ganz charakteristische und überwiegende Wirbelthierklasse der Secundärzeit bildeten

die höchst mannichfaltig entwickelten Reptilien. Neben solchen Schlei=
chern, welche den heute noch lebenden Eidechsen, Krokodilen und
Schildkröten sehr nahe standen, wimmelte es in der mesolithischen Zeit
überall von abenteuerlich gestalteten Drachen, welche Meer, Land und
Luft belebten. Insbesondere sind die merkwürdigen fliegenden Eidechsen
oder Pterosaurier, die schwimmenden Seedrachen oder Halisaurier und
die colossalen Landdrachen oder Dinosaurier der Secundärzeit ganz
eigenthümlich, da sie weder vorher noch nachher lebten. Wie man
demgemäß die Secundärzeit auch das Zeitalter der Schleicher
oder Reptilien nennen könnte, so könnte sie andrerseits auch
das Zeitalter der Nadelwälder, oder genauer der Gymnosper=
men oder Nacktsamenpflanzen heißen. Denn diese Pflanzen=
gruppe, vorzugsweise durch die beiden wichtigen Klassen der Nadel=
hölzer oder Coniferen und der Palmfarne oder Cycadeen
vertreten, setzte während der Secundärzeit ganz überwiegend den Be=
stand der Wälder zusammen. Die farnartigen Pflanzen traten da=
gegen zurück und die Laubhölzer entwickelten sich erst gegen Ende des
Zeitalters, in der Kreidezeit.

Viel kürzer und weniger eigenthümlich als diese drei ersten Zeit=
alter war der vierte Hauptabschnitt der organischen Erdgeschichte,
die Tertiärzeit oder das Zeitalter der Laubwälder. Dieser
Zeitraum, welcher auch cenolithisches oder cenozoisches Zeitalter heißt,
erstreckte sich vom Ende der Kreideschichtenbildung bis zum Ende der
pliocenen Schichtenbildung. Die während dessen abgelagerten Schich=
ten erreichen nur ungefähr eine mittlere Mächtigkeit von 3000 Fuß
und bleiben demnach weit hinter den drei ersten Terrains zurück. Auch
sind die drei Systeme, welche man in dem tertiären Terrain unterschei=
det, nur schwer von einander zu trennen. Das älteste derselben heißt
eocenes oder alttertiäres, das mittlere miocenes oder mittelter=
tiäres und das jüngste pliocenes oder neutertiäres System.

Die gesammte Bevölkerung der Tertiärzeit nähert sich im Ganzen und
im Einzelnen schon viel mehr derjenigen der Gegenwart, als es in den vor=
hergehenden Zeitaltern der Fall war. Unter den Wirbelthieren überwiegt

von nun an die Klasse der Säugethiere bei weitem alle übrigen. Ebenso herrscht in der Pflanzenwelt die formenreiche Gruppe der Deck= samenpflanzen oder Angiospermen vor, deren Laubhölzer die charakteristischen Laubwälder der Tertiärzeit bildeten. Die Ab= theilung der Angiospermen besteht aus den beiden Klassen der Ein= keimblättrigen oder Monocotyledonen und der Zweikeimblättrigen oder Dicotyledonen. Zwar hatten sich Angiospermen aus beiden Klassen schon in der Kreidezeit gezeigt, und Säugethiere treten schon in der Jurazeit oder selbst in dem jüngsten Abschnitt der Triaszeit auf. Allein beide Gruppen, Säugethiere und Decksamenpflanzen, erreichen ihre eigentliche Entwickelung und Oberherrschaft erst in der Tertiärzeit, so daß man diese mit vollem Rechte danach benennen kann.

Den fünften und letzten Hauptabschnitt der organischen Erdgeschichte bildet die Quartärzeit oder Culturzeit, derjenige, gegen die Länge der vier übrigen Zeitalter verschwindend kurze Zeitraum, den wir gewöhnlich in komischer Selbstüberhebung die „Weltgeschichte" zu nennen pflegen. Da die Ausbildung des Menschen und seiner Cultur, welche mächtiger als alle früheren Vorgänge auf die orga= nische Welt umgestaltend einwirkte, dieses Zeitalter charakterisirt, so könnte man dasselbe auch die Menschenzeit, das anthropolithische oder anthropozoische Zeitalter nennen. Es könnte auch das Zeital= ter der Culturwälder oder der Gärten heißen, weil selbst auf den niedrigeren Stufen der menschlichen Cultur ihr umgestaltender Einfluß sich bereits in der Benutzung der Wälder und ihrer Erzeugnisse, und somit auch in der Physiognomie der Landschaft bemerkbar macht. Geologisch können wir den Beginn dieses Zeitalters, welches bis zur Gegenwart reicht, durch das Ende der pliocenen Schichtenablagerung bezeichnen. Die neptunischen Schichten, welche während des verhält= nißmäßig kurzen quartären Zeitraums abgelagert wurden, sind an den verschiedenen Stellen der Erde von sehr verschiedener, meist aber von sehr geringer Dicke. Man bringt dieselben in zwei verschiedene Sy= steme, von denen man das ältere als diluvial oder pleistocen, das neuere als alluvial oder recent bezeichnet.

Der biologische Charakter der Quartärzeit liegt wesentlich in der Entwickelung und Ausbreitung des menschlichen Organismus und seiner Cultur. Weit mehr als jeder andere Organismus hat der Mensch umgestaltend, zerstörend und neubildend auf die Thier= und Pflanzenbevölkerung der Erde eingewirkt. Aus diesem Grunde, — nicht weil wir dem Menschen im Uebrigen eine privilegirte Aus= nahmestellung in der Natur einräumen — können wir mit vollem Rechte die Ausbreitung des Menschen mit seiner Cultur als Beginn eines besonderen letzten Hauptabschnitts der organischen Erdgeschichte bezeichnen. Wahrscheinlich fand allerdings die körperliche Entwickelung des Urmenschen aus menschenähnlichen Affen bereits in der jüngeren oder pliocenen, vielleicht sogar schon in der mittleren oder miocenen Tertiärzeit statt. Allein die eigentliche Entwickelung der m e n s ch l i = ch e n S p r a ch e, welche wir als den wichtigsten Hebel für die Ausbil= dung der eigenthümlichen Vorzüge des Menschen und seiner Herrschaft über die übrigen Organismen betrachten, fällt wahrscheinlich erst in jenen Zeitraum, welchen man aus geologischen Gründen als pleisto= cene oder diluviale Zeit von der vorhergehenden Pliocenperiode trennt. Jedenfalls ist derjenige Zeitraum, welcher seit der Entwickelung der menschlichen Sprache bis zur Gegenwart verfloß, mag derselbe auch viele Jahrtausende und vielleicht Hunderttausende von Jahren in An= spruch genommen haben, verschwindend gering gegen die unermeß= liche Länge der Zeiträume, welche vom Beginn des organischen Lebens auf der Erde bis zur Entstehung des Menschengeschlechts verflossen.

Man hat viele Versuche angestellt, die Zahl der Jahrtausende, welche diese Zeiträume zusammensetzen, annähernd zu berechnen. Man verglich die Dicke der Schlammschichten, welche erfahrungsge= mäß während eines Jahrhunderts sich absetzen, und welche nur we= nige Linien oder Zolle beträgt, mit der gesammten Dicke der geschich= teten Gesteinsmassen, deren ideales System wir soeben überblickt ha= ben. Diese Dicke mag im Ganzen durchschnittlich ungefähr 130,000 Fuß betragen, und hiervon kommen 70,000 auf das primordiale oder archolithische, 42,000 auf das primäre oder paläolithische, 15,000 auf das secundäre oder mesolithische und endlich nur 3000 auf das tertiäre oder cenolithische Terrain. Die sehr geringe und nicht annähernd bestimmbare durchschnittliche Dicke des quartären oder anthropolithischen Terrains kommt dabei gar nicht in Betracht.

Die Dicke der Schlammschichten, welche während eines Jahrhunderts sich in der Gegenwart ablagern, und welche man als Basis jenes einfachen Rechenexempels benutzt, ist an den verschiedenen Stellen der Erde unter den ganz verschiedenen Bedingungen, unter denen überall die Ablagerung stattfindet, natürlich ganz verschieden. Sie ist sehr gering auf dem Boden des hohen Meeres, in den Betten breiter Flüsse mit kurzem Laufe, und in Landseen, welche sehr dürftige Zuflüsse erhalten. Sie ist verhältnißmäßig bedeutend an Meeresküsten mit starker Brandung, am Ausfluß großer Ströme mit langem Lauf und in Landseen mit starken Zuflüssen. An der Mündung des Mississippi, welcher sehr bedeutende Schlammmassen mit sich fortführt, würden in 100,000 Jahren nur etwa 600 Fuß abgelagert werden. Auf dem Grunde des offenen Meeres, weit von den Küsten entfernt, werden sich während dieses langen Zeitraums nur wenige Fuß Schlamm absetzen. Selbst an den Küsten, wo verhältnißmäßig viel Schlamm abgelagert wird, mag die Dicke der dadurch während eines Jahrhunderts gebildeten Schichten, wenn sie nachher sich zu festem Gesteine verdichtet haben, doch nur wenige Zolle oder Linien betragen. Jedenfalls aber bleiben alle auf dieses Verhältniß gegründeten Berechnungen ganz unsicher, und wir können uns auch nicht einmal annähernd die ungeheure Länge der Zeiträume vorstellen, welche zur Bildung jener neptunischen Schichtensysteme erforderlich waren. Nur relative, nicht absolute Zeitmaße sind hier anwendbar.

Man würde übrigens auch vollkommen fehlgehen, wenn man die Mächtigkeit jener Schichtensysteme allein als Maßstab für die inzwischen wirklich verflossene Zeit der Erdgeschichte betrachten wollte. Denn Hebungen und Senkungen der Erdrinde haben beständig mit einander gewechselt, und aller Wahrscheinlichkeit nach entspricht der mineralogische und paläontologische Unterschied, den man zwischen je

zwei auf einanderfolgenden Schichtensystemen und zwischen je zwei For=
mationen derselben wahrnimmt, einem beträchtlichen Zwischenraum
von vielen Jahrtausenden, während dessen die betreffende Stelle der
Erdrinde über das Wasser gehoben war.   Erst nach Ablauf dieser
Zwischenzeit, als eine neue Senkung diese Stelle wieder unter Wasser
brachte, fand die Ablagerung einer neuen Bodenschicht statt.   Da
aber inzwischen die anorganischen und organischen Verhältnisse an
diesem Orte eine beträchtliche Umbildung erfahren hatten, mußte die
neugebildete Schlammschicht aus verschiedenen Bodenbestandtheilen zu=
sammengesetzt sein und verschiedene Versteinerungen einschließen.

Die auffallenden Unterschiede, die zwischen den Versteinerungen
zweier übereinander liegenden Schichten so häufig stattfinden, sind ein=
fach und leicht nur durch die Annahme zu erklären, daß derselbe
Punkt der Erdoberfläche wiederholten Senkungen und He=
bungen ausgesetzt wurde.   Noch gegenwärtig finden solche wechselnde
Hebungen und Senkungen, welche wir der Reaction des feuerflüssigen
Erdkerns gegen die erstarrte Rinde zuschreiben, in weiter Ausdehnung
statt.   So steigt z. B. die Küste von Schweden und ein Theil von
der Westküste Südamerikas beständig langsam empor, während die
Küste von Holland und ein Theil von der Ostküste Südamerikas lang=
sam untersinkt.   Das Steigen wie das Sinken geschieht nur sehr lang=
sam und beträgt im Jahrhundert bald nur einige Linien, bald einige
Zoll oder höchstens einige Fuß.   Wenn aber diese Bewegung hun=
derte von Jahrtausenden hindurch ununterbrochen andauert, wird sie
fähig, die höchsten Gebirge zu bilden.

Offenbar haben ähnliche Hebungen und Senkungen, wie sie an
jenen Stellen noch heute zu messen sind, während des ganzen Ver=
laufs der organischen Erdgeschichte ununterbrochen an verschiedenen
Stellen mit einander gewechselt.   Nun ist es aber für die Beurthei=
lung unserer paläontologischen Schöpfungsurkunde außerordentlich
wichtig, sich klar zu machen, daß bleibende Schichten sich bloß wäh=
rend langsamer Senkung des Bodens unter Wasser ablagern können,
nicht aber während andauernder Hebung.   Wenn der Boden langsam

mehr und mehr unter den Meeresspiegel versinkt, so gelangen die ab=
gelagerten Schlammschichten in immer tieferes und ruhigeres Wasser,
wo sie sich ungestört zu Gestein verdichten können. Wenn sich dagegen
umgekehrt der Boden langsam hebt, so kommen die soeben abgelager=
ten Schlammschichten, welche Reste von Pflanzen und Thieren um=
schließen, sogleich wieder in den Bereich des Wogenspiels, und wer=
den durch die Kraft der Brandung alsbald nebst den eingeschlossenen
organischen Resten zerstört. Aus diesem einfachen, aber sehr gewich=
tigen Grunde können also nur während einer andauernden Senkung
des Bodens sich reichlichere Schichten ablagern, in denen die organi=
schen Reste erhalten bleiben. Wenn je zwei verschiedene übereinan=
der liegende Formationen oder Schichten mithin zwei verschiedenen
Senkungsperioden entsprechen, so müssen wir zwischen diesen letzteren
einen langen Zeitraum der Hebung annehmen, von dem wir gar
Nichts wissen, weil uns keine fossilen Reste von den damals lebenden
Thieren und Pflanzen aufbewahrt werden konnten. Offenbar ver=
dienen aber diese spurlos dahingegangenen größeren und kleineren
Hebungszeiträume nicht geringere Berücksichtigung als die damit
abwechselnden größeren und kleineren Senkungszeiträume, von de=
ren organischer Bevölkerung uns die versteinerungsführenden Schichten
eine ungefähre Vorstellung geben. Wahrscheinlich waren die ersteren
von nicht geringerer Dauer als die letzteren.

Man kann diese sehr wichtigen versteinerungslosen Hebungszeit=
räume ganz passend ihrem relativen Alter nach dadurch bezeichnen, daß
man vor den Namen des darauf folgenden versteinerungsbildenden
Senkungszeitraums das Wörtchen „Ante" (Vor) setzt. So z. B.
würde die lange Hebungsperiode, welche zwischen Ablagerung der
jüngsten silurischen und der ältesten devonischen Schichten verfloß, als
Antedevonperiode zu bezeichnen sein, die lange Hebungszeit,
welche zwischen Bildung der jüngsten Trias= und der ältesten Jura=
schichten verfloß, als Antejuraperiode u. s. w. Offenbar ist die
gehörige Berücksichtigung dieser Zwischenzeiten oder „Anteperio=
den," von denen wir keine Versteinerungen besitzen, von der größten

Wichtigkeit, wenn man die historische Bedeutung der Versteinerungsur=
kunde mit der richtigen Kritik beurtheilen will. Schon hieraus wird
sich Ihnen ergeben, wie unvollständig unsere Urkunde nothwendig sein
muß, um so mehr, da sich theoretisch erweisen läßt, daß gerade wäh=
rend der Hebungszeiträume das Thier= und Pflanzenleben an Mannich=
faltigkeit zunehmen mußte. Denn indem neue Strecken Landes über das
Wasser gehoben werden, bilden sich neue Inseln. Jede neue Insel ist
aber ein neuer Schöpfungsmittelpunkt, weil die zufällig dorthin verschla=
genen Thiere und Pflanzen auf dem neuen Boden im Kampf um's
Dasein reiche Gelegenheit finden, sich eigenthümlich zu entwickeln, und
neue Arten zu bilden. Gerade die Bildung neuer Arten hat offenbar
während dieser Zwischenzeiten, aus denen uns leider keine Versteine=
rungen erhalten bleiben konnten, vorzugsweise stattgefunden, wäh=
rend umgekehrt bei der langsamen Senkung des Bodens eher Gele=
genheit zum Aussterben zahlreicher Arten, und zu einem Rückschritt in
der Artenbildung gegeben war. Auch die Zwischenformen zwischen
den alten und den neu sich bildenden Species werden vorzugsweise
während jener Hebungszeiträume gelebt haben, und konnten da=
her ebenfalls keine fossilen Reste hinterlassen.

Die Anzahl der Schöpfungsperioden und ihrer untergeordneten
Zeitabschnitte, welche die Geologie bisher unterschied, wird durch die
gehörige Berücksichtigung der Anteperioden verdoppelt. Während
man gewöhnlich in der organischen Erdgeschichte nur die Senkungs=
zeiträume berücksichtigte, und diese nach den darin gebildeten Schichten=
systemen benannte, müssen wir nun zwischen je zwei Senkungsperio=
den eine Hebungsperiode oder Anteperiode einschalten. So erhalten
wir die nachstehende Reihe von Geschichtsperioden, welche die Ge=
sammtheit des organischen Lebens auf der Erde umfassen (S. 306).
Das gegenüberstehende System der versteinerungsführenden Erd=
schichten nennt Ihnen außer den vorher angeführten Schichtensystemen
auch die untergeordneten Schichtengruppen oder Formationen, in
welche man die ersteren einzutheilen pflegt.

Uebersicht der paläontologischen Perioden
oder der grösseren Zeitabschnitte der organischen Erdgeschichte.

I. Erster Zeitraum: Archolithisches Zeitalter. *Primordial-Zeit.*

(Zeitalter der Rohrherzen und der Tangwälder.)

Aeltere	1. Erste Periode:	Antelaurentische Zeit
Primordialzeit	2. Zweite Periode:	Laurentische Zeit
Mittlere	3. Dritte Periode:	Antecambrische Zeit
Primordialzeit	4. Vierte Periode:	Cambrische Zeit
Neuere	5. Fünfte Periode:	Antesilurische Zeit
Primordialzeit	6. Sechste Periode:	Silurische Zeit.

II. Zweiter Zeitraum: Paläolithisches Zeitalter. *Primär-Zeit.*

(Zeitalter der Fische und der Farnwälder.)

Aeltere	7. Siebente Periode:	Antedevonische Zeit
Primärzeit	8. Achte Periode:	Devonische Zeit
Mittlere	9. Neunte Periode:	Antecarbonische Zeit
Primärzeit	10. Zehnte Periode:	Steinkohlen-Zeit
Neuere	11. Elfte Periode:	Antepermische Zeit
Primärzeit	12. Zwölfte Periode:	Permische Zeit.

III. Dritter Zeitraum: Mesolithisches Zeitalter. *Secundär-Zeit.*

(Zeitalter der Reptilien und der Nadelwälder.)

Aeltere	13. Dreizehnte Periode:	Antetrias-Zeit
Secundärzeit	14. Vierzehnte Periode:	Trias-Zeit
Mittlere	15. Fünfzehnte Periode:	Antejura-Zeit
Secundärzeit	16. Sechzehnte Periode:	Jura-Zeit
Neuere	17. Siebzehnte Periode:	Antecreta-Zeit
Secundärzeit	18. Achtzehnte Periode:	Kreide-Zeit.

IV. Vierter Zeitraum: Cenolithisches Zeitalter. *Tertiär-Zeit.*

(Zeitalter der Säugethiere und der Laubwälder.)

Aeltere	19. Neunzehnte Periode:	Anteocene Zeit
Tertiärzeit	20. Zwanzigste Periode:	Eocene Zeit
Mittlere	21. Einundzwanzigste Periode:	Antemiocene Zeit
Tertiärzeit	22. Zweiundzwanzigste Periode:	Miocene Zeit
Neuere	23. Dreiundzwanzigste Periode:	Antepliocene Zeit
Tertiärzeit	24. Vierundzwanzigste Periode:	Pliocene Zeit.

V. Fünfter Zeitraum: Anthropolithisches Zeitalter. *Quartär-Zeit.*

(Zeitalter der Menschen und der Culturwälder.)

Aeltere	25. Fünfundzwanzigste Periode:	Eiszeit
Quartärzeit	26. Sechsundzwanzigste Periode:	Postglacial-Zeit
Neuere	27. Siebenundzwanzigste Periode:	Dualistische Cultur-Zeit
Quartärzeit	28. Achtundzwanzigste Periode:	Monistische Cultur-Zeit.

Uebersicht der paläontologischen Formationen
oder der versteinerungsführenden Schichten der Erdrinde.

Terrains	Systeme	Formationen	Synonyme der Formationen
V. Quartäre Terrains oder anthropolithische (anthropozoische) Schichtengruppen	XIV. Recent (Alluvium)	36. *Praesent*	Oberalluviale
		35. *Recent*	Unteralluviale
	XIII. Pleistocen (Diluvium)	34. *Postglacial*	Oberdiluviale
		33. *Glacial*	Unterdiluviale
IV. Tertiäre Terrains oder cenolithische (cenozoische) Schichtengruppen	XII. Pliocen (Neutertiär)	32. *Arvern*	Oberpliocene
		31. *Subapennin*	Unterpliocene
	XI. Miocen (Mitteltertiär)	30. *Falun*	Obermiocene
		29. *Limburg*	Untermiocene
	X. Eocen (Alttertiär)	28. *Gyps* ,	Obereocene
		27. *Grobkalk*	Mitteleocene
		26. *Londonthon*	Untereocene
III. Secundäre Terrains oder mesolithische (mesozoische) Schichtengruppen	IX. Kreide	25. *Weisskreide*	Oberkreide
		24. *Grünsand*	Mittelkreide
		23. *Neocom*	Unterkreide
		22. *Wealden*	Wälderformation
	VIII. Jura	21. *Portland*	Oberoolith
		20. *Oxford*	Mitteloolith
		19. *Bath*	Unteroolith
		18. *Lias*	Liasformation
	VII. Trias	17. *Keuper*	Obertrias
		16. *Muschelkalk*	Mitteltrias
		15. *Buntsand*	Untertrias
II. Primäre Terrains oder paläolithische (paläozoische) Schichtengruppen	VI. Permisches (Neurothsand)	14. *Zechstein*	Oberpermische
		13. *Neurothsand*	Unterpermische
	V. Carbonisches (Steinkohle)	12. *Kohlensand*	Obercarbonische
		11. *Kohlenkalk*	Untercarbonische
	IV. Devonisches (Altrothsand)	10. *Pilton*	Oberdevonische
		9. *Ilfracombe*	Mitteldevonische
		8. *Linton*	Unterdevonische
I. Primordiale Terrains oder archolithische (archozoische) Schichtengruppen	III. Silurisches	7. *Ludlow*	Obersilurische
		6. *Landovery*	Mittelsilurische
		5. *Landeilo*	Untersilurische
	II. Cambrisches	4. *Potsdam*	Obercambrische
		3. *Longmynd*	Untercambrische
	I. Laurentiches	2. *Labrador*	Oberlaurentische
		1. *Ottawa*	Unterlaurentische.

20 *

Zu den sehr bedeutenden und empfindlichen Lücken der paläonto=
logischen Schöpfungsurkunde, welche durch die Anteperioden bedingt
werden, kommen nun leider noch viele andere Umstände hinzu, welche
den hohen Werth derselben außerordentlich verringern. Dahin gehört
vor Allen der metamorphische Zustand der ältesten Schich=
tengruppen, grade derjenigen, welche die Reste der ältesten Flora
und Fauna, der Stammformen aller folgenden Organismen enthalten,
und dadurch von ganz besonderem Interesse sein würden. Grade
diese Gesteine, und zwar der größere Theil der primordialen oder ar=
cholithischen Schichten, fast das ganze laurentische und ein großer Theil
des cambrischen Systems enthalten gar keine kenntlichen Reste mehr,
und zwar aus dem einfachen Grunde, weil diese Schichten durch den
Einfluß des feuerflüssigen Erdinnern nachträglich wieder verändert
oder metamorphosirt worden sind. Durch die Hitze des glühenden
Erdkerns sind diese tiefsten neptunischen Rindenschichten in ihrer ur=
sprünglichen Schichtenstructur gänzlich verändert und in einen kry=
stallinischen Zustand übergeführt worden. Dabei ging aber die Form
der darin eingeschlossenen organischen Reste ganz verloren. Nur hie und
da wurde sie durch einen glücklichen Zufall erhalten, wie es bei dem äl=
testen bekannten Petrefacten, bei dem Eozoon canadense aus den un=
tersten laurentischen Schichten der Fall ist. Jedoch können wir aus
den Lagern von krystallinischer Kohle (Graphit) und krystallinischem Kalk
(Marmor), welche sich in den metamorphischen Primordialgesteinen
eingelagert finden, mit Sicherheit auf die frühere Anwesenheit von
versteinerten Pflanzen= und Thierresten in denselben schließen.

Außerordentlich unvollständig wird unsere Schöpfungsurkunde
durch den Umstand, daß erst ein sehr kleiner Theil der Erdoberfläche
genauer geologisch untersucht ist, vorzugsweise England, Deutschland
und Frankreich. Dagegen wissen wir nur sehr Wenig von den übri=
gen Theilen Europas, von Rußland, Spanien, Italien, der Türkei.
Hier sind uns nur einzelne Stellen der Erdrinde aufgeschlossen; der
bei weitem größte Theil derselben ist uns unbekannt. Dasselbe gilt
von Nordamerika und von Ostindien. Hier sind wenigstens einzelne

Strecken untersucht. Dagegen vom größten Theile Asiens, des umfangreichsten aller Welttheile, wissen wir fast Nichts, — von Afrika fast Nichts, ausgenommen das Kap der guten Hoffnung und die Mittelmeerküste, — von Neuholland fast Nichts, von Südamerika nur sehr Wenig. Sie sehen also, daß erst ein ganz kleines Stück, wohl kaum der zehntausendste Theil von der gesammten Erdoberfläche paläontologisch erforscht ist. Wir können daher wohl hoffen, bei weiterer Ausbreitung der geologischen Untersuchungen, denen namentlich die Anlage von Eisenbahnen und Bergwerken sehr zu Hilfe kommen wird, noch einen großen Theil wichtiger Versteinerungen aufzufinden. Ein Fingerzeig dafür ist uns durch die merkwürdigen Versteinerungen gegeben, die man an den wenigen, genauer untersuchten Punkten von Afrika und Asien, in den Kapgegenden und am Himalaya aufgefunden hat. Eine Reihe von ganz neuen und sehr eigenthümlichen Thierformen ist uns dadurch bekannt geworden. Freilich müssen wir andrerseits erwägen, daß der ausgedehnte Boden der jetzigen Meere vorläufig für die paläontologischen Forschungen ganz unzugänglich ist, und daß wir den größten Theil der hier seit uralten Zeiten begrabenen Versteinerungen entweder niemals oder im besten Fall erst nach Verlauf vieler Jahrtausende werden kennen lernen, wenn durch allmähliche Hebungen der gegenwärtige Meeresboden mehr zu Tage getreten sein wird. Wenn Sie bedenken, daß die ganze Erdoberfläche zu ungefähr drei Fünftheilen aus Wasser und nur zu zwei Fünftheilen aus Festland besteht, so können Sie ermessen, daß auch in dieser Beziehung die paläontologische Urkunde eine ungeheure Lücke enthält.

Nun kommen aber noch eine Reihe von Schwierigkeiten für die Paläontologie hinzu, welche in der Natur der Organismen selbst begründet sind. Vor allen ist hier hervorzuheben, daß in der Regel nur harte und feste Körpertheile der Organismen auf den Boden des Meeres und der süßen Gewässer gelangen und hier in Schlamm eingeschlossen und versteinert werden können. Es sind also namentlich die Knochen und Zähne der Wirbelthiere, die Kalkschalen der Weichthiere und Sternthiere, die Chitinskelete der Gliederthiere, die Kalkskelete der Corallen, ferner die holzigen, festen Theile der Pflanzen, die einer solchen Versteinernng fähig sind. Die weichen und zarten Theile dagegen, welche bei den allermeisten Organismen den bei weitem größten Theil des Körpers bilden, gelangen nur selten unter so günstigen Verhältnissen in den Schlamm, daß sie versteinern, oder daß ihre äußere Form deutlich in dem erhärtenden Schlamme sich abdrückt. Nun bedenken Sie, daß ganze große Klassen von Organismen, wie z. B. die Medusen, die nackten Mollusken, welche keine Schale haben, ein großer Theil der Gliederthiere, fast alle Würmer und selbst die niedersten Wirbelthiere gar keine festen und harten, versteinerungsfähigen Körpertheile besitzen. Ebenso sind gerade die wichtigsten Pflanzentheile, die Blüthen, meistens so weich und zart, daß sie sich nicht in kenntlicher Form conserviren können. Von allen diesen wichtigen Organismen werden wir naturgemäß auch gar keine versteinerten Reste zu finden erwarten können. Ferner sind die Jugendzustände, fast aller Organismen so weich und zart, daß sie gar nicht versteinerungsfähig sind. Was wir also von Versteinerungen in den neptunischen Schichtensystemen der Erdrinde vorfinden, das sind nur selten ganze Körper, vielmehr meistens einzelne Bruchstücke.

Sodann ist zu berücksichtigen, daß die Meerbewohner in einem viel höhern Grade Aussicht haben, ihre todten Körper in den abgelagerten Schlammschichten versteinert zu erhalten, als die Bewohner der süßen Gewässer und des Festlandes. Die das Land bewohnenden Organismen können in der Regel nur dann versteinert werden, wenn ihre Leichen zufällig ins Wasser fallen und auf dem Boden in erhärtenden Schlammschichten begraben werden, was von mancherlei Bedingungen abhängig ist. Daher kann es uns nicht Wunder nehmen, daß die bei weitem größte Mehrzahl der Versteinerungen Organismen angehört, die im Meere lebten, und daß von den Landbewohnern verhältnißmäßig nur sehr wenige im fossilen Zustand erhalten sind. Welche Zufälligkeiten hierbei ins Spiel kommen, mag Ihnen allein der Umstand beweisen, daß man von vielen fossilen Säugethieren, insbesondere von fast allen Säugethieren der Secundärzeit, weiter

Nichts kennt, als den Unterkiefer. Dieser Knochen ist erstens verhält=
nißmäßig fest und löst sich zweitens sehr leicht von dem todten Kadaver,
das auf dem Wasser schwimmt, ab. Während die Leiche vom Wasser
fortgetrieben und zerstört wird, fällt der Unterkiefer auf den Grund
des Wassers hinab und wird hier vom Schlamm umschlossen. Dar=
aus erklärt sich allein die merkwürdige Thatsache, daß in einer Kalk=
schicht des Jurasystems bei Oxford in England, in den Schiefern von
Stonesfield, bis jetzt bloß die Unterkiefer von zahlreichen Beutelthieren
gefunden worden sind, den ältesten Säugethieren, welche wir kennen.
Von dem ganzen übrigen Körper derselben war auch nicht ein Kno=
chen mehr vorhanden. Ferner sind in dieser Beziehung auch die Fuß=
spuren sehr lehrreich, welche sich in großer Menge in verschiedenen aus=
gedehnten Sandsteinlagern, z. B. in dem rothen Sandstein von Con=
necticut in Nordamerika, finden. Diese Fußtritte rühren offenbar von
Wirbelthieren, wahrscheinlich von Reptilien her, von deren Körper
selbst uns nicht die geringste Spur erhalten geblieben ist. Die Ab=
drücke, welche ihre Füße im Schlamm hinterlassen haben, verrathen uns
allein die vormalige Existenz von diesen uns sonst ganz unbekann=
ten Thieren.

Welche Zufälligkeiten außerdem noch die Grenzen unserer paläonto=
logischen Kenntnisse bestimmen, können Sie daraus ermessen, daß man
von sehr vielen wichtigen Versteinerungen nur ein einziges oder nur ein
paar Exemplare kennt. Es ist noch nicht zehn Jahre her, seit wir mit dem
unvollständigen Abdruck eines Vogels aus dem Jurasystem bekannt wur=
den, dessen Kenntniß für die Phylogenie der ganzen Vögelklasse von der
allergrößten Wichtigkeit war. Alle bisher bekannten Vögel stellten eine
sehr einförmig organisirte Gruppe dar, und zeigten keine auffallenden
Uebergangsbildungen zu anderen Wirbelthierklassen, auch nicht zu den
nächstverwandten Reptilien. Jener fossile Vogel aus dem Jura dagegen
besaß keinen gewöhnlichen Vogelschwanz, sondern einen Eidechsenschwanz,
und bestätigte dadurch die aus anderen Gründen vermuthete Abstam=
mung der Vögel von den Eidechsen. Durch dieses einzige Petrefact
wurde also nicht nur unsere Kenntniß von dem Alter der Vogelklasse,

ſondern auch von ihrer Blutsverwandtſchaft mit den Reptilien weſent=
lich erweitert. Ebenſo ſind unſere Kenntniſſe von anderen Thier=
gruppen oft durch die zufällige Entdeckung einer einzigen Verſteine=
rung weſentlich umgeſtaltet worden. Da wir aber wirklich von ſehr
vielen wichtigen Petrefacten nur ſehr wenige Exemplare oder nur
Bruchſtücke kennen, ſo muß auch aus dieſem Grunde die paläontolo=
giſche Urkunde höchſt unvollſtändig ſein.

Eine weitere und ſehr empfindliche Lücke derſelben iſt durch den
Umſtand bedingt, daß die Zwiſchenformen, welche die verſchiede=
nen Arten verbinden, in der Regel nicht erhalten ſind, und zwar aus
dem einfachen Grunde, weil dieſelben nach dem Princip der Divergenz
des Charakters im Kampfe um's Daſein ungünſtiger geſtellt waren,
als die am meiſten divergirenden Varietäten, die ſich aus einer und
derſelben Stammform entwickelten. Die Zwiſchenglieder ſind im
Ganzen immer raſch ausgeſtorben und haben ſich nur ſelten vollſtän=
dig erhalten. Die am ſtärkſten divergirenden Formen dagegen konn=
ten ſich längere Zeit hindurch als ſelbſtſtändige Arten am Leben er=
halten, ſich in zahlreichen Individuen ausbreiten und demnach auch
leichter verſteinert werden. Dadurch iſt jedoch nicht ausgeſchloſſen,
daß nicht in vielen Fällen auch die verbindenden Zwiſchenformen der
Arten ſich ſo vollſtändig verſteinert erhielten, daß ſie noch gegenwär=
tig die ſyſtematiſchen Paläontologen in die größte Verlegenheit ver=
ſetzen und endloſe Streitigkeiten über die Grenzen der Arten her=
vorrufen.

Wenn Sie die hier angeführten Verhältniſſe erwägen, deren
Reihe ſich leicht noch vermehren ließe, ſo werden Sie ſich nicht darüber
wundern, daß der natürliche Schöpfungsbericht oder die Schöpfungs=
urkunde, wie ſie durch die Verſteinerungen gebildet wird, ganz außer=
ordentlich lückenhaft und unvollſtändig iſt. Aber dennoch haben die
wirklich gefundenen Verſteinerungen den größten Werth. Ihre Bedeu=
tung für die natürliche Schöpfungsgeſchichte iſt nicht geringer als die
Bedeutung, welche die berühmte Inſchrift von Roſette und das Decret
von Kanopus für die Völkergeſchichte, für die Archäologie und Philo=

logie besitzen. Wie es durch diese beiden uralten Inschriften möglich
wurde, die Geschichte des alten Egyptens außerordentlich zu erweitern,
und die ganze Hieroglyphenschrift zu entziffern, so genügen uns in
vielen Fällen einzelne Knochen eines Thieres oder unvollständige Ab=
drücke einer niederen Thier= oder Pflanzenform, um die wichtig=
sten Anhaltspunkte für die Geschichte einer ganzen Gruppe und die
Erkenntniß ihres Stammbaums zu gewinnen.

Von der Unvollkommenheit des geologischen Schöpfungsberichtes
sagt Darwin, in Uebereinstimmung mit Lyell, dem größten aller
jetzt lebenden Geologen: „Der natürliche Schöpfungsbericht, wie ihn
die Paläontologie liefert, ist eine Geschichte der Erde, unvollständig
erhalten und in wechselnden Dialecten geschrieben, wovon aber nur
der letzte, bloß auf einige Theile der Erdoberfläche sich beziehende
Band bis auf uns gekommen ist. Doch auch von diesem Bande ist
nur hie und da ein kurzes Capitel erhalten, und von jeder Seite sind
nur da und dort einige Zeilen übrig. Jedes Wort der langsam
wechselnden Sprache dieser Beschreibung, mehr oder weniger ver=
schieden in der ununterbrochenen Reihenfolge der einzelnen Abschnitte,
mag den anscheinend plötzlich wechselnden Lebensformen entsprechen,
welche in den unmittelbar auf einander liegenden Schichten unserer
weit von einander getrennten Formationen begraben liegen."

Wenn Sie diese außerordentliche Unvollständigkeit der paläon=
tologischen Urkunde sich beständig vor Augen halten, so wird es
Ihnen nicht wunderbar erscheinen, daß wir noch auf so viele unsichere
Hypothesen angewiesen sind, wenn wir wirklich den Stammbaum
der verschiedenen organischen Gruppen entwerfen wollen. Jedoch
besitzen wir glücklicher Weise außer den Versteinerungen auch noch
andere Urkunden für die Stammesgeschichte der Organismen, welche
in vielen Fällen von nicht geringerem und in manchen sogar von viel
höherem Werthe sind als die Petrefacten. Die bei weitem wichtigste
von diesen anderen Schöpfungsurkunden ist ohne Zweifel die Onto=
genie oder die Entwickelungsgeschichte des organischen Individuums
(Embryologie und Metamorphologie). Diese wiederholt uns kurz in

großen, markigen Zügen das Bild der Formenreihe, welche die Vor=
fahren des betreffenden Individuums von der Wurzel ihres Stam=
mes an durchlaufen haben. Indem wir diese paläontologische Ent=
wickelungsgeschichte der Vorfahren als Stammesgeschichte oder Phy=
logenie bezeichneten, konnten wir den höchst wichtigen Satz aus=
sprechen: „Die Ontogenie ist eine kurze und schnelle, durch
die Gesetze der Vererbung und Anpassung bedingte
Wiederholung oder Recapitulation der Phylogenie. In=
dem jedes Thier und jedes Gewächs vom Beginn seiner individuellen
Existenz an eine Reihe von ganz verschiedenen Formzuständen durch=
läuft, deutet es uns in schneller Folge und in allgemeinen Umrissen
die lange und langsam wechselnde Reihe von Formzuständen an,
welche seine Ahnen seit den ältesten Zeiten durchlaufen haben (Gen.
Morph. II. 6, 110, 300).

Allerdings ist die Skizze, welche uns die Ontogenie der Orga=
nismen von ihrer Phylogenie giebt, in den meisten Fällen mehr oder
weniger verwischt, und zwar um so mehr, je mehr die Anpassung im
Laufe der Zeit das Uebergewicht über die Vererbung erlangt hat, und
je mächtiger das Gesetz der abgekürzten Vererbung und das Gesetz
der wechselbezüglichen Anpassung eingewirkt hat. Allein dadurch
wird der hohe Werth nicht vermindert, welchen die wirklich treu er=
haltenen Züge jener Skizze besitzen. Besonders für die Erkenntniß der
frühesten Entwickelungszustände ist die Ontogenie von ganz unschätz=
barem Werthe, weil gerade von den ältesten Entwickelungszustän=
den der Stämme und Klassen uns gar keine versteinerten Reste er=
halten worden sind und auch schon wegen der weichen und zarten
Körperbeschaffenheit derselben nicht erhalten bleiben konnten. Keine
Versteinerung könnte uns von der unschätzbar wichtigen Thatsache be=
richten, welche die Ontogenie uns erzählt, daß die ältesten gemein=
samen Vorfahren aller verschiedenen Thier= und Pflanzenarten ganz
einfache Zellen, gleich den Eiern waren. Keine Versteinerung könnte
uns die unendlich werthvolle durch die Ontogenie festgestellte Thatsache
beweisen, daß durch einfache Vermehrung, Gemeindebildung und

Arbeitstheilung jener Zellen die unendlich mannichfaltigen Körperformen der vielzelligen Organismen entstanden. So hilft uns die Ontogenie über viele und große Lücken der Paläontologie hinweg.

Zu den unschätzbaren Schöpfungsurkunden der Paläontologie und Ontogenie gesellen sich nun drittens die nicht minder wichtigen Zeugnisse für die Blutsverwandtschaft der Organismen, welche uns die vergleichende Anatomie liefert. Wenn äußerlich sehr verschiedene Organismen in ihrem inneren Bau nahezu übereinstimmen, so können Sie daraus mit Sicherheit schließen, daß diese Uebereinstimmung ihren Grund in der Vererbung, jene Ungleichheit dagegen ihren Grund in der Anpassung hat. Betrachten Sie z. B. vergleichend die Gliedmaaßen oder Extremitäten der verschiedenen Säugethiere, den Arm des Menschen, den Flügel der Fledermaus, den zum Graben eingerichteten Vorderfuß des Maulwurfs, und die zum Springen Klettern oder Laufen dienenden Vorderfüße anderer Säugethiere. Wenn Sie nun finden, daß allen diesen äußerst verschiedenen Bildungen dieselben Knochen in derselben Zahl, gegenseitigen Lagerung und Verbindung zu Grunde liegen, so werden Sie hierin den wichtigsten Beweis für ihre wirkliche Blutsverwandtschaft finden. Es ist ganz undenkbar, daß irgend eine andere Ursache als die gemeinschaftliche Vererbung von gemeinsamen Stammeltern diese wunderbare Homologie oder Gleichheit im wesentlichen inneren Bau bei so verschiedener äußerer Form verursacht habe. Und wenn Sie nun im System von den Säugethieren weiter hinuntersteigen, und finden, daß sogar bei den Vögeln die Flügel, bei den Reptilien und Amphibien die Vorderfüße, wesentlich in derselben Weise aus denselben Knochen zusammengesetzt sind, wie die Arme des Menschen und die Vorderbeine der übrigen Säugethiere, so können Sie schon daraus auf die gemeinsame Abstammung aller dieser Wirbelthiere mit voller Sicherheit schließen. Der Grad der inneren Formverwandtschaft enthüllt Ihnen hier, wie überall, den Grad der Blutsverwandtschaft.

Fünfzehnter Vortrag.

Stammbaum und Geschichte des Protistenreichs.

(Hierzu Taf. I.)

Specielle Durchführung der Descendenztheorie in dem natürlichen System der Organismen. Construction der Stammbäume. Abstammung aller mehrzelligen Organismen von einzelligen. Abstammung der Zellen von Moneren. Begriff der organischen Stämme oder Phylen. Zahl der Stämme des Thierreichs und des Pflanzenreichs. Einheitliche oder monophyletische und vielheitliche oder polyphyletische Descendenzhypothese. Vorzug der monophyletischen vor den polyphyletischen Anschauungen. Das Reich der Protisten oder Urwesen. Nothwendigkeit und Begründung seiner Annahme. Acht Klassen des Protistenreichs. Moneren. Amöboiden oder Protoplasten. Geißelschwärmer oder Flagellaten. Schleimpilze oder Myxomyceten. Labyrinthläufer oder Labyrinthuleen. Kieselzellen oder Diatomeen. Meerleuchten oder Noctiluken. Wurzelfüßer oder Rhizopoden. Bemerkungen zur allgemeinen Naturgeschichte der Protisten: Ihre Lebenserscheinungen, chemische Zusammensetzung und Formbildung (Individualität und Grundform). Phylogenie und Stammbaum des Protistenreichs.

Meine Herren! Durch die denkende Vergleichung der individuellen und paläontologischen Entwickelung, sowie durch die vergleichende Anatomie der Organismen, durch die vergleichende Betrachtung ihrer entwickelten Formverhältnisse, gelangen wir zur Erkenntniß ihrer stufenweis verschiedenen Formverwandtschaft. Dadurch gewinnen wir aber zugleich einen Einblick in ihre wahre Blutsverwandtschaft, welche nach der Descendenztheorie der eigentliche Grund der Formverwandtschaft ist. Wir gelangen also, indem wir die empirischen

Resultate der Embryologie, Paläontologie und Anatomie zusammen=
stellen, vergleichen, und zur gegenseitigen Ergänzung benutzen, zur an=
nähernden Erkenntniß des natürlichen Systems, welches nach unserer
Ansicht der Stammbaum der Organismen ist. Allerdings bleibt unser
menschliches Wissen, wie überall, so ganz besonders hier, nur Stück=
werk, schon wegen der außerordentlichen Unvollständigkeit und Lücken=
haftigkeit der empirischen Schöpfungsurkunden. Indessen dürfen wir
uns dadurch nicht abschrecken lassen, jene höchste Aufgabe der Biologie
in Angriff zu nehmen. Lassen Sie uns vielmehr sehen, wie weit es
schon jetzt möglich ist, trotz des unvollkommenen Zustandes unserer
embryologischen, paläontologischen und anatomischen Kenntnisse, eine
annähernde Hypothese von dem verwandtschaftlichen Zusammenhang
der Organismen aufzustellen.

Darwin gibt uns in seinem Werk auf diese speciellen Fragen der
Descendenztheorie keine Antwort. Er äußert nur am Schlusse desselben
seine Vermuthung, „daß die Thiere von höchstens vier oder fünf, und
die Pflanzen von eben so vielen oder noch weniger Stammarten herrüh=
ren.“ Da aber auch diese wenigen Hauptformen noch Spuren von
verwandtschaftlicher Verkettung zeigen, und da selbst Pflanzen= und
Thierreich durch vermittelnde Uebergangsformen verbunden sind, so
gelangt er weiterhin zu der Annahme, „daß wahrscheinlich alle orga=
nischen Wesen, die jemals auf dieser Erde gelebt, von irgend einer Ur=
form abstammen, welcher das Leben zuerst vom Schöpfer eingehaucht
worden ist.“ Gleich Darwin haben auch alle anderen Anhänger
der Descendenztheorie dieselbe bloß im Allgemeinen gefördert, und nicht
den Versuch gemacht, sie auch speciell durchzuführen, und das „natür=
liche System“ wirklich als „Stammbaum der Organismen“ zu be=
handeln. Wenn wir daher hier dieses schwierige Unternehmen wagen,
so müssen wir uns ganz auf unsere eigene Füße stellen.

Ich habe vor zwei Jahren in der systematischen Einleitung zu
meiner allgemeinen Entwickelungsgeschichte (im zweiten Bande der ge=
nerellen Morphologie) eine Anzahl von hypothetischen Stammtafeln
für die größeren Organismengruppen aufgestellt, und damit that=

ſächlich den erſten Verſuch gemacht, die Stammbäume der Organis=
men in der Weiſe, wie es die Entwickelungstheorie erfordert, wirklich
zu conſtruiren. Dabei war ich mir der außerordentlichen Schwierigkeiten
dieſer Aufgabe vollkommen bewußt. Indem ich troß aller abſchrecken=
den Hinderniſſe dieſelbe dennoch in Angriff nahm, beanſpruchte ich
weiter Nichts als den erſten Verſuch gemacht und zu weiteren und
beſſeren Verſuchen angeregt zu haben. Vermuthlich werden die mei=
ſten Zoologen und Botaniker von dieſem Anfang ſehr wenig befrie=
digt geweſen ſein, und am wenigſten in dem engen Specialgebiete, in
welchem ein Jeder beſonders arbeitet. Allein wenn irgendwo, ſo iſt
ganz gewiß hier das Tadeln viel leichter als das Beſſermachen, und
daß bisher noch kein Naturforſcher meine Stammbäume durch beſſere
oder überhaupt durch andere erſeßt hat, beweiſt am beſten die unge=
heure Schwierigkeit der unendlich verwickelten Aufgabe. Aber gleich
allen anderen wiſſenſchaftlichen Hypotheſen, welche zur Erklärung der
Thatſachen dienen, werden auch meine genealogiſchen Hypotheſen
ſo lange auf Berückſichtigung Anſpruch machen, bis ſie durch beſſere
erſeßt werden.

Hoffentlich wird dieſer Erſaß recht bald geſchehen, und ich
wünſchte Nichts mehr, als daß mein erſter Verſuch recht viele Natur=
forſcher anregen möchte, wenigſtens auf dem engen, ihnen genau be=
kannten Specialgebiete des Thier = oder Pflanzenreichs die genaueren
Stammbäume für einzelne Gruppen aufzuſtellen. Durch zahlreiche
derartige Verſuche wird unſere genealogiſche Erkenntniß im Laufe der
Zeit langſam fortſchreiten, und mehr und mehr der Vollendung näher
kommen, obwohl mit Beſtimmtheit vorauszuſehen iſt, daß ein vollen=
deter Stammbaum niemals wird erreicht werden. Es fehlen uns und
werden uns immer fehlen die unerläßlichen paläontologiſchen Grund=
lagen. Die älteſten Urkunden werden uns ewig verſchloſſen bleiben
aus den früher bereits angeführten Urſachen. Die älteſten, durch Ur=
zeugung entſtandenen Organismen, die Stammeltern aller folgenden,
müſſen wir uns nothwendig als Moneren denken, als einfache weiche
Eiweißklümpchen, ohne jede beſtimmte Form, ohne irgend welche harte

Theile. Diese waren daher der Erhaltung im versteinerten Zustande, durchaus nicht fähig. Ebenso fehlt uns aber aus den im letzten Vortrage ausführlich erörterten Gründen der bei weitem größte Theil von den zahllosen paläontologischen Dokumenten, die zur Durchführung der Stammesgeschichte oder Phylogenie, und zur wahren Erkenntniß der organischen Stammbäume eigentlich erforderlich wären. Wenn wir daher das Wagniß ihrer hypothetischen Construction dennoch unternehmen, so sind wir vor Allem auf die Unterstützung der beiden anderen Urkundenreihen hingewiesen, welche das paläontologische Archiv in wesentlicher Weise ergänzen, der Ontogenie und der vergleichenden Anatomie.

Ziehen wir diese höchst werthvollen Urkunden gehörig denkend und vergleichend zu Rathe, so machen wir zunächst die außerordentlich bedeutungsvolle Wahrnehmung, daß die allermeisten Organismen, insbesondere alle höheren Thiere und Pflanzen, aus einer Vielzahl von Zellen zusammengesetzt sind, ihren Ursprung aber aus einem Ei nehmen, und daß dieses Ei bei den Thieren ebenso wie bei den Pflanzen eine einzige ganz einfache Zelle ist: ein Klümpchen einer Eiweißverbindung, in welchem ein anderer eiweißartiger Körper, der Zellkern, eingeschlossen ist. Diese kernhaltige Zelle wächst und vergrößert sich. Durch Theilung bildet sie ein Zellenhäufchen, und aus diesem entstehen durch Arbeitstheilung in der früher beschriebenen Weise die vielfach verschiedenen Formen, welche die ausgebildeten Thier- und Pflanzenarten uns vor Augen führen. Dieser unendlich wichtige Vorgang, welchen wir alltäglich bei der embryologischen Entwickelung jedes thierischen und pflanzlichen Individuums mit unseren Augen Schritt für Schritt unmittelbar verfolgen können, und welchen wir in der Regel durchaus nicht mit der verdienten Ehrfurcht betrachten, belehrt uns sicherer und vollständiger, als alle Versteinerungen es thun könnten, über die ursprüngliche paläontologische Entwickelung aller mehrzelligen Organismen, aller höheren Thiere und Pflanzen. Denn da die Ontogenie oder die embryologische Entwickelung jedes einzelnen Individuums Nichts weiter ist als eine Recapitulation der Phylogenie oder der paläontologi-

schen Entwickelung seiner Vorfahrenkette, so können wir daraus zu=
nächst mit voller Sicherheit den ebenso einfachen als bedeutenden Schluß
ziehen, daß alle mehrzelligen Thiere und Pflanzen ursprüng=
lich von einzelligen Organismen abstammen. Die uralten
primordialen Vorfahren des Menschen so gut wie aller anderen Thiere
und aller aus vielen Zellen zusammengesetzten Pflanzen waren einfache,
isolirt lebende Zellen. Dieses unschätzbare Geheimniß des organi=
schen Stammbaums wird uns durch das Ei der Thiere und durch
das „Keimbläschen" der Pflanzen mit untrüglicher Sicherheit ver=
rathen. Wenn die Gegner der Descendenztheorie uns entgegenhalten,
es sei wunderbar und unbegreiflich, daß ein äußerst complicirter viel=
zelliger Organismus aus einem einfachen einzelligen Organismus
im Laufe der Zeit hervorgegangen sei, so entgegnen wir einfach, daß
wir dieses unglaubliche Wunder jeden Augenblick vor uns sehen und
mit unseren Augen verfolgen können. Denn die Embryologie der
Thiere und Pflanzen führt uns in kürzester Zeit denselben Vorgang
greifbar vor Augen, welcher im Laufe ungeheurer Zeiträume bei der
Entstehung des ganzen Stammes stattgefunden hat.

Auf Grund der embryologischen Urkunden können wir also mit
voller Sicherheit behaupten, daß alle mehrzelligen Organismen eben
so gut wie alle einzelligen ursprünglich von einfachen Zellen abstam=
men; hieran würde sich sehr natürlich der Schluß reihen, daß die äl=
teste Wurzel des Thier= und Pflanzenreichs gemeinsam ist. Denn die
verschiedenen uralten „Stammzellen", aus denen sich die wenigen
verschiedenen Hauptgruppen oder „Stämme" (Phylen) des Thier=
und Pflanzenreichs entwickelt haben, könnten ihre Verschiedenheit
selbst erst erworben haben, und könnten selbst von einer gemeinsamen
„Urstammzelle" abstammen. Wo kommen aber jene wenigen „Stamm=
zellen" oder diese eine „Urstammzelle" her? Zur Beantwortung dieser
genealogischen Grundfrage müssen wir auf die früher erörterte Plasti=
dentheorie und die Urzeugungshypothese zurückgreifen.

Wie wir damals zeigten, können wir uns durch Urzeugung un=
mittelbar nicht Zellen entstanden denken, sondern nur Moneren, Ur=

wesen der denkbar einfachsten Art, gleich den noch jetzt lebenden Prota=
moeben, Protomyxen, Protogenes u. s. w. (S. 144, Fig. 1). Nur solche
structurlose Schleimkörperchen, deren ganzer eiweißartiger Leib so homogen
wie ein anorganischer Krystall ist, und die dennoch die beiden organischen
Grundfunctionen der Ernährung und Fortpflanzung vollziehen, konnten
unmittelbar im Beginn der antelaurentischen Zeit aus anorganischer Ma=
terie durch Autogenie entstehen. Während einige Moneren auf der ur=
sprünglichen einfachen Bildungsstufe verharrten, bildeten sich andere all=
mählich zu Zellen um, indem der innere Kern des Eiweißleibes sich von
dem äußeren Zellstoff sonderte. Andrerseits bildete sich durch Differenzi=
rung der äußersten Zellstoffschicht sowohl um einfache (kernlose) Cyto=
den, als um nackte (aber kernhaltige) Zellen eine äußere Hülle (Mem=
bran oder Schale). Durch diese beiden Sonderungsvorgänge in dem
einfachen Urschleim des Monerenleibes, durch die Bildung eines Kerns
im Inneren, einer Hülle an der äußeren Oberfläche des Plasmakörpers,
entstanden aus den ursprünglichen einfachsten Cytoden, den Mone=
ren, jene vier verschiedenen Arten von Plastiden oder Individuen
erster Ordnung, aus denen weiterhin alle übrigen Organismen durch
Differenzirung und Zusammensetzung sich entwickeln konnten. (Vergl.
oben S. 286).

Hier wird sich Ihnen nun zunächst die Frage aufdrängen: Stam=
men alle organischen Cytoden und Zellen, und mithin auch jene
Stammzellen, welche wir vorher als die Stammeltern der wenigen
großen Hauptgruppen des Thier= und Pflanzenreichs betrachtet haben,
von einer einzigen ursprünglichen Monerenform ab, oder giebt es
mehrere verschiedene organische Stämme, deren jeder von einer eigen=
thümlichen, selbstständig durch Urzeugung entstandenen Monerenart
abzuleiten ist. Mit anderen Worten: Ist die ganze organische
Welt gemeinsamen Ursprungs, oder verdankt sie mehr=
fachen Urzeugungsakten ihre Entstehung? Diese genealo=
gische Grundfrage scheint auf den ersten Blick ein außerordentliches Ge=
wicht zu haben. Indessen werden Sie bei näherer Betrachtung bald

ſehen, daß ſie daſſelbe nicht beſitzt, vielmehr im Grunde von ſehr un=
tergeordneter Bedeutung iſt.

Laſſen Sie uns hier zunächſt den Begriff des organiſchen
Stammes näher in's Auge faſſen und feſt begrenzen. Wir verſte=
hen unter Stamm oder Phylum die Geſammtheit aller derjenigen
Organismen, deren Blutsverwandtſchaft, deren Abſtammung von
einer gemeinſamen Stammform aus anatomiſchen und entwickelungs=
geſchichtlichen Gründen nicht zweifelhaft ſein kann, oder doch wenig=
ſtens in hohem Maße wahrſcheinlich iſt. Unſere Stämme oder Phy=
len fallen alſo weſentlich dem Begriffe nach zuſammen mit jenen weni=
gen „großen Klaſſen" oder „Hauptklaſſen," von denen auch Darwin
glaubt, daß eine jede nur blutsverwandte Organismen enthält, und
von denen er ſowohl im Thierreich als im Pflanzenreich nur ſehr we=
nige, in jedem Reiche etwa vier bis fünf annimmt. Im Thierreich
würden dieſe Stämme im Weſentlichen mit jenen vier bis ſechs Haupt=
abtheilungen zuſammenfallen, welche die Zoologen ſeit Bär und
Cuvier als „Hauptformen, Generalpläne, Zweige oder Kreiſe" des
Thierreichs unterſcheiden (Vgl. S. 42). Bär und Cuvier unter=
ſchieden deren nur vier, nämlich 1. die Wirbelthiere (Vertebrata);
2. die Gliederthiere (Articulata); 3. die Weichthiere (Mollusca)
und 4. die Strahlthiere (Radiata). Gegenwärtig unterſcheidet
man gewöhnlich ſechs, indem man den Stamm der Gliederthiere
in die beiden Stämme der Gliederfüßer (Arthropoda) und der
Würmer (Vermes) trennt, und ebenſo den Stamm der Strahlthiere
in die beiden Stämme der Sternthiere (Echinoderma) und der
Pflanzenthiere (Coelenterata) zerlegt. Innerhalb jedes dieſer
ſechs Stämme zeigen alle dazu gehörigen Thiere trotz großer Mannich=
faltigkeit in der äußeren Form und im inneren Bau dennoch ſo zahl=
reiche und wichtige gemeinſame Grundzüge, daß wir an ihrer Bluts=
verwandtſchaft nicht zweifeln können. Daſſelbe gilt auch von den
ſechs großen Hauptklaſſen, welche die neuere Botanik im Pflanzen=
reiche unterſcheidet, nämlich 1. die Blumenpflanzen (Phanero=
gamae); 2. die Farne (Filicinae); 3. die Moſe (Muscinae); 4. die

Flechten (Lichenes); 5. die Pilze (Fungi) und 6. die Tange
(Algae). Die letzten drei Gruppen zeigen selbst wiederum unter sich so
nahe Beziehungen, daß man sie als Thalluspflanzen (Thallo-
phyta) den drei ersten Hauptklassen gegenüber stellen, und somit die
Zahl der Phylen oder Hauptgruppen des Pflanzenreichs auf vier beschränken könnte. Auch Mose und Farne könnte man als Prothalluspflanzen (Prothallophyta) zusammenfassen und dadurch die
Zahl der Pflanzenstämme auf drei erniedrigen: Blumenpflanzen, Prothalluspflanzen und Thalluspflanzen.

Nun sprechen aber sehr gewichtige Thatsachen der Anatomie und
der Entwickelungsgeschichte sowohl im Thierreich als im Pflanzenreich
für die Vermuthung, daß auch diese wenigen Hauptklassen oder
Stämme noch an ihrer Wurzel zusammenhängen, d. h. daß ihre niedersten und ältesten Stammformen unter sich wiederum blutsverwandt
sind. Ja bei weiter gehender Untersuchung werden wir noch einen
Schritt weiter und zu Darwin's Annahme hingedrängt, daß auch
die beiden Stammbäume des Thier- und Pflanzenreichs an ihrer tiefsten Wurzel zusammenhängen, daß auch die niedersten und ältesten
Thiere und Pflanzen von einem einzigen gemeinsamen Urwesen abstammen. Natürlich könnte nach unserer Ansicht dieser gemeinsame
Urorganismus nur ein durch Urzeugung entstandenes Moner sein.

Vorsichtiger werden wir vorläufig jedenfalls verfahren, wenn
wir diesen letzten Schritt noch vermeiden, und wahre Blutsverwandtschaft nur innerhalb jedes Stammes oder Phylum annehmen, wo sie
durch die Thatsachen der vergleichenden Anatomie, Ontogenie und Phylogenie unzweifelhaft sicher gestellt wird. Aber schon jetzt können wir
bei dieser Gelegenheit darauf hinweisen, daß zwei verschiedene Grundformen der genealogischen Hypothesen möglich sind, und daß alle verschiedenen Untersuchungen der Descendenztheorie über den Ursprung
der organischen Formengruppen sich künftig entweder mehr in der einen
oder mehr in der anderen von diesen beiden Richtungen bewegen werden. Die einheitliche (einstämmige oder monophyletische) Abstammungshypothese wird bestrebt sein, den ersten Ur-

ſprung ſowohl aller einzelnen Organismengruppen als auch der Geſammt=
heit derſelben auf eine einzige gemeinſame, durch Urzeugung entſtandene
Monerenart zurückzuführen.   Die vielheitliche (vielſtämmige
oder polyphyletiſche) Descendenzhypotheſe dagegen wird an=
nehmen, daß mehrere verſchiedene Monerenarten durch Urzeugung ent=
ſtanden ſind, und daß dieſe mehreren verſchiedenen Hauptklaſſen (Stäm=
men oder Phylen) den Urſprung gegeben haben.   Im Grunde iſt der
ſcheinbar ſehr bedeutende Gegenſatz zwiſchen dieſen beiden Hypotheſen
von ſehr geringer Wichtigkeit.   Denn beide, ſowohl die einheitliche
oder monophyletiſche, als die vielheitliche oder polyphyletiſche Descen=
denzhypotheſe, müſſen nothwendig auf Moneren als auf die älteſte
Wurzel des einen oder der vielen organiſchen Stämme zurückgehen.
Da aber der ganze Körper aller Moneren nur aus einer einfachen,
ſtructurloſen und formloſen Maſſe, einer einzigen eiweißartigen Koh=
lenſtoffverbindung beſteht, ſo können die Unterſchiede der verſchiedenen
Moneren nur chemiſcher Natur ſein und nur in einer verſchiedenen
atomiſtiſchen Zuſammenſetzung jener ſchleimartigen Eiweißverbindung
beſtehen.   Dieſe feinen und verwickelten Miſchungsverſchiedenheiten
der unendlich mannichfaltig zuſammengeſetzten Eiweißverbindungen
ſind aber vorläufig für die rohen und groben Erkenntnißmittel des
Menſchen gar nicht erkennbar, und daher auch für unſere vorliegende
Aufgabe zunächſt von weiter keinem Intereſſe.

      Die Frage von dem einheitlichen oder vielheitlichen Urſprung wird
ſich auch innerhalb jedes einzelnen Stammes immer wiederholen, wo
es ſich um den Urſprung einer kleineren oder größeren Gruppe han=
delt.   Im Pflanzenreiche z. B. werden die einen Botaniker mehr ge=
neigt ſein, die ſämmtlichen Blumenpflanzen von einer einzigen Farn=
form abzuleiten, während die anderen die Vorſtellung vorziehen wer=
den, daß mehrere verſchiedene Phanerogamengruppen aus mehreren
verſchiedenen Farngruppen hervorgegangen ſind.   Ebenſo werden im
Thierreich die einen Zoologen mehr zu Gunſten der Annahme ſein,
daß ſämmtliche placentalen Säugethiere von einer einzigen Beutelthier=
form abſtammen, die anderen dagegen mehr zu Gunſten der entgegen=

setzten Annahme, daß mehrere verschiedene Gruppen von Placentalthieren aus mehreren verschiedenen Beutelthiergruppen hervorgegangen
sind.   Was das Menschengeschlecht selbst betrifft, so werden die Einen
den Ursprung desselben aus einer einzigen Affenform vorziehen, während die Anderen mehr zu der Vorstellung neigen werden, daß mehrere verschiedene Menschenarten unabhängig von einander aus
mehreren verschiedenen Affenarten entstanden sind.   Ohne uns hier schon
bestimmt für die eine oder die andere Auffassung auszusprechen, wollen wir dennoch die Bemerkung nicht unterdrücken, daß im Allgemeinen die einstämmigen oder monophyletischen Descen-
denzhypothesen den Vorzug vor den vielstämmigen oder
polyphyletischen Abstammungshypothesen verdienen,
und zwar vorläufig schon aus dem einfachen Grunde, weil sie die unendlich schwierige Aufgabe der Stammbaumconstructionen in hohem
Grade erleichtern.   Es ist möglich, daß die entwickeltere Descendenztheorie der Zukunft den polyphyletischen Ursprung insbesondere für
viele niedere und unvollkommene Gruppen der beiden organischen
Reiche nachweisen wird.   Gegenwärtig aber würden wir, wollten
wir denselben verfolgen, jedenfalls in ein unentwirrbares Labyrinth
von dunklen und widersprechenden Vermuthungen uns verlieren.

Aus diesem Grunde halte ich es für das Beste, gegenwärtig für
das Thierreich einerseits, für das Pflanzenreich andrerseits eine einstämmige oder monophyletische Descendenzhypothese anzunehmen, ungefähr in der Form, wie sie auf Taf. II. und III. gra-
phisch dargestellt ist.   Hiernach würden also die oben genannten sechs
Stämme oder Phylen des Thierreichs an ihrer untersten Wurzel zusammenhängen, und ebenso die erwähnten drei bis sechs Hauptklassen oder Phylen des Pflanzenreichs von einer gemeinsamen ältesten
Stammform abzuleiten sein.   Wie der Zusammenhang dieser Stämme
zu denken ist, werde ich in den nächsten Vorträgen erläutern.   Zunächst aber müssen wir uns hier noch mit einer sehr merkwürdigen
Gruppe von Organismen beschäftigen, welche weder in den Stammbaum des Pflanzenreichs (Taf. II.), noch in den Stammbaum des

Thierreichs (Taf. III.) ohne künstlichen Zwang eingereiht werden können. Diese interessanten und wichtigen Organismen sind die Ur= wesen oder Protisten. (Vergl. Taf. I.).

Sämmtliche Organismen, welche wir als Protisten zusammenfassen, zeigen in ihrer äußeren Form, in ihrem inneren Bau und in ihren ge= sammten Lebenserscheinungen eine so merkwürdige Mischung von thie= rischen und pflanzlichen Eigenschaften, daß sie mit klarem Rechte weder dem Thierreiche, noch dem Pflanzenreiche zugetheilt werden können, und daß seit mehr als zwanzig Jahren ein endloser und fruchtloser Streit darüber geführt wird, ob sie in jenes oder in dieses einzuordnen seien. Die meisten Protisten oder Urwesen sind von so geringer Größe, daß man sie mit bloßem Auge nur schwer oder gar nicht wahrnehmen kann. Daher ist die Mehrzahl derselben erst im Laufe der letzten fünfzig Jahre bekannt geworden, seit man mit Hülfe der verbesserten und allgemein verbreiteten Mikroskope diese winzigen Organismen häufiger beobachtete und genauer untersuchte. Aber sobald man dadurch näher mit ihnen vertraut wurde, erhoben sich auch alsbald endlose Streitigkeiten über ihre eigentliche Natur und ihre Stellung im natürlichen Systeme der Organismen. Viele von diesen zweifelhaften Urwesen wurden von den Botanikern für Thiere, von den Zoologen für Pflanzen erklärt; es wollte sie keiner von Beiden haben. Andere wurden umgekehrt sowohl von den Botanikern für Pflanzen, als von den Zoologen für Thiere erklärt; jeder wollte sie haben. Diese Widersprüche sind nicht etwa durch unsere unvollkommene Kenntniß der Protisten, sondern wirklich durch ihre wahre Natur bedingt. In der That zeigen die meisten Protisten eine so bunte Vermischung von mancherlei thie= rischen und pflanzlichen Charakteren, daß es lediglich der Willkür des einzelnen Beobachters überlassen bleibt, ob er sie dem Thier= oder Pflanzenreich einreihen will. Je nachdem er diese beiden Reiche definirt, je nachdem er diesen oder jenen Charakter als bestimmend für die Thier= natur oder für die Pflanzennatur ansieht, wird er die einzelnen Protisten= klassen bald dem Thierreiche bald dem Pflanzenreiche zuertheilen. Diese systematische Schwierigkeit ist aber dadurch zu einem ganz unauflöslichen

Knoten geworden, daß alle neueren Unterfuchungen über die niederften
Organismen die bisher übliche fcharfe Grenze zwischen Thier = und
Pflanzenreich völlig verwifcht, oder wenigftens dergeftalt zerftört haben,
daß ihre Wiederherftellung nur mittelft einer ganz künftlichen Definition
beider Reiche möglich ift.   Aber auch in diese Definition wollen
viele Protiften durchaus nicht hineinpaffen.

Aus diesen und vielen anderen Gründen ift es jedenfalls, we=
nigftens vorläufig das Befte, die zweifelhaften Zwitterwefen sowohl aus
dem Thierreiche als aus dem Pflanzenreiche auszuweisen, und in einem
zwischen beiden mitten innestehenden dritten organifchen Reiche zu ver=
einigen. Dieses vermittelnde Zwischenreich habe ich als Reich der
Urwefen (Protista) in meiner allgemeinen Anatomie (im zweiten
Bande der generellen Morphologie) ausführlich begründet (Gen.
Morph. I, S. 191 — 238). In meiner Monographie der Moneren [15])
habe ich kürzlich daffelbe in etwas verändertter Begrenzung und in
schärferer Definition erläutert. Als selbstständige Klaffen des Protiften=
reichs kann man gegenwärtig etwa folgende acht Gruppen ansehen:
1. die noch gegenwärtig lebenden Moneren; 2. die Amoeboiden oder
Protoplaften; 3. die Geißelschwärmer oder Flagellaten; 4. die Schleim=
pilze oder Myxomyceten; 5. die Labyrinthläufer oder Labyrinthuleen;
6. die Kieselzellen oder Diatomeen; 7. die Meerleuchten oder Noctilu=
ken; 8. die Wurzelfüßer oder Rhizopoden.

Wahrscheinlich wird die Anzahl dieser Protiftenklaffen durch die
fortschreitenden Unterfuchungen über die Ontogenie der einfachften Le=
bensformen, die erft seit kurzer Zeit mit größerem Eifer betrieben werden,
in Zukunft noch beträchtlich vermehrt werden. Mit den meiften der
genannten Klaffen ift man erft in den letzten zehn Jahren genauer be=
kannt geworden. Die Moneren und Labyrinthuleen sind sogar erft
seit kurzer Zeit entdeckt. Wahrscheinlich sind auch sehr zahlreiche Pro=
tiftengruppen in früheren Perioden ausgeftorben, ohne uns bei ihrer
größtentheils sehr weichen Körperbefchaffenheit foffile Refte hinterlaffen
zu haben. Von den jetzt noch lebenden niederften Organismengruppen
könnte man dem Protiftenreiche auch noch drei andere Klaffen anschlie=

ßen, nämlich einerseits 9. die Phykochromalgen oder Phykochromaceen und 10. die Pilze oder Fungen; andrerseits 11· die Schwämme oder Spongien. Indessen erscheint es, (für unsere Betrachtung hier wenigstens) vortheilhafter, die letztere Klasse im Thierreich, die beiden ersteren im Pflanzenreiche stehen zu lassen.

Der Stammbaum des Protistenreichs ist noch in tiefes Dunkel gehüllt. Die eigenthümliche Verbindung von thierischen und pflanzlichen Eigenschaften, der indifferente und unbestimmte Charakter ihrer Formverhältnisse und Lebenserscheinungen, dabei andrerseits eine Anzahl von mehreren, ganz eigenthümlichen Merkmalen, welche die meisten der genannten Klassen scharf von den anderen trennen, vereiteln vorläufig noch jeden Versuch, ihre Blutsverwandtschaft untereinander, oder mit den niedersten Thieren einerseits, mit den niedersten Pflanzen andrerseits, bestimmter zu erkennen. Es ist nicht unwahrscheinlich, daß die genannten und noch viele andere uns unbekannte Protistenklassen ganz selbstständige organische Stämme oder Phylen darstellen, deren jeder sich aus einer, vielleicht sogar aus mehreren, durch Urzeugung entstandenen Moneren unabhängig entwickelt hat. Will man dieser vielstämmigen oder polyphyletischen Descendenzhypothese nicht beipflichten, und zieht man die einstämmige oder monophyletische Annahme von der Blutsverwandtschaft aller Organismen vor, so wird man die verschiedenen Protistenklassen als niedere Wurzelschößlinge zu betrachten haben, aus derselben einfachen Monerenwurzel heraussprossend, aus welcher die beiden mächtigen und vielverzweigten Stammbäume einerseits des Thierreichs, andrerseits des Pflanzenreichs entstanden sind (Taf. I.) Bevor ich Ihnen diese schwierige und dunkle Frage näher erläutere, wird es wohl passend sein, noch Einiges über den Inhalt der vorstehend angeführten Protistenklassen und ihre allgemeine Naturgeschichte vorauszuschicken.

Daß ich hier wieder mit den merkwürdigen Moneren (Monera) als erster Klasse des Protistenreichs beginne, wird Ihnen vielleicht seltsam vorkommen, da ich ja Moneren als die ältesten Stammformen aller Organismen ohne Ausnahme ansehe. Allein was sollen wir sonst mit den gegenwärtig noch lebenden Moneren an-

fangen? Wir wissen Nichts von ihrem paläontologischen Ursprung,
wir wissen Nichts von irgend welchen Beziehungen derselben zu niede=
ren Thieren oder Pflanzen, wir wissen Nichts von ihrer möglichen
Entwickelungsfähigkeit zu höheren Organismen. Das structurlose und
homogene Schleimklümpchen, welches ihren ganzen Körper bildet, ist
ebenso die älteste und ursprünglichste Grundlage der thierischen wie
der pflanzlichen Plastiden. Offenbar würde es daher ebenso willkür=
lich und grundlos sein, wenn man sie dem Thierreiche, als wenn man
sie dem Pflanzenreiche anschließen wollte. Jedenfalls verfahren wir
vorläufig am vorsichtigsten und am meisten kritisch, wenn wir die ge=
genwärtig noch lebenden Moneren, deren Zahl und Verbreitung viel=
leicht sehr groß ist, als eine ganz besondere selbstständige Klasse zusam=
menfassen, welche wir allen übrigen Klassen sowohl des Protisten=
reichs, als des Pflanzenreichs und des Thierreichs gegenüber stellen.
Durch die vollkommene Gleichartigkeit ihrer ganzen eiweißartigen Kör=
permasse, durch den völligen Mangel einer Zusammensetzung aus un=
gleichartigen Theilchen schließen sich, rein morphologisch betrachtet, die
Moneren näher an die Anorgane als an die Organismen an, und
vermitteln offenbar den Uebergang zwischen anorganischer und orga=
nischer Körperwelt, wie ihn die Hypothese der Urzeugung annimmt.
Da ich Ihnen die Lebenserscheinungen der jetzt noch lebenden Mone=
ren (Protamoeba, Protogenes, Protomyxa etc.) bereits früher ge=
schildert habe, so verweise ich Sie auf den achten Vortrag (S. 142)
und auf meine Monographie der Moneren,[15]) und wiederhole hier
nur als Beispiel die früher gegebene Abbildung der Protamoeba,
eines Moneres, welches das süße Wasser bewohnt (Fig. 12).

Nicht weniger genealogische Schwierigkeiten als die Moneren, bie=
ten uns die Amoeben der Gegenwart, und die ihnen nächstver=
wandten Organismen (Arcelliden und Gregarinen), welche wir
hier als eine zweite Protistenklasse unter dem Namen der Amoe=
boiden (Protoplasta) zusammenfassen. Man stellt diese Urwesen
jetzt gewöhnlich in das Thierreich, ohne daß man eigentlich einsieht,
warum? Denn einfache nackte Zellen, d. h. hüllenlose und kernfüh=

rende Plastiden, kommen eben sowohl bei echten Pflanzen als bei ech=
ten Thieren vor. Eigentlich ist jede nackte einfache Zelle, gleichviel
ob sie aus dem Thier= oder Pflanzenkörper kömmt, von einer selbst=
ständigen Amoebe nicht zu unterscheiden. Denn diese letztere ist selbst

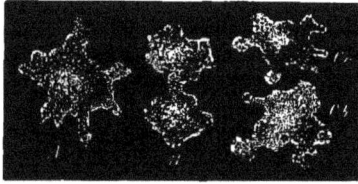

Fig. 12. Fortpflanzung eines einfachsten Organismus, eines Moneres, durch
Selbsttheilung. *A.* Das ganze Moner, eine Protamoeba. *B.* Dieselbe zerfällt
durch eine mittlere Einschnürung in zwei Hälften. *C.* Jede der beiden Hälften
hat sich von der anderen getrennt und stellt nun ein selbstständiges Individuum dar.

Nichts weiter als eine einfache Urzelle, ein nacktes Klümpchen von
Zellstoff oder Plasma, welches einen Kern enthält. Die Zusammen=
ziehungsfähigkeit oder Contractilität dieses Plasma aber, welche die
freie Amoebe im Ausstrecken und Einziehen formwechselnder Fortsätze
zeigt, ist eine allgemeine Lebenseigenschaft des organischen Plasma
eben sowohl in den thierischen wie in den pflanzlichen Plastiden.
Wenn eine frei bewegliche, ihre Form beständig ändernde Amoebe in
den Ruhezustand übergeht, so zieht sie sich kugelig zusammen und
umgiebt sich mit einer ausgeschwitzten Membran. Dann ist sie der
Form nach ebenso wenig von einem thierischen Ei als von einer ein=
fachen kugeligen Pflanzenzelle zu unterscheiden (Fig. 13 A).

Nackte kernhaltige Zellen, gleich den in Fig. 13 B abgebildeten,
welche in beständigem Wechsel formlose fingerähnliche Fortsätze aus=
strecken und wieder einziehen, und welche man deshalb als Amoeben
bezeichnet, finden sich vielfach und sehr weit verbreitet im süßen Wasser
und im Meere, ja sogar auf dem Lande kriechend vor. Dieselben neh=
men ihre Nahrung in derselben Weise auf, wie es früher (S. 143) von
den Protamoeben beschrieben wurde. Bisweilen kann man ihre Fort=
pflanzung durch Theilung (Fig 13 C, D) beobachten, die ich bereits

in einem früheren Vortrage Ihnen geſchildert habe (S. 145). Viele
von dieſen formloſen Amoeben- ſind neuerdings als jugendliche Ent-
wickelungszuſtände von anderen Protiſten (namentlich den Myxomyceten) oder als abgelöſte Zellen von niederen Thieren und Pflanzen

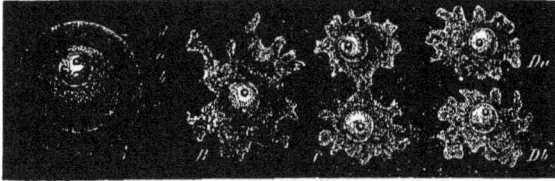

Fig. 13. Fortpflanzung eines einzelligen Organismus, einer Amoeba, durch
Selbſttheilung. *A.* Die eingekapſelte Amoeba, eine einfache kugelige Zelle, beſtehend
aus einem Protoplasmaklumpen (*b*), welcher einen Kern (*a*) einſchließt, und von
einer Zellhaut oder Kapſel umgeben iſt. *B.* Die freie Amoeba, welche die Cyſte
oder Zellhaut geſprengt und verlaſſen hat. *C.* Dieſelbe beginnt ſich zu theilen, indem ihr Kern in zwei Kerne zerfällt und der Zellſtoff zwiſchen beiden ſich ein-
ſchnürt. *D.* Die Theilung iſt vollendet, indem auch der Zellſtoff vollſtändig in
zwei Hälften zerfallen iſt (*Da* und *Db*).

erkannt worden. Die farbloſen Blutzellen der Thiere z. B., auch die
im menſchlichen Blute, ſind von Amoeben nicht zu unterſcheiden,
und können gleich dieſen feſte Körperchen in ihr Inneres aufnehmen,
wie ich zuerſt durch Fütterung derſelben mit feinzertheilten Farbſtoffen
nachgewieſen habe (Gen. Morph. I, 271). Andere Amoeben dagegen
(wie die in Fig. 13 abgebildeten) ſcheinen ſelbſtſtändige „gute Arten
oder Species" zu ſein, indem ſie ſich viele Generationen hindurch unverändert fortpflanzen. Außer den eigentlichen oder nackten Amoeben (Gymnamoebae) finden wir weitverbreitet, beſonders im ſüßen
Waſſer, auch beſchalte Amoeben (Lepamoebae), deren nackter
Plasmaleib theilweis durch eine mehr oder weniger feſte Schale
(Arcella) oder ſelbſt ein aus Steinchen zuſammengeklebtes Gehäuſe
(Difflugia) geſchützt iſt. Endlich finden wir im Leibe von vielen niederen Thieren vielfach ſchmarotzende Amoeben vor (Gregarinae),
welche durch Anpaſſung an das Schmarotzerleben ihren ganzen
Plasmakörper mit einer vollſtändig geſchloſſenen Haut umhüllt haben.

Die einfachen nackten Amoeben sind für die gesammte Biologie, und insbesondere für die allgemeine Genealogie, nächst den Moneren die wichtigsten von allen Organismen. Denn offenbar entstanden die Amoeben ursprünglich aus einfachen Moneren (Protamoeba) dadurch, daß der erste wichtige Sonderungsvorgang in ihrem homogenen Schleimkörper stattfand, die Differenzirung des inneren Kerns von dem umgebenden Plasma. Dadurch war der große Fortschritt von einer einfachen (kernlosen) Cytode zu einer echten (kernhaltigen) Zelle geschehen (Vergl. Fig 12 A und Fig. 13 B). Indem einige von diesen Zellen sich frühzeitig durch Ausschwitzung einer erstarrenden Membran abkapselten, bildeten sie die ersten Pflanzenzellen, während andere, nackt bleibende, sich zu den ersten Zellen des Thierkörpers entwickeln konnten. In der Anwesenheit oder dem Mangel einer umhüllenden starren Membran liegt der wichtigste, obwohl keineswegs durchgreifende Unterschied der pflanzlichen und der thierischen Zellen. Indem die Pflanzenzellen sich schon frühzeitig durch Einschließung in ihre starre, dicke und feste Cellulose-Schale abkapseln, gleich der ruhenden Amoebe, Fig. 13 A, bleiben sie selbstständiger und den Einflüssen der Außenwelt weniger zugänglich, als die weichen, meistens nackten oder nur von einer dünnen und biegsamen Haut umhüllten Thierzellen. Daher vermögen aber auch die ersteren nicht so wie die letzteren zur Bildung höherer, zusammengesetzter Gewebstheile, z. B. Nervenfasern, Muskelfasern zusammenzutreten. Zugleich wird sich bei den ältesten einzelligen Organismen schon frühzeitig der wichtigste Unterschied in der thierischen und pflanzlichen Nahrungsaufnahme ausgebildet haben. Die ältesten einzelligen Thiere konnten als nackte Zellen, so gut wie die freien Amoeben (Fig. 13 B) und die farblosen Blutzellen, feste Körperchen in das Innere ihres weichen Leibes aufnehmen, während die ältesten einzelligen Pflanzen, durch ihre Membran abgekapselt, hierzu nicht mehr fähig waren und bloß flüssige Nahrung (mittelst Diffusion) durch dieselbe durchtreten lassen konnten.

Nicht minder zweifelhaft als die Natur der Amoeben ist diejenige der Geißelschwärmer (Flagellata), welche wir als eine dritte Klasse

des Protistenreichs betrachten. Auch diese zeigt gleich nahe und wich=
tige Beziehungen zum Pflanzenreich wie zum Thierreich. Einige Fla=
gellaten sind von den frei beweglichen Jugendzuständen echter Pflanzen,
namentlich den Schwärmsporen vieler Tange, nicht zu unterscheiden,
während andere sich unmittelbar den echten Thieren, und zwar den
bewimperten Infusorien (Ciliata) anschließen. Die Geißelschwärmer
sind einfache Zellen, welche entweder einzeln oder zu Colonien ver=
einigt im süßen und salzigen Wasser leben. Ihr charakteristischer Kör=
pertheil ist ein sehr beweglicher, einfacher oder mehrfacher, peitschen=
förmiger Anhang (Geißel oder Flagellum), mittelst dessen sie lebhaft
im Wasser umherschwärmen. Die Klasse zerfällt in zwei Ordnungen.
Bei den bewimperten Geißelschwärmern (Cilioflagellata) ist außer der
langen Geißel auch noch ein Kranz von kurzen Wimpern vorhanden,
welcher den unbewimperten Geißelschwärmern (Nudoflagellata) fehlt.
Zu den ersteren gehören namentlich die kieselschaligen gelben Peridi=
nien, welche sich an dem Leuchten des Meeres stark betheiligen, zu den
letzteren die grünen Euglenen, welche oft durch ihre ungeheuren In=
dividuenmassen unsere Teiche im Frühjahr ganz grün färben.

Eine vierte Protistenklasse bilden die merkwürdigen Schleimpilze
(Myxomycetes). Diese galten früher allgemein für Pflanzen, für
echte Pilze, bis vor neun Jahren der Botaniker de Bary durch Ent=
deckung ihrer Ontogenie nachwies, daß dieselben gänzlich von den Pilzen
verschieden, und eher als niedere Thiere zu betrachten seien. Allerdings ist
der reife Fruchtkörper derselben eine rundliche, oft mehrere Zoll große,
mit feinem Sporenpulver und weichen Flocken gefüllte Blase, wie bei
den bekannten Bovisten oder Bauchpilzen (Gastromycetes). Allein aus
den Keimkörnern oder Sporen derselben kommen nicht die charakteristi=
schen Fadenzellen oder Hyphen der echten Pilze hervor, sondern nackte
Zellen, welche anfangs in Form von Geißelschwärmern umher=
schwimmen, später nach Art der Amoeben umherkriechen und endlich
mit anderen Ihresgleichen zu großen Schleimkörpern oder „Plasmo=
dien" zusammenfließen, aus denen dann unmittelbar der blasenförmige
Fruchtkörper entsteht. Wahrscheinlich kennen Sie Alle eines von je=

nen Plasmodien, dasjenige von Aethalium septicum, welches im
Sommer als sogenannte „Lohblüthe" in Form einer schöngelben, oft
mehrere Fuß breiten, salbenartigen Schleimmasse netzförmig die Lohhau-
fen und Lohbeete der Gerber durchzieht. Die schleimigen frei kriechen-
den Jugendzustände dieser Myxomyceten, welche meistens auf faulenden
Pflanzenstoffen, Baumrinden u. s. w. in feuchten Wäldern leben,
werden mit gleichem Recht oder Unrecht von den Zoologen für Thiere,
wie die reifen und ruhenden blasenförmigen Fruchtzustände von den
Botanikern für Pflanzen erklärt.

Nicht weniger räthselhafter Natur sind ebenfalls die Protisten der
fünften Klasse, die Labyrinthläufer (Labyrinthuleae), welche erst
kürzlich von Cienkowsky an Pfählen im Seewasser entdeckt wurden.
Es sind spindelförmige, meistens dottergelb gefärbte Zellen, welche bald
in dichten Haufen zu Klumpen vereinigt sitzen, bald in höchst eigenthümlicher Weise sich umherbewegen. Sie bilden dann in noch uner-
klärter Weise ein netzförmiges Gerüst von labyrinthisch verschlungenen
Strängen, und in der starren „Fadenbahn" dieses Gerüstes rutschen
sie umher. Der Gestalt nach würde man die Zellen der Labyrinthuleen für einfachste Pflanzen, der Bewegung nach für einfachste Thiere
halten. In der That sind sie weder Thiere noch Pflanzen.

Den Labyrinthuleen vielleicht nächstverwandt sind die Kieselzellen (Diatomeae), eine sechste Protistenklasse. Diese Urwesen,
welche jetzt meistens für Pflanzen, aber von einigen berühmten Naturforschern noch heute für Thiere gehalten werden, bevölkern in ungeheuren Massen und in einer unendlichen Mannichfaltigkeit der zierlichsten
Formen das Meer und die süßen Gewässer. Meist sind es mikroskopisch kleine Zellen, welche entweder einzeln oder in großer Menge vereinigt leben, und entweder festgewachsen sind oder sich in eigenthümlicher Weise rutschend, schwimmend oder kriechend, umherbewegen.
Ihr weicher Zellenleib, der durch einen charakteristischen Farbstoff
bräunlich gelb gefärbt ist, wird stets von einer festen und starren Kie-
selschale umschlossen, welche die zierlichsten und mannichfaltigsten Formen besitzt. Diese Kieselhülle ist nur durch eine oder ein paar Spalten

nach außen geöffnet und läßt dadurch den eingeschlossenen weichen Plasmaleib mit der Außenwelt communiciren. Die Kieselschalen finden sich massenhaft versteinert vor und setzen manche Gesteine, z. B. den Biliner Polirschiefer, das schwedische Bergmehl u. s. w. vorwiegend zusammen.

Eine eigene, siebente Protistenclasse bilden die Meerleuchten (Noctilucae). Es sind kleine, weiche, schleimige Bläschen, von der Form einer Pfirsich. Sie haben gewöhnlich nur etwa eine halbe Linie oder einen Millimeter Durchmesser, bedecken aber die Meeresoberfläche oft in so erstaunlichen Massen, daß sie in meilenweiter Ausdehnung eine mehr als zolldicke Schleimschicht auf der Oberfläche bilden. Sie gehören neben den obenerwähnten Peridinien, und neben vielen niederen Seethieren (besonders Medusen und Krebsen) zu den wesentlichsten Ursachen des Meerleuchtens, indem sie im Dunkeln einen phosphorischen Glanz ausstrahlen. Trotzdem sie in so ungeheuren Massen in der Nordsee, im Mittelmeere u. s. w. vorkommen, kennen wir dennoch die Naturgeschichte der Noctiluken nur sehr unvollständig. Es ist möglich, daß sie den Pflanzen näher als den Thieren verwandt sind, obwohl die meisten Naturforscher sie gegenwärtig zu den Thieren zählen. Wahrscheinlich sind es neutrale Protisten.

Ebenso zweifelhaft ist auch die Natur der achten und letzten Klasse des Protistenreichs, der Wurzelfüßer (Rhizopoda). Diese merkwürdigen Organismen bevölkern das Meer seit den ältesten Zeiten der organischen Erdgeschichte in einer außerordentlichen Formenmannichfaltigkeit, theils auf dem Meeresboden kriechend, theils an der Oberfläche schwimmend. Nur sehr wenige leben im süßen Wasser (Gromia, Actinosphaerium). Die meisten besitzen feste, aus Kalkerde oder Kieselerde bestehende und höchst zierlich zusammengesetzte Schalen, welche in versteinertem Zustande sich vortrefflich erhalten. Oft sind dieselben zu dicken Gebirgsmassen angehäuft, obwohl die einzelnen Individuen sehr klein und häufig für das bloße Auge kaum oder gar nicht sichtbar sind. Nur wenige erreichen einen Durchmesser von einigen Linien oder selbst von ein paar Zollen. Ihren Namen führt die ganze Klasse davon, daß ihr nackter schleimiger Leib an der ganzen Oberfläche tausende von äußerst feinen Schleimfäden ausstrahlt, falschen Füßchen, Scheinfüßchen oder Pseudopodien, welche sich wurzelförmig verästeln, netzförmig verbinden, und in beständigem Formwechsel gleich den einfacheren Schleimfüßchen der Amoeboiden oder Protoplasten befindlich sind. Diese veränderlichen Scheinfüßchen dienen sowohl zur Ortsbewegung, als zur Nahrungsaufnahme.

Die Klasse der Wurzelfüßer zerfällt in drei verschiedene Legionen, die Kammerwesen oder Acyttarien, die Sonnenwesen oder Heliozoen und die Strahlwesen oder Radiolarien. Die erste und niederste von diesen drei Legionen bilden die Kammerwesen (Acyttaria). Hier besteht nämlich der ganze weiche Leib noch aus einfachem schleimigem Zellstoff oder Plasma, das noch nicht in Zellen differenzirt ist. Allein trotz dieser höchst primitiven Leibesbeschaffenheit schwitzen die Kammerwesen dennoch meistens eine feste, aus Kalkerde bestehende Schale aus, welche eine große Mannichfaltigkeit zierlicher Formbildung zeigt. Bei den älteren und einfacheren Acyttarien ist diese Schale eine einfache, glockenförmige, röhrenförmige oder schneckenhausförmige Kammer, aus deren Mündung ein Bündel von Schleimfäden hervortritt. Im Gegensatz zu diesen Einkammerwesen (Monothalamia) besitzen die Vielkammerwesen (Polythalamia), zu denen die große Mehrzahl der Acyttarien gehört, ein Gehäuse, welches aus zahlreichen Kammern in sehr künstlicher Weise zusammengesetzt ist. Bald liegen diese Kammern in einer Reihe hinter einander, bald in concentrischen Kreisen oder Spiralen ringförmig um einen Mittelpunkt herum, und dann oft in vielen Etagen übereinander, gleich den Logen eines großen Amphitheaters. Diese Bildung besitzen z. B. die Nummuliten, deren linsengroße Kalkschalen, zu Milliarden angehäuft, an der Mittelmeerküste ganze Gebirge zusammensetzen. Die Steine, aus denen die egyptischen Pyramiden aufgebaut sind, bestehen aus solchem Nummulitenkalk. In den meisten Fällen sind die Schalenkammern der Polythalamien in einer Spirallinie um einander gewunden. Die Kammern stehen mit einander durch Gänge und Thüren in Verbindung, gleich den Zimmern eines großen Palastes, und sind nach außen gewöhnlich durch zahlreiche kleine Fenster geöffnet, aus denen der schleimige Körper formwechselnde Scheinfüßchen ausstrecken kann. Und dennoch, trotz des außerordentlich verwickelten und zierlichen Baues dieser Kalk= paläste, trotz der unendlichen Mannichfaltigkeit in dem Bau und der Verzierung seiner zahlreichen Kammern, trotz der Regelmäßigkeit und Eleganz ihrer Ausführung, ist dieser ganze künstliche Palast das aus= geschwitzte Product einer vollkommen formlosen und structurlosen Schleimmasse! Fürwahr, wenn nicht schon die ganze neuere Anatomie der thierischen und pflanzlichen Gewebe unsere Plastidentheorie stützte, wenn nicht alle allgemeinen Resultate derselben übereinstimmend be= kräftigten, daß das ganze Wunder der Lebenserscheinungen und Le= bensformen auf die active Thätigkeit der formlosen Eiweißverbindun= gen des Plasma zurückzuführen ist, die Polythalamien allein schon müßten unserer Theorie den Sieg verleihen. Denn hier können wir jeden Augenblick die wunderbare, aber unleugbare und zuerst von Dujardin und Max Schultze[24]) festgestellte Thatsache durch das Mikroskop nachweisen, daß der formlose Schleim des weichen Plasma= körpers, dieser wahre „Lebensstoff", die zierlichsten, regelmäßigsten und verwickeltsten Bildungen auszuscheiden vermag. Dadurch lernen wir verstehen, wie derselbe „Urschleim", dasselbe Protoplasma, im Körper der Thiere und Pflanzen die verschiedensten Zellenformen er= zeugen kann.

Von ganz besonderem Interesse ist es noch, daß zu den Poly= thalamien auch der älteste Organismus gehört, dessen Reste uns in versteinertem Zustande erhalten sind. Dies ist das vorher bereits er= wähnte „kanadische Morgenwesen", Eozoon canadense, welches vor wenigen Jahren in der Ottawaformation (in den tiefsten Schichten des laurentischen Systems) am Ottawaflusse in Canada gefunden worden ist. In der That, durften wir überhaupt erwarten, in diesen ältesten Ablagerungen der Primordialzeit noch organische Reste zu finden, so konnten wir vor Allen auf diese einfachsten und doch mit einer festen Schale bedeckten Protisten hoffen, in deren Organisation der Unter= schied zwischen Thier und Pflanze noch nicht ausgeprägt ist.

Von der zweiten Klasse der Wurzelfüßer, von den Sonnen=
wesen (Heliozoa), kennen wir nur eine einzige Art, das sogenannte
„Sonnenthierchen", welches in unseren süßen Gewässern sehr häufig
ist. Schon im vorigen Jahrhundert wurde dasselbe von Pastor Eich=
horn in Danzig beobachtet und nach ihm Actinosphaerium Eich-
hornii getauft. Es erscheint dem bloßen Auge als ein gallertiges
graues Schleimkügelchen von der Größe eines Stecknadelknopfes. Unter
dem Mikroskope sieht man Hunderte oder Tausende feiner Schleim=
fäden von dem centralen Plasmakörper ausstrahlen, und bemerkt,
daß seine innere zellige Markschicht von der äußeren blasigen Rinden=
schicht verschieden ist. Dadurch erhebt sich das kleine Sonnenwesen,
trotz des Mangels einer Schale, bereits über die structurlosen Acyttarien
und bildet den Uebergang von diesen zu den Radiolarien.

Die Strahlwesen (Radiolaria) bilden die dritte und letzte
Klasse der Rhizopoden. In ihren niederen Formen schließen sie sich
eng an die Sonnenwesen und Kammerwesen an, während sie sich in
ihren höheren Formen weit über diese erheben. Von Beiden unter=
scheiden sie sich wesentlich dadurch, daß der centrale Theil des Kör=
pers aus vielen Zellen zusammengesetzt und von einer festen Mem=
bran umhüllt ist. Diese geschlossene, meistens kugelige „Central=
kapsel" ist in eine schleimige Plasmaschicht eingehüllt, von welcher
überall Tausende von höchst feinen Fäden, die verästelten und zusam=
menfließenden Scheinfüßchen, ausstrahlen. Dazwischen sind zahlreiche
gelbe Zellen von räthselhafter Bedeutung zerstreut. Die meisten Ra=
diolarien zeichnen sich durch ein sehr entwickeltes Skelet aus, welches
aus Kieselerde besteht, und eine wunderbare Fülle der zierlichsten und
seltsamsten Formen zeigt. Bald bildet dieses Kieselskelet eine einfache
Gitterkugel (Fig. 14 s), bald ein künstliches System von mehreren con=
centrischen Gitterkugeln, welche in einander geschachtelt und durch
radiale Stäbe verbunden sind. Meistens strahlen zierliche, oft baum=
förmig verzweigte Stacheln von der Oberfläche der Kugeln aus. An=
deremale besteht das ganze Skelet bloß aus einem Kieselstern und ist
dann meistens aus zwanzig, nach einem bestimmten mathematischen

Geſetze vertheilten und in einem gemeinſamen Mittelpunkte vereinigten
Stacheln zuſammengeſetzt. Bei noch anderen Radiolarien bildet das
Skelet zierliche vielkammerige Gehäuſe wie bei den Polythalamien.
Es giebt wohl keine andere Gruppe von Organismen, welche eine
ſolche Fülle der verſchiedenartigſten Grundformen und eine ſo geome=
triſche Regelmäßigkeit, verbunden mit der zierlichſten Architektonik, in
ihren Skeletbildungen entwickelte. Die meiſten der bis jetzt bekannt
gewordenen habe ich in dem Atlas abgebildet, der meine Monogra=
phie der Radiolarien begleitet [23]. Hier gebe ich Ihnen als Beiſpiel
nur die Abbildung von einer der einfachſten Geſtalten, der Cyrtido-

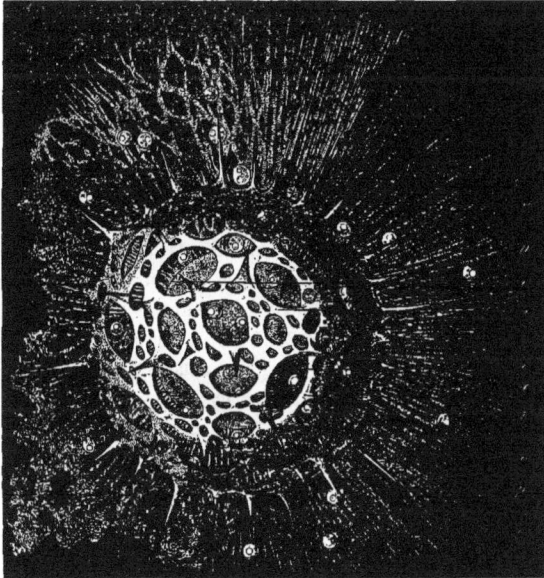

Fig. 14. Cyrtidosphaera echinoides, 400 mal vergrößert. c. Kugelige Cen=
tralkapſel. s. Gitterförmig durchbrochene Kieſelſchale. a. Radiale Stacheln, welche
von derſelben ausſtrahlen. p. Pſeudopodien oder Scheinfüßchen, welche von der
die Centralkapſel umgebenden Schleimhülle ausſtrahlen. l. Gelbe kugelige Zellen,
welche dazwiſchen zerſtreut ſind.

22 *

sphaera echinoides von Nizza [26]). Das Skelet besteht hier bloß aus einer einfachen Gitterkugel (s), welche kurze radiale Stacheln (a) trägt, und welche die Centralkapsel (c) locker umschließt. Von der Schleimhülle, die letztere umgiebt, strahlen sehr zahlreiche und feine Scheinfüßchen (p) aus, welche links zum Theil zurückgezogen und in eine klumpige Schleimmasse verschmolzen sind. Dazwischen sind viele gelbe Zellen (l) zerstreut.

Während die Acyttarien meistens nur auf dem Grunde des Meeres leben, auf Steinen und Seepflanzen, zwischen Sand und Schlamm mittelst ihrer Scheinfüßchen umherkriechend, schwimmen dagegen die Radiolarien meistens an der Oberfläche des Meeres, mit rings ausgestreckten Pseudopodien flottirend. Sie finden sich hier in ungeheuren Mengen beisammen, sind aber meistens so klein, daß man sie bis vor zwanzig Jahren fast völlig übersah und erst seit zehn Jahren genauer kennen lernte. Fast nur diejenigen Radiolarien, welche in Gesellschaften beisammen leben (Polycyttarien) bilden Gallertklumpen von einigen Linien Durchmesser. Dagegen die meisten einzeln lebenden (Monocyttarien) kann man mit bloßem Auge nicht sehen. Trotzdem finden sich ihre versteinerten Schalen in solchen Massen angehäuft, daß sie an manchen Stellen ganze Berge zusammensetzen, z. B. die Nikobareninseln bei Hinterindien und die Insel Barbados in den Antillen.

Da die Meisten von Ihnen mit den eben angeführten acht Protistenklassen vermuthlich nur sehr wenig oder vielleicht gar nicht genauer bekannt sein werden, so will ich jetzt zunächst noch einiges Allgemeine über ihre Naturgeschichte bemerken. Die große Mehrzahl aller Protisten lebt im Meere, theils freischwimmend an der Oberfläche der See, theils auf dem Meeresboden kriechend, oder an Steinen, Muscheln, Pflanzen u. s. w. festgewachsen. Sehr viele Arten von Protisten leben auch im süßen Wasser, aber nur eine sehr geringe Anzahl auf dem festen Lande (z. B. die Myxomyceten, einige Protoplasten). Die meisten können nur durch das Mikroskop wahrgenommen werden, ausgenommen, wenn sie zu Millionen von Individuen zusammengehäuft vorkommen. Nur Wenige erreichen einen Durchmesser von mehreren

Linien oder selbst einigen Zollen. Was ihnen aber an Körpergröße
abgeht, ersetzen sie durch die Production erstaunlicher Massen von In=
dividuen, und greifen dadurch oft sehr bedeutend in die Oekonomie
der Natur ein. Die unverweslichen Ueberreste der gestorbenen Pro=
tisten, wie die Kieselschalen der Diatomeen und Radiolarien, die Kalk=
schalen der Acyttarien, setzen oft dicke Gebirgsschichten zusammen.

In ihren Lebenserscheinungen, insbesondere in Bezug auf
Ernährung und Fortpflanzung, schließen sich die einen Protisten mehr
den Pflanzen, die anderen mehr den Thieren an. Die Nahrungsauf=
nahme sowohl als der Stoffwechsel gleicht bald mehr denjenigen der
niederen Thiere, bald mehr denjenigen der niederen Pflanzen. Die
meisten Protisten aber zeigen gerade hierin eine merkwürdige Mittel=
stellung zwischen beiden Reichen. Freie Ortsbewegung kommt
vielen Protisten zu, während sie anderen fehlt; allein hierin liegt gar
kein entscheidender Charakter, da wir auch unzweifelhafte Thiere ken=
nen, denen die freie Ortsbewegung ganz abgeht, und echte Pflanzen,
welche dieselbe besitzen. Eine Seele besitzen alle Protisten, so gut
wie alle Thiere und wie alle Pflanzen. Die Seele scheint bei vielen
Protisten sehr zarter Empfindungen fähig zu sein; wenigstens sind die=
selben oft höchst reizbar. Dagegen scheint der Wille bei den Meisten
sehr schwach entwickelt zu sein, und ob irgend ein Protist selbstständiges
Denkvermögen besitzt, ist sehr zweifelhaft. Allein das Denkvermögen
fehlt in gleichem Grade auch vielen niederen Thieren, während viele
von den höheren Thieren ebenso klar und oft folgerichtiger als viele
niedere Menschen denken.

Der wichtigste physiologische Charakter des Protisten=
reichs liegt in der ausschließlich ungeschlechtlichen Fort=
pflanzung aller hierher gehörigen Organismen. Die höheren
Thiere und Pflanzen pflanzen sich fast ausschließlich nur auf geschlecht=
lichem Wege fort. Die niederen Thiere und Pflanzen vermehren sich
zwar auch vielfach auf ungeschlechtlichem Wege, durch Theilung,
Knospenbildung, Keimbildung u. s. w. Allein daneben findet sich bei
denselben doch fast immer noch die geschlechtliche Fortpflanzung, oft

mit ersterer regelmäßig in Generationen abwechselnd (Metagenesis
S. 88). Sämmtliche Protisten dagegen pflanzen sich ausschließlich
nur auf dem ungeschlechtlichen Wege fort und der Gegensatz der beiden
Geschlechter ist bei ihnen überhaupt noch nicht durch Differenzirung
entstanden. Es giebt weder männliche noch weibliche Protisten.

Wie die Protisten in ihren Lebenserscheinungen zwischen Thieren
und Pflanzen (und zwar vorzüglich zwischen den niedersten Formen
derselben) mitten inne stehen, so gilt dasselbe auch von der chemi=
schen Zusammensetzung ihres Körpers. Einer der wichtigsten
Unterschiede in der chemischen Zusammensetzung des Thier= und Pflan=
zenkörpers besteht in ihrer charakteristischen Skeletbildung. Das Skelet
oder das feste Gerüste des Körpers besteht bei den meisten echten
Pflanzen aus der stickstofffreien Cellulose, welche ein Ausschwitzungs=
produkt des stickstoffhaltigen Zellstoffs oder Protoplasma ist. Bei den
meisten echten Thieren dagegen besteht das Skelet gewöhnlich entweder
aus stickstoffhaltigen Verbindungen (Chitin u. s. w.), oder aus Kalk=
erde. In dieser Beziehung verhalten sich die einen Protisten mehr wie
Pflanzen, die anderen mehr wie Thiere. Bei Vielen ist das Skelet
vorzugsweise oder ganz aus Kieselerde gebildet, welche sowohl im
Thier= als Pflanzenkörper vorkommt. Der active Lebensstoff ist aber
in allen Fällen immer das schleimige Protoplasma.

In Bezug auf die Formbildung der Protisten ist insbeson=
dere hervorzuheben, daß die Individualität ihres Körpers fast
immer auf einer außerordentlich tiefen Stufe der Entwickelung stehen
bleibt. Sehr viele Protisten bleiben zeitlebens einfache Plastiden oder
Individuen erster Ordnung. Andere bilden zwar durch Vereinigung
von mehreren Individuen Colonien oder Staaten von Plastiden. Al=
lein auch diese höheren Individuen zweiter Ordnung bleiben meistens
auf einer sehr tiefen Ausbildungsstufe stehen. Die Bürger dieser Pla=
stidengemeinden bleiben sehr gleichartig, gehen nur in sehr geringem
Grade Arbeitstheilung ein, und vermögen daher ebenso wenig ihren
staatlichen Organismus zu höheren Leistungen zu befähigen, als etwa
die Wilden Neuhollands dies im Stande sind. Der Zusammenhang der

Plastiden bleibt auch meistens sehr locker, und jede einzelne bewahrt in hohem Maße ihre individuelle Selbstständigkeit. Individualitäten höherer (dritter bis sechster) Ordnung, wie sie im Thier- und Pflanzenreiche sehr allgemein ausgebildet sind, finden wir unter den Protisten nur in geringer Verbreitung entwickelt.

Ein zweiter Formcharakter, welcher nächst der niederen Individualitätsstufe die Protisten besonders auszeichnet, ist der niedere Ausbildungsgrad ihrer stereometrischen Grundform. Wie ich in meiner Grundformenlehre (im vierten Buche der generellen Morphologie) gezeigt habe, ist bei den meisten Organismen sowohl in der Gesammtbildung des Körpers als in der Form der einzelnen Theile eine bestimmte geometrische Grundform nachzuweisen. Diese ideale Grundform, welche durch die Zahl, Lagerung, Verbindung und Differenzirung der zusammensetzenden Theile bestimmt ist, verhält sich zu der realen organischen Form ganz ähnlich, wie sich die ideale geometrische Grundform der Krystalle zu ihrer unvollkommenen realen Form verhält. Bei den meisten Körpern und Körpertheilen von Thieren und Pflanzen ist diese Grundform eine Pyramide, und zwar bei den sogenannten „strahlig-regulären" Formen eine reguläre Pyramide, bei den höher differenzirten, sogenannten „bilateral-symmetrischen" Formen eine irreguläre Pyramide (Vergl. die Tabellen S. 556—558 im zweiten Bande der gen. Morph.). Bei den Protisten ist diese Pyramidenform, welche im Thier- und Pflanzenreiche vorherrscht, im Ganzen selten, und statt dessen ist die Form entweder ganz unregelmäßig (amorph oder irregulär) oder es ist die Grundform eine einfachere reguläre geometrische Form, insbesondere sehr häufig die Kugel, der Cylinder, das Ellipsoid, das Sphäroid, der Doppelkegel, der Kegel, das reguläre Vieleck (Tetraeder, Hexaeder, Octaeder, Dodekaeder, Icosaeder) u. s. w. Alle diese niederen und unvollkommenen Grundformen des promorphologischen Systems sind bei den Protisten die vorherrschenden Grundformen. Jedoch kommen daneben bei vielen Protisten auch noch die höheren regulären und bilateralen Grundformen vor, welche im Thier- und Pflanzenreich herrschend sind. Auch in dieser Hinsicht schließen sich oft von nächstverwandten Protisten die einen (z. B. die Acyttarien) mehr den Thieren, die anderen (z. B. die Radiolarien) mehr den Pflanzen an.

Was nun die paläontologische Entwickelung des Protistenreichs betrifft, so kann man sich darüber sehr verschiedene, aber immer nur sehr unsichere genealogische Hypothesen machen. Vielleicht sind die einzelnen Klassen desselben selbstständige Stämme oder Phylen, die sich sowohl unabhängig von einander als von dem Thierreich und von dem Pflanzenreiche entwickelt haben. Dies gilt sowohl wenn wir der vielheitlichen (polyphyletischen) als wenn wir der einheitlichen (monophyletischen) Descendenzhypothese folgen. Selbst wenn wir die letztere vollständig annehmen und für alle Organismen ohne Ausnahme, die jemals auf der Erde gelebt haben und noch jetzt leben, die gemeinsame Abstammung von einer einzigen Monerenform behaupten, selbst in diesem Falle ist der Zusammenhang der Protisten einerseits mit dem Pflanzenstamm, andrerseits mit dem Thierstamm nur ein sehr lockerer. Wir hätten sie dann, wie es auf Taf. I dargestellt ist, als niedere Wurzelschößlinge anzusehen, welche sich unmittelbar aus der Wurzel jenes zweistämmigen organischen Stammbaums entwickelt haben, oder vielleicht als tief unten abgehende Zweige eines gemeinsamen niederen Protistenstammes, welcher in der Mitte zwischen den beiden divergirenden hohen und mächtigen Stämmen des Thier= und Pflanzenreichs aufgeschossen ist. Die einzelnen Protistenklassen, mögen sie nun an ihrer Wurzel gruppenweise enger zusammenhängen oder nur ein lockeres Büschel von Wurzelschößlingen bilden, würden in diesem Falle, ohne weiter mit den rechts nach dem Thierreiche, links nach dem Pflanzenreiche einseitig abgehenden Organismengruppen Etwas zu thun zu haben, den ursprünglich einfachen Charakter der gemeinsamen Stammform mehr beibehalten haben, als es bei den echten Thieren und bei den echten Pflanzen der Fall ist.

Nehmen wir dagegen die vielheitliche oder polyphyletische Descendenzhypothese an, so würden wir uns eine mehr oder minder große Anzahl von organischen Stämmen oder Phylen vorzustellen haben,

welche alle neben und unabhängig von einander aus dem gemein=
samen Boden der Urzeugung aufschießen. Es würden dann zahlreiche
verschiedene Moneren durch Urzeugung entstanden sein, deren Unter=
schiede nur in geringen, für uns nicht erkennbaren Differenzen ihrer
chemischen Zusammensetzung und in Folge dessen auch ihrer Entwicke=
lungsfähigkeit beruhen. Eine geringe Anzahl von diesen Moneren
würde den verschiedenen Hauptklassen des Pflanzenreichs, und ebenso
andrerseits eine geringe Anzahl den Hauptklassen des Thierreichs den
Ursprung gegeben haben. Zwischen beiden Gruppen von Haupt=
klassen aber würde sich, unabhängig von diesen wie von jenen, eine
größere Anzahl von selbstständigen Stämmen entwickelt haben, die auf
einer tieferen Organisationsstufe stehen blieben, und sich weder zu ech=
ten Pflanzen, noch zu echten Thieren entwickelten. Selbst wenn man
einen ganz selbstständigen Stamm für das Pflanzenreich, einen zwei=
ten für das Thierreich annähme, würde man zwischen beiden noch
eine größere Anzahl von selbstständigen Protistenstämmen annehmen
können, deren jeder ganz unabhängig von jenen aus einer eigenen
archigonen Monerenform sich entwickelt hat. Um sich dieses Verhält=
niß lebendig vorzustellen, werfen Sie einen Blick auf das nachstehende
Schema (S. 347), oder stellen Sie sich die ganze Organismenwelt
als eine ungeheure Wiese vor, welche größtentheils verdorrt ist, und
auf welcher zwei vielverzweigte mächtige Bäume stehen, die ebenfalls
größtentheils abgestorben sind. Diese letzteren mögen Ihnen das Thier=
reich und das Pflanzenreich vorstellen, ihre frischen noch grünenden
Zweige die lebenden Thiere und Pflanzen, die verdorrten Zweige mit
welkem Laub dagegen die ausgestorbenen Gruppen. Das dürre Gras
der Wiese entspricht den wahrscheinlich zahlreichen, ausgestorbenen
Protistenstämmen, die wenigen noch grünen Halme dagegen den jetzt
noch lebenden.

Für die Annahme, daß wiederholt zu verschiedenen Zeiten Mo=
neren durch Urzeugung entstanden sind, spricht vor Allem die Existenz
der gegenwärtig noch lebenden Moneren, die ich Ihnen schon früher
geschildert habe. Offenbar legen uns diese die Vermuthung sehr nahe,

daß der Proceß der Urzeugung noch immer fortdauert.   Denn wir
stehen hier vor folgender Alternative.   Entweder haben sich seit der
ältesten Primordialzeit diese einfachsten Organismen unverändert erhalten und noch bis auf den heutigen Tag, viele Millionen Jahre hindurch, unentwickelt den Charakter der ersten Moneren beibehalten. Oder
dies ist nicht der Fall.   Dann müssen sich wiederholt durch Urzeugung
solche Moneren gebildet haben, und es ist dann nicht abzusehen, warum dieser Prozeß nicht noch immer fortdauern soll.   Wie wir bemerkt
haben, ist bisher die Urzeugung durch eine wirkliche Beobachtung noch
nicht nachgewiesen, was auch jedenfalls (selbst wenn sie alltäglich statt-
fände!) sehr schwierig sein würde. Allein widerlegt ist die Urzeugung
experimentell eben so wenig und kann sie überhaupt niemals werden.
Offenbar erscheint es aber bei denkender Betrachtung viel natürlicher,
auch jetzt noch diesen Proceß anzunehmen, als zu denken, daß diese
einfachsten Schleimklümpchen seit antelaurentischer Zeit noch keinerlei
Organe entwickelt und seit jenen vielen Millionen von Jahren sich ganz
oder fast ganz unverändert in ihrer primitiven Urgestalt erhalten haben.

Pflanzen
Plantae

Urwesen
Protista

Thiere
Animalia

Schleimpilze
Myxomycetes

Wurzelfüßer
Rhizopoda

Labyrinthläufer
Labyrinthuleae

Geißelschwärmer
Flagellata

Kieselzellen
Diatomeae

Amöboiden
Protoplasta

?

Indifferente
Moneren
Monera neutra

?

?

?

?

?

?

?

?

?

?

?

?

?

?

?

?

?

?

?

?

?

?

?

?

?

Zahlreiche organische Moneren, selbstständig durch Urzeugung entstanden.

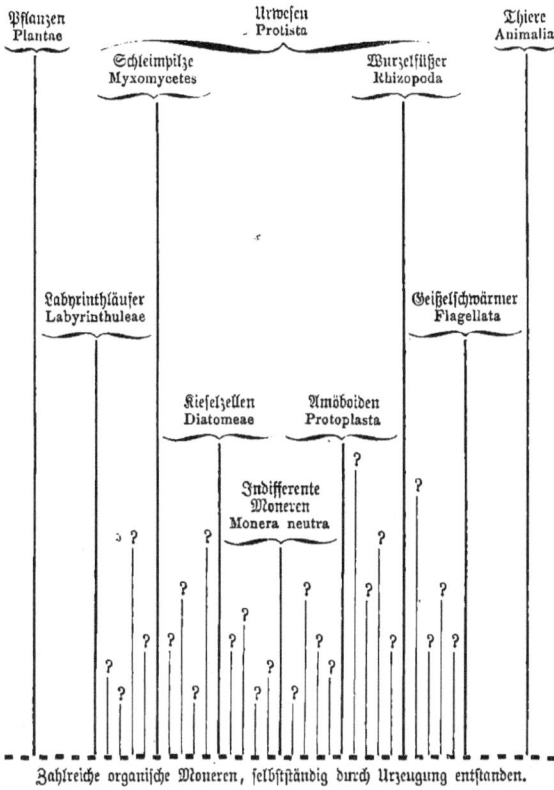

Vielstämmiger oder polyphyletischer Stammbaum der Orga=
nismen (im Gegensatz zu dem einstämmigen oder monophyletischen Stammbaum
auf Taf. I. Die vielen Linien ohne Bezeichnung (mit einem ?) bedeuten zahlreiche
ausgestorbene neutrale Stämme des Protistenreichs, welche sich weder zu Thieren
noch zu Pflanzen entwickelt haben. (Vergl. S. 345.)

Sechszehnter Vortrag.
Stammbaum und Geschichte des Pflanzenreichs.
(Hierzu Taf. II.)

Das natürliche System des Pflanzenreichs. Eintheilung des Pflanzenreichs in sechs Hauptklassen und achtzehn Klassen. Unterreich der Blumenlosen (Cryptogamen). Stammgruppe der Thalluspflanzen. Tange oder Algen (Urtange, Grüntange, Brauntange, Rothtange). Faserpflanzen oder Inophyten (Flechten und Pilze). Stammgruppe der Prothalluspflanzen. Mose oder Muscinen (Tangmose, Lebermose, Laubmose, Torfmose). Farne oder Filicinen (Schaftfarne, Laubfarne, Wasserfarne, Schuppenfarne). Unterreich der Blumenpflanzen (Phanerogamien). Nacktsamige oder Gymnospermen. Palmfarne (Cycadéen). Nadelhölzer (Coniferen). Decksamige oder Angiospermen. Monocotylen. Dicotylen. Kelchblüthige (Apetalen). Sternblüthige (Diapetalen). Glockenblüthige (Gamopetalen). Monophyletischer und polyphyletischer Stammbaum des Pflanzenreichs.

Meine Herren! Jeder Versuch, den wir zur Erkenntniß des Stammbaums irgend einer kleineren oder größeren Gruppe von blutsverwandten Organismen unternehmen, hat sich zunächst an das bestehende „natürliche System" dieser Gruppe anzulehnen. Denn obgleich das natürliche System der Thiere, Protisten und Pflanzen niemals endgültig festgestellt werden, vielmehr immer nur einen mehr oder weniger annähernden Grad von Erkenntniß der wahren Blutsverwandtschaft darstellen wird, so wird es nichts desto weniger jederzeit die hohe Bedeutung eines hypothetischen Stammbaums behalten. Allerdings wollen die meisten Zoologen, Protistiker und Botaniker durch ihr „natürliches System" nur im Lapidarstyl die subjectiven

Anſchauungen ausdrücken, die ein jeder von Ihnen von der objectiven „Form v e r w a n d t ſ ch a f t" der Organismen beſitzt. Allein dieſe Formverwandtſchaft iſt ja im Grunde, wie Sie geſehen haben, nur die nothwendige Folge der wahren B l u t s v e r w a n d t ſ ch a f t. Daher wird jeder Morphologe, welcher unſere Erkenntniß des natürlichen Syſtems fördert, gleichzeitig, er mag wollen oder nicht, auch unſere Erkenntniß des Stammbaums fördern. Je mehr das natürliche Syſtem ſeinen Namen wirklich verdient, je feſter es ſich auf die übereinſtimmenden Reſultate der vergleichenden Anatomie, Ontogenie und Paläontologie gründet, deſto ſicherer dürfen wir daſſelbe als den annähernden Ausdruck des wahren Stammbaums betrachten.

Indem wir uns nun zu unſerer heutigen Aufgabe die Genealogie des Pflanzenreichs ſtecken, werden wir, jenem Grundſatze gemäß, zunächſt einen Blick auf das n a t ü r l i ch e S y ſ t e m d e s P f l a n z e n r e i ch s zu werfen haben, wie daſſelbe heutzutage von den meiſten Botanikern mit mehr oder minder unbedeutenden Abänderungen angenommen wird. Danach zerfällt zunächſt die ganze Maſſe aller Pflanzenformen in zwei Hauptgruppen. Dieſe oberſten Hauptabtheilungen oder Unterreiche ſind noch dieſelben, welche bereits vor mehr als einem Jahrhundert C a r l L i n n é, der Begründer der ſyſtematiſchen Naturgeſchichte (vergl. oben S. 32) unterſchied und welche er C r y p t o g a m e n oder Geheimblühende und P h a n e r o g a m e n oder Offenblühende nannte. Die letzteren theilte L i n n é in ſeinem künſtlichen Pflanzenſyſtem nach der verſchiedenen Zahl, Bildung und Verbindung der Staubgefäße in 23 verſchiedene Klaſſen, und dieſen fügte er dann als 24ſte und letzte Klaſſe die Cryptogamen an.

Die Cryptogamen, die geheimblühenden oder blüthenloſen Pflanzen, welche früherhin nur wenig beobachtet wurden, haben durch die eingehenden Forſchungen der Neuzeit eine ſo große Mannichfaltigkeit der Formen, und eine ſo tiefe Verſchiedenheit im gröberen und feineren Bau offenbart, daß wir unter denſelben nicht weniger als v i e r z e h n verſchiedene Klaſſen unterſcheiden müſſen, während wir die Zahl der Klaſſen unter den Blüthenpflanzen oder P h a n e r o g amen auf vier beschränken können. Diese achtzehn Klassen des Pflanzenreichs aber gruppiren sich naturgemäß wiederum dergestalt, daß wir im Ganzen sechs Hauptklassen (oder Kladen, d. h. Aeste) des Pflanzenreichs unterscheiden können. Zwei von diesen sechs Hauptklassen fallen auf die Blüthenpflanzen, vier dagegen auf die Blüthenlosen. Wie sich jene 18 Klassen auf diese sechs Hauptklassen, und die letzteren wiederum auf die Hauptabtheilungen des Pflanzenreichs vertheilen, zeigt Ihnen übersichtlich die nachstehende Tabelle und der Stammbaum auf Taf. II.

Das Unterreich der Cryptogamen oder Blumenlosen kann man zunächst naturgemäß in zwei Hauptabtheilungen oder Stammgruppen zerlegen, welche sich in ihrem inneren Bau und in ihrer äußeren Form sehr wesentlich unterscheiden, nämlich die Thalluspflanzen und die Prothalluspflanzen. Die Stammgruppe der Thalluspflanzen umfaßt die beiden großen Hauptklassen der Tange oder Algen, welche im Wasser leben, und der Faserpflanzen oder Jnophyten (Flechten und Pilze), welche außerhalb des Wassers, auf der Erde, auf Steinen, Baumrinden, auf verwesenden organischen Körpern u. s. w. wachsen. Die Stammgruppe der Prothalluspflanzen dagegen enthält die beiden formenreichen Hauptklassen der Moose und Farne.

Alle Thalluspflanzen oder Thallophyten sind sofort daran zu erkennen, daß man an ihrem Körper die beiden Grundorgane der übrigen Pflanzen, Stengel und Blätter, noch nicht unterscheiden kann. Vielmehr ist der ganze Leib aller Tange und aller Faserpflanzen eine aus einfachen Zellen zusammengesetzte Masse, welche man als Laubkörper oder Thallus bezeichnet. Dieser Thallus ist noch nicht in Stengel und Blatt differenzirt. Hierdurch, sowie durch viele andere Eigenthümlichkeiten stellen sich die Thallophyten allen übrigen Pflanzen, nämlich den beiden Hauptgruppen der Prothalluspflanzen und der Blüthenpflanzen gegenüber und man hat deßhalb auch häufig die letzteren beiden als Stockpflanzen oder Cormophyten zusammengefaßt. Das Verhältniß dieser drei Stammgruppen zu

einander, entsprechend jenen beiden verschiedenen Auffassungen, macht
Ihnen nachstehende Uebersicht deutlich.

	A. Thalluspflanzen (Thallophyta).	I. Thalluspflanzen (Thallophyta).
I. Blumenlose (Cryptogamae).	B. Prothalluspflanzen (Prothallophyta).	
		II. Stockpflanzen (Cormophyta).
II. Blumenpflanzen (Phanerogamae).	C. Blumenpflanzen (Phanerogamae).	

Die Stockpflanzen oder Cormophyten, in deren Organisation
bereits der Unterschied von Stengelorganen und Blattorganen ent=
wickelt ist, bilden gegenwärtig und schon seit sehr langer Zeit die
Hauptmasse der Pflanzenwelt. Allein so war es nicht immer. Vielmehr
fehlten die Stockpflanzen, und zwar nicht allein die Blumenpflanzen,
sondern auch die Prothalluspflanzen, noch gänzlich während jenes
unermeßlich langen Zeitraums, welcher als das archolithische oder
primordiale Zeitalter den Beginn und den ersten Hauptabschnitt der
organischen Erdgeschichte bildet. Sie erinnern sich, daß während
dieses Zeitraums sich die laurentischen, cambrischen und silurischen
Schichtensysteme ablagerten, deren Dicke zusammengenommen unge=
fähr 70,000 Fuß beträgt. Da nun die Dicke aller darüber liegenden
jüngeren Schichten, von den devonischen bis zu den Ablagerungen
der Gegenwart zusammen nur ungefähr 60,000 Fuß erreicht, so
konnten wir hieraus allein den auch aus anderen Gründen wahrschein=
lichen Schluß ziehen, daß jenes archolithische oder primordiale Zeitalter
eine längere Dauer besaß, als die ganze darauf folgende Zeit bis zur
Gegenwart. Während dieses ganzen unermeßlichen Zeitraums, der viel=
leicht viele Millionen von Jahrhunderten umschloß, scheint das Pflan=
zenleben auf unserer Erde ausschließlich durch die Stammgruppe der
Thalluspflanzen, und zwar nur durch die Hauptklasse der wasserbe=
wohnenden Thalluspflanzen, durch die Tange oder Algen, vertreten
gewesen zu sein. Wenigstens gehören alle versteinerten Pflanzenreste,
welche wir mit Sicherheit aus der Primordialzeit kennen, ausschließlich
dieser Hauptklasse an. Da auch alle Thierreste dieses ungeheuren

Systematische Uebersicht der sechs Hauptklassen
und achtzehn Klassen des Pflanzenreichs.

Stammgruppen oder Unterreiche des Pflanzenreichs	Hauptklassen oder Kladen des Pflanzenreichs	Klassen des Pflanzenreichs	Systematischer Name der Klassen
A. **Thallus=pflanzen.** Thallo- phyta	I. **Tange** *Algae*	1. Urtange	1. Archephyceae (Archephyta)
		2. Grüntange	2. Chlorophyceae (Chloralgae)
		3. Brauntange	3. Phaeophyceae (Fucoideae)
		4. Rothtange	4. Rhodophyceae (Florideae)
	II. **Faserpflanzen** *Inophyta*	5. Flechten	5. Lichenes
		6. Pilze	6. Fungi
B. **Prothallus=pflanzen.** Prothallo- phyta	III. **Mose** *Muscinae*	7. Tangmose	7. Charobrya (Characeae)
		8. Lebermose	8. Thallobrya (Hepaticae)
		9. Laubmose	9. Phyllobrya (Frondosae)
		10. Torfmose	10. Sphagnobrya (Sphagnaceae)
	IV. **Farne** *Filicinae*	11. Schaftfarne	11. Calamariae (Calamophyta)
		12. Laubfarne	12. Filices (Geopterides)
		13. Wasserfarne	13. Rhizocarpeae (Hydropterides)
		14. Schuppenfarne	14. Selagines (Lepidophyta)
C. **Blumen=Pflanzen.** Phanero- gamae	V. **Nacktsamige** *Gymnospermae*	15. Palmfarne	15. Cycadeae
		16. Nadelhölzer	16. Coniferae
	VI. **Decksamige** *Angiospermae*	17. Einkeimblättrige	17. Monocotylae
		18. Zweikeimblättrige	18. Dicotylae.

Zeitraums nur wasserbewohnenden Thieren angehören, so schließen wir daraus, daß landbewohnende Organismen damals noch gar nicht existirten.

Schon aus diesen Gründen muß die erste und unvollkommenste Hauptklasse des Pflanzenreichs, die Abtheilung der Tange oder Algen für uns von ganz besonderer Bedeutung sein. Dazu kommt noch das hohe Interesse, welches uns diese Hauptklasse, auch an sich betrachtet, gewährt. Trotz ihrer höchst einfachen Zusammensetzung aus gleichartigen oder nur wenig differenzirten Zellen zeigen die Tange dennoch eine außerordentliche Mannichfaltigkeit verschiedener Formen. Einerseits gehören dazu die einfachsten und unvollkommensten aller Gewächse, andrerseits sehr entwickelte und eigenthümliche Gestalten. Ebenso wie in der Vollkommenheit und Mannichfaltigkeit ihrer äußeren Formbildung unterscheiden sich die verschiedenen Algengruppen auch in der Körpergröße. Auf der tiefsten Stufe finden wir die winzig kleinen Protococcus-Arten, von denen mehrere Hunderttausend auf den Raum eines Stecknadelknopfs gehen. Auf der höchsten Stufe bewundern wir in den riesenmäßigen Makrocysten, welche eine Länge von 300—400 Fuß erreichen, die längsten von allen Gestalten des Pflanzenreichs. Und wenn nicht aus diesen Gründen, so müßten die Algen schon deßhalb unsere besondere Aufmerksamkeit erregen, weil sie die Anfänge des Pflanzenlebens bilden und die Stammformen aller übrigen Pflanzengruppen enthalten, vorausgesetzt daß unsere Hypothese von einem gemeinsamen Ursprung aller Pflanzengruppen richtig ist (Taf. II).

Leider werden die Meisten von Ihnen sich nur eine sehr unvollkommene Vorstellung von dieser höchst interessanten Hauptklasse des Pflanzenreichs machen können, weil Sie davon nur die verhältnißmäßig kleinen und einfachen Vertreter kennen werden, welche das süße Wasser bewohnen. Die schleimigen grünen Wasserfäden und Wasserflocken in unseren Teichen und Brunnentrogen, die hellgrünen Schleimüberzüge auf allerlei Holzwerk, welches längere Zeit mit Wasser in Berührung war, die gelbgrünen schaumigen Schleimdecken auf den

Tümpeln unserer Dörfer, die grünen Haarbüscheln gleichenden Fa=
denmassen, welche überall im stehenden und fließenden Süßwasser vor=
kommen, sind größtentheils aus verschiedenen Tangarten zusammen=
gesetzt. Aber nur diejenigen von Ihnen, welche die Meeresküste be=
sucht haben, welche an den Küsten von Helgoland und von Schleswig=
Holstein die ungeheuren Massen ausgeworfenen Seetangs bewundert,
oder an den Felsenufern des Mittelmeeres die zierlich gestaltete und
lebhaft gefärbte Tangvegetation auf dem Meeresboden selbst durch die
klare blaue Fluth hindurch erblickt haben, wissen die Bedeutung der
Tangklasse annähernd zu würdigen. Und dennoch geben selbst diese
formenreichen untermeerischen Algenwälder der europäischen Küsten
nur eine schwache Vorstellung von den colossalen Sargassowäldern des
atlantischen Oceans, jenen ungeheuren Tangbänken, welche einen
Flächenraum von ungefähr 4000 Quadratmeilen bedecken, und welche
dem Columbus auf seiner Entdeckungsreise die Nähe des Festlandes
vorspiegelten. Aehnliche, aber weit ausgedehntere Tangwälder wuchsen
in dem primordialen Urmeere wahrscheinlich in dichten Massen, und
wie zahllose Generationen dieser archolithischen Tange über einander
hinstarben, bezeugen unter Anderen die mächtigen silurischen Alaun=
schiefer Schwedens, deren eigenthümliche Zusammensetzung wesentlich
von jenen untermeerischen Algenmassen herrührt.

Wir unterscheiden in der Hauptklasse der Tange oder Algen vier
verschiedene Klassen, deren jede wiederum in mehrere Ordnungen
und Familien zerfällt. Diese ihrerseits enthalten wieder eine große
Menge verschiedener Gattungen und Arten. Wir bezeichnen diese vier
Klassen als Urtange oder Archephyceen, Grüntange oder Chlorophyceen,
Brauntange oder Phaeophyceen, und Rothtange oder Rhodophyceen.

Die erste Klasse der Tange, die Urtange (Archephyceae)
könnten auch Urpflanzen (Archephyta) genannt werden, weil
dieselben die einfachsten und unvollkommensten von allen Pflanzen
enthalten, und insbesondere jene ältesten aller pflanzlichen Organismen,
welche allen übrigen Pflanzen den Ursprung gegeben haben. Es ge=
hören hierher also zunächst jene alterältesten vegetabilischen Moneren,

welche im Beginne der antelaurentischen Periode durch Urzeugung
entstanden sind. Ferner müssen wir dahin alle jene Pflanzenformen
einfachster Organisation rechnen, welche aus jenen sich zunächst in
antelaurentischer Zeit entwickelt haben, und welche den Formwerth
einer einzigen Plastide besaßen. Zunächst waren dies solche Urpflänz-
chen, deren ganzer Körper eine einfachste Cytode (eine kernlose Plastide) bildete, und weiterhin solche, die bereits durch Sonderung eines
Kernes im Plasma den höheren Formwerth einer einfachen Zelle erreicht hatten (Vergl. oben S. 285). Noch in der Gegenwart leben
verschiedene einfachste Tangarten, welche von diesen ursprünglichen
Urpflanzenformen sich nur wenig entfernt haben. Dahin gehört eine
große Anzahl von höchst einfachen, meist mikroskopisch kleinen Pflänzchen, deren ganzer Körper noch heutzutage in vollkommen ausgebildetem Zustande nur den Formwerth einer einfachen Plastide, entweder einer Cytode oder einer Zelle besitzt; oder bei denen nur eine
geringe Anzahl von einfachen und gleichartigen Zellen zur Bildung des
Thalluskörpers zusammentritt. Die Tangfamilien der Codiolaceen,
Protococcaceen, Desmidiaceen, Palmellaceen und einige andere würden hierher zu rechnen sein. Auch die merkwürdige Gruppe der Phycochromaceen (Chroococcaceen und Oscillarineen) würde man hierher
ziehen können, falls man diese nicht lieber als einen selbstständigen
Stamm des Protistenreiches ansehen will (Vergl. oben S. 328). Endlich würde man zu den Urtangen auch jene außerordentlich merkwürdigen Schlauchalgen oder Siphoneen rechnen können, deren Körper bei
ansehnlicher Größe und sehr entwickelter äußerer Form dennoch aus
einer einzigen einfachen Plastide besteht. Manche von diesen Siphoneen
erreichen eine Größe von mehreren Fußen und gleichen einem zierlichen
Mose (Bryopsis) oder einem Bärlappe oder gar einer vollkommenen Blüthenpflanze mit Stengel, Wurzel und Blättern (Caulerpa).
Und dennoch besteht dieser ganze große und vielfach äußerlich differenzirte Körper innerlich aus einem ganz einfachen Schlauche, der nur den
Formwerth einer einzigen Cytode besitzt. Diese wunderbaren Siphoneen, Bryopsen und Caulerpen, zeigen uns, wie weit es die einzelne

23*

Plastide als ein einfachstes Individuum erster Ordnung durch fortge=
setzte Anpassung an die Verhältnisse der Außenwelt bringen kann. Es
ist sehr wahrscheinlich, daß ähnliche Urpflanzen, deren weicher Körper
aber nicht der fossilen Erhaltung fähig war, in großer Masse und
Mannichfaltigkeit das antelaurentische Urmeer bevölkerten und einen
großen Formenreichthum entfalteten, ohne doch die Individualitäts=
stufe einer einfachen Plastide zu überschreiten.

An die Urpflanzen oder Urtange schließt sich als zweite Klasse der
Algen zunächst die Gruppe der G r ü n t a n g e (Chlorophyceae) oder
G r ü n a l g e n (Chloralgae) an.   Gleich der Mehrzahl der ersteren
sind auch sämmtliche Grüntange grün gefärbt, und zwar durch den=
selben Farbstoff, das Blattgrün oder Chlorophyll, welches auch die
Blätter aller höheren Gewächse grün färbt.   Zu dieser Klasse gehören
außer einer großen Anzahl von niederen Seetangen die allermeisten
Tange des süßen Wassers, die gemeinen Wasserfäden oder Conferven,
die grünen Schleimkugeln oder Glöosphären, der hellgrüne Wasser=
salat oder die Ulven, welche einem sehr dünnen und langen Salat=
blatte gleichen, ferner zahlreiche mikroskopisch kleine Tange, welche
in dichter Masse zusammengehäuft einen hellgrünen schleimigen Ueber=
zug über allerlei im Wasser liegende Gegenstände, Holz, Steine u.f.w.
bilden, sich aber durch die zellige Zusammensetzung und Sonderung
ihres Körpers bereits weit über die einfachen Urtange erheben.   Da die
Grüntange, gleich den Urtangen, meistens einen sehr weichen Körper
besitzen, waren sie nur sehr selten der Versteinerung fähig.   Es kann
aber wohl nicht bezweifelt werden, daß auch diese Algenklasse, welche
sich zunächst aus der vorhergehenden entwickelt hat, gleich jener in
früherer Zeit die süßen und salzigen Gewässer der Erde in sehr viel grö=
ßerer Ausdehnung und Mannichfaltigkeit bevölkerte.

In der dritten Klasse, derjenigen der B r a u n t a n g e (Phacophy=
ceae) oder S c h w a r z t a n g e (Fucoideae) erreicht die Hauptklasse
der Algen ihren höchsten Entwickelungsgrad, wenigstens in Bezug
auf die körperliche Größe.   Die charakteristische Farbe der Fucoideen
ist meist ein mehr oder minder dunkles Braun, bald mehr in Oliven=

grün und Gelbgrün, bald mehr in Braunroth und Schwarz über=
gehend. Hierher gehören die größten aller Tange, welche zugleich
die längsten von allen Pflanzen sind, die colossalen Riesentange, unter
denen Macrocystis pyrifera an der californischen Küste eine Länge
von 400 Fuß erreicht. Aber auch unter unseren einheimischen Tangen
gehören die ansehnlichsten Formen zu dieser Gruppe, so namentlich
der stattliche Riementang (Laminaria), dessen schleimige olivengrüne
Thalluskörper, riesigen Blättern von 10—15 Fuß Länge, $\frac{1}{2}$—1 Fuß
Breite gleichend, in großen Massen an der Küste der Nord= und
Ostsee ausgeworfen werden. Auch der in unseren Meeren gemeine
Blasentang (Fucus vesiculosus), dessen mehrfach gabelförmig ge=
spaltenes Laub durch viele eingeschlossene Luftblasen, (wie bei vielen
anderen Brauntangen) auf dem Wasser schwimmend erhalten wird,
gehört zu dieser Klasse; ebenso der freischwimmende Sargassotang
(Sargassum bacciferum), welcher die schwimmenden Wiesen oder
Bänke des Sargassomeeres bildet. Aehnliche Brauntange sind es
wahrscheinlich zum größten Theile gewesen, welche während der Pri=
mordialzeit die charakteristischen Tangwälder dieses endlosen Zeitraums
zusammengesetzt haben. Die versteinerten Reste, welche uns von den=
selben (vorzüglich aus der silurischen Zeit) erhalten sind, können uns
allerdings nur eine schwache Vorstellung davon geben, weil auch diese
Tange, gleich den meisten anderen, sich nur schlecht zur Erhaltung im
fossilen Zustande eignen.

Weniger bedeutend war damals vielleicht die vierte und letzte
Klasse der Tange, diejenige der Rosentange (Rhodophyceae)
oder Rothtange (Florideae). Zwar entfaltet auch diese Klasse
einen großen Reichthum verschiedener Formen. Allein die meisten
derselben sind von viel geringerer Größe als die Brauntange. Uebri=
gens stehen sie den letzteren an Vollkommenheit und Differenzirung.
der äußeren Form keineswegs nach, übertreffen dieselben vielmehr in
mancher Beziehung. Hierher gehören die schönsten und zierlichsten
aller Tange, welche sowohl durch die feine Fiederung und Zertheilung
ihres Laubkörpers, wie durch reine und zarte rothe Färbung zu den

reizendsten Pflanzen gehören. Die charakteristische rothe Farbe ist bald ein tiefes Purpur=, bald ein brennendes Scharlach=, bald ein zartes Rosenroth, und geht einerseits in violette und purpurblaue, andrerseits in braune und grüne Tinten in bewunderungswürdiger Pracht über. Wer von Ihnen eines unserer nordischen Seebäder besucht hat, wird gewiß schon mit Staunen die reizenden Formen dieser Florideen betrachtet haben, welche auf weißem Papier, zierlich angetrocknet, vielfach zum Verkaufe geboten werden. Die meisten Rothtange sind leider so zart, daß sie gar nicht der Versteinerung fähig sind, so die prachtvollen Ptiloten, Plokamien, Delesserien u. s. w. Doch giebt es einzelne Formen, wie die Chondrien und Sphärokokken, welche einen härteren, oft fast knorpelharten Thallus besitzen, und von diesen sind uns auch manche versteinerte Reste, namentlich aus den silurischen, devonischen und Kohlenschichten, später besonders aus dem Jura erhalten worden. Wahrscheinlich nahm auch diese Klasse an der Zusammensetzung der archolithischen Tangflora wesentlichen Antheil.

Wenn Sie nun nochmals einen Rückblick auf die Flora der Primordialzeit werfen, welche ausschließlich von der Hauptklasse der Tange gebildet wurde, so finden Sie, daß die vier untergeordneten Klassen derselben wahrscheinlich in ähnlicher Weise an der Zusammensetzung jener submarinen Wälder des Urmeeres sich betheiligt haben, wie in der Gegenwart die vier physiognomischen Vegetationstypen der stämmigen Bäume, der blumigen Kräuter, des buschigen Grases und der zartlaubigen Farne und Mose an der Zusammensetzung unserer Landwälder Theil nehmen. Man könnte in dieser Beziehung sagen, daß die unterseeischen Waldbäume der Primordialzeit durch die mächtigen Brauntange oder Fucoideen gebildet wurden. Die farbigen Blumen zu den Füßen dieser Baumriesen wurden durch die bunten Rothtange oder Florideen vertreten. Das grüne Gras dazwischen bildeten die haarbüscheligen Grüntange oder Chloralgen. Das zarte Laub der Farne und Mose endlich, welches den Boden unserer Wälder bedeckt, die Lücken ausfüllt, welche die anderen Pflanzen übrig lassen, und selbst auf den Stämmen der Bäume sich ansiedelt, wird damals ähn=

liche Vertreter in den moosähnlichen und farnähnlichen Siphoneen, in den Caulerpen und Bryopsen aus der Klasse der Urtange oder Arche= phyten gehabt haben.

Was die Verwandtschaftsverhältnisse der verschiedenen Tangklassen zu einander und zu den übrigen Pflanzen betrifft, so bilden höchst wahrscheinlich, wie schon bemerkt, die Urtange oder Archephyten die gemeinsame Wurzel des Stammbaums, nicht allein für die verschie= denen Tangklassen, sondern für das ganze Pflanzenreich. Aus den nackten vegetabilischen Moneren, welche sich im Beginn der antelau= rentischen Periode entwickelten, werden zunächst Hüllcytoden entstan= den sein (S. 286), indem der nackte, strukturlose Eiweißleib der Mo= neren sich an der Oberfläche krustenartig verdichtete oder eine Hülle ausschwitzte. Späterhin werden dann aus diesen Hüllcytoden echte Pflanzenzellen geworden sein, indem im Inneren sich ein Kern oder Nucleus von dem umgebenden Zellstoff oder Plasma sonderte. Die drei Klassen der Grüntange, Brauntange und Rothtange sind wahr= scheinlich drei gesonderte Stämme, welche unabhängig von einander aus der gemeinsamen Wurzelgruppe der Urtange entstanden sind und sich dann (ein jeder in seiner Art) weiter entwickelt und vielfach in Ordnungen und Familien verzweigt haben. Die Brauntange und Rothtange haben keine weitere Blutsverwandtschaft zu den übrigen Klassen des Pflanzenreichs. Diese letzteren sind vielmehr aus den Ur= tangen entstanden, und zwar entweder direkt oder durch Vermittlung der Grüntange. Wahrscheinlich sind einerseits die Mose und Farne, andrerseits die Flechten und Pilze unabhängig von einander aus den Urtangen entstanden, die ersteren vielleicht durch Vermittlung der Grüntange. Die Blumenpflanzen oder Phanerogamen haben sich jeden= falls erst später aus den Farnen entwickelt.

Als zweite Hauptklasse des Pflanzenreichs haben wir oben die Faserpflanzen (Inophyta) angeführt. Wir verstanden darunter die beiden nahverwandten Klassen der Flechten und Pilze. Es ist möglich, daß diese Thalluspflanzen nicht aus den Urtangen entstan= den sind, sondern aus einer oder mehreren Moneren, die unabhängig

von letzteren durch Urzeugung entstanden. Auch ist noch der andere
Fall denkbar, daß die verschiedenen Ordnungen sowohl der Flechten-
klasse als der Pilzklasse, und namentlich die niedersten Formen beider
Klassen, einer größeren Anzahl von verschiedenen a r ch i g o n e n (d. h.
durch Urzeugung entstandenen) Moneren ihren Ursprung verdanken.
Jedenfalls sind beide Klassen nicht als Stammeltern der höheren Pflan-
zenklassen zu betrachten. Sowohl die Flechten als die Pilze unterscheiden sich von diesen durch die Zusammensetzung ihres weichen Körpers aus einem dichten Geflecht von sehr langen, vielfach verschlungenen eigenthümlichen Fadenzellen oder Fasern, weshalb wir sie eben
in der Hauptklasse der Faserpflanzen zusammenfassen. Irgend bedeutende fossile Reste konnten dieselben wegen ihrer eigenthümlichen Beschaffenheit nicht hinterlassen, und so müssen wir denn die paläontologische Bedeutung und Entwickelung derselben mehr errathen, als
daß wir sie mit Sicherheit aus Petrefacten erkennen könnten.

Die Klasse der F l e ch t e n (Lichenes) hat wahrscheinlich zu allen
Zeiten dieselbe äußerlich untergeordnete Rolle gespielt, wie in der
Gegenwart. Die meisten Flechten bilden mehr oder weniger unan-
sehnliche, formlose oder unregelmäßig zerrissene, krustenartige Ueber-
züge auf Steinen, Baumrinden u. s. w. Die Farbe derselben wechselt in allen möglichen Abstufungen vom reinsten Weiß, durch Gelb,
Roth, Grün, Braun, bis zum dunkelsten Schwarz. Wichtig sind
indessen viele Flechten in der Oekonomie der Natur dadurch, daß sie
sich auf den trockensten und unfruchtbarsten Orten, insbesondere auf
dem nackten Gestein ansiedeln können, auf welchem keine andere
Pflanze leben kann. Die harte schwarze Lava, welche in vulkanischen
Gegenden viele Quadratmeilen Bodens bedeckt, und welche oft Jahrhunderte lang jeder Pflanzenansiedelung den hartnäckigsten Widerstand leistet, wird zuerst immer von Flechten bewältigt. Weiße
oder graue Steinflechten (Stereocaulon) sind es, welche auf den
ödesten und todtesten Lavafeldern immer mit der Urbarmachung des
nackten Felsenbodens beginnen und denselben für die nachfolgende
höhere Vegetation erobern. Ihre absterbenden Leiber bilden die erste

Dammerde, in welcher nachher Mose, Farne und Blüthenpflanzen festen Fuß fassen können. Auch gegen klimatische Unbilden sind die zähen Flechten unempfindlicher als alle anderen Pflanzen. Daher überziehen ihre trockenen Krusten die nackten Felsen noch in den höchsten, größtentheils mit ewigem Schnee bedeckten Gebirgshöhen, in denen keine andere Pflanze mehr ausdauern kann. Dürfen wir aus diesen Lebenseigenthümlichkeiten der Flechten auf ihre geschichtliche Entwickelung und Bedeutung schließen, so ist es sehr wahrscheinlich, daß Flechten die ersten landbewohnenden Pflanzen waren. Aller Wahrscheinlichkeit nach entstanden die ersten Flechten im Beginn des primären Zeitalters, im Anfang der antedevonischen Zeit, dadurch, daß einzelne Uralgen oder Archephyten von ihrer ursprünglichen Geburtsstätte, dem primoridalen Urmeere, auf das eben geborene antedevonische Festland, auf die ersten Erhebungen der festen Erdrinde über den Spiegel des silurischen Meeres übersiedelten. Indem so die Flechten die nackte Oberfläche der ersten Festlandsfelsen für die nachfolgenden Mose und Farne eroberten, gewannen sie eine paläontologische Bedeutung, auf welche wir aus den dürftigen versteinerten Bruchstücken derselben, und aus ihrem unansehnlichen Aeußeren keineswegs schließen könnten.

Die zweite Klasse der Faserpflanzen, die Pilze (Fungi) werden irrthümlich oft Schwämme genannt und daher mit den echten thierischen Schwämmen oder Spongien verwechselt. Sie zeigen einerseits so viele Verwandtschaftsbeziehungen zu den Flechten und sind durch so viele Uebergangsformen (namentlich die Kernschwämme oder Pyrenomyceten) mit denselben verbunden, daß man beide Klassen kaum trennen kann, und es für das Natürlichste halten dürfte, eine Abstammung der Pilze von den Flechten anzunehmen. Andrerseits aber haben die meisten Pilze so viel Eigenthümliches und weichen namentlich durch ihre eigenthümliche Ernährungsweise so sehr von allen übrigen Pflanzen ab, daß man sie als eine ganz besondere Hauptgruppe des Pflanzenreichs betrachten könnte. Die übrigen Pflanzen leben größtentheils von anorganischer Nahrung, d. h. von einfachen und festen Kohlenstoff=

verbindungen, welche ſie zu verwickelteren zuſammenſetzen. Sie athmen Kohlenſäure ein und Sauerſtoff aus. Die Pilze dagegen leben
größtentheils, gleich den Thieren, von organiſcher Nahrung, d. h.
von verwickelten und lockeren Kohlenſtoffverbindungen, welche ſie zer-
ſetzen. Sie athmen Sauerſtoff ein und Kohlenſäure aus, wie die
Thiere. Auch bilden ſie niemals das Blattgrün oder Chlorophyll,
welches für die meiſten übrigen Pflanzen ſo charakteriſtiſch iſt. Daher
haben ſchon wiederholt hervorragende Botaniker den Vorſchlag gemacht, die Pilze ganz aus dem Pflanzenreiche zu entfernen und als
ein beſonderes drittes Reich zwiſchen Thier- und Pflanzenreich zu
ſetzen. Dadurch würde unſer Protiſtenreich einen ſehr bedeutenden
Zuwachs erhalten, und ich habe kürzlich in einer neuen Begrenzung
des Protiſtenreichs die Pilze in der That als eine beſondere Protiſten-
klaſſe neben die Phycochromaceen und die Schleimpilze (Myxomyceten)
geſtellt [15]). Da jedoch die meiſten von Ihnen wohl mehr geneigt
ſein werden, der herkömmlichen Anſchauung gemäß die Pilze als echte
Pflanzen zu betrachten, laſſe ich ſie hier im Pflanzenreiche ſtehen, und
verbinde ſie mit den Flechten, denen ſie im anatomiſchen inneren Bau
am nächſten verwandt ſind. Ob dieſelben aber aus den Flechten
oder aus den Urtangen entſtanden ſind, oder ob ſie, was mir das
Wahrſcheinlichſte iſt, mehreren ſelbſtſtändigen archigonen Moneren
ihren Urſprung verdanken, das will ich hier ganz dahingeſtellt ſein laſſen.

Indem wir nun die Pilze, Flechten und Tange, welche gewöhnlich
als Thalluspflanzen zuſammengefaßt werden, verlaſſen, betreten wir
das Gebiet der zweiten großen Hauptabtheilung des Pflanzenreichs,
der Prothalluspflanzen (Prothallophyta), welche von anderen
als phyllogoniſche Kryptogamen bezeichnet werden (im Gegenſatz zu den
Thalluspflanzen oder thallogoniſchen Kryptogamen). Dieſes Gebiet
umfaßt die beiden Hauptklaſſen der Moſe und Farne. Hier begegnen wir bereits allgemein (wenige der unterſten Stufen ausgenommen) der Sonderung des Pflanzenkörpers in zwei verſchiedene
Grundorgane: Stengel oder Axenorgane, und Blätter oder Seitenor-
gane. Hierin gleichen die Prothalluspflanzen bereits den Blumen-

pflanzen, und daher faßt man sie neuerdings auch häufig mit diesen als Stockpflanzen oder Cormophyten zusammen. Andrerseits aber gleichen die Mose und Farne den Thalluspflanzen durch den Mangel einer echten Blüthe oder Blume, und daher stellte sie schon Linné mit diesen als Kryptogamen zusammen, im Gegensatz zu den Blumenpflanzen oder Phanerogamen.

Unter dem Namen „Prothalluspflanzen" vereinigen wir die nächstverwandten Mose und Farne deßhalb, weil bei Beiden sich ein sehr eigenthümlicher und charakteristischer Generationswechsel in der individuellen Entwickelung findet. Jede Art nämlich tritt in zwei verschiedenen Generationen auf, von denen man die eine gewöhnlich als Vorkeim oder Prothallium bezeichnet, die andere dagegen als den eigentlichen Stock oder Cormus des Moses oder des Farns betrachtet. Die erste und ursprüngliche Generation, der Vorkeim oder Prothallus, auch das Prothallium genannt, steht noch auf jener niederen Stufe der Formbildung, welche alle Thalluspflanzen zeitlebens zeigen, d. h. es sind Stengel und Blattorgane noch nicht gesondert, und der ganze zellige Körper des Vorkeims stellt einen einfachen Thallus dar. Die zweite und vollkommenere Generation der Mose und Farne dagegen, der Stock oder Cormus, bildet einen viel höher organisirten Körper, welcher wie bei den Blumenpflanzen in Stengel und Blatt gesondert ist, ausgenommen bei den niedersten Mosen, bei welchen auch diese Generation noch auf der niederen Stufe der ursprünglichen Thallusbildung stehen bleibt. Mit Ausnahme dieser letzteren erzeugt allgemein bei den Mosen und Farnen die erste Generation, der thallusförmige Vorkeim, eine stockförmige zweite Generation mit Stengel und Blättern; diese erzeugt wiederum den Thallus der ersten Generation u. s. w. Es ist also, wie bei dem gewöhnlichen einfachen Generationswechsel der Thiere, die erste Generation der dritten, fünften u. s. w., die zweite dagegen der vierten, sechsten u. s. w. gleich. (Vergl. oben S. 161).

Von den beiden Hauptklassen der Prothalluspflanzen stehen die Mose im Allgemeinen auf einer viel tieferen Stufe der Ausbildung, als

die Farne und vermitteln namentlich in anatomiſcher Beziehung den
Uebergang von den Thalluspflanzen und ſpeciell von den Tangen zu
den Farnen. Ob jedoch dadurch ein genealogiſcher Zuſammenhang
der Moſe und Farne angedeutet wird, iſt noch zweifelhaft. Jeden=
falls ſind die Moſe direkt aus Thalluspflanzen und zwar wahrſchein=
lich entweder aus Grüntangen oder aus Urtangen entſtanden. Die
Farne ſtammen entweder in gleicher Weiſe, als ein von den Moſen
unabhängiger Stamm, von den Thalluspflanzen ab, oder ſie haben
ſich aus unbekannten ausgeſtorbenen Mosformen entwickelt. Für die
Schöpfungsgeſchichte ſind die Farne von weit höherer Bedeutung
als die Moſe.

Die Hauptklaſſe der Moſe (Muscinae, auch Musci oder Bryo=
phyta genannt) enthält die niederen und unvollkommneren Pflanzen
der Prothallophytengruppe, welche ſich zunächſt an die Thalluspflan=
zen anſchließen. Meiſtens iſt ihr Körper ſo zart und vergänglich, daß
er ſich nur ſehr ſchlecht zur kenntlichen Erhaltung in verſteinertem Zu=
ſtande eignet. Daher ſind die foſſilen Reſte von allen Mosklaſſen
ſelten und unbedeutend. Die meiſten deutlich erhaltenen ſtammen aus
den tertiären Geſteinen. Jedoch haben zweifelsohne die Moſe ſchon
in viel früherer Zeit ſich aus den Thalluspflanzen, vermuthlich aus
den Urtangen oder Grüntangen entwickelt. Waſſerbewohnende Ueber=
gangsformen von letzteren zu den Moſen gab es wahrſcheinlich ſchon
in der Primordialzeit und landbewohnende in der Primärzeit. Die
Moſe der Gegenwart, aus deren ſtufenweis verſchiedener Ausbildung
die vergleichende Anatomie Einiges auf ihre Genealogie ſchließen kann,
zerfallen in vier verſchiedene Klaſſen, nämlich 1. die Tangmoſe; 2. die
Lebermoſe; 3. die Laubmoſe und 4. die Torfmoſe.

Auf der tiefſten Stufe der mosartigen Pflanzen ſteht die erſte
Klaſſe, die Tangmoſe (Characeae oder Charobrya). Hierher ge=
hören die tangartigen Armleuchterpflanzen (Chara) und Glanzmoſe
(Nitella), welche mit ihren grünen fadenförmigen, quirlartig von ga=
belſpaltigen Aeſten umſtellten Stengeln in unſeren Teichen und Tüm=
peln oft dichte Bänke bilden. Einerſeits nähern ſich die Characeen im

anatomiſchen Bau, beſonders der Fortpflanzungsorgane, den Moſen und werden dieſen neuerdings unmittelbar angereiht. Andrerſeits ſtehen ſie durch viele Eigenſchaften tief unter den übrigen Moſen und ſchließen ſich vielmehr den Grüntangen oder Chlorophyceen an. Man könnte ſie daher wohl als übrig gebliebene und eigenthümlich ausgebildete Abkömmlinge von jenen Grüntangen betrachten, aus denen ſich die übrigen Moſe entwickelt haben. Durch manche Eigenthümlichkeiten ſind übrigens die Taugmoſe ſo ſehr von allen übrigen Pflanzen verſchieden, daß viele Botaniker ſie als eine beſondere Hauptabtheilung des Pflanzenreichs betrachten. Man könnte ſogar daran denken, daß ſie einen ganz beſonderen Stamm bilden, welcher ſich ſelbſtſtändig aus einer eigenen archigonen Monerenform entwickelt hat. Die Verſteinerungskunde kann uns darüber nicht belehren.

Die zweite Klaſſe der Moſe bilden die Lebermoſe (Hepaticae oder Thallobrya). Die hierher gehörigen Moſe ſind meiſtens wenig bekannte, kleine und unanſehnliche Formen. Die niederſten Formen derſelben beſitzen noch in beiden Generationen einen einfachen Thallus, wie die Thalluspflanzen, ſo z. B. die Riccien und Marchantien. Die höheren Lebermoſe dagegen, die Jungermannien und Verwandte, beginnen allmählich Stengel und Blatt zu ſondern, und die höchſten ſchließen ſich unmittelbar an die Laubmoſe an. Die Lebermoſe zeigen durch dieſe Uebergangsbildung ihre direkte Abſtammung von den Thallophyten, und zwar wahrſcheinlich von den Grüntangen.

Diejenigen Moſe, welche der Laie gewöhnlich allein kennt, und welche auch in der That den hauptſächlichſten Beſtandtheil der ganzen Hauptklaſſe bilden, gehören zu der dritten Klaſſe, den Laubmoſen (Musci frondosi, Musci im engeren Sinne oder Phyllobrya genannt). Hierher gehören die meiſten jener zierlichen Pflänzchen, die zu dichten Gruppen vereinigt, den ſeidenglänzenden Mosteppich unſerer Wälder bilden, oder auch in Gemeinſchaft mit Lebermoſen und Flechten die Rinde der Bäume überziehen. Als die Waſſerbehälter, welche die Feuchtigkeit ſorgfältig aufbewahren, ſind ſie für die Oekonomie der Natur von der größten Wichtigkeit. Wo der Menſch ſchonungs-

los die Wälder abgeholzt und ausgerodet hat, da verschwinden mit
den Bäumen auch die Laubmofe, welche ihre Rinde bedeckten oder im
Schutze ihres Schattens den Boden bekleideten und die Lücken zwi=
schen den größeren Gewächfen ausfüllten.   Mit den Laubmofen ver=
schwinden aber auch die nützlichen Wasserbehälter, welche Regen und
Thau sammelten und für die Zeiten der Trockniß aufbewahrten.   Es
entsteht dadurch eine trostlose Dürre des Bodens, welche das Auf=
kommen jeder ergiebigen Vegetation vereitelt.   In dem größten Theile
Südeuropas, in Griechenland, Italien, Sicilien, Spanien sind durch
die rücksichtslose Ausrodung der Wälder die Mofe vernichtet und da=
durch der Boden seiner nützlichsten Feuchtigkeitsvorräthe beraubt wor=
den; die vormals blühendsten und üppigsten Landstriche sind in dürre,
öde Wüsten verwandelt.   Leider nimmt auch in Deutschland neuer=
dings diese rohe Barbarei immer mehr überhand.   Wahrscheinlich
haben die kleinen Laubmofe jene außerordentlich wichtige Rolle schon
seit sehr langer Zeit, vielleicht seit Beginn der Primärzeit gespielt.   Da
aber ihre zarten Leiber ebenso wenig wie die der übrigen Mofe für
die deutliche Erhaltung im fossilen Zustande geeignet sind, so kann
uns auch hierüber die Paläontologie keine Auskunft geben.

Als einen befonderen Zweig der Laubmosklasse haben wir endlich
die vierte und letzte Mosklasse zu betrachten, die Torfmofe (Spha-
gnaceae oder Sphagnobrya).   Wahrscheinlich haben sich diefelben
aus einer Abtheilung der Laubmofe, vielleicht aber auch direkt aus
den Lebermofen entwickelt.   Auch von diefer Klasse verräth uns die
Versteinerungskunde nicht den Zeitpunkt ihrer Entstehung.   Auch
diefe Mofe sind trotz ihres unscheinbaren Aeußeren doch durch ihr
massenhaftes Wachsthum für den Naturhaushalt von größter Wich=
tigkeit.   Indem ihre abgestorbenen Leiber auf dem Sumpf= und Moor=
boden, in dem sie wachsen, sich in vielen Generationen über einander
häufen, bilden sie den Torf, der für die Bodenbildung vieler Ge=
genden von höchster Bedeutung ist.

Weit mehr als von den Mofen wissen wir durch die Versteine=
rungskunde von der außerordentlichen Bedeutung, welche die zweite

Hauptklasse der Prothalluspflanzen, die der Farne, für die Geschichte der Pflanzenwelt gehabt hat. Die Farne, oder genauer ausgedrückt, die „farnartigen Pflanzen" (Filicinae oder Pteridoidae, auch Pteridophyta genannt) bildeten während eines außerordentlich langen Zeitraums, nämlich während des ganzen primären oder paläolithischen Zeitalters, die Hauptmasse der Pflanzenwelt, so daß wir dasselbe gradezu als das Zeitalter der Farnwälder bezeichnen konnten. Von Anbeginn der antedevonischen Zeit, in welcher zum ersten Male die landbewohnenden Organismen auftraten, während der Ablagerung der devonischen, carbonischen und permischen Schichten, sowie während der langen Zwischenräume zwischen den Bildungszeiten dieser Schichtensysteme, überwogen die farnartigen Pflanzen so sehr alle übrigen, daß jene Benennung dieses Zeitalters in der That gerechtfertigt ist. In den devonischen, carbonischen und permischen Schichtensystemen, vor allen aber in den ungeheuer mächtigen Steinkohlenflötzen der carbonischen oder Steinkohlenzeit, finden wir so zahlreiche und zum Theil wohl erhaltene Reste von Farnen, daß wir uns daraus ein ziemlich lebendiges Bild von der ganz eigenthümlichen Landflora des paläolithischen Zeitalters machen können. Im Jahre 1855 betrug die Gesammtzahl der damals bekannten paläolithischen Pflanzenarten ungefähr Eintausend, und unter diesen befanden sich nicht weniger als 872 farnartige Pflanzen. Unter den übrigen 128 Arten befanden sich 77 Gymnospermen (Nadelhölzer und Palmfarne), 40 Thalluspflanzen (größtentheils Tange) und gegen 20 nicht sicher bestimmbare Cormophyten.

Wie schon vorher bemerkt, haben sich die Farne entweder aus niederen unbekannten Mosen oder unabhängig von diesen, direkt aus Thalluspflanzen, und zwar aus Grüntangen entwickelt. Wahrscheinlich fällt dieser Entwickelungsprozeß, wie der der Mose, in den Beginn der Primärzeit, in die antedevonische Zeit. In ihrer Organisation erheben sich die Farne bereits bedeutend über die Mose und schließen sich in ihren höheren Formen schon an die Blumenpflanzen an. Während bei den Mosen noch ebenso wie bei den Thalluspflanzen der ganze Körper aus ziemlich gleichartigen, wenig oder nicht differenzirten Zellen zusammengesetzt ist, entwickeln sich im Gewebe der Farne bereits jene eigenthümlich diffe= renzirten Zellenstränge, welche man als Pflanzengefäße und Gefäß= bündel bezeichnet, und welche auch bei den Blumenpflanzen allgemein vorkommen. Daher vereinigt man wohl auch die Farne als „Ge= fäßkryptogamen" mit den Phanerogamen, und stellt diese „Gefäß= pflanzen" den „Zellenpflanzen" gegenüber, d. h. den „Zellenkrypto= gamen" (Mosen und Thalluspflanzen). Dieser hochwichtige Fort= schritt in der Pflanzenorganisation, die Bildung der Gefäße und Ge= fäßbündel, fand demnach erst in der antedevonischen Zeit statt, also im Beginn der zweiten und kleineren Hälfte der organischen Erd= geschichte.

Die Hauptklasse der Farne oder Filicinen wird allgemein in vier verschiedene Klassen eingetheilt, nämlich 1. die Schaftfarne oder Calamophyten, 2. die Laubfarne oder Geopteriden, 3. die Wasser= farne oder Hydropteriden, und 4. die Schuppenfarne oder Lepido= phyten. Die bei weitem wichtigste und formenreichste von diesen vier Klassen, welche den Hauptbestandtheil der paläolithischen Wälder bildete, waren die Laubfarne, und demnächst die Schuppenfarne. Dagegen traten die Schaftfarne schon damals mehr zurück und von den Wasserfarnen wissen wir nicht einmal mit Bestimmtheit, ob sie da= mals schon lebten. Es muß uns schwer fallen, uns eine Vorstellung von dem ganz eigenthümlichen Charakter jener düsteren paläolithischen Farnwälder zu bilden, in denen der ganze bunte Blumenreichthum unserer gegenwärtigen Flora noch völlig fehlte, und welche noch von keinem Vogel belebt wurden Von Blumenpflanzen existirten damals nur die beiden niedersten Klassen, die nacktsamigen Nadelhölzer und Palmfarne, deren einfache und unscheinbare Blüthen kaum den Namen der Blumen verdienen.

Wahrscheinlich sind alle vier Farnklassen als vier getrennte Aeste des Stammbaums zu betrachten, die aus einem gemeinsamen Haupt= aste in der Antedevonzeit ihren Ursprung nahmen. Jedoch sind einer= seits die niederen Schaftfarne näher mit den Laubfarnen, andrer=

seits die höheren Schuppenfarne näher mit den Wasserfarnen ver=
wandt, so daß man auch zwei gabelspaltige Aeste oder einen doppelt
gabelspaltigen Hauptast als die Stammbasis der ganzen Farnhaupt=
klasse ansehen kann.

Auf der niedersten Organisationsstufe bleibt unter den Farnen
die erste Klasse stehen, die Schaftfarne (Calamariae oder Cala-
mophyta). Sie umfaßt drei verschiedene Ordnungen, von denen
nur eine noch gegenwärtig lebt, nämlich die Schafthalme (Equi-
setaceae). Die beiden anderen Ordnungen, die Riesenhalme
(Calamiteae) und die Sternblatthalme (Asterophylliteae)
sind längst ausgestorben. Alle Schaftfarne zeichnen sich durch einen
hohlen und gegliederten Schaft, Stengel oder Stamm aus, an wel=
chem Aeste und Blätter, wenn sie vorhanden sind, quirlförmig um die
Stengelglieder herumstehen. Die hohlen Stengelglieder sind durch Quer=
scheidewände von einander getrennt. Bei den Schafthalmen und Ca=
lamiten ist die Oberfläche von längsverlaufenden parallelen Rippen
durchzogen, wie bei einer cannulirten Säule, und die Oberhaut ent=
hält so viel Kieselerde, daß sie zum Scheuern und Poliren verwendet
werden kann. Bei den Sternblatthalmen oder Asterophylliten waren
die sternförmig in Quirle gestellten Blätter stärker entwickelt als bei den
beiden anderen Ordnungen. In der Gegenwart leben von den
Schaftfarnen nur noch die unansehnlichen Schafthalme oder Equi-
setum-Arten unserer Sümpfe und Moore, welche während der gan=
zen Primär= und Secundärzeit durch mächtige Bäume aus der Gat=
tung Equisetites vertreten waren. Zur selben Zeit lebte auch die
nächstverwandte Ordnung der Riesenhalme (Calamites), deren starke
Stämme gegen 50 Fuß Höhe erreichten. Die Ordnung der Stern=
blatthalme (Asterophyllites) dagegen enthielt kleinere, zierliche Pflan=
zen von sehr eigenthümlicher Form, und blieb ausschließlich auf die
Primärzeit beschränkt.

Die Hauptmasse der Farngruppe bildete zu allen Zeiten die Klasse
der eigentlichen Farne im engeren Sinne, der Laubfarne oder We=
delfarne (Filices), auch Landfarne oder Geopteriden genannt, im Ge=

gensatz zu den Wasserfarnen oder Hydropteriden. In der gegenwärtigen Flora unserer gemäßigten Zonen spielt diese Klasse nur eine untergeordnete Rolle, da sie hier meistens nur durch die niedrigen stammlosen Farnkräuter vertreten ist. In der heißen Zone dagegen, namentlich in den feuchten, dampfenden Wäldern der Tropengegenden erhebt sie sich noch heutigentags zur Bildung der hochstämmigen, palmenähnlichen Farnbäume. Diese schönen Baumfarne der Gegenwart, welche zu den Hauptzierden unserer Gewächshäuser gehören, können uns aber nur eine schwache Vorstellung von den stattlichen und prachtvollen Laubfarnen der Primärzeit geben, deren mächtige Stämme damals dichtgedrängt ganze Wälder zusammensetzten. Man findet diese Stämme namentlich in den Steinkohlenflötzen der Carbonzeit massenhaft über einander gehäuft, und dazwischen vortrefflich erhaltene Abdrücke von den zierlichen Wedeln oder Blättern, welche in schirmartig ausgebreitetem Busche den Gipfel des Stammes krönten. Die einfache oder mehrfache Zusammensetzung und Fiederung dieser Wedel, der zierliche Verlauf der verästelten Nerven oder Gefäßbündel in ihrem zarten Laube ist an den Abdrücken der paläolithischen Farnwedel noch so deutlich zu erkennen, wie an den Farnwedeln der Jetztzeit. Bei Vielen sind selbst die Fruchthäufchen, welche auf der Unterfläche der Wedel vertheilt sind, ganz deutlich erhalten. Nach der Steinkohlenzeit nahm das Uebergewicht der Laubfarne bereits ab und schon gegen Ende der Secundärzeit spielten sie eine fast so untergeordnete Rolle wie in der Gegenwart.

Am wenigsten bekannt von allen Farnen ist uns die Geschichte der dritten Klasse, der Wurzelfarne oder Wasserfarne (Rhizocarpeae oder Hydropterides). In ihrem Bau schließen sich diese, im süßen Wasser lebenden Farne einerseits an die Laubfarne, andererseits an die Schuppenfarne an, sind jedoch den letzteren und dadurch auch den Blumenpflanzen näher verwandt, als die ersteren. Es gehören hierher die wenig bekannten Mosfarne (Salvinia), Kleefarne (Marsilea) und Pillenfarne (Pilularia) in den süßen Gewässern unserer Heimath, ferner die größere schwimmende Azolla der Tropenteiche. Die mei-

ften Wafferfarne find von zarter Befchaffenheit und deshalb wenig zur
Verfteinerung geeignet. Daher mag es wohl rühren, daß ihre foffilen
Refte fo felten find, und daß die älteften derfelben, die wir kennen, im
Jura gefunden wurden. Wahrfcheinlich ift aber die Klaffe viel älter
und hat fich bereits während der paläolithifchen Zeit aus anderen
Farnen durch Anpaffung an das Wafferleben entwickelt.

Die vierte und letzte Farnklaffe bilden die Schuppenfarne
(Lepidophyta oder Selagines). Sie entwickeln fich höher als alle
übrigen Farne und bilden bereits den Uebergang zu den Blumen=
pflanzen, die fich aus ihnen zunächst hervorgebildet haben. Nächst
den Wedelfarnen waren fie am meisten an der Zusammensetzung der
paläolithifchen Farnwälder betheiligt. Auch diefe Klaffe enthält,
gleichwie die Klaffe der Schaftfarne, drei nahe verwandte, aber doch
mehrfach verfchiedene Ordnungen, von denen nur noch eine am Le=
ben, die beiden anderen aber bereits gegen Ende der Steinkohlenzeit
ausgeftorben find. Die heute noch lebenden Schuppenfarne gehören
zur Ordnung der Bärlappe (Lycopodiaceae). Es find meistens
kleine und zierliche, moosähnliche Pflänzchen, deren zarter, in vielen
Windungen schlangenartig auf dem Boden kriechender und vielver=
äftelter Stengel dicht von schuppenähnlichen und fich deckenden Blätt=
chen eingehüllt ist. Die zierlichen Lycopodium-Ranken unferer
Wälder, welche die Gebirgsreifenden um ihre Hüte winden, werden
Ihnen Allen bekannt fein, ebenfo die noch zartere Selaginella, welche
als fogenanntes „Rankenmoos" den Boden unferer Gewächshäufer
als dichter Teppich ziert. Die größten Bärlappe der Gegenwart le=
ben auf den Sundainfeln und erheben fich dort zu Stämmen von
einem halben Fuß Dicke und 25 Fuß Höhe. Aber in der Primärzeit
und Secundärzeit waren noch größere Bäume diefer Art weit ver=
breitet, von denen die älteften wahrfcheinlich zu den Stammeltern der
Nadelhölzer gehören (Lycopodites). Die mächtigste Entwickelung er=
reichte jedoch die Klaffe der Schuppenfarne während der Primärzeit
nicht in den Bärlappbäumen, fondern in den beiden Ordnungen der
Schuppenbäume (Lepidodendreae) und der Siegelbäume

24 *

(Sigillarieae). Diese beiden Ordnungen treten schon in der Devon=
zeit mit einzelnen Arten auf, erreichen jedoch ihre massenhafte und er=
staunliche Ausbildung erst in der Steinkohlenzeit, und sterben bereits
gegen Ende derselben oder in der darauf folgenden Antepermzeit wie=
der aus. Die Schuppenbäume oder Lepidodendren waren wahr=
scheinlich den Bärlappen noch näher verwandt, als die Siegelbäume.
Sie erhoben sich zu prachtvollen, unverästelten und gerade aufsteigen=
den Stämmen, die sich am Gipfel nach Art eines Kronleuchters
gabelspaltig in zahlreiche Aeste theilten. Diese trugen eine mächtige
Krone von Schuppenblättern und waren gleich dem Stamm in zierlichen
Spirallinien von den Narben oder Ansatzstellen der abgefallenen Blät=
ter bedeckt. Man kennt Schuppenbäume von 40 — 60 Fuß Länge
und 12 — 15 Fuß Durchmesser am Wurzelende. Einzelne Stämme
sollen selbst mehr als hundert Fuß lang sein. Noch viel massenhafter
finden sich in der Steinkohle die nicht minder hohen, aber schlankeren
Stämme der merkwürdigen Siegelbäume oder Sigillarien angehäuft, die
an manchen Orten hauptsächlich die Steinkohlenflöze zusammensetzen.
Ihre Wurzelstöcke hat man früher als eine ganz besondere Pflanzen=
form (Stigmaria) beschrieben. Die Siegelbäume sind in vieler
Beziehung den Schuppenbäumen sehr ähnlich, weichen jedoch durch
ihren anatomischen Bau schon mehrfach von diesen und von den Far=
nen überhaupt ab, und scheinen einen Uebergang zu den Gymnosper=
men, insbesondere zu den Palmfarnen oder Cycadeen zu bilden.

Indem wir nun die dichten Farnwälder der Primärzeit verlassen,
welche vorzugsweise aus den Laubfarnen, aus den Schuppenbäumen
und Siegelbäumen zusammengesetzt sind, treten wir in die nicht min=
der charakteristischen Nadelwälder der Secundärzeit hinüber. Damit
treten wir aber zugleich aus dem Bereiche der blumenlosen Pflanzen
oder Kryptogamen in die zweite Hauptabtheilung des Pflanzenreichs,
in das Unterreich der Blumenpflanzen oder Phaneroga=
men hinein. Diese formenreiche Abtheilung, welche die Hauptmasse
der jetzt lebenden Pflanzenwelt, und namentlich die große Mehrzahl
der landbewohnenden Pflanzen enthält, ist jedenfalls viel jüngeren

Alters, als die Abtheilung der Kryptogamen. Denn sie kann erst im Laufe des paläolithischen Zeitalters aus dieser letzteren sich entwickelt haben. Mit voller Gewißheit können wir behaupten, daß während des ganzen archolithischen Zeitalters, also während der ersten und längeren Hälfte der organischen Erdgeschichte, noch gar keine Blumen= pflanzen existirten, und daß sie sich erst während der Primärzeit aus farnartigen Kryptogamen entwickelt haben. Die anatomische und embryologische Verwandtschaft der Phanerogamen mit diesen letzteren ist so innig, daß wir daraus mit Sicherheit auch auf ihren genealogi= schen Zusammenhang, ihre wirkliche Blutsverwandtschaft schließen können. Die Blumenpflanzen können unmittelbar weder aus Thal= luspflanzen noch aus Mosen, sondern nur aus Farnen oder Filici= nen entstanden sein. Höchst wahrscheinlich sind die Schuppenfarne oder Lepidophyten, und zwar Bärlapppflanzen oder Lycopodiaceen, welche der heutigen Selaginella sehr nahe verwandt waren, die un= mittelbaren Vorfahren der Phanerogamen.

Schon seit langer Zeit hat man auf Grund des inneren anato= mischen Baues und der embryologischen Entwickelung das Unterreich der Phanerogamen in zwei große Hauptklassen eingetheilt, in die Nacktsamigen oder Gymnospermen und in die Decksami= gen oder Angiospermen. Diese letzteren sind in jeder Beziehung vollkommener und höher organisirt als die ersteren, und haben sich erst später, im Laufe der Secundärzeit, aus diesen entwickelt. Die Gymnospermen bilden sowohl anatomisch als embryologisch die ver= mittelnde Uebergangsgruppe von den Farnen zu den Angiospermen.

Die niedere, unvollkommenere und ältere von den beiden Haupt= klassen der Blumenpflanzen, die der Nacktsamigen (Gymnosper= mae) erreichte ihre mannichfaltigste Ausbildung und ihre weiteste Verbreitung während der mesolithischen oder Secundärzeit. Sie ist für dieses Zeitalter nicht minder charakteristisch, wie die Farngruppe für das vorhergehende primäre, und wie die Angiospermengruppe für das nachfolgende tertiäre Zeitalter. Wir konnten daher die Se= cundärzeit auch als den Zeitraum der Gymnospermen, oder nach ihren bedeutendſten Vertretern als das Zeitalter der Nadelhölzer bezeichnen. Von den beiden Klaſſen, in welche die Gymnoſpermen zerfallen, den Nadelhölzern und Palmfarnen, iſt die erſtere am ſtärkſten in der Trias= zeit, die letztere in der Jurazeit entwickelt. Jedoch fällt die Entſte= hung der ganzen Hauptklaſſe ſchon in eine frühere Zeit. Wir finden verſteinerte Reſte von beiden Klaſſen derſelben bereits in der Steinkohle vor, und müſſen daraus ſchließen, daß der Uebergang von Schuppen= farnen in Gymnoſpermen bereits während der Steinkohlenzeit, oder vielleicht ſchon vorher, in der antecarboniſchen oder in der devoni= ſchen Zeit erfolgt iſt. Immerhin ſpielen die Nacktſamigen während der ganzen folgenden Primärzeit nur eine ſehr untergeordnete Rolle und gewinnen die Herrſchaft über die Farne erſt im Beginn der Se= cundärzeit.

Von den beiden Klaſſen der Gymnoſpermen ſteht diejenige der Palmfarne oder Zamien (Cycadeae) auf der niederſten Stufe und ſchließt ſich, wie ſchon der Name ſagt, unmittelbar an die Farne an, ſo daß ſie ſelbſt von manchen Botanikern wirklich mit dieſer Gruppe im Syſteme vereinigt werden. In der äußeren Geſtalt gleichen ſie ſowohl den Palmen als den Farnbäumen oder baumartigen Laub= farnen und tragen eine aus Fiederblättern zuſammengeſetzte Krone, welche entweder auf einem dicken niedrigen Strunke oder auf einem ſchlanken, einfachen, ſäulenförmigen Stamme ſitzt. In der Gegen= wart iſt dieſe einſt formenreiche Klaſſe nur noch durch wenige, in der heißen Zone lebende Formen dürftig vertreten, durch die niedrigen Zapfenfarne (Zamia), die dickſtämmigen Brodfarne (Encephalartos), und die ſchlankſtämmigen Rollfarne (Cycas). Man findet ſie häufig in unſeren Treibhäuſern, wo ſie gewöhnlich mit Palmen verwechſelt werden. Eine viel größere Formenmannichfaltigkeit als die lebenden, bieten uns die ausgeſtorbenen und verſteinerten Zapfenfarne, welche namentlich in der Mitte der Secundärzeit, während der Juraperiode in größter Maſſe auftraten und damals vorzugsweiſe den Charakter der Wälder beſtimmten. Gymnoſpermen, welche dieſen Cycadeen nächſtverwandt und vielleicht nicht von ihnen zu trennen waren, er=

zeugten während der älteren oder mittleren Secundärzeit die Haupt=
klasse der Angiospermen.

In größerer Formenmannichfaltigkeit als die Klasse der Palm=
farne hat sich bis auf unsere Zeit der andere Zweig der Gymnosper=
mengruppe erhalten, die Klasse der N a d e l h ö l z e r o d e r Z a p f e n =
b ä u m e (Coniferae). Noch gegenwärtig spielen die dazu gehörigen
Cypressen, Wachholder und Lebensbäume (Thuja), die Taxus und
Ginkobäume (Salisburya), die Araucarien und Cedern, vor allen
aber die formenreiche Gattung Pinus mit ihren zahlreichen und be=
deutenden Arten, den verschiedenen Kiefern, Pinien, Tannen, Fichten,
Lärchen u. s. w. in den verschiedensten Gegenden der Erde eine sehr
bedeutende Rolle, und setzen ausgedehnte Waldgebiete fast allein zu=
sammen. Doch erscheint diese Entwickelung der Nabelhölzer schwach
im Vergleiche zu der ganz überwiegenden Herrschaft, welche sich diese
Klasse während der älteren Secundärzeit, in der Triasperiode, über
die übrigen Pflanzen erworben hatte. Damals bildeten mächtige
Zapfenbäume in verhältnißmäßig wenigen Gattungen und Arten,
aber in ungeheuren Massen von Individuen beisammen stehend, den
Hauptbestandtheil der mesolithischen Wälder. Sie rechtfertigen die Be=
nennung der Secundärzeit als des „Zeitalters der Nadelwälder",
obwohl die Coniferen schon in der Jurazeit von den Cycadeen über=
flügelt wurden.

Aus den Nadelwäldern der mesolithischen oder Secundärzeit tre=
ten wir in die Laubwälder der cenolithischen oder Tertiärzeit hinüber
und gelangen dadurch zur Betrachtung der sechsten und letzten Haupt=
klasse des Pflanzenreichs, der D e c k s a m i g e n (Angiospermae). Wie
schon vorher bemerkt, hat sich diese zweite Hauptklasse der Blumen=
pflanzen erst viel später als die Nacktsamigen, und zwar aus einem
Zweige dieser letzteren entwickelt. Die ersten sicheren und unzweifel=
haften Versteinerungen von Decksamigen finden wir in den Schichten
des Kreidesystems, und zwar kommen hier neben einander Reste von
den beiden Klassen vor, in welche man die Hauptklasse der Angiosper=
men allgemein eintheilt, nämlich E i n k e i m b l ä t t r i g e oder M o n o =

cotylen und Zweikeimblättrige oder Dicotylen. Die letzteren sind jedenfalls nicht älter als die Kreidezeit oder höchstens die Autecretazeit. Dagegen sind die ersteren möglicherweise auch schon früher vorhanden gewesen. Wir kennen nämlich eine Anzahl von zweifelhaften und nicht sicher bestimmbaren fossilen Pflanzenresten aus der Jurazeit und aus der Triaszeit, welche von manchen Botanikern bereits für Monocotylen, von anderen dagegen für Gymnospermen gehalten werden. Selbst in den Steinkohlenschichten glaubte man Monocotylenreste gefunden zu haben, die sich aber neuerdings als Ueberbleibsel entweder von Nacktsamigen oder von Farnen herausgestellt haben. Demnach scheint es jetzt sicher zu sein, daß die Klasse der Decksamigen erst während der Secundärzeit, und zwar aus den Cycadeen oder diesen nächstverwandten Nacktsamigen entstanden ist. Was die beiden Klassen der Decksamigen betrifft, Monocotylen und Dicotylen, so haben sich entweder beide Zweige aus einem gemeinsamen Stammaste, oder die Dicotylen erst später aus den Monocotylen entwickelt. Jedenfalls stehen in anatomischer Beziehung die letzteren auf einer tieferen und unvollkommeneren Stufe als die ersteren.

Die Klasse der Einkeimblättrigen oder Einsamenlappigen (Monocotylae oder Monocotyledones, auch Endogenae genannt) umfaßt diejenigen Blumenpflanzen, deren Samen nur ein einziges Keimblatt oder einen sogenannten Samenlappen (Cotyledon) besitzt. Jeder Blattkreis ihrer Blume enthält in der großen Mehrzahl der Fälle drei Blätter, und es ist sehr wahrscheinlich, daß die gemeinsame Mutterpflanze aller Monocotylen eine regelmäßige und dreizählige Blüthe besaß. Die Blätter sind meistens einfach, von einfachen, graden Gefäßbündeln oder sogenannten „Nerven" durchzogen. Zu dieser Klasse gehören die umfangreichen Familien der Binsen und Gräser, Lilien und Schwertlilien, Orchideen und Dioscoreen, ferner eine Anzahl einheimischer Wasserpflanzen, die Wasserlinsen, Rohrkolben, Seegräser u. s. w. und endlich die prachtvollen, höchst entwickelten Familien der Aroideen und Pandaneen, der Bananen und

Palmen. Im Ganzen ist die Monocotylenklasse trotz aller Formenmannichfaltigkeit, die sie in der Tertiärzeit und in der Gegenwart entwickelt hat, viel einförmiger organisirt, als die Dicotylenklasse, und
auch ihre geschichtliche Entwickelung bietet ein viel geringeres Interesse.
Da ihre versteinerten Reste meistens schwer zu erkennen sind, so bleibt
die Frage vorläufig noch offen, in welchem der drei großen secundären
Zeiträume, Trias-, Jura- oder Kreidezeit, die Monocotylen aus den
Cycadeen entstanden sind. Jedenfalls existirten sie in der Kreidezeit
schon eben so sicher wie die Dicotylen.

Viel größeres historisches und anatomisches Interesse bietet in der
Entwickelung ihrer untergeordneten Gruppen die zweite Klasse der
Decksamigen, die Zweikeimblättrigen oder Zweisamen-
lappigen (Dicotylae oder Dicotyledones, auch Exogenae benannt). Die Blumenpflanzen dieser Klasse besitzen, wie ihr Name
sagt, gewöhnlich zwei Samenlappen oder Keimblätter (Cotyledonen).
Die Grundzahl in der Zusammensetzung ihrer Blüthe ist gewöhnlich
nicht drei, wie bei den meisten Monocotylen, sondern vier oder fünf,
oder ein Vielfaches davon. Ferner sind ihre Blätter gewöhnlich höher
differenzirt und mehr zusammengesetzt, als die der Monocotylen, und
von gekrümmten, verästelten Gefäßbündeln oder „Adern" durchzogen.
Zu dieser Klasse gehören die meisten Laubbäume, und da dieselbe in der
Tertiärzeit schon ebenso wie in der Gegenwart das Uebergewicht über
die Gymnospermen und Farne gewann, so konnten wir das cenolithische Zeitalter auch als das der Laubwälder bezeichnen.

Obwohl die Mehrzahl der Dicotylen zu den höchsten und vollkommensten Pflanzen gehört, so schließt sich doch die niederste Abtheilung derselben unmittelbar an die Monocotylen an und stimmt mit
diesen namentlich darin überein, daß in ihrer Blüthe Kelch und Blumenkrone noch nicht gesondert sind. Man nennt sie daher Kelchblüthige (Monochlamydeae oder Apetalae). Diese Unterklasse
hat sich zunächst entweder aus den Monocotylen oder in Zusammenhang mit diesen aus den Gymnospermen entwickelt. Es gehören dahin die meisten kätzchentragenden Laubbäume, die Birken und Erlen

Weiden und Pappeln, Buchen und Eichen, ferner die nesselartigen Pflanzen, Nesseln, Hanf und Hopfen, Feigen, Maulbeeren und Rüstern, endlich die Wolfsmilchartigen, Amaranthartigen, Lorberartigen u. s. w.

Neben den Kelchblüthigen lebte aber in der Kreidezeit auch schon die zweite und vollkommenere Unterklasse der Dicotylen, die Gruppe der Kronenblüthigen (Dichlamydeae oder Corolliflorae). Diese entstanden aus den Kelchblüthigen dadurch, daß sich die einfache Blüthenhülle der letzteren in Kelch und Krone differenzirte. Die Unterklasse der Kronenblüthigen zerfällt wiederum in zwei große Hauptabtheilungen oder Legionen, deren jede eine große Menge von verschiedenen Ordnungen, Familien, Gattungen und Arten enthält. Die erste Legion führt den Namen der Sternblüthigen oder Diapetalen, die zweite den Namen der Glockenblüthigen oder Gamopetalen.

Die tiefer stehende und unvollkommenere von den beiden Legionen der Kronenblüthigen sind die Sternblüthigen (Diapetalae, auch Polypetalae oder Dialypetalae genannt). Hierher gehören die umfangreichen Familien der Doldenblüthigen oder Umbelliferen, der Kreuzblüthigen oder Cruciferen, ferner die Ranunculaceen und Crassulaceen, Wasserrosen und Cistrosen, Malven und Geranien, und neben vielen anderen namentlich noch die großen Abtheilungen der Rosenblüthigen, (welche außer den Rosen die meisten unserer Obstbäume umfassen) und der Schmetterlingsblüthigen, (welche unter anderen die Wicken, Bohnen, Klee, Ginster, Akacien und Mimosen enthalten). Bei allen diesen Diapetalen bleiben die Blumenblätter getrennt und verwachsen nicht mit einander, wie es bei den Gamopetalen der Fall ist. Die letzteren haben sich erst in der Tertiärzeit aus den Diapetalen entwickelt, während diese schon in der Kreidezeit neben den Kelchblüthigen auftraten.

Die höchste und vollkommenste Gruppe des Pflanzenreichs bildet die zweite Abtheilung der Kronenblüthigen, die Legion der Glockenblüthigen (Gamopetalae, auch Monopetalae oder Sympetalae genannt). Hier verwachsen die Blumenblätter, welche bei den übri-

gen Blumenpflanzen meistens ganz getrennt bleiben, regelmäßig zu
einer mehr oder weniger glocken=, trichter= oder röhrenförmigen Krone.
Es gehören hierher unter anderen die Glockenblumen und Winden,
Primeln und Haidekräuter, Gentiane und Gaißblatt, ferner die Fa=
milie der Oelbaumartigen, Oelbaum, Liguster, Flieder und Esche,
und endlich neben vielen anderen Familien die umfangreichen Abthei=
lungen der Lippenblüthigen (Labiaten) und der Zusammengesetzt=
blüthigen (Compositen). In diesen letzteren erreicht die Differenzirung
und Vervollkommnung der Phanerogamenblüthe ihren höchsten Grad,
und wir müssen sie daher als die Vollkommensten von allen an die
Spitze des Pflanzenreichs stellen. Dem entsprechend tritt die Legion
der Glockenblüthigen oder Gamopetalen am spätesten von allen Haupt=
gruppen des Pflanzenreichs in der organischen Erdgeschichte auf, näm=
lich erst in der cenolithischen oder Tertiärzeit. Selbst in der älteren
Tertiärzeit ist sie noch sehr selten, nimmt erst in der mittleren langsam
zu und erreicht erst in der neueren Tertiärzeit und in der Quartärzeit
ihre volle Ausbildung.

Wenn Sie nun, in der Gegenwart angelangt, nochmals die
ganze geschichtliche Entwickelung des Pflanzenreichs
überblicken, so werden sie nicht umhin können, darin lediglich eine
großartige Bestätigung der Descendenztheorie zu er=
blicken. Die beiden großen Grundgesetze der organischen Entwickelung,
die wir als die nothwendigen Folgen der natürlichen Züchtung im
Kampf um's Dasein nachgewiesen haben, die Gesetze der Differen=
zirung und der Vervollkommnung, machen sich in der Ent=
wickelung der größeren und kleineren Gruppen des natürlichen Pflan=
zensystems überall geltend. In jeder größeren und kleineren Periode
der organischen Erdgeschichte nimmt das Pflanzenreich sowohl an
Mannichfaltigkeit, als an Vollkommenheit zu, wie Ihnen
schon ein Blick auf Taf. II deutlich zeigt. Während der ganzen lan=
gen Primordialzeit existirte nur die niederste und unvollkommenste
Hauptklasse der Tange. Zu diesen gesellen sich in der Primärzeit
die höheren und vollkommeneren Kryptogamen, insbesondere die

Hauptklasse der Farne. Schon während der Steinkohlenzeit begin=
nen sich aus diesen die Phanerogamen zu entwickeln, anfänglich jedoch
nur durch die niedere Hauptklasse der Nacktsamigen oder Gym=
nospermen repräsentirt. Erst während der Secundärzeit geht aus
diesen die höhere Hauptklasse der Decksamigen oder Angiospermen
hervor. Auch von diesen sind anfänglich nur die niederen, kronen=
losen Gruppen, die Monocotylen, dann die Apetalen vorhan=
den. Erst während der Kreidezeit entwickelten sich aus letzteren die
höheren Kronenblüthigen. Aber auch diese höchste Abtheilung ist in
der Kreidezeit nur durch die tiefer stehenden Sternblüthigen oder
Diapetalen vertreten, und ganz zuletzt erst, in der Tertiärzeit,
gehen aus diesen die höher stehenden Glockenblüthigen oder Gamo=
petalen hervor, die vollkommensten von allen Blumenpflanzen. So
erhob sich in jedem jüngeren Abschnitt der organischen Erdgeschichte das
Pflanzenreich stufenweise zu einem höheren Grade der Vollkommenheit
und der Mannichfaltigkeit.

Ich habe Ihnen in dieser systematischen Uebersicht über die histo=
rische Entwickelung des Pflanzenreichs dasselbe als eine einzige Gruppe
von blutsverwandten Organismen dargestellt, wie es auch der Stamm=
baum auf Taf. II ausdrückt. Mir scheint diese einstämmige oder
monophyletische Anschauung vom Ursprung des Pflanzenreichs
die naturgemäßere zu sein. Damit will ich jedoch nicht sagen, daß
dieselbe nothwendig die allein richtige ist. Es läßt sich auch denken,
daß das Pflanzenreich aus mehreren selbstständigen Stämmen oder
Phylen zusammengesetzt ist, deren jeder aus einer einzigen archigonen.
(d. h. durch Urzeugung entstandenen) Monerenart hervorgegangen
ist. Eine Vorstellung von dieser vielstämmigen oder poly=
phyletischen Descendenzhypothese mag Ihnen nachstehende Ta=
belle geben. Kaum zweifelhaft ist es, daß auch in diesem Falle die ganze
Masse der Stockpflanzen oder Cormophyten (sowohl Phanerogamen
als Prothallophyten) als Blutsverwandte eines einzigen Stammes
aufzufassen sind. Denn die genealogische Stufenleiter von den Mosen
zu den Farnen, von diesen zu den Nacktsamigen, und von letzteren zu

den Decksamigen, ebenso innerhalb der letzten Gruppe die Stufenleiter
von den Kelchblüthigen (Monocotylen und Apetalen) zu den Kronenblüthigen (Diapetalen und Gamopetalen) wird zu klar durch das übereinstimmende Zeugniß der vergleichenden Anatomie, Ontogenie und
Paläontologie bewiesen, als daß man an einer Blutsverwandtschaft
aller dieser Cormophyten zweifeln könnte. Dagegen ist es wohl möglich, daß die verschiedenen Gruppen der Thallophyten von mehreren
(und vielleicht von zahlreichen) verschiedenen Moneren, die durch
wiederholte Urzeugungsakte entstanden, abstammen. Als ein ganz
selbstständiges Phylum ließe sich z. B. auffassen die Klasse der Fucoideen, als ein zweites die Klasse der Florideen, als ein drittes die
Klasse der Flechten. Die drei Klassen der Pilze, Grüntange und Urtange sind vielleicht aus zahlreichen, ganz unabhängigen Phylen zusammengesetzt, und dann würde ein einzelnes Phylum der Grüntange
den ganzen Stamm der Cormophyten erzeugt haben. Es ist möglich, daß zukünftige Untersuchungen uns über diese sehr dunkle und
schwierige Frage noch etwas aufklären werden. Uebrigens ist dieselbe
nur von sehr untergeordnetem Interesse, da unsere monophyletische
Anschauung von dem einheitlichen Ursprunge der bei weitem größten
und wichtigsten Pflanzengruppe, der Cormophyten, dadurch gar nicht
berührt wird. (Vergl. Gen. Morph. II, Taf. II, S. XXXI und 406).

Decfamige. Angiospermae.

Blumenpflanzen.

Stockpflanzen.

Nacktfamige. Gymnospermae.

Phanerogamae.

Farne. Filicinae.

Prothalluspflanzen.

Cormophyta.

Moſe. Muscinae.

Prothallophyta.

M — N

Tange. Algae.

Faſerpflanzen. Inophyta.

Brauntange
Fucoideae

Grüntange
Chlorophyceae

Flechten
Lichenes

Pilze
Fungi

Rothtange
Florideae

Urtange
Archephyceae

Urpflanzen
Archephyta

Zahlreiche vegetabiliſche Moneren, ſelbſtſtändig durch Urzeugung entſtanden.

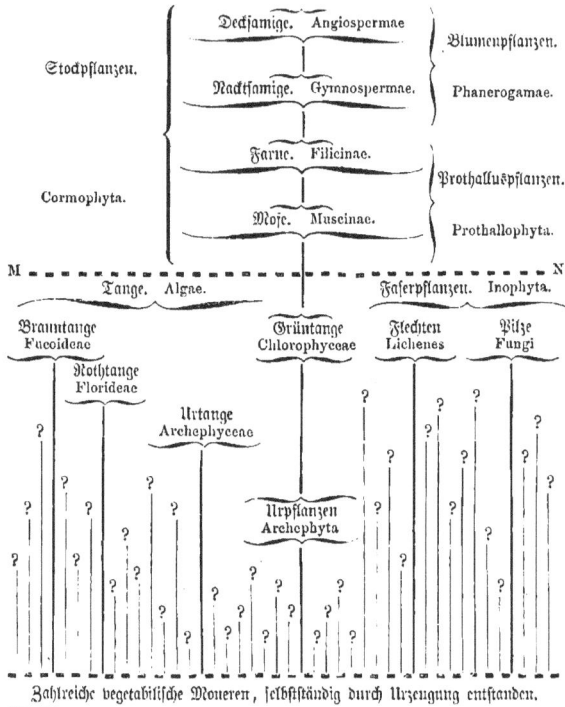

Vielſtämmiger oder polyphyletiſcher Stammbaum des Pflan=
zenreichs (im Gegenſatz zu dem einſtämmigen oder monophyletiſchen Stammbaum
auf Taf. II). Die Linie M N bezeichnet die Grenze zwiſchen den Thalluspflan=
zen (Tangen, Flechten und Pilzen) und den aus einem Stamme der Tange
entwickelten Stockpflanzen. Die auslaufenden Linien ohne Namen (mit einem ?)
bedeuten die zahlreichen Stämme von niederen Thalluspflanzen, welche möglicher=
weiſe unabhängig von einander durch vielfache Urzeugungsakte entſtanden ſind, und
welche ſich nicht zu höheren Pflanzengruppen entwickelt haben.

Siebzehnter Vortrag.

Stammbaum und Geschichte des Thierreichs.
I. Stammbaum und Geschichte der wirbellosen Thiere.

(Hierzu Taf. III, IV und V.)

Das natürliche System des Thierreichs. System von Linné und Lamarck. Die vier Typen von Bär und Cuvier. Vermehrung derselben auf sechs Typen. Genealogische Bedeutung der sechs Typen als selbstständiger Stämme des Thierreichs. Monophyletische und polyphyletische Descendenzhypothese des Thierreichs. Gemeinsamer Ursprung der fünf übrigen Thierstämme aus dem Würmerstamm. Eintheilung der sechs Thierstämme in 16 Hauptklassen und 32 Klassen. Stamm der Pflanzenthiere. Schwämme oder Spongien (Weichschwämme, Hartschwämme). Nesselthiere oder Akalephen (Korallen, Schirmquallen, Kammquallen). Stamm der Würmer. Urwürmer oder Archelminthen (Infusorien). Weichwürmer oder Scoleciden (Plattwürmer, Rundwürmer). Sackwürmer oder Himategen (Moosthiere, Mantelthiere). Gliedwürmer oder Cölelminthen (Sternwürmer, Ringelwürmer, Räderwürmer). Stamm der Weichthiere (Spiralkiemer, Blattkiemer, Schnecken, Pulpen). Stamm der Sternthiere (Seesterne, Seelilien, Seeigel, Seewalzen). Stamm der Gliederfüßer. Krebse (Gliederkrebse, Panzerkrebse). Spinnen (Streckspinnen, Rundspinnen). Tausendfüßer. Insecten. Kauende und saugende Insecten. Stammbaum und Geschichte der acht Ordnungen der Insecten.

Meine Herren! Das natürliche System der Organismen, welches wir ebenso im Thierreich wie im Pflanzenreich zunächst als Leitfaden für unsere genealogischen Untersuchungen benutzen müssen, ist hier wie dort erst neueren Ursprungs, und wesentlich durch die Fortschritte un=

seres Jahrhunderts in der vergleichenden Anatomie und Ontogenie
bedingt. Die Klassificationsversuche des vorigen Jahrhunderts bewegten sich fast sämmtlich noch in der Bahn des künstlichen Systems,
welches zuerst Carl Linné in strengerer Form aufgestellt hatte.
Das künstliche System unterscheidet sich von dem natürlichen wesentlich dadurch, daß es nicht die gesammte Organisation und die innere, auf der Blutsverwandtschaft beruhende Formverwandtschaft
zur Grundlage der Eintheilung macht, sondern nur einzelne und dazu meist noch äußerliche, leicht in die Augen fallende Merkmale.
So unterschied Linné seine 24 Klassen des Pflanzenreichs wesentlich
nach der Zahl, Bildung und Verbindung der Staubgefäße. Ebenso
unterschied derselbe im Thierreiche sechs Klassen wesentlich nach der
Beschaffenheit des Herzens und des Blutes. Diese sechs Klassen waren: 1. die Säugethiere; 2. die Vögel; 3. die Amphibien; 4. die
Fische; 5. die Insecten und 6. die Würmer.

Diese sechs Thierklassen Linné's sind aber keineswegs von
gleichem Werthe, und es war schon ein wichtiger Fortschritt, als Lamarck zu Ende des vorigen Jahrhunderts die vier ersten Klassen als
Wirbelthiere (Vertebrata) zusammenfaßte, und diesen die übrigen
Thiere, die Insecten und Würmer Linné's, als eine zweite Hauptabtheilung, als Wirbellose (Invertebrata) gegenüberstellte. Eigentlich griff Lamarck damit auf den Vater der Naturgeschichte, auf
Aristoteles zurück, welcher diese beiden großen Hauptgruppen bereits unterschieden, und die ersteren Blutthiere, die letzteren Blut-
lose genannt hatte.

Den nächsten großen Fortschritt zum natürlichen System des
Thierreichs thaten einige Decennien später zwei der verdienstvollsten
Zoologen, Carl Ernst Bär und George Cuvier. Wie schon
früher erwähnt wurde, stellten dieselben fast gleichzeitig, und unabhängig von einander, die Behauptung auf, daß mehrere grundverschiedene Hauptgruppen im Thierreich zu unterscheiden seien, von denen jede einen ganz eigenthümlichen Bauplan oder Typus besitze.
(Vergl. oben S. 42, 43). In jeder dieser Hauptabtheilungen giebt

es eine baumförmig verzweigte Stufenleiter von sehr einfachen und unvollkommenen bis zu höchst zusammengesetzten und entwickelten Formen. Der Ausbildungsgrad innerhalb eines jeden Typus ist ganz unabhängig von dem eigenthümlichen Bauplan, der dem Typus als besonderer Charakter zu Grunde liegt. Dieser „Typus" wird durch das eigenthümliche Lagerungsverhältniß der wichtigsten Körpertheile und die Verbindungsweise der Organe bestimmt. Der Ausbildungsgrad dagegen ist abhängig von der mehr oder weniger weitgehenden Arbeitstheilung oder Differenzirung der Plastiden und Organe. Diese außerordentlich wichtige und fruchtbare Idee begründete Bär, welcher sich auf die individuelle Entwickelungsgeschichte der Thiere stützte, viel klarer und tiefer als Cuvier, welcher sich bloß an die Resultate der vergleichenden Anatomie hielt. Doch erkannte weder dieser noch jener die wahre Ursache jenes merkwürdigen Verhältnisses. Diese wird uns erst durch die Descendenztheorie enthüllt. Sie zeigt uns, daß der gemeinsame Typus oder Bauplan durch die Vererbung, der Grad der Ausbildung oder Sonderung dagegen durch die Anpassung bedingt ist. (Gen. Morph. II, 10).

Sowohl Bär als Cuvier unterschieden im Thierreich vier verschiedene Typen oder Baupläne und theilten dasselbe dem entsprechend in vier große Hauptabtheilungen (Zweige oder Kreise) ein. Die erste von diesen wird durch die Wirbelthiere (Vertebrata) gebildet, welche die vier ersten Klassen Linné's umfassen: die Säugethiere, Vögel, Amphibien und Fische. Den zweiten Typus bilden die Gliederthiere (Articulata), welche die Insecten Linné's, also die eigentlichen Insecten, die Tausendfüße, Spinnen und Krebse, außerdem aber auch einen großen Theil der Würmer, insbesondere die gegliederten Würmer enthalten. Die dritte Hauptabtheilung umfaßt die Weichthiere (Mollusca): die Pulpen, Schnecken, Muscheln, und einige verwandte Gruppen. Der vierte und letzte Kreis des Thierreichs endlich ist aus den verschiedenen Strahlthieren (Radiata) zusammengesetzt, welche sich auf den ersten Blick von den drei vorhergehenden Typen durch ihre „strahlige", blumenähnliche Körperform unterscheiden. Während nämlich bei den Weichthieren, Gliederthie= ren und Wirbelthieren der Körper aus zwei symmetrisch=gleichen Seiten= hälften besteht, aus zwei Gegenstücken oder Antimeren, von denen das eine das Spiegelbild des anderen darstellt, so ist dagegen bei den sogenannten Strahlthieren der Körper aus mehr als zwei, gewöhnlich vier, fünf oder sechs Gegenstücken zusammengesetzt, welche wie bei einer Blume um eine gemeinsame Hauptaxe gruppirt sind. So auf= fallend dieser Unterschied zunächst auch erscheint, so ist er doch im Grunde nur von höchst untergeordneter Bedeutung.

Die Aufstellung dieser natürlichen Hauptgruppen, Typen oder Kreise des Thierreichs, durch Bär und Cuvier war der größte Fortschritt in der Klassification der Thiere seit Linné. Die drei Grup= pen der Wirbelthiere, Gliederthiere und Weichthiere sind so naturge= mäß, daß sie noch heutzutage fast allgemein beibehalten werden. Da= gegen mußte die unnatürliche Vereinigung der Strahlthiere bei ge= nauerer Erkenntniß alsbald aufgelöst werden, und dieser wichtige Fort= schritt wurde 1848 durch Leuckart gethan. Er wies zuerst nach, daß darunter zwei grundverschiedene Typen vermischt seien, nämlich einerseits die Sternthiere (Echinoderma): die Seesterne, Seelilien, Seeigel und Seewalzen; andererseits die Pflanzenthiere (Coe= lenterata): die Schwämme, Korallen, Schirmquallen und Kammqual= len. Gleichzeitig wurden durch Siebold die Infusionsthierchen oder Infusorien mit den Wurzelfüßern oder Rhizopoden in einer besonderen Hauptabtheilung des Thierreichs als Urthiere (Protozoa) ver= einigt. Dadurch stieg die Zahl der thierischen Typen oder Kreise auf sechs. Endlich wurde dieselbe noch dadurch um einen siebenten Typus vermehrt, daß die meisten neueren Zoologen die Hauptabtheilung der Gliederthiere oder Articulaten in zwei Gruppen trennten, einerseits die mit gegliederten Beinen versehenen Gliedfüßer (Arthropoda), welche den Insecten im Sinne Linné's entsprechen, nämlich die eigentlichen (sechsbeinigen) Insecten, die Tausendfüße, Spinnen und Krebse; andererseits die fußlosen oder mit ungegliederten Füßen verse= henen Würmer (Vermes). Diese letzteren umfassen nur die eigent=

lichen oder echten Würmer (die Ringelwürmer, Rundwürmer, Platt=
würmer u. s. w.), und entsprechen daher keineswegs den Würmern
in Linné's Sinne, welcher dazu auch noch die Weichthiere, Strahl=
thiere und viele andere rechnete.

So wäre denn nach der Anschauung der neueren Zoologen,
welche Sie fast in allen Hand= und Lehrbüchern der gegenwärtigen
Thierkunde vertreten finden, das Thierreich aus sieben ganz verschie=
denen Hauptabtheilungen oder Typen zusammengesetzt, deren jede
durch einen charakteristischen, ihr ganz eigenthümlichen sogenannten
Bauplan ausgezeichnet, und von jeder der anderen völlig verschieden
ist. In dem natürlichen System des Thierreichs, welches ich Ihnen
jetzt als den wahrscheinlichen Stammbaum desselben entwickeln werde,
schließe ich mich im Großen und Ganzen dieser üblichen Eintheilung
an, jedoch nicht ohne einige Modificationen, welche ich in Betreff der
Genealogie für sehr wichtig halte. Unverändert in ihrem bisherigen
Umfange werde ich die drei Typen der Wirbelthiere, Gliedfüßer,
und Sternthiere beibehalten. Dagegen müssen die drei Gruppen der
Weichthiere, Würmer und Pflanzenthiere einige Veränderungen ihres
Gebiets erleiden. Den siebenten und letzten Kreis, den der Urthiere
oder Protozoen, löse ich ganz auf. Den größten Theil der jetzt ge=
wöhnlich als Urthiere angesehenen Organismen, nämlich die Wurzel=
füßer, Amoeboiden, Geißelschwärmer und Meerleuchten betrachte ich
als Protisten und habe Ihnen dieselben bereits vorgeführt. Von den
beiden noch übrigen Klassen der Urthiere betrachte ich die Schwämme
als Wurzel des Pflanzenthierstammes, die Infusorien als Wurzel
des Würmerstammes.

Die sechs Zweige oder Kreise des Thierreichs, welche nach Aus=
scheidung der Protozoen übrig bleiben, sind ohne Zweifel durch ihre
Anatomie und Entwickelungsgeschichte dergestalt charakterisirt, daß
man sie im Sinne von Bär und Cuvier als selbstständige „Typen"
auffassen kann. Trotz aller Mannichfaltigkeit in der äußeren Form,
welche innerhalb jedes dieser Typen sich entwickelt, ist dennoch die
Grundlage des inneren Baues, das wesentliche Lagerungsverhältniß

der Körpertheile, welches den Typus bestimmt, so constant, bei allen
Gliedern jedes Typus so übereinstimmend, daß man dieselben eben
wegen dieser inneren Formverwandtschaft im natürlichen System in
einer einzigen Hauptgruppe vereinigen muß. Daraus folgt aber unmittelbar, daß diese Vereinigung auch im Stammbaum des Thierreichs
stattfinden muß. Denn die wahre Ursache jener innigen Formverwandtschaft kann nur die wirkliche Blutsverwandtschaft sein. Wir
können also ohne Weiteres den wichtigen Satz aufstellen, daß alle
Thiere welche zu einem und demselben Kreis oder Typus gehören,
von einer und derselben ursprünglichen Stammform abstammen müssen. Mit anderen Worten, der Begriff des Kreises oder Typus,
wie er in der Zoologie seit Bär und Cuvier für die wenigen obersten Hauptgruppen oder „Unterreiche" des Thierreichs gebräuchlich ist,
fällt zusammen mit dem Begriffe des Stammes oder Phylum,
wie ihn die Descendenztheorie für die Gesammtheit derjenigen Organismen anwendet, welche ohne Zweifel blutsverwandt sind,
und eine gemeinsame Wurzel besitzen.

Die übereinstimmenden Zeugnisse der vergleichenden Anatomie,
Embryologie und Paläontologie begründen diese Blutsverwandtschaft
aller Angehörigen eines jeden Typus so sicher, daß schon jetzt darüber
kaum ein Zweifel herrschen kann. Wenigstens gilt dies fast ohne Widerspruch von den fünf Stämmen der Wirbelthiere, Gliedfüßer, Weichthiere, Sternthiere und Pflanzenthiere. Zweifelhafter ist dies bei den
Würmern, deren Kreis auch in seiner heutigen Zusammensetzung immer noch ein buntes Gemisch von sehr verschiedenartigen Thieren darstellt, welche wesentlich nur in negativen Merkmalen, in der tiefen
Stufe ihrer Organisation und in dem indifferenten Charakter ihres
Baues übereinstimmen. Noch heute ist ebenso wie zu Zeiten Linné's
die Würmerklasse die allgemeine Rumpelkammer der Zoologie, in
welche die Systematiker alle Thiere hineinwerfen, die sie in keinem anderen Typus oder Phylum mit Sicherheit unterbringen können. Dieses
seltsame Verhältniß hat aber seinen guten Grund, und zwar darin,
daß wir mit größter Wahrscheinlichkeit den Würmerstamm (in sei-

nem heutigen Umfang) als die gemeinsame Wurzel oder Stamm=
gruppe des ganzen Thierreichs ansehen können.

Obwohl jeder der fünf Stämme (nach Ausschluß des Würmer=
stammes) eine aufsteigende baumförmig verzweigte Stufenleiter von sehr
einfachen und niederen zu sehr zusammengesetzten und hochorganisirten
Thieren darstellt, so sind dennoch die unvollkommensten und niedersten
Formen derselben immer bereits so differenzirt, daß sie nicht die
ursprünglichen Stammformen des ganzen Stammes darstellen können.
Dies gilt ebenso von den niedersten Stufen der Wirbelthiere und Glied=
füßer, wie von den unvollkommensten Formen der Weichthiere, Stern=
thiere und Pflanzenthiere. Wollen wir daher die ersten und ältesten
Vorfahren derselben erkennen, so müssen wir nothwendig auf noch
tiefer stehende Organismen zurückgehen.

Die Embryologie der Thiere belehrt uns, daß jedes Individuum
sich aus einer einfachen Zelle, einem Ei entwickelt, und hieraus kön=
nen wir, auf den innigen ursächlichen Zusammenhang zwischen Onto=
genie und Phylogenie gestützt, unmittelbar den wichtigen Schluß ziehen,
daß auch die ältesten Stammformen eines jeden Phylum einfache
Zellen, gleich den Eiern, waren. Diese Zellen selbst aber müssen, wie
ich Ihnen schon früher zeigte, von Moneren abstammen, die durch
Urzeugung entstanden sind. Welche Formenkette liegt nun aber zwi=
schen jenen einfachen Stammzellen und zwischen den verhältnißmäßig
schon hoch organisirten Thieren, die wir heutzutage als die niedersten
und ältesten Formen eines jeden der fünf genannten Stämme anse=
hen? Auf diese Frage erhalten wir durch die vergleichende Anatomie
und Embryologie zwar keine ganz bestimmte Antwort, aber doch einen
sehr wichtigen Hinweis. Es zeigt sich nämlich, daß unter der bun=
ten Formenmasse des gestaltenreichen Würmerstammes eine ganze
Anzahl von interessanten Thierformen versteckt ist, welche wir mit.
einem mehr oder weniger hohen Grade von Wahrscheinlichkeit als
Uebergangsformen von den niederen Würmern zu den niedersten Ent=
wickelungsstufen der fünf übrigen Stämme ansehen können. Wir
dürfen in ihnen noch jetzt lebende nahe Verwandte von jenen

längst ausgestorbenen Würmern vermuthen, aus denen sich in altersgrauer primordialer Vorzeit die fünf Stammformen der fünf übrigen Phylen entwickelten. So gleichen namentlich einige Infusionsthiere den ersten Jugendzuständen der Pflanzenthiere. Einige Weichwürmer und die Moosthiere schließen sich an die Weichthiere an. Die Sternwürmer und einige Ringelwürmer führen uns zu den Sternthieren hinüber, andere Ringelwürmer dagegen und die Räderthiere zu den Gliedfüßern. Die Mantelthiere endlich schließen sich zunächst an die Wirbelthiere an, indem die Jugendzustände von den niedersten Formen beider Gruppen nahe verwandt sind.

Erwägen wir nun einerseits diese unleugbare anatomische und embryologische Verwandtschaft einzelner Würmergruppen mit den niedersten und tiefststehenden Ausgangsformen der fünf übrigen Stämme, andrerseits die vielfache verwandtschaftliche Verkettung, durch welche auch die verschiedenen Gruppen des Würmerstammes trotz aller Verschiedenheiten unter sich innig verbunden sind, so gelangen wir schließlich zu der Anschauung, daß auch für das gesammte Thierreich ein gemeinsamer Ursprung aus einer einzigen Wurzel oder Stammform das Wahrscheinlichste ist. Auch hier, wie im Pflanzenreich, gewinnt bei näherer und eingehenderer Betrachtung die einstämmige oder monophyletische Descendenzhypothese, wie sie auf Taf. III. dargestellt ist, das Uebergewicht über die entgegengesetzte, vielstämmige oder polyphyletische Hypothese, von welcher Ihnen die nachstehende Tabelle (S. 392) eine Anschauung giebt.

Die polyphyletische Hypothese vom Ursprung des Thierreichs kann in sehr verschiedener Form gedacht werden. Im Gegensatz zu der auf S. 392 dargestellten Form derselben könnte man es zunächst z. B. für das Wahrscheinlichste halten, daß jeder der sechs thierischen Stämme selbstständigen Ursprungs ist und sich ganz unabhängig von den fünf anderen aus einer besonderen Zellenform entwickelt hat, die von einem besonderen, durch Urzeugung entstandenen Moner abstammt. Gegen diese Vorstellung spricht erstens die merkwürdige Uebereinstimmung der frühesten embryonalen Entwickelungszustände bei den verschiedenen Stämmen, und zweitens die Menge von verbindenden Uebergangsformen, welche einerseits zwischen den verschiedenen Gruppen des Würmerstammes, und andrerseits zwischen diesen und den niedersten, auf tiefster Sonderungsstufe stehen gebliebenen Thieren der fünf übrigen Stämme existiren.

Die wahrscheinlichste genealogische Hypothese über den Ursprung und die paläontologische Entwickelung des Thierreichs ist demnach folgende (Taf. III). Durch Urzeugung entstanden zuerst thierische Moneren, gleich denen des Pflanzenreichs und des Protistenreichs ganz einfache und structurlose Plasmastücke, aber von beiden durch leichte Unterschiede in der chemischen Zusammensetzung ihres eiweißartigen Plasma, und durch die daraus folgende Entwickelung zu echt thierischen Formen sich unterscheidend. Indem im Inneren dieser gleichartigen Moneren sich ein Kern von dem umgebenden Protoplasma sonderte, entstanden die ersten thierischen Zellen, ebenfalls nicht in ihrer Form, sondern nur in ihrer chemischen Zusammensetzung von den einfachsten selbstständigen Zellen unter den Urpflanzen und Protisten verschieden. Diese nackten einzelligen Thiere, an Form gleichwerthig den Eiern der vielzelligen Thiere, lebten anfangs selbstständig, gleich den heute noch lebenden Amoeben. Später aber bildeten sie, in Colonien beisammen bleibend, vielzellige Körper, gleich dem kugeligen Haufen von Furchungskugeln, welcher bei den vielzelligen Thieren aus der wiederholten Theilung des Eies entsteht (Vergl. Fig. 2, S. 145, und Fig. 3, 4, S. 146). Aus diesen einfachen Haufen gleichartiger Zellen gingen allmählich durch Sonderung und Vervollkommnung die niedersten Würmer hervor, welche in den heute noch lebenden Infusionsthierchen ihre nächsten Verwandten besitzen. Die Ontogenie vieler Würmer, ferner vieler Pflanzenthiere, Sternthiere und Weichthiere, wiederholt uns noch heutzutage jenen wichtigen Vorgang der Phylogenie, indem das gefurchte Ei, d. h. der vielzellige, aus der Eitheilung entstandene Körper sich zunächst in einen bewimperten „infusorienartigen" Embryo oder Larve verwandelt. Aus gleichen bewimperten Infusorien entstanden dann durch weitere Differenzirung die

Wirbelthiere
Vertebrata

Gliedfüßer
Arthropoda

Sternthiere
Echinoderma

Weichthiere
Mollusca

M ——————————————————————————— N

Sternwürmer　Ringelwürmer　Rädertiere　Mantelthiere　Mosthiere
Gephyrea　Annelida　Rotatoria　Tunicata　Bryozoa

Gliedwürmer　Colelminthes　　Sackwürmer　Himatega

Pflanzenthiere　　Urwürmer　　Weich- würmer
Coelenterata　　Archelminthes　　Scole- cida

Nesselthiere　　Infusionsthiere　　Platt- 　Rundwürmer
Acalephae　　Infusoria　　würmer
　　　　　　　　　　　　　　　Platy- 　Nematelminthes
?　　　　　　　　　　　　　　　elminthes

　　Schwämme　　Starr- 　Wimper- 　?
　　Spongiae　　infusorien　infusorien
　　　　　　　Acineta　　Ciliata　　?
?　　?　　　　　　　　　　　?

?　　?　　　?　　　?　　　　　?　　　?　　　?

　　?　　?　　　　　?　　　?　　?

　　　　　Urthiere
　　　　　Archezoa
　　?　　?　　　?　　?　　?　　?　　?

　　　?　　?　　?　　?　　?　　?

Zahlreiche thierische Moneren, selbstständig durch Urzeugung entstanden.

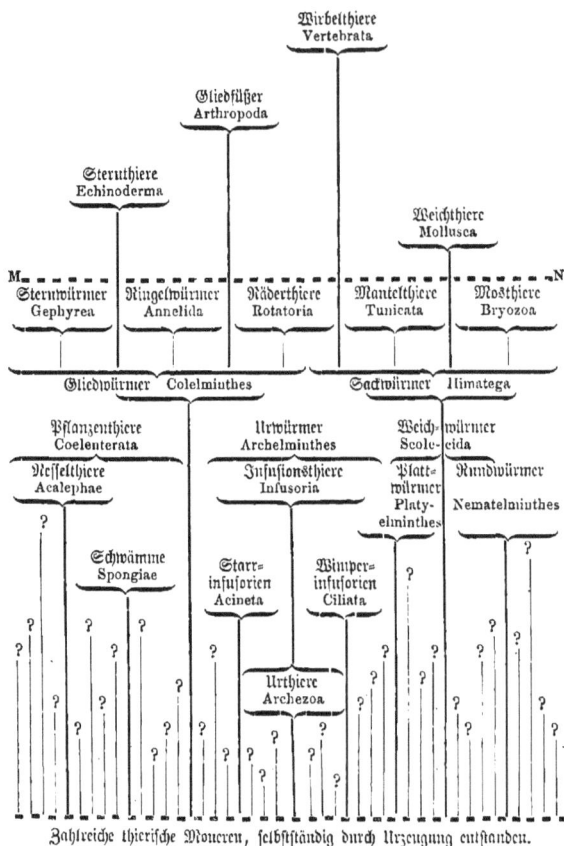

Vielstämmiger oder polyphyletischer Stammbaum des Thierreichs (im Gegensatz zu dem einstämmigen oder monophyletischen Stammbaum
auf Taf. III). Die Linie M N bezeichnet die Grenze zwischen den vier höheren
und den beiden niederen Thierstämmen (Würmern und Pflanzenthieren).
Die auslaufenden Linien ohne Namen (mit einem ?) bedeuten die zahlreichen
Stämme von niederen Thieren (Würmern und Pflanzenthieren), welche möglicherweise unabhängig von einander durch vielfache Urzeugungsacte entstanden sind, und
welche sich nicht zu höheren Thiergruppen entwickelt haben.

Syſtematiſche Ueberſicht der 16 Hauptklaſſen
und 32 Klaſſen des Thierreichs.

Stämme oder Phylen des Thierreichs	Hauptklaſſen oder Kladen des Thierreichs	Klaſſen des Thierreichs	Syſtematiſcher Name der Klaſſen
A. Pflanzenthiere Coelenterata	I. Schwammthiere *Spongiae*	1. Schwämme	1. Porifera
	II. Neſſelthiere *Acalephae*	2. Korallen	2. Corallia
		3. Schirmquallen	3. Hydromedusae
		4. Kammquallen	4. Ctenophora
B. Würmer Vermes	III. Urwürmer *Archelminthes*	5. Infuſionsthiere	5. Infusoria
	IV. Weichwürmer *Scolecida*	6. Plattwürmer	6. Platyelminthes
		7. Rundwürmer	7. Nematelminthes
	V. Sackwürmer *Himatega*	8. Mosthiere	8. Bryozoa
		9. Mantelthiere	9. Tunicata
	VI. Gliedwürmer *Colelminthes*	10. Sternwürmer	10. Gephyrea
		11. Ringelwürmer	11. Annelida
		12. Räderthiere	12. Rotatoria
C. Weichthiere Mollusca	VII. Kopfloſe *Acephala*	13. Spiralkiemer	13. Spirobranchia
		14. Blattkiemer	14. Elatobranchia
	VIII. Kopfträger *Eucephala*	15. Schnecken	15. Cochlides
		16. Pulpen	16. Cephalopoda
D. Sternthiere Echinoderma	IX. Gliederarmige *Colobrachia*	17. Seeſterne	17. Asterida
		18. Seelilien	18. Crinoida
	X. Armloſe *Lipobrachia*	19. Seeigel	19. Echinida
		20. Seewalzen	20. Holothuriae
E. Gliedfüßer Arthropoda	XI. Kiemenkerfe *Carides*	21. Krebsthiere	21. Crustacea
	XII. Tracheenkerfe *Tracheata*	22. Spinnen	22. Arachnida
		23. Tauſendfüßer	23. Myriapoda
		24. Inſecten	24. Insecta
F. Wirbelthiere Vertebrata	XIII. Rohrherzen *Leptocardia*	25. Schädelloſe	25. Acrania
	XIV. Unpaarnaſen *Monorrhina*	26. Rundmäuler	26. Cyclostoma
	XV. Amnionloſe *Anamnia*	27. Fiſche	27. Pisces
		28. Lurchfiſche	28. Dipneusta
		29. Lurche	29. Amphibia
	XVI. Amnionthiere *Amniota*	30. Schleicher	30. Reptilia
		31. Vögel	31. Aves
		32. Säugethiere	32. Mammalia.

niederſten Formen der bewimperten Strudelwürmer oder Turbellarien, Weichwürmer, welche wir als die gemeinſame Stammgruppe aller übrigen Würmerklaſſen anſehen können. Viele von den leßteren blieben bis auf den heutigen Tag auf der niederen Entwickelungsſtufe des Wurmes ſtehen. Einige wenige aber entwickelten ſich nach verſchie= denen Richtungen hin zu höheren Formen, welche die Stammformen für die übrigen, höheren Thierſtämme wurden.

Wenn dieſe Hypotheſe, wie ich glaube, richtig iſt, ſo würden die ſechs Stämme des Thierreichs in genealogiſcher Beziehung keines= wegs gleichwerthig ſein. (Vergl. Taf. III.) Denn der Würmer= ſtamm würde dann als die gemeinſame Stammgruppe der fünf übrigen Stämme zu betrachten ſein. Dieſe leßteren verhielten ſich unter einander wie fünf Geſchwiſter, welche in dem erſteren ihre ge= meinſame Elternform haben. Unter den fünf Geſchwiſterſtämmen ſelbſt würden wir aber wieder den Stamm der Pflanzenthiere oder Coelenteraten in ſofern den vier übrigen entgegenſtellen müſſen, als der erſtere einen viel geringeren Grad der Blutsverwandtſchaft zu den echten Würmern offenbart, als die vier leßteren. Wahrſcheinlich hat ſich der erſtere in viel früherer Primordialzeit bereits von den tiefſten Stufen des Wurmſtammes, von den Urwürmern oder Infuſorien abgezweigt und ſelbſtſtändig entwickelt, während die Stammformen der vier übri= gen Stämme noch gar nicht von echten Würmern zu trennen waren. Dieſe leßteren haben ſich wohl erſt in viel ſpäterer Zeit von den Wür= mern geſondert, als der Würmertypus längſt die niedere und indiffe= rente Stufe der Urwürmer überſchritten hatte. Selbſt wenn wir für die vier Stämme der Wirbelthiere, Gliedfüßer, Weichthiere und Sternthiere mit Beſtimmtheit einen gemeinſamen Urſprung aus ver= ſchiedenen Zweigen des einheitlichen Würmerſtammes annehmen, kön= nen wir doch über die Abſtammung der Pflanzenthiere von den Würmern noch ſehr in Zweifel bleiben, weil eben die niederſten For= men der leßteren, aus denen die erſten Pflanzenthiere entſprungen ſein müßten, nur ganz indifferente und vielleicht ganz ſelbſtſtändig entſtan= dene Urwürmer geweſen ſein können. Ich werde dieſem genealogiſchen

Bedenken in der nachfolgenden Entwickelung des thierischen Stamm=
baums dadurch einen berechtigten Ausdruck geben, daß ich die Pflan=
zenthiere als eine eigene, von den übrigen Thierstämmen entferntere
Gruppe voranstelle, und auf diese erst die Würmer folgen lasse, aus
denen sich die vier höheren Stämme des Thierreichs entwickelt haben.

Bevor ich nun diese Aufgabe in Angriff nehme und Ihnen meine
genealogische Hypothese von der historischen Entwickelung der Thier=
stämme näher erläutere, wird es zweckmäßig sein, wie wir schon vor=
her beim Pflanzenreiche gethan haben, das ganze „natürliche System"
des Thierreichs in einer Tabelle übersichtlich zusammen zu stellen, und
die Hauptklassen und Klassen zu nennen, welche wir in jedem der
sechs großen Thierstämme unterscheiden. Die Zahl dieser obersten
Hauptabtheilungen ist im Thierreiche viel größer als im Pflanzenreiche,
schon aus dem einfachen Grunde, weil der Thierkörper, entsprechend sei=
ner viel mannichfaltigeren und vollkommneren Lebensthätigkeit, sich
in viel mehr verschiedenen Richtungen differenziren und vervollkommnen
konnte. Während wir daher das ganze Pflanzenreich in sechs Haupt=
klassen und achtzehn Klassen eintheilen konnten, müssen wir im Thier=
reich wenigstens sechszehn Hauptklassen und zwei und dreißig Klas=
sen unterscheiden. Diese vertheilen sich in der Art, wie es die vor=
stehende systematische Uebersicht zeigt, auf die sechs verschiedenen
Stämme des Thierreichs (S. 393).

Die Pflanzenthiere (Coelenterata), welche wir den übrigen
fünf Stämmen des Thierreichs aus den angeführten Gründen gegen=
überstellen, verdienen in mehr als einer Beziehung den Anfang zu
machen. Denn abgesehen davon, daß dieselben in der That in ihrem
gesammten Körperbau viel mehr von den übrigen fünf Stämmen ver=
schieden sind, als diese unter sich, abgesehen ferner davon, daß auch
ihre höchstentwickelten Formen nicht denjenigen Grad der Vollkom=
menheit und Differenzirung erreichen, wie die höchsten Formen der
fünf anderen Stämme, schließen sich die Pflanzenthiere in mancher
Hinsicht mehr den Pflanzen als den übrigen Thieren an. Insbeson=
dere ist bei den fest gewachsenen Schwämmen und Korallen die äußere

Körperform, der Mangel freier Ortsbewegung, die Stockbildung und die Fortpflanzung so ähnlich den entsprechenden Verhältnissen bei den Pflanzen, daß man dieselben noch im Beginn des vorigen Jahrhunderts ganz allgemein für wirkliche Pflanzen hielt. Der alte Name Zoophyta, was wörtlich übersetzt „Pflanzenthiere" bedeutet, war daher gar nicht übel gewählt. Die Bezeichnung Coelenterata erhielten dieselben von Leuckart, welcher 1848 zuerst ihre eigenthümliche Organisation erkannte und sie als eine ganz selbstständige Hauptabtheilung des Thierreichs aufstellte. Durch die Bezeichnung Coelenterata wird der besondere anatomische Charakter ausgedrückt, durch welchen sich die Pflanzenthiere von allen übrigen Thieren unterscheiden. Bei den letzteren werden nämlich allgemein (nur die niedrigsten Formen ausgenommen) die vier verschiedenen Functionen der Ernährungsthätigkeit: Verdauung, Blutumlauf, Athmung und Ausscheidung durch vier ganz verschiedene Organsysteme bewerkstelligt, durch den Darm, das Blutgefäßsystem, die Athmungsorgane und die Harnapparate. Bei den Coelenteraten dagegen sind diese Functionen und ihre Organe noch nicht getrennt, und sie werden sämmtlich durch ein einziges System von Ernährungskanälen vertreten, durch das sogenannte Gastrovascularsystem oder den coelenterischen Darmgefäßapparat. Der Mund, welcher zugleich After ist, führt in einen Magen, in welchen die übrigen Hohlräume des Körpers offen einmünden. Alle Pflanzenthiere leben im Wasser, und die allermeisten im Meere. Nur sehr wenige leben im süßen Wasser, nämlich die Süßwasserschwämme (Spongilla) und einige Urpolypen (Hydra, Cordylophora).

Der Stamm der Pflanzenthiere zerfällt in zwei verschiedene Hauptklassen, in die Schwämme oder Spongien und in die Nesselthiere oder Akalephen. Die letztere ist viel formenreicher und höher organisirt, als die erstere, welche die niederen Pflanzenthiere und darunter die ursprünglichen Stammformen des ganzen Stammes enthält. Bei den Schwämmen sind allgemein die ganze Körperform sowohl als die einzelnen Organe viel weniger differenzirt und vervollkommnet als bei den Nesselthieren. Insbesondere fehlen den Schwämmen allgemein die charakteristischen Nesselorgane, welche sämmtliche Nesselthiere besitzen. Das sind kleine, mit Gift ge- füllte Bläschen, welche in großer Anzahl, meist zu vielen Millionen, in der Haut der Nesselthiere vertheilt sind, und bei Berührung derselben hervortreten und ihren Inhalt entleeren. Kleinere Thiere werden da- durch getödtet; bei größeren bringt das Nesselgift, ganz ähnlich dem Gift unserer Brennnesseln, eine leichte Entzündung in der Haut her- vor. Diejenigen von Ihnen, welche öfter in der See gebadet haben, werden dabei wohl schon bisweilen mit größeren Schirmquallen in Berührung gekommen sein und das unangenehme brennende Gefühl kennen gelernt haben, das die Nesselorgane derselben hervorbringen. Bei den prachtvollen blauen Seeblasen oder Physalien wirkt das Gift so heftig, daß es den Tod des Menschen zur Folge haben kann.

Die Hauptklasse der Schwämme (Spongiae oder Porifera ge- nannt), welche gewöhnlich als eine einzige Klasse aufgefaßt wird, kann man in zwei Gruppen oder Unterklassen vertheilen, in die Weich- schwämme und Hartschwämme. Die Weichschwämme (Malaco- spongiae) besitzen gar keine harten Theile, kein Skelet, und ihr gan- zer Körper besteht entweder aus einfachem ungesondertem Urschleim, oder aus nackten, amöbenartigen Urzellen. Wir unterscheiden in dieser Klasse zwei Ordnungen: die Urschwämme und die Schleimschwämme. Unter den Urschwämmen (Archispongiae) verstehen wir die längst ausgestorbenen hypothetischen Stammformen, aus denen sich die ganze Schwammklasse und somit auch der ganze Stamm der Cölente- raten entwickelt hat. Es würden hierher gehören 1) die durch Ur- zeugung entstandenen Moneren, welche in ältester antelaurentischer Zeit dem ganzen Stamm den Ursprung gaben; 2) diejenigen Amöben oder einfachen nackten beweglichen Urzellen, welche aus diesen Moneren dadurch entstanden, daß sich im Inneren ein Kern von dem umge=. benden Zellstoff differenzirte; 3) endlich die einfachsten vielzelligen Schwämme, welche sich aus den letzteren durch Coloniebildung ent= wickelten, d. h. dadurch, daß mehrere nackte Amoeben sich vereinig= ten und einen schleimigen Urschwammkörper darstellten (Prospongia),

Daburch würden wir bereits unmittelbar zu der zweiten Ordnung ge= führt werden, den S ch l e i m s ch w ä m m e n (Myxospongiae), von de= nen noch heutzutage die Halisarca Dujardinii in der Nordsee lebt. Das ist ein formloser Schleimkörper, welcher auf dem Thallus der Riemen= tange oder Laminarien festsitzend angetroffen wird. Er besteht einzig und allein aus einer Gesellschaft von gleichartigen, nackten, amöben= ähnlichen Zellen, welche in der Weise vereinigt sind, daß der Gesammt= körper von einem sehr unvollkommenen Canalsystem durchzogen wird. Diese Schleimschwämme, welche eigentlich nichts weiter als coelente= rische Amöbengemeinden sind, verhalten sich zu den höchst differenzirten Nesselthieren ähnlich, wie die Stämme der Australneger, die noch keine Arbeitstheilung kennen, zu den höchstorganisirten Culturstaaten.

Die zweite Hauptabtheilung der Schwämme, die H a r t = s ch w ä m m e (Sceletospongiae), haben sich offenbar erst später aus den Schleimschwämmen entwickelt. Sie unterscheiden sich von diesen dadurch, daß die nackten Amöben, welche den Weichkörper des Schwammes zusammensetzen, ein Hartgebilde oder Skelet ausscheiden, das dem ersteren als formgebende innere Stütze dient. Je nach der verschiedenen chemischen Beschaffenheit dieses Skelets unterscheiden wir unter den Hartschwämmen vier Ordnungen: die Hornschwämme, Kieselschwämme, Kalkschwämme und Becherschwämme. Bei den H o r n s ch w ä m m e n (Ceratospongiae) besteht das Skelet bloß aus einer organischen Substanz, aus einer stickstoffhaltigen Kohlenstoffver= bindung, welche Ihnen Allen als das faserige Maschengewebe des ge= wöhnlichen B a d e s ch w a m m e s (Euspongia officinalis) bekannt ist. Dieses hornähnliche Fasergerüst, mit welchem wir uns jeden Morgen waschen, ist das eigentliche Skelet des Badeschwamms; alle seine Lücken sind im Leben ausgekleidet und die ganze Masse überzogen von dem schleimigen Weichkörper, der aus lauter Amöben zusammengesetzt ist. Aus diesen Hornschwämmen, die zunächst von den Schleim= schwämmen abstammen, haben sich wahrscheinlich späterhin als drei divergente Zweige die drei übrigen Ordnungen, Kieselschwämme, Kalk= schwämme und Becherschwämme entwickelt. Bei den K i e s e l s ch w ä m =

men (Silicispongiae), zu denen auch unsere Süßwasserschwämme (Spongilla) gehören, besteht das Skelet aus vielen einzelnen Kieselnadeln, bei den Kalkschwämmen (Calcispongiae) dagegen aus Kalknadeln. Bei den Becherschwämmen (Petrospongiae), welche schon längst ausgestorben sind, aber massenhaft versteinert in den paläolithischen und besonders in den mesolithischen Schichten vorkommen, bildete das Skelet ein sehr regelmäßiges Gerüst von der Gestalt eines Bechers, eines Trichters, oder auch eines Hutpilzes.

Die Nesselthiere (Acalephae), welche sich durch die höhere Differenzirung der Organe und Gewebe und ganz besonders durch den Besitz der Nesselorgane von den Schwämmen unterscheiden, haben sich wahrscheinlich schon frühzeitig in der Primordialzeit aus diesen entwickelt. Man theilt diese Hauptklasse allgemein in drei Klassen, in die Korallen, Schirmquallen und Kammquallen (Vergl. Gen. Morph. II, Taf. III, S. L—LXI).

Die Klasse der Korallen (Corallia), wegen der Blumengestalt der einzelnen Individuen auch Blumenthiere (Anthozoa) genannt, schließt sich in vielfacher Beziehung auf das engste an die Schwämme an, aus denen sie sich vielleicht unmittelbar entwickelt hat. Einige Kieselschwämme (z. B. Axinella polypoides) scheinen noch heutzutage unmittelbar den Uebergang zwischen beiden Klassen zu vermitteln. Die Gegenstücke oder Antimeren, d. h. die gleichartigen Hauptabschnitte des Körpers, welche strahlenförmig vertheilt, um die mittlere Hauptaxe des Körpers herumstehen, und deren Zahl bei den Schwämmen (wenn sie hier überhaupt differenzirt sind) schwankend ist, erscheinen bei den Korallen in verschiedener, aber sehr constanter Zahl. Je nach dieser Zahl unterscheiden wir unter den Korallen drei verschiedene Ordnungen, welche als drei Aeste einer gemeinsamen Stammform aufzufassen sind. Diese drei Ordnungen, deren Individuen oder Polypen aus je vier, sechs oder acht Gegenstücken regelmäßig zusammengesetzt erscheinen, sind die vierzähligen (Tetracorallia), die sechszähligen (Hexacorallia) und die achtzähligen Korallen (Octocorallia).

Syſtematiſche Ueberſicht der fünf Klaſſen und fünfzehn Ordnungen der Pflanzenthiere.

(Vergl. Gen. Morph. II, Taf. III, S. L—LXI.)

Hauptklaſſen der Pflanzenthiere	Klaſſen der Pflanzenthiere	Ordnungen der Pflanzenthiere	Syſtematiſcher Name der Ordnungen
I. Schwämme Spongiae	I. Weichſchwämme Malacospongiae	1. Urſchwämme	1. Archispongiae (Prospongia- etc.)
		2. Schleimſchwämme	2. Myxospongiae (Halisarca etc.)
	II. Hartſchwämme Sceletospongiae	3. Hornſchwämme	3. Ceratospongiae (Euspongia etc.)
		4. Kieſelſchwämme	4. Silicispongiae (Spongilla etc.)
		5. Kalkſchwämme	5. Calcispongiae (Sycon etc.)
		6. Becherſchwämme	6. Petrospongiae (Coeloptychium etc.)
II. Neſſelthiere Acalephae	III. Korallen Corallia oder Blumenthiere Anthozoa	7. Vierzählige Korallen	7. Tetracorallia (Zaphrentis etc.)
		8. Achtzählige Korallen	8. Octocorallia (Gorgonia etc.)
		9. Sechszählige Korallen	9. Hexacorallia (Astraea etc.)
	IV. Schirmquallen Medusae oder Polypenquallen Hydromedusae	10. Urpolypen	10. Archydrae (Hydra etc.)
		11. Zartquallen	11. Leptomedusae (Oceania etc.)
		12. Starrquallen	12. Trachymedusae (Geryonia etc.)
		13. Scheibenquallen	13. Discomedusae (Aurelia etc.)
	V. Kammquallen Ctenophora	14. Weitmündige Kammquallen	14. Eurystoma (Beroe etc.)
		15. Engmündige Kammquallen	15. Stenostoma (Cydippe etc.)

Die zweite Klasse der Nesselthiere bilden die Schirmquallen (Medusae) oder Polypenquallen (Hydromedusae). Während die Korallen meistens pflanzenähnliche Stöcke bilden, die auf dem Meeresboden festsitzen, schwimmen die Schirmquallen meistens in Form gallertiger Glocken frei im Meere umher. Jedoch giebt es auch unter ihnen zahlreiche, namentlich niedere Formen, welche auf dem Meeresboden festgewachsen sind und zierlichen Bäumchen gleichen. Die niedersten und einfachsten Angehörigen dieser Klasse sind die bekannten Süßwasserpolypen (Hydra), welche bald grün, bald orangeroth, braun oder grau gefärbt sind. Gewöhnlich findet man sie in unseren Teichen an der Unterfläche der Wasserlinsen ansitzen, als länglich-runde schleimige Körperchen von einer oder wenigen Linien Länge, die an dem freien Ende einen Mund und rings um diesen herum einen Kranz von 6—8 Fangarmen tragen. Wir können sie als die wenig veränderten Nachkommen jener uralten Urpolypen (Archydrae) ansehen, welche während der Primordialzeit der ganzen Klasse der Hydromedusen und vielleicht der ganzen Hauptklasse der Nesselthiere den Ursprung gaben. Direkt oder indirekt können sich solche Hydra-polypen oder Hydroiden aus Weichschwämmen entwickelt haben. Von der Hydra kaum zu trennen sind diejenigen festsitzenden Hydroid-polypen (Campanularia, Sertularia, Tubularia), welche durch Knospenbildung frei schwimmende Medusen erzeugen, aus deren Eiern wiederum festsitzende Polypen entstehen. Diese frei schwimmen-den Schirmquallen, welche in die drei Ordnungen der Zartquallen, Starrquallen und Scheibenquallen eingetheilt werden, haben meistens die Form eines Hutpilzes oder eines Regenschirms, von dessen Rand viele zarte und lange Fangfäden herabhängen. Sie gehören zu den schönsten und interessantesten Bewohnern des Meeres. Ihre merk-würdige Lebensgeschichte aber, insbesondere der verwickelte Genera-tionswechsel der Polypen und Medusen, und die weitgehende Arbeits-theilung der Individuen, gehört zu den stärksten Zeugnissen für die Wahrheit der Abstammungslehre.

Aus einem Zweige der Schirmquallen hat sich wahrscheinlich die dritte Klasse der Nesselthiere, die eigenthümliche Abtheilung der Kammquallen (Ctenophora) entwickelt. Diese Quallen, welche oft auch Rippenquallen oder Gurkenquallen genannt werden, besitzen einen gurkenförmigen Körper, welcher, gleich dem Körper der meisten Schirmquallen, krystallhell und durchsichtig wie geschliffenes Glas ist. Ausgezeichnet sind die Kammquallen oder Rippenquallen durch ihre eigenthümlichen Bewegungsorgane, nämlich acht Reihen von rudern= den Wimperblättchen, die wie acht Rippen von einem Ende der Längs= axe (vom Munde) zum entgegengesetzten Ende verlaufen. Von den beiden Hauptabtheilungen derselben haben sich die Engmündigen (Stenostoma) wohl erst später aus den Weitmündigen (Eury- stoma) entwickelt. Diese letzteren stammen wahrscheinlich direkt von Schirmquallen ab.

Indem wir nun den Stamm der Pflanzenthiere verlassen, wen= den wir uns zu demjenigen Stamme des Thierreichs, welcher in ge= nealogischer Beziehung die meisten Schwierigkeiten darbietet. Das ist das Phylum der Würmer (Vermes oder Helminthes). Wie schon vorher bemerkt, sind diese Schwierigkeiten höchst wahrscheinlich zum größten Theil dadurch bedingt, daß dieser Stamm die gemeinsame Ausgangsgruppe des ganzen Thierreichs ist, und daß er eine Masse von divergenten Aesten enthält, die sich theils zu ganz selbstitän= digen Würmerklassen entwickelt, theils aber in die ursprünglichen Wurzelformen der übrigen Stämme des Thierreichs umgebildet ha= ben. Jeden der fünf übrigen Stämme konnten wir uns bildlich als einen hochstämmigen Baum vorstellen, dessen Stamm uns in sei= ner Verzweigung die verschiedenen Klassen, Ordnungen, Familien u. s. w. repräsentirt. Das Phylum der Würmer dagegen können wir nicht in einem solchen Bilde darstellen. Vielmehr würden wir uns dasselbe als einen niedrigen Busch oder Strauch zu denken haben, aus dessen Wurzel eine Masse von selbstständigen Zweigen nach verschiede= nen Richtungen hin emporschießen. Und wenn man annimmt, daß das ganze Thierreich in dem Würmerstamm seine gemeinsame Wurzel hat, so würden die fünf übrigen Phylen als fünf einzelne Bäume zu denken sein, die aus jenem dichten Busche sich erheben, nur an der Wurzel unter einander und mit den zahlreichen Wurzelschößlingen (den Wurmklassen) zusammenhängend.

Die außerordentlichen Schwierigkeiten, welche die Systematik der Würmer schon aus diesem Grunde darbietet, werden nun aber dadurch noch sehr gesteigert, daß wir fast gar keine versteinerten Reste von ihnen besitzen. Die allermeisten Würmer besaßen und besitzen noch heute einen so weichen Leib, daß sie keine Spuren in den neptunischen Erdschichten hinterlassen konnten. Auch die wenigen fossilen Reste von härteren Theilen, die wir von einigen Würmern besitzen, sind meistens so wenig charakteristisch, daß sie wenig mehr als die vormalige Existenz von jetzt ausgestorbenen Würmern anzeigen. Wir sind daher auch hier wieder vorzugsweise auf die Schöpfungsurkunden der Ontogenie und der vergleichenden Anatomie angewiesen, wenn wir den äußerst schwierigen Versuch unternehmen wollen, in das Dunkel des Würmerstammbaums einige hypothetische Streiflichter fallen zu lassen (Gen. Morph. II, Taf. V, S. LXXVII—LXXXV).

Die zahlreichen Klassen, welche man im Stamme der Würmer unterscheiden kann, und welche fast jeder Zoologe in anderer Weise nach seinen subjektiven Anschauungen gruppirt, werden vielleicht am besten dadurch übersichtlich, daß man dieselben auf vier verschiedene Hauptklassen vertheilt. Diese wollen wir als Urwürmer, Weichwürmer, Sackwürmer und Gliedwürmer bezeichnen. Die Urwürmer enthalten, falls unsere einstämmige Descendenzhypothese richtig ist, jedenfalls die gemeinsamen Wurzelformen der übrigen Würmer, und wahrscheinlich des ganzen Thierreichs. Die Weichwürmer würden zum größten Theil selbstständige Wurmgruppen umfassen, die sich nicht zu höheren Thierstämmen entwickelt haben. Dagegen würden zu den Sackwürmern die Stammformen der Weichthiere und Wirbelthiere, zu den Gliedwürmern die Stammformen der Sternthiere und Gliedfüßer gehören. Die vier Hauptklassen der Würmer kann man in nachstehende 22 Ordnungen eintheilen.

26 *.

404

Systematische Ueberficht der 4 Hauptklaffen,
8 Klaffen und 22 Ordnungen des Würmerstammes.

(Vergl. Gen. Morph. II, Taf. V, S. LXXVII—LXXXV.)

Hauptklaffen des Würmerstammes	Klaffen des Würmerstammes	Ordnungen des Würmerstammes	Syftematifcher Name der Würmerordnungen
I. Urwürmer Archelminthes	1. Infufions= thiere *Infusoria*	1. Urinfuforien 2. Wimperinfu= forien 3. Starrinfuforien	1. Archezoa 2. Ciliata 3. Acinetae
II. Weichwürmer Scolecida	2. Platt= würmer *Platyelminthes*	4. Strudelwürmer 5. Saugwürmer 6. Bandwürmer 7. Egel 8. Krallenwürmer 9. Schnurwürmer	4. Turbellaria 5. Trematoda 6. Cestoda 7. Hirudinea 8. Onychophora 9. Nemertina
	3. Rund= würmer *Nematelminthes*	10. Pfeilwürmer 11. Fadenwürmer 12. Krazwürmer	10. Chaetognathi 11. Nematoda 12. Acanthocephula
III. Sackwürmer Himatega	4. Moosthiere *Bryozoa*	13. Moosthiere ohne Kragen 14. Moosthiere mit Kragen	13. Gymnolaema 14. Phylactolaema
	5. Mantelthiere *Tunicata*	15. Seescheiden 16. Seetonnen	15. Chthonascidiae 16. Noctascidiae
IV. Gliedwürmer Colelminthes	6. Stern= würmer *Gephyrea*	17. Borftenlofe Sternwürmer 18. Borftentragende Sternwürmer	17. Sipunculida 18. Echiurida
	7. Ringel= würmer *Annelida*	19. Kahlwürmer 20. Borftenwürmer 21. Bärwürmer	19. Drilomorpha 20. Chaetopoda 21. Arctisca
	8. Räder= würmer *Rotatoria*	22. Räderthiere	22. Rotifera

In der Hauptklasse der Urwürmer (Archelminthes) vereini=
gen wir diejenigen Thiere, welche jetzt gewöhnlich Infusions=
thiere (Infusoria) im engeren Sinne genannt werden, mit den=
jenigen niedersten Wurzelformen des Stammes, aus denen sich die
letzteren erst entwickelt haben können. Diese hypothetischen Wurzel=
formen würden wir den eigentlichen Infusorien (Ciliaten und Acineten)
unter dem Namen der Urinfusorien oder Urahnthiere (Ar=
chezoa) gegenüberstellen können. Als solche Archezoen, die also mög=
licherweise die ältesten gemeinsamen Ursprungsformen des ganzen Thier=
reichs sind, wären zu betrachten: 1) die durch Urzeugung entstandenen
Moneren, welche in der ältesten antelaurentischen Zeit den Grund zum
Thierreich, und zunächst zum Würmerstamm legten; 2) diejenigen
Amöben, d. h. diejenigen ganz einfachen, nackten, beweglichen Ur=
zellen, die sich aus jenen Moneren durch Differenzirung des centralen
Kerns und des peripherischen Plasma entwickelten; 3) die einfachsten
vielzelligen Würmer, welche dadurch entstanden, daß mehrere von
jenen Amöben sich zur Bildung einer Colonie vereinigten, und nun
durch Arbeitstheilung weiter entwickelten. An diese letzteren würden
sich die echten Infusorien unmittelbar anschließen. Möglicherweise
leben noch heutzutage einige niederste Organismen, welche wahre
Archezoen sind, nämlich gewisse Amoeben und die schmarotzenden Gre=
garinen. Vorsichtiger ist es aber jedenfalls, diese vorläufig als Pro=
tisten anzusehen, da uns ihre Abstammung unbekannt ist.

Als Infusionsthiere (Infusoria) im engeren Sinne werden
heutzutage gewöhnlich nur die beiden Abtheilungen der Wimper=
infusorien (Ciliata) und der Starrinfusorien (Acinetae)
bezeichnet. Die meisten hierher gehörigen Thiere sind so klein, daß
man sie mit bloßem Auge nicht sehen, und erst mit Hülfe starker Ver=
größerungen ihre eigentliche Organisation erkennen kann. Gleich den
meisten Protisten ersetzen sie aber durch Masse der Individuen, was
ihnen an Körpergröße abgeht, und bevölkern das Meer und die süßen
Gewässer in erstaunlichen Mengen. Vorzüglich gilt das von den Wim=
perinfusorien, welche die Hauptmasse der heutigen Infusionsthiere

bilden. Ihren Namen führt diese ganze Gruppe von dem charakte=
ristischen Wimperkleid, welches den ganzen Körper oder einen Theil
desselben bedeckt, und mittelst dessen sie sich lebhaft umherbewegen.
Die Starrinfusorien dagegen sind wimperlos und sitzen unbeweglich
fest; nur in frühester Jugend schwimmen sie mittelst eines vergäng=
lichen Wimperkleides frei umher und sind dann von den Wimperthieren
nicht zu unterscheiden. Unter den Wimperthieren schließen sich einige
Formen unmittelbar an die frühesten Jugendzustände der Pflanzen=
thiere, andere an diejenigen der übrigen Würmer, der Sternthiere
und der Weichthiere an. Einige Wimperthiere bilden den Uebergang
zu den Strudelwürmern, andere zu den Räderthieren, noch andere
zu verschiedenen anderen Würmergruppen. In allen diesen Verhält=
nissen zusammengenommen finden wir genügenden Grund, die be =
wimperten Infusorien (natürlich nicht die jetzt lebenden, son=
dern längst ausgestorbene Formen) als diejenigen Urwürmer
zu betrachten, aus denen sich die übrigen Thierstämme
direct oder indirect entwickelt haben.

Zunächst an die Urwürmer schließt sich von den übrigen Wür=
mern die zweite Hauptklasse an, die Weichwürmer (Scolecida).
Wir verstehen darunter die beiden tiefstehenden Klassen der Platt=
würmer oder Platyelminthen und der Rundwürmer oder Nematel=
minthen. Die Klasse der Plattwürmer (Platyelminthes) führt
ihren Namen von der blattförmigen Körpergestalt, die vom Rücken
nach der Bauchseite stark zusammengedrückt ist. Die wahrscheinlichen
Stammformen der ganzen Klasse sind die Strudelwürmer (Turbellaria), welche sich sowohl durch ihr Wimperkleid als durch ihre innere
Organisation unmittelbar an die bewimperten Urwürmer oder Ciliaten
anschließen. Aus den frei im Wasser lebenden Strudelwürmern sind
durch Anpassung an parasitische Lebensweise die schmarotzenden Saug=
würmer (Trematoda) entstanden, und aus diesen durch weiter ge=
henden Parasitismus die Bandwürmer (Cestoda). Andrerseits ha=
ben sich vielleicht aus den Saugwürmern die Egel (Hirudinea) ent=
wickelt, zu denen unser gewöhnlicher Blutegel gehört. Diesen vielleicht

verwandt sind die Krallenwürmer (Onychophora). Als ein besonderer Zweig ist aus den Strudelwürmern die nahverwandte Gruppe der langen Schnurwürmer (Nemertina) hervorgegangen, welche größtentheils im Meere leben und wahrscheinlich die Stamm= eltern der Ringelwürmer sind.

Die Rundwürmer (Nematelminthes), die zweite Klasse der Weichwürmer, unterscheidet sich von der ersten Klasse, den Platt= würmern, durch ihre drehrunde oder cylindrische, nicht plattgedrückte Körpergestalt. Gleich vielen Plattwürmern sind auch die meisten Rund= würmer Schmarotzer, welche im Inneren anderer Thiere parasitisch leben. Frei im Meere lebend findet sich die eigenthümliche Gruppe der Pfeilwürmer (Chaetognathi oder Sagittae). Aus Rundwürmern, welche diesen wahrscheinlich sehr nahe standen, haben sich durch An= passung an parasitische Lebensweise die Fadenwürmer (Nema= toda) entwickelt, zu denen unter anderen die gemeinen Spulwürmer, die berühmten Trichinen, Medinawürmer und viele andere Schma= rotzer des Menschen gehören. Noch weiter entartete Parasiten dieser Klasse sind die mit einem Hakenrüssel versehenen Kratzwürmer (Acanthocephala oder Echinorhynchi). Wahrscheinlich ist die ge= meinsame Stammform aller dieser Rundwürmer ein unbekannter Wurm, welcher sich aus einem Zweige der Plattwürmer entwickelt hat.

Eine ganz eigenthümliche und sehr merkwürdige Astgruppe des Würmerstammes bildet die dritte Hauptklasse, die Sackwürmer (Himatega). Wir fassen unter dieser Bezeichnung die beiden Klassen der Moosthiere oder Bryozoen und der Mantelthiere oder Tunikaten zusammen. Bisher stellte man diese beiden Thierklassen im zoologi= schen Systeme gewöhnlich zu dem Stamme der Weichthiere oder Mollusken und setzte sie hier den echten Weichthieren (Muscheln, Schnecken u. s. w.) als Weichthierartige (Molluscoida) gegen= über. Diese Auffassung läßt sich dadurch rechtfertigen, daß allerdings die echten Weichthiere wahrscheinlich von denselben abstammen, und zwar von den Moosthieren. Allein andrerseits erscheinen die Mantel= thiere näher mit den Wirbelthieren verwandt, und aus diesem Grunde

dürfte es wohl das Beste sein, beide Klassen wieder in die vielgestal=
tige Würmergruppe zurückzustellen, und als verbindende Zwischen=
formen zwischen den niederen Würmern einerseits und den Mollusken
und Wirbelthieren andrerseits aufzufassen. So wenig es passend sein
würde, die Mantelthiere auf Grund ihrer offenbaren Blutsverwandt=
schaft mit den Wirbelthieren gradezu im System zu vereinigen, so
wenig vortheilhaft ist es auch für die systematische Auffassung, wenn
man die Moosthiere mit den echten Weichthieren vereinigt. Wie die bei=
den Klassen der Sackwürmer übrigens eigentlich untereinander mit den
niederen Würmern zusammenhängen, ist uns heutzutage noch sehr un=
klar, obwohl an ihrer Abstammung von niederen Würmern (entweder
von Weichwürmern oder direct von Urwürmern) nicht zu zweifeln ist.

Die Klasse der Moosthiere (Bryozoa) enthält sehr kleine, zier=
liche Würmer, welche in Form mosähnlicher Bäumchen oder Polster
auf Steinen und anderen Gegenständen im Meere (selten im süßen
Wasser) festsitzen. Früher wurden dieselben gewöhnlich zu den Pflan=
zenthieren gerechnet, und in der That sind sie manchen von diesen sehr
ähnlich. Insbesondere gleichen sie den Hydroidpolypen durch ihre
äußere Form, durch einen Fühlerkranz, welcher den Mund umgiebt,
und durch die Art und Weise, in welcher zahlreiche Individuen zu
baumförmigen und rindenförmigen Colonien vereinigt leben. Allein
durch ihre innere Organisation sind die Moosthiere ganz von den Pflan=
zenthieren verschieden und schließen sich vielmehr einerseits den niederen
Würmern, andrerseits den niedersten Weichthieren, den Spiralkiemern
oder Spirobranchien an. Namentlich sind die Jugendformen der letz=
teren den Moosthieren sehr ähnlich, und hierauf vorzüglich, sowie auch
auf ihre anatomische Verwandtschaft gründet sich die Vermuthung, daß
die Moosthiere nächste Verwandte derjenigen ausgestorbenen Würmer
sind, aus denen sich der Stamm der Mollusken, und zwar zunächst
die Armkiemer, entwickelten. Von den beiden Hauptabtheilungen der
Moosthiere stehen die höheren, diejenigen mit einem Kragen (Phylac-
tolaema), den Armkiemern näher, als die niederen Moosthiere, ohne
Kragen (Gymnolaema).

In ganz ähnlicher Beziehung wie die Mosthiere zu den Weich=
thieren, steht die zweite Klasse der Sackwürmer, die Mantelthiere
(Tunicata), zu den Wirbelthieren. Diese höchst merkwürdige Thier=
klasse lebt im Meere, wo die einen (die Seescheiden oder Chthonasci=
dien) auf dem Boden festsitzen, die anderen (die Seetonnen oder
Nektascidien) frei umherschwimmen. Bei allen besitzt der ungegliederte
Körper die Gestalt eines einfachen tonnenförmigen Sackes, welcher
von einem dicken knorpelähnlichen Mantel eng umschlossen ist. Dieser
Mantel besteht aus derselben stickstofflosen Kohlenstoffverbindung, welche
im Pflanzenreich als „Cellulose" eine so große Rolle spielt und den
größten Theil der pflanzlichen Zellmembranen und somit auch des
Holzes bildet. Gewöhnlich besitzt der tonnenförmige Körper keinerlei
äußere Anhänge. Niemand würde darin irgend eine Spur von Ver=
wandtschaft mit den hoch differenzirten Wirbelthieren erkennen. Und
doch kann diese nicht mehr zweifelhaft sein, seitdem vor zwei Jahren
die Untersuchungen von Kowalewsky plötzlich darüber ein höchst
überraschendes und merkwürdiges Licht verbreitet haben. Aus diesen
hat sich nämlich ergeben, daß die individuelle Entwickelung der fest=
sitzenden einfachen Seescheiden (Ascidia, Phallusia) in den wichtigsten
Beziehungen mit derjenigen des niedersten Wirbelthieres, des Lanzet=
thieres (Amphioxus lanceolatus) übereinstimmt. Insbesondere be=
sitzen die Jugendzustände der Ascidien die Anlage des Rückenmarks
und des darunter gelegenen Rückenstrangs (Chorda dorsalis)
d. h. die beiden wichtigsten und am meisten charakteristischen Organe
des Wirbelthierkörpers. Unter allen uns bekannten wirbellosen Thieren
besitzen demnach die Mantelthiere zweifelsohne die nächste
Blutsverwandtschaft mit den Wirbelthieren, und sind
als nächste Verwandte derjenigen Würmer zu betrachten, aus denen
sich dieser letztere Stamm entwickelt hat.

Die vierte und letzte Hauptklasse des Würmerstammes, die der
Gliedwürmer (Colelminthes) zeichnet sich vor den drei übrigen
Klassen durch die deutliche Gliederung des Körpers aus, d. h. durch
die Zusammensetzung desselben aus mehreren, in der Längsaxe hinter

einander gelegenen Abschnitten, den Gliedern, Segmenten oder Folge=
stücken (Metameren). Wir unterscheiden in dieser Hauptklasse die drei
Klassen der Sternwürmer, Ringelwürmer und Räderthiere.

Die Sternwürmer (Gephyrea) sind langgestreckte, dreh=
runde oder walzenförmige Würmer, bei denen die Körpergliederung,
äußerlich wenigstens, erst sehr undeutlich ausgesprochen ist. Sie leben
alle auf dem Boden des Meeres, entweder im Sand oder Schlamm
vergraben, oder in Löchern, welche sie in die Felsen bohren. An sich
sind die Sternwürmer von keinem besonderen Interesse, wohl aber da=
durch, daß sie wahrscheinlich die nächsten Verwandten der Panzer=
würmer oder Phraktelminthen sind, d. h. derjenigen gegliederten Wür=
mer, aus denen sich der Stamm der Echinodermen entwickelt hat.

Die zweite Klasse der Gliedwürmer bildet die umfangreiche Ab=
theilung der Ringelwürmer (Annelida). Dahin gehören einer=
seits die nackten Regenwürmer und ihre Verwandten, welche wir als
Kahlwürmer (Drilomorpha) zusammenfassen, andrerseits die mit
Borsten bewaffneten Borstenwürmer (Chaetopoda), die im Meere
frei umherkriechenden Raubwürmer (Vagantia), die in Röhren ver=
steckten Röhrenwürmer (Tubicolae) und die frei schwimmenden Ruder=
würmer (Gymnocopa). Endlich kann man als eine dritte Ordnung
mit den Ringelwürmern auch die Bärwürmer (Arctisca) verei=
nigen, kleine im Mose, auf Baumrinden u. s. w. sehr häufige Würmer,
welche wegen ihrer acht Beinstummel gewöhnlich (aber wohl mit Un=
recht) zu den Spinnen gerechnet werden. Die meisten Ringelwürmer
erreichen einen höheren Organisationsgrad als die übrigen Würmer,
und entwickeln den eigentlichen Wurmtypus zu seiner höchsten Ausbil=
dung. Viele schließen sich dadurch bereits unmittelbar an den Stamm
der Gliedfüßer oder Arthropoden an, und es ist möglich, daß dieser
wirklich von ausgestorbenen Ringelwürmern abstammt. Wahrschein=
licher jedoch ist es, daß er sich aus der dritten Klasse der Gliedwürmer,
aus den Räderthieren entwickelt hat.

Die Räderthiere oder Räderwürmer (Rotatoria oder
Rotifera) gehören zu denjenigen Klassen des Thierreichs, deren syste=

matische Stellung den Zoologen von jeher die größten Schwierigkeiten bereitet hat. Meist sind es ganz kleine, nur durch das Mikroskop erkennbare Thierchen, welche mittelst eines besonderen, wimpernden Räderorgans im Wasser umherschwimmen; selten sitzen sie festgewachsen auf Wasserpflanzen und dergleichen auf. Einerseits schließen sie sich durch ihre niedersten Formen unmittelbar den Weichwürmern und zwar den Strudelwürmern (in mancher Beziehung auch den Bärwürmern) an. Andrerseits bilden sie in ihren höchst entwickelten Formen bereits den Uebergang zu den Gliedfüßern (Arthropoda). Aller Wahrscheinlichkeit nach haben sich diese letzteren, und zwar zunächst krebsartige Thiere (Nauplius) aus Würmern entwickelt, welche von den heutigen Räderthieren im Systeme kaum zu trennen waren.

Indem wir nun aus der buntgemischten Gesellschaft des vielgestaltigen Würmerstammes heraustreten, wollen wir nach einander noch kurz die vier höheren Stämme des Thierreichs betrachten, die sich aus verschiedenen Zweigen des ersteren entwickelt haben, die Weichthiere, Sternthiere, Gliedfüßer und Wirbelthiere. Unzweifelhaft der tiefststehende von diesen Stämmen, wenigstens in Bezug auf die morphologische Ausbildung, ist der Stamm der Weichthiere (Mollusca). Nirgends begegnen wir hier der charakteristischen Gliederung (Artikulation oder Metamerenbildung) des Körpers, welche schon die Gliedwürmer auszeichnete, und welche bei den übrigen drei Stämmen, den Sternthieren, Gliedfüßern und Wirbelthieren, die wesentlichste Ursache der höheren Formentwickelung, Differenzirung und Vervollkommnung wird. Vielmehr stellt bei allen Weichthieren, bei allen Muscheln, Schnecken u. s. w. der ganze Körper einen einfachen ungegliederten Sack dar, in dessen Höhle die Eingeweide liegen. Das Nervensystem besteht aus mehreren einzelnen (gewöhnlich drei), nur locker mit einander verbundenen Knotenpaaren, und nicht aus einem gegliederten Strang, wie bei den Sternthieren, Gliedfüßern und Wirbelthieren. Aus diesen und vielen anderen anatomischen Gründen halte ich den Weichthierstamm (trotz der höheren physiologischen Ausbildung seiner vollkommensten Formen) für den morphologisch niedersten unter den vier höheren Thierstämmen.

Wenn wir die Himategen oder Molluscoiden, die gewöhnlich mit dem Weichthierstamm vereinigt werden, aus den angeführten Gründen ausschließen, so behalten wir als echte Mollusken folgende vier Klassen: die Spiralkiemer, Blattkiemer, Schnecken und Pulpen. Die beiden niederen Molluskenklassen, Spiralkiemer und Blattkiemer, besitzen weder Kopf noch Zähne, und man kann sie daher als Kopf= lose (Acephala) oder Zahnlose (Anodontoda) in einer Haupt= klasse vereinigen. Diese Hauptklasse wird auch häufig als die der Muscheln (Conchifera) oder Zweiklappigen (Bivalva) bezeich= net, weil alle Mitglieder derselben eine zweiklappige Kalkschale besitzen. Den Muscheln oder Kopflosen gegenüber kann man die beiden höheren Weichthierklassen, Schnecken und Pulpen, als Kopfträger (Euce= phala) oder Zahnträger (Odontophora) in einer zweiten Haupt= klasse zusammenfassen, weil sowohl Kopf als Zähne bei ihnen ausge= bildet sind.

Bei der großen Mehrzahl der Weichthiere ist der weiche sackförmige Körper von einer Kalkschale oder einem Kalkgehäuse geschützt, welches bei den Muscheln (sowohl Spiralkiemern als Blattkiemern) aus zwei Klappen, bei den Kopfträgern dagegen (Schnecken und Pulpen) aus einer meist gewundenen Röhre (dem sogenannten „Schneckenhaus") besteht. Trotzdem diese harten Skelete massenhaft in allen neptunischen Schichten sich versteinert finden, sagen uns dieselben dennoch nur sehr wenig über die geschichtliche Entwickelung des Stammes aus. Denn diese fällt größtentheils in die Primordialzeit. Selbst schon in den silurischen Schichten finden wir alle vier Klassen der Weichthiere neben einander versteinert vor, und dies beweist deutlich, in Uebereinstimmung mit vielen anderen Zeugnissen, daß der Weichthierstamm damals schon eine mächtige Ausbildung erreicht hatte, als die höheren Stämme, namentlich Gliedfüßer und Wirbelthiere, kaum über den Beginn ihrer historischen Entwickelung hinaus waren. In den darauf folgenden Zeitaltern, besonders zunächst im primären und weiterhin im secundären

Zeitraum, dehnten ſich dieſe höheren Stämme mehr und mehr auf Ko=
ſten der Mollusken und Würmer aus, welche ihnen im Kampfe um
das Daſein nicht gewachſen waren, und dem entſprechend mehr und
mehr abnahmen. Die jetzt noch lebenden Weichthiere und Würmer
ſind nur als ein verhältnißmäßig ſchwacher Reſt von der mächtigen
Fauna zu betrachten, welche in primordialer und primärer Zeit über
die anderen Stämme ganz überwiegend herrſchte. (Vergl. Taf. III
und IV nebſt Erklärung).

In keinem Thierſtamm zeigt ſich deutlicher, als in dem der Mollus=
ken, wie verſchieden der Werth iſt, welchen die Verſteinerungen für die
Geologie und für die Phylogenie beſitzen. Für die Geologie ſind die
verſchiedenen Arten der verſteinerten Weichthierſchalen von der größten
Bedeutung, weil dieſelben als „Leitmuſcheln" vortreffliche Dienſte zur
Charakteriſtik der verſchiedenen Schichtengruppen und ihres relativen
Alters leiſten. Für die Genealogie der Mollusken dagegen beſitzen ſie
nur ſehr geringen Werth, weil ſie einerſeits Körpertheile von ganz
untergeordneter morphologiſcher Bedeutung ſind, und weil anderer=
ſeits die eigentliche Entwickelung des Stammes in die ältere Primor=
dialzeit fällt, aus welcher uns keine deutlichen Verſteinerungen er=
halten ſind. Wenn wir daher den Stammbaum der Mollusken
conſtruiren wollen, ſo ſind wir vorzugsweiſe auf die Urkunden der
Ontogenie und der vergleichenden Anatomie angewieſen, aus denen
ſich etwa Folgendes ergiebt. (Gen. Morph. II, Taf. VI, S. CII bis
CXVI).

Von den vier uns bekannten Klaſſen der echten Weichthiere ſtehen
auf der niederſten Stufe die in der Tiefe des Meeres feſtgewachſenen
Spiralkiemer (Spirobranchia), oft auch unpaſſend als Arm=
füßer (Brachiopoda) bezeichnet. Von dieſer Klaſſe leben gegen=
wärtig nur noch wenige Formen, einige Arten von Lingula, Tere=
bratula und Verwandte; ſchwache Ueberbleibſel von der mächtigen
und formenreichen Gruppe, welche die Spiralkiemer in älteren Zeiten
der Erdgeſchichte darſtellten. In der Silurzeit bildeten ſie die Haupt=
maſſe des ganzen Weichthierſtammes. Aus der Uebereinſtimmung

ihrer Jugendzuſtände mit denjenigen der Mosthiere ſchließen wir, daß
ſie ſich aus dieſer Klaſſe der Sackwürmer entwickelt haben.

Die zweite Weichthierklaſſe, die Blattkiemer (Elatobranchia
oder Lamellibranchia) beſitzen gleich den Spiralkiemern eine zwei=
klappige Schale. Es gehören hierher die meiſten jetzt lebenden Muſchel=
thiere des Meeres und die wenigen Muſcheln unſerer ſüßen Gewäſſer
(Unio, Anodonta, Cyclas). Obwohl noch ohne Kopf und Gebiß,
gleich den Spiralkiemern, ſind ſie doch im Uebrigen höher als dieſe
organiſirt und haben ſich wahrſcheinlich erſt ſpäter aus einem Zweige
jener Klaſſe entwickelt.

Von den kopftragenden Weichthieren ſtehen den kopfloſen Mu=
ſcheln am nächſten die Schnecken (Cochlides oder Cephalophora),
von denen wiederum die große Mehrzahl im Meere lebt, nur wenige
im ſüßen Waſſer, oder luftathmend auf dem Lande. Durch die
Stummelköpfe (Perocephala) ſind die höher entwickelten Kopf=
ſchnecken (Delocephala) unmittelbar mit den Blattkiemern ver=
bunden, von denen ſie ſich wahrſcheinlich ſchon in früher Primordial=
zeit abgezweigt haben.

Die vierte und letzte, und zugleich die höchſt entwickelte Klaſſe der
Mollusken bilden die Pulpen, auch Tintenfiſche oder Kopf=
füßer genannt (Cephalopoda). Die Pulpen, welche noch jetzt in
unſeren Meeren leben, die Sepien, Kalmare, Argonautenboote und
Perlboote, ſind gleich den wenigen Spiralkiemern der Gegenwart nur
dürftige Reſte von der formenreichen Schaar, welche dieſe Klaſſe in den
Meeren der primordialen, primären und ſecundären Zeit bildete. Die
zahlreichen verſteinerten Ammonshörner (Ammonites), Perlboote
(Nautilida) und Donnerkeile (Belemnites) legen noch heutzutage
von jenem längſt erloſchenen Glanze des Stammes Zeugniß ab.
Wahrſcheinlich haben ſich die Pulpen aus einem niederen Zweige
der Schneckenklaſſe, aus den Flügelſchnecken (Pteropoden) oder Ver=
wandten derſelben entwickelt.

Die verſchiedenen Unterklaſſen, Legionen und Ordnungen, welche
man in den vier Molluskenklaſſen unterſcheidet, und deren ſyſtemati=

Systematische Uebersicht der 4 Klassen,
8 Unterklassen und 17 Ordnungen der Weichthiere.

Klassen der Weichthiere	Unterklassen der Weichthiere	Ordnungen der Weichthiere	Systematischer Name der Ordnungen
I. Weichthiere ohne Kopf und ohne Zähne: Acephala oder Anodontoda.			
I. Spiralkiemer Spirobranchia oder Brachiopoda	1. Armfüßer *Brachiopoda*	1. Zungenmuscheln	1. Ecardines
		2. Angelmuscheln	2. Testicardines
	II. Rudisten= muscheln *Rudista*	3. Bockshornmuscheln	3. Endocardines
II. Blattkiemer Elatobranchia oder Lamellibranchia	III. Beilfüßer *Pelecypoda*	4. Mantelmuscheln	4. Integripalliata
		5. Buchtmuscheln	5. Sinupalliata
	IV. Röhren= muscheln *Inclusa*	6. Bohrmuscheln	6. Pholadacea
II. Weichthiere mit Kopf und mit Zähnen: Eucephala oder Odontophora.			
III. Schnecken Cochlides	V. Stummel= köpfe *Perocephala*	7. Schaufelschnecken	7. Scaphopoda
		8. Flossenschnecken	8. Pteropoda
	VI. Kopf= schnecken *Delocephala*	9. Hinterkiemer	9. Opisthobranchia
		10. Vorderkiemer	10. Prosobranchia
		11. Kielschnecken	11. Heteropoda
		12. Käferschnecken	12. Chitonida
		13. Lungenschnecken	13. Pulmonata
IV. Pulpen Cephalopoda	VII. Kammer= pulpen (Vierkiemige) *Tetrabranchia*	14. Perlboote	14. Nautilida
		15. Ammonsboote	15. Ammonitida
	VIII. Tinten= pulpen (Zweitiemige) *Dibranchia*	16. Zehnarmige	16. Decabrachiones
		17. Achtarmige	17. Octobrachiones

sche Reihenfolge Ihnen die vorstehende Tabelle anführt, liefern in ihrer historischen und ihrer entsprechenden systematischen Entwickelung mannichfache Beweise für die Gültigkeit des Fortschrittsgesetzes. Da jedoch diese untergeordneten Molluskengruppen an sich weiter von keinem besonderen Interesse sind, verweise ich Sie auf den ausführlicheren Stammbaum der Weichthiere, welchen ich in meiner generellen Morphologie gegeben habe, und wende mich sogleich weiter zur Betrachtung des Sternthierstammes.

Die Sternthiere (Echinoderma), zu welchen die vier Klassen der Seesterne, Seelilien, Seeigel und Seewalzen gehören, sind eine der interessantesten, und dennoch eine der wenigst bekannten Abtheilungen des Thierreichs. Jeder von Ihnen, der einmal an der See war, wird wenigstens zwei Formen derselben, die Seesterne und Seeigel, gesehen haben. Wegen ihrer sehr eigenthümlichen Organisation sind die Sternthiere als ein ganz selbstständiger Stamm des Thierreichs zu betrachten, und namentlich gänzlich von den Pflanzenthieren oder Cölenteraten zu trennen, mit denen sie noch jetzt oft irrthümlich als Strahlthiere oder Radiaten zusammengefaßt werden (so z. B. von Agassiz, welcher auch diesen Irrthum Cuvier's neben manchen anderen noch heute vertheidigt). Eher als mit den Pflanzenthieren könnte man die Sternthiere mit den Würmern oder selbst mit den Gliedfüßern vereinigen.

Alle Echinodermen sind ausgezeichnet und zugleich von allen anderen Thieren verschieden durch einen sehr merkwürdigen Bewegungsapparat. Dieser besteht in einem verwickelten System von Canälen oder Röhren, die von außen mit Seewasser gefüllt werden. Das Seewasser wird in dieser Wasserleitung theils durch schlagende Wimperhaare, theils durch Zusammenziehungen der muskulösen Röhrenwände selbst, die Gummischläuchen vergleichbar sind, fortbewegt. Aus den Röhren wird das Wasser in sehr zahlreiche hohle Füßchen hinein gepreßt, welche dadurch prall ausgedehnt und nun zum Gehen und zum Ansaugen benutzt werden. Außerdem sind die Sternthiere auch durch eine eigenthümliche Verkalkung der Haut ausgezeichnet

welche bei den meiſten zur Bildung eines feſten, geſchloſſenen, aus vie=
len Platten zuſammengeſetzten Panzers führt. Bei faſt allen Echino=
dermen iſt der Körper aus fünf Strahltheilen (Gegenſtücken oder An=
timeren) zuſammengeſetzt, welche rings um die Hauptaxe des Körpers
ſternförmig herum ſtehen und ſich in dieſer Axe berühren. Nur bei
einigen Seeſternarten ſteigt die Zahl dieſer Strahltheile über fünf hinaus,
auf 6—9, 10—12, oder ſelbſt 20—40; und in dieſem Falle iſt
die Zahl der Strahltheile bei den verſchiedenen Individuen der Spe=
cies meiſt nicht beſtändig, ſondern wechſelnd.

Die geſchichtliche Entwickelung und der Stammbaum der Echi=
nodermen werden uns durch ihre zahlreichen und meiſt vortrefflich er=
haltenen Verſteinerungen, durch ihre ſehr merkwürdige individuelle
Entwickelungsgeſchichte und durch ihre intereſſante vergleichende Ana=
tomie ſo vollſtändig enthüllt, wie es außerdem bei keinem anderen
Thierſtamme, ſelbſt die Wirbelthiere vielleicht nicht ausgenommen, der
Fall iſt. Durch eine kritiſche Benutzung jener drei Archive und eine
denkende Vergleichung ihrer Reſultate gelangen wir zu folgender Ge=
nealogie der Sternthiere, die ich in meiner generellen Morphologie
begründet habe (Gen. Morph. II, Taf. IV. S. LXII. — LXXVII).

Die älteſte und urſprünglichſte Gruppe der Sternthiere, die
Stammform des ganzen Phylum, iſt die Klaſſe der S e e s t e r n e (Aste-
rida). Dafür ſpricht außer zahlreichen und wichtigen Beweisgrün=
den der Anatomie und Entwickelungsgeſchichte vor allen die hier noch
unbeſtändige und wechſelnde Zahl der Strahltheile oder Antimeren,
welche bei allen übrigen Echinodermen ausnahmslos auf fünf fixirt
iſt. Jeder Seeſtern beſteht aus einer mittleren kleinen Körperſcheibe,
an deren Umkreis in einer Ebene fünf oder mehr lange gegliederte
Arme befeſtigt ſind. J e d e r A r m d e s S e e s t e r n s e n t ſ p r i c h t
i n ſ e i n e r g a n z e n O r g a n i ſ a t i o n w e ſ e n t l i c h e i n e m g e g l i e =
d e r t e n W u r m e a u s d e r H a u p t k l a ſ ſ e d e r G l i e d w ü r m e r o d e r Col=
elminthen. Ich betrachte daher den Seeſtern als e i n e n e c h t e n
S t o c k o d e r C o r m u s v o n f ü n f o d e r m e h r g e g l i e d e r t e n
W ü r m e r n, welche mit dem einen Ende ihres Körpers verwachſen ſind.

Hier haben sie sich eine gemeinschaftliche Mundöffnung und eine ge=
meinsame Verdauungshöhle (Magen) gebildet, die in der mittleren
Körperscheibe liegen.   Das verwachsene Ende, welches in die ge=
meinsame Mittelscheibe mündet, ist wahrscheinlich das Hinterende
der ursprünglichen selbstständigen Würmer; denn das entgegengesetzte
freie Ende trägt zusammengesetzte Augen, wie sie außerdem nur noch
an dem Kopfe der Gliedfüßer (Arthropoden) vorkommen.

In ganz ähnlicher Weise sind auch bei den ungegliederten Wür=
mern bisweilen mehrere Individuen zur Bildung eines sternförmigen
Stockes vereinigt.   Das ist namentlich bei den Botrylliden der
Fall, zusammengesetzten Seescheiden oder Ascidien, welche zur Klasse
der Mantelthiere (Tunicaten) gehören.   Auch hier sind die einzelnen
Würmer mit ihrem hinteren Ende, wie ein Rattenkönig, verwachsen,
und haben sich hier eine gemeinsame Auswurfsöffnung, eine Central=
kloake gebildet, während am vorderen Ende noch jeder Wurm seine
eigene Mundöffnung besitzt.   Bei den Seesternen würde die letztere
im Laufe der historischen Stockentwickelung zugewachsen sein, während
sich die Centralkloake zu einem gemeinsamen Mund für den ganzen
Stock ausbildete.

Die Seesterne würden demnach Wurmerstöcke sein, welche sich
entweder durch sternförmige Knospenbildung oder durch sternförmige
Verwachsung aus echten gegliederten Würmern oder Colelminthen
entwickelt haben.   Diese Hypothese wird auf das Stärkste durch die
vergleichende Anatomie und Ontogenie der gegliederten Seesterne
(Colastra) und der gegliederten Würmer (Colelminthes) gestützt.
Unter den letzteren stehen in Bezug auf den inneren Bau einerseits
die Sternwürmer (Gephyrea), andrerseits die Ringelwürmer
(Annelida) den einzelnen Armen oder Strahltheilen der Seesterne,
d. h. den ursprünglichen Einzelwürmern, ganz nahe.   Was aber das
Wichtigste ist, aus den Eiern der Echinodermen entwickeln sich be=
wimperte Larven, welche nicht die geringste Aehnlichkeit mit den erwach=
senen Sternthieren zeigen, dagegen den Larven gewisser Sternwürmer
und mancher Ringelwürmer höchst ähnlich sind.   Diese bilateral=sym=

metrischen Larven, welche keine Spur von der regulär-strahligen Stern-
form des erwachsenen Echinoderms besitzen, erzeugen das letztere durch
einen höchst merkwürdigen Generationswechsel, welcher in dieser Weise
nur noch bei einigen Sternwürmern (Sipunculiden) und Schnurwür-
mern (Nemertinen) vorkömmt (Gen. Morph. II, 95 — 99).

Alle diese und viele andere Gründe legen das deutlichste Zeugniß
für die Richtigkeit meiner Hypothese ab. Ich habe diese Stammhypothese
1866 aufgestellt, ohne eine Ahnung davon zu haben, daß auch noch
versteinerte Gliedwürmer existiren, welche vollkommen jenen hypothetisch vorausgesetzten Stammformen entsprechen. Solche sind aber
inzwischen wirklich bekannt geworden. In einer Abhandlung „über
ein Aequivalent der takonischen Schiefer Nordamerikas in Deutschland"
beschrieben 1867 Geinitz und Liebe eine Anzahl von gegliederten silurischen Würmern, welche vollkommen den von mir ge-
machten Voraussetzungen entsprechen. Diese höchst merkwürdigen
Würmer kommen in den Dachschiefern von Wurzbach im reussischen
Oberlande zahlreich in vortrefflich erhaltenem Zustande vor. Sie
haben ganz den Bau eines gegliederten Seesternarms, und müssen
offenbar einen festen Hautpanzer, ein viel härteres und festeres Haut-
skelet besessen haben, als es sonst bei den Würmern vorkommt. Die
Zahl der Körperglieder oder Metameren ist sehr beträchtlich, so daß die
Würmer bei einer Breite von $\frac{1}{4}$ — $\frac{1}{2}$ Zoll eine Länge von 2 — 3 Fuß
und mehr erreichten. Die vortrefflich erhaltenen Abdrücke, namentlich
von Phyllodocites thuringiacus und Crossopodia Henrici, gleichen
so sehr den skeletirten Armen mancher gegliederten Seesterne (Colastra),
daß ich an ihrer wirklichen Blutsverwandtschaft kaum mehr zweifle.
Ich bezeichne diese uralte Würmergruppe, zu welcher höchstwahrschein-
lich die Stammväter der Seesterne gehört haben, als Panzerwür-
mer (Phractelminthes). Wahrscheinlich standen sie in ihrer Organisation zwischen Sternwürmern (Gephyreen) und Ringelwürmern (An-
neliden) in der Mitte.

Aus der Klasse der Seesterne, welche die ursprüngliche Form des
sternförmigen Wurmstockes am getreuesten erhalten hat, haben sich die

Systematische Uebersicht der 4 Klassen,
9 Unterklassen und 20 Ordnungen der Sternthiere.

(Vergl. Gen. Morph. II, Taf. IV, S. LXII — LXXVII).

Klassen der Sternthiere	Unterklassen der Sternthiere	Ordnungen der Sternthiere	Systematischer Name der Ordnungen
I. Seesterne Asterida	I. Seesterne mit Strahlenmagen *Actinogastra*	1. Stammsterne 2. Gliedersterne 3. Brisingasterne	1. Tocastra 2. Colastra 3. Brisingastra
	II. Seesterne mit Scheibenmagen *Discogastra*	4. Schlangensterne 5. Baumsterne 6. Liliensterne	4. Ophiastra 5. Phytastra 6. Crinastra
II. Seelilien Crinoida	III. Armlilien *Brachiata*	7. Getäfelte Armlilien 8. Gegliederte Armlilien	7. Phatnocrina 8. Colocrina
	IV. Knospenlilien *Blastoidea*	9. Regelmäßige Knospenlilien 10. Zweiseitige Knospenlilien	9. Eiacacrina 10. Eleutherocrina
	V. Blasenlilien *Cystidea*	11. Stiellose Blasenlilien 12. Gestielte Blasenlilien	11. Agelacrina 12. Echinocrina
III. Seeigel Echinida	VI. Aeltere Seeigel (mit mehr als 20 Plattenreihen) *Palechinida*	13. Palechiniden mit mehr als 10 ambulakralen Plattenreihen 14. Palechiniden mit 10 ambulakralen Plattenreihen	13. Melonitida 14. Eocidarida
	VII. Jüngere Seeigel (mit 20 Plattenreihen) *Autechinida*	15. Autechiniden mit Bandambulakren 16. Autechiniden mit Blattambulakren	15. Desmosticha 16. Petalosticha
IV. Seewalzen Holothuriae	VIII. Seewalzen mit Wasserfüßchen *Eupodia*	17. Eupodien mit schildförmigen Fühlern 18. Eupodien mit baumförmigen Fühlern	17. Aspidochirota 18. Dendrochirota
	IX. Seewalzen ohne Wasserfüßchen *Apodia*	19. Apodien mit Kiemen 20. Apodien ohne Kiemen	19. Liodermatida 20. Synaptida

drei anderen Klaffen der Echinodermen offenbar erst später entwickelt. Am wenigsten von ihnen entfernt haben sich die Seelilien (Crinoida), welche aber die freie Ortsbewegung der übrigen Sternthiere auf= gegeben, sich festgesetzt, und dann einen mehr oder minder langen Stiel entwickelt haben. Die ursprünglichen Warmindividuen sind zwar bei den Crinoiden nicht mehr so selbstständig und ausgebildet erhalten, wie bei den Seesternen; aber dennoch bilden sie stets mehr oder minder gegliederte, von der gemeinsamen Mittelscheibe abgesetzte Arme. Wir können daher die Seelilien mit den Seesternen zusammen in der Haupt= klasse der Gliederarmigen (Colobrachia) vereinigen.

In den beiden anderen Echinodermenklassen, bei den Seeigeln und Seewalzen, sind die gegliederten Arme nicht mehr als selbst= ständige Körpertheile erkennbar, vielmehr durch weitgehende Centrali= sation des Stockes vollkommen in der Bildung der gemeinsamen, auf= geblasenen Mittelscheibe aufgegangen, so daß diese jetzt als eine ein= fache armlose Büchse oder Kapsel erscheint. Der ursprüngliche In= dividuenstock ist scheinbar dadurch wieder zum Formwerth eines einfachen Individuums, einer einzelnen Person, herabgesunken. Wir können daher diese beiden Klassen als Armlose (Lipobrachia) den Gliederarmigen gegenübersetzen. Die erste Klasse derselben, die See= igel (Echinida) führen ihren Namen von den zahlreichen, oft sehr großen Stacheln, welche die feste, aus Kalkplatten sehr künstlich zu= sammengesetzte Schale bedecken. Die Schale selbst hat die Grundform einer fünfseitigen Pyramide. Wahrscheinlich haben sich die Seeigel unmittelbar aus einem Zweige der Seesterne, vielleicht im Zusam= menhang mit einem Zweige der Seelilien entwickelt. Die einzelnen Abtheilungen der Seeigel bestätigen in ihrer historischen Aufeinander= folge ebenso wie die Ordnungen der Seelilien und Seesterne, welche Ihnen die nebenstehende Tabelle aufführt, in ausgezeichneter Weise die Gesetze des Fortschritts und der Differenzirung. In jeder jünge= ren Periode der Erdgeschichte sehen wir die einzelnen Klassen an Man= nichfaltigkeit und Vollkommenheit zunehmen (Gen. Morph. II, Taf. IV).

Während uns die Geschichte dieser drei Sternthierklassen durch die zahlreichen und vortrefflich erhaltenen Versteinerungen sehr genau er= zählt wird, wissen wir dagegen von der geschichtlichen Entwickelung der vierten Klasse, der Seewalzen (Holothuriae), fast Nichts. Die Skeletbildung der Haut ist hier sehr unvollkommen und daher konnten keine deutlichen Reste von ihrem langgestreckten walzenförmigen wurm= ähnlichen Körper in fossilem Zustande erhalten bleiben. Dagegen läßt sich aus der vergleichenden Anatomie der Holothurien erschließen, daß dieselben wahrscheinlich aus einer Abtheilung der Seeigel durch Er= weichung des Hautskelets entstanden sind.

Von den Sternthieren wenden wir uns zu dem fünften und höchst entwickelten Stamm unter den wirbellosen Thieren, zu dem Phylum der Gliedfüßer (Arthropoda). Wie schon vorher bemerkt wurde, entspricht dieser Stamm der Klasse der Kerfe oder Insecten im ursprünglichen Sinne Linné's. Er enthält wiederum vier Klassen, nämlich 1. die echten sechsbeinigen Insecten; 2. die achtbeinigen Spin= nen; 3. die mit zahlreichen Beinpaaren versehenen Tausendfüße und 4. die mit einer wechselnden Beinzahl versehenen Krebse oder Krusten= thiere. Die letzte Klasse athmet Wasser durch Kiemen und kann daher als Hauptklasse der kiemenathmenden Arthropoden oder Kiemenkerfe (Carides) den drei ersten Klassen entgegengesetzt werden. Diese ath= men Luft durch eigenthümliche Luftröhren oder Tracheen, und können daher passend in der Hauptklasse der tracheenathmenden Arthropoden oder Tracheenkerfe (Tracheata) vereinigt werden.

Bei allen Gliedfüßern sind, wie der Name sagt, die Beine deutlich gegliedert, und dadurch, sowie durch die stärkere Differenzirung der gegliederten Körperabschnitte oder Metameren unterscheiden sie sich we= sentlich von den Würmern, mit denen sie Bär und Cuvier in dem Ty= pus der Gliederthiere oder Articulaten vereinigten. Uebrigens stehen sie den Gliedwürmern (Colelminthes) in jeder Beziehung so nahe, daß sie kaum scharf von ihnen zu trennen sind. Insbesondere theilen sie mit den Ringelwürmern die sehr charakteristische Form des centralen Ner=

venſyſtems, das ſogenannte Bauchmark, welches vorn mit einem den Mund umgebenden Schlundring beginnt. Auch aus anderen Thatſa= chen geht hervor, daß die Arthropoden ſich jedenfalls aus Gliedwürmern erſt ſpäter entwickelt haben. Wahrſcheinlich ſind die Räderthiere und demnächſt die Ringelwürmer ihre nächſten Blutsverwandten im Wür= merſtamme (Gen. Morph. II., Taf. V., S. LXXXV — CII).

Der Stammbaum der Arthropoden läßt ſich aus der Paläon= tologie, vergleichenden Anatomie und Ontogenie ſeiner vier Klaſſen in ſeinen Grundzügen vortrefflich erkennen, obwohl auch hier, wie überall, im Einzelnen noch ſehr Vieles dunkel bleibt. Die Wur= zel des ganzen Phylum bildet die Klaſſe der Kiemenkerfe oder Krebſe (Carides), wegen ihrer harten kruſtenartigen Körperbe= deckung auch Kruſtenthiere (Cruſtacea) genannt. Die Ontogenie oder die individuelle Entwickelungsgeſchichte der Krebſe iſt außeror= dentlich intereſſant, und verräth uns, ebenſo wie bei den Wirbelthieren, deutlich die weſentlichen Grundzüge ihrer Stammesgeſchichte oder Phylogenie. Fritz Müller hat in ſeiner ausgezeichneten, bereits angeführten Schrift „Für Darwin"[16] dieſes merkwürdige Verhält= niß vortrefflich erläutert. Die gemeinſchaftliche Stammform aller Krebſe, welche ſich bei den meiſten noch heutzutage zunächſt aus dem Ei entwickelt, iſt urſprünglich ein und dieſelbe: der ſogenannte Nauplius. Dieſer merkwürdige Urkrebs iſt eine ſehr einfache gegliederte Thierform, welche ſich zunächſt an die Räderthiere anſchließt und aus ähnlichen Gliedwürmern wahrſcheinlich ihren Urſprung genommen hat. Aus der gemeinſamen Larvenform des Nauplius entwickeln ſich als divergente Zweige nach verſchiedenen Richtungen hin die ſechs Ord= nungen der niederen Krebſe, welche in der nachſtehenden ſyſtema= tiſchen Ueberſicht des Arthropodenſtammes als Gliederkrebſe (Entomostraca) zuſammengefaßt ſind. Auch die höhere Abtheilung der Panzerkrebſe (Malacostraca) hat aus der gemeinſamen Nau= pliusform ihren Urſprung genommen. Jedoch hat ſich hier der Nau= plius zunächſt in eine andere Larvenform, die ſogenannte Zoëa, umge= wandelt, welche eine außerordentliche Bedeutung beſitzt. Dieſe ſelt=

Systematische Uebersicht der 4 Klassen, 8 Unterklassen und
30 Ordnungen im Stamme der Gliedfüßer oder Arthropoden.

(Vergl. Gen. Morph. II, Taf. V, S. LXXXV—CII).

Klassen der Arthropoden	Unterklassen der Arthropoden	Ordnungen der Arthropodenklassen	Systematischer Name der Ordnungen
I. Krebfe oder Kiemenathmende Gliedfüßer Carides oder Crustacea	I. Niedere oder Gliederkrebfe *Entomostraca*	1. Urkrebfe	1. Archicarida
		2. Haftkrebfe	2. Pectostraca
		3. Muschelkrebfe	3. Ostracoda
		4. Ruderkrebfe	4. Copepoda
		5. Blattkrebfe	5. Branchiopoda
		6. Schildkrebfe	6. Poecilopoda
	II. Höhere oder Panzerkrebfe *Malacostraca*	7. Zoëakrebfe	7. Zoepoda
		8. Spaltfußkrebfe	8. Schizopoda
		9. Maulfußkrebfe	9. Stomatopoda
		10. Zehnfußkrebfe	10. Decapoda
		11. Flohkrebfe	11. Amphipoda
		12. Affelkrebfe	12. Isopoda
II. Spinnen Arachnida	III. Streck= spinnen *Arthrogastres*	13. Skorpionspin= nen	13. Solifugae
		14. Taranteln	14. Phrynida
		15. Skorpione	15. Scorpionida
		16. Bücherskor= pione	16. Pseudoscor- pioda
		17. Schneider= spinnen	17. Opiliones
	IV. Rund= spinnen *Sphaero- gastres*	18. Affelspinnen	18. Pycnogonida
		19. Webespinnen	19. Araneae
		20. Milben	20. Acara
III. Tausendfüßer Myriapoda	V. Einfachfüßer *Chilopoda*	21. Platte Tau= sendfüßer	21. Chilopoda
	VI. Doppelfüßer *Diplopoda*	22. Runde Tau= sendfüßer	22 Diplopoda
IV. Insecten oder Geflügelte Arthropoden Insecta oder Hexapoda	VII. Kauende Insecten *Masticantia*	23. Urflügler	23. Archiptera
		24. Netzflügler	24. Neuroptera
		25. Gradflügler	25. Orthoptera
		26. Käfer	26. Coleoptera
		27. Hautflügler	27. Hymenoptera
	VIII. Saugende Insecten *Sugentia*	28. Halbflügler	28. Hemiptera
		29. Fliegen	29. Diptera
		30. Schmetterlinge	30. Lepidoptera

same Zoëa ist nämlich aller Wahrscheinlichkeit nach nicht allein die gemeinsame Stammform für alle sechs beistehend verzeichneten Ordnungen der Malacostraca, sondern auch zugleich für die luftathmenden Tracheenkerfe, für die Spinnen, Tausendfüße und Insecten.

Diese letzteren sind jedenfalls erst im Anfang der paläolithischen Zeit, nach Abschluß des archolithischen Zeitraums entstanden, weil alle diese Thiere (im Gegensatz zu den meist wasserbewohnenden Krebsen) ursprünglich Landbewohner sind. Offenbar können sich diese Luftathmer erst entwickelt haben, als nach Verfluß der silurischen Zeit das Landleben begann. Da nun aber fossile Reste von Spinnen und Insecten bereits in den Steinkohlenschichten gefunden werden, so können wir ziemlich genau den Zeitpunkt ihrer Entstehung feststellen. Es muß die Entwickelung der ersten Tracheenkerfe aus kiemenathmenden Zoëakrebsen zwischen das Ende der Silurzeit und den Beginn der Steinkohlenzeit fallen, also entweder in die antedevonische oder in die devonische oder in die antecarbonische Periode.

Die gemeinschaftliche Ausgangsform der drei durch Tracheen athmenden Arthropodenklassen ist uns wahrscheinlich bis auf den heutigen Tag nur wenig verändert in einer merkwürdigen Spinnenform erhalten. Diese uralte Tracheatenform ist die Skorpionsspinne (Solifuga), von der mehrere große, wegen ihres giftigen Bisses sehr gefürchtete Arten noch heute im wärmeren Asien leben. Der Körper besteht hier, wie wir es bei dem gemeinsamen Stammvater der Tracheaten voraussetzen müssen, aus drei getrennten Abschnitten, einem Kopfe, welcher mehrere beinartige Kieferpaare trägt, einer Brust, an deren drei Ringen drei Beinpaare befestigt sind, und einem anhangslosen Hinterleib. Wahrscheinlich haben sich aus unbekannten devonischen Tracheaten, welche diesen Skorpionsspinnen oder Solifugen sehr nahe standen, als zwei divergente Aeste einerseits die echten Spinnen, andrerseits die Insecten entwickelt. Die Tausendfüßer sind entweder ein eigenthümlich entwickelter Seitenzweig der Insecten oder ein dritter Ast jener Stammform.

Die echten Spinnen (Arachnida) sind durch den Mangel der
Flügel und durch vier Beinpaare von den Insecten unterschieden. Wie
jedoch die Skorpionsspinnen und die Taranteln deutlich zeigen, sind
eigentlich auch bei ihnen, wie bei den Insecten, nur drei echte Beinpaare vorhanden. Das scheinbare vierte Beinpaar der Spinnen
(das vorderste) ist eigentlich ein Kieferfußpaar. Die Spinnenklasse
zerfällt in zwei Unterklassen: Streckspinnen und Rundspinnen. Von
diesen sind die Streckspinnen (Arthrogastres) die älteren und
ursprünglichen Formen, bei denen sich die frühere Leibesgliederung
besser erhalten hat. Es gehören dahin außer den schon genannten
Skorpionsspinnen (Solifugae) und den Taranteln (Phrynida) die
gefürchteten echten Skorpione (Scorpioda), die kleinen, in unseren
Bibliotheken wohnenden Bücherskorpione (Pseudoscorpioda), die
langbeinigen Schneiderspinnen (Opiliones) und die im Meere lebenden
seltsamen Asselspinnen (Pycnogonida). Versteinerte Reste von Streckspinnen finden sich bereits in der Steinkohle. Dagegen kommt die
zweite Unterklasse der Arachniden, die Rundspinnen (Sphaero-
gastres) versteinert zuerst im Jura, also sehr viel später vor. Sie
haben sich aus einem Zweige der Streckspinnen dadurch entwickelt,
daß die Leibesringe mehr oder weniger mit einander verschmolzen.
Bei den eigentlichen Webespinnen (Araneae), welche wir wegen ihrer
feinen Webekünste bewundern, geht die Verschmelzung der Rumpf-
glieder oder Metameren so weit, daß der Rumpf nur noch aus zwei
Stücken besteht, einer Kopfbrust, welche die Kiefer und die vier Beinpaare trägt, und einem anhangslosen Hinterleib, an welchem die
Spinnwarzen sitzen. Bei den Milben (Acara), welche wahrscheinlich
aus einem verkümmerten Seitenzweige der Webespinnen durch Entartung (insbesondere durch Schmarotzerleben) entstanden sind, ver-
schmelzen sogar noch diese beiden Rumpfstücke mit einander zu einer
ungegliederten Masse.

Die Klasse der Tausendfüßer (Myriapoda), die kleinste und
formenärmste unter den vier Arthropodenklassen, zeichnet sich durch
den sehr verlängerten Leib aus, welcher einem gegliederten Ringel-

wurme sehr ähnlich ist und oft mehrere hundert Beinpaare trägt. Aber auch sie hat sich ursprünglich aus einer sechsbeinigen Tracheaten= form entwickelt, wie die individuelle Entwickelung der Tausendfüßer im Eie deutlich beweist. Ihre Embryonen haben zuerst nur drei Beinpaare, gleich den echten Insecten, und erst später knospen Stück für Stück die folgenden Beinpaare aus den wuchernden Hinterleibs= ringen hervor. Von den beiden Ordnungen der Tausendfüßer (welche bei uns unter Baumrinden, im Moose u. f. w. leben), haben sich wahr= scheinlich die runden Doppelfüßer (Diplopoda) erst später aus den älteren platten Einfachfüßern (Chilopoda) entwickelt. Von den letz= teren finden sich fossile Reste zuerst im Jura vor.

Die dritte und letzte Klasse unter den tracheeuathmenden Arthro= poden ist die der Insecten (Insecta oder Hexapoda), die umfang= reichste von allen Thierklassen, und nächst derjenigen der Säugethiere auch die wichtigste von allen. Trotzdem die Insecten eine größere Mannichfaltigkeit von Gattungen und Arten entwickeln, als die übrigen Thiere zusammengenommen, sind das alles doch im Grunde nur oberflächliche Variationen eines einzigen Themas, welches in seinen wesentlichen Charakteren sich ganz beständig erhält. Bei allen In= secten sind die drei Abschnitte des Rumpfes, Kopf, Brust und Hinter= leib deutlich getrennt. Der Hinterleib oder das Abdomen trägt, wie bei den Spinnen, gar keine gegliederten Anhänge. Der mittlere Abschnitt, die Brust oder der Thorax trägt auf der Bauchseite die drei Beinpaare, auf der Rückenseite ursprünglich zwei Flügel= paare. Freilich sind bei sehr vielen Insecten eines oder beide Flügelpaare verkümmert, oder selbst ganz verschwunden. Allein die vergleichende Anatomie der Insecten zeigt uns deutlich, daß dieser Mangel erst nachträglich durch Verkümmerung der Flügel ent= standen ist, und daß alle (oder doch die meisten) jetzt lebenden· Insecten von einem gemeinsamen Stamminsect abstammen, wel= ches drei Beinpaare und zwei Flügelpaare besaß (Vergl. S. 233). Diese Flügel, welche die Insecten so auffallend vor den übrigen Glied= füßern auszeichnen, entstanden wahrscheinlich aus den Tracheenkie=

men, welche wir noch heute an den im Wasser lebenden Larven der
Eintagsfliegen (Ephemera) beobachten.

Der Kopf der Insecten trägt allgemein außer den Augen ein
Paar gegliederte Fühlhörner oder Antennen, und außerdem auf jeder
Seite des Mundes drei Kiefer. Diese drei Kieferpaare, obgleich
bei allen Insecten aus derselben ursprünglichen Grundlage entstanden, haben sich durch verschiedenartige Anpassung bei den verschiedenen
Ordnungen zu höchst mannichfaltigen und merkwürdigen Formen umgebildet, so daß man sie hauptsächlich zur Unterscheidung und Charakteristik der Hauptabtheilungen der Klasse verwendet. Zunächst
kann man als zwei Hauptabtheilungen Insecten mit kauenden
Mundtheilen (Masticantia) und Insecten mit saugenden Mund-
werkzeugen (Sugentia) unterscheiden. Bei genauerer Betrachtung
kann man noch schärfer jede dieser beiden Abtheilungen in zwei
Untergruppen vertheilen. Unter den Kauinsecten oder Masticantien
können wir die beißenden und die leckenden unterscheiden. Zu den
Beißenden (Mordentia) gehören die ältesten und ursprünglichsten
Insecten, die vier Ordnungen der Urflügler, Netzflügler, Gradflügler
und Käfer. Die Leckenden (Lambentia) werden bloß durch die
eine Ordnung der Hautflügler gebildet. Unter den Sauginsecten
oder Sugentien können wir die beiden Gruppen der stechenden und
schlürfenden unterscheiden. Zu den Stechenden (Pungentia) gehören die beiden Ordnungen der Halbflügler und Fliegen, zu den
Schlürfenden (Sorbentia) bloß die Schmetterlinge.

Als die ältesten Insecten, welche sich aus unbekannten, den
Skorpionsspinnen ähnlichen Arachniden entwickelten, betrachte ich die
beißenden, und zwar die Ordnung der Urflügler (Archiptera oder
Pseudoneuroptera). Dahin gehören vor allen die Eintagsfliegen
(Ephemera), deren im Wasser lebende Larven uns wahrscheinlich
noch heute in ihren Tracheenkiemen die Organe zeigen, aus denen die
Insectenflügel ursprünglich entstanden. Ferner gehören in diese Ordnung die bekannten Wasserjungfern oder Libellen, die flügellosen Zucker-
gäste (Lepisma), die springenden Blasenfüßer (Physopoda), und die

gefürchteten Termiten, von denen sich versteinerte Reste schon in der
Steinkohle finden. Unmittelbar hat sich wahrscheinlich aus den Ur=
flüglern die Ordnung der Netzflügler (Neuroptera) entwickelt, welche
sich von ihnen wesentlich nur durch die vollkommene Verwandlung
unterscheiden. Es gehören dahin die Florfliegen (Planipennia), die
Schmetterlingsfliegen (Phryganida) und die Fächerfliegen (Strep=
siptera). •Fossile Insecten, welche den Uebergang von den Urflüglern
(Libellen) zu den Netzflüglern (Sialiden) machen, kommen schon in
der Steinkohle vor (Dictyophlebia).

Aus einem anderen Zweige der Urflügler hat sich durch Diffe=
renzirung der beiden Flügelpaare schon frühzeitig die Ordnung der
Gradflügler (Orthoptera) entwickelt. Diese Abtheilung besteht
aus der formenreichen Gruppe der Schaben, Heuschrecken, Grillen
u. s. w. (Ulonata), und aus der kleinen Gruppe der bekannten Ohr=
würmer (Labidura), welche durch die Kneifzange am hinteren Kör=
perende ausgezeichnet sind. Sowohl von Schaben als von Gryl=
len und Heuschrecken kennt man Versteinerungen aus der Steinkohle.

Auch die vierte Ordnung der beißenden Insecten, die Käfer
(Coleoptera) kommen bereits in der Steinkohle versteinert vor. Diese
außerordentlich umfangreiche Ordnung, der bevorzugte Liebling der
Insectenliebhaber und Sammler, zeigt am deutlichsten von allen,
welche unendliche Formenmannichfaltigkeit sich durch Anpassung an
verschiedene Lebensverhältnisse äußerlich entwickeln kann, ohne daß
deshalb der innere Bau und die Grundform des Körpers irgendwie
wesentlich umgebildet wird. Wahrscheinlich haben sich die Käfer aus
einem Zweige der Gradflügler entwickelt, von denen sie sich wesent=
lich nur durch ihre vollkommene Verwandlung unterscheiden.

An diese vier Ordnungen der beißenden Insecten schließt sich nun
zunächst die eine Ordnung der leckenden Insecten an, die inter=
essante Gruppe der Immen oder Hautflügler (Hymenoptera).
Dahin gehören diejenigen Insecten, welche sich durch ihre entwickelten
Culturzustände, durch ihre weitgehende Arbeitstheilung, Gemeinde=
bildung und Staatenbildung zu bewundrungswürdiger Höhe der

Geistesbildung, der intellectuellen Vervollkommnung und der Charak=
terstärke erhoben haben und dadurch nicht allein die meisten Wirbel=
losen, sondern überhaupt die meisten Thiere übertreffen. Es sind das
vor allen die Ameisen und die Bienen, sodann die Wespen, Blatt=
wespen, Holzwespen, Schlupfwespen, Gallwespen u. s. w. Sie
kommen zuerst versteinert im Jura vor, in größerer Menge jedoch erst
in den Tertiärschichten. Wahrscheinlich haben sich die Hautflügler aus
einem Zweige entweder der Urflügler oder der Netzflügler entwickelt.

Von den beiden Ordnungen der stechenden Insecten, den
Hemipteren und Dipteren, ist die ältere diejenige der Halbflüg=
ler (Hemiptera), auch Schnabelkerfe (Rhynchota) genannt.
Dahin gehören die drei Unterordnungen der Blattläuse (Homo=
ptera), der Wanzen (Heteroptera) und der Läuse (Pediculina).
Von ersteren beiden finden sich fossile Reste schon im Jura. Aber schon
im permischen System kommt ein altes Insect vor (Eugereon), wel=
ches auf die Abstammung der Hemipteren von den Neuropteren hin=
zudeuten scheint. Wahrscheinlich sind von den drei Unterordnungen
der Hemipteren die ältesten die Homopteren, zu denen außer den
eigentlichen Blattläusen auch noch die Schildläuse, die Blattflöhe und
die Zirpen oder Cicaden gehören. Aus zwei verschiedenen Zweigen der
Homopteren werden sich die Läuse durch weitgehende Entartung (vor=
züglich Verlust der Flügel), die Wanzen dagegen durch Vervoll=
kommnung (Sonderung der beiden Flügelpaare) entwickelt haben.

Die zweite Ordnung der stechenden Insecten, die Fliegen oder
Zweiflügler (Diptera) findet sich zwar auch schon im Jura ver=
steinert neben den Halbflüglern vor. Allein dieselben haben sich doch
wahrscheinlich erst nachträglich aus den Hemipteren durch Rückbildung
der Hinterflügel entwickelt. Nur die Vorderflügel sind bei den Dip=
teren vollständig geblieben. Die Hauptmasse dieser Ordnung bilden
die langgestreckten Mücken (Nemocera) und die gedrungenen eigentli=
chen Fliegen (Brachycera), von denen die ersteren wohl älter sind.
Doch finden sich von Beiden schon Reste im Jura vor. Durch Dege=
neration in Folge von Parasitismus haben sich aus ihnen wahrschein=

lich die beiden kleinen Gruppen der puppengebärenden Lausfliegen (Pupipara) und der springenden Flöhe (Aphaniptera) entwickelt.

Die achte und letzte Insectenordnung, und zugleich die einzige mit wirklich schlürfenden Mundtheilen sind die Schmetterlinge (Lepidoptera). Diese Ordnung erscheint in mehreren morphologischen Beziehungen als die vollkommenste Abtheilung der Insecten und hat sich demgemäß auch am spätesten erst entwickelt. Man kennt nämlich von dieser Ordnung Versteinerungen nur aus der Tertiärzeit, während die drei vorhergehenden Ordnungen bis zum Jura, die vier beißenden Ordnungen dagegen sogar bis zur Steinkohle hinaufreichen. Die nahe Verwandtschaft einiger Motten (Tinea) und Eulen (Noctua) mit einigen Schmetterlingsfliegen (Phryganida) macht es wahrscheinlich, daß sich die Schmetterlinge aus dieser Gruppe, also aus der Ordnung der Netzflügler oder Neuropteren entwickelt haben.

Wie Sie sehen, bestätigt Ihnen die ganze Geschichte der Insectenklasse und weiterhin auch die Geschichte des ganzen Arthropodenstammes wesentlich die großen Gesetze der Differenzirung und Vervollkommnung, welche wir nach Darwin's Selectionstheorie als die nothwendigen Folgen der natürlichen Züchtung anerkennen müssen. Der ganze formenreiche Stamm beginnt in archolithischer Zeit mit der kiemenathmenden Klasse der Krebse, und zwar mit den niedersten Urkrebsen oder Archicariden. Die Gestalt dieser Urkrebse, die sich jedenfalls aus Gliedwürmern, und zwar wahrscheinlich aus Räderthieren entwickelten, ist uns noch heute in der gemeinsamen Jugendform aller niederen oder Gliederkrebse (Entomostraca), in dem merkwürdigen Nauplius, annähernd erhalten. Aus dem Nauplius entwickelte sich weiterhin die seltsame Zoëa, die gemeinsame Jugendform aller höheren oder Panzerkrebse (Malacostraca) und zugleich desjenigen, zuerst durch Tracheen luftathmenden Arthropoden, welcher der gemeinsame Stammvater aller Tracheaten wurde. Dieser Stammvater, der zwischen dem Ende der Silurzeit und dem Beginn der Steinkohlenzeit entstanden sein muß, stand wahrscheinlich von allen jetzt noch lebenden Insecten den Skorpionsspinnen oder Solifugen am nächsten. Aus ihm entwickelten sich als drei divergente Zweige die drei Tracheatenklassen, Spinnen, Tausendfüßer und echte (sechsbeinige und vierflüglige) Insecten. Von diesen letzteren existirten lange Zeit hindurch nur die vier beißenden Ordnungen, Ur=flügler, Netzflügler, Gradflügler und Käfer, von denen die erste wahr=scheinlich die gemeinsame Stammform der drei anderen ist. Erst viel später entwickelten sich aus den beißenden Insecten, welche die ur=sprüngliche Form der drei Kieferpaare am reinsten bewahrten, als drei divergente Zweige die leckenden, stechenden und schlürfenden Insecten. Wie diese Ordnungen in der Erdgeschichte auf einander folgten, zeigt Ihnen nochmals übersichtlich die nachstehende Tabelle.

A. Insecten mit kauenden Mundtheilen **Masticantia**	I. Beißende Insecten *Mordentia*	1. Urflügler Archiptera	M. I. A. A.		Zuerst versteinert in der Steinkohle
		2. Netzflügler Neuroptera	M. C. A. A.		
		3. Gradflügler Orthoptera	M. I. A. D.		
		4. Käfer Coleoptera	M. C. A. D.		
	II. Leckende Insecten *Lambentia*	5. Hautflügler Hymenoptera	M. C. A. A.		Zuerst versteinert im Jura
B. Insecten mit saugenden Mundtheilen **Sugentia**	III. Stechende Insecten *Pungentia*	6. Halbflügler Hemiptera	M. I. A. A.		
		7. Fliegen Diptera	M. C. A. D.		
	IV. Schlür=fende Insecten *Sorbentia*	8. Schmetterlinge Lepidoptera	M. C. A. A.		Zuerst versteinert im Tertiär

Anmerkung: Bei den acht einzelnen Ordnungen der Insecten ist zugleich der Unterschied in der Metamorphose oder Verwandlung und in der Flügelbildung durch folgende Buchstaben angegeben: M. I. = Unvollständige Metamorphose. M. C. = Vollständige Metamorphose (Vergl. Gen. Morph. II, S. XCIX). A. A. = Gleichartige Flügel (Vorder= und Hinterflügel im Bau und Gewebe nicht oder nur wenig verschieden). A. D. = Ungleichartige Flügel (Vorder= und Hinter=flügel durch starke Differenzirung im Bau und Gewebe sehr verschieden).

Achtzehnter Vortrag.

Stammbaum und Geschichte des Thierreichs.
II. Stammbaum und Geschichte der Wirbelthiere.

(Hierzu Taf. VI und VII.)

Das natürliche System der Wirbelthiere. Die vier Klassen der Wirbelthiere von Linné und Lamarck. Vermehrung derselben auf acht Klassen. Hauptklasse der Rohrherzen oder Schädellosen (Lanzetthiere). Hauptklasse der Unpaarnasen oder Rundmäuler (Inger und Lampreten). Hauptklasse der Amnamnien oder Amnionlosen. Fische (Urfische, Schmelzfische, Knochenfische). Lurchfische. Lurche (Panzerlurche, Nacktlurche). Hauptklasse der Amnionthiere oder Amnioten. Reptilien (Stammschleicher, Schwimmschleicher, Schuppenschleicher, Drachenschleicher, Schnabelschleicher). Vögel (Fiederschwänzige, Fächerschwänzige, Büschelschwänzige). Säugethiere (Kloakenthiere, Beutelthiere, Placentalthiere). Stammbaum und Geschichte der Säugethierordnungen.

Meine Herren! Unter den natürlichen Hauptgruppen der Organismen, welche wir wegen der Blutsverwandtschaft aller darin vereinigten Arten als Stämme oder Phylen bezeichnen, ist keine einzige von so hervorragender und überwiegender Bedeutung, als der Stamm der Wirbelthiere. Denn nach dem übereinstimmenden Urtheil aller Zoologen ist auch der Mensch ein Glied dieses Stammes, und kann seiner ganzen Organisation und Entwickelung nach unmöglich von den übrigen Wirbelthieren getrennt werden. Wie wir aber aus der individuellen Entwickelungsgeschichte des Menschen schon früher die

unbeſtreitbare Thatſache erkannt haben, daß derſelbe in ſeiner Ent=
wickelung aus dem Ei anfänglich nicht von den übrigen Wirbelthieren,
und namentlich den Säugethieren verſchieden iſt, ſo müſſen wir noth=
wendig mit Beziehung auf ſeine paläontologiſche Entwickelungsge=
ſchichte ſchließen, daß das Menſchengeſchlecht ſich hiſtoriſch wirklich
aus niederen Wirbelthieren entwickelt hat, und daß daſſelbe zunächſt
von den Säugethieren abſtammt.   Dieſer Umſtand allein ſchon (ab=
geſehen von dem vielſeitigen höheren Intereſſe, das auch in anderer
Beziehung die Wirbelthiere vor den übrigen Organismen in Anſpruch
nehmen) wird es rechtfertigen, daß wir den Stammbaum der Wir=
belthiere und deſſen Ausdruck, das natürliche Syſtem, hier beſonders
genau unterſuchen.

Die Bezeichnung **Wirbelthiere** (Vertebrata) rührt, wie ich
ſchon im letzten Vortrage erwähnte, von dem großen **Lamarck** her,
welcher zuerſt gegen Ende des vorigen Jahrhunderts unter dieſem
Namen die vier oberen Thierklaſſen **Linné's** zuſammenfaßte: die Säu=
gethiere, Vögel, Amphibien und Fiſche.   Die beiden niederen Klaſſen
Linné's, die Inſecten und Würmer, ſtellte **Lamarck** den Wirbel=
thieren gegenüber als **Wirbelloſe** (Invertebrata, ſpäter auch Ever-
tebrata genannt).

Die Eintheilung der Wirbelthiere in die vier genannten Klaſſen
wurde auch von **Cuvier** und ſeinen Nachfolgern, und in Folge deſſen
von vielen Zoologen noch bis auf die Gegenwart feſtgehalten.   Aber
ſchon 1822 erkannte der ausgezeichnete Anatom **Blainville** aus der
vergleichenden Anatomie, und faſt gleichzeitig unſer großer Embryo=
loge **Bär** aus der Ontogenie der Wirbelthiere, daß **Linné's** Klaſſe
der Amphibien eine unnatürliche Vereinigung von zwei ganz verſchie=
denen Klaſſen ſei.   Dieſe beiden Klaſſen hatte ſchon 1820 **Merrem**
als zwei Hauptgruppen der Amphibien unter den Namen der Pholi=
doten und Batrachier getrennt.   Die **Batrachier**, welche heutzutage
gewöhnlich als **Amphibien** (im **engeren Sinne**!) bezeichnet
werden, umfaſſen die Fröſche, Salamander, Kiemenmolche, Cäcilien
und die ausgeſtorbenen Labyrinthodonten.   Sie ſchließen ſich in ihrer

ganzen Organisation eng an die Fische an. Die Pholidoten oder
Reptilien dagegen sind viel näher den Vögeln verwandt. Es ge=
hören dahin die Eidechsen, Schlangen, Krocodile und Schildkröten,
und die vielgestaltige Formengruppe der mesolithischen Drachen, See=
drachen, Flugeidechsen u. s. w.

Im Anschluß an diese naturgemäße Scheidung der Amphibien
in zwei Klassen theilte man nun den ganzen Stamm der Wirbelthiere
in zwei Hauptgruppen. Die erste Hauptgruppe, die Fische und Am=
phibien, athmen entweder zeitlebens oder doch in der Jugend durch
Kiemen, und werden daher als Kiemenwirbelthiere bezeichnet
(Branchiata oder Anallontoidia). Die zweite Hauptgruppe dagegen,
Reptilien, Vögel, und Säugethiere, athmen zu keiner Zeit ihres Le=
bens durch Kiemen, sondern ausschließlich durch Lungen, und heißen
deshalb auch passend kiemenlose oder Lungenwirbelthiere (Ebran=
chiata oder Allantoidia). So richtig diese Unterscheidung auch ist,
so können wir doch bei derselben nicht stehen bleiben, wenn wir zu
einem wahren natürlichen System des Wirbelthierstammes, und zu
einem naturgemäßen Verständniß seines Stammbaums gelangen
wollen. Vielmehr müssen wir dann, wie ich vor zwei Jahren in mei=
ner generellen Morphologie gezeigt habe, noch drei weitere Wirbelthier=
klassen unterscheiden, indem wir die bisherige Fischklasse in vier ver=
schiedene Klassen auflösen (Gen. Morph. II. Bd., Taf. VII, S.
CXVI—CLX).

Die erste und niederste von diesen Klassen wird durch die Rohr=
herzen (Leptocardia) oder Schädellosen (Acrania) gebildet, von
denen heutzutage nur noch ein einziger Repräsentant lebt, das merkwür=
dige Lanzetthierchen (Amphioxus lanceolatus). Als zweite Klasse
schließen sich an diese zunächst die Unpaarnasen (Monorrhina)
oder Rundmäuler (Cyclostoma) an, zu denen die Inger (Myxi=
noiden und die Lampreten (Petromyzonten) gehören. Die dritte
Klasse erst würden die echten Fische (Pisces) bilden und an diese
würden sich als vierte Klasse die Lurchfische (Dipneusta) anschließen:
Uebergangsformen von den Fischen zu den Amphibien. Durch diese

28 *

Unterscheidung, welche, wie Sie gleich sehen werden, für die Genealogie der Wirbelthiere sehr wichtig ist, wird die ursprüngliche Vierzahl der Wirbelthierklassen auf das Doppelte gesteigert .

Diese acht Klassen der Wirbelthiere sind aber keineswegs von gleichem genealogischen Werthe. Vielmehr müssen wir dieselben in der Weise, wie es Ihnen bereits die systematische Uebersicht auf S. 393 zeigte, auf vier verschiedene Hauptklassen vertheilen. Zunächst können wir die drei höchsten Klassen, die Säugethiere, Vögel und Schleicher als eine natürliche Hauptklasse unter dem Namen der Amnionthiere (Amniota) zusammenfassen. Diesen stellen sich naturgemäß als eine zweite Hauptklasse die Amnionlosen (Anamnia) gegenüber, nämlich die drei Klassen der Lurche, Lurchfische und Fische. Die genannten sechs Klassen, sowohl die Amnionlosen als die Amnionthiere, stimmen unter sich in zahlreichen Merkmalen überein, durch welche sie sich von den beiden niedersten Klassen (den Unpaarnasen und Rohrherzen) unterscheiden. Wir können sie daher in der natürlichen Hauptgruppe der Paarnasen (Amphirrhina) vereinigen. Endlich sind diese Paarnasen wiederum viel näher den Rundmäulern oder Unpaarnasen, als den Schädellosen oder Rohrherzen verwandt. Wir können daher mit vollem Rechte die Paarnasen mit den Unpaarnasen in einer obersten Hauptgruppe zusammenstellen und diese als Centralherzen (Pachycardia) oder Schädelthiere (Craniota) der einzigen Klasse der Rohrherzen oder Schädellosen gegenüberstellen. Das systematische Verhältniß dieser Gruppen zu einander wird Ihnen durch folgende Uebersicht klar werden.

A. Rohrherzen (Leptocardia)			1. Schädellose	1. Acrania
B. **Centralherzen** (Pachycardia) **oder** **Schädelthiere** (Craniota)	a. Unpaarnasen *Monorrhina*		2. Rundmäuler	2. Cyclostoma
	b. Paarnasen *Amphirhina*	I. Amnionlose Anamnia	3. Fische	3. Pisces
			4. Lurchfische	4. Dipneusta
			5. Lurche	5. Amphibia
		II. Amnionthiere Amniota	6. Schleicher	6. Reptilia
			7. Vögel	7. Aves
			8. Säugethiere	8. Mammalia

Auf der niedrigsten Organisationsstufe von allen uns bekannten Wirbelthieren steht der einzige noch lebende Vertreter der ersten Klasse, das Lanzetfischchen oder Lanzetthierchen (Amphioxus lanceolatus). Dieses höchst interessante und wichtige Thierchen, welches über die älteren Wurzeln unseres Stammbaumes ein überraschendes Licht verbreitet, ist offenbar der letzte Mohikaner, der letzte überlebende Repräsentant einer formenreichen niederen Wirbelthierklasse, welche während der Primordialzeit sehr entwickelt war, uns aber leider wegen des Mangels aller festen Skelettheile gar keine versteinerten Reste hinterlassen konnte. Das kleine Lanzetfischchen lebt heute noch weitverbreitet in verschiedenen Meeren, z. B. in der Ostsee, Nordsee, im Mittelmeere, gewöhnlich auf flachem Strande im Sand vergraben. Der Körper hat, wie der Name sagt, die Gestalt eines schmalen, an beiden Enden zugespitzten, lanzettförmigen Blattes. Erwachsen ist dasselbe etwa zwei Zoll lang, und röthlich schimmernd, halb durchsichtig. Aeußerlich hat das Lanzetthierchen so wenig Aehnlichkeit mit einem Wirbelthier, daß sein erster Entdecker, Pallas, es für eine unvollkommene Nacktschnecke hielt. Beine besitzt es nicht, und ebenso wenig Kopf, Schädel und Gehirn. Das vordere Körperende ist äußerlich von dem hinteren fast nur durch die Mundöffnung zu unterscheiden. Aber dennoch besitzt der Amphioxus in seinem inneren Bau die wichtigsten Merkmale, durch welche sich alle Wirbelthiere von allen Wirbellosen unterscheiden, vor allen den Rückenstrang und das Rückenmark. Der Rückenstrang (Chorda dorsalis) ist ein cylindrischer, vorn und hinten zugespitzter, grader Knorpelstab, welcher die centrale Axe des inneren Skelets, und die Grundlage der Wirbelsäule bildet. Unmittelbar über diesem Rückenstrang, auf der Rückenseite desselben, liegt das Rückenmark (Medulla spinalis), ebenfalls ursprünglich ein grader, vorn und hinten zugespitzter, inwendig aber hohler Strang, welcher das Hauptstück und Centrum des Nervensystems bei allen Wirbelthieren bildet (Vergl. oben S. 247, 248). Bei allen Wirbelthieren ohne Ausnahme, auch den Menschen mit inbegriffen, werden diese wichtigsten Körpertheile während der embryonalen Ent-

wickelung aus dem Ei ursprünglich in derselben einfachsten Form an=
gelegt, welche sie beim Amphioxus zeitlebens behalten. Erst später
entwickelt sich durch Auftreibung des vorderen Endes aus dem Rücken=
mark das Gehirn, und aus dem Rückenstrang der das Gehirn um=
schließende Schädel. Da bei dem Amphioxus diese beiden wichtigen
Organe gar nicht zur Entwickelung gelangen, so können wir die durch
ihn vertretene Thierklasse mit Recht als Schädellose (Acrania) be=
zeichnen, im Gegensatz zu allen übrigen, den Schädelthieren (Cra=
niota). Gewöhnlich werden die Schädellosen Rohrherzen oder Röh=
renherzen (Leptocardia) genannt, weil ein centralisirtes Herz noch
fehlt, und das Blut durch die Zusammenziehungen der röhrenförmigen
Blutgefäße selbst im Körper umhergetrieben wird. Die Schädelthiere,
welche dagegen ein centralisirtes, beutelförmiges Herz besitzen, müßten
dann im Gegensatz dazu Beutelherzen oder Centralherzen
(Pachycardia) genannt werden.

Offenbar haben sich die Schädelthiere oder Centralherzen erst in
späterer Primordialzeit aus Schädellosen oder Rohrherzen, welche dem
Amphioxus nahe standen, allmählich entwickelt. Darüber läßt uns
die Ontogenie der Schädelthiere nicht in Zweifel. Wo stammen nun
aber diese Schädellosen selbst her? Auf diese wichtige Frage hat uns,
wie ich schon im letzten Vortrage erwähnte, erst die jüngste Zeit eine
höchst überraschende Antwort gegeben. Aus den 1867 veröffentlichten
Untersuchungen von Kowalewski über die individuelle Entwickelung
des Amphioxus und der festsitzenden Seescheiden (Ascidiae) [aus der
Klasse der Mantelthiere (Tunicata)] hat sich ergeben, daß die Onto=
genie dieser beiden ganz verschiedenen Thierformen in ihrer ersten Ju=
gend merkwürdig übereinstimmt. Die frei umherschwimmenden Lar=
ven der Ascidien entwickeln die unzweifelhafte Anlage zum Rücken=
mark und zum Rückenstrang, und zwar ganz in derselben Weise, wie
der Amphioxus. Allerdings bilden sie diese wichtigsten Organe des
Wirbelthierkörpers später hin nicht weiter aus. Vielmehr gehen sie
eine rückschreitende Verwandlung ein, setzen sich auf dem Meeresbo=
den fest, und wachsen zu unförmlichen Klumpen aus, in denen man

kaum noch bei äußerer Betrachtung ein Thier vermuthet. Allein das Rückenmark, als die Anlage des Centralnervensystems, und der Rücken=strang, als die erste Grundlage der Wirbelsäule, sind so wichtige, den Wirbelthieren so ausschließlich eigenthümliche Organe, daß wir daraus sicher auf die wirkliche Blutsverwandtschaft der Wirbelthiere mit den Mantelthieren schließen können. Natürlich wollen wir damit nicht sa=gen, daß die Wirbelthiere von den Mantelthieren abstammen, sondern nur, daß beide Gruppen aus gemeinsamer Wurzel entsprossen sind, und daß die Mantelthiere von allen Wirbellosen diejenigen sind, welche die nächste Blutsverwandtschaft zu den Wirbelthieren besitzen. Offen=bar haben sich während der Primordialzeit die echten Wirbelthiere (und zwar zunächst die Schädellosen) aus einer Würmergruppe fort=schreitend entwickelt, aus welcher nach einer anderen rückschreitenden Richtung hin, die degenerirten Mantelthiere hervorgingen.

Aus den Schädellosen oder Rohrherzen hat sich zunächst eine zweite niedere Klasse von Wirbelthieren entwickelt, welche noch tief un=ter den Fischen steht, und welche in der Gegenwart nur durch die Inger (Myxinoiden) und Lampreten (Petromyzonten) vertreten wird. Auch diese Klasse konnte wegen des Mangels aller festen Körpertheile leider eben so wenig als die Schädellosen versteinerte Reste hinter=lassen. Aus ihrer ganzen Organisation und Ontogenie geht aber deut=lich hervor, daß sie eine sehr wichtige Mittelstufe zwischen den Schä=dellosen und den Fischen darstellt, und daß die wenigen noch lebenden Glieder derselben nur die letzten überlebenden Reste von einer gegen Ende der Primordialzeit vermuthlich reich entwickelten Thiergruppe sind. Wegen des kreisrunden, zum Saugen verwendeten Maules, das die Inger und Lampreten besitzen, wird die ganze Klasse gewöhnlich Rundmäuler (Cyclostoma) genannt. Bezeichnender noch ist der Name Unpaarnasen (Monorrhina). Denn alle Cyclostomen be=sitzen ein einfaches unpaares Nasenrohr, während bei allen übrigen Wirbelthieren (wieder mit Ausnahme des Amphioxus) die Nase aus zwei paarigen Seitenhälften, einer rechten und linken Nase besteht.

Wir konnten deßhalb diese letzteren (Anamnien und Amnioten) auch als Paarnasen (Amphirrhina) zusammenfassen.

Auch abgesehen von der eigenthümlichen Nasenbildung unterscheiden sich die Unpaarnasen von den Paarnasen noch durch viele andere Eigenthümlichkeiten. So fehlt ihnen namentlich ganz das wichtige sympathische Nervennetz der letzteren. Ebenso wenig besitzen sie die Milz und die Bauchspeicheldrüse der Paarnasen. Von der Schwimmblase und den beiden Beinpaaren, welche bei allen Paarnasen wenigstens in der ersten Anlage vorhanden sind, fehlt den Unpaarnasen (ebenso wie den Schädellosen) noch jede Spur. Es ist daher gewiß ganz gerechtfertigt, wenn wir sowohl die Monorrhinen als die Schädellosen gänzlich von den Fischen trennen, mit denen sie bis jetzt in herkömmlicher, aber irrthümlicher Weise vereinigt waren.

Die erste genauere Kenntniß der Monorrhinen oder Cyclostomen verdanken wir dem großen Berliner Zoologen Johannes Müller, dessen klassisches Werk über die „vergleichende Anatomie der Myxinoiden" die Grundlage unserer neueren Ansichten über den Bau der Wirbelthiere bildet. Er unterschied unter den Cyclostomen zwei verschiedene Gruppen, welchen wir den Werth von Unterklassen geben können. Die erste Unterklasse sind die Inger oder Schleimfische (Hyperotreta oder Myxinoida). Sie leben im Meere schmarotzend auf anderen Fischen, in deren Haut sie sich einbohren (Myxine, Bdellostoma). Im Gehörorgan besitzen sie nur einen Ringcanal, und ihr unpaares Nasenrohr durchbohrt den Gaumen. Höher entwickelt ist die zweite Unterklasse, die Lampreten oder Pricken (Hyperoartia oder Petromyzontia). Hierher gehören die allbekannten Flußpricken oder Neunaugen unserer Flüsse (Petromyzon fluviatilis), deren Bekanntschaft Sie wohl Alle im marinirten Zustande schon gemacht haben. Im Meere werden dieselben durch die mehrmals größeren Seepricken oder die eigentlichen Lampreten (Petromyzon marinus) vertreten. Bei diesen Unpaarnasen durchbohrt das Nasenrohr den Gaumen nicht, und im Gehörorgan finden sich zwei Ringcanäle.

Systematische Uebersicht der 4 Hauptklassen,
8 Klassen und 20 Unterklassen der Wirbelthiere.

(Gen. Morph. Bd. II, Taf. VII, S. CXVI — CLX.)

I. Rohrherzen (Leptocardia) oder Schädellose (Acrania).

Wirbelthiere ohne Kopf, ohne Schädel und Gehirn, ohne centralisirtes Herz.

1. Rohrherzen Leptocardia	I. Schädellose Acrania	1 Lanzettthiere	1. Amphioxida

II. Centralherzen (Pachycardia) oder Schädelthiere (Craniota).

Wirbelthiere mit Kopf, mit Schädel und Gehirn, mit centralisirtem Herzen.

Hauptklassen der Schädelthiere	Klassen der Schädelthiere	Unterklassen der Schädelthiere	Systematischer Name der Unterklassen
2. Unpaarnasen Monorrhina	II. Rundmäuler Cyclostoma	2. Inger oder Schleimfische 3. Lampreten oder Pricken	2. Hyperotreta (Myxinoida) 3. Hyperoartia (Petromyzontia)
3. Amnionlose Anamnia	III. Fische Pisces	4. Urfische 5. Schmelzfische 6. Knochenfische	4. Selachii 5. Ganoides 6. Teleostei
	IV. Lurchfische Dipneusta	7. Molchfische	7. Protopteri
	V. Lurche Amphibia	8. Panzerlurche 9. Nacktlurche	8. Phractamphibia 9. Lissamphibia
4. Amnionthiere Amniota	VI. Schleicher Reptilia	10. Stammreptilien 11. Schwimmreptilien 12. Schuppenreptilien 13. Drachenreptilien 14. Schnabelreptilien	10. Tocosauria 11. Hydrosauria 12. Lepidosauria 13. Dinosauria 14. Rhamphosauria
	VII. Vögel Aves	15. Fiederschwänzige 16. Fächerschwänzige 17. Büschelschwänzige	15. Saururae 16. Carinatae 17. Ratitae
	VIII. Säugethiere Mammalia	18. Kloakenthiere 19. Beutelthiere 20. Placentalthiere	18. Amasta 19. Marsupialia 20. Placentalia

Alle Wirbelthiere, welche jetzt noch leben, mit Ausnahme der eben
betrachteten Monorrhinen und des Amphioxus, gehören zu derjenigen
Hauptgruppe, welche wir als Paarnasen (Amphirrhina) bezeich=
neten. Alle diese Thiere besitzen (trotz der großen Mannichfaltigkeit
in ihrer sonstigen Bildung) eine aus zwei paarigen Seitenhälften be=
stehende Nase, ein sympathisches Nervennetz, drei Ringcanäle im Ge=
hörorgan, eine Milz und eine Bauchspeicheldrüse. Alle Paarnasen
besitzen ferner eine blasenförmige Ausstülpung des Schlundes, welche
sich bei den Fischen zur Schwimmblase, bei den übrigen Paarnasen
zur Lunge entwickelt hat. Endlich ist ursprünglich bei allen Paarnasen
die Anlage von zwei paar Extremitäten oder Gliedmaßen vorhanden,
ein paar Vorderbeine oder Brustflossen, und ein paar Hinterbeine
oder Bauchflossen. Allerdings ist bisweilen das eine Beinpaar (z. B.
bei den Aalen und Walfischen) oder beide Beinpaare (z. B. bei den
Caecilien und Schlangen) verkümmert oder gänzlich verloren gegangen;
aber selbst in diesen Fällen ist wenigstens die Spur ihrer ursprüngli=
chen Anlage in früher Embryonalzeit zu finden, oder es bleiben un=
nütze Reste derselben als rudimentäre Organe durch das ganze Leben
bestehen (Vergl. oben S. 11).

Aus allen diesen wichtigen Anzeichen können wir mit voller Si=
cherheit schließen, daß sämmtliche Paarnasen von einer einzigen ge=
meinschaftlichen Stammform abstammen, welche während der Pri=
mordialzeit direct oder indirect sich aus den Monorrhinen entwickelt
hatte. Diese Stammform muß die eben angeführten Organe, na=
mentlich auch die Anlage zur Schwimmblase und zu zwei Beinpaaren
oder Flossenpaaren besessen haben. Von allen jetzt lebenden Paar=
nasen stehen offenbar die niedersten Formen der Haifische dieser längst
ausgestorbenen, unbekannten, hypothetischen Stammform, welche
wir als Stammpaarnasen oder Proselachier bezeichnen können, am
nächsten (Taf. VI, 11). Wir dürfen daher die Gruppe der Urfische
oder Selachier, in deren Rahmen diese Proselachier vermuthlich hin=
eingepaßt haben, als die Stammgruppe nicht allein für die Fischklasse,
sondern für die ganze Hauptklasse der Paarnasen betrachten.

Die Klasse der Fische (Pisces), mit welcher wir demgemäß die Reihe der Paarnasen beginnen, unterscheidet sich von den übrigen fünf Klassen dieser Reihe vorzüglich dadurch, daß die Schwimmblase niemals zur Lunge entwickelt, vielmehr nur als hydrostatischer Apparat thätig ist. In Uebereinstimmung damit finden wir den Umstand, daß die Nase bei den Fischen durch zwei blinde Gruben vorn auf der Schnauze gebildet wird, welche niemals den Gaumen durchbohren und in die Rachenhöhle münden. Dagegen sind die beiden Nasenhöhlen bei den übrigen fünf Klassen der Paarnasen zu Luftwegen umgebildet, welche den Gaumen durchbohren, und so den Lungen Luft zuführen. Die echten Fische (nach Ausschluß der Dipneusten) sind demnach die einzigen Paarnasen, welche ausschließlich durch Kiemen, und niemals durch Lungen athmen. Sie leben dem entsprechend alle im Wasser und ihre beiden Beinpaare haben die ursprüngliche Form von rudernden Flossen beibehalten.

Die echten Fische werden in drei verschiedene Unterklassen eingetheilt, in die Urfische, Schmelzfische und Knochenfische. Die älteste von diesen, welche die ursprüngliche Form am getreuesten bewahrt hat, ist diejenige der Urfische (Selachii). Davon leben heutzutage noch die Haifische (Squali) und Rochen (Rajae), welche man als Quermäuler (Plagiostomi) zusammenfaßt, sowie die seltsame Fischform der abenteuerlich gestalteten Seekatzen oder Chimären (Holocephali oder Chimaeracei). Aber diese Urfische der Gegenwart, welche in allen Meeren vorkommen, sind nur schwache Reste von der gestaltenreichen und herrschenden Thiergruppe, welche die Selachier in früheren Zeiten der Erdgeschichte, und namentlich während der paläolithischen Zeit bildeten. Leider besitzen alle Urfische ein knorpeliges, niemals vollständig verknöchertes Skelet, welches der Versteinerung nur wenig oder gar nicht fähig ist. Die einzigen harten Körpertheile, welche in fossilem Zustande sich erhalten konnten, sind die Zähne und die Flossenstacheln. Diese finden sich aber in solcher Menge, Formenmannichfaltigkeit und Größe in den älteren Formationen vor, daß wir daraus mit Sicherheit auf eine höchst beträchtliche Entwickelung der-

Syftematische Uebersicht der sieben Legionen
und fünfzehn Ordnungen der Fischtlasse.

Unterklassen der Fischklasse	Legionen der Fischklasse	Ordnungen der Fischklasse	Beispiele aus den Ordnungen
A. Urfische Selachii	I. Quermäuler *Plagiostomi*	1. Haifische Squalacei	Stachelhai, Menschenhai, u. f. w.
		2. Rochen Rajacei	Stachelrochen, Zitterrochen, u. f. w.
	II. Seekatzen *Holocephali*	3. Seekatzen Chimaeracei	Chimären, Kalorrhynchen, u. f. w.
B. Schmelzfische Ganoides	III. Gepanzerte Schmelzfische *Tabuliferi*	4. Schildkrötenfische Pamphracti	Cephalaspiden, Placodermen, u. f. w.
		5. Störfische Sturiones	Löffelstör, Stör, Hausen, u. f. w.
	IV. Eckschuppige Schmelzfische *Rhombiferi*	6. Schindellose Efaleri	Doppelflosser, Pfasterzähner, u.f.w.
		7. Schindelflossige Fulcrati	Paläonisten, Knochenhechte, n.f.w.
		8. Fahnenflossige Semaeopteri	Afrikanischer Flösselhecht u. f. w.
	V. Rundschuppige Schmelzfische *Cycliferi*	9. Hohlgrätenfische Coeloscolopes	Holoptychier, Coelacanthiden, u.f.w.
		10. Dichtgrätenfische Pycnoscolopes	Coccolepiden, Amiaden, u. f. w.
C. Knochenfische Teleostei	VI. Knochenfische mit Luftgang der Schwimmblase *Pysostomi*	11. Häringsartige Thrissogenes	Häringe, Lachse, Karpfen, Welse, u. f. w.
		12. Aalartige Enchelygenes	Aale, Schlangenaale, Zitteraale, u. f. w.
	VII. Knochenfische ohne Luftgang der Schwimmblase *Physoclisti*	13. Reihenkiemer Stichobranchii	Barsche, Lippfische, Dorsche, Schollen, u. f. w.
		14. Hestkiefer Plectognathi	Kofferfische, Igelfische u. f. w.
		15. Büschelkiemer Lophobranchii	Seenadeln, Seepferdchen, u.f.w.

selben in jener altersgrauen Vorzeit schließen können. Sie finden sich sogar schon in den silurischen Schichten, welche von anderen Wirbelthieren nur schwache Reste von Schmelzfischen (und diese erst in den jüngsten Schichten, im oberen Silur) einschließen. Von den drei Ordnungen der Urfische sind die bei weitem wichtigsten und interessantesten die Haifische, welche wahrscheinlich unter allen lebenden Paarnasen der ursprünglichen Stammform der ganzen Gruppe, den Proselachiern, am nächsten stehen. Aus Paarnasen, welche von echten Haifischen vermuthlich nur wenig verschieden waren, haben sich als drei divergente Linien einerseits die Schmelzfische, andrerseits die Lurchfische, und drittens, als wenig veränderte Stammlinie, die übrigen Selachier entwickelt.

Die Schmelzfische (Ganoides) stehen in anatomischer Beziehung vollständig in der Mitte zwischen den Urfischen einerseits und den Knochenfischen andrerseits. In vielen Merkmalen stimmen sie mit jenen, in vielen anderen mit diesen überein. Wir ziehen daraus den Schluß, daß sie auch genealogisch den Uebergang von den Urfischen zu den Knochenfischen vermittelten. In noch höherem Maaße, als die Urfische, sind auch die Ganoiden heutzutage größtentheils ausgestorben, wogegen sie während der ganzen paläolithischen und mesolithischen Zeit in großer Mannichfaltigkeit und Masse entwickelt waren. Nach der verschiedenen Form der äußeren Hautbedeckung theilt man die Schmelzfische in drei Legionen: Gepanzerte, Eckschuppige und Rundschuppige. Die gepanzerten Schmelzfische (Tabulifori) sind die ältesten und schließen sich unmittelbar an die Selachier an, aus denen sie entsprungen sind. Fossile Reste von ihnen finden sich, obwohl selten, bereits im oberen Silur vor (Pteraspis ludensis aus den Ludlowschichten). Riesige, gegen 30 Fuß lange Arten derselben, mit mächtigen Knochentafeln gepanzert, finden sich namentlich im devonischen System. Heute aber lebt von dieser Legion nur noch die kleine Ordnung der Störfische (Sturiones), nämlich die Löffelstöre (Spatularides), und die Störe (Accipenserides), zu denen u. A. der Hausen gehört, welcher uns den Fischleim oder die Hausenblase liefert,

der Stör und Störlett, deren Eier wir als Caviar verzehren, u. s. w.
Aus den gepanzerten Schmelzfischen haben sich wahrscheinlich als zwei
divergente Zweige die eckschuppigen und die rundschuppigen entwickelt.
Die eckschuppigen Schmelzfische (Rhombiferi), welche man
durch ihre viereckigen oder rhombischen Schuppen auf den ersten Blick
von allen anderen Fischen unterscheiden kann, sind heutzutage nur noch
durch wenige Ueberbleibsel vertreten, nämlich durch den Flößelhecht (Polypterus) in afrikanischen Flüssen (vorzüglich im Nil), und durch den
Knochenhecht (Lepidosteus) in amerikanischen Flüssen. Aber während
der paläolithischen und der ersten Hälfte der mesolithischen Zeit bildete
diese Legion die Hauptmasse der Fische. Weniger formenreich war
die dritte Legion, die rundschuppigen Schmelzfische (Cycliferi),
welche vorzugsweise während der Devonzeit und Steinkohlenzeit lebten. Jedoch war diese Legion, von der heute nur noch der Kahlhecht
(Amia) in nordamerikanischen Flüssen übrig ist, insofern viel wichtiger,
als sich aus ihnen die dritte Unterklasse der Fische, die Knochenfische,
entwickelten.

Die Knochenfische (Teleostei) bilden in der Gegenwart die
Hauptmasse der Fischklasse. Es gehören dahin die allermeisten Seefische, und alle unsere Süßwasserfische, mit Ausnahme der eben erwähnten Schmelzfische. Wie zahlreiche Versteinerungen deutlich beweisen, ist diese Klasse erst um die Mitte des mesolithischen Zeitalters
aus den Schmelzfischen, und zwar aus den rundschuppigen oder Cycli-
feren entstanden. Die Thrissopiden der Jurazeit (Thrissops, Lep-
tolepis, Tharsis), welche unseren heutigen Häringen am nächsten
stehen, sind wahrscheinlich die ältesten von allen Knochenfischen, und
unmittelbar aus den rundschuppigen Schmelzfischen, welche der heutigen Amia nahe standen, hervorgegangen. Bei den älteren Knochenfischen, den Physostomen war, ebenso wie bei den Ganoiden,
die Schwimmblase noch zeitlebens durch einen bleibenden Luftgang
(eine Art Luftröhre) mit dem Schlunde in Verbindung. Das ist auch
heute noch bei den zu dieser Gruppe gehörigen Häringen, Lachsen,
Karpfen, Welsen, Aalen u. s. w. der Fall. Während der Kreidezeit

trat aber bei einigen Physostomen eine Verwachsung, ein Verschluß
jenes Luftganges ein, und dadurch wurde die Schwimmblase völlig
von dem Schlunde abgeschnürt. So entstand die zweite Legion der
Knochenfische, die der Physokliften, welche erst während der
Tertiärzeit ihre eigentliche Ausbildung erreichte, und bald an Mannich=
faltigkeit bei weitem die Physostomen übertraf. Es gehören hierher
die meisten Seefische der Gegenwart, namentlich die umfangreichen
Familien der Dorsche, Schollen, Thunfische, Lippfische, Umberfische
u. s. w., ferner die Heftkiefer (Kofferfische und Igelfische) und die
Büschelkiemer (Seenadeln und Seepferdchen).   Dagegen sind unter
unseren Flußfischen nur wenige Physokliften, z. B. der Barsch und der
Stichling; die große Mehrzahl der Flußfische sind Physostomen.

Zwischen den echten Fischen und den Amphibien mitten inne steht
die merkwürdige Klasse der Lurchfische oder Molchfische (Dipneusta oder Protopteri). Davon leben heute nur noch wenige Re=
präsentanten, nämlich der amerikanische Molchfisch (Lepidosiren pa-
radoxa) im Gebiete des Amazonenstroms, und der afrikanische Molch=
fisch (Protopterus annectens) in verschiedenen Gegenden Afrikas.
Während der trocknen Jahreszeit, im Sommer, vergraben sich diese
seltsamen Thiere in den eintrocknenden Schlamm, in ein Nest von
Blättern, und athmen dann Luft durch Lungen, wie die Amphibien.
Während der nassen Jahreszeit aber, im Winter, leben sie in Flüssen
und Sümpfen, und athmen Wasser durch Kiemen, gleich den Fischen.
Aeußerlich gleichen sie aalförmigen Fischen, und sind wie diese mit
Schuppen bedeckt; auch in manchen Eigenthümlichkeiten ihres inneren
Baues, des Skelets, der Extremitäten ꝛc. gleichen sie mehr den Fischen,
als den Amphibien. In anderen Merkmalen dagegen stimmen sie
mehr mit den letzteren überein, vor allen in der Bildung der Lungen,
der Nase und des Herzens. Aus diesen Gründen herrscht unter den
Zoologen ein ewiger Streit darüber, ob die Lurchfische eigentlich Fische
oder Amphibien seien. Ebenso ausgezeichnete Zoologen haben sich für
die eine, wie für die andere Ansicht ausgesprochen. In der That sind
sie wegen der vollständigen Mischung des Charakters weder das eine

noch das andere, und werden wohl am richtigſten als eine beſondere Wirbelthierklaſſe aufgefaßt, welche den Uebergang zwiſchen jenen bei= den Klaſſen vermittelt. Die heute noch lebenden Dipneuſten ſind wahr= ſcheinlich die letzten überlebenden Reſte einer vormals formenreichen Gruppe, welche aber wegen Mangels feſter Skeletttheile keine verſtei= nerten Spuren hinterlaſſen konnte. Sie verhalten ſich in dieſer Be= ziehung ganz ähnlich den Monorrhinen und den Leptocardiern, mit denen ſie gewöhnlich zu den Fiſchen gerechnet werden. Wahrſchein= lich ſind ausgeſtorbene Dipneuſten der paläolithiſchen Periode, welche ſich entweder in antedevoniſcher oder in devoniſcher oder in antecarbo= niſcher Zeit aus Urfiſchen entwickelt hatten, die Stammformen der Amphibien, und ſomit auch aller höheren Wirbelthiere. Mindeſtens werden die unbekannten Uebergangsformen von den Urfiſchen zu den Amphibien, welche wir als Stammgruppe der letzteren zu betrachten haben, den Dipneuſten wohl ſehr ähnlich geweſen ſein.

Die Lurche (Amphibia) ſind jedenfalls von den Urfiſchen oder Selachiern abzuleiten, entweder direct oder durch Vermittlung der Lurchfiſche. Wir theilen dieſe Klaſſe in zwei Unterklaſſen ein, in die Panzerlurche und Nacktlurche, von denen die erſteren durch die Be= deckung des Körpers mit Knochentafeln oder Schuppen ausgezeichnet ſind. Die älteren von dieſen ſind die Panzerlurche (Phractam= phibia), die älteſten landbewohnenden Wirbelthiere, von denen uns foſſile Reſte erhalten ſind. Wohlerhaltene Verſteinerungen derſelben finden ſich ſchon in der Steinkohle vor, nämlich die den Fiſchen noch am nächſten ſtehenden Schmelzköpfe (Ganocephala), der Arche= goſaurus von Saarbrücken, und das Dendrerpeton aus Nordame= rika. Auf dieſe folgen dann ſpäter die rieſigen Wickelzähner (La= byrinthodonta), ſchon im permiſchen Syſtem durch Zygoſaurus, ſpäter aber vorzüglich in der Trias durch Maſtodonſaurus, Tremato= ſaurus, Kapitoſaurus u. ſ. w. vertreten. Dieſe furchtbaren Raub= thiere ſcheinen in der Körperform zwiſchen den Krokodilen, Salaman= dern und Fröſchen in der Mitte geſtanden zu haben, waren aber den beiden letzteren mehr durch ihren inneren Bau verwandt, während ſie durch die feste Panzerbedeckung mit starken Knochentafeln den ersteren glichen. Schon gegen Ende der Triaszeit scheinen diese gepanzerten Riesenlurche ausgestorben zu sein. Aus der ganzen folgenden Zeit kennen wir keine Versteinerungen von Panzerlurchen. Daß diese Unterklasse jedoch währenddessen noch lebte und niemals ganz ausstarb, beweisen die heute noch lebenden Blindwühlen oder Caecilien (Peromela), kleine beschuppte Phraktamphibien von der Form und Lebensweise des Regenwurms.

Die zweite Unterklasse der Amphibien, die Nacktlurche (Lissamphibia), entstanden wahrscheinlich schon während der primären oder secundären Zeit, obgleich wir fossile Reste derselben erst aus der Tertiärzeit kennen. Sie unterscheiden sich von den Panzerlurchen durch ihre nackte, glatte, schlüpfrige Haut, welche jeder Schuppen- oder Panzerbedeckung entbehrt. Sie entwickelten sich vermuthlich entweder aus einem Zweige der Phraktamphibien oder aus gemeinsamer Wurzel mit diesen. Die drei Ordnungen von Nacktlurchen, welche noch jetzt leben, die Kiemenlurche, Schwanzlurche und Froschlurche, wiederholen uns noch heutzutage in ihrer individuellen Entwickelung sehr deutlich den historischen Entwickelungsgang der ganzen Unterklasse. Die ältesten Formen sind die Kiemenlurche (Sozobranchia), welche zeitlebens auf der ursprünglichen Stammform der Nacktlurche stehen bleiben und einen langen Schwanz nebst wasserathmenden Kiemen beibehalten. Sie stehen am nächsten den Dipneusten, von denen sie sich aber schon äußerlich durch den Mangel des Schuppenkleides unterscheiden. Die meisten Kiemenlurche leben in Nordamerika, unter anderen der früher erwähnte Axolotl oder Siredon (vergl. oben S. 192). In Europa ist diese Ordnung nur durch eine Form vertreten, durch den berühmten Olm (Proteus anguineus), welcher die Adelsberger Grotte und andere Höhlen Krains bewohnt, und durch den Aufenthalt im Dunkeln rudimentäre Augen bekommen hat, die nicht mehr sehen können (S. oben S. 11). Aus den Kiemenlurchen hat sich durch Verlust der äußeren Kiemen die Ordnung der Schwanzlurche (Sozura) entwickelt, zu welcher unser schwarzer, gelbge-

fleckter Landsalamander (Salamandra maculata) und unsere flinken
Wassermolche (Triton) gehören. Manche von ihnen, z. B. der berühmte Riesenmolch von Japan (Cryptobranchus japonicus) haben
noch die Kiemenspalte beibehalten, trotzdem sie die Kiemen selbst verloren haben. Alle aber behalten den Schwanz zeitlebens. Bisweilen
conserviren die Tritonen auch die Kiemen und bleiben so ganz auf der
Stufe der Kiemenlurche stehen, wenn man sie nämlich zwingt, beständig im Wasser zu bleiben (Vergl. oben S. 192). Die dritte Ordnung, die Schwanzlosen oder Froschlurche (Anura), verlieren bei
der Metamorphose nicht nur die Kiemen, durch welche sie in früher
Jugend (als sogenannte „Kaulquappen") Wasser athmen, sondern
auch den Schwanz, mit dem sie umherschwimmen. Sie durchlaufen
also während ihrer Ontogenie den Entwickelungsgang der ganzen
Unterklasse, indem sie zuerst Kiemenlurche, später Schwanzlurche, und
zuletzt Froschlurche sind. Offenbar ergiebt sich daraus, daß die Froschlurche sich erst später aus den Schwanzlurchen, wie diese selbst aus
den ursprünglich allein vorhandenen Kiemenlurchen entwickelt haben.

Indem wir nun von den Amphibien zu der nächsten Wirbelthier-
klasse, den Reptilien übergehen, bemerken wir eine sehr bedeutende
Vervollkommnung in der stufenweise fortschreitenden Organisation der
Wirbelthiere. Alle bisher betrachteten Paarnasen oder Amphirrhinen,
nämlich die drei nahe verwandten Klassen der Fische, Lurchfische und
Lurche, stimmen in einer Anzahl von wichtigen Charakteren überein,
durch welche sie sich von den drei noch übrigen Wirbelthierklassen, den
Reptilien, Vögeln und Säugethieren, sehr wesentlich unterscheiden.
Bei diesen letzteren bildet sich während der embryonalen Entwickelung
rings um den Embryo eine von seinem Nabel auswachsende besondere zarte Hülle, die Fruchthaut oder das Amnion, welche
mit dem Fruchtwasser oder Amnionwasser gefüllt ist, und in diesem
den Embryo oder Keim blasenförmig umschließt. Wegen dieser sehr
wichtigen und charakteristischen Bildung können wir jene drei höchst
entwickelten Wirbelthierklassen als Amnionthiere (Amniota) zusammenfassen. Die drei soeben betrachteten Klassen der Paarnasen

dagegen, denen das Amnion, ebenso wie allen niederen Wirbelthieren (Unpaarnasen und Schädellosen), fehlt, können wir jenen als Amnionlose (Anamnia) entgegensetzen.

Die Bildung der Fruchthaut oder des Amnion, durch welche sich die Reptilien, Vögel und Säugethiere von allen anderen Wirbelthieren unterscheiden, ist offenbar ein höchst wichtiger Vorgang in der Ontogenie und der ihr entsprechenden Phylogenie der Wirbelthiere. Er fällt zusammen mit einer Reihe von anderen Vorgängen, welche wesentlich die höhere Entwickelung der Amnionthiere bestimmten. Dahin gehört vor allen der gänzliche Verlust der Kiemen, dessenwegen man schon früher die Amnioten als Kiemenlose (Ebranchiata) allen übrigen Wirbelthieren als Kiemenathmenden (Branchiata) entgegengesetzt hatte. Bei allen bisher betrachteten Wirbelthieren fanden sich athmende Kiemen entweder zeitlebens, oder doch wenigstens, wie bei Fröschen und Molchen, in früher Jugend. Bei den Reptilien, Vögeln und Säugethieren dagegen kommen zu keiner Zeit des Lebens wirklich athmende Kiemen vor, und die auch hier vorhandenen Kiemenbogen gestalten sich im Laufe der Ontogenie zu ganz anderen Gebilden, zu Theilen des Kieferapparats und des Gehörorgans (Vergl. oben S. 251). Alle Amnionthiere besitzen im Gehörorgan eine sogenannte „Schnecke" und ein dieser entsprechendes „rundes Fenster." Diese Theile fehlen dagegen den Amnionlosen. Bei diesen letzteren liegt der Schädel des Embryo in der gradlinigen Fortsetzung der Wirbelsäule. Bei den Amnionthieren dagegen erscheint die Schädelbasis von der Bauchseite her eingeknickt, so daß der Kopf auf die Brust herabsinkt (S. 240 c, d, Fig. A—E). Auch entwickeln sich erst bei den Amnioten die Thränenorgane im Auge, welche den Anamnien noch fehlen.

Wann fand nun im Laufe der organischen Erdgeschichte dieser wichtige Vorgang statt? Wann entwickelte sich aus einem Zweige der Amnionlosen (und zwar jedenfalls aus einem Zweige der Amphibien) der gemeinsame Stammvater aller Amnionthiere?

Auf diese Frage geben uns die versteinerten Wirbelthierreste zwar keine ganz bestimmte, aber doch eine annähernde Antwort. Mit

Ausnahme nämlich von zwei im permiſchen Syſteme gefundenen eidech=
ſenähnlichen Thieren (dem Proteroſaurus und Rhopalodon) gehören
alle übrigen verſteinerten Reſte, welche wir bis jetzt von Amnion=
thieren kennen, der Secundärzeit, Tertiärzeit und Quar=
tärzeit an. Von jenen beiden Wirbelthieren aber iſt es noch zweifel=
haft, ob ſie ſchon wirkliche Reptilien und nicht vielleicht ſalamander=
ähnliche Amphibien ſind. Wir kennen von ihnen allein das Skelet,
und dies nicht einmal vollſtändig. Im Ganzen gleicht das Skelet
allerdings mehr den Reptilien als den Amphibien, in manchen Einzel=
heiten aber mehr den Amphibien. Da wir nun von den entſcheidenden
Merkmalen der Weichtheile gar Nichts wiſſen, iſt es ſehr wohl möglich,
daß der Proteroſaurus und der Rhopalodon noch amnionloſe Thiere
waren, welche den Amphibien näher als den Reptilien ſtanden, viel=
leicht aber zu den Uebergangsformen zwiſchen beiden Klaſſen gehörten.
Da aber andrerſeits unzweifelhafte Amnionthiere bereits in der
Trias verſteinert vorgefunden werden, ſo iſt es wahrſcheinlich, daß
die Hauptklaſſe der Amnioten ſich erſt in der Ante=
triaszeit, im Beginn des meſolithiſchen Zeitalters,
entwickelte. Wie wir ſchon früher ſahen, iſt offenbar gerade dieſer
Zeitraum einer der wichtigſten Wendepunkte in der organiſchen Erdge=
ſchichte. An die Stelle der paläolithiſchen Farnwälder traten damals
die Nadelwälder der Trias. In vielen Abtheilungen der wirbelloſen
Thiere traten wichtige Umgeſtaltungen ein: Aus den getäfelten See=
lilien (Phatnocrina) entwickelten ſich die gegliederten (Colocrina). Die
Autechiniden oder die Seeigel mit zwanzig Plattenreihen traten an die
Stelle der paläolithiſchen Palechiniden, der Seeigel mit mehr als
zwanzig Plattenreihen. Die Cyſtideen, Blaſtoideen, Trilobiten und
andere charakteriſtiſche wirbelloſe Thiergruppen der Primärzeit waren
ſo eben ausgeſtorben. Kein Wunder, wenn die umgeſtaltenden An=
paſſungsverhältniſſe der Antetriaszeit auch auf den Wirbelthierſtamm
mächtig einwirkten, und die Entſtehung der Amnionthiere veranlaßten.

Wenn man dagegen die beiden eidechſen= oder ſalamanderähn=
lichen Thiere der Permzeit, den Proteroſaurus und den Rhopalodon,

als echte Reptilien, mithin als die ältesten Amnioten betrachtet, so würde die Entstehung dieser Hauptklasse bereits um eine oder zwei Perioden früher, gegen das Ende der Primärzeit, fallen, in die permische oder antepermische Periode. Alle übrigen Reptilienreste aber welche man früher im permischen, im Steinkohlensystem oder gar im devonischen Systeme gefunden zu haben glaubte, haben sich entweder nicht als Reptilienreste, oder als viel jüngeren Alters (meistens der Trias angehörig) herausgestellt.

Die gemeinsame hypothetische Stammform aller Amnionthiere, welche wir als Protamnion bezeichnen können, und welche möglicherweise dem Proterosaurus sehr nahe verwandt war, stand vermuthlich im Ganzen hinsichtlich ihrer Körperbildung in der Mitte zwischen den Salamandern und Eidechsen. Ihre Nachkommenschaft spaltete sich schon frühzeitig in zwei verschiedene Linien (Taf. VI, 39, 40), von denen die eine die gemeinsame Stammform der Reptilien und Vögel, die andere die Stammform der Säugethiere wurde.

Die Schleicher (Reptilia oder Pholidota, auch Sauria im weitesten Sinne genannt) bleiben von allen drei Klassen der Amnionthiere auf der tiefsten Bildungsstufe stehen und entfernen sich am wenigsten von ihren Stammvätern, den Amphibien. Daher wurden sie früher allgemein zu diesen gerechnet, obwohl sie in ihrer ganzen Organisation viel näher den Vögeln als den Amphibien verwandt sind. Gegenwärtig leben von den Reptilien nur noch vier Ordnungen, nämlich die Eidechsen, Schlangen, Krokodile und Schildkröten. Diese bilden aber nur noch einen schwachen Rest von der ungemein mannichfaltig und bedeutend entwickelten Reptilienschaar, welche während der mesolithischen oder Secundärzeit lebte und damals alle anderen Wirbelthierklassen beherrschte. Die ausnehmende Entwickelung der Reptilien während der Secundärzeit ist so charakteristisch, daß wir diese darnach eben so gut, wie nach den Gymnospermen benennen könnten (S. 306). Von den dreißig Unterordnungen, welche die nachstehende Tabelle Ihnen vorführt, gehört die Hälfte, und von den neun Ordnungen gehören fünf ausschließlich der Secundärzeit an. Auch von den fünf Unterklassen, auf welche wir jene vertheilen können, sind zwei (I und IV) gänzlich, und zwei andere (II und V) größtentheils aus= gestorben. Diese mesolithischen Gruppen sind durch ein † bezeichnet.

In der ersten Unterklasse, den Stammreptilien oder S t a m m = s c h l e i c h e r n (Tocosauria), fassen wir die ausgestorbenen F a c h z ä h = n e r (Thecodontia) der Triaszeit mit denjenigen Reptilien zusammen, welche wir als die gemeinsame Stammform der ganzen Klasse be= trachten können. Zu diesen letzteren, welche wir als U r s c h l e i c h e r (Proreptilia) bezeichnen können, gehört möglicherweise der Protero= saurus des permischen Systems. Die vier übrigen Unterklassen sind wahrscheinlich als vier divergente Zweige aufzufassen, welche sich aus jener gemeinsamen Stammform nach verschiedenen Richtungen hin entwickelt haben. Die Thecodonten der Trias, die einzigen sicher bekannten fossilen Reste von Tocosauriern, waren Eidechsen, welche den heute noch lebenden Monitoren oder Warneidechsen (Monitor, Varanus) ziemlich ähnlich gewesen zu sein scheinen.

Die zweite Unterklasse, die S c h w i m m s c h l e i c h e r (Hydro-sauria), lebte ganz oder größtentheils im Wasser. Sie spaltet sich in die beiden Ordnungen der Seedrachen und der Krokodile. Die riesigen, bis 40 Fuß langen S e e d r a c h e n (Halisauria) lebten bloß während der Secundärzeit, und zwar finden sich die versteinerten Reste der Simosaurier bloß in der Trias, diejenigen der Plesiosaurier und Jchthyosaurier bloß im Jura und in der Kreide. Vermuthlich ent= wickelten sich also die letzteren aus den ersteren während der Antejura= zeit. Um diese Zeit entstanden wahrscheinlich auch die K r o k o d i l e (Crocodilia), von denen die Teleosaurier und Steneosaurier bloß im Jura, die jetzt allein noch lebenden Alligatoren aber in den Kreide= und Tertiärschichten versteinert gefunden werden. Die wenigen Kro= kodile der Gegenwart sind nur ein dürftiger Rest von der furchtbaren Raubthierschaar, welche die Gewässer der mesolithischen Zeit bevölkerte.

Von allen Reptiliengruppen hat sich bis auf unsere Zeit am besten die dritte Unterklasse conservirt, die S c h u p p e n s c h l e i c h e r (Lepido-sauria). Es gehören dahin die beiden nächstverwandten Ordnungen

Syſtematiſche Ueberſicht der 5 Unterklaſſen,
9 Ordnungen und 30 Unterordnungen der Reptilien,
(Die mit einem † bezeichneten Gruppen ſind ſchon während der Secundärzeit
ausgeſtorben).

Unterklaſſen der Reptilien	Ordnungen der Reptilien	Unterordnungen der Reptilien	Syſtematiſcher Name der Unterordnungen
I. Stammſchleicher Tocosauria †	1. Stammſchleicher *Tocosauria* †	1. Urſchleicher	1. Proreptilia †
		2. Fachzähner	2. Thecodontia †
II. Schwimmſchleicher Hydrosauria	2. Seedrachen *Halisauria* †	3. Urdrachen	3. Simosauria †
		4. Schlangendrachen	4. Plesiosauria †
		5. Fiſchdrachen	5. Ichthyosauria †
	3. Krokodile *Crocodilia*	6. Amphicoelen	6. Teleosauria †
		7. Opiſthocoelen	7. Stenosauria †
		8. Proſthocoelen	8. Alligatores
III. Schuppenſchleicher Lepidosauria	4. Eidechſen *Lacertilia*	9. Spaltzüngler	9. Fissilingues
		10. Chamaeleonten	10. Vermilingues
		11. Dickzüngler	11. Crassilingues
		12. Kurzzüngler	12. Brevilingues
		13. Ringeleidechſen	13. Glyptodermata
	5. Schlangen *Ophidia*	14. Wurmſchlangen	14. Opoterodonta
		15. Nattern	15. Aglyphodonta
		16. Baumſchlangen	16. Opisthoglypha
		17. Giftnattern	17. Proteroglypha
		18. Ottern	18. Solenoglypha
IV. Drachenſchleicher Dinosauria †	6. Drachen *Dinosauria* †	19. Rieſendrachen	19. Harpagosauria †
		20. Elephantendrachen	20. Therosauria †
V. Schnabelſchleicher Rhamphosauria	7. Schnabeleidechſen *Anomodonta* †	21. Känguruſchleicher	21. Compsognathida †
		22. Vogelſchleicher	22. Tocornithes †
		23. Fehlzähner	23. Cryptodontia †
		24. Hundszähner	24. Cynodontia †
	8. Flugſchleicher *Pterosauria* †	25. Langſchwänzige Flugeidechſen	25. Rhamphorhynchi †
		26. Kurzſchwänzige Flugeidechſen	26. Pterodactyli †
	9. Schildkröten *Chelonia*	27. Seeſchildkröten	27. Thalassitæ
		28. Flußſchildkröten	28. Potamita
		29. Sumpfſchildkröten	29. Elodita
		30. Landſchildkröten	30. Chersita

der echten Eidechsen (Lacertilia) und der Schlangen (Ophidia), von denen jede in fünf verschiedene Unterordnungen zerfällt. Unter den echten Eidechsen stehen die Monitoren oder Warneidechsen (Monitor, Varanus) den ursprünglichen Stammformen der ganzen Klasse am nächsten. Die Schlangen, die jüngste von allen neun Reptilienordnungen, scheinen sich erst während der Anteocenzeit, im Beginn der Tertiärzeit, aus einem Zweige der Eidechsen entwickelt zu haben. Wenigstens kennt man versteinerte Schlangen bis jetzt bloß aus tertiären Schichten.

Gänzlich ausgestorben, ohne Nachkommen zu hinterlassen, ist die vierte Unterklasse, diejenige der Drachen oder Lindwürmer (Dinosauria oder Pachypoda). Diese kolossalen Reptilien, welche eine Länge von mehr als 50 Fuß erreichten, sind die größten Landbewohner, welche jemals unser Erdball getragen hat. Sie lebten ausschließlich in der Secundärzeit. Die meisten Reste derselben finden sich in der unteren Kreide, namentlich in der Wälderformation Englands. Die Mehrzahl waren furchtbare Raubthiere (Megalosaurus von 20—30, Pelorosaurus von 40—60 Fuß Länge). Iguanodon jedoch und einige andere lebten von Pflanzennahrung und spielten in den Wäldern der Kreidezeit wahrscheinlich eine ähnliche Rolle, wie die ebenso schwerfälligen, aber kleineren Elephanten, Flußpferde und Nashörner der Gegenwart.

In einer fünften und letzten Unterklasse, Schnabelschleicher (Rhamphosauria), vereinigen wir alle diejenigen Reptilien, bei denen die Kiefer sich mehr oder weniger deutlich zu einem Vogelschnabel umbilden. Die Zähne gehen dabei ganz oder theilweise verloren, oder werden eigenthümlich umgebildet. Als gemeinsame Stammgruppe derselben, die sich aus einem oder mehreren Aesten der Tocosaurier entwickelte, können wir die Schnabeleidechsen (Anomodonta) der älteren Secundärzeit betrachten, von denen sich viele merkwürdige Reste in der Trias und im Jura finden. Aus diesen haben sich vielleicht als drei divergente Zweige die Flugschleicher, Schildkröten und Vögel entwickelt. Die merkwürdigen Flugschleicher (Pterosauria), bei denen der außerordentlich verlängerte fünfte Finger der Hand als

Stütze einer gewaltigen Flughaut diente, flogen in der Secundärzeit wahrscheinlich in ähnlicher Weise umher, wie jetzt die Fledermäuse. Die kleinsten Flugeidechsen hatten die Größe eines Sperlings. Die größten aber, mit einer Klafterweite der Flügel von mehr als 16 Fuß, übertrafen die größten jetzt lebenden fliegenden Vögel (Condor und Albatros) an Umfang. Ihre versteinerten Reste, die langschwänzigen Rhamphorhynchen und die kurzschwänzigen Pterodactylen, finden sich zahlreich versteinert in allen Schichten der Jura= und Kreidezeit, aber nur in diesen vor. Dagegen finden wir versteinerte Schildkröten (Chelonia) vom Jura an in allen secundären, tertiären und quartä= ren Schichten versteinert vor. Doch sind auch die Schildkröten der Gegenwart, gleich den meisten anderen Reptiliengruppen, nur schwache Ueberreste ihres früheren Glanzes. In den Tertiärschichten des Hima= laya fand sich unter anderen eine versteinerte Schildkröte, die gegen 20 Fuß lang und 6 Fuß hoch war.

Die Klasse der Vögel (Aves) ist, wie schon bemerkt, durch ihren inneren Bau und durch ihre embryonale Entwickelung den Rep= tilien so nahe verwandt, daß sie zweifelsohne aus einem Zweige dieser Klasse ihren wirklichen Ursprung genommen hat. Wie Ihnen allein schon ein Blick auf Fig. C—F, S. 242' zeigt, sind die Embryonen der Vögel zu einer Zeit, in der sie bereits sehr wesentlich von den Em= bryonen der Säugethiere verschieden erscheinen, von denen der Schild= kröten und anderer Reptilien noch kaum zu unterscheiden. Die Dotter= furchung ist bei den Vögeln und Reptilien particell, bei den Säuge= thieren total. Die Blutzellen der ersteren besitzen einen Kern, die der letzteren dagegen nicht. Die Haare der Säugethiere entwickeln sich in geschlossenen Bälgen der Haut, die Federn der Vögel dagegen, eben so wie die Schuppen der Reptilien, auf Höckern der Haut. Der Unterkiefer der letzteren ist viel verwickelter zusammengesetzt, als derjenige der Säugethiere. Auch fehlt diesen letzteren das Quadratbein der ersteren. Während bei den Säugethieren (wie bei den Amphibien) die Verbin= dung zwischen dem Schädel und dem ersten Halswirbel durch zwei Gelenkhöcker oder Condylen geschieht, sind diese dagegen bei den

Vögeln und Reptilien zu einem einzigen verschmolzen. Man kann die beiden letzteren Klassen daher mit vollem Rechte in einer Gruppe als Monocondylia zusammenfassen und dieser die Säugethiere als Dicondylia gegenüber setzen.

Die Abzweigung der Vögel von den Reptilien fand jedenfalls erst während der mesolithischen Zeit, und zwar wahrscheinlich während der Triaszeit oder Antejurazeit statt. Die ältesten fossilen Vogelreste sind im oberen Jura gefunden worden (Archaeopteryx). Aber schon in der Triaszeit lebten verschiedene Saurier (Anomodonten), die in mehrfacher Hinsicht den Uebergang von den Tocosauriern zu den Stammvätern der Vögel, den hypothetischen Tocornithen, zu bilden scheinen. Wahrscheinlich waren diese Tocornithen von anderen Schnabeleidechsen im Systeme kaum zu trennen, und namentlich dem känguruhartigen Compsognathus aus dem Jura von Solenhofen nächst verwandt. Huxley stellt diesen letzteren zu den Dinosauriern, und glaubt, daß diese die nächsten Verwandten der Tocornithen seien.

Die große Mehrzahl der Vögel erscheint, trotz aller Mannichfaltigkeit in der Färbung des schönen Federkleides und in der Bildung des Schnabels und der Füße, höchst einförmig organisirt, in ähnlicher Weise, wie die Insectenklasse. Den äußeren Existenzbedingungen hat sich die Vogelform auf das Vielfältigste angepaßt, ohne dabei irgend wesentlich von dem streng erblichen Typus der charakteristischen inneren Bildung abzuweichen. Nur zwei kleine Gruppen, einerseits die fiederschwänzigen Vögel (Saururae), andrerseits die straußartigen (Ratitae), weichen erheblich von dem gewöhnlichen Vogeltypus, dem der kielbrüstigen (Carinatae) ab, und demnach kann man die ganze Klasse in drei Unterklassen eintheilen.

Die erste Unterklasse, die reptilienschwänzigen oder fiederschwänzigen Vögel (Saururae) sind bis jetzt bloß durch einen einzigen und noch dazu unvollständigen fossilen Abdruck bekannt, welcher aber als die älteste und dabei sehr eigenthümliche Vogelversteinerung eine hohe Bedeutung beansprucht. Das ist der Urgreif oder die Archaeopteryx lithographica, welche bis jetzt erst in einem Exemplar in dem lithographischen Schiefer von Solenhofen, im oberen Jura von Baiern, gefunden wurde. Dieser merkwürdige Vogel scheint im Ganzen Größe und Wuchs eines starken Raben gehabt zu haben, namentlich was die wohl erhaltenen Beine betrifft; Kopf und Brust fehlen leider. Die Flügelbildung weicht schon etwas von derjenigen der anderen Vögel ab, noch viel mehr aber der Schwanz. Bei allen übrigen Vögeln ist der Schwanz sehr kurz, aus wenigen kurzen Wirbeln zusammengesetzt. Die letzten derselben sind zu einer dünnen senkrecht stehenden Knochenplatte verwachsen, an welcher sich die Steuerfedern des Schwanzes fächerförmig ansetzen. Die Archäopteryx dagegen hat einen langen Schwanz, wie die Eidechsen, aus zahlreichen (20) langen und dünnen Wirbeln zusammengesetzt, und an jedem Wirbel sitzen zweizeilig ein paar starke Steuerfedern, so daß der ganze Schwanz regelmäßig gefiedert erscheint. Dieselbe Bildung der Schwanzwirbelsäule zeigt sich bei den Embryonen der übrigen Vögel vorübergehend, so daß offenbar der Schwanz der Archäopteryx die ursprüngliche, von den Reptilien ererbte Form des Vogelschwanzes darstellt. Wahrscheinlich lebten ähnliche Vögel mit Eidechsenschwanz um die mittlere Secundärzeit in großer Menge; der Zufall hat uns aber erst diesen einen Rest bis jetzt enthüllt.

Zu den fächerschwänzigen oder kielbrüstigen Vögeln (Carinatae), welche die zweite Unterklasse bilden, gehören alle jetzt lebenden Vögel, mit Ausnahme der straußartigen oder Ratiten. Sie haben sich wahrscheinlich in der zweiten Hälfte der Secundärzeit, in der Antekretazeit oder in der Kreidezeit, aus den fiederschwänzigen durch Verwachsung der hinteren Schwanzwirbel und Verkürzung des Schwanzes entwickelt. Aus der Secundärzeit kennt man von ihnen nur sehr wenige Reste, und zwar nur aus dem letzten Abschnitt derselben, aus der Kreide. Diese Reste gehören einem albatrosartigen Schwimmvogel und einem schnepfenartigen Stelzvogel an. Alle übrigen bis jetzt bekannten versteinerten Vogelreste sind in den Tertiärschichten gefunden worden, und zeigen, daß die Klasse erst in der Tertiärzeit ihre eigentliche Entwickelung und Ausbreitung erreichte.

Die straußartigen oder flaumschwänzigen Vögel (Ra-
titae), auch Laufvögel (Cursores) genannt, die dritte und letzte Unterklasse, ist gegenwärtig nur noch durch wenige lebende Arten vertreten,
durch den zweizehigen afrikanischen Strauß, den dreizehigen amerikanischen und neuholländischen Strauß, den indischen Casuar, und den vier-
zehigen Kiwi oder Apteryx von Neuseeland. Auch die ausgestorbenen
Riesenvögel von Madagaskar (Aepyornis) und von Neuseeland (Dinor-
nis), welche viel größer waren als die jetzt lebenden größten Strauße, gehören zu dieser Gruppe. Wahrscheinlich sind die straußartigen Vögel durch
Abgewöhnung des Fliegens, durch die damit verbundene Rückbildung
der Flugmuskeln und des denselben zum Ansatz dienenden Brustbein-
kammes, und durch entsprechend stärkere Ausbildung der Hinterbeine
zum Laufen, aus einem Zweige der kielbrüstigen Vögel entstanden.
Vielleicht sind dieselben jedoch auch, wie Huxley meint, nächste Verwandte der Dinosaurier, und der diesen nahestehenden Reptilien, namentlich des Compsognathus. In diesem Falle würden die kielbrüstigen erst später aus den straußartigen, als der ursprünglichen Stammgruppe der Klasse, entstanden sein.

Da die nähere Betrachtung der geschichtlichen und genealogischen
Entwickelung der einzelnen Vogelordnungen gar kein besonderes Interesse hat, wenden wir uns nun sogleich zum Stammbaum der achten und letzten Wirbelthierklasse, der Säugethiere (Mammalia).
Ohne Zweifel ist dies die bei weitem interessanteste, vollkommenste und
wichtigste von allen Thierklassen. Denn in diese Klasse reiht die wissenschaftliche Zoologie auch den Menschen ein, und aus Gliedern dieser Klasse hat sich das Menschengeschlecht zunächst entwickelt. Wir
müssen daher der Geschichte und dem Stammbaum der Säugethiere
unsere besondere Aufmerksamkeit zuwenden. Lassen Sie uns zu diesem Zwecke wieder zunächst das System dieser Thierklasse untersuchen.

Von den älteren Naturforschern wurde die Klasse der Säugethiere
mit vorzüglicher Rücksicht auf die Bildung des Gebisses und der Füße
in eine Reihe von 8—16 Ordnungen eingetheilt. Auf der tiefsten

Stufe dieser Reihe standen die Walfische, welche durch ihre fischähnliche Körpergestalt sich am meisten vom Menschen, der höchsten Stufe zu entfernen schienen. So unterschied Linné folgende acht Ordnungen: 1. Cete (Wale); 2. Belluae (Flußpferde und Pferde); 3. Pecora (Wiederkäuer); 4. Glires (Nagethiere und Nashorn); 5. Bestiae (Insectenfresser, Beutelthiere und verschiedene Andere); 6. Ferae (Raubthiere); 7. Bruta (Zahnarme und Elephanten); 8. Primates (Fledermäuse, Halbaffen, Affen und Menschen). Nicht viel über diese Klassification von Linné erhob sich diejenige von Cuvier, welche für die meisten folgenden Zoologen maßgebend wurde. Cuvier unterschied folgende acht Ordnungen: 1. Cetacea (Wale); 2. Ruminantia (Wiederkäuer); 3. Pachyderma (Huftiere nach Ausschluß der Wiederkäuer); 4. Edentata (Zahnarme); 5. Rodentia (Nagethiere); 6. Carnassia (Beutelthiere, Raubthiere, Insectenfresser und Flederthiere); 7. Quadrumana (Halbaffen und Affen); 8. Bimana (Menschen).

Den bedeutendsten Fortschritt in der Klassification der Säugethiere that schon 1816 der ausgezeichnete, bereits vorher erwähnte Anatom Blainville, welcher zuerst mit tiefem Blick die drei natürlichen Hauptgruppen oder Unterklassen der Säugethiere erkannte, und sie nach der Bildung ihrer Fortpflanzungsorgane als Ornithodelphien, Didelphien und Monodelphien unterschied. Da diese Eintheilung heutzutage mit Recht bei allen wissenschaftlichen Zoologen wegen ihrer tiefen Begründung durch die Entwickelungsgeschichte als die beste gilt, so lassen Sie uns derselben auch hier folgen.

Die erste Unterklasse bilden die Kloakenthiere oder Brustlosen, auch Gabler oder Gabelthiere genannt (Ornithodelphia oder Amasta). Sie sind heutzutage nur noch durch zwei lebende Säugethierarten vertreten, die beide auf Neuholland und das benachbarte Vandiemensland beschränkt sind: das wegen seines Vogelschnabels sehr bekannte Wasserschnabelthier (Ornithorhynchus paradoxus) und das weniger bekannte, igelähnliche Landschnabelthier (Echidna hystrix). Diese beiden seltsamen Thiere, welche man in

der Ordnung der Schnabelthiere (Monotrema) zusammenfaßt,
sind offenbar die letzten überlebenden Reste einer vormals formenreichen Thiergruppe, welche in der älteren Secundärzeit allein die Säugethierklasse vertrat, und aus der sich erst später, wahrscheinlich in der
Jurazeit, die zweite Unterklasse, die Didelphien entwickelten. Leider
sind uns von dieser ältesten Stammgruppe der Säugethiere, welche
wir als Stammsäuger (Promammalia) bezeichnen wollen, bis
jetzt noch keine fossilen Reste mit voller Sicherheit bekannt. Doch gehören dazu möglicherweise die ältesten bekannten von allen versteinerten Säugethierresten, nämlich der Microlestes antiquus, von dem
man bis jetzt allerdings nur einige kleine Backzähne kennt. Diese sind
in den obersten Schichten der Trias, im Keuper, und zwar zuerst
(1847) in Deutschland (bei Degerloch unweit Stuttgart), später auch
(1858) in England (bei Frome) gefunden worden. Aehnliche Zähne
sind neuerdings auch in der nordamerikanischen Trias gefunden und
als Dromatherium sylvestre beschrieben. Diese merkwürdigen Zähne,
aus deren charakteristischer Form man auf ein insectenfressendes Säugethier schließen kann, sind die einzigen Reste von Säugethieren, welche
man bis jetzt in den älteren Tertiärschichten, in der Trias gefunden
hat. Vielleicht gehörten aber außer diesen auch noch manche andere,
im Jura und der Kreide gefundene Säugethierzähne, welche jetzt gewöhnlich Beutelthieren zugeschrieben worden, eigentlich Kloakenthieren
an. Bei dem Mangel der charakteristischen Weichtheile läßt sich dies
nicht sicher entscheiden. Jedenfalls müssen dem Auftreten der Beutelthiere zahlreiche, mit entwickeltem Gebiß und mit einer Kloake versehene
Gabelthiere vorangegangen sein.

Die Bezeichnung: „Kloakenthiere" (Monotrema) im weiteren
Sinne haben die Ornithodelphien wegen der Kloake erhalten, durch
deren Besitz sie sich von allen übrigen Säugethieren unterscheiden, und
dagegen mit den Vögeln, Reptilien, Amphibien, überhaupt mit den
niederen Wirbelthieren übereinstimmen. Die Kloakenbildung besteht
darin, daß der letzte Abschnitt des Darmkanals die Mündungen des
Urogenitalapparats, d. h. der vereinigten Harn- und Geschlechtsorgane

aufnimmt, während diese bei allen übrigen Säugethieren (Didelphien sowohl als Monodelphien) getrennt vom Mastdarm ausmünden. Jedoch ist auch bei diesen in der ersten Zeit des Embryolebens die Kloakenbildung vorhanden, und erst später (beim Menschen gegen die zwölfte Woche der Entwickelung) tritt die Trennung der beiden Mündungsöffnungen ein. „Gabelthiere" hat man die Kloakenthiere auch wohl genannt, weil die vorderen Schlüsselbeine mittelst des Brustbeines mit einander in der Mitte zu einem Knochenstück verwachsen sind, ähnlich dem bekannten „Gabelbein" der Vögel. Bei den übrigen Säugethieren bleiben die beiden Schlüsselbeine vorn völlig getrennt, und verwachsen nicht mit dem Brustbein. Ebenso sind die hinteren Schlüsselbeine oder Coracoidknochen bei den Gabelthieren viel stärker als bei den übrigen Säugethieren entwickelt und verbinden sich mit dem Brustbein.

Auch in vielen übrigen Charakteren, namentlich in der Bildung der inneren Geschlechtsorgane, des Gehörlabyrinthes und des Gehirns, schließen sich die Schnabelthiere näher den übrigen Wirbelthieren als den Säugethieren an, so daß man sie selbst als eine besondere Klasse von diesen hat trennen wollen. Jedoch gebären sie, gleich allen anderen Säugethieren, lebendige Junge, welche eine Zeitlang von der Mutter mit ihrer Milch ernährt werden. Während aber bei allen übrigen die Milch durch die Saugwarzen oder Zitzen der Milchdrüse entleert wird, fehlen diese den Schnabelthieren gänzlich, und die Milch tritt einfach aus einer Hautspalte hervor. Man kann sie daher auch als Brustlose oder Zitzenlose (Amasta) bezeichnen.

Die auffallende Schnabelbildung der beiden noch lebenden Schnabelthiere, welche mit Verkümmerung der Zähne verbunden ist, muß offenbar nicht als wesentliches Merkmal der ganzen Unterklasse der Kloakenthiere, sondern als ein zufälliger Anpassungscharakter angesehen werden, welcher die letzten Reste der Klasse von der ausgestorbenen Hauptgruppe ebenso unterscheidet, wie die Bildung eines ähnlichen zahnlosen Rüssels manche Zahnarme (z. B. die Ameisenfresser) vor den übrigen Placentalthieren auszeichnet. Die unbekannten aus-

gestorbenen Stammsäugethiere oder Promammalien, die in der Trias=
zeit lebten, und von denen die beiden heutigen Schnabelthiere nur
einen einzelnen, verkümmerten und einseitig ausgebildeten Ast dar=
stellen, besaßen wahrscheinlich ein sehr entwickeltes Gebiß, gleich den
Beutelthieren, die sich zunächst aus ihnen entwickelten.

Die Beutelthiere oder Beutler (Didelphia oder Mar=
supialia), die zweite von den drei Unterklassen der Säugethiere, ver=
mittelt in jeder Hinsicht, sowohl in anatomischer und embryologischer,
als in genealogischer und historischer Beziehung, den Uebergang zwi=
schen den beiden anderen, den Kloakenthieren und Placentalthieren.
Zwar leben von dieser Gruppe noch jetzt zahlreiche Vertreter, nament=
lich die allbekannten Kängurus, Beutelratten und Beutelhunde. Allein
im Ganzen geht offenbar auch diese Unterklasse, gleich der vorhergehen=
den, ihrem völligen Aussterben entgegen, und die noch lebenden
Glieder derselben sind die letzten überlebenden Reste einer großen und
formenreichen Gruppe, welche während der jüngeren Secundärzeit
und während der älteren Tertiärzeit vorzugsweise die Säugethierklasse
vertrat. Wahrscheinlich haben sich die Beutelthiere um die Mitte der
mesolithischen Zeit (während der Juraperiode?) aus einem Zweige der
Kloakenthiere entwickelt, und im Beginn der Tertiärzeit ging wiederum
aus den Beutelthieren die Gruppe der Placentalthiere hervor, welcher
die ersteren dann bald im Kampfe um's Dasein unterlagen. Alle
fossilen Reste von Säugethieren, welche wir aus der Secundärzeit
kennen, gehören entweder ausschließlich Beutelthieren, oder (zum Theil
vielleicht?) Kloakenthieren an. Damals scheinen Beutelthiere über die
ganze Erde verbreitet gewesen zu sein. Selbst in Europa (England,
Frankreich) finden wir zahlreiche Reste derselben. Dagegen sind die
letzten Ausläufer der Unterklasse, welche jetzt noch leben, auf ein sehr
enges Verbreitungsgebiet beschränkt, nämlich auf Neuholland, auf
den australischen und einen kleinen Theil des asiatischen Archipelagus.
Einige wenige Arten leben auch noch in Amerika; hingegen lebt in der
Gegenwart kein einziges Beutelthier mehr auf dem Festlande von Asien,
Afrika und Europa.

Die Beutelthiere führen ihren Namen von der bei den meisten wohl entwickelten beutelförmigen Tasche (Marsupium), welche sich an der Bauchseite der weiblichen Thiere vorfindet, und in welcher die Mutter ihre Jungen noch eine geraume Zeit lang nach der Geburt um= herträgt. Dieser Beutel wird durch zwei charakteristische Beutelknochen gestützt, welche auch den Schnabelthieren zukommen, den Placental= thieren dagegen fehlen. Das junge Beutelthier wird in viel unvoll= kommener Gestalt geboren, als das junge Placentalthier, und erreicht erst, nachdem es einige Zeit im Beutel sich entwickelt hat, denjenigen Grad der Ausbildung, welchen das letztere schon gleich bei seiner Ge= burt besitzt. Bei dem Riesenkänguruh, welches Mannshöhe erreicht, ist das neugeborene Junge, welches nicht viel über fünf Wochen von der Mutter im Fruchtbehälter getragen wurde, nicht mehr als zolllang, und erreicht seine wesentliche Ausbildung erst in dem Beutel der Mutter, wo es gegen neun Monate, an der Zitze der Milchdrüse festgesaugt, hängen bleibt.

Die verschiedenen Abtheilungen, welche man gewöhnlich als so= genannte Familien in der Unterklasse der Beutelthiere unterscheidet, ver= dienen eigentlich den Rang von selbstständigen Ordnungen, da sie sich in der mannichfaltigen Differenzirung des Gebisses und der Gliedmaßen in ähnlicher Weise, wenn auch nicht so scharf, von einander unter= scheiden, wie die verschiedenen Ordnungen der Placentalthiere. Zum Theil entsprechen sie den letzteren vollkommen. Offenbar hat die An= passung an ähnliche Lebensverhältnisse in den beiden Unterklassen der Marsupialien und Placentalien ganz entsprechende oder analoge Um= bildungen der ursprünglichen Grundform bewirkt. Man kann in dieser Hinsicht ungefähr acht Ordnungen von Beutelthieren unterscheiden, von denen die eine Hälfte die Hauptgruppe oder Legion der pflanzen= fressenden, die andere Hälfte die Legion der fleischfressenden Marsu= pialien bildet. Von beiden Legionen finden sich (falls man nicht auch den vorher erwähnten Mikrolestes und das Dromatherium der Trias hierher ziehen will) die ältesten fossilen Reste im Jura vor, und zwar in den Schiefern von Stonesfield, bei Oxford in England. Diese

Schiefer gehören der Bathformation oder dem unteren Oolith an, der=
jenigen Schichtengruppe, welche unmittelbar über dem Lias, der
älteſten Jurabildung liegt (Vergl. S. 307). Allerdings beſtehen die
Beutelthierreſte, welche in den Schiefern von Stonesfield gefunden
wurden, und ebenſo diejenigen, welche man ſpäter in den Purbeckſchich=
ten fand, nur aus Unterkiefern (Vergl. S. 311). Allein glücklicherweiſe
gehört gerade der Unterkiefer zu den am meiſten charakteriſtiſchen
Skelettheilen der Beutelthiere. Er zeichnet ſich nämlich durch einen
hakenförmigen Fortſatz des nach unten und hinten gekehrten Unter=
kieferwinkels aus, welcher weder den Placentalthieren noch den (heute
lebenden) Schnabelthieren zukömmt, und wir können aus der An=
weſenheit dieſes Fortſatzes an den Unterkiefern von Stonesfield ſchlie=
ßen, daß ſie Beutelthieren angehört haben.

Von den pflanzenfreſſenden Beutelthieren (Botano=
phaga) kennt man bis jetzt aus dem Jura nur zwei Verſteinerungen,
nämlich den Stereognathus oolithicus aus den Schiefern von Sto=
nesfield (unterer Oolith) und den Plagiaulax Becklesii aus den
mittleren Purbeckſchichten (oberer Oolith). Dagegen finden ſich in
Neuholland rieſige verſteinerte Reſte von ausgeſtorbenen Beutelthieren
der Diluvialzeit (Diprotodon und Nototherium), welche weit größer
als die größten noch lebenden Marſupialien waren. Diprotodon
australis, deſſen Schädel allein drei Fuß lang iſt, übertraf das Fluß=
pferd oder den Hippopotamus, dem es im Ganzen an ſchwerfälligem
und plumpem Körperbau glich, noch an Größe. Man kann dieſe
ausgeſtorbene Gruppe, welche wahrſcheinlich den rieſigen placentalen
Hufthieren der Gegenwart, den Flußpferden und Rhinoceros, entſpricht,
wohl als Hufbeutler (Barypoda) bezeichnen. Dieſen ſehr nahe
ſteht die Ordnung der Känguruhs oder Springbeutler (Macro=
poda), die Sie alle aus den zoologiſchen Gärten kennen. Sie ent=
ſprechen durch die ſehr verkürzten Vorderbeine, die ſehr verlängerten
Hinterbeine und den ſehr ſtarken Schwanz, der als Springſtange
dient, den Springmäuſen unter den Nagethieren. Durch ihr Gebiß
erinnern ſie dagegen an die Pferde, und durch ihre zuſammengeſetzte

Magenbildung an die Wiederkäuer. Eine dritte Ordnung von pflan=
zenfressenden Beutelthieren entspricht durch ihr Gebiß den Nagethieren,
und durch ihre unterirdische Lebensweise noch besonders den Wühl=
mäusen. Wir können dieselben daher als Nagebeutler oder wur=
zelfressende Beutelthiere (Rhizophaga) bezeichnen. Sie ist gegen=
wärtig nur noch durch das australische Wombat (Phascolomys) ver=
treten. Eine vierte und letzte Ordnung von pflanzenfressenden Beutel=
thieren endlich bilden die Kletterbeutler oder früchtefressenden
Beutelthiere (Carpophaga), welche in ihrer Lebensweise und Gestalt
theils den Eichhörnchen, theils den Affen entsprechen (Phalangista,
Phascolarctus).

Die zweite Legion der Marsupialien, die fleischfressenden
Beutelthiere (Zoophaga), zerfallen ebenfalls in vier Hauptgrup=
pen oder Ordnungen. Die älteste von diesen ist die der Urbeutler
oder insectenfressenden Beutelthiere (Cantharophaga). Zu dieser ge=
hören wahrscheinlich die Stammformen der ganzen Legion, und viel=
leicht auch der ganzen Unterklasse. Wenigstens gehören alle stones=
fielder Unterkiefer (mit Ausnahme des erwähnten Stereognathus)
insectenfressenden Beutelthieren an, welche in dem jetzt noch leben=
den Myrmecobius ihren nächsten Verwandten besitzen. Doch war
bei einem Theile jener oolithischen Urbeutler die Zahl der Zähne
größer, als bei allen übrigen bekannten Säugethieren, indem jede
Unterkieferhälfte von Thylacotherium 16 Zähne enthält (3 Schnei=
dezähne, 1 Eckzahn, 6 falsche und 6 wahre Backzähne). Wenn
in dem unbekannten Oberkiefer eben so viele Zähne saßen, so hatte
Thylacotherium nicht weniger als 64 Zähne, gerade doppelt so
viel als der Mensch. Die Urbeutler entsprechen im Ganzen den
Insectenfressern unter den Placentalthieren, zu denen Igel, Maulwurf
und Spitzmaus gehören. Eine zweite Ordnung, die sich wahrschein=
lich aus einem Zweige der ersteren entwickelt hat, sind die Rüssel=
beutler oder zahnarmen Beutelthiere (Edentula), welche durch die
rüsselförmig verlängerte Schnauze, das verkümmerte Gebiß und die
demselben entsprechende Lebensweise an die Zahnarmen oder Edentaten

30 *

Systematische Uebersicht der Legionen,
Ordnungen und Unterordnungen der Säugethiere.

I. Erste Unterklasse der Säugethiere:
Gabler oder Kloakenthiere (Amasta oder Ornithodelphia).
Säugethiere mit Kloate, ohne Placenta, mit Beutelknochen.

I. Stamm- säuger Promammalia	Unbekannte ausgestorbene Säuge- thiere der Triaszeit	(Microlestes?) (Dromatherium?)	
II. Schnabel- thiere Monotrema	1. Wasser- Schnabelthiere	1. Ornithorhyn- chida	1. Ornithorhynchus paradoxus
	2. Land- Schnabelthiere	2. Echidnida	2. Echidna hystrix

II. Zweite Unterklasse der Säugethiere:
Beutler oder Beutelthiere (Marsupialia oder Didelphia).
Säugethiere ohne Kloate, ohne Placenta, mit Beutelknochen.

Legionen der Beutelthiere	Ordnungen der Beutelthiere	Systematischer Name der Ordnungen	Familien der Beutelthiere
III. Pflanzen- fressende Beutelthiere Marsupialia Botanophaga	1. Huf- Beutelthiere (Hufbeutler)	1. Barypoda	1. Stereognathida 2. Notothorida 3. Diprotodontia
	2. Känguruh- Beutelthiere (Springbeutler)	2. Macropoda	4. Plagiaulacida 5. Halmaturida 6. Dendrolagida
	3. Wurzelfressende Beutelthiere (Nagebeutler)	3. Rhizophaga	7. Phascolomyida
	4. Früchtefressende Beutelthiere (Kletterbeutler)	4. Carpophaga	8. Phascolarctida 9. Phalangistida 10. Petaurida
IV. Fleisch- fressende Beutelthiere Marsupialia Zoophaga	5. Insecten- fressende Beutelthiere (Urbeutler)	5. Cantharophaga	11. Thylacotherida 12. Spalacotherida 13. Myrmecobida 14. Peramelida
	6. Zahnarme Beutelthiere (Rüsselbeutler)	6. Edentula	15. Tarsipedina
	7. Raub- Beutelthiere (Raubbeutler)	7. Creophaga	16. Dasyurida 17. Thylacinida 18. Thylacoleonida
	8. Affenfüßige Beutelthiere (Handbeutler)	8. Pedimana	19. Chironectida 20. Didelphyida

III. Dritte Unterklasse der Säugethiere:
Placentner oder Placentalthiere: Placentalia oder Monodelphia.
Säugethiere ohne Kloake, mit Placenta, ohne Beutelknochen.

Legionen der Placentalthiere	Ordnungen der Placentalthiere	Unterordnungen der Placentalthiere	Systematischer Name der Unterordnungen
III, 1. Indecidua. Placentalthiere ohne Decidua.			
V. **Huftthiere** Ungulata	I. Unpaarhufer *Perissodactyla*	1. Tapirartige	1. Tapiromorpha
		2. Pferdeartige	2. Solidungula
	II. Paarhufer *Artiodactyla*	3. Schweineartige	3. Choeromorpha
		4. Wiederkäuer	4. Ruminantia
VI. **Walthiere** Cetacea	III. Pflanzenwale *Phycoceta*	5. Seerinder	5. Sirenia
	IV. Fleischwale *Sarcoceta*	6. Walfische	6. Autoceta
		7. Zeuglodonten	7. Zeugloceta
VII. **Zahnarme** Edentata	V. Scharrthiere *Effodientia*	8. Ameisenfresser	8. Vermilinguia
		9. Gürtelthiere	9. Cingulata
	VI. Faulthiere *Bradypoda*	10. Riesenfaulthiere	10. Gravigrada
		11. Zwergfaulthiere	11. Tardigrada
III, 2. Deciduata. Placentalthiere mit Decidua.			
VIII. **Gürtelplacentner** Zonoplacentalia	VII. Raubthiere *Carnaria*	12. Landraubthiere	12. Carnivora
		13. Seeraubthiere	13. Pinnipedia
	VIII. Scheinhufthiere *Chelophora*	14. Klippdasse	14. Lamnungia
		15. Toxodonten	15. Toxodontia
		16. Dinotherien	16. Gonyognatha
		17. Elephanten	17. Proboscidea
IX. **Scheibenplacentner** Discoplacentalia	IX. Nagethiere *Rodentia*	18. Eichhornartige	18. Sciuromorpha
		19. Mäuseartige	19. Myomorpha
		20. Stachelschweinartige	20. Hystrichomorpha
		21. Hasenartige	21. Lagomorpha
	X. Halbaffen *Prosimiae*	22. Fingerthiere	22. Leptodactyla
		23. Pelzflatterer	23 Ptenopleura
		24. Langfüßer	24. Macrotarsi
		25. Kurzfüßer	25. Brachytarsi
	XI. Insectenfresser *Insectivora*	26. Blinddarmträger	26. Menotyphla
		27. Blinddarmlose	27. Lipotyphla
	XII. Flederthiere *Chiroptera*	28. Flederhunde	28. Pterocynes
		29. Fledermäuse	29. Nycterides
	XIII. Affen *Simiae*	30. Krallenaffen	30. Arctopitheci
		31. Plattnasen	31. Platyrrhinae
		32. Schmalnasen	32. Catarrhinae

unter den Placentalien, insbeſondere an die Ameiſenfreſſer erinnern. Andrerſeits entſprechen die Raubbeutler oder Raubbeutelthiere (Creophaga) durch Lebensweiſe und Bildung des Gebiſſes den eigent= lichen Raubthieren oder Carnivoren unter den Placentalthieren. Es gehören dahin der Beutelmarder (Dasyurus) und der Beutelwolf (Thy- lacinus) von Neuholland. Obwohl letzterer die Größe des Wolfes erreicht, iſt er doch ein Zwerg gegen die ausgeſtorbenen Beutellöwen Auſtraliens (Thylacoleo), welche mindeſtens von der Größe des Löwen waren und Reißzähne von mehr als zwei Zoll Länge beſaßen. Die achte und letzte Ordnung endlich bilden die Handbeutler oder die affenfüßigen Beutelthiere (Pedimana), welche ſowohl in Auſtralien als in Amerika leben. Sie finden ſich häufig in zoologiſchen Gärten, namentlich verſchiedene Arten der Gattung Didelphys, unter dem Namen der Beutelratten, Buſchratten oder Opoſſum bekannt. An ihren Hinterfüßen kann der Daumen unmittelbar den vier übrigen Ze= hen entgegengeſetzt werden, wie bei einer Hand, und ſie ſchließen ſich dadurch unmittelbar an die Halbaffen oder Proſimien unter den Pla= centalthieren an. Es wäre möglich, daß dieſe letzteren wirklich den Handbeutlern nächſtverwandt ſind und aus längſt ausgeſtorbenen Vor= fahren derſelben ſich entwickelt haben.

Die Genealogie der Beutelthiere iſt ſehr ſchwierig zu errathen, vorzüglich deßhalb, weil wir die ganze Unterklaſſe nur höchſt unvoll= ſtändig kennen, und die jetzt lebenden Marſupialien offenbar nur die letzten Reſte des früheren Formenreichthums darſtellen. Vielleicht haben ſich die Handbeutler, Raubbeutler, und Rüſſelbeutler als drei divergente Aeſte aus der gemeinſamen Stammgruppe der Urbeutler entwickelt. In ähnlicher Weiſe ſind vielleicht andrerſeits die Nage= beutler, Springbeutler und Hufbeutler als drei auseinandergehende Zweige aus der gemeinſamen pflanzenfreſſenden Stammgruppe, den Kletterbeutlern hervorgegangen. Kletterbeutler aber und Urbeutler ſind zwei divergente Aeſte der gemeinſamen Stammform aller Beutelthiere, welche während der älteren Secundärzeit aus den Kloakenthieren ent= ſtand.

Die dritte und letzte Unterklasse der Säugethiere bilden die Placentalthiere oder Placentner (Monodelphia oder Placentalia). Sie ist bei weitem die wichtigste, umfangreichste und vollkommenste von den drei Unterklassen. Denn zu ihr gehören alle bekannten Säugethiere nach Ausschluß der Beutelthiere und Schnabelthiere. Auch der Mensch gehört dieser Unterklasse an und hat sich
aus niederen Stufen derselben entwickelt.

Die Placentalthiere unterscheiden sich, wie ihr Name sagt, von
den übrigen Säugethieren vor Allem durch den Besitz eines sogenannten Mutterkuchens oder Aderkuchens (Placenta). Das ist
ein sehr eigenthümliches und merkwürdiges Organ, welches bei der
Ernährung des im Mutterleibe sich entwickelnden Jungen eine höchst
wichtige Rolle spielt. Die Placenta oder der Mutterkuchen (auch Nach-
geburt genannt) ist ein weicher, schwammiger, rother Körper von sehr
verschiedener Form und Größe, welcher zum größten Theile aus einem
unentwirrbaren Geflecht von Adern oder Blutgefäßen besteht. Ihre
Bedeutung besteht in dem Stoffaustausch des ernährenden Blutes zwischen dem mütterlichen Fruchtbehälter oder Uterus und dem Leibe des
Keimes oder Embryo (s. oben S. 243). Weder bei den Beutelthieren
noch bei den Schnabelthieren ist dieses höchst wichtige Organ entwik-
kelt. Von diesen beiden Unterklassen unterscheiden sich aber auch außerdem die Placentalthiere noch durch manche andere Eigenthümlichkeiten, so namentlich durch den Mangel der Beutelknochen, durch die
höhere Ausbildung der inneren Geschlechtsorgane und durch die vollkommenere Entwickelung des Gehirns, namentlich des sogenannten
Schwielenkörpers oder Balkens (Corpus callosum), welcher als mittlere
Commissur oder Querbrücke die beiden Halbkugeln des großen Gehirns
mit einander verbindet. Auch fehlt den Placentalien der eigenthümliche Hakenfortsatz des Unterkiefers, welcher die Beutelthiere auszeichnet. Wie in diesen anatomischen Beziehungen die Beutelthiere zwischen den Gabelthieren und Placentalthieren in der Mitte stehen, wird
Ihnen am besten durch nachfolgende Zusammenstellung der wichtigsten
Charaktere der drei Unterklassen klar werden.

Drei Unterklassen der Säugethiere	Kloakenthiere Amasta oder Ornithodelphia	Beutelthiere Marsupialia oder Didelphia	Placentalthiere Placentalia oder Monodelphia
1. Kloakenbildung	bleibend	embryonal	embryonal
2. Zitzen der Brustdrüse oder Milchwarzen	fehlend	vorhanden	vorhanden
3. Vordere Schlüsselbeine oder Claviculae in der Mitte mit dem Brustbein zu einem Gabelbein verwachsen	verwachsen	nicht verwachsen	nicht verwachsen
4. Beutelknochen	vorhanden	vorhanden	fehlend
5. Schwielenkörper des Gehirns	nicht entwickelt	nicht entwickelt	stark entwickelt
6. Placenta oder Mutterkuchen	fehlend	fehlend	vorhanden

Die Placentalthiere sind in weit höherem Maaße mannichfaltig differenzirt und vervollkommnet, als die Beutelthiere, und man hat daher dieselben längst in eine Anzahl von Ordnungen gebracht, die sich hauptsächlich durch die Bildung des Gebisses und der Füße unterscheiden. Noch wichtiger aber, als diese, ist die verschiedenartige Ausbildung der Placenta und die Art ihres Zusammenhanges mit dem mütterlichen Fruchtbehälter. Bei den niederen drei Hauptordnungen der Placentalthiere nämlich, bei den Hufthieren, Walthieren und Zahnarmen, entwickelt sich zwischen dem mütterlichen und kindlichen Theil der Placenta nicht jene eigenthümliche schwammige Haut, welche man als hinfällige Haut oder Decidua bezeichnet. Diese findet sich ausschließlich bei den sieben höher stehenden Ordnungen der Placentalthiere, und wir können diese letzteren daher nach Huxley in der Hauptgruppe der Deciduathiere (Deciduata) vereinigen. Diesen stehen die drei erstgenannten Legionen als Decidualose (Indecidua) gegenüber.

Die Placenta unterscheidet sich bei den verschiedenen Ordnungen der Placentalthiere aber nicht allein durch die wichtigen inneren Structurverschiedenheiten, welche mit dem Mangel oder der Anwesenheit einer Decidua verbunden sind, sondern auch durch die äußere Form

des Mutterkuchens selbst. Bei den Indeciduen besteht derselbe mei=
stens aus zahlreichen einzelnen, zerstreuten Gefäßknöpfen oder Zotten,
und man kann daher diese Gruppe auch als Zottenplacentner
(Sparsiplacentalia) bezeichnen. Bei den Deciduaten dagegen sind die
einzelnen Gefäßzotten zu einem zusammenhängenden Kuchen vereinigt,
und dieser erscheint in zweierlei verschiedener Gestalt. In den einen
nämlich umgiebt er den Embryo in Form eines geschlossenen Gürtels oder
Ringes, so daß nur die beiden Pole der länglichrunden Eiblase von
Zotten frei bleiben. Das ist der Fall bei den Raubthieren (Carnaria)
und den Scheinhufern (Chelophora), die wir deßhalb als Gürtel=
placentner (Zonoplacentalia) zusammenfassen. In den anderen
Deciduathieren dagegen, zu welchen auch der Mensch gehört, bildet
die Placenta eine einfache runde Scheibe, und wir nennen sie daher
Scheibenplacentner (Discoplacentalia). Das sind die fünf
Ordnungen der Halbaffen, Nagethiere, Insectenfresser, Flederthiere
und Affen, von welchen letzteren auch der Mensch im zoologischen Sy=
steme nicht zu trennen ist.

Daß die Placentalthieren erst aus den Beutelthieren sich entwickelt
haben, darf auf Grund ihrer vergleichenden Anatomie und Entwicke=
lungsgeschichte als ganz sicher angesehen werden, und wahrscheinlich
fand diese höchst wichtige Entwickelung, die erste Entstehung der Pla=
centa, erst im Beginn der Tertiärzeit, während der Anteocen=Periode,
statt. Dagegen gehört zu den schwierigsten Fragen der thierischen Ge=
nealogie die wichtige Untersuchung, ob alle Placentalthiere aus einem
oder aus mehreren getrennten Zweigen der Beutlergruppe entstanden
sind, mit anderen Worten, ob die Entstehung der Placenta einmal oder
mehrmal statt hatte. Als ich vor zwei Jahren in meiner generellen
Morphologie zum ersten Male den Stammbaum der Säugethiere zu
begründen versuchte, zog ich auch hier, wie meistens, die monophy=
letische oder einwurzelige Descendenzhypothese der polyphyletischen oder
vielwurzeligen vor. Ich nahm an, daß alle Placentner von einer ein=
zigen Beutelthierform abstammten, die zum ersten Male eine Placenta
zu bilden begann. Dann wären die Sparsiplacentalien, Zonopla=

centalien und Discoplacentalien vielleicht als drei divergente Aeste je=
ner gemeinsamen placentalen Stammform aufzufassen, oder man könnte
auch denken, daß die beiden letzteren, die Deciduaten, sich erst später
aus den Indeciduen entwickelt hätten, die ihrerseits unmittelbar aus
den Beutlern entstanden seien. Jedoch giebt es andrerseits auch ge=
wichtige Gründe für die andere Alternative, daß nämlich mehrere
von Anfang verschiedene Placentnergruppen aus mehreren verschiede=
nen Beutlergruppen entstanden seien, daß also die Placenta selbst sich
mehrmals unabhängig von einander gebildet habe. Dies ist unter
anderen die Ansicht des ausgezeichnetsten englischen Zoologen, Hux=
ley's. In diesem Falle wären zunächst als zwei ganz getrennte Grup=
pen vielleicht die Indeciduen und Deciduaten aufzufassen. Von den
Indeciduen wäre möglicherweise die Ordnung der Huftiere, als die
Stammgruppe, aus den pflanzenfressenden Hufbeutlern oder Bary=
poden entstanden. Unter den Deciduaten dagegen würde vielleicht die
Ordnung der Halbaffen, als gemeinsame Stammgruppe der übrigen
Ordnungen, aus den Handbeutlern oder Pedimanen entstanden sein.
Es wäre aber auch wohl möglich, daß die Deciduaten selbst wieder
aus mehreren verschiedenen Beutler=Ordnungen entstanden seien, die
Raubthiere z. B. aus den Raubbeutlern, die Nagethiere aus den Nage=
beutlern, die Halbaffen aus den Handbeutlern u. s. w. Da wir zur
Zeit noch kein genügendes Erfahrungsmaterial besitzen, um diese äu=
ßerst schwierige Frage zu lösen, so lassen wir dieselbe auf sich beruhen,
und wenden uns zur Geschichte der verschiedenen Placentner=Ordnun=
gen, deren Stammbaum sich im Einzelnen oft in großer Vollständig=
keit festtellen läßt.

Als die Stammgruppe der Decidualosen oder Zottenplacentner
müssen wir, wie schon bemerkt, die Ordnung der Huftiere (Un=
gulata) auffassen, aus welcher sich die beiden anderen Ordnungen,
Walthiere und Zahnarme, wahrscheinlich erst später als zwei diver=
gente Gruppen durch Anpassung an sehr verschiedene Lebensweise ent=
wickelt haben. Doch sind die Zahnarmen oder Edentaten vielleicht
auch ganz anderen Ursprungs.

Die Huftiere gehören in vieler Beziehung zu den wichtigsten und interessantesten Säugethieren. Sie zeigen deutlich, wie uns das wahre Verständniß der natürlichen Verwandtschaft der Thiere niemals allein aus dem Studium der noch lebenden Formen, sondern stets nur durch gleichmäßige Berücksichtigung ihrer ausgestorbenen und versteinerten Blutsverwandten und Vorfahren erschlossen werden kann. Wenn man in herkömmlicher Weise allein die lebenden Huftiere berücksichtigt, so erscheint es ganz naturgemäß, dieselben in drei gänzlich verschiedene Ordnungen einzutheilen, nämlich 1, die Pferde oder Einhufer (Solidungula oder Equina); 2, die Wiederkäuer oder Zweihufer (Bisulca oder Ruminantia); und 3, die Dickhäuter oder Vielhufer (Multungula oder Pachyderma). Sobald man aber die ausgestorbenen Huftiere der Tertiärzeit mit in Betracht zieht, von denen wir sehr zahlreiche und wichtige Reste besitzen, so zeigt sich bald, daß jene Eintheilung, namentlich aber die Begrenzung der Dickhäuter, eine ganz künstliche ist, und daß diese drei Gruppen nur abgeschnittene Aeste des Huftierstammbaums sind, welche durch ausgestorbene Zwischenformen auf das engste verbunden sind. Die eine Hälfte der Dickhäuter, Nashorn, Tapir und Paläotherien zeigen sich auf das nächste mit den Pferden verwandt, und besitzen gleich diesen unpaarzehige Füße. Die andere Hälfte der Dickhäuter dagegen, Schweine, Flußpferde und Anoplotherien, sind durch ihre paarzehigen Füße viel enger mit den Wiederkäuern, als mit jenen ersteren verbunden. Wir müssen daher zunächst als zwei natürliche Hauptgruppen unter den Huftieren die beiden Ordnungen der Paarhufer und der Unpaarhufer unterscheiden, welche sich als zwei divergente Aeste aus der alttertiären Stammgruppe der Stammhufer oder Prochelen entwickelt haben.

Die Ordnung der Unpaarhufer (Perissodactyla) umfaßt diejenigen Ungulaten, bei denen die mittlere (oder dritte) Zehe des Fußes viel stärker als die übrigen entwickelt ist, so daß sie die eigentliche Mitte des Hufes bildet. Es gehört hierher zunächst die uralte gemeinsame Stammgruppe aller Huftiere, die Stammhufer (Prochela), welche schon in den ältesten eocenen Schichten versteinert vorkommen (Lophi-

Syftematifche Ueberficht der Seftionen und Familien
der Hufthiere oder Ungulaten.

(N. B. Die ausgeftorbenen Familien find durch ein † bezeichnet.)

Ordnungen der Hufthiere	Seftionen der Hufthiere	Familien der Hufthiere	Syftematifcher Name der Familien
I. Unpaarzehige Hufthiere Ungulata perissodactyla	I. Stammhufer † *Prochela*	1. Lophiodonten	1. Lophiodontia †
		2. Pliolophiden	2. Pliolophida †
		3. Stammunpaar- hufer	3. Palaeotherida †
	II. Tapirförmige *Tapiromorpha*	4. Lamatapire	4. Macrauchenida†
		5. Tapire	5. Tapirida
		6. Nashörner	6. Nasicornia
		7. Nashornpferde	7. Elasmotherida †
	III. Einhufer *Solidungula*	8. Urpferde	8. Anchitherida †
		9. Pferde	9. Equina
II. Paarzehige Hufthiere Ungulata artiodactyla	IV. Schweineförmige *Choeromorpha*	10. Stammpaar- hufer	10. Anoplotherida†
		11. Urfchweine	11. Anthracothe- rida †
		12. Schweine	12. Setigera
		13. Flußpferde	13. Obesa
		14. Urwiederkäuer	14. Xiphodontia †
	V. Wieder- käuer *Ruminantia*	A. Hirfch- förmige *Elaphia*	a.	15. Urhirfche	15. Dremotherida†
			16. Scheinmo- fchusthiere	16. Tragulida
			b.	17. Mofchus- thiere	17. Moschida
			18. Hirfche	18. Cervina
			c.	19. Urgiraffen	19. Sivatherida †
			20. Giraffen	20. Devexa
		B. Hohl- hörner *Cavicornia*	d.	21. Urgazellen	21. Antilocaprina
			22. Gazellen	22. Antilopina
			e.	23. Ziegen	23. Caprina
			24. Schafe	24. Ovina
			25. Rinder	25. Bovina
		C. Schwie- lenfüßer *Tylopoda*	26. Lamas	26. Auchenida
			27. Kamele	27. Camelida

477

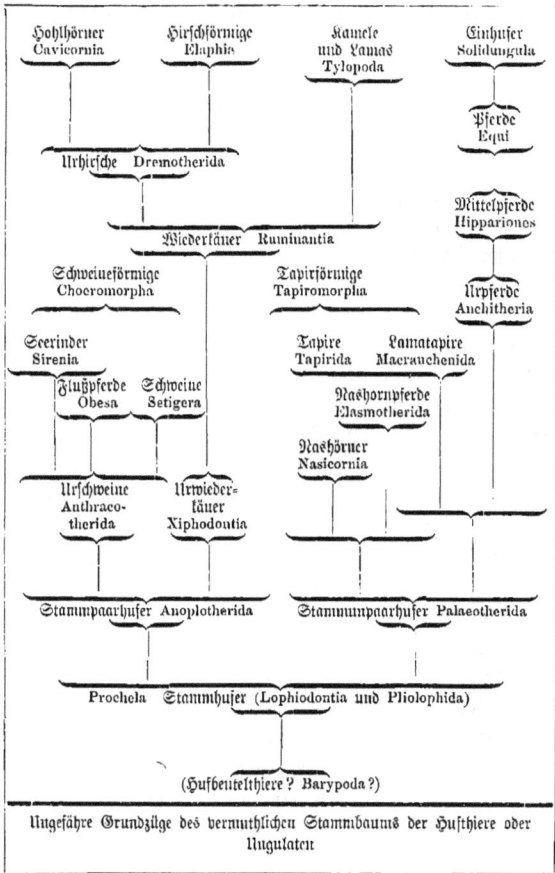

Ungefähre Grundzüge des vermuthlichen Stammbaums der Huftiere oder Ungulaten

odon, Coryphodon, Pliolophus). An diese schließt sich unmittelbar derjenige Zweig derselben an, welcher die eigentliche Stammform der
Unpaarhufer ist, die Paläotherien, welche fossil im oberen Eocen
und unteren Miocen vorkommen. Aus den Paläotherien haben sich
später als zwei divergente Zweige einerseits die Nashörner (Nasi-
cornia) und Nashornpferde (Elasmotherida), andrerseits die Tapire,
Lamatapire und Urpferde entwickelt. Die längst ausgestorbenen Urpferde oder Anchitherien vermittelten den Uebergang von den Paläotherien und Tapiren zu den Mittelpferden oder Hipparionen, die den
noch lebenden echten Pferden schon ganz nahe stehen.

Die zweite Hauptgruppe der Huftiere, die Ordnung der Paarhufer (Artiodactyla) enthält diejenigen Huftiere, bei denen die
mittlere (dritte) und die vierte Zehe des Fußes nahezu gleich stark entwickelt sind, so daß die Theilungsebene zwischen Beiden die Mitte des
ganzen Fußes bildet. Sie zerfällt in die beiden Unterordnungen der
Schweineförmigen und der Wiederkäuer. Zu den Schweineförmigen (Choeromorpha) gehört zunächst der andere Zweig der Stammhufer, die Anoplotherien, welche wir als die gemeinsame Stammform aller Paarhufer oder Artiodactylen betrachten. Aus dieser Stammgruppe entsprangen wahrscheinlich als zwei divergente Zweige einerseits die Urschweine oder Anthrakotherien, welche zu den Schweinen
und Flußpferden, andrerseits die Xiphodonten, welche zu den Wiederkäuern hinüberführten. Die ältesten Wiederkäuer (Ruminantia)
sind die Urhirsche oder Dremotherien, aus denen vielleicht als drei
divergente Zweige die Hirschförmigen (Elaphia), die Hohlhörnigen
(Cavicornia) und die Kamele (Tylopoda) sich entwickelt haben. Doch
sind die letzteren in mancher Beziehung mehr den Unpaarhufern als
den echten Paarhufern verwandt. Wie sich die zahlreichen Familien
der Huftiere dieser genealogischen Hypothese entsprechend gruppiren,
zeigt Ihnen vorstehende systematische Uebersicht (S. 476).

Aus Huftieren, welche sich an das ausschließliche Leben im Wasser gewöhnten, und dadurch fischähnlich umbildeten, ist wahrscheinlich die merkwürdige Legion der Waltthiere (Cetacea) entsprungen.

Obwohl diese Thiere äußerlich manchen echten Fischen sehr ähnlich er=
scheinen, sind sie dennoch, wie schon Aristoteles erkannte, echte
Säugethiere. Durch ihren gesammten inneren Bau, sofern derselbe
nicht durch Anpassung an das Wasserleben verändert ist, stehen sie
den Huftthieren von allen übrigen bekannten Säugethieren am näch=
sten, und theilen namentlich mit ihnen den Mangel der Decidua und
die zottenförmige Placenta. Noch heute bildet das Flußpferd (Hippopotamus) eine Art von Uebergangsform zu den Seerindern (Sirenia),
und es ist demnach das wahrscheinlichste, daß die ausgestorbenen
Stammformen der Cetaceen den heutigen Seerindern am nächsten
standen, und sich aus Paarhufern entwickelten, welche dem Flußpferd
verwandt waren. Aus der Ordnung der pflanzenfressenden
Walthiere (Phycoceta), zu welcher die Seerinder gehören, und
welche demnach wahrscheinlich die Stammformen der Legion enthält,
hat sich späterhin die andere Ordnung der fleischfressenden Wal=
thiere (Sarcoceta) entwickelt. Von diesen letzteren sind die ausge=
storbenen riesigen Zeuglodonten (Zeugloceta), deren fossile Ske=
lete vor einiger Zeit als angebliche „Seeschlangen" (Hydrarchus) großes
Aufsehen erregten, vermuthlich nur ein eigenthümlich entwickelter Sei=
tenzweig der eigentlichen Walfische (Autoceta), zu denen außer den
colossalen Bartenwalen auch die Potwale, Delphine, Narwale, See=
schweine u. s. w. gehören.

Die dritte und letzte Legion der Indeciduen oder Sparsiplacenta=
lien bildet die seltsame Gruppe der Zahnarmen (Edentata). Sie
ist aus den beiden Ordnungen der Scharrthiere und der Faulthiere
zusammengesetzt. Die Ordnung der Scharrthiere (Effodientia)
besteht aus den beiden Unterordnungen der Ameisenfresser (Ver=
milinguia, zu denen auch die Schuppenthiere gehören), und der
Gürtelthiere (Cingulata), die früher durch die riesigen Glypto=
donten vertreten waren. Die Ordnung der Faulthiere (Tardi-
grada) besteht aus den beiden Unterordnungen der kleinen jetzt noch
lebenden Zwergfaulthiere (Bradypoda) und der ausgestorbe=
nen schwerfälligen Riesenfaulthiere (Gravigrada). Die unge=

heuren versteinerten Reste dieser colossalen Pflanzenfresser deuten dar=
auf hin, daß die ganze Legion im Aussterben begriffen und die heuti=
gen Zahnarmen nur ein dürftiger Rest von den gewaltigen Edentaten
der Diluvialzeit sind. Die nahen Beziehungen der noch heute leben=
den Edentaten Südamerikas zu den ausgestorbenen Riesenformen, die
sich neben jenen in demselben Erdtheil finden, machte auf Darwin
bei seinem ersten Besuche Südamerikas einen solchen Eindruck, daß
sie schon damals den Grundgedanken der Descendenztheorie in ihm
anregten (S. oben S. 107). Uebrigens ist die Genealogie grade die=
ser Legion sehr schwierig. Vielleicht sind die Edentaten nichts wei=
ter, als ein eigenthümlich entwickelter Seitenzweig der Ungulaten;
vielleicht liegt aber auch ihre Wurzel ganz wo anders.

Wir verlassen nun die erste Hauptgruppe der Placentner, die
Decidualosen, und wenden uns zur zweiten Hauptgruppe, den De=
ciduathieren (Deciduata), welche sich von jenen so wesentlich durch
den Besitz einer hinfälligen Haut oder Decidua während des Embryo=
lebens unterscheiden. Hier begegnen wir zuerst einer sehr einheitlich orga=
nisirten und natürlichen Gruppe, nämlich der Ordnung der Raub=
thiere (Carnaria). Sie werden wohl auch Gürtelplacentner (Zo=
noplacentalia) im engeren Sinne genannt, obwohl eigentlich gleicher=
weise die Scheinhufer oder Chelophoren diese Bezeichnung verdienen.
Da aber diese letzteren im Uebrigen näher den Nagethieren als den
Raubthieren verwandt sind, werden wir sie dort besprechen. Die
Raubthiere zerfallen in zwei, äußerlich sehr verschiedene, aber innerlich
nächst verwandte Unterordnungen, die Landraubthiere und die See=
raubthiere. Zu den Landraubthieren (Carnivora) gehören die
Bären, Hunde, Katzen u. s. w., deren Stammbaum sich mit Hülfe
vieler ausgestorbener Zwischenformen annähernd errathen läßt. Zu
den Seeraubthieren oder Robben (Pinnipedia) gehören die See=
bären, Seehunde, Seelöwen, und als eigenthümliche angepaßte Sei=
tenlinie die Walrosse oder Walrobben. Obwohl die Seeraubthiere
äußerlich den Landraubthieren sehr unähnlich erscheinen, sind sie den=
selben dennoch durch ihren inneren Bau, ihr Gebiß und ihre eigen=

thümliche gürtelförmige Placenta nächst verwandt und offenbar aus einem Zweige derselben, vermuthlich den Marderartigen (Mustelina) hervorgegangen. Noch heute bilden unter den letzteren die Fischottern (Lutra) und noch mehr die Seeottern (Enhydris) eine unmittelbare Uebergangsform zu den Robben, und zeigen uns deutlich, wie der Körper der Landraubthiere durch Anpassung an das Leben im Wasser robbenähnlich umgebildet wird, und wie aus den Gangbeinen der ersteren die Ruderflossen der Seeraubthiere entstanden sind. Die letzteren verhalten sich demnach zu den ersteren ganz ähnlich, wie unter den Indeciduen die Walthiere zu den Hufthieren. In gleicher Weise wie das Flußpferd noch heute zwischen den extremen Zweigen der Rinder und der Seerinder in der Mitte steht, bildet die Seeotter noch heute eine übriggebliebene Zwischenstufe zwischen den weit entfernten Zweigen der Löwen und der Seelöwen. Hier wie dort hat die gänzliche Umgestaltung der äußeren Körperform, welche durch Anpassung an ganz verschiedene Lebensbedingungen bewirkt wurde, die tiefe Grundlage der erblichen inneren Eigenthümlichkeiten nicht zu vermischen vermocht.

Von den übrigen Deciduaten (nach Ausschluß der Raubthiere) betrachte ich als gemeinsame Stammgruppe die Halbaffen (Prosimiae). Diese merkwürdigen Thiere wurden bisher in einer und derselben Ordnung, die Blumenbach als Vierhänder (Quadrumana) bezeichnete, mit den Affen vereinigt. Indessen trenne ich sie von diesen gänzlich, nicht allein deßhalb, weil sie von allen Affen viel mehr abweichen, als die verschiedensten Affen von einander, sondern auch, weil sie die interessantesten Uebergangsformen zu den übrigen Ordnungen der Deciduaten enthalten. Ich schließe daraus, daß die wenigen jetzt noch lebenden Halbaffen, welche überdies unter sich sehr verschieden sind, die letzten überlebenden Reste von einer fast ausgestorbenen, einstmals formenreichen Stammgruppe darstellen, aus welcher sich alle übrigen Deciduaten (vielleicht mit der einzigen Ausnahme der Raubthiere und der Scheinhufer) als divergente Zweige entwickelt haben. Die alte Stammgruppe der Halbaffen selbst hat sich vermuthlich aus den Handbeutlern oder affenfüßigen Beutelthieren (Pedimana) entwickelt, welche in der Umbildung ihrer Hinterfüße zu einer Greifhand ihnen auffallend gleichen. Die uralten (wahrscheinlich in der Autcocen = Periode entstandenen) Stammformen selbst sind na= türlich längst ausgestorben, ebenso die allermeisten Uebergangsformen zwischen denselben und den übrigen Deciduaten = Ordnungen. Aber einzelne Reste der letzteren haben sich in den heute noch lebenden Halb= affen erhalten. Unter diesen bildet das merkwürdige Fingerthier von Madagaskar (Chiromys madagascariensis) den Rest der Leptodac= tylen = Gruppe und den Uebergang zu den Nagethieren. Der seltsame Pelzflatterer der Südsee = Inseln und Sunda = Inseln (Galeopithe= cus), das einzige Ueberbleibsel der Ptenopleuren=Gruppe, ist eine voll= kommene Zwischenstufe zwischen den Halbaffen und Flederthieren. Die Langfüßer (Tarsius, Otolicnus) bilden den letzten Rest desjenigen Stammzweiges (Macrotarsi), aus dem sich die Insectenfresser entwickel= ten. Die Kurzfüßer endlich (Brachytarsi) vermitteln den Anschluß an die echten Affen. Zu den Kurzfüßern gehören die langschwänzigen Maki (Lemur), und die kurzschwänzigen Indri (Lichanotus) und Lori (Stenops), von denen namentlich die letzteren sich den vermuth= lichen Vorfahren des Menschen unter den Halbaffen sehr nahe anzu= schließen scheinen. Sowohl die Kurzfüßer als die Langfüßer leben weit zerstreut auf den Inseln des südlichen Asiens und Afrikas, namentlich auf Madagaskar, einige auch auf dem afrikanischen Festlande. Kein Halbaffe ist bisher lebend oder fossil in Amerika gefunden. Alle füh= ren eine einsame, nächtliche Lebensweise und klettern auf Bäumen umher.

Unter den übrigen Deciduaten = Ordnungen, welche wahrschein= lich alle von längst ausgestorbenen Halbaffen abstammen, ist auf der niedrigsten Stufe die formenreiche Ordnung der N a g e t h i e r e (Ro= dentia) stehen geblieben. Unter diesen stehen die E i ch h o r n a r t i g e n (Sciuromorpha) den Fingerthieren am nächsten. Aus dieser Stamm= gruppe haben sich wahrscheinlich als zwei divergente Zweige die M ä u s e = a r t i g e n (Myomorpha) und die S t a ch e l s ch w e i n a r t i g e n (Hy= strichomorpha) entwickelt, von denen jene durch eocene Myoxiden diese durch eocene Psammoryctiden unmittelbar mit den Eichhornartigen zusammenhängen. Die vierte Unterordnung, die Hasenartigen (Lagomorpha), haben sich wohl erst später aus einer von jenen drei Unterordnungen entwickelt.

An die Nagethiere schließt sich sehr eng die merkwürdige Ordnung der S cheinhufer (Chelophora) an. Von diesen leben heutzutage nur noch zwei, in Asien und Afrika einheimische Gattungen, nämlich die Elephanten (Elephas) und die Klippdasse (Hyrax). Beide wurden bisher gewöhnlich zu den echten Hufthieren oder Ungulaten gestellt, mit denen sie in der Hufbildung der Füße übereinstimmen. Allein eine gleiche Umbildung der ursprünglichen Nägel oder Krallen zu Hufen findet sich auch bei echten Nagethieren, und gerade unter diesen Hufnagethieren (Subungulata), welche ausschließlich Südamerika bewohnen, finden sich neben kleineren Thieren (z. B. Meerschweinchen und Goldhasen) auch die größten aller Nagethiere, die gegen vier Fuß langen Wasserschweine (Hydrochoerus capybara). Die Klippdasse, welche auch äußerlich den Nagethieren, namentlich den Hufnagern sehr ähnlich sind, wurden bereits früher von einigen berühmten Zoologen als eine besondere Unterordnung (Lamnungia) wirklich zu den Nagethieren gestellt. Dagegen betrachtete man die Elephanten, falls man sie nicht zu den Hufthieren rechnete, gewöhnlich als Vertreter einer besonderen Ordnung, welche man Rüsselthiere (Proboscidea) nannte. Nun stimmen aber die Elephanten und Klippdasse merkwürdig in der Bildung ihrer Placenta überein, und entfernen sich dadurch jedenfalls gänzlich von den Hufthieren. Diese letzteren besitzen niemals eine Decidua, während Elephant und Hyrax echte Deciduaten sind. Allerdings ist die Placenta derselben nicht scheibenförmig, sondern gürtelförmig, wie bei den Raubthieren. Allein es ist wohl denkbar, daß sich die gürtelförmige Placenta erst secundär aus der scheibenförmigen entwickelt hat. In diesem Falle könnte man daran denken, daß die Scheinhufer aus einem Zweige der Nagethiere, und ähnlich vielleicht die Raubthiere aus einem Zweige der Insectenfresser sich entwickelt haben. Jedenfalls stehen die Elephanten und die

31 *

Klippdaffe auch in anderen Beziehungen, namentlich in der Bildung wichtiger Skelettheile, der Gliedmaßen u. f. w., den Nagethieren, und namentlich den Hufnagern, näher als den ächten Hufthieren. Dazu kommt noch, daß mehrere ausgestorbene Formen, namentlich die merkwürdigen südamerikanischen Pfeilzähner (Toxodontia) in mancher Beziehung zwischen Elephanten und Nagethieren in der Mitte stehen. Daß die noch jetzt lebenden Elephanten und Klippdaffe nur die letzten Ausläufer von einer einstmals formenreichen Gruppe von Scheinhufern sind, wird nicht allein durch die sehr zahlreichen versteinerten Arten von Elephant und Mastodon bewiesen (unter denen manche noch größer, manche aber auch viel kleiner, als die jetzt lebenden Elephanten sind), sondern auch durch die merkwürdigen miocenen Dinotherien (Gonyognatha), zwischen denen und den nächstverwandten Elephanten noch eine lange Reihe von unbekannten verbindenden Zwischenformen liegen muß. Alles zusammengenommen ist heutzutage die wahrscheinlichste von allen Hypothesen, die man sich über die Entstehung und die Verwandtschaft der Elephanten, Dinotherien, Toxodonten und Klippdaffe bilden kann, daß dieselben die letzten Ueberbleibsel einer formenreichen Gruppe von Scheinhufern sind, die sich aus den Nagethieren, und zwar wahrscheinlich aus Subungulaten, entwickelt hatte.

Die Ordnung der Insectenfresser (Insectivora) hat sich wahrscheinlich aus Halbaffen entwickelt, welche den heute noch lebenden Langfüßern (Macrotarsi) nahe standen. Sie spaltet sich in zwei Ordnungen, Menotyphla und Lipotyphla. Von diesen sind die älteren wahrscheinlich die Menotyphlen, welche sich durch den Besitz eines Blinddarms oder Typhlon von den Lipotyphlen unterscheiden. Zu den Menotyphlen gehören die kletternden Tupajas der Sunda-Inseln und die springenden Makroscelides Afrikas. Die Lipotyphlen sind bei uns durch die Spitzmäuse, Maulwürfe und Igel vertreten. Durch Gebiß und Lebensweise schließen sich die Insectenfresser mehr den Raubthieren, durch die scheibenförmige Placenta und die großen Samenblasen dagegen mehr den Nagethieren an.

Den Insectenfressern sehr nahe steht die merkwürdige Ordnung der fliegenden Säugethiere oder Flederthiere (Chiroptera). Sie hat sich durch Anpassung an fliegende Lebensweise in ähnlicher Weise auffallend umgebildet, wie die Seeraubthiere und die Walthiere durch Anpassung an schwimmende Lebensweise. Wahrscheinlich hat auch diese Ordnung ihre Wurzel in den Halbaffen, mit denen sie noch heute durch die Pelzflatterer (Galeopithecus) eng verbunden ist. Von den beiden Unterordnungen der Flederthiere haben sich wahrscheinlich die insectenfressenden oder Fledermäuse (Nycterides) erst später aus den früchtefressenden oder Flederhunden (Pterocynes) entwickelt; denn die letzteren stehen in mancher Beziehung den Halbaffen noch näher als die ersteren.

Als letzte Säugethierordnung hätten wir nun endlich noch die echten Affen (Simiae) zu besprechen. Da aber im zoologischen Systeme zu dieser Ordnung auch das Menschengeschlecht gehört, und da dasselbe sich aus einem Zweige dieser Ordnung ohne allen Zweifel historisch entwickelt hat, so wollen wir die genauere Untersuchung ihres Stammbaumes und ihrer Geschichte einem besonderen Vortrage vorbehalten.

Neunzehnter Vortrag.

Ursprung und Stammbaum des Menschen.

Die Anwendung der Descendenztheorie auf den Menschen. Logische Nothwendigkeit derselben. Stellung des Menschen im natürlichen System der Thiere, insbesondere unter den discoplacentalen Säugethieren. Unberechtigte Trennung der Vierhänder und Zweihänder. Berechtigte Trennung der Halbaffen von den Affen. Stellung des Menschen in der Ordnung der Affen. Schmalnasen und Plattnasen. Entstehung des Menschen aus Schmalnasen. Menschenaffen oder Anthropoiden. Vergleichung der verschiedenen Menschenaffen und der verschiedenen Menschenrassen. Zeit und Ort der Entstehung des Menschengeschlechtes. Ahnenreihe des Menschen. Wirbellose Ahnen und Wirbelthier-Ahnen. Umbildung des Affen zum Menschen durch Differenzirung und Vervollkommnung der Gliedmaßen, des Kehlkopfs und des Gehirns. Stammbaum der zehn Menschenarten oder Menschenrassen.

Meine Herren! Von allen einzelnen Fragen, welche durch die Abstammungslehre beantwortet werden, von allen besonderen Folgerungen, die wir aus derselben ziehen müssen, ist keine einzige von solcher Bedeutung, als die Anwendung dieser Lehre auf den Menschen selbst. Wie ich schon im Beginn dieser Vorträge (S. 5, 6) hervorgehoben habe, müssen wir aus dem allgemeinen Inductionsgesetze der Descendenztheorie mit der unerbittlichen Nothwendigkeit strengster Logik den besonderen Deductionsschluß ziehen, daß der Mensch sich aus niederen Wirbelthieren, und zunächst aus affenartigen Säugethieren allmählich und schrittweise entwickelt hat. Daß diese Lehre ein unzertrennlicher Bestandtheil der Abstammungslehre, und somit auch der allgemeinen Entwickelungstheorie überhaupt ist, das wird ebenso von allen Anhängern, wie von allen denkenden und folgerichtig schließen= den Gegnern derselben anerkannt.

Wenn diese Lehre aber wahr ist, so wird die Erkenntniß vom thierischen Ursprung und Stammbaum des Menschengeschlechts noth= wendig tiefer, als jeder andere Fortschritt des menschlichen Geistes, in die Beurtheilung aller menschlichen Verhältnisse und zunächst in das Getriebe aller menschlichen Wissenschaften eingreifen. Sie muß früher oder später eine vollständige Umwälzung in der ganzen Weltanschauung der Menschheit hervorbringen. Ich bin der festen Ueberzeugung, daß man in Zukunft diesen unermeßlichen Fortschritt in der Erkenntniß als Beginn einer neuen Entwickelungsperiode der Menschheit feiern wird. Er läßt sich vergleichen mit dem Schritt des Copernicus, der zum ersten Male klar auszusprechen wagte, daß die Sonne sich nicht um die Erde bewege, sondern die Erde um die Sonne. Ebenso wie durch das Weltsystem des Copernicus und seiner Nachfolger die geo= centrische Weltanschauung des Menschen umgestoßen wurde, die falsche Ansicht, daß die Erde der Mittelpunkt der Welt sei, und daß sich die ganze übrige Welt um die Erde drehe, ebenso wird durch die, schon von Lamarck versuchte Anwendung der Descendenztheorie auf den Menschen die anthropocentrische Weltanschauung umgestoßen, der eitle Wahn, daß der Mensch der Mittelpunkt der ir= dischen Natur und das ganze Getriebe derselben nur dazu da sei, um dem Menschen zu dienen. In gleicher Weise, wie das Weltsystem des Copernicus durch Newton's Gravitationstheorie mechanisch begründet wurde, sehen wir später die Descendenztheorie des Lamarck durch Darwin's Selectionstheorie ihre ursächliche Begründung er= langen. Ich habe diesen in mehrfacher Hinsicht lehrreichen Vergleich in meinen Vorträgen „über die Entstehung und den Stammbaum des Menschengeschlechts" [36]) weiter ausgeführt.

Um nun diese äußerst wichtige Anwendung der Abstammungs= lehre auf den Menschen mit der unentbehrlichen Unparteilichkeit und Objectivität durchzuführen, muß ich Sie vor Allem bitten, sich (für

kurze Zeit wenigstens) aller hergebrachten und allgemein üblichen Vorstellungen über die „Schöpfung des Menschen" zu entäußern, und die
tief eingewurzelten Vorurtheile abzustreifen, welche uns über diesen
Punkt schon in frühester Jugend eingepflanzt werden. Wenn Sie
dies nicht thun, können Sie nicht objectiv das Gewicht der wissenschaftlichen Beweisgründe würdigen, welche ich Ihnen für die thierische
Abstammung des Menschen, für seine Entstehung aus affenähnlichen
Säugethieren anführen werde. Wir können hierbei nichts besseres
thun, als mit Huxley uns vorzustellen, daß wir Bewohner eines
anderen Planeten wären, die bei Gelegenheit einer wissenschaftlichen
Weltreise auf die Erde gekommen wären, und da ein sonderbares
zweibeiniges Säugethier, Mensch genannt, in großer Anzahl über
die ganze Erde verbreitet, angetroffen hätten. Um dasselbe zoologisch
zu untersuchen, hätten wir eine Anzahl von Individuen desselben, in
verschiedenem Alter und aus verschiedenen Ländern, gleich den anderen auf der Erde gesammelten Thieren, in ein großes Faß mit Wein-
geist gepackt, und nähmen nun nach unserer Rückkehr auf den heimi-
schen Planeten ganz objectiv die vergleichende Anatomie aller dieser
erdbewohnenden Thiere vor. Da wir gar kein persönliches Interesse
an dem, von uns selbst gänzlich verschiedenen Menschen hätten, so
würden wir ihn ebenso unbefangen und objectiv wie die übrigen
Thiere der Erde untersuchen und beurtheilen. Dabei würden wir uns
selbstverständlich zunächst aller Ansichten und Muthmaßungen über
die Natur seiner Seele enthalten oder über die geistige Seite seines
Wesens, wie man es gewöhnlich nennt. Wir beschäftigen uns vielmehr zunächst in diesem Vortrage nur mit der körperlichen Seite und
derjenigen natürlichen Auffassung derselben, welche uns durch die
Entwickelungsgeschichte an die Hand gegeben wird.

Offenbar müssen wir hier zunächst, um die Stellung des Menschen unter den übrigen Organismen der Erde richtig zu bestimmen,
wieder den unentbehrlichen Leitfaden des natürlichen Systems in die
Hand nehmen. Wir müssen möglichst scharf und genau die Stellung
zu bestimmen suchen, welche dem Menschen im natürlichen System der

Thiere zukömmt. Dann können wir, wenn überhaupt die Deſcendenz=
theorie richtig iſt, aus der Stellung im Syſtem wiederum auf die
wirkliche Stammverwandtſchaft zurückſchließen und den Grad der
Blutsverwandtſchaft beſtimmen, durch welchen der Menſch mit den men=
ſchenähnlichſten Thieren zuſammenhängt. Der hypothetiſche Stamm=
baum des Menſchengeſchlechts wird ſich uns dann als das Endreſultat
dieſer vergleichend anatomiſchen und ſyſtematiſchen Unterſuchung ganz
von ſelbſt ergeben.

Wenn Sie nun auf Grund der vergleichenden Anatomie und On=
togenie die Stellung des Menſchen in dem natürlichen Syſtem der
Thiere aufſuchen, mit welchem wir uns in den beiden letzten Vorträ=
gen beſchäftigten, ſo tritt Ihnen zunächſt die unumſtößliche Thatſache
entgegen, daß der Menſch dem Stamm oder Phylum der Wirbel=
thiere angehört. Alle körperlichen Eigenthümlichkeiten, durch wel=
che ſich alle Wirbelthiere ſo auffallend von allen Wirbelloſen unter=
ſcheiden, beſitzt auch der Menſch. Eben ſo wenig iſt es jemals zwei=
felhaft geweſen, daß unter allen Wirbelthieren die Säugethiere
dem Menſchen am nächſten ſtehen, und daß er alle charakteriſtiſchen
Merkmale beſitzt, durch welche ſich die Säugethiere vor allen übrigen
Wirbelthieren auszeichnen. Wenn Sie dann weiterhin die drei ver=
ſchiedenen Hauptgruppen oder Unterklaſſen der Säugethiere in's Auge
faſſen, deren gegenſeitiges Verhältniß wir im letzten Vortrage erörter=
ten, ſo kann nicht der geringſte Zweifel darüber obwalten, daß der
Menſch zu den Placentalthieren gehört, und alle die wichtigen
Eigenthümlichkeiten mit den übrigen Placentalien theilt, durch welche
ſich dieſe von den Beutelthieren und von den Kloakenthieren unter=
ſcheiden. Endlich iſt von den beiden Hauptgruppen der Placental=
thiere, Deciduaten und Indeciduen, diejenigen der Deciduaten
zweifelsohne diejenige, welche auch den Menſchen umfaßt. Denn
der menſchliche Embryo (S. 240 b, c) entwickelt ſich mit einer echten
Decidua, und unterſcheidet ſich dadurch weſentlich von allen Decidua=
loſen. Unter den Deciduathieren haben wir als zwei Legionen die
Zonoplacentalien mit gürtelförmiger Placenta (Raubthiere und Schein=

hufer) und die Discoplacentalien mit scheibenförmiger Placenta (alle übrigen Deciduaten) unterschieden. Der Mensch besitzt eine scheiben= förmige Placenta, gleich allen anderen D i s c o p l a c e n t a l i e n, und wir würden nun also zunächst die Frage zu beantworten haben, welche Stellung der Mensch in dieser Gruppe einnimmt.

Im letzten Vortrage hatten wir folgende fünf Ordnungen von Discoplacentalien unterschieden: 1, die Halbaffen; 2, die Nagethiere; 3, die Insectenfresser; 4, die Flederthiere; 5, die Affen. Wie Jeder von Ihnen weiß, steht von diesen fünf Ordnungen die letzte, diejenige der Affen, dem Menschen in jeder körperlichen Beziehung weit näher, als die vier übrigen. Es kann sich daher nur noch um die Frage handeln, ob man im System der Säugethiere den Menschen geradezu in die Ordnung der echten Affen einreihen, oder ob man ihn neben und über derselben als Vertreter einer besonderen sechsten Ordnung der Discoplacentalien betrachten soll.

L i n n é vereinigte in seinem System den Menschen mit den echten Affen, den Halbaffen und den Fledermäusen in einer und derselben Ordnung, welche er Primates nannte, d. h. O b e r h e r r n, gleichsam die höchsten Würdenträger des Thierreichs. B l u m e n b a c h dagegen trennte den Menschen als eine besondere Ordnung unter dem Namen Bimana oder Z w e i h ä n d e r, indem er ihm die vereinigten Affen und Halbaffen unter dem Namen Quadrumana oder V i e r h ä n d e r entgegensetzte. Diese Eintheilung wurde auch von C u v i e r und dem= nach von den allermeisten folgenden Zoologen angenommen. Erst 1863 zeigte H u x l e y in seinen vortrefflichen „Zeugnissen für die Stel= lung des Menschen in der Natur"[26], daß dieselbe auf falschen An= sichten beruhe, und daß die angeblichen „Vierhänder" (Affen und Halbaffen) ebenso gut „Zweihänder" sind, wie der Mensch selbst. Der Unterschied des Fußes von der Hand beruht nicht auf der p h y = s i o l o g i s c h e n Eigenthümlichkeit, daß die erste Zehe oder der Dau= men den vier übrigen Fingern oder Zehen an der Hand entgegen= stellbar ist, am Fuße dagegen nicht. Denn es giebt wilde Völker= stämme, welche die erste oder große Zehe den vier übrigen am Fuße ebenso gegenüberstellen können, wie an der Hand. Sie können also ihren „Greiffuß" ebenso gut als eine sogenannte „Hinterhand" be= nutzen, wie die Affen. Auf der anderen Seite differenziren sich bei den höheren Affen, namentlich beim Gorilla, Hand und Fuß schon ähnlich wie beim Menschen. Vielmehr ist der wesentliche Unterschied von Hand und Fuß ein morphologischer, und durch den charak= teristischen Bau des knöchernen Skelets und der sich daran ansetzenden Muskeln bedingt. Die Fußwurzelknochen sind wesentlich anders an= geordnet, als die Handwurzelknochen, und der Fuß besitzt drei beson= dere Muskeln, welche der Hand fehlen (ein kurzer Beugemuskel, ein kurzer Streckmuskel und ein langer Wadenbeinmuskel). In allen die= sen Beziehungen verhalten sich die Affen und Halbaffen genau so wie der Mensch, und es war daher vollkommen unrichtig, wenn man den Menschen von den ersteren als eine besondere Ordnung auf Grund seiner stärkeren Differenzirung von Hand und Fuß trennen wollte. Ebenso verhält es sich aber auch mit allen übrigen körperlichen Merk= malen, durch welche man etwa versuchen wollte, den Menschen von den Affen zu trennen, mit der relativen Länge der Gliedmaßen, dem Bau des Schädels, des Gehirns u. s. w. In allen diesen Beziehun= gen ohne Ausnahme sind die Unterschiede zwischen dem Menschen und den höheren Affen geringer, als die entsprechenden Unterschiede zwi= schen den höheren und den niederen Affen. So kommt denn Huxley auf Grund der sorgfältigsten und genauesten Vergleichungen zu folgen= dem, äußerst wichtigem Schlusse: „Wir mögen daher ein System von Organen vornehmen, welches wir wollen, die Vergleichung ihrer Mo= dificationen in der Affenreihe führt uns zu einem und demselben Resul= tate: daß die anatomischen Verschiedenheiten, welche den Menschen vom Gorilla und Schimpanse scheiden, nicht so groß sind, als die, welche den Gorilla von den niedrigeren Affen trennen". Demgemäß vereinigt Huxley, streng der systematischen Logik folgend, Menschen, Affen und Halb= affen in einer einzigen Ordnung, Primates, und theilt diese in fol= gende sieben Familien von ungefähr gleichem systematischem Werthe:

Syſtematiſche Ueberſicht der Familien und Gattungen der Affen.

Sektionen der Affen	Familien der Affen	Gattungen oder Genera der Affen	Syſtematiſcher Name der Genera
I. Affen der neuen Welt (Hesperopitheci) oder plattnaſige Affen (Platyrrhinae).			
A. Platyrrhinen mit Krallen Arctopitheci	I. Seidenaffen *Hapalida*	1. Pinſelaffe 2. Löwenaffe	1. Midas 2. Jacchus
B. Platyrrhinen mit Kuppennägeln Dysmopitheci	II. Plattnaſen ohne Greifſchwanz *Aphyocerca* III. Plattnaſen mit Greifſchwanz *Labidocerca*	3. Eichhornaffe 4. Springaffe 5. Nachtaffe 6. Schweifaffe 7. Rollaffe 8. Klammeraffe 9. Wollaffe 10. Brüllaffe	3. Chrysothrix 4. Callithrix 5. Nyctipithecus 6. Pithecia 7. Cebus 8. Ateles 9. Lagothrix 10. Mycetes
II. Affen der alten Welt (Heopitheci) oder ſchmalnaſige Affen (Catarrhinae).			
C. Geſchwänzte Katarrhinen Menocerca	IV. Geſchwänzte Katarrhinen mit Backentaſchen *Ascoparca* V. Geſchwänzte Katarrhinen ohne Backentaſchen *Anasca*	11. Pavian 12. Makako 13. Meerkatze 14. Schlankaffe 15. Stummelaffe 16. Naſenaffe	11. Cynocephalus 12. Innus 13. Cercopithecus 14. Semnopithecus 15. Colobus 16. Nasalis
D. Schwanzloſe Katarrhinen Lipocerca	VI. Menſchenaffen *Anthropoides* VII. Menſchen *Erecti (Anthropi)*	17. Gibbon 18. Orang 19. Schimpanſe 20. Gorilla 21. Affenmenſch oder ſprachloſer Menſch 22. Sprechender Menſch	17. Hylobates 18. Satyrus 19. Engeco 20. Gorilla 21. Pithecanthropus (Alalus) 22. Homo

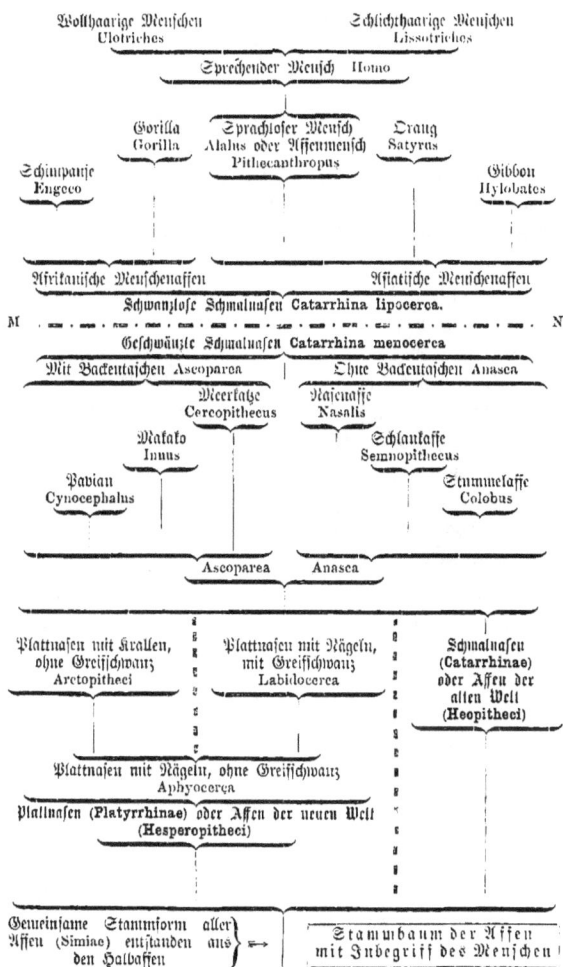

1. Anthropini (der Mensch). 2. Catarrhini (echte Affen der alten Welt). 3. Platyrrhini (echte Affen Amerikas). 4. Arctopitheci (Krallenaffen Amerikas). 5. Lemurini (kurzfüßige und langfüßige Halbaffen. S. 482). 6. Chiromyini (Fingerthiere, S. 482). 7. Galeopithecini (Pelzflatterer, S. 482).

Wenn wir aber das natürliche System und demgemäß den Stamm= baum der Primaten ganz naturgemäß auffassen wollen, so müssen wir noch einen Schritt weiter gehen, und die Halbaffen oder Prosimien (die drei letzten Familien Huxley's) gänzlich von den echten Affen oder Simien (den vier ersten Familien) trennen. Denn wie ich schon in meiner generellen Morphologie zeigte, und Ihnen bereits im letzten Vortrage erläuterte, unterscheiden sich die Halbaffen in vielen und wichtigen Beziehungen von den echten Affen und schließen sich in ihren einzelnen Formen vielmehr den verschiedenen anderen Ord= nungen der Discoplacentalien an. Die Halbaffen sind daher wahr= scheinlich als die gemeinsame Stammgruppe zu betrachten, aus wel= cher sich die anderen Ordnungen der Discoplacentalien, die Nagethiere, Insectenfresser, Fledermäuse und echten Affen als vier divergente Zweige entwickelt haben. (Gen. Morph. II, S. CXLVIII und CLIII). Der Mensch aber kann nicht von der Ordnung der echten Affen oder Simien getrennt werden, da er den höheren echten Affen in jeder Be= ziehung näher steht, als diese den niederen echten Affen.

Die echten Affen (Simiae) werden allgemein in zwei ganz natürliche Hauptgruppen zerfällt, nämlich in die Affen der neuen Welt (amerikanische Affen) und in die Affen der alten Welt, welche in Asien und Afrika einheimisch sind, und früher auch in Europa vertreten waren. Diese beiden Abtheilungen unterscheiden sich namentlich in der Bildung der Nase und man hat sie darnach benannt. Die ameri= kanischen Affen haben plattgedrückte Nasen, so daß die Nasen= löcher nach außen stehen, nicht nach unten; sie heißen deßhalb Platt= nasen (Platyrrhinae). Dagegen haben die Affen der alten Welt eine schmale Nasenscheidewand und die Nasenlöcher sehen nach unten, wie beim Menschen; man nennt sie deßhalb Schmalnasen (Catar-

rhinae). Ferner ist das Gebiß, welches bekanntlich bei der Klassifi=
kation der Säugethiere eine hervorragende Rolle spielt, bei beiden
Gruppen charakteristisch verschieden. Alle Katarrhinen oder Affen der
alten Welt haben ganz dasselbe Gebiß, wie der Mensch, nämlich in
jedem Kiefer, oben und unten, vier Schneidezähne, dann jederseits ei=
nen Eckzahn und fünf Backzähne, von denen zwei Lückenzähne und
drei Mahlzähne sind, zusammen 32 Zähne. Dagegen alle Affen der
neuen Welt, alle Platyrrhinen, besitzen vier Backzähne mehr, nämlich
drei Lückenzähne und drei Mahlzähne jederseits oben und unten. Sie
haben also zusammen 36 Zähne. Nur eine kleine Gruppe bildet da=
von eine Ausnahme, nämlich die Krallenaffen (Arctopitheci), bei
denen der dritte Mahlzahn verkümmert, und die demnach in jeder Kie=
ferhälfte drei Lückenzähne und zwei Mahlzähne haben. Sie unter=
scheiden sich von den übrigen Platyrrhinen auch dadurch, daß sie an
den Fingern der Hände und den Zehen der Füße Krallen tragen, und
keine Nägel, wie der Mensch und die übrigen Affen. Diese kleine
Gruppe südamerikanischer Affen, zu welcher unter anderen die bekann=
ten niedlichen Pinseläffchen (Midas) und Löwenäffchen (Jacchus) ge=
hören, ist wohl nur als ein eigenthümlich entwickelter Seitenzweig der
Platyrrhinen aufzufassen.

Fragen wir nun, welche Resultate aus diesem System der Affen
für den Stammbaum derselben folgen, so ergiebt sich daraus unmit=
telbar, daß sich alle Affen der neuen Welt aus einem Stamme ent=
wickelt haben, weil sie alle das charakteristische Gebiß und die Nasen=
bildung der Platyrrhinen besitzen. Ebenso folgt daraus, daß alle
Affen der alten Welt abstammen müssen von einer und derselben ge=
meinschaftlichen Stammform, welche die Nasenbildung und das Gebiß
aller jetzt lebenden Katarrhinen besaß. Ferner kann es kaum zweifel=
haft sein, daß die Affen der neuen Welt, als ganzer Stamm genom=
men, entweder von denen der alten Welt abstammen, oder (unbestimm=
ter und vorsichtiger ausgedrückt) daß Beide divergente Aeste eines und
desselben Affenstammes sind. Für die Abstammung des Menschen folgt
hieraus der unendlich wichtige Schluß, welcher auch für die Verbrei=

tung des Menschen auf der Erdoberfläche die größte Bedeutung besitzt, daß der Mensch sich aus den Katarrhinen entwickelt
hat. Denn wir sind nicht im Stande, einen zoologischen Charakter aufzufinden, der den Menschen von den nächstverwandten Affen der alten
Welt in einem höheren Grade unterschiede, als die entferntesten Formen dieser Gruppe unter sich verschieden sind. Es ist dies das wichtigste Resultat der sehr genauen vergleichend-anatomischen Untersuchungen Huxley's, welches nicht genug berücksichtigt werden kann.
In jeder Beziehung sind die anatomischen Unterschiede zwischen dem
Menschen und den menschenähnlichsten Katarrhinen (Orang, Gorilla,
Schimpanse) geringer, als die anatomischen Unterschiede zwischen diesen und den niedrigsten, tiefst stehenden Katarrhinen, insbesondere den
hundeähnlichen Pavianen. Dieses höchst bedeutsame Resultat ergiebt
sich aus einer unbefangenen anatomischen Vergleichung zwischen den
verschiedenen Formen der Katarrhinen als unzweifelhaft. Wenn wir
also überhaupt, der Descendenztheorie entsprechend, das natürliche
System der Thiere als Leitfaden unserer Betrachtung anerkennen, und
darauf unseren Stammbaum begründen, so müssen wir nothwendig
zu dem unabweislichen Schlusse kommen, daß das Menschengeschlecht ein Aestchen der Katarrhinengruppe ist, und sich
aus längst ausgestorbenen Affen dieser Gruppe in der
alten Welt entwickelt hat. Einige Anhänger der Descendenztheorie haben gemeint, daß die amerikanischen Menschen sich unabhängig von denen der alten Welt aus amerikanischen Affen entwickelt
hätten. Diese Hypothese halte ich für ganz irrig. Denn die völlige
Uebereinstimmung aller Menschen mit den Katarrhinen
in Bezug auf die charakteristische Bildung der Nase und
des Gebisses beweist deutlich, daß sie eines Ursprungs sind, und
sich aus einer gemeinsamen Wurzel erst entwickelt haben, nachdem die
Platyrrhinen oder amerikanischen Affen sich bereits von dieser abgezweigt hatten. Die amerikanischen Ureinwohner sind vielmehr, wie auch
zahlreiche ethnographische Thatsachen beweisen, aus Asien, und theilweise vielleicht auch aus Polynesien eingewandert.

Einer genaueren Feststellung des menschlichen Stammbaums stehen gegenwärtig noch große Schwierigkeiten entgegen. Nur das läßt
sich noch weiterhin als höchst wahrscheinlich behaupten, daß die nächsten
Stammeltern des Menschengeschlechts schwanzlose Katarrhinen
(Lipocerca) waren, ähnlich den heute noch lebenden Menschenaffen,
die sich offenbar erst später aus den geschwänzten Katarrhinen
(Menocerca), als der ursprünglicheren Affenform, entwickelt haben.
Von jenen schwanzlosen Katarrhinen, die jetzt auch häufig Menschenaffen oder Anthropoiden genannt werden, leben heutzutage
noch vier verschiedene Gattungen mit ungefähr einem Dutzend verschiedener Arten. Der größte Menschenaffe ist der berühmte Gorilla
(Gorilla engena oder Pongo gorilla genannt), welcher in der Tropen-
zone des westlichen Afrika einheimisch ist und am Flusse Gaboon erst
1847 von dem Missionär Savage entdeckt wurde. Diesem schließt sich
als nächster Verwandter der längst bekannte Schimpanse an (Engeco troglodytes oder Pongo troglodytes), ebenfalls im westlichen
Afrika einheimisch, aber bedeutend kleiner als der Gorilla, welcher in
aufrechter Stellung den Menschen an Größe übertrifft. Der dritte von
den drei großen menschenähnlichen Affen ist der auf Borneo und anderen Sunda-Inseln einheimische Orang oder Orang-Utang, von welchem man neuerdings zwei nahe verwandte Arten unterscheidet, den
großen Orang (Satyrus orang oder Pithecus satyrus) und den
kleinen Orang (Satyrus morio oder Pithecus morio). Endlich
lebt noch im südlichen Asien die Gattung Gibbon (Hylobates), von
welcher man 4—8 verschiedene Arten unterscheidet. Sie sind bedeutend kleiner als die drei erstgenannten Anthropoiden und entfernen sich
in den meisten Merkmalen schon weiter vom Menschen.

Die schwanzlosen Menschenaffen haben neuerdings, namentlich
seit der genaueren Bekanntschaft mit dem Gorilla und seit ihrer Verknüpfung mit der Anwendung der Descendenztheorie auf den Menschen, ein so allgemeines Interesse erregt, und eine solche Fluth von
Schriften hervorgerufen, daß ich hier gar keine Veranlassung finde,
näher auf dieselben einzugehen. Was ihre Beziehungen zum Menschen

betrifft, so finden Sie dieselben in den bekannten trefflichen Schriften von Huxley[26]), Carl Vogt[27]) und Rolle[29]) ausführlich er= örtert. Ich beschränke mich daher auf die Mittheilung des wichtigsten allgemeinen Resultats, welches ihre allseitige Vergleichung mit dem Menschen ergeben hat, daß nämlich jeder von den vier Menschenaffen dem Menschen in einer oder einigen Beziehungen näher steht, als die übrigen, daß aber keiner als der absolut in jeder Beziehung menschen= ähnlichste bezeichnet werden kann. Der Orang steht dem Menschen am nächsten in Bezug auf die Gehirnbildung, der Schimpanse durch wich= tige Eigenthümlichkeiten der Schädelbildung, der Gorilla hinsichtlich der Ausbildung der Füße und Hände, und der Gibbon endlich in der Bil= dung des Brustkastens.

Es ergiebt sich also aus der sorgfältigsten vergleichenden Anato= mie der Anthropoiden ein ganz ähnliches Resultat, wie es Weis= bach aus der statistischen Zusammenstellung und denkenden Verglei= chung der sehr zahlreichen und sorgfältigen Körpermessungen erhalten hat, die Scherzer und Schwarz während der Reise der österreichi= schen Fregatte Novara um die Erde an Individuen verschiedener Men= schenrassen angestellt haben. Weisbach faßt das Endresultat seiner gründlichen Untersuchungen in folgenden Worten zusammen: „Die Affenähnlichkeit des Menschen concentrirt sich keineswegs bei einem oder dem anderen Volke, sondern vertheilt sich derart auf die ein= zelnen Körperabschnitte bei den verschiedenen Völkern, daß jedes mit irgend einem Erbstücke dieser Verwandtschaft, freilich das eine mehr, das andere weniger bedacht ist, und selbst wir Europäer durchaus nicht beanspruchen dürfen, dieser Verwandtschaft vollständig fremd zu sein". (Novara=Reise, Anthropholog. Theil, II, 269).

Ausdrücklich will ich hier noch hervorheben, was eigentlich frei= lich selbstverständlich ist, daß kein einziger von allen jetzt leben= den Affen, und also auch keiner von den genannten Men= schenaffen der Stammvater des Menschengeschlechts sein kann. Von denkenden Anhängern der Descendenztheorie ist diese Meinung auch niemals behauptet, wohl aber von ihren gedankenlosen

Gegnern ihnen untergeschoben worden. Die affenartigen Stammeltern des Menschengeschlechts sind längst ausgestorben.
Vielleicht werden wir ihre versteinerten Gebeine noch dereinst theilweise
in Tertiärgesteinen des südlichen Asiens auffinden. Jedenfalls werden dieselben im zoologischen System in der Gruppe der schwanzlosen Schmalnasen (Catarrhina lipocerca) untergebracht werden müssen. Wann die Umbildung der menschenähnlichsten Affen zu
den affenähnlichsten Menschen statt hatte, läßt sich jetzt gleichfalls noch
nicht sicher bestimmen. Doch ist das Wahrscheinlichste, daß dieser
wichtigste Vorgang in der irdischen Schöpfungsgeschichte gegen Ende
der Tertiärzeit stattfand, also in der pliocenen, vielleicht schon in der
miocenen Periode, vielleicht aber auch erst im Beginn der Diluvialzeit. Jedenfalls lebte der Mensch als solcher in Mitteleuropa schon
während der Diluvialzeit, gleichzeitig mit vielen großen, längst ausgestorbenen Säugethieren, namentlich dem diluvialen Elephanten oder
Mammuth (Elephas primigenius), dem wollhaarigen Rashorn (Rhinoceros tichorrhinus), dem Riesenhirsch (Cervus euryceros), dem
Höhlenbär (Ursus spelacus), der Höhlenhyäne (Hyaena spelaca),
dem Höhlentiger (Felis spelaca) ꝛc. Die Resultate, welche die neuere
Geologie und Archäologie über diesen fossilen Menschen der Diluvialzeit und seine thierischen Zeitgenossen an das Licht gefördert hat, sind
vom höchsten Interesse. Da aber eine eingehende Betrachtung derselben den uns gesteckten Raum bei weitem überschreiten würde, so
begnüge ich mich hier damit, ihre hohe Bedeutung im Allgemeinen
hervorzuheben, und verweise Sie bezüglich des Besonderen auf die
zahlreichen Schriften, welche in neuester Zeit über die Urgeschichte des
Menschen erschienen sind, namentlich auf die vortrefflichen Werke von
Charles Lyell [30]), Carl Vogt [27]), Friedrich Rolle [28]),
John Lubbock, E. B. Tyler u. s. w.

Die zahlreichen interessanten Entdeckungen, mit denen uns diese
ausgedehnten Untersuchungen der letzten Jahre über die Urgeschichte
des Menschengeschlechts beschenkt haben, stellen die wichtige (auch aus
vielen anderen Gründen schon längst wahrscheinliche) Thatsache außer

Zweifel, daß die Existenz des Menschengeschlechts als solchen jedenfalls auf mehr als zwanzigtausend Jahre zurückgeht. Wahrscheinlich sind aber seitdem mehr als hunderttausend Jahre, vielleicht viele Hunderte von Jahrtausenden verflossen, und es muß im Gegensatz dazu sehr komisch erscheinen, wenn noch heute unsere Kalender die „Erschaffung der Welt nach Calvisius" vor 5817 Jahren geschehen lassen.

Mögen Sie nun den Zeitraum, während dessen das Menschengeschlecht bereits als solches existirte und sich über die Erde verbreitete, auf zwanzigtausend, oder auf hunderttausend, oder auf viele hunderttausend Jahre anschlagen, jedenfalls ist derselbe verschwindend gering gegen die unfaßbare Länge der Zeiträume, welche für die stufenweise Entwickelung der langen Ahnenkette des Menschen erforderlich waren. Das geht schon hervor aus der sehr geringen Dicke, welche alle diluvialen Ablagerungen im Verhältniß zu den tertiären, und diese wiederum im Verhältniß zu den vorhergegangenen besitzen (Vergl. Taf. IV. nebst Erklärung). Aber auch die unendlich lange Reihe der schrittweise sich langsam entwickelnden Thiergestalten, von dem einfachsten Moner bis zum Amphioxus, von diesem bis zum Urfisch, vom Urfisch bis zum ersten Säugethiere und von diesem wiederum bis zum Menschen, erheischt zu ihrer historischen Entwickelung eine Reihenfolge von Zeiträumen, die wahrscheinlich viele Millionen von Jahrtausenden umfassen (Vergl. S. 102). Um Ihnen dieses wichtige Verhältniß in seiner ganzen Bedeutung vorzustellen, führe ich Ihnen hier nochmals die hypothetische Reihenfolge unserer thierischen Ahnen, wie sie durch die vergleichende Anatomie, Ontogonie und Paläontologie uns an die Hand gegeben wird, übersichtlich im Zusammenhange vor. Natürlich kann diese genealogische Hypothese nur ganz im Allgemeinen die Grundzüge des menschlichen Stammbaums andeuten, und sie läuft um so mehr Gefahr des Irrthums, je strenger sie im Einzelnen auf die uns bekannten besonderen Thierformen bezogen wird. Es wird hierbei passend sein, die ganze Vorfahrenkette des Menschen in zwei große Gruppen zu bringen, in wirbellose Ahnen (Prochorden) und in Wirbelthier-Ahnen (Vertebraten; vergl. Taf. VI).

Ahnenreihe des menschlichen Stammbaums.

M N = Grenze zwischen den wirbellosen Ahnen und den Wirbelthier-Ahnen.

Zeitalter der organischen Erdgeschichte	Geologische Perioden der organischen Erdgeschichte	Thierische Ahnenstufen des Menschen	Lebende nächste Verwandte der Ahnenstufen
V. Quartär Zeit	26. Alluvial-Periode / 25. Diluvial-Periode	22. Sprechende Menschen	Alfurus und Papuas
IV. Cenolithische oder Tertiär-Zeit	24. Pliocen-Periode 23. Antepliocen-P. 22. Miocen-P. 21. Antemiocen-P. 20. Eocen-P. 19. Anteocen-P.	21. Sprachlose Menschen oder Affenmenschen 20. Menschenaffen oder schwanzlose Schmalnasen 19. Geschwänzte Schmalnasen 18. Halbaffen (Prosimiae)	Taubstumme, Kretinen und Microcephalen; Gorilla, Schimpanse, Orang, Gibbon; Nasenaffen, Schlankaffen; Lori (Stenops), Maki (Lemur)
III. Mesolithische oder Secundär-Zeit	18. Kreide-Periode 17. Antecreta-P. 16. Jura-P. 15. Antejura-P. 14. Trias-P. 13. Antetrias-P.	17. Beutelthiere (Marsupialia) 16. Stammsäuger (Promammalia) 15. Uramnioten (Protamnia)	Beutelratten (Didelphyes); Schnabelthiere (Monotrema); ? zwischen den Stammsäugern u. Schwanzlurchen
II. Palaeolithische oder Primär-Zeit	12. Perm-Periode 11. Anteperm-P. 10. Steinkohlen-P. 9. Antecarbon-P. 8. Devon-P. 7. Antedevon-P.	14. Schwanzlurche (Sozura) 13. Kiemenlurche (Sozobranchia) 12. Lurchfische (Dipneusta)	Wassermolche (Tritones); Olm (Proteus), Axolotl (Siredon); Molchfische (Protopteri)
		11. Urfische (Selachii) 10. Unpaarnasen (Monorrhina) 9. Rohrherzen (Leptocardia)	Haifische (Squalacei) Lampreten (Petromyzontes) Lanzetthiere (Amphioxi)
		M - - - - - - - - - - N	
I. Archolithische oder Primordial-Zeit	6. Silurische Periode 5. Antesilurische P. 4. Cambrische P. 3. Antecambrische P. 2. Laurentische P. 1. Antelaurentische Periode	8. Sackwürmer (Himatega) 7. Würmer (Vermes) von unbekannter Form 6. Strudelwürmer (Turbellaria) 5. Mundführende Wimperinfusorien 4. Mundlose Wimperinfusorien 3. Vielzellige Urahnthiere 2. Einzellige Urahnthiere	Seescheiden (Ascidiae); ? zwischen den Seescheiden und Strudelwürmern; Rhabdocoela Dendrocoela; Ciliata stomatoda (Glaucoma); Ciliata astoma (Opalina); Amoebengemeinden (Synamoebae); Einfache Amoeben (Autamoebae)
	(Vergl. S. 306 und Taf. IV nebst Erklärung)	1. Moneren (Monera)	Protogenes Protamoeba

Ahnenreihe des Menschen.

(Vergl. den achtzehnten Vortrag und Taf. VI. nebst Erklärung.)

Erste Hälfte der menschlichen Ahnenreihe:

Wirbellose Ahnen des Menschen.

Erste Stufe: **Moneren (Monera)**: Organismen der denkbar ein=
fachsten Art, ohne Organe, bestehend aus einem ganz einfachen, durch und
durch gleichartigen, structurlosen und formlosen Klümpchen einer schleimarti=
gen oder eiweißartigen Materie; ähnlich der heute noch lebenden Protamoeba
primitiva (Vergl. S. 144, Fig. 1; S. 283). Entstanden durch Ur=
zeugung oder Archigonie aus sogenannten „anorganischen Verbindungen",
aus einfachen und festen Kohlenstoffverbindungen (im Beginn der antelauren=
tischen Zeit).

Zweite Stufe: **Einzellige Urahnthiere** (Archezoa unicellu-
laria) oder **Einfache Amoeben** (Amoebae), nackte Zellen (oder membran=
lose, kernhaltige Plastiden), bestehend aus einem structurlosen Protoplasma=
klümpchen, in dessen Innerem ein Kern gesondert ist; ähnlich den heute noch
lebenden einfachen nackten Amoeben (Autamoeba etc., vergl. S. 145, Fig. 2).
Entstanden aus den Moneren durch Differenzirung des inneren Kerns von
dem äußeren Protoplasma. Der Formwerth dieser Amoebenstufe ist gleich
demjenigen, welchen das menschliche Ei (S. 146, Fig. 3) noch heute besitzt.
Das Ei ist eine einfache, von einer Membran umschlossene Zelle, so gut wie
eine eingekapselte Amoebe (Vergl. S. 145, Fig. 2 A).

Dritte Stufe: **Mehrzellige Urahnthiere** (Archezoa multicel-
lularia) oder **Amoebengemeinden** (Synamoebae): Einfache Haufen
von gleichartigen Nacktzellen, bestehend aus einer Colonie von mehreren, an
einanderliegenden, einfachen und gleichartigen, amoebenähnlichen Zellen. Ent=
standen aus einfachen Amoeben durch wiederholte Theilung derselben und
Beisammenbleiben der Theilungsproducte. Der Formwerth dieser Stufe
ist gleich demjenigen des menschlichen Eies nach vollendeter Furchung oder Thei=
lung, ehe noch die gleichartigen Zellen sich differenzirt haben (Vergl. S. 146,
Fig. 4 D).

Vierte Stufe: **Mundlose Wimperinfusorien** (Ciliata astoma), bestehend aus einem Haufen von mehr oder weniger gesonderten Zellen, von denen die an der Oberfläche gelegenen schlagende Wimperhaare gebildet haben und so den Zellenhaufen mit einem Flimmerepithel überziehen, mittelst dessen sich derselbe rotirend im Wasser umher bewegt. Entstanden aus der Syn-amoebe oder Amoebengemeinde durch Differenzirung der oberflächlichen Zellen zu Wimperzellen. Der Formwerth dieser Stufe ist gleich demjenigen der Wimperlarve (Planula), welche bei den meisten niederen Thieren zunächst aus dem gefurchten Ei entsteht. Bei den Wirbelthieren, wie bei den Glied-füßern, ist dieses Stadium, ebenso wie die beiden folgenden, im Laufe der Zeit durch abgekürzte Vererbung (S. 166) verloren gegangen. Aehnliche mundlose Wimperinfusorien (Opalina) leben noch heute (Vergl. S. 405).

Fünfte Stufe: **Mundführende Wimperinfusorien** (Ciliata stomatoda), der vierten Stufe ähnlich, aber verschieden durch eine ein-fache, in das Innere des vielzelligen Körpers hineingehende und dort blind endi-gende Röhre, die erste Anlage des Darmcanals, dessen einzige Oeffnung zugleich Mund und After ist. Entstanden aus den mundlosen Infusorien durch Bildung einer immer mehr sich vertiefenden Grube oder Einstülpung an einer Stelle der äußeren Körperoberfläche. Der Formwerth dieser Stufe ent-spricht demjenigen, welchen die Wimperlarve oder Planula der niederen Thiere bei ihrer weiteren Entwickelung durch Anlage des Darms zunächst erreicht.

Sechste Stufe: **Strudelwürmer** (Turbellaria), Plattwürmer von einfachster Gestalt, gleich den Wimperinfusorien auf der ganzen Körper-oberfläche mit Wimpern überzogen. Einfacher blattförmiger Körper von läng-lichrunder Gestalt ohne alle Anhänge. Entstanden aus den mundführenden Wimperinfusorien durch weitere Differenzirung der inneren Körpertheile zu ver-schiedenen Organen; insbesondere erste Bildung des Nervensystems (eines ein-fachen Nervenknotens) und der einfachsten Sinnesorgane (Pigmentflecke als Anlage der Augen); ferner weitere Ausbildung der bei den Infusorien bereits sich anlegenden einfachsten Organe für Ausscheidung (wimpernde innere Kanäle, durch eine contractile Blase ausmündend) und Fortpflanzung (hermaphroditische oder zwitterige Geschlechtsorgane). Der Formwerth dieser Stufe entspricht demjenigen der einfachsten heute noch lebenden Strudelwürmer (Turbellaria, vergl. S. 406).

Siebente Stufe: **Würmer** (Vermes) von unbekannter Form; welche den Uebergang zwischen der sechsten und achten Stufe, zwischen den Strudelwürmern und Sackwürmern vermittelten. Entstanden aus den Strudelwürmern durch Umbildung des vordersten Darmabschnittes zum Ath-mungsapparat (Kiemenkorb), durch Bildung eines Afters am hinteren Darmende und durch Verlust des Wimperkleides. Der Formwerth dieser Stufe wird in der weiten Lücke zwischen Strudelwürmern und Mantelthieren durch verschiedene Zwischenstufen vertreten gewesen sein.

Achte Stufe: **Sackwürmer (Himatega)**, welche von allen heute uns bekannten Würmern den Mantelthieren (Tunicata) am nächsten standen, und zwar den frei umherschwimmenden Jugendformen oder Larven der eigentlichen Seescheiben (Ascidia, Phallusia) (Vergl. S. 409 und 438). Entstanden aus den Würmern der siebenten Stufe durch Umbildung des einfachen Nervenknotens zur Anlage eines Rückenmarks (Medullarrohrs) und eines darunter gelegenen Rückenstrangs (Chorda dorsalis). Der Formwerth dieser Stufe entspricht ungefähr demjenigen, welchen die genannten Larven der einfachen Seescheiben zu der Zeit besitzen, wo sie die Anlage des Rückenmarks und des Rückenstranges zeigen.

Zweite Hälfte der menschlichen Ahnenreihe:

Wirbelthier=Ahnen des Menschen.

Neunte Stufe: **Schädellose oder Röhrherzen (Acrania oder Leptocardia)**, von entfernter Aehnlichkeit mit dem heute noch lebenden Lanzetthiere (Amphioxus lanceolatus, vergl. S. 437). Körper noch ohne Kopf, ohne Schädel und Gehirn, vorn und hinten gleichmäßig zugespitzt. Entstanden während der Primordialzeit aus den Sackwürmern der achten Stufe durch weitere Differenzirung aller Organe, namentlich vollständigere Entwickelung des Rückenmarks und des darunter gelegenen Rückenstrangs. Wahrscheinlich begann mit dieser Stufe auch die Trennung der beiden Geschlechter (Gonochorismus), während alle vorher genannten wirbellosen Ahnen (abgesehen von den 3—4 ersten geschlechtslosen Stufen) noch Zwitterbildung (Hermaphroditismus) zeigten (Vergl. S. 152).

Zehnte Stufe: **Unpaarnasen (Monorrhina)**, von entfernter Aehnlichkeit mit den heute noch lebenden Ingern (Myxinoiden) und Lampreten (Petromyzonten). Entstanden während der Primordialzeit aus den Schädellosen dadurch, daß das vordere Ende des Rückenmarks sich zum Gehirn und dasjenige des Wirbelstrangs zum Schädel entwickelte. Die Menschenahnen dieser Stufe werden in ihrer wesentlichen inneren Organisation ungefähr den heutigen Rundmäulern oder Cyclostomen (Ingern und Lampreten) entsprochen haben. Jedoch sind die Beutelkiemen und das runde Saugmaul der letzteren wohl als reine Anpassungscharaktere zu betrachten, welche bei der entsprechenden Ahnenstufe nicht vorhanden waren (Vergl. S. 440).

Elfte Stufe: **Urfische (Selachii)**, von allen bekannten Wirbelthieren wahrscheinlich am meisten den heute noch lebenden Haifischen (Squa-

lacei) ähnlich. Entstanden aus Unpaarnasen durch Theilung der un=
paaren Nase in zwei paarige Seitenhälften, durch Bildung eines sympathi=
schen Nervennetzes, einer Schwimmblase und zweier Beinpaare (Brustflossen
oder Vorderbeine, und Bauchflossen oder Hinterbeine). Die innere Organi=
sation dieser Stufe wird im Ganzen derjenigen der niedersten uns bekannten
Haifische entsprochen haben; doch war die Schwimmblase, die bei diesen nur
als Rudiment noch existirt, stärker entwickelt. Lebten bereits in der Si=
lurzeit.

Zwölfte Stufe: **Lurchfische (Dipneusta)**, von entfernter Aehn=
lichkeit mit den heute noch lebenden Molchfischen (Protopterus und
Lepidosiron, S. 448). Entstanden aus den Urfischen (wahrscheinlich
im Beginn der paläolithischen oder Primärzeit) durch Anpassung an das Land=
leben und Umbildung der Schwimmblase zu einer luftathmenden Lunge, sowie
der Nasengruben (welche nunmehr in die Mundhöhle mündeten) zu Luftwegen.
Mit dieser Stufe begann die Reihe der durch Lungen luftathmenden Vorfahren
des Menschen. Ihre Organisation wird in mancher Hinsicht derjenigen des
heutigen Protopterus entsprochen haben, jedoch auch mannichfach verschieden
gewesen sein. Lebten entweder in antedevonischer oder in devonischer oder
in antecarbonischer Zeit.

Dreizehnte Stufe: **Kiemenlurche (Sozobranchia)**, Amphi=
bien mit bleibenden Kiemen, ähnlich dem heute noch lebenden Proteus und
Axolotl (S. 449). Entstanden aus den Dipneusten durch Umbildung der
rudernden Fischflossen zu fünfzehigen Beinen, und durch höhere Differenzirung
verschiedener Organe, namentlich der Wirbelsäule. Lebten wahrscheinlich
um die Mitte der paläolithischen oder Primärzeit, vielleicht schon vor der
Steinkohlenzeit.

Vierzehnte Stufe: **Schwanzlurche (Sozura)**, Amphibien,
welche durch Metamorphose in späterem Alter die in der Jugend noch vor=
handenen Kiemen verloren, aber den Schwanz behielten. Aehnlich den heu=
tigen Salamandern und Molchen (Tritonen, vergl. S. 450). Entstanden
aus den Kiemenlurchen dadurch, daß sie sich daran gewöhnten, nur noch in
der Jugend durch Kiemen, im späteren Alter aber bloß durch Lungen zu ath=
men. Lebten wahrscheinlich in der zweiten Hälfte der Primärzeit, wäh=
rend der antepermischen und permischen Periode, vielleicht schon während der
Steinkohlenzeit.

Fünfzehnte Stufe: **Uramnioten (Protamnia)**; gemeinsame
Stammform der drei höheren Wirbelthierklassen, aus welcher als zwei diver=
gente Zweige die Proreptilien einerseits, die Promammalien andrerseits sich
entwickelten (S. 451). Entstanden (vielleicht in der Antetriaszeit) aus

unbekannten Schwanzlurchen durch gänzlichen Verlust der Kiemen, Bildung des Amnion, der Schnecke und des runden Fensters im Gehörorgan, und der Thränenorgane. Lebten wahrscheinlich im Beginn der mesolithischen oder Secundärzeit, vielleicht schon gegen Ende der Primärzeit (Permzeit oder Antepermzeit?).

Sechszehnte Stufe: **Stammsäuger (Promammalia).** (Gemeinsame Stammform zunächst der Kloakenthiere oder Ornithodelphien, weiterhin aber auch aller Säugethiere, S. 462). Durch Bildung der Kloake ähnlich den noch jetzt lebenden Schnabelthieren (Ornithorhynchus, Echidna), jedoch von ihnen durch vollständige Bezahnung des Gebisses verschieden (Vergl. S. 464; die Schnabelbildung der heutigen Schnabelthiere ist als ein später entstandener Anpassungscharakter zu betrachten). Entstanden aus den Protamnien durch Umbildung der Epidermisschuppen zu Haaren und Bildung einer Milchdrüse, welche Milch zur Ernährung der Jungen lieferte. Lebten wahrscheinlich in der Antetriaszeit, vielleicht auch in der Triaszeit.

Siebzehnte Stufe: **Beutelthiere (Marsupialia oder Didelphia),** ähnlich den noch heute lebenden Beutelratten (Didelphyes) (S. 464). Entstanden aus den Stammsäugern oder Promammalien durch Trennung der Kloake in Mastdarm und Urogenitalsinus, durch Bildung einer Brustwarze an der Milchdrüse, und durch theilweise Rückbildung der Schlüsselbeine. Lebten in der Secundärzeit, und zwar schon in der Jurazeit, und durchliefen während der Kreidezeit eine Reihe von Stufen, welche die Entstehung der Placentalien vorbereiteten.

Achtzehnte Stufe: **Halbaffen (Prosimiae),** von entfernter Aehnlichkeit mit den heute noch lebenden kurzfüßigen Halbaffen (Brachytarsi), namentlich den Maki, Indri und Lori (S. 482). Entstanden (wahrscheinlich im Beginn der cenolithischen oder Tertiärzeit) aus unbekannten, den Beutelratten verwandten Beutelthieren durch Bildung einer Placenta, Verlust des Beutels und der Beutelknochen, und stärkere Entwickelung des Schwielenkörpers im Gehirn. Lebten wahrscheinlich in der Anteocänzeit.

Neunzehnte Stufe: **Geschwänzte schmalnasige Affen (Catarrhina menocerca),** ähnlich den heute noch lebenden Nasenaffen (Nasalis) und Schlankaffen (Semnopithecus), mit demselben Gebiß und derselben Schmalnase wie der Mensch; aber noch mit dichtbehaartem Körper und einem langen Schwanze (S. 492). Entstanden aus den Halbaffen durch Umbildung des Gebisses und Verwandlung der Krallen an den Zehen in Nägel. Lebten während der mittleren Tertiärzeit.

Zwanzigste Stufe: **Menschenaffen (Anthropoides) oder schwanzlose schmalnasige Affen (Catarrhina lipocerca),** ähnlich dem heute noch lebenden Orang, Gorilla und Schimpanse (S. 492). Entstan= den aus der vorigen Stufe durch Verlust des Schwanzes, theilweisen Ver= lust der Behaarung und überwiegende Entwickelung des Gehirntheiles des Schädels über dem Gesichtstheil desselben. Lebten wahrscheinlich in der zweiten Hälfte der Tertiärzeit (miocene oder pliocene Periode).

Einundzwanzigste Stufe: **Affenmenschen (Pithecanthropi) oder sprachlose Urmenschen (Alali)**. Unmittelbare Zwischenform zwischen der zwanzigsten und zweiundzwanzigsten Stufe, zwischen den Menschenaffen und den echten Menschen. Entstanden aus den Menschenaffen oder Anthro= poiden durch die vollständige Angewöhnung an den aufrechten Gang, und die dem entsprechende stärkere Differenzirung der vorderen Extremität zur Greifhand, der hinteren zum Gangfuß. Obwohl sie durch die äußere Körperbildung den echten Menschen wohl noch näher als den Menschenaffen standen, fehlte ihnen doch noch das eigentlich charakteristische Merkmal des echten Menschen, die ar= tikulirte menschliche Wortsprache und die damit verbundene bewußte Begriffs= bildung, beruhend auf gesteigerter Abstraction der Anschauungen. Lebten wahrscheinlich gegen Ende der Tertiärzeit und im Beginn der Quartärzeit.

Zweiundzwanzigste Stufe: **Echte Menschen oder sprechende Menschen (Homines)**. Entstanden aus den vorigen durch die Aus= bildung der artikulirten menschlichen Sprache und die damit verbundene höhere Differenzirung des Kehlkopfs, sowie durch die daraus folgende höhere Entwicke= lung des großen Gehirns. Lebten wahrscheinlich erst in der Quartärperiode (diluviale oder pleistocene, und alluviale oder recente Zeit bis zur Gegenwart).

Diejenigen Entwickelungsvorgänge, welche zunächst die Entste= hung der affenähnlichsten Menschen aus den menschenähnlichsten Affen veranlaßten, sind in zwei Anpassungsthätigkeiten der letzteren zu suchen, welche vor allen anderen die Hebel zur Menschwerdung waren: der aufrechte Gang und die gegliederte Sprache. Diese beiden physiologischen Functionen entstanden nothwendig zugleich mit zwei entsprechenden morphologischen Umbildungen, mit denen sie in der engsten Wechselwirkung stehen, nämlich Differenzirung der beiden Gliedmaßenpaare und Differenzirung des Kehlkopfs. Die wichtige Vervollkommnung dieser Organe und ihrer Functionen mußte aber drittens nothwendig auf die Diffe= renzirung des Gehirns und der davon abhängigen Seelenthätigkeiten mächtig zurückwirken, und damit war der

Weg für die unendliche Laufbahn eröffnet, in welcher sich seitdem der Mensch fortschreitend entwickelt, und seine thierischen Vorfahren so weit überflügelt hat. (Gen. Morph. II, 430).

Als den ersten und ältesten Fortschritt von diesen drei mächtigen Entwickelungsbewegungen des menschlichen Organismus haben wir wohl die höhere Differenzirung und Vervollkommnung der Extremitäten hervorzuheben, welche durch die Gewöhnung an den aufrechten Gang herbeigeführt wurde. Indem die Vorderfüße immer ausschließlicher die Function des Greifens und Betastens, die Hinterfüße dagegen immer ausschließlicher die Function des Auftretens und Gehens übernahmen und beibehielten, bildete sich jener Gegensatz zwischen Hand und Fuß aus, welcher zwar dem Menschen nicht ausschließlich eigenthümlich, aber doch viel stärker bei ihm entwickelt ist, als selbst bei den menschenähnlichsten Affen. Diese Differenzirung der vorderen und hinteren Extremität war aber nicht allein für ihre eigene Ausbildung und Vervollkommnung höchst vortheilhaft, sondern sie hatte zugleich eine ganze Reihe von sehr wichtigen Veränderungen in der übrigen Körperbildung im Gefolge. Die ganze Wirbelsäule, namentlich aber Beckengürtel und Schultergürtel, sowie die dazu gehörige Muskulatur, erlitten dadurch diejenigen Umbildungen, durch welche sich der menschliche Körper von demjenigen der menschenähnlichsten Affen unterscheidet. Wahrscheinlich vollzogen sich diese Umbildungen schon lange vor Entstehung der gegliederten Sprache, und es existirte das Menschengeschlecht schon geraume Zeit mit seinem aufrechten Gange und der dadurch herbeigeführten charakteristischen menschlichen Körperform, ehe sich die eigentliche Ausbildung der menschlichen Sprache und damit der zweite und wichtigere Theil der Menschwerdung vollzog. Wir können daher wohl mit Recht als eine besondere (21ste) Stufe unserer menschlichen Ahnenreihe den sprachlosen Menschen (Alalus) oder Affenmenschen (Pithecanthropus) unterscheiden, welcher zwar körperlich dem Menschen in allen wesentlichen Merkmalen schon gleichgebildet, aber noch ohne den Besitz der gegliederten Wortsprache war.

Die Entstehung der gegliederten Wortsprache, und die damit verbundene höhere Differenzirung und Vervollkommnung des Kehlkopfs haben wir erst als die spätere, zweite und wichtigste Stufe in dem Entwickelungsvorgang der Menschwerdung zu betrachten. Sie war es ohne Zweifel, welche vor allem die tiefe Kluft zwischen Mensch und Thier schaffen half, und welche zunächst auch die wichtigsten Fortschritte in der Seelenthätigkeit und der damit verbundenen Vervollkommnung des Gehirns veranlaßte. Allerdings existirt eine Sprache als Mittheilung von Empfindungen, Bestrebungen und Gedanken auch bei sehr vielen Thieren, theils als Gebärdensprache oder Zeichensprache, theils als Tastsprache oder Berührungssprache, theils als Lautsprache oder Tonsprache. Allein eine wirkliche Wortsprache oder Begriffssprache, eine sogenannte „gegliederte oder artikulirte" Sprache, welche die Laute durch Abstraction zu Worten umbildet und die Worte zu Sätzen verbindet, ist, so viel wir wissen, ausschließliches Eigenthum des Menschen.

Mehr als alles Andere mußte die Entstehung der menschlichen Sprache veredelnd und umbildend auf das menschliche Seelenleben und somit auf sein Gehirn einwirken. Die höhere Differenzirung und Vervollkommnung des Gehirns, und des Geisteslebens als der höchsten Function des Gehirns, entwickelte sich in unmittelbarer Wechselwirkung mit seiner Aeußerung durch die Sprache. Daher konnten die bedeutendsten Vertreter der vergleichenden Sprachforschung in der Entwickelung der menschlichen Sprache mit Recht den wichtigsten Scheidungsprozeß des Menschen von seinen thierischen Vorfahren erblicken. Dies hat namentlich August Schleicher in seinem Schriftchen „Ueber die Bedeutung der Sprache für die Naturgeschichte des Menschen" hervorgehoben [34]). In diesem Verhältniß ist einer der engsten Berührungspunkte zwischen der vergleichenden Zoologie und der vergleichenden Sprachkunde gegeben, und hier stellt die Entwickelungstheorie für die letztere die Aufgabe, den Ursprung der Sprache Schritt für Schritt zu verfolgen. Diese ebenso interessante als wichtige Aufgabe ist in neuester Zeit von

mehreren Seiten mit Glück in Angriff genommen worden, so insbesondere von Wilhelm Bleek[35]), welcher seit 13 Jahren in Süd-
afrika mit dem Studium der Sprachen der niedersten Menschenrassen
beschäftigt und dadurch besonders zur Lösung dieser Frage befähigt
ist. Wie sich die verschiedenen Sprachformen, gleich allen anderen
organischen Formen und Functionen, durch den Proceß der natürlichen
Züchtung entwickelt, und in viele Arten und Abarten zersplittert
haben, hat namentlich August Schleicher der Selectionstheorie
entsprechend erörtert[6]).

Den Prozeß der Sprachbildung selbst hier weiter zu verfolgen,
haben wir keinen Raum, und ich verweise Sie in dieser Beziehung namentlich auf die wichtige, eben erwähnte Schrift von Wilhelm
Bleek „über den Ursprung der Sprache"[35]). Dagegen müssen wir
noch eines der wichtigsten hierauf bezüglichen Resultate der vergleichenden Sprachforschung hervorheben, welches für den Stammbaum der
Menschenarten von höchster Bedeutung ist, daß nämlich die menschliche Sprache wahrscheinlich einen vielheitlichen oder
polyphyletischen Ursprung hat. Die menschliche Sprache als
solche entwickelte sich wahrscheinlich erst, nachdem die Gattung des
sprachlosen Urmenschen oder Affenmenschen in mehrere Arten oder Species auseinander gegangen war. Bei jeder von diesen Menschenarten, und vielleicht selbst bei verschiedenen Unterarten und Abarten
dieser Species, entwickelte sich die Sprache selbstständig und unabhängig von einander. Wenigstens giebt Schleicher, eine der ersten
Autoritäten auf diesem Gebiete, an, daß „schon die ersten Anfänge
der Sprache, im Laute sowohl als nach den Begriffen und Anschauungen, welche lautlich reflectirt wurden, und ferner nach ihrer Entwickelungsfähigkeit, verschieden gewesen sein müssen. Denn es ist positiv
unmöglich, alle Sprachen auf eine und dieselbe Ursprache zurückzuführen. Vielmehr ergeben sich der vorurtheilsfreien Forschung so viele
Ursprachen, als sich Sprachstämme unterscheiden lassen"[34]). Bekanntlich entsprechen aber die Grenzen dieser Sprachstämme und ihrer Ver-
zweigungen keineswegs den Grenzen der verschiedenen Menschenarten

oder sogenannten „Rassen", und hierin vorzüglich liegt die große Schwierigkeit, welche die weitere Verfolgung des menschlichen Stamm= baums in seine einzelnen Zweige, die Arten, Rassen, Abarten u. f. w. darbietet.

Hier angelangt, können wir nicht umhin, noch einen flüchtigen Blick auf diese weitere Verzweigung des menschlichen Stammbaums zu werfen und dabei die viel besprochene Frage vom einheitlichen oder vielheitlichen Ursprung des Menschengeschlechts, seinen Arten oder Rassen, vom Standpunkte der Descendenztheorie aus zu beleuchten. Bekanntlich stehen sich in dieser Frage seit langer Zeit zwei große Par= teien gegenüber, die Monophyleten und Polyphyleten. Die M o n o = p h y l e t e n (oder Monogenisten) behaupten den einheitlichen Ursprung und die Blutsverwandtschaft aller Menschenarten. Die P o l y p h y = l e t e n (oder Polygenisten) dagegen sind der Ansicht, daß die verschie= denen Menschenarten oder Rassen selbstständigen Ursprungs sind. Nach den vorhergehenden genealogischen Untersuchungen kann es Ihnen nicht zweifelhaft sein, daß im w e i t e r e n S i n n e jedenfalls die m o n o p h y l e t i s c h e Ansicht die richtige ist. Denn vorausgesetzt auch, daß die Umbildung menschenähnlicher Affen zu Menschen mehrmals stattgefunden hätte, so würden doch jene Affen selbst durch den ein= heitlichen Stammbaum der ganzen Affenordnung wiederum zusammen= hängen. Es könnte sich daher immer nur um einen näheren oder ent= fernteren Grad der eigentlichen Blutsverwandtschaft handeln. Im e n g e r e n S i n n e dagegen könnte man der p o l y p h y l e t i s c h e n Anschauung insofern Recht geben, als wahrscheinlich die verschiedenen Ursprachen sich ganz unabhängig von einander entwickelt haben. Wenn man also die Entstehung der gegliederten Wortsprache als den eigent= lichen Hauptakt der Menschwerdung ansieht, und die Arten des Men= schengeschlechts nach ihrem Sprachstamme unterscheiden will, so könnte man sagen, daß die verschiedenen Menschenarten unabhängig von . einander entstanden seien, indem verschiedene Zweige der aus den Affen unmittelbar entstandenen sprachlosen Urmenschen sich selbstständig ihre Ursprache bildeten. Immerhin würden natürlich auch diese an

ihrer Wurzel entweder weiter oben oder tiefer unten wieder zusammen=
hängen und also doch schließlich alle von einem gemeinsamen Urstamme
abzuleiten sein.

Wie ich bereits in meinen Vorträgen „über die Entstehung und den
Stammbaum des Menschengeschlechts" ³⁶) ausführte, kann man die
verschiedenen sogenannten „Rassen" des Menschengeschlechts mit eben
so vielem Rechte als „gute Arten oder Species" ansehen, wie viele
Thierformen und Pflanzenformen, welche allgemein als „gute Species"
einer Gattung gelten. Ich habe dort zehn verschiedene Species
der Gattung Homo unterschieden, über deren muthmaßliche Stamm=
verwandtschaft ich Ihnen schließlich noch folgende, durch Taf. VIII er=
läuterte Andeutungen geben will. Ich bemerke dabei ausdrücklich,
daß ich diesen genealogischen Versuch, gleich allen anderen vorher er=
läuterten Stammbäumen der Thiere und Pflanzen, eben nur als einen
ersten Versuch betrachtet wissen will, und daß neben meinen genealo=
gischen Hypothesen, wie ich Sie Ihnen hier gebe, noch eine ganze
Menge von anderen Hypothesen, namentlich bezüglich der Verzwei=
gungen des Stammbaums im Einzelnen, mehr oder minder Anspruch
auf Geltung machen können.

Die Merkmale, durch welche man gewöhnlich die Menschenrassen
unterscheidet, sind theils der Haarbildung, theils der Hautfarbe, theils
der Schädelbildung entnommen. In letzterer Beziehung unterscheidet
man als zwei extreme Formen Langköpfe und Kurzköpfe. Bei den
Langköpfen (Dolichocephali), deren stärkste Ausbildung sich bei
den Afronegern und Australnegern findet, ist der Schädel langgestreckt,
schmal, von rechts nach links zusammengedrückt. Bei den Kurz=
köpfen (Brachycephali) dagegen ist der Schädel umgekehrt von vorn
nach hinten zusammengedrückt, kurz und breit, wie es namentlich bei
den Mongolen in die Augen springt. Die zwischen beiden Extremen in der
Mitte stehenden Mittelköpfe (Mesocephali) sind namentlich bei den
Amerikanern vorherrschend. In jeder dieser drei Gruppen kommen
Schiefzähnige (Prognathi) vor, bei denen die Kiefer, wie bei der
thierischen Schnauze, stark vorspringen, und die Vorderzähne daher

Uebersicht der zehn Menschen-Arten und ihrer Abarten.

I. Wollhaarige Menschen Homines ulotriches.

I. Urmensch Homo primigenius	1. Westöstlicher Zweig	1. Wollhaariger Urmensch	Südasten?
	2. Nordsüdlicher Zweig	2. Schlichthaariger Urmensch	
II. Papua-Mensch Homo papua	3. Nördlicher Zweig	3. Papua-Polynesier	Neuguinea Neubritannien ꝛc.
	4. Südlicher Zweig	4. Tasmanier	Vandiemensland
III. Hottentotten-Mensch Homo hottentottus	5. Südlicher Zweig	5. Quaiquas	Südafrika zwischen 22 und 36° S.B.
	6. Nördlicher Zweig	6. Buschmänner	
IV. Afroneger oder Mittelafrikanischer Mensch Homo afer	7. Nördlicher Zweig	7. Senegambier	Mittelafrika (oberhalb des Aequators)
		8. Sudanen	
	8. Südlicher Zweig	9. Beschuanen	Südafrika (unterhalb des Aequators)
		10. Kaffern	

II. Schlichthaarige Menschen Homines lissotriches.

V. Australneger Homo alfurus	9. Nördlicher Zweig	11. Alfuru-Polynesier	Südwest-Polynesien
	10. Südlicher Zweig	12. Neuholländer	Neuholland
VI. Polynesischer oder malayischer Mensch Homo polynesius	11. Westlicher Zweig	13. Malakkaner	Malakka
		14. Sundainsulaner	Sundainseln
		15. Madagassen	Madagaskar
		16. Neuseeländer	Neuseeland ꝛc.
	12. Oestlicher Zweig	17. Nordwestpolynesier	Karolinen Marianen ꝛc.
		18. Nordostpolynesier	Sandwichinseln Tahiti ꝛc.
VII. Polarmensch Homo arcticus	13. Asiatischer Zweig	19. Tungusen	Nördlichstes Asien
		20. Samojeden	
	14. Amerikanischer Zweig	21. Eskimos	Nördlichstes Amerika
		22. Grönländer	
VIII. Amerikanischer Mensch Homo americanus	15. Nördlicher Zweig	23. Nordamerikaner	Nordamerika
		24. Mexicaner	
	16. Südlicher Zweig	25. Südamerikaner	Südamerika
		26. Patagonier	
IX. Mongolischer Mensch (Turanischer oder gelber Mensch) Homo mongolicus	17. Südöstlicher Zweig	27. Chinesen	Südöstliches Asien
		28. Japanesen	
		29. Tataren	Mittelasien
	18. Nordwestlicher Zweig	30. Türken	Westasien
		31. Finnen	Finnland ꝛc.
		32. Magyaren	Ungarn
X. Kaukasischer Mensch (Iranischer oder weißer Mensch) Homo caucasicus	19. Semitischer (südlicher) Zweig	33. Araber	Arabien, Syrien und Nordafrika
		34. Berber	
		35. Abessinier	
		36. Juden	
	20. Indogermanischer (nördlicher) Zweig	37. Arier	Südwestasien
		38. Romanen	Südeuropa
		39. Slaven	Osteuropa
		40. Germanen	Nordwesteuropa

ſchief nach vorn gerichtet ſind, und Gradzähner (Orthognathi), bei denen die Kiefer wenig vorſpringen, und die Vorderzähne ſenkrecht ſtehen. Endlich kann man nach der Haarbildung als zwei große Haupt= gruppen Wollhaarige (Ulotriches) und Schlichthaarige (Lis- sotriches) unterſcheiden. Von den zehn angenommenen Menſchen= arten würden vier zur Reihe der Wollhaarigen und ſechs zur Reihe der Schlichthaarigen gehören. Im Allgemeinen ſtehen die wollhaarigen und die ſchiefzähnigen Menſchen auf einer viel tieferen Entwickelungs= ſtufe, und den Affen viel näher, als die ſchlichthaarigen und die grad= zähnigen Menſchen. Dagegen finden ſich Langköpfe nicht allein bei allen wollhaarigen, ſondern auch bei vielen ſchlichthaarigen Menſchen vor, obwohl hier Mittelköpfe und Kurzköpfe überwiegen.

Die erſte Menſchenart würde der längſt ausgeſtorbene Urmenſch (Homo primigenius oder Pithecanthropus primigenius) bilden, den wir nach der einheitlichen oder monophyletiſchen Deſcendenz=Hypotheſe als die unmittelbare Uebergangsform vom menſchenähnlichſten Affen zum Menſchen und als die gemeinſame Stammform aller übrigen Menſchenarten zu betrachten hätten (Vergl. Taf. VIII). Bei der außer= ordentlichen Aehnlichkeit, welche ſich zwiſchen den niederſten wollhaa= rigen Menſchen und den höchſten Menſchenaffen ſelbſt jetzt noch erhal- ten hat, bedarf es nur geringer Einbildungskraft, um ſich zwiſchen Beiden eine vermittelnde Zwiſchenform und in dieſer ein ungefähres Bild von dem muthmaßlichen Urmenſchen oder Affenmenſchen vorzu= ſtellen. Die Schädelform deſſelben wird ſehr langköpfig und ſchief= zähnig geweſen ſein, das Haar wollig, die Hautfarbe dunkel, bräun= lich oder ſchwärzlich. Die Behaarung des ganzen Körpers wird dich= ter als bei allen jetzt lebenden Menſchenarten geweſen ſein, die Arme im Verhältniß länger und ſtärker, die Beine dagegen kürzer und dünner, mit ganz unentwickelten Waden; der Gang nur halb aufrecht, mit ſtark eingebogenen Knieen. Von den jetzt exiſtirenden Feſtländern kann allen bekannten Anzeichen nach weder Amerika, noch Europa, noch Auſtralien die Heimath dieſes Urmenſchen, und ſomit die Urheimath des Menſchengeſchlechts überhaupt geweſen ſein. Vielmehr deuten die meisten Anzeichen auf das südliche Asien. Vielleicht war aber auch das östliche Afrika der Ort, an welchem zuerst die Entstehung des Ur-menschen aus den menschenähnlichsten Affen erfolgte; vielleicht auch ein jetzt unter den Spiegel des indischen Oceans versunkener Kontinent, welcher sich im Süden des jetzigen Asiens einerseits östlich bis nach den Sunda-Inseln, andrerseits westlich bis nach Madagaskar und Afrika erstreckte. Wahrscheinlich entwickelten sich aus dieser Urmenschenart durch natürliche Züchtung verschiedene, uns unbekannte, jetzt längst ausgestorbene Menschenarten, von denen zwei am meisten divergente, eine wollhaarige Art und eine schlichthaarige Art, im Kampf um's Dasein über die übrigen den Sieg davon trugen, und die Stammformen der übrigen Menschenarten wurden. Der wollhaa-rige Zweig breitete sich zunächst südlich des Aequators aus, indem er sich theils nach Osten (nach Neuguinea), theils nach Westen (nach Süd-afrika) hinüberwandte. Der schlichthaarige Zweig dagegen wandte sich hauptsächlich nach Norden und bevölkerte zunächst Asien; ein Theil desselben wurde aber nach Australien verschlagen, und erhob sich hier nur wenig über die tiefe Stufe der ursprünglichen Bildung.

Alle heute noch lebenden wollhaarigen Völker (Ulotriches) sind auf einer viel tieferen Stufe der Ausbildung stehen geblieben, als die meisten schlichthaarigen. Sie alle haben die langköpfige und schief-zähnige Schädelform und die dunkle Hautfarbe beibehalten. Der ur-sprünglichen Stammform des wollhaarigen Astes in mancher Bezie-hung am nächsten steht vielleicht der Papua-Mensch oder Negrito (Homo papua), welcher zerstreut auf einzelnen Inselgruppen des süd-asiatischen und des australischen Archipelagus lebt, auf Neuguinea, Neubritannien, den Salomonsinseln u. s. w. Auch die kürzlich ausge-storbenen Bewohner von Tasmanien (Vandiemensland) gehörten hier-her. Die Hautfarbe ist schwarz oder schwarzbraun, das Haupthaar meistens eine mächtige wollige Perücke. Während einige Zweige die-ser Menschenart sich in verhältnißmäßig hohem Grade der Kultur zu-gänglich gezeigt haben, sind andere dagegen auf der niedrigsten Stufe der Menschheit stehen geblieben.

Das letztere gilt auch von den nächstverwandten Hottentotten oder Schmiermenschen (Homo hottentottus), worunter wir nicht bloß die echten Hottentotten oder Quaiquas, sondern auch die viehischen Buschmänner und einige andere nächstverwandte Stämme des südlichsten Afrika begreifen. Zwar werden dieselben gewöhnlich mit der folgenden Art, den echten Negern, vereinigt. Allein sie unterscheiden sich von diesen in mancher Beziehung, namentlich durch die hellere, mehr gelblich braune Hautfarbe. Dagegen schließen sie sich durch die büschelförmige Sonderung des Haares und andere Eigenheiten mehr dem Papua=Menschen an, so daß wir sie wohl als den Rest einer Zwischenart betrachten können, welche den Uebergang vom Papua=Neger zum echten, mittelafrikanischen Neger vermittelte. Wahrscheinlich stammen sie von einem Zweige des Papua=Menschen ab, der nach Südwesten wanderte.

Eine vierte und letzte Art unter der Reihe der wollhaarigen Menschen bildet der echte Neger oder Afroneger, der mittelafrikanische oder äthiopische Mensch (Homo afer oder niger). Hierher gehört die große Mehrzahl der Bewohner Afrikas, mit Ausnahme der kaukasischen Bewohner des nördlichen Afrika und der Hottentotten der Südspitze. Wahrscheinlich entstand diese Art direct oder indirect ebenfalls aus einem nach Westen gewanderten Zweige der Papua=Neger, vielleicht durch Vermittelung der Hottentotten=Art. Wie bei den drei vorhergehenden Arten, ist die Hautfarbe dunkel, geht jedoch hier öfter in reines Schwarz über, während sie allerdings bei einigen nördlichen Stämmen auch hell gelblich braun wird. Man kann diese Menschenart in zwei divergente Zweige eintheilen, von denen der südliche die Kaffern und Beschuanen, der nördliche die Senegambier und Sudanen umfaßt.

Unter der zweiten Reihe der Menschenarten, den schlichthaarigen Völkern (Lissotriches), sind auf der tiefsten Stufe die Neuholländer oder Australneger stehen geblieben, auch „Alfurus" (im engeren Sinne) genannt (Homo alfurus oder australis). Es gehören hieher die affenartigen Ureinwohner Australiens, sowie die Al=

furu-Polynesier, d. h. ein Theil von der schlichthaarigen schwarzen Bevölkerung der Philippinen, Molukken und anderer südasiatischer und
polynesischer Inselgruppen. In vielen körperlichen und geistigen Beziehungen stehen diese schwarzen, schlichthaarigen Stämme auf der
tiefsten Stufe menschlicher Bildung, selbst noch unter den Hottentotten
und Papuas, und könnten demnach vielleicht als ein wenig veränder-
tes Ueberbleibsel von dem vorher erwähnten zweiten Hauptzweige der
Urmenschenart angesehen werden, welcher die Stammform aller
schlichthaarigen Menschen wurde. Die Hautfarbe ist bei diesen Australnegern meist schwarz, wie bei den echten Negern und Papuas,
und ebenso der Schädel stark schiefzähnig und langköpfig. Sie unterscheiden sich von ihnen aber auf den ersten Blick durch das schlichte,
niemals wollige, schwarze Kopfhaar.

Als sechste Menschenart kann man an den Alfuru oder Australneger zunächst den malayischen oder polynesischen Menschen
(Homo polynesius oder malayus) anschließen, welcher im Ganzen
der sogenannten braunen oder malayischen Rasse im früheren Sinne
entspricht. Die jetzt noch lebenden Malayen, ein dürftiger Ueberrest
der früheren Masse, kann man in einen östlichen und einen westlichen
Zweig eintheilen. Zu ersterem gehören die meisten heller gefärbten
Bewohner der australischen Inselwelt und des großen oceanischen Archipelagus, die Ureinwohner von Neuseeland, Otaheiti, den Sandwich-
inseln, Karolinen-Inseln u. s. w. Der westliche Zweig dagegen umfaßt einen großen Theil von den Ureinwohnern der Sundainseln und
des südasiatischen Festlandes, namentlich Malacca. Ein weit nach
Westen verschlagener Stamm derselben hat Madagaskar bevölkert.
Die Hautfarbe der Malayen ist bisweilen noch sehr dunkel, meistens
aber hellbraun. Ein Theil der Polynesier schließt sich durch seinen
schiefzähnigen Langkopf noch unmittelbar an die Australneger an. Ein
anderer Theil dagegen hat einen Mittelkopf oder sogar einen entschiede-
nen Kurzkopf und schließt sich dadurch, sowie durch mehr oder weniger
zurücktretende und gerade Zahnstellung (Orthognathismus) mehr den
Mongolen, und sogar den Kaukasiern an. Wahrscheinlich sind in die-

ſer buntgemiſchten Menſchenart noch Reſte von den urſprünglichen
Zwiſchenformen verſteckt, welche den Uebergang von den Auſtralnegern
zu den höher entwickelten ſchlichthaarigen Menſchenarten bildeten. In
ähnlicher Weiſe wie ſich die Nagethiere, Inſectenfreſſer, Flederthiere
und Affen als vier divergente Zweige aus der gemeinſamen Stammgruppe der Halbaffen entwickelt haben, ſind vielleicht die vier Menſchenarten der Mongolen, Polarmenſchen, Amerikaner und Kaukaſier aus
der gemeinſamen malayiſchen Stammart entſtanden.

Als ein weit nach Norden verſchlagener Stamm, der direct oder
indirect von einem Zweige der Polyneſier abſtammt, iſt wahrſcheinlich
der Polarmenſch (Homo arcticus) anzuſehen. Wir verſtehen darunter die nordamerikaniſchen Eskimos, und die ihnen nächſtverwand-
ten, langköpfigen, gelblich braunen Bewohner der nordiſchen Polar-
länder in beiden Hemiſphären, der öſtlichen und weſtlichen, insbeſondere die Tunguſen und Samojeden des nördlichen Aſiens. Durch Anpaſſung an das Polarklima iſt dieſe Menſchenform ſo eigenthümlich umgebildet, daß man ſie wohl als Vertreter einer beſonderen Species betrachten kann. Gewöhnlich werden die Polarmenſchen entweder mit
der mongoliſchen oder mit der amerikaniſchen Art vereinigt. Allein
ſie entfernen ſich von beiden durch ihren entſchiedenen Langkopf, durch
welchen ſie ſich vielmehr an die langköpfigen Zweige der Polyneſier anſchließen.

Eine achte Species bildet der mongoliſche oder mittelaſia-
tiſche Menſch, auch gelber Menſch oder Turaner genannt (Homo
mongolicus oder turanus). Den Hauptſtamm dieſer Art bilden die
Bewohner des nördlichen und mittleren Aſiens, mit Ausnahme der
Polarmenſchen im Norden und der Kaukaſier im Weſten. Auch ein
großer Theil der Südaſiaten gehört hierher, und von den Europäern
die Lappen, Finnen und Ungarn. Als zwei Hauptzweige der umfangreichen mongoliſchen Völkergruppe kann man einen ſüdöſtlichen
Zweig (Chineſen und Japaneſen) und einen nordweſtlichen Zweig (Tataren Türken, Finnen, Magyaren ꝛc.) unterſcheiden. Die Hautfarbe
dieſer Art iſt, durch den gelben Grundton ausgezeichnet, bald heller

erbsengelb oder selbst weißlich, bald dunkler braungelb. Das straffe Haar ist schwarz. Die Schädelform ist bei der großen Mehrzahl entschieden kurzköpfig (namentlich bei den Kalmücken, Baschkiren u. s. w.), häufig auch mittelköpfig (Tataren, Chinesen u. s. w.). Dagegen kommen echte Langköpfe unter ihnen gar nicht vor. Sie stammen wahrscheinlich von einem südasiatischen Zweige der Polynesier ab, der sich nach Norden wandte.

Dem mongolischen Menschen nächstverwandt ist der amerikanische oder rothe Mensch (Homo americanus), zu welcher Species die sogenannten Ureinwohner sowohl des südlichen als des nördlichen Amerika gehören, nach Ausschluß der Eskimos und der verwandten Polar-Menschen. Wie bekannt, ist diese Menschenart durch den rothen Grundton ihrer Hautfarbe ausgezeichnet, welcher bald rein kupferroth oder heller röthlich, bald dunkler rothbraun oder selbst gelbbraun wird. Die Schädelform ist meistens der Mittelkopf, selten in Kurzkopf oder Langkopf übergehend. Das Haar ist straff und schwarz. In der ganzen Schädel- und Körperbildung stehen die amerikanischen Indianer den Mongolen des östlichen Asiens am nächsten und stammen aller Wahrscheinlichkeit nach auch wirklich von diesen ab. Möglicherweise sind aber von Westen her außer Mongolen auch Polynesier in Amerika eingewandert und haben sich hier mit ersteren vermischt. Jedenfalls sind die Ureinwohner Amerikas aus der alten Welt herübergekommen und keineswegs, wie einige meinten, aus amerikanischen Affen entstanden.

Als zehnte und letzte Menschenart steht an der Spitze der Schlichthaarigen der weiße, kaukasische oder iranische Mensch (Homo caucasicus oder iranus). Aller Wahrscheinlichkeit nach ist auch diese Species aus einem Zweige der malayischen oder polynesischen Art im südlichen Asien entstanden, vielleicht auch aus einem Zweige der mongolischen Art. Die Hautfarbe ist keineswegs bei allen Kaukasiern so hell, wie bei den meisten Europäern, geht vielmehr schon bei vielen Semiten des nördlichen Afrika in dunkles Braungelb, und bei vielen Bewohnern Vorderindiens in fast schwärzliches Braun über. Die Schädelbildung ist mannichfaltiger als bei allen übrigen Arten, im Ganzen überwiegend wohl mittelköpfig, seltener rein langköpfig oder kurzköpfig. Von Südasien aus hat sich diese Species nach Westen hin entwickelt und zunächst über das westliche Asien, das nördliche Afrika und ganz Europa ausgebreitet. Schon frühzeitig muß dieselbe sich in zwei divergente Zweige gespalten haben, den semitischen und indogermanischen. Aus dem semitischen Zweige, welcher mehr im Süden sich ausbreitete, gingen die Araber, und weiterhin die Abessinier, Berber und Juden hervor. Der indogermanische Zweig dagegen wanderte weiter nach Norden und Westen, und spaltete sich dabei wiederum in zwei divergente Zweige, den ario-romanischen, aus welchem die arischen und romanischen Völker entstanden, und den slavo-germanischen, welcher den slavischen und germanischen Völkerschaften den Ursprung gab. Wie sich die weitere Verzweigung des indogermanischen Zweiges, aus dem die höchst entwickelten Kulturvölker hervorgingen, auf Grund der vergleichenden Sprachforschung im Einzelnen genau verfolgen läßt, hat August Schleicher in sehr anschaulicher Form genealogisch entwickelt[6]).

Durch die unaufhörlichen und riesigen Fortschritte, welche die Kultur bei dieser, der kaukasischen Menschenart weit mehr als bei allen übrigen machte, hat dieselbe die übrigen Menschenarten jetzt dergestalt überflügelt, daß sie die meisten anderen Species im Kampfe um das Dasein früher oder später besiegen und verdrängen wird. Schon jetzt gehen die Amerikaner, Polynesier und Alfurus mit raschen Schritten ihrem völligen Aussterben entgegen, ebenso die wollhaarigen Hottentotten und Papuaneger. Dagegen werden die drei noch übrigen Menschenarten, die echten Neger in Mittelafrika, die arktischen Menschen in den Polargegenden und die mächtigen Mongolen in Mittelasien, begünstigt durch die Natur ihrer Heimath, der sie sich besser als die kaukasischen Menschen anpassen können, den Kampf um's Dasein mit diesen noch auf lange Zeit hinaus glücklich bestehen.

Zwanzigster Vortrag.

Einwände gegen und Beweise für die Wahrheit der Descendenztheorie.

Einwände gegen die Abstammungslehre. Einwände des Glaubens und der Vernunft. Unermeßliche Länge der für die Descendenztheorie erforderlichen Zeiträume. Angeblicher und wirklicher Mangel von verbindenden Uebergangsformen zwischen den verwandten Species. Abhängigkeit der Formbeständigkeit von der Vererbung, und des Formwechsels von der Anpassung. Entstehung sehr zusammengesetzter Organisationseinrichtungen durch stufenweise Vervollkommnung. Stufenweise Entstehung der Instinkte und Seelenthätigkeiten. Entstehung der apriorischen Erkenntnisse aus aposteriorischen. Erfordernisse für das richtige Verständniß der Abstammungslehre. Biologische Kenntnisse und philosophisches Verständniß derselben. Nothwendige Wechselwirkung der Empirie und Philosophie. Beweise für die Descendenztheorie. Innerer ursächlicher Zusammenhang aller allgemeinen biologischen Erscheinungsreihen, nur durch die Abstammungslehre erklärbar, ohne dieselbe unverständlich. Der directe Beweis der Selectionstheorie. Verhältniß der Descendenztheorie zur Anthropologie. Beweise für den thierischen Ursprung des Menschen. Die Pithekoidentheorie als untrennbarer Bestandtheil der Descendenztheorie. Induction und Deduction. Stufenweise Entwickelung des menschlichen Geistes. Körper und Geist. Menschenseele und Thierseele. Blick in die Zukunft.

Meine Herrn! Wenn ich einerseits vielleicht hoffen darf, Ihnen durch diese Vorträge die Abstammungslehre mehr oder weniger wahrscheinlich gemacht, und einige von Ihnen selbst von ihrer unerschütterlichen Wahrheit überzeugt zu haben, so verhehle ich mir andrerseits keineswegs, daß die Meisten von Ihnen im Laufe meiner Erörterungen eine Masse von mehr oder weniger begründeten Einwürfen gegen die-

felbe erhoben haben werden. Es erscheint mir daher jetzt, am Schluffe
unferer Betrachtungen, durchaus nothwendig, wenigftens die wich=
tigften derfelben zu widerlegen, und zugleich auf der anderen Seite
die überzeugenden Beweisgründe nochmals hervorzuheben, welche für
die Wahrheit der Entwickelungslehre Zeugniß ablegen.

Die Einwürfe, welche man gegen die Abstammungslehre über=
haupt erhebt, zerfallen in zwei große Gruppen, Einwände des Glau=
bens und Einwände der Vernunft. Mit den Einwendungen der erften
Gruppe, die in den unendlich mannichfaltigen Glaubensvorstellungen
der menschlichen Individuen ihren Ursprung haben, brauche ich mich
hier durchaus nicht zu befassen. Denn, wie ich bereits im Anfang
dieser Vorträge bemerkte, hat die Wissenschaft, als das objective Ergeb=
niß der sinnlichen Erfahrung und des Erkenntnißstrebens der mensch=
lichen Vernunft, gar Nichts mit den subjectiven Vorstellungen des
Glaubens zu thun, welche von einzelnen Menschen als unmittelbare
Eingebungen oder Offenbarungen des Schöpfers gepredigt, und dann
von der unselbstständigen Menge geglaubt werden. Dieser bei den ver=
schiedenen Völkern unendlich verschiedenartige Glaube fängt bekannt=
lich erst da an, wo die Wissenschaft aufhört. Die Naturwissenschaft be=
trachtet denselben nach dem Grundsatz Friedrich's des Großen, „daß
jeder auf seine Façon selig werden kann", und nur da tritt sie noth=
wendig in Konflikt mit besonderen Glaubensvorstellungen, wo dieselben
der freien Forschung eine Grenze, und der menschlichen Erkenntniß ein
Ziel setzen wollen, über welches dieselbe nicht hinaus dürfe. Das ift
nun allerdings gewiß hier im ftärkften Maaße der Fall, da die Ent=
wickelungslehre sich zur Aufgabe das höchste wissenschaftliche Problem
gesetzt hat, das wir uns setzen können: das Problem der Schöpfung,
des Werdens der Dinge, und insbesondere des Werdens der organi=
schen Formen, an ihrer Spitze des Menschen. Hier ist es nun jeden=
falls eben so das gute Recht, wie die heilige Pflicht der freien Forsch=
ung, keinerlei menschliche Autorität zu scheuen, und muthig den Schleier
vom Bilde des Schöpfers zu lüften, unbekümmert, welche natürliche
Wahrheit darunter verborgen sein mag. Die göttliche Offenbarung,

welche wir als die einzig wahre anerkennen, steht überall in der Natur geschrieben, und jedem Menschen mit gesunden Sinnen und gesunder Vernunft steht es frei, in diesem heiligen Tempel der Natur durch eigenes Forschen und selbstständiges Erkennen der untrüglichen Offenbarung theilhaftig zu werden.

Wenn wir demgemäß hier alle Einwürfe gegen die Abstammungslehre unberücksichtigt lassen können, die etwa von den Priestern der zahllosen verschiedenen Glaubensreligionen erhoben werden könnten, so werden wir dagegen nicht umhin können, die wichtigsten von denjenigen Einwänden zu widerlegen, welche mehr oder weniger wissenschaftlich begründet erscheinen, und von denen man zugestehen muß, daß man durch sie auf den ersten Blick in gewissem Grade eingenommen und von der Annahme der Abstammungslehre zurückgeschreckt werden kann. Unter diesen Einwänden erscheint Vielen als der wichtigste derjenige, welcher die Zeitlänge betrifft. Wir sind nicht gewohnt, mit so ungeheuern Zeitmaaßen umzugehen, wie sie für die Schöpfungsgeschichte erforderlich sind. Es wurde früher bereits erwähnt, daß wir die Zeiträume, in welchen die Arten durch allmähliche Umbildung entstanden sind, nicht nach einzelnen Jahrtausenden berechnen müssen, sondern nach Hunderten und nach Millionen von Jahrtausenden. Allein schon die Dicke der geschichteten Erdrinde, die Erwägung der ungeheuern Zeiträume, welche zu ihrer Ablagerung aus dem Wasser erforderlich waren, und der zwischen diesen Senkungszeiträumen verflossenen Hebungszeiträume oder „Anteperioden" (S. 305) beweisen uns eine Zeitdauer der organischen Erdgeschichte, welche unser menschliches Fassungsvermögen gänzlich übersteigt. Wir sind hier in derselben Lage, wie in der Astronomie betreffs des unendlichen Raums. Wie wir die Entfernungen der verschiedenen Planetensysteme nicht nach Meilen, sondern nach Siriusweiten berechnen, von denen jede wieder Millionen Meilen einschließt, so müssen wir in der organischen Erdgeschichte nicht nach Jahrtausenden, sondern nach paläontologischen oder geologischen Perioden rechnen, von denen jede viele Jahrtausende, und manche vielleicht Millionen oder selbst Milliarden von Jahrtausenden umfaßt. Es ist sehr gleichgültig, wie hoch man annähernd die unermeßliche Länge dieser Zeiträume schätzen mag, weil wir in der That nicht im Stande sind, mittelst unserer beschränkten Einbildungskraft uns eine wirkliche Anschauung von diesen Zeiträumen zu bilden, und weil wir auch keine sichere mathematische Basis, wie in der Astronomie besitzen, um nur die ungefähre Länge des Maaßstabes irgendwie in Zahlen festzustellen. Nur dagegen müssen wir uns auf das bestimmteste verwahren, daß wir in dieser außerordentlichen, unsere Vorstellungskraft vollständig übersteigenden Länge der Zeiträume irgend einen Grund gegen die Ent= wickelungslehre sehen könnten. Wie ich Ihnen bereits in einem frühe= ren Vortrage auseinandersetzte, ist es im Gegentheil vom Standpunkte der strengen Philosophie das Gerathenste, diese Schöpfungsperioden möglichst lang vorauszusetzen, und wir laufen um so weniger Gefahr, uns in dieser Beziehung in unwahrscheinliche Hypothesen zu verlieren, je größer wir die Zeiträume für die organischen Entwickelungsvorgänge annehmen (S. 103). Je länger wir z. B. die Anteocenperiode an= nehmen, desto eher können wir begreifen, wie innerhalb derselben die wichtigen Umbildungen erfolgten, welche die Fauna und Flora der Kreidezeit so scharf von derjenigen der Eocenzeit trennen. Die große Abneigung, welche die meisten Menschen gegen die Annahme so uner= meßlicher Zeiträume haben, rührt größtentheils davon her, daß wir in der Jugend mit der Vorstellung groß gezogen werden, die ganze Erde sei nur einige tausend Jahre alt. Außerdem ist das Menschen= leben, welches höchstens den Werth eines Jahrhunderts erreicht, eine außerordentlich kurze Zeitspanne, welche sich am wenigsten eignet, als Maaßeinheit für jene geologischen Perioden zu gelten. Denken Sie nur im Vergleiche damit an die fünfzig mal längere Lebensdauer man= cher Bäume, z. B. der Drachenbäume (Dracaena) und Affenbrodbäume (Adansonia), deren individuelles Leben einen Zeitraum von fünftau= tausend Jahren übersteigt; und denken Sie andrerseits an die Kürze des individuellen Lebens bei manchen niederen Thieren, z. B. bei den Infusorien, wo das Individuum als solches nur wenige Tage, oder selbst nur wenige Stunden lebt. Diese Vergleichung stellt uns die Re=

lativität alles Zeitmaaßes auf das Unmittelbarste vor Augen. Ganz gewiß müssen, wenn die Entwickelungslehre überhaupt wahr ist, ungeheuere, uns gar nicht vorstellbare Zeiträume verflossen sein, während die stufenweise historische Entwickelung des Thier= und Pflanzenreichs durch allmähliche Umbildung der Arten vor sich ging. Es liegt aber auch nicht ein einziger Grund vor, irgend eine bestimmte Grenze für die Länge jener phyletischen Entwickelungsperioden anzunehmen.

Ein zweiter Haupteinwand, der von vielen, namentlich systematischen Zoologen und Botanikern, gegen die Abstammungslehre erhoben wird, ist der, daß man keine Uebergangsformen zwischen den verschiedenen Arten finden könne, während man diese doch nach der Abstammungslehre in Menge finden müßte. Dieser Einwurf ist zum Theil begründet, zum Theil aber auch nicht. Denn es existiren Uebergangsformen sowohl zwischen lebenden, als auch zwischen ausgestorbenen Arten in außerordentlicher Menge, überall nämlich da, wo wir Gelegenheit haben, sehr zahlreiche Individuen von verwandten Arten vergleichend in's Auge zu fassen. Grade diejenigen sorgfältigsten Untersucher der einzelnen Species, von denen man jenen Einwurf häufig hört, grade diese finden wir in ihren speciellen Untersuchungsreihen beständig durch die in der That unlösbare Schwierigkeit aufgehalten, die einzelnen Arten scharf zu unterscheiden. In allen systematischen Werken, welche einigermaßen gründlich sind, begegnen Sie endlosen Klagen darüber, daß man hier und dort die Arten nicht unterscheiden könne, weil zu viele Uebergangsformen vorhanden seien. Daher bestimmt auch jeder Naturforscher den Umfang und die Zahl der einzelnen Arten anders, als die übrigen. Wie ich schon früher erwähnte (S. 223), nehmen in einer und derselben Organismengruppe die einen Zoologen und Botaniker 10 Arten an, andere 20, andere hundert oder mehr, während noch andere Systematiker alle diese verschiedenen Formen nur als Spielarten oder Varietäten einer einzigen „guten Species" betrachten. Man braucht daher bei den meisten Formengruppen wahrlich nicht lange zu suchen, um die von Vielen vermißten Uebergangsformen und Zwischenstufen zwischen den einzelnen Species in Hülle und Fülle zu finden.

Bei vielen Arten fehlen freilich die Uebergangsformen wirklich. Dies erklärt sich indessen ganz einfach durch das Princip der Divergenz oder Sonderung, dessen Bedeutung ich Ihnen früher erläutert habe (S. 217). Der Umstand, daß der Kampf um das Dasein um so heftiger zwischen zwei verwandten Formen ist, je näher sie sich stehen, muß nothwendig das baldige Erlöschen der verbindenden Zwischenformen zwischen zwei divergenten Arten begünstigen. Wenn eine und dieselbe Species nach verschiedenen Richtungen auseinandergehende Varietäten hervorbringt, die sich zu neuen Arten gestalten, so muß der Kampf zwischen diesen neuen Formen und der gemeinsamen Stammform um so lebhafter sein, je weniger sie sich von einander entfernen, dagegen um so weniger gefährlich, je stärker die Divergenz ist. Naturgemäß werden also die verbindenden Zwischenformen vorzugsweise und meistens sehr schnell aussterben, während die am meisten divergenten Formen als getrennte „neue Arten" übrig bleiben und sich fortpflanzen. Dem entsprechend finden wir auch keine Uebergangsformen mehr in solchen Gruppen, welche ganz im Aussterben begriffen sind, wie z. B. unter den Vögeln die Strauße, unter den Säugethieren die Elephanten, Giraffen, Halbaffen, Zahnarmen und Schnabelthiere. Diese im Erlöschen begriffenen Formgruppen erzeugen keine neuen Varietäten mehr, und naturgemäß sind hier die Arten sogenannte „gute", d. h. scharf von einander geschiedene Species. In denjenigen Thiergruppen dagegen, wo noch die Entfaltung und der Fortschritt sich geltend macht, wo die existirenden Arten durch Bildung neuer Varietäten in viele neue Arten aus einandergehen, finden wir überall massenhaft Uebergangsformen vor, welche der Systematik die größten Schwierigkeiten bereiten. Das ist z. B. unter den Vögeln bei den Finken der Fall, unter den Säugethieren bei den meisten Nagethieren (besonders den mäuse- und rattenartigen), bei einer Anzahl von Wiederkäuern und von echten Affen, insbesondere bei den südamerikanischen Rollaffen (Cebus) und vielen Anderen. Die fortwährende Entfaltung der Species durch Bildung neuer Varietäten erzeugt hier eine Masse von Zwischenformen, welche die sogenannten guten Arten verbinden und ihre scharfe specifische Unterscheidung ganz illusorisch machen.

Daß dennoch keine vollständige Verwirrung der Formen, kein allgemeines Chaos in der Bildung der Thier- und Pflanzengestalten entsteht, hat einfach seinen Grund in dem Gegengewicht, welches der Entstehung neuer Formen durch fortschreitende Anpassung gegenüber die erhaltende Macht der Vererbung ausübt. Der Grad von Beharrlichkeit und Veränderlichkeit, den jede organische Form zeigt, ist lediglich bedingt durch den jeweiligen Zustand des Gleichgewichts zwischen diesen beiden sich entgegenstehenden Funktionen. Die Vererbung ist die Ursache der Beständigkeit der Species; die Anpassung ist die Ursache der Abänderung der Art. Wenn also einige Naturforscher sagen, offenbar müßte nach der Abstammungslehre eine noch viel größere Mannichfaltigkeit der Formen stattfinden, und andere umgekehrt, es müßte eine viel strengere Gleichheit der Formen sich zeigen, so unterschätzen die ersteren das Gewicht der Vererbung und die letzteren das Gewicht der Anpassung. Der Grad der Wechselwirkung zwischen der Vererbung und Anpassung bestimmt den Grad der Beständigkeit und Veränderlichkeit der organischen Species, den dieselbe in jedem gegebenen Zeitabschnitt besitzt.

Ein weiterer Einwand gegen die Descendenztheorie, welcher in den Augen vieler Naturforscher und Philosophen ein großes Gewicht besitzt, besteht darin, daß dieselbe die Entstehung zweckmäßig wirkender Organe durch zwecklos oder mechanisch wirkende Ursachen behauptet. Dieser Einwurf erscheint namentlich von Bedeutung bei Betrachtung derjenigen Organe, welche offenbar für einen ganz bestimmten Zweck so vortrefflich angepaßt erscheinen, daß die scharfsinnigsten Mechaniker nicht im Stande sein würden, ein vollkommeneres Organ für diesen Zweck zu erfinden. Solche Organe sind vor allen die höheren Sinnesorgane der Thiere, Auge und Ohr. Wenn man bloß die Augen und Gehörwerkzeuge der höheren Thiere kennte, so würden dieselben uns in der That große und vielleicht un-

übersteigliche Schwierigkeiten verursachen. Wie könnte man sich er=
klären, daß allein durch die natürliche Züchtung jener außerordentlich
hohe und höchst bewunderungswürdige Grad der Vollkommenheit und
der Zweckmäßigkeit in jeder Beziehung erreicht wird, welchen wir bei
den Augen und Ohren der höheren Thiere wahrnehmen? Zum Glück
hilft uns aber hier die vergleichende Anatomie und Ent=
wickelungsgeschichte über alle Hindernisse hinweg. Denn wenn
wir die stufenweise Vervollkommnung der Augen und Ohren Schritt
für Schritt im Thierreich verfolgen, so finden wir eine solche allmäh=
liche Stufenleiter der Ausbildung vor, daß wir auf das schönste die
Entwickelung der höchst verwickelten Organe durch alle Grade der
Vollkommenheit hindurch verfolgen können. So erscheint z. B. das
Auge bei den niedersten Thieren als ein einfacher Farbstofffleck, der
noch kein Bild von äußeren Gegenständen entwerfen, sondern höchstens
den Unterschied der verschiedenen Lichtstrahlen wahrnehmen kann. Dann
tritt zu diesem ein empfindender Nerv hinzu. Später entwickelt sich all=
mählich innerhalb jenes Pigmentflecks die erste Anlage der Linse, ein
lichtbrechender Körper, der schon im Stande ist, die Lichtstrahlen zu
concentriren und ein bestimmtes Bild zu entwerfen. Aber es fehlen
noch alle die zusammengesetzten Apparate für Akkommodation und Be=
wegung des Auges, die verschieden lichtbrechenden Medien, die hoch
differenzirte Sehnervenhaut u. s. w., welche bei den höheren Thieren
dieses Werkzeug so vollkommen gestalten. Von jenem einfachsten
Organ bis zu diesem höchst vollkommenen Apparat zeigt uns die
vergleichende Anatomie in ununterbrochener Stufenleiter alle möglichen
Uebergänge, so daß wir uns die stufenweise, allmähliche Bildung auch
eines solchen höchst complicirten Organes wohl anschaulich machen kön=
nen. Ebenso wie wir im Laufe der individuellen Entwickelung einen
gleichen stufenweisen Fortschritt in der Ausbildung des Organs un=
mittelbar verfolgen können, ebenso muß derselbe auch in der geschicht=
lichen (phyletischen) Entstehung des Organs stattgefunden haben.

Bei Betrachtung solcher höchst vollkommenen Organe, die schein=
bar von einem künstlerischen Schöpfer für ihre bestimmte Thätigkeit

zweckmäßig erfunden und construirt, in der That aber durch die zweck=
lose Thätigkeit der natürlichen Züchtung mechanisch entstanden sind,
empfinden viele Menschen ähnliche Schwierigkeiten des naturgemäßen
Verständnisses, wie die rohen Naturvölker gegenüber den verwickelten
Erzeugnissen unserer neuesten Maschinenkunst.   Die Wilden, welche
zum erstenmal ein Linienschiff oder eine Locomotive sehen, halten diese
Gegenstände für die Erzeugnisse übernatürlicher Wesen, und können
nicht begreifen, daß der Mensch, ein Organismus ihres Gleichen,
einen solchen Apparat hervorgebracht habe.   Nicht allein die älteren
Erdumsegler, welche Amerika und die Südseeinseln entdeckten, wissen
davon zu erzählen, sondern noch in jüngster Zeit ist die Anlage
der von den Engländern in Abessinien eingerichteten Eisenbahn die
Ursache ähnlicher Bemerkungen gewesen.   Die Locomotive wurde
dort für den leibhaftigen Teufel gehalten. Auch die ungebildeten Men=
schen unserer eigenen Rasse sind nicht im Stande, einen so verwickelten
Apparat in seiner eigentlichen Wirksamkeit zu begreifen, und die rein
mechanische Natur desselben zu verstehen.   Die meisten Naturforscher
verhalten sich aber, wie Darwin sehr richtig bemerkt, gegenüber
den Formen der Organismen nicht anders, als jene Wilden dem
Linienschiff oder der Locomotive gegenüber.   Das naturgemäße Ver=
ständniß von der rein mechanischen Entstehung der organischen Formen
kann hier nur durch eine gründliche allgemeine biologische Bildung,
und durch die specielle Bekanntschaft mit der vergleichenden Anatomie
und Entwickelungsgeschichte gewonnen werden.

Unter den übrigen gegen die Abstammungslehre erhobenen Ein=
würfen will ich hier endlich noch einen hervorheben und widerlegen,
der namentlich in den Augen vieler Laien ein großes Gewicht besitzt:
Wie soll man sich aus der Descendenztheorie die Geistesthätig=
keiten der Thiere und namentlich die specifischen Aeußerungen
derselben, die sogenannten Instinkte entstanden denken? Diesen
schwierigen Gegenstand hat Darwin in einem besonderen Capitel
seines Werkes (im siebenten) so ausführlich behandelt, daß ich Sie
hier darauf verweisen kann.   Wir müssen die Instinkte we=

sentlich als Gewohnheiten der Seele auffassen, welche
durch Anpassung erworben und durch Vererbung auf
viele Generationen übertragen und befestigt werden.
Die Instinkte verhalten sich demgemäß ganz wie andere Gewohnheiten,
welche nach den Gesetzen der gehäuften Anpassung (S. 186) und der
befestigten Vererbung (S. 170) zur Entstehung neuer Functionen und
somit auch neuer Formen ihrer Organe führen. Hier wie überall geht
die Wechselwirkung zwischen Function und Organ Hand in Hand.
Ebenso wie die Geistesfähigkeiten des Menschen stufenweise durch fort=
schreitende Anpassung des Gehirns erworben und durch dauernde Ver=
erbung befestigt wurden, so sind auch die Instinkte der Thiere, welche
nur quantitativ, nicht qualitativ von jenen verschieden sind, durch
stufenweise Vervollkommnung ihres Seelenorgans, des Centralnerven=
systems, durch Wechselwirkung der Anpassung und Vererbung, ent=
standen. Die Instinkte werden bekanntermaßen vererbt; allein auch
die Erfahrungen, also neue Anpassungen der Thierseele, werden ver=
erbt; und die Abrichtung der Hausthiere zu verschiedenen Seelen=
thätigkeiten, welche die wilden Thiere nicht im Stande sind aus=
zuführen, beruht auf der Möglichkeit der Seelenanpassung. Wir ken=
nen jetzt schon eine Reihe von Beispielen, in denen solche Anpassungen,
nachdem sie erblich durch eine Reihe von Generationen sich übertragen
hatten, schließlich als angeborene Instinkte erschienen, und doch waren
sie von den Voreltern der Thiere erst erworben. Hier ist die Dressur durch
Vererbung in Instinkt übergegangen. Die charakteristischen Instinkte
der Jagdhunde, Schäferhunde und anderer Hausthiere, welche sie
mit auf die Welt bringen, sind ebenso wie die Naturinstinkte der wil=
den Thiere, von ihren Voreltern erst durch Anpassung erworben wor=
den. Sie sind in dieser Beziehung den angeblichen „Erkenntnissen a
priori" des Menschen zu vergleichen, die ursprünglich von unseren
uralten Vorfahren (gleich allen anderen Erkenntnissen) „a posteriori,"
durch sinnliche Erfahrung, erworben wurden. Wie ich schon früher
bemerkte, sind offenbar die „Erkenntnisse a priori" erst durch lange

andauernde Vererbung von erworbenen Gehirnanpaſſungen aus urſprünglich empiriſchen „Erkenntniſſen a posteriori“ entſtanden (S. 26).

Die ſo eben beſprochenen und widerlegten Einwände gegen die
Deſcendenztheorie dürften wohl die wichtigſten ſein, welche ihr entgegengehalten worden ſind. Ich glaube Ihnen deren Grundloſigkeit
genügend dargethan zu haben. Die zahlreichen übrigen Einwürfe,
welche außerdem noch gegen die Entwickelungslehre im Allgemeinen
oder gegen den biologiſchen Theil derſelben, die Abſtammungslehre,
im Beſonderen erhoben worden ſind, beruhen entweder auf einer ſolchen Unkenntniß der empiriſch feſtgeſtellten Thatſachen, oder auf einem
ſolchen Mangel an richtigem Verſtändniß derſelben, und an Fähigkeit,
die daraus nothwendig ſich ergebenden Folgeſchlüſſe zu ziehen, daß es
wirklich nicht der Mühe lohnen würde, hier näher' auf ihre Widerle-
legung einzugehen. Nur einige allgemeine Geſichtspunkte möchte ich
Ihnen in dieſer Beziehung noch mit einigen Worten nahe legen.

Zunächſt iſt hinſichtlich des erſterwähnten Punktes zu bemerken,
daß, um die Abſtammungslehre vollſtändig zu verſtehen, und ſich
ganz von ihrer unerſchütterlichen Wahrheit zu überzeugen, ein allgemeiner Ueberblick über die Geſammtheit des biologiſchen Erſcheinungs-
gebietes unerläßlich iſt. Die Deſcendenztheorie iſt eine bio-
logiſche Theorie, und man darf daher mit Fug und Recht verlangen, daß diejenigen Leute, welche darüber ein endgültiges Urtheil
fällen wollen, den erforderlichen Grad biologiſcher Bildung beſitzen.
Dazu genügt es nicht, daß ſie in dieſem oder jenem Gebiete der Zoologie, Botanik und Protiſtik ſpecielle Erfahrungskenntniſſe beſitzen.
Vielmehr müſſen ſie nothwendig eine allgemeine Ueberſicht
der geſammten Erſcheinungsreihen wenigſtens in einem der
drei organiſchen Reiche beſitzen. Sie müſſen wiſſen, welche allgemeinen Geſetze aus der vergleichenden Morphologie und Phyſiologie der
Organismen, insbeſondere aus der vergleichenden Anatomie, aus der
individuellen und paläontologiſchen Entwickelungsgeſchichte u. ſ. w. ſich
ergeben, und ſie müſſen eine Vorſtellung von dem tiefen mechaniſchen, urſächlichen Zuſammenhang haben, in dem alle jene

34 *

Erscheinungsreihen stehen. Selbstverständlich ist dazu ein gewisser Grad allgemeiner Bildung und namentlich philosophischer Erziehung erforderlich, den leider heutzutage nicht viele Leute für nöthig halten. Ohne die nothwendige Verbindung von empirischen Kenntnissen und von philosophischem Verständniß derselben kann die unerschütterliche Ueberzeugung von der Wahrheit der Descendenztheorie nicht gewonnen werden.

Nun bitte ich Sie, gegenüber dieser ersten Vorbedingung für das wahre Verständniß der Descendenztheorie, die bunte Menge von Leuten zu betrachten, die sich herausgenommen haben, über dieselbe mündlich und schriftlich ein vernichtendes Urtheil zu fällen! Die meisten derselben sind Laien, welche die wichtigsten biologischen Erscheinungen entweder gar nicht kennen, oder doch keine Vorstellung von ihrer tieferen Bedeutung besitzen. Was würden Sie von einem Laien sagen, der über die Zellentheorie urtheilen wollte, ohne jemals Zellen gesehen zu haben, oder über die Wirbeltheorie, ohne jemals vergleichende Anatomie getrieben zu haben? Und doch begegnen Sie solchen lächerlichen Anmaßungen in der Geschichte der biologischen Descendenztheorie alle Tage! Sie hören Tausende von Laien und von Halbgebildeten darüber ein entscheidendes Urtheil fällen, die weder von Botanik noch von Zoologie, weder von vergleichender Anatomie noch von Gewebelehre, weder von Paläontologie noch von Embryologie Etwas wissen. Daher kömmt es, daß, wie Huxley treffend sagt, die allermeisten gegen Darwin veröffentlichten Schriften das Papier nicht werth sind, auf dem sie geschrieben wurden.

Sie könnten mir einwenden, daß ja unter den Gegnern der Descendenztheorie doch auch viele Naturforscher, und selbst manche berühmte Zoologen und Botaniker sind. Diese letzteren sind jedoch meist ältere Gelehrte, die in ganz entgegengesetzten Anschauungen alt geworden sind, und denen man nicht zumuthen kann, noch am Abend ihres Lebens sich einer Reform ihrer, zur festen Gewohnheit gewordenen Weltanschauung zu unterziehen. Sodann muß aber auch aus-

drücklich hervorgehoben werden, daß nicht nur eine allgemeine Uebersicht des ganzen biologischen Erscheinungsgebiets, sondern auch
ein philosophisches Verständniß desselben nothwendige Vorbedingungen für die überzeugte Annahme der Descendenztheorie sind.
Nun finden Sie aber gerade diese unerläßlichen Vorbedingungen bei
dem größten Theil der heutigen Naturforscher leider keineswegs erfüllt.
Die Unmasse von neuen empirischen Thatsachen, mit denen uns die
riesigen Fortschritte der neueren Naturwissenschaft bekannt gemacht
haben, hat eine vorherrschende Neigung für das specielle Studium
einzelner Erscheinungen und kleiner engbegrenzter Erfahrungsgebiete
herbeigeführt. Darüber wird die Erkenntniß der übrigen Theile und
namentlich des großen umfassenden Naturganzen meist völlig vernachlässigt. Jeder, der gesunde Augen und ein Mikroskop zum Beobachten, Fleiß und Geduld zum Sitzen hat, kann heutzutage durch
mikroskopische „Entdeckungen“ eine gewisse Berühmtheit erlangen,
ohne doch den Namen eines Naturforschers zu verdienen. Dieser gebührt nur dem, der nicht bloß die einzelnen Erscheinungen zu k e n n e n,
sondern auch deren ursächlichen Zusammenhang zu e r k e n n e n strebt.
Noch heute untersuchen und beschreiben die meisten Paläontologen die
Versteinerungen, ohne die wichtigsten Thatsachen der Embryologie zu
kennen. Andrerseits verfolgen die Embryologen die Entwickelungsgeschichte des einzelnen organischen Individuums, ohne eine Ahnung
von der paläontologischen Entwickelungsgeschichte des ganzen zugehörigen Stammes zu haben, von welcher die Versteinerungen berichten.
Und doch stehen diese beiden Zweige der organischen Entwickelungsgeschichte, die Ontogenie oder die Geschichte des Individuums, und die
Phylogenie oder die Geschichte des Stammes, im engsten ursächlichen
Zusammenhang, und die eine ist ohne die andere gar nicht zu verstehen. Aehnlich steht es mit dem systematischen und dem anatomischen Theile der Biologie. Noch heute giebt es in der Zoologie und
Botanik zahlreiche Systematiker, welche in dem Irrthum arbeiten,
durch bloße sorgfältige Untersuchung der äußeren und leicht zugänglichen
Körperformen, ohne die tiefere Kenntniß ihres inneren Baues, das

natürliche System der Thiere und Pflanzen construiren zu können. Andrerseits giebt es Anatomen und Histologen, welche das eigentliche Verständniß des Thier= und Pflanzenkörpers bloß durch die genaueste Erforschung des inneren Körperbaues einer einzelnen Species, ohne die vergleichende Betrachtung der gesammten Körperform bei allen verwandten Organismen, gewinnen zu können meinen. Und doch steht auch hier, wie überall, Inneres und Aeußeres, Vererbung und Anpassung in der engsten Wechselbeziehung, und das Einzelne kann nie ohne Vergleichung mit dem zugehörigen Ganzen wirklich verstanden werden. Jenen einseitigen Facharbeitern möchten wir daher mit G o e t h e zurufen:

> „Müsset im Naturbetrachten
> „Immer Eins wie Alles achten.
> „Nichts ist drinnen, Nichts ist draußen,
> „Denn was innen, das ist außen.''

und weiterhin:

> „Natur hat weder Kern noch Schale
> „Alles ist sie mit einem Male.''

Noch viel nachtheiliger aber, als jene einseitige Richtung ist für das allgemeine Verständniß des Naturganzen der allgemeine M a n = g e l p h i l o s o p h i s c h e r B i l d u n g, durch welchen sich die meisten Naturforscher der Gegenwart auszeichnen. Die vielfachen Verirrungen der früheren speculativen Naturphilosophie, aus dem ersten Drittel unseres Jahrhunderts, haben bei den exacten empirischen Naturfor= schern die ganze Philosophie in einen solchen Mißcredit gebracht, daß dieselben in dem komischen Irrwahne leben, das Gebäude der Natur= wissenschaft aus bloßen Thatsachen, ohne philosophische Verknüpfung derselben, aus bloßen Kenntnissen, ohne Verständniß derselben, auf= bauen zu können. Während aber ein rein speculatives, absolut phi= losophisches Lehrgebäude, welches sich nicht um die unerläßliche Grund= lage der empirischen Thatsachen kümmert, ein Luftschloß wird, das die erste beste Erfahrung über den Haufen wirft, so bleibt andrerseits ein rein empirisches, absolut aus Thatsachen zusammengesetztes Lehr= gebäude ein wüster Steinhaufen, der nimmermehr den Namen eines Gebäudes verdienen wird. Die nackten, durch die Erfahrung festge=

stellten Thatsachen sind immer nur die rohen Bausteine, und ohne die denkende Verwerthung, ohne die philosophische Verknüpfung derselben kann keine Wissenschaft entstehen.   Wie ich Ihnen schon früher eindringlich vorzustellen versuchte, entsteht nur durch die innigste Wechselwirkung und gegenseitige Durchdringung von Philosophie und Empirie das unerschütterliche Gebäude der wahren, monistischen Wissenschaft, oder was dasselbe ist, der Naturwissenschaft.

Aus dieser beklagenswerthen Entfremdung der Naturforschung von der Philosophie, und aus dem rohen Empirismus, der heutzutage leider von den meisten Naturforschern als „exacte Wissenschaft" gepriesen wird, entspringen jene seltsamen Quersprünge des Verstandes, jene groben Verstöße gegen die elementare Logik, jenes Unvermögen zu den einfachsten Schlußfolgerungen, denen Sie heutzutage auf allen Wegen der Naturwissenschaft, ganz besonders aber in der Zoologie und Botanik begegnen können.   Hier rächt sich Vernachlässigung der philosophischen Bildung und Schulung des Geistes unmittelbar auf das Empfindlichste.   Es ist daher nicht zu verwundern, wenn jenen rohen Empirikern auch die tiefe innere Wahrheit der Descendenztheorie gänzlich verschlossen bleibt. Wie das triviale Sprichwort sehr treffend sagt, „sehen sie den Wald vor lauter Bäumen nicht." Nur durch allgemeinere philosophische Studien und namentlich durch strengere logische Schulung des Geistes kann diesem schlimmen Uebelstande auf die Dauer abgeholfen werden (vergl. Gen. Morph. I. 63; II, 447).

Wenn Sie dieses Verhältniß recht erwägen, und mit Bezug auf die empirische Begründung der philosophischen Entwickelungstheorie weiter darüber nachdenken, so wird es Ihnen auch alsbald klar werden, wie es sich mit den vielfach geforderten Beweisen für die Descendenztheorie" verhält. Je mehr sich die Abstammungslehre in den letzten Jahren allgemein Bahn gebrochen hat, je mehr sich alle wirklich denkenden jüngeren Naturforscher und alle wirklich biologisch gebildeten Philosophen von ihrer inneren Wahrheit und Unentbehrlichkeit überzeugt haben, desto lauter haben die Gegner derselben nach thatsächlichen Beweisen dafür gerufen. Dieselben Leute, welche kurz nach dem Erscheinen von Darwin's Werke dasselbe für ein „bodenloses Phantasiegebäude," für eine „willkührliche Speculation," für einen „geistreichen Traum" erklärten, dieselben lassen sich jetzt gütig zu der Erklärung herab, daß die Descendenztheorie allerdings eine wissenschaftliche „Hypothese" sei, daß dieselbe aber erst noch „bewiesen" werden müsse. Wenn diese Aeußerungen von Leuten geschehen, die nicht die erforderliche empirisch-philosophische Bildung, die nicht die nöthigen Kenntnisse in der vergleichenden Anatomie, Embryologie und Paläontologie besitzen, so läßt man sich das gefallen, und verweist sie auf die in jenen Wissenschaften niedergelegten Argumente. Wenn aber die gleichen Aeußerungen von anerkannten Fachmännern geschehen, von Lehrern der Zoologie und Botanik, die doch von Rechtswegen einen Ueberblick über das Gesammtgebiet ihrer Wissenschaft besitzen sollten, oder die wirklich mit den Thatsachen jener genannten Wissenschaftsgebiete vertraut sind, dann weiß man in der That nicht, was man dazu sagen soll! Diejenigen, denen selbst der jetzt bereits gewonnene Schatz an empirischer Naturkenntniß nicht genügt, um darauf die Descendenztheorie sicher zu begründen, die werden auch durch keine andere, etwa noch später zu entdeckende Thatsache von ihrer Wahrheit überzeugt werden. Ich muß Sie hier wiederholt darauf hinweisen, daß alle großen, allgemeinen Gesetze und alle umfassenden Erscheinungsreihen der verschiedensten biologischen Gebiete einzig und allein durch die Entwickelungstheorie (und speciell durch den biologischen Theil derselben, die Descendenztheorie) erklärt und verstanden werden können, und daß sie ohne dieselbe gänzlich unerklärt und unbegriffen bleiben. Sie alle begründen in ihrem inneren ursächlichen Zusammenhang die Descendenztheorie als das größte biologische Inductionsgesetz. Erlauben Sie mir, Ihnen schließlich nochmals alle jene Inductionsreihen, alle jene allgemeinen biologischen Gesetze, auf welchen dieses umfassende Entwickelungsgesetz unumstößlich fest ruht, im Zusammenhange zu nennen:

1) Die paläontologische Entwickelungsgeschichte der Organismen, das stufenweise Auftreten und die historische Reihenfolge der verschiedenen Arten und Artengruppen, die empirischen Gesetze des paläontologischen Artenwechsels, wie sie uns durch die Versteinerungskunde geliefert werden, insbesondere die fortschreitende Differenzirung und Vervollkommnung der Thier- und Pflanzengruppen in den auf einander folgenden Perioden der Erdgeschichte.

2) Die individuelle Entwickelungsgeschichte der Organismen, die Embryologie und Metamorphologie, die stufenweisen Veränderungen in der allmählichen Ausbildung des Körpers und seiner einzelnen Organe, namentlich die fortschreitende Differenzirung und Vervollkommnung der Organe und Körpertheile in den auf einander folgenden Perioden der individuellen Entwickelung.

3) Der innere ursächliche Zusammenhang zwischen der Ontogenie und Phylogenie, der Parallelismus zwischen der individuellen Entwickelungsgeschichte der Organismen und der paläontologischen Entwickelungsgeschichte ihrer Vorfahren; ein Causalnexus, der durch die Gesetze der Vererbung und Anpassung thatsächlich begründet wird, und der sich in den Worten zusammenfassen läßt: Die ganze Ontogenie wiederholt in großen Zügen nach den Gesetzen der Vererbung und Anpassung das Gesammtbild der Phylogenie.

4) Die vergleichende Anatomie der Organismen, der Nachweis von der wesentlichen Uebereinstimmung des inneren Baues der verwandten Organismen, trotz der größten Verschiedenheit der äußeren Form bei den verschiedenen Arten; die Erklärung derselben durch die ursächliche Abhängigkeit der inneren Uebereinstimmung des Baues von der Vererbung, der äußeren Ungleichheit der Körperform von der Anpassung.

5) Der innere ursächliche Zusammenhang zwischen der vergleichenden Anatomie und Entwickelungsge=schichte, die harmonische Uebereinstimmung zwischen den Gesetzen der stufenweisen Ausbildung, der fortschreitenden Differenzi=rung und Vervollkommnung, wie sie uns durch die verglei=chende Anatomie auf der einen Seite, durch die Ontogenie und Palä=ontologie auf der anderen Seite klar vor Augen gelegt werden.

6) Die Unzweckmäßigkeitslehre oder Dysteleolo=gie, wie ich früher die Wissenschaft von den rudimentä=ren Organen, von den verkümmerten und entarteten, zwecklosen und unthätigen Körpertheilen genannt habe; einer der wichtigsten und interessantesten Theile der vergleichenden Anatomie, welcher, richtig gewürdigt, für sich allein schon im Stande ist, den Grundirrthum der teleologischen und dualistischen Naturbetrachtung zu widerlegen, und die alleinige Begründung der mechanischen und monistischen Welt=anschauung zu beweisen.

7) Das natürliche System der Organismen, die natürliche Gruppirung aller verschiedenen Formen von Thieren, Pflan=zen und Protisten in zahlreiche, kleinere und größere, neben und über einander geordnete Gruppen; der verwandtschaftliche Zusammenhang der Arten, Gattungen, Familien, Ordnungen, Klassen, Stämme u. s. w.; ganz besonders aber die baumförmig verzweigte Gestalt des natürlichen Systems, welche aus einer natur=gemäßen Anordnung und Zusammenstellung aller dieser Gruppenstufen oder Kategorien sich von selbst ergiebt. Die stufenweis verschiedene Formverwandtschaft derselben ist nur dann erklärlich, wenn man sie als Ausdruck der wirklichen Blutsverwandtschaft betrach=tet; die Baumform des natürlichen Systems kann nur als wirklicher Stammbaum der Organismen verstanden werden.

8) Die Chorologie der Organismen, die Wissenschaft von der räumlichen Verbreitung der organischen Species, von ihrer geographischen und topographischen Vertheilung über die Erdoberfläche, über die Höhen der Gebirge und die Tiefen

des Meeres, insbesondere die wichtige Erscheinung, daß jede Orga=
nismenart von einem sogenannten „Schöpfungsmittelpunkte"
(richtiger „Urheimath" oder „Ausbreitungscentrum" ge=
nannt) ausgeht, d. h. von einem einzelnen Ort, an welchem die=
selbe einmal entstand, und von dem aus sie sich über die Erde ver=
breitete.

9) Die Oecologie der Organismen, die Wissenschaft von
den gesammten Beziehungen des Organismus zur umge=
benden Außenwelt, zu den organischen und anorganischen Exi=
stenzbedingungen; die sogenannte „Oekonomie der Natur", die
Wechselbeziehungen aller Organismen, welche an einem und demselben
Orte mit einander leben, ihre Anpassung an die Umgebung, ihre Um=
bildung durch den Kampf um's Dasein, insbesondere die Verhältnisse
des Parasitismus u. s. w. Grade diese Erscheinungen der „Natur=
ökonomie", welche der Laie bei oberflächlicher Betrachtung als die weisen
Einrichtungen eines planmäßig wirkenden Schöpfers anzusehen pflegt,
zeigen sich bei tieferem Eingehen als die nothwendigen Folgen mecha=
nischer Ursachen.

10) Die Einheit der gesammten Biologie, der tiefe
innere Zusammenhang, welcher zwischen allen genannten und allen
übrigen Erscheinungsreihen in der Zoologie, Protistik und Botanik
besteht, und welcher sich einfach und natürlich aus einem einzigen
gemeinsamen Grunde derselben erklärt. Dieser Grund kann kein an=
derer sein, als die gemeinsame Abstammung aller verschiedenartigen Or=
ganismen von einer einzigen, oder mehreren, absolut einfachen Stamm=
formen, gleich den organlosen Moneren. Indem die Descendenz=
theorie diese gemeinsame Abstammung annimmt, wirft sie sowohl auf
jene einzelnen Erscheinungsreihen, als auf die Gesammtheit derselben
ein erklärendes Licht, ohne welches sie uns in ihrem inneren ursächlichen
Zusammenhang ganz unverständlich bleiben. Die Gegner der Descen=
denztheorie vermögen uns weder eine einzige von jenen Erscheinungs=
reihen, noch ihren inneren Zusammenhang unter einander irgendwie

zu erklären. So lange sie dies nicht vermögen, bleibt die Abstam=
mungslehre die unentbehrlichste biologische Theorie.

Auf Grund der angeführten großartigen Zeugnisse würden wir
Lamarck's Descendenztheorie zur Erklärung der biologischen Phäno=
mene selbst dann annehmen müssen, wenn wir nicht Darwin's Se=
lectionstheorie besäßen. Nun kommt aber dazu, daß, wie ich Ihnen
früher zeigte, die erstere durch die letztere so vollständig direct be=
wiesen und durch mechanische Ursachen begründet wird, wie wir es
nur verlangen können. Die Gesetze der Vererbung und der An=
passung sind allgemein anerkannte physiologische Thatsachen,
jene auf die Fortpflanzung, diese auf die Ernährung der Or=
ganismen zurückführbar. Andrerseits ist der Kampf um's Dasein
eine biologische Thatsache, welche mit mathematischer Nothwendigkeit
aus dem allgemeinen Mißverhältniß zwischen der Durchschnittszahl der
organischen Individuen und der Ueberzahl ihrer Keime folgt. Indem
aber Anpassung und Vererbung im Kampf um's Dasein sich in bestän=
diger Wechselwirkung befinden, folgt daraus mit unvermeidlicher Noth=
wendigkeit die natürliche Züchtung, welche überall und bestän=
dig umbildend auf die organischen Arten einwirkt, und neue Arten
durch Divergenz des Charakters erzeugt. Wenn wir diese
Umstände recht in Erwägung ziehen, so erscheint uns die beständige
und allmähliche Umbildung oder Transmutation der organischen Spe=
cies als ein biologischer Proceß, welcher nothwendig aus der eigenen
Natur der Organismen und ihren gegenseitigen Wechselbeziehungen
folgen muß.

Daß auch der Ursprung des Menschen aus diesem allge=
meinen organischen Umbildungsvorgang erklärt werden muß, und daß
er sich aus diesem ebenso einfach als natürlich erklärt, glaube ich Ih=
nen in dem letzten Vortrage hinreichend bewiesen zu haben. Ich kann
aber hier nicht umhin, Sie hier nochmals auf den unzertrennlichen Zu=
sammenhang dieser sogenannten „Affenlehre" oder „Pithekoidentheorie"
mit der gesammten Descendenztheorie hinzuweisen. Wenn die letztere
das größte Inductionsgesetz der Biologie ist, so folgt daraus die

letztere mit Nothwendigkeit, als das wichtigste Deductionsgesetz
derselben. Beide stehen und fallen mit einander. Da auf das richtige Verständniß dieses Satzes, den ich für höchst wichtig halte und
deßhalb schon mehrmals hervorgehoben habe, hier Alles ankommt,
so erlauben Sie mir, denselben jetzt noch mit wenigen Worten an einem Beispiele zu erläutern.

Bei allen Säugethieren, die wir kennen, ist der Centraltheil des
Nervensystems das Rückenmark und das Gehirn, und der Centraltheil
des Blutkreislaufs ein vierfächeriges, aus zwei Kammern und zwei Vor-
kammern zusammengesetztes Herz. Wir ziehen daraus den allgemeinen Inductionsschluß, daß alle Säugethiere ohne Ausnahme,
die ausgestorbenen und die uns noch unbekannten lebenden Arten, eben
so gut wie die von uns untersuchten Species, die gleiche Organisation,
ein gleiches Herz, Gehirn und Rückenmark besitzen. Wenn nun in irgend einem Erdtheile, wie es noch jetzt alljährlich vorkömmt, irgend
eine neue Säugethierart entdeckt wird, z. B. eine neue Beutelthierart,
oder eine neue Rattenart, oder eine neue Affenart, so weiß jeder Zoolog
von vornherein, ohne den inneren Bau derselben untersucht zu haben,
ganz bestimmt, daß diese Species, eben so wie alle übrigen Säugethiere, ein vierfächeriges Herz, ein Gehirn und ein Rückenmark besitzen muß. Keinem einzigen Naturforscher fällt es ein, daran zu zweifeln, und etwa zu denken, daß das Centralnervensystem bei dieser neuen
Säugethierart möglicherweise aus einem Bauchmark mit Schlundring,
wie bei den Gliedfüßern, oder aus zerstreuten Knotenpaaren, wie bei
den Weichthieren bestehen könnte; oder daß das Herz vielkammerig,
wie bei den Insecten, oder einkammerig, wie bei den Mantelthieren
sein könnte. Jener ganz bestimmte und sichere Schluß, welcher doch
auf gar keiner unmittelbaren Erfahrung beruht, ist ein Deductionsschluß. Ebenso begründete Goethe, wie ich in einem früheren Vortrage zeigte, aus der vergleichenden Anatomie der Säugethiere den
allgemeinen Inductionsschluß, daß dieselben sämmtlich einen Zwischenkiefer besitzen, und zog daraus später den besonderen Deductionsschluß,
daß auch der Mensch, der in allen übrigen Beziehungen nicht wesent-

lich von den anderen Säugethieren verschieden sei, einen solchen Zwi=
schenkiefer besitzen müsse. Er behauptete diesen Schluß, ohne den Zwi=
schenkiefer des Menschen wirklich gesehen zu haben und bewies dessen
Existenz erst nachträglich durch die wirkliche Beobachtung (S. 70).

Die Induction ist also ein logisches Schlußverfahren aus dem
Besonderen auf das Allgemeine, aus vielen einzelnen Erfah=
rungen auf ein allgemeines Gesetz; die Deduction dagegen schließt
aus dem Allgemeinen auf das Besondere, aus einem allge=
meinen Naturgesetze auf einen einzelnen Fall. So ist nun auch ohne
allen Zweifel die Descendenztheorie ein durch alle genann=
ten biologischen Erfahrungen empirisch begründetes großes Induc=
tionsgesetz; die Pithekoidentheorie dagegen, die Behaup=
tung, daß der Mensch sich aus niederen, und zunächst aus affen=
artigen Säugethieren entwickelt habe, ein einzelnes Deductions=
gesetz, welches mit jenem allgemeinen Inductionsgesetze unzertrenn=
lich verbunden ist.

Der Stammbaum des Menschengeschlechts, wie ich seine Grund=
züge Ihnen im letzten Vortrage in ungefähren Umrissen gegeben habe,
bleibt natürlich (gleich allen vorher erörterten Stammbäumen der Thiere
und Pflanzen) in allen seinen Einzelheiten nur eine mehr oder weniger
annähernde genealogische Hypothese. Dies thut aber der Anwendung
der Descendenztheorie auf den Menschen im Ganzen keinen Eintrag.
Hier, wie bei allen Untersuchungen über die Abstammungsverhältnisse
der Organismen, müssen Sie wohl unterscheiden zwischen der allge=
meinen oder generellen Descendenz=Theorie, und der besonderen
oder speciellen Descendenz=Hypothese. Die allgemeine Abstam=
mungs=Theorie beansprucht volle und bleibende Geltung, weil sie
durch alle vorher genannten allgemeinen biologischen Erscheinungsrei=
hen, und durch deren inneren ursächlichen Zusammenhang inductiv be=
gründet wird. Jede besondere Abstammungs=Hypothese dagegen
ist in ihrer speciellen Geltung durch den jeweiligen Zustand unserer
biologischen Erkenntniß bedingt, und durch die Ausdehnung der ob=
jectiven empirischen Grundlage, auf welche wir durch subjective

Schlüsse diese Hypothese deductiv gründen. Daher besitzen alle ein=
zelnen Versuche zur Erkenntniß des Stammbaums irgend einer Orga=
nismengruppe immer nur einen zeitweiligen und bedingten Werth,
und unsere specielle Hypothese darüber wird immer mehr vervoll=
kommnet werden, je weiter wir in der vergleichenden Anatomie, Onto=
genie und Paläontologie der betreffenden Gruppe fortschreiten. Je
mehr wir uns dabei aber in genealogische Einzelheiten verlieren, je
weiter wir die einzelnen Aeste und Zweige des Stammbaums verfol=
gen, desto unsicherer und subjectiver wird wegen der Unvollständigkeit
der empirischen Grundlagen unsere specielle Abstammungs = Hypo =
these. Dies thut jedoch der Sicherheit der generellen Abstammungs=
Theorie, welche das unentbehrliche Fundament für jedes tiefere
Verständniß der biologischen Erscheinungen ist, keinen Abbruch. So
erleidet es denn auch keinen Zweifel, daß wir die Abstammung des
Menschen zunächst aus affenartigen, weiterhin aus niederen Säuge=
thieren, und so immer weiter aus immer tieferen Stufen des Wirbel=
thierstammes, bis zu dessen tiefsten wirbellosen Wurzeln hinunter, als all=
gemeine Theorie mit voller Sicherheit behaupten können und müs=
sen. Dagegen wird die specielle Verfolgung des menschlichen Stamm=
baums, die nähere Bestimmung der uns bekannten Thierformen, wel=
che entweder wirklich zu den Vorfahren des Menschen gehörten oder
diesen wenigstens nächststehende Blutsverwandte waren, stets eine mehr
oder minder annähernde Descendenz=Hypothese bleiben, welche um
so mehr Gefahr läuft, sich von dem wirklichen Stammbaum zu ent=
fernen, je näher sie demselben durch Aufsuchung der einzelnen Ahnen=
formen zu kommen sucht. Dies ist mit Nothwendigkeit durch die un=
geheure Lückenhaftigkeit unserer paläontologischen Kenntnisse bedingt,
welche unter keinen Umständen jemals eine annähernde Vollständigkeit
erreichen werden (S. 308 — 314).

Aus der denkenden Erwägung dieses wichtigen Verhältnisses er=
giebt sich auch bereits die Antwort auf eine Frage, welche gewöhnlich
zunächst bei Besprechung dieses Gegenstandes aufgeworfen wird, näm=
lich die Frage nach den wissenschaftlichen Beweisen für den thie=

rischen Ursprung des Menschengeschlechts. Nicht allein die Gegner der Descendenztheorie, sondern auch viele Anhänger derselben, denen die gehörige philosophische Bildung mangelt, pflegen dabei vorzugsweise an einzelne Erfahrungen, an specielle empirische Fortschritte der Naturwissenschaft zu denken. Man erwartet, daß plötzlich die Entdeckung einer geschwänzten Menschenrasse oder einer sprechenden Affenart, oder einer anderen lebenden oder fossilen Uebergangsform zwischen Menschen und Affen, die zwischen beiden bestehende enge Kluft noch mehr ausfüllen, und somit die Abstammung des Menschen vom Affen empirisch „beweisen" soll. Derartige einzelne Erfahrungen, und wären sie anscheinend noch so überzeugend und beweiskräftig, können aber niemals den gewünschten Beweis liefern. Gedankenlose oder mit den biologischen Erscheinungsreihen unbekannte Leute werden jenen einzelnen Zeugnissen immer dieselben Einwände entgegen halten können, die sie unserer Theorie auch jetzt entgegen halten.

Die unumstößliche Sicherheit der Descendenz-Theorie, auch in ihrer Anwendung auf den Menschen, liegt vielmehr viel tiefer, und kann niemals bloß durch einzelne empirische Erfahrungen, sondern nur durch philosophische Vergleichung und Verwerthung unseres gesammten biologischen Erfahrungsschatzes in ihrem wahren inneren Werthe erkannt werden. Sie liegt eben darin, daß die Descendenztheorie als ein allgemeines Inductionsgesetz aus der vergleichenden Synthese aller organischen Naturerscheinungen, und insbesondere aus der dreifachen Parallele der vergleichenden Anatomie, Ontogenie und Phylogenie mit Nothwendigkeit folgt; und die Pithekoidentheorie bleibt unter allen Umständen (ganz abgesehen von allen Einzelbeweisen) ein specieller Deductionsschluß, welcher wieder aus dem generellen Inductionsgesetz der Descendenztheorie mit Nothwendigkeit gefolgert werden muß.

Auf das richtige Verständniß dieser philosophischen Begründung der Descendenztheorie und der mit ihr unzertrennlich verbundenen Pithekoidentheorie kömmt meiner Ansicht nach Alles an. Viele von Ihnen werden mir dies vielleicht zugeben, aber mir zugleich entgegen halten, daß das Alles nur von der körperlichen, nicht von der geistigen Entwickelung des Menschen gelte. Da wir nun bisher uns bloß mit der ersteren beschäftigt haben, so ist es wohl nothwendig, hier auch noch auf die letztere einen Blick zu werfen, und zu zeigen, daß auch sie jenem großen allgemeinen Entwickelungsgesetze unterworfen ist. Dabei ist es vor Allem nothwendig, sich in's Gedächtniß zurückzurufen, wie überhaupt das Geistige vom Körperlichen nie völlig geschieden werden kann, beide Seiten der Natur vielmehr unzertrennlich verbunden sind, und in der innigsten Wechselwirkung mit einander stehen. Wie schon G o e t h e klar aussprach, „kann die Materie nie ohne Geist, der Geist nie ohne Materie existiren und wirksam sein". Der künstliche Zwiespalt, welchen die falsche dualistische und teleologische Philosophie der Vergangenheit zwischen Geist und Körper, zwischen Kraft und Stoff aufrecht erhielt, ist durch die Fortschritte der Naturerkenntniß und namentlich der Entwickelungslehre aufgelöst, und kann gegenüber der siegreichen mechanischen und monistischen Philosophie unserer Zeit nicht mehr bestehen. Wie demgemäß die Menschennatur in ihrer Stellung zur übrigen Welt aufgefaßt werden muß, hat in neuerer Zeit besonders R a d e n h a u s e n in seiner vortrefflichen und sehr lesenswerthen Jsis ausführlich erörtert [33]).

Was nun speciell den Ursprung des menschlichen Geistes oder der Seele des Menschen betrifft, so nehmen wir zunächst an jedem menschlichen Individuum wahr, daß sich derselbe von Anfang an schrittweise und allmählich entwickelt, ebenso wie der Körper. Wir sehen am neugeborenen Kinde, daß dasselbe weder selbstständiges Bewußtsein, noch überhaupt klare Vorstellungen besitzt. Diese entstehen erst allmählich, wenn mittelst der sinnlichen Erfahrung die Erscheinungen der Außenwelt auf das Centralnervensystem einwirken. Aber noch entbehrt das kleine Kind aller jener differenzirten Seelenbewegungen, welche der erwachsene Mensch erst durch langjährige Erfahrung erwirbt. Aus dieser stufenweisen Entwickelung der Menschenseele in jedem einzelnen Individuum können wir nun, gemäß dem innigen ursächlichen Zusammenhang zwischen Ontogenie und Phylogenie, unmittelbar auf die stufenweise Entwickelung der Menschseele in der ganzen

Menschheit und weiterhin in dem ganzen Wirbelthierstamme zurück=
schließen.　In unzertrennlicher Verbindung mit dem Körper hat auch
der Geist des Menschen alle jene langsamen Stufen der Entwickelung,
alle jene einzelnen Schritte der Differenzirung und Vervollkommung
durchmessen müssen, von welchen Ihnen die hypothetische Ahnenreihe
des Menschen in dem letzten Vortrage ein ungefähres Bild gegeben hat.

Allerdings pflegt gerade diese Vorstellung bei den meisten Men=
schen, wenn sie zuerst mit der Entwickelungslehre bekannt werden,
den größten Anstoß zu erregen, weil sie am meisten den hergebrachten
mythologischen Anschauungen und den durch ein Alter von Jahrtau=
senden geheiligten Vorurtheilen widerspricht.　Allein eben so gut wie
alle anderen Dinge muß nothwendig auch die Menschenseele sich histo=
risch entwickelt haben, und die vergleichende Seelenlehre oder die em=
pirische Psychologie der Thiere zeigt uns klar, daß diese Entwickelung
nur gedacht werden kann als eine stufenweise Hervorbildung aus der
Wirbelthierseele, als eine allmähliche Differenzirung und Vervollkomm=
nung, welche erst im Laufe vieler Jahrtausende zu dem herrlichen Tri=
umph des Menschengeistes über seine niederen thierischen Ahnenstufen
geführt hat.　Hier wie überall, ist die Untersuchung der Entwickelung
und die Vergleichung der verwandten Erscheinungen der einzige Weg,
um zur Erkenntniß der natürlichen Wahrheit zu gelangen.　Wir müssen
also vor Allem, wie wir es auch bei Untersuchung der körperlichen Ent=
wickelung thaten, die höchsten thierischen Erscheinungen einerseits mit
den niedersten thierischen, andrerseits mit den niedersten menschlichen
Erscheinungen vergleichen. Das Endresultat dieser Vergleichung ist, daß
zwischen den höchstentwickelten Thierseelen und den
tiefstentwickelten Menschenseelen nur ein geringer
quantitativer, aber kein qualitativer Unterschied
existirt, und daß dieser Unterschied viel geringer ist, als der Unter=
schied zwischen den niedersten und höchsten Menschenseelen, oder als
der Unterschied zwischen den höchsten und niedersten Thierseelen.

Um sich von der Begründung dieses wichtigen Resultates zu über=
zeugen, muß man vor Allem das Geistesleben der wilden Naturvölker

und der Kinder vergleichend studiren [32]). Auf der tiefsten Stufe menschlicher Geistesbildung stehen die Australneger Neuhollands, einige Stämme der polynesischen Papuaneger, und in Afrika die Buschmänner, die
Hottentotten und einige Stämme der Afroneger. Die Sprache, der
wichtigste Charakter des echten Menschen, ist bei ihnen auf der tiefsten
Stufe der Ausbildung stehen geblieben, und damit natürlich auch die
Begriffsbildung. Manche dieser wilden Stämme haben nicht einmal
eine Bezeichnung für Thier, Pflanze, Ton, Farbe und dergleichen einfachste Begriffe, wogegen sie für jede einzelne auffallende Thier- oder
Pflanzenform, für jeden einzelnen Ton oder Farbe ein Wort besitzen.
In vielen solcher Sprachen giebt es bloß Zahlwörter für Eins, Zwei
und Drei; keine australische Sprache zählt über Vier. Sehr viele wilde
Völker können nur bis zehn oder zwanzig zählen, während man einzelne sehr gescheute Hunde dazu gebracht hat, bis vierzig und selbst
über sechzig zu zählen. Und doch ist die Zahl der Anfang der Mathematik! Nichts ist aber vielleicht in dieser Beziehung merkwürdiger, als
daß einzelne von den wildesten Stämmen im südlichen Asien und östlichen Afrika von der ersten Grundlage aller menschlichen Gesittung,
vom Familienleben und der Ehe, gar keinen Begriff haben. Sie leben
in Heerden beisammen, wie die Affen, größtentheils auf Bäumen klet-
ternd und von Früchten lebend; sie kennen das Feuer noch nicht, und
gebrauchen als Waffen nur Steine und Knüppel, wie es auch die
höheren Affen thun. Alle Versuche, diese und viele andere Stämme der
niederen Menschenrassen der Kultur zugänglich zu machen, sind bisher
gescheitert; es ist unmöglich, da menschliche Bildung pflanzen zu wollen, wo der nöthige Boden dazu, die menschliche Gehirnvervollkomm-
nung, noch fehlt. Noch keiner von jenen Stämmen ist durch die Kultur veredelt worden; sie gehen nur rascher dadurch zu Grunde. Sie
haben sich kaum über jene tiefste Stufe des Uebergangs vom Menschenaffen zum Affenmenschen erhoben, welche die Stammeltern der höheren Menschenarten schon seit Jahrtausenden überschritten haben [32]).

Betrachten Sie nun auf der anderen Seite die höchsten Entwicke-
lungsstufen des Seelenlebens bei den höheren Wirbelthieren, namentlich

Vögeln und Säugethieren. Wenn Sie in herkömmlicher Weise als die drei Hauptgruppen der verschiedenen Seelenbewegungen das Empfinden, Wollen und Denken unterscheiden, so finden Sie, daß in jeder dieser Beziehungen die höchst entwickelten Vögel und Säugethiere jenen niedersten Menschenschenformen sich an die Seite stellen, oder sie selbst entschieden überflügeln. Der Wille ist bei den höheren Thieren ebenso entschieden und stark, wie bei charaktervollen Menschen entwickelt. Hier wie dort ist er niemals eigentlich frei, sondern stets durch eine Kette von ursächlichen Vorstellungen bedingt (Vergl. S. 189). Auch stufen sich die verschiedenen Grade des Willens, der Energie und der Leidenschaft, bei den höhern Thieren ebenso mannichfaltig, als bei den Menschen ab. Die Empfindungen der höheren Thiere sind nicht weniger zart und warm, als die der Menschen. Die Treue und Anhänglichkeit des Hundes, die Mutterliebe der Löwin, die Gattenliebe und eheliche Treue der Tauben und der Inseparables ist sprichwörtlich, und wie vielen Menschen könnten sie zum Muster dienen! Wenn man hier die Tugenden als „Instinkte" zu bezeichnen pflegt, so verdienen sie beim Menschen ganz dieselbe Bezeichnung. Was endlich das Denken betrifft, dessen vergleichende Betrachtung zweifelsohne die meisten Schwierigkeiten bietet, so läßt sich doch schon aus der vergleichenden psychologischen Untersuchung, namentlich der kultivirten Hausthiere, so viel mit Sicherheit entnehmen, daß die Vorgänge des Denkens hier nach denselben Gesetzen, wie bei uns, erfolgen. Ueberall liegen Erfahrungen den Vorstellungen zu Grunde und vermitteln die Erkenntniß des Zusammenhangs zwischen Ursache und Wirkung. Ueberall ist es, wie beim Menschen, der Weg der Induction und Deduction, welcher zur Bildung der Schlüsse führt. Offenbar stehen in allen diesen Beziehungen die höchst entwickelten Thiere dem Menschen viel näher als den niederen Thieren, obgleich sie durch eine lange Kette von allmählichen Zwischenstufen auch mit den letzteren verbunden sind. ·

Wenn Sie nun, nach beiden Richtungen hin vergleichend, die niedersten affenähnlichsten Menschenformen, die Australneger, Busch-

männer, Andamanen u. s. w. mit diesen höchstentwickelten Thieren,
z. B. Affen, Hunden und Elephanten einerseits, mit den höchstentwickelten Menschen, einem Newton, Kant, Goethe andrerseits
zusammenstellen, so wird Ihnen die Behauptung nicht mehr übertrieben erscheinen, daß das Seelenleben der höheren Säugethiere sich stufenweise zu demjenigen des Menschen entwickelt hat. Wenn Sie hier
eine scharfe Grenze ziehen wollten, so müßten Sie geradezu dieselbe
zwischen den höchstentwickelten Kulturmenschen einerseits und den rohesten Naturmenschen andrerseits ziehen, und letztere mit den Thieren
vereinigen. Das ist in der That der Standpunkt, welchen viele neuere
Reisende angenommen haben, die jene niedersten Menschenrassen in
ihrem Vaterlande andauernd beobachtet haben. So sagt z. B. ein viel-
gereister Engländer, welcher längere Zeit an der afrikanischen Westküste
lebte: „den Neger halte ich für eine niedere Menschenart (Species) und
kann mich nicht entschließen, als „Mensch und Bruder" auf ihn herab-
zuschauen, man müßte denn auch den Gorilla in die Familie aufnehmen". Selbst viele christliche Missionäre, welche nach jahrelanger
vergeblicher Arbeit von ihren fruchtlosen Civilisationsbestrebungen bei
den niedersten Völkern abstanden, fällen dasselbe harte Urtheil, und
behaupten, daß man eher die bildungsfähigen Hausthiere, als diese
unvernünftigen viehischen Menschen zu einem gesitteten Kulturleben
erziehen könne. Der tüchtige österreichische Missionär Morlang
z. B., welcher ohne allen Erfolg viele Jahre hindurch die affenartigen
Negerstämme am oberen Nil zu civilisiren suchte, sagt ausdrücklich,
„daß unter solchen Wilden jede Mission durchaus nutzlos sei. Sie
ständen weit unter den unvernünftigen Thieren; diese letzteren legten
doch wenigstens Zeichen der Zuneigung gegen Diejenigen an den Tag,
die freundlich gegen sie sind; während jene viehischen Eingeborenen
allen Gefühlen der Dankbarkeit völlig unzugänglich seien."

Wenn nun aus diesen und vielen anderen Zeugnissen zuverlässig
hervorgeht, daß die geistigen Unterschiede zwischen den niedersten Menschen und den höchsten Thieren geringer sind, als diejenigen zwischen
den niedersten und den höchsten Menschen, und wenn Sie damit die

Thatsache zusammenhalten, daß bei jedem einzelnen Menschenkinde sich das Geistesleben aus dem tiefsten Zustande thierischer Bewußtlosigkeit heraus langsam, stufenweise und allmählich entwickelt, sollen wir dann noch daran Anstoß nehmen, daß auch der Geist des ganzen Menschengeschlechts sich in gleicher Art langsam und stufenweise historisch entwickelt hat? Und sollen wir in dieser Thatsache, daß die Menschenseele durch einen langen und langsamen Proceß der Differenzirung und Vervollkommnung sich ganz allmählich aus der Wirbelthierseele hervorgebildet hat, eine „Entwürdigung" des menschlichen Geistes finden? Ich gestehe Ihnen offen, daß diese letztere Anschauung, welche gegenwärtig von vielen Menschen der Pithekoidentheorie entgegengehalten wird, mir ganz unbegreiflich ist. Sehr richtig sagt darüber Bernhard Cotta in seiner trefflichen Geologie der Gegenwart: „Unsere Vorfahren können uns sehr zur Ehre gereichen; viel besser noch aber ist es, wenn wir ihnen zur Ehre gereichen" [31]. Wenn irgend eine Theorie vom Ursprung des Menschengeschlechts entwürdigend und trostlos ist, so muß es ganz gewiß der vielverbreitete Mythus sein, daß wir von einem sündenlosen Elternpaare abstammen, welches durch den ersten Sündenfall sich mit dem Fluche der Sünde belud und diesen nun auf seine ganze Nachkommenschaft vererbte; wir müßten dann fürchten, nach den Vererbungsgesetzen schrittweise einer immer tieferen Erniedrigung und einem immer traurigeren Verfall entgegen zu gehen.

Unsere Entwickelungslehre behauptet aber vom Ursprunge des Menschen und dem Laufe seiner historischen Entwickelung das Gegentheil. Wir erblicken in seiner stufenweise aufsteigenden Entwickelung aus den niederen Wirbelthieren den höchsten Triumph der Menschennatur über die gesammte übrige Natur. Wir sind stolz darauf, unsere niederen thierischen Vorfahren so unendlich weit überflügelt zu haben, und entnehmen daraus die tröstliche Gewißheit, daß auch in Zukunft das Menschengeschlecht im Großen und Ganzen die ruhmvolle Bahn fortschreitender Entwickelung verfolgen, und eine immer höhere Stufe geistiger Vollkommenheit erklimmen wird. In diesem Sinne betrachtet, eröffnet uns die Entwickelungslehre in ihrer Anwendung auf den Menschen die ermuthigendste Aussicht in die Zukunft, und entkräftet alle jene Befürchtungen, welche man ihrer Verbreitung entgegen gehalten hat.

Die höchste Leistung des menschlichen Geistes ist die vollkommene Erkenntniß, das entwickelte Menschenbewußtsein, und die daraus entspringende sittliche Thatkraft. „Erkenne Dich selbst"! So riefen schon die Philosophen des Alterthums dem nach Veredelung strebenden Menschen zu. „Erkenne Dich selbst"! So ruft die Entwickelungslehre nicht allein dem einzelnen menschlichen Individuum, sondern der ganzen Menschheit zu. Und wie die fortschreitende Selbsterkenntniß für jeden einzelnen Menschen der mächtigste Hebel zur sittlichen Vervollkommnung wird, so wird auch die Menschheit als Ganzes durch die Erkenntniß ihres wahren Ursprungs und ihrer wirklichen Stellung in der Natur auf eine höhere Bahn der moralischen Vollendung geleitet werden. Die einfache Naturreligion, welche sich auf das klare Wissen von der Natur und ihren unerschöpflichen Offenbarungsschatz gründet, wird zukünftig in weit höherem Maaße veredelnd und vervollkommnend auf den Entwickelungsgang der Menschheit einwirken, als die unendlich mannichfaltigen Kirchenreligionen der verschiedenen Völker, welche auf dem dunklen Glauben an die Geheimnisse einer Priesterkaste und ihre mythologischen Offenbarungen beruhen. Kommende Jahrhunderte werden unsere Zeit, welcher mit der wissenschaftlichen Begründung der Abstammungslehre der höchste Preis menschlicher Erkenntniß beschieden war, als den Zeitpunkt feiern, mit welchem ein neues segensreiches Zeitalter der menschlichen Entwickelung beginnt, charakterisirt durch den Sieg des freien erkennenden Geistes über die Gewaltherrschaft der Autorität, und durch den mächtig veredelnden Einfluß der monistischen Philosophie.

Verzeichniß
der im Texte mit Ziffern angeführten Schriften,
deren Studium dem Leser zu empfehlen ist.

---

1. Charles Darwin, On the Origin of Species by means of natural selection (or the preservation of favoured races in the struggle for life). London 1859. (IV. Edition: 1866.) Ins Deutsche übersetzt von H. G. Bronn unter dem Titel: Charles Darwin, über die Entstehung der Arten im Thier- und Pflanzen-Reich durch natürliche Züchtung, oder Erhaltung der vervollkommneten Rassen im Kampfe um's Dasein. Stuttgart 1860 (III. Auflage, durchgesehen und berichtigt von Victor Carus: 1867).

2. Jean Lamarck, Philosophie zoologique, ou Exposition des Considerations relatives à l'histoire naturelle des animaux; à la diversité de leur organisation et des facultés, qu'ils en obtiennent; aux causes physiques, qui maintiennent en eux la vie et donnent lieu aux mouvemens, qu'ils exécutent; enfin, à celles qui produisent, les unes le sentiment, et les autres l'intelligence de ceux qui en sont doués. II Tomes. Paris 1809.

3. Wolfgang Goethe, Zur Morphologie: Bildung und Umbildung organischer Naturen. Die Metamorphose der Pflanzen (1790). Osteologie (1786). Vorträge über die drei ersten Capitel des Entwurfs einer allgemeinen Einleitung in die vergleichende Anatomie, ausgehend von der Osteologie (1786). Zur Naturwissenschaft im Allgemeinen (1780—1832).

4. Ernst Haeckel, Generelle Morphologie der Organismen: Allgemeine Grundzüge der organischen Formenwissenschaft, mechanisch begründet durch die von Charles Darwin reformirte Descendenztheorie. I. Band: Allgemeine Anatomie der Organismen oder Wissenschaft von den entwickelten organischen Formen. II. Band: Allgemeine Entwickelungsgeschichte der Organismen oder Wissenschaft von den entstehenden organischen Formen. Berlin 1866.

5. Louis Agassiz, An Essay on classification. Contributions to the natural history of the united States. Boston. Vol. I. 1857.

6. August Schleicher, Die Darwin'sche Theorie und die Sprachwissenschaft. Weimar 1863.

7. M. J. Schleiden, Grundzüge der wissenschaftlichen Botanik (die Botanik als inductive Wissenschaft). 2 Bände. Leipzig 1849.

8. Franz Unger, Versuch einer Geschichte der Pflanzenwelt. Wien 1852.

9. Victor Carus, System der thierischen Morphologie. Leipzig 1853.

10. Louis Büchner, Kraft und Stoff. Empirisch-naturphilosophische Studien in allgemein verständlicher Darstellung. Frankfurt 1855 (III. Auflage). 1867 (IX. Auflage).

11. Charles Lyell, Principles of Geology. London 1830. (X Edit. 1868.)

12. Albert Lange, Geschichte des Materialismus und Kritik seiner Bedeutung in der Gegenwart. Iserlohn 1866.

13. Charles Darwin, Naturwissenschaftliche Reisen. Deutsch von Ernst Dieffenbach. 2 Theile. Braunschweig 1844.

14. Charles Darwin, The variation of animals and plants under domestication. 2 Vol. London 1868. Ins Deutsche übersetzt von Victor Carus unter dem Titel: Das Variiren der Thiere und Pflanzen im Zustande der Domestikation. 2 Bde. Stuttgart 1868.

15. Ernst Haeckel, Monographie der Moneren. Jenaische Zeitschrift für Medicin und Naturwissenschaft. 1868. Bd. IV, S. 64, Taf. II und III.

16. Fritz Müller, Für Darwin. Leipzig 1864.

17. Thomas Huxley, Ueber unsere Kenntniß von den Ursachen der Erscheinungen in der organischen Natur. Sechs Vorlesungen für Laien. Uebersetzt von Carl Vogt. Braunschweig 1865.

18. H. G. Bronn, Morphologische Studien über die Gestaltungsgesetze der Naturkörper überhaupt, und der organischen insbesondere. Leipzig und Heidelberg 1858.

19. H. G. Bronn, Untersuchungen über die Entwickelungsgesetze der organischen Welt während der Bildungszeit unserer Erdoberfläche. Stuttgart 1858.

20. Carl Ernst Bär, Ueber Entwickelungsgeschichte der Thiere. Beobachtung und Reflexion. 2 Bände. 1828.

21. Carl Gegenbaur, Grundzüge der vergleichenden Anatomie. Leipzig 1859 (II. umgearbeitete Auflage 1869).

22. Immanuel Kant, Allgemeine Naturgeschichte und Theorie des Himmels, oder Versuch von der Verfassung und dem mechanischen Ursprunge des ganzen Weltgebäudes nach Newton'schen Grundsätzen abgehandelt. Königsberg 1755.

23. Ernst Haeckel, Die Radiolarien. Eine Monographie. Mit einem Atlas von 35 Kupfertafeln. Berlin 1862.

24. Max Schultze, Das Protoplasma der Rhizopoden und der Pflanzenzellen. Ein Beitrag zur Theorie der Zelle. Leipzig 1863.

25. Ernst Haeckel, Ueber den Sarkodekörper der Rhizopoden. Zeitschrift für wissenschaftliche Zoologie. Leipzig 1865. Bd. XV, S. 342, Taf. XXXVI.

26. Thomas Huxley, Zeugnisse für die Stellung des Menschen in der Natur. Drei Abhandlungen: Ueber die Naturgeschichte der menschenähnlichen Affen. Ueber die Beziehungen des Menschen zu den nächstniederen Thieren. Ueber einige fossile menschliche Ueberreste. Uebersetzt von Victor Carus. Braunschweig 1863.

27. Carl Vogt, Vorlesungen über den Menschen, seine Stellung in der Schöpfung und in der Geschichte der Erde. 2 Bände. Gießen 1863.

28. Friedrich Rolle, Der Mensch, seine Abstammung und Gesittung im Lichte der Darwin'schen Lehre von der Art-Entstehung und auf Grund der neueren geologischen Entdeckungen dargestellt. Frankfurt a./M. 1866.

29. Eduard Reich, Die allgemeine Naturlehre des Menschen. Gießen 1865.

30. Charles Lyell, Das Alter des Menschengeschlechts auf der Erde und der Ursprung der Arten durch Abänderung, nebst einer Beschreibung der Eiszeit in Europa und Amerika. Uebersetzt mit Zusätzen von Louis Büchner. Leipzig 1864.

31. Bernhard Cotta, Die Geologie der Gegenwart. Leipzig 1866.

32. H. Schaaffhausen, Ueber den Zustand der wilden Völker. Archiv für Anthropologie von Ecker und Lindenschmit. 1866. I. Bd., S. 161.

33. C. Radenhausen, Isis. Der Mensch und die Welt. 4 Bände. Hamburg 1863.

34. August Schleicher, Ueber die Bedeutung der Sprache für die Naturgeschichte des Menschen. Weimar 1865.

35. Wilhelm Bleek, Ueber den Ursprung der Sprache. Herausgegeben mit einem Vorwort von Ernst Haeckel. Weimar 1868.

36. Ernst Haeckel, Ueber die Entstehung und den Stammbaum des Menschengeschlechts. Zwei Vorträge in der Sammlung gemeinverständlicher wissenschaftlicher Vorträge. Herausgegeben von Virchow und Holtzendorff. Berlin 1868.

Erklärung des Titelbildes.

Die Familiengruppe der Katarrhinen.

Das Titelbild dient zur anschaulichen Erläuterung der höchst wichtigen That= sache, daß in Bezug auf die Schädelbildung und Physiognomie des Gesichts (ebenso wie in jeder anderen Beziehung) die Unterschiede zwischen den niedersten Menschen und den höchsten Affen geringer sind, als die Unterschiede zwischen den niedersten und den höchsten Menschen, und als die Unterschiede zwischen den niedersten und den höchsten Affen derselben Familie. Die niedersten Menschen (Fig. 4, 5, 6) ste= hen offenbar den höchsten Affen (Fig. 7, 8, 9) viel näher, als dem höchsten Men= schen (Fig. 1), dem als äußerster Gegensatz der niederste katarrhine Affe (Fig. 12) gegenübersteht. Alle 12 Köpfe sind in reiner Profil=Ansicht gezeichnet und nahezu auf dieselbe Größe zurückgeführt, um die klare Vergleichung der stufenweisen Ent= wickelung zu ermöglichen. (Vergl. den XIX. Vortrag, namentlich S. 513, und Taf. VIII).

Fig. 1. Indogermane (Mann), Vertreter der kaukasischen Menschen= art (Homo iranus). S. 519.

Fig. 2. Chinese (Mann), Vertreter der mongolischen Menschenart (Homo turanus). S. 518.

Fig. 3. Feuerländer oder Fuegier (Mann), Vertreter der amerikani= schen Menschenart (Homo americanus). S. 519.

Fig. 4. Australneger oder Alfuru (Mann), Vertreter der neuhollän= dischen Menschenart (Homo alfurus). S. 516.

Fig. 5. Afroneger (Weib), Vertreter der mittelafrikanischen Men= schenart (Homo afer). S. 516.

Fig. 6. Tasmanier oder Vandiemensländer (Weib), Vertreter der Pa= puaneger oder Negritos (Homo papua). S. 515.

Fig. 7. Gorilla (Weib) von Westafrika (Gorilla engena oder Pongo gorilla). S. 492, 497.

Fig. 8. Schimpanse (Weib) von Westafrika (Engeco troglodytes oder Pongo troglodytes). S. 492, 497.

Fig. 9. Orang (Mann) von Borneo (Satyrus orang oder Pithecus satyrus). S. 492, 497.

Fig. 10. Gibbon (Mann) von Hinterindien (Hylobates lar oder Hylobates longimanus). S. 492, 497.

Fig. 11. Nasenaffe (Mann) von Borneo (Nasalis larvatus oder Semno= pithecus nasicus). S. 492, 493.

Fig. 12. Mandril=Pavian (Mann) von Guinea (Cynocephalus mormon oder Papio mormon). S. 492, 493.

Erklärung der genealogischen Tafeln.

Taf. I. Einstämmiger oder monophyletischer Stammbaum der Organismen, darstellend die gemeinsame Abstammung aller Organismen von einem einzigen durch Urzeugung entstandenen Urorganismus, einem neutralen Monere. Die Linie a b trennt das Pflanzenreich ((a p s b) und die Linie c d trennt das Thierreich (c q t d) von dem in der Mitte zwischen beiden stehenden Protistenreich (a b d c). Durch die beiden Querlinien x y und m n werden drei denkbare Hypothesen über die allgemeine Abstammung der Organismen angedeutet. Dehnt man die gemeinsame Descendenzhypothese auf alle Organismen aus, und faßt das ganze Feld p s t q als einen einzigen Stammbaum, so kann man aus der gemeinsamen Wurzel (A), einem neutralen Monere, drei Stämme hervorgehend denken, von denen der erste (C) dem Pflanzenreich, der zweite (B) dem neutralen Protistenreich, und der dritte (D) dem Thierreich den Ursprung gab. Will man dagegen, innerhalb des Feldes p x y q, jedes der drei Reiche von einer selbstständigen archigonen Stammform ableiten, so kann man diese als Urpflanzen (m x f e), als Urprotisten (e f h g) und als Urthiere (g h y n) bezeichnen. Will man endlich mehrere verschiedene Stammformen innerhalb der drei Reiche annehmen, so betrachte man bloß das Feld p m n q. Diese vielstämmige oder polyphyletische Descendenzhypothese ist ausführlicher dargestellt auf S. 347, 382 und 392.

Taf. II. Einstämmiger oder monophyletischer Stammbaum des Pflanzenreichs, darstellend die Hypothese von der gemeinsamen Abstammung aller Pflanzen, und die geschichtliche Entwickelung der Pflanzengruppen während der paläontologischen Perioden der Erdgeschichte. Durch die horizontalen Linien sind die verschiedenen (auf S. 306 angeführten) versteinerungsbildenden Hebungszeiträume und die dazwischen liegenden versteinerungslosen Senkungszeiträume (Anteperioden) angedeutet. Durch die vertikalen Linien sind die verschiedenen Hauptklassen und Klassen des Pflanzenreichs von einander getrennt. Die baumförmig verzweigten Linien geben durch ihre größere oder geringere Zahl und Dichtigkeit ungefähr den größeren oder geringeren Grad der Entwickelung, der Sonderung und Vervoll-

kommuniren an, den jede Classe in jeder geologischen Periode vermuthlich erreicht
hatte. Der kleine Stammbaum in der Ecke rechts unten deutet übersichtlich das
Verhältniß und den Grad der Blutsverwandtschaft zwischen den verschiedenen Pflan-
zenklassen an, und ergänzt dadurch die nebenstehende paläontologische Darstellung.
Den Gegensatz zu dieser monophyletischen Descendenzhypothese stellt die polyphyletische auf S. 382 dar (vergl. den XVI. Vortrag).

Taf. III. Einstämmiger oder monophyletischer Stammbaum
des Thierreichs, darstellend eine mögliche Hypothese von der gemeinsamen Abstammung aller Thiere. Danach könnten aus einem einzigen Urthiere (einem thierischen, durch Urzeugung entstandenen Monere) zunächst thierische Amoeben, aus
diesen Infusorien entstanden sein. Als zwei divergente Zweige, die höher oder tiefer an der Wurzel zusammenhängen, entwickelten sich aus den Infusorien einerseits
die Pflanzenthiere (B, Schwämme und Nesselthiere), andrerseits die Würmer (A).
Aus vier verschiedenen Zweigen der Würmer entstanden die vier höheren Thierstämme, die Sternthiere (C), Gliedfüßer (D), Weichthiere (E) und Wirbelthiere (F).
Den Gegensatz zu dieser monophyletischen Descendenzhypothese stellt die polyphyletische auf S. 392 dar (vergl. den XVII. Vortrag).

Taf. IV. Einstämmiger oder monophyletischer Stammbaum
des Thierreichs, darstellend das geschichtliche Wachsthum der sechs
Thierstämme in den paläontologischen Perioden der organischen Erdgeschichte.
Durch die vier horizontalen Linien gh, ik, lm und no sind die fünf großen Zeitalter der organischen Erdgeschichte von einander getrennt. Das Feld gabh umfaßt den archolithischen, das Feld ighk den paläolithischen, das Feld likm den
mesolithischen und das Feld nlmo den cenolithischen Zeitraum. Der kurze anthropolithische Zeitraum ist durch die Linie no angedeutet (vergl. S. 306). Die Höhe
der einzelnen Felder entspricht der relativen Länge der dadurch bezeichneten Zeiträume, wie sie sich ungefähr aus dem Dickenverhältniß der inzwischen abgelagerten
neptunischen Schichten abschätzen läßt (vergl. S. 301). Der archolithische oder primordiale Zeitraum allein für sich, während dessen die laurentischen, cambrischen und
silurischen Schichten abgelagert wurden, war vermuthlich bedeutend länger, als die
vier folgenden Zeiträume zusammengenommen (vergl. S. 296). Aller Wahrscheinlichkeit nach erreichten die beiden Stämme der Würmer und Pflanzenthiere ihre
Blüthezeit schon während der mittleren Primordialzeit (in der cambrischen Periode?),
die Sternthiere und Weichthiere vielleicht etwas später (in der silurischen Periode?),
während die Gliedfüßer und Wirbelthiere bis zur Gegenwart an Mannichfaltigkeit
und Vollkommenheit zunehmen.

Taf. V. Stammbaum der Gliedfüßer oder Arthropoden (vergl.
S. 424). Die Wurzel dieses Stammes bildet eine unbekannte Form von Gliedwürmern oder Coleminthen, welche den Räderthieren und den Ringelwürmern nahe

ftand. Aus dieser entwickelte sich zunächst der Nauplius, die Stammform der gan=
zen Krebsklasse oder Crustaceen. Aus dem Nauplius entstanden einerseits die ver=
schiedenen Ordnungen der Gliederkrebse (Entomostraca), anderseits die Zoëa. Aus
der Zoëa entwickelten sich wiederum einerseits die verschiedenen Ordnungen der Pan=
zerkrebse (Malacostraca), anderseits die gemeinsame Stammform aller Tracheaten,
welche vielleicht den heutigen Skorpionsspinnen nahe stand. Aus den letzteren ent=
standen als drei divergente Zweige die drei Klassen der Spinnen, Tausendfüßer und
Insecten (vergl. S. 432).

Taf. VI. Einstämmiger oder monophyletischer Stammbaum
des Wirbelthierstammes, darstellend die Hypothese von der gemeinsamen
Abstammung aller Wirbelthiere und die geschichtliche Entwickelung ihrer verschiede=
nen Klassen während der paläontologischen Perioden der Erdgeschichte. (Vergl. den
XVIII. Vortrag, S. 433). Durch die horizontalen Linien sind die (auf S. 306
angeführten) Perioden der organischen Erdgeschichte angedeutet. Durch die vertikalen
Linien sind die Klassen und Unterklassen der Wirbelthiere von einander getrennt.
Die baumförmig verzweigten Linien geben durch ihre größere oder geringere Zahl
und Dichtigkeit den größeren oder geringeren Grad der Entwickelung, der Mannich=
faltigkeit und Vollkommenheit an, den jede Klasse in jeder geologischen Periode ver=
muthlich erreicht hatte. Der kleine Stammbaum in der Ecke rechts unten deutet
übersichtlich das Verhältniß und den Grad der Blutsverwandtschaft der Wirbelthier=
klassen an, und ergänzt dadurch die nebenstehende paläontologische Darstellung. Die
Zahlen in letzterer haben folgende Bedeutung (vergl. dazu den XVIII. Vortrag):
1. Thierische Moneren. 2. Thierische Amoeben. 3. Amoebengemeinden (Syn=
amoebae). 4. Mundlose Wimperinfusorien. 5. Mundführende Wimperinfusorien.
6. Strudelwürmer (Turbellaria). 7. Mantelthiere (Tunicata). 8. Lanzetthier
(Amphioxus). 9. Inger (Myxinoida). 10. Lampreten (Petromyzontia). 11. Un=
bekannte Uebergangsformen von den Unpaarnasen zu den Urfischen. 12. Silurische
Urfische (Onchus etc.). 13. Lebende Urfische (Haifische, Rochen, Chimären). 14. Ael=
teste (silurische) Schmelzfische (Pteraspis). 15. Schildkrötenfische (Pamphracti).
16. Störfische (Sturiones). 17. Schuppige Schmelzfische (Rhombiferi). 18. Kno=
chenhecht (Lepidosteus). 19. Flössethecht (Polypterus). 20. Hohlgrätenfische (Coe=
loscolopes). 21. Dichtgrätenfische (Pycnoscolopes). 22. Kahlhecht (Amia). 23. Ur=
knochenfische (Thrissopida). 24. Knochenfische mit Luftgang der Schwimmblase
(Physostomi). 25. Knochenfische ohne Luftgang der Schwimmblase (Physoclisti).
26. Unbekannte Zwischenformen zwischen Urfischen und Lurchfischen. 27. Afrika=
nische Lurchfische (Protopterus). 28. Amerikanische Lurchfische (Lepidosiren). 29. Un=
bekannte Zwischenformen zwischen Urfischen und Amphibien. 30. Schmelzköpfe
(Ganocephala). 31. Wickelzähner (Labyrinthodonta). 32. Blindwühlen (Caeciliae).
33. Kiemenlurche (Sozobranchia). 34. Schwanzlurche (Sozura). 35. Froschlurche

(Anura). 36. Gabeldorner oder Dichthakanthen (Proterosaurus). 37. Unbekannte Zwischenformen zwischen Amphibien und Protamnien. 38. Protamnien (gemeinsame Stammform aller Amnionthiere). 39. Stammsäuger (Promammalia). 40. Urschleicher (Proreptilia). 41. Fachzähner (Thecodontia). 42. Urdrachen (Simosauria). 43. Schlangendrachen (Plesiosauria). 44. Fischdrachen (Ichthyosauria). 45. Teleosaurier (Amphicoela). 46. Stencosaurier (Opisthocoela). 47. Alligatoren (Prosthocoela). 48. Fleischfressende Dinosaurier (Harpagosauria). 49. Pflanzenfressende Dinosaurier (Therosauria). 50. Moseleidechsen (Mosasauria). 51. Gemeinsame Stammform der Schlangen (Ophidia). 52. Hundszähnige Schnabeleidechsen (Cynodontia). 53. Zahnlose Schnabeleidechsen (Cryptodontia). 54. Langschwänzige Flugeidechsen (Rhamphorhynchi). 55. Kurzschwänzige Flugeidechsen (Pterodactyli). 56. Landschildkröten (Chersita). 57. Vogelschleicher (Tocornithes): Zwischenformen zwischen Reptilien und Vögeln. 58. Urgreif (Archaeopteryx). 59. Wasserschnabelthier (Ornithorhynchus). 60. Landschnabelthier (Echidna). 61. Unbekannte Zwischenformen zwischen Gabelthieren und Beutelthieren. 62. Unbekannte Zwischenformen zwischen Beutelthieren und Placentalthieren. 63. Zottenplacentner (Sparsiplacentalia). 64. Gürtelplacentner (Zonoplacentalia). 65. Scheibenplacentner (Discoplacentalia). 66. Der Mensch.

Taf. VII. Stammbaum der Säugethiere mit Inbegriff des Menschen (vergl. S. 468, 473). Die Wurzel dieses Stammbaums bilden unbekannte Stammsäuger oder Promammalien, welche den heute noch lebenden Schnabelthieren nächst verwandt waren, und gleich diesen zur Unterklasse der Kloakenthiere oder Amasten gehörten. Aus diesen Promammalien, welche wahrscheinlich während der Antetriaszeit direct oder indirect aus Amphibien entstanden, entwickelten sich als zwei divergente Zweige die heute noch lebenden Schnabelthiere und die gemeinsame Stammform der zweiten Unterklasse, der Beutelthiere oder Marsupialien. Erst viel später (wahrscheinlich in der Antecocenzeit) entstand aus einem oder mehreren Zweigen der Beutelthiergruppe die dritte Unterklasse der Säugethiere, die Placentalthiere oder Placentalien (S. 472). Die Linie MN bezeichnet die Grenze zwischen den Placentalien, die wahrscheinlich erst seit der Tertiärzeit existirten, und den Beutlern und Kloakenthieren, die während der Secundärzeit allein die Klasse vertraten. Auf der rechten Hälfte der Tafel stehen die vorzugsweise pflanzenfressenden, auf der linken die vorzugsweise fleischfressenden Säugethiere.

Taf. VIII. Stammbaum der Menschen-Arten oder Rassen, darstellend die einheitliche oder monophyletische Entwickelung der verschiedenen Menschen-Arten von einer gemeinsamen Stammform, dem Urmenschen (Homo primigenius) oder Affenmenschen (Pithecanthropus) (vergl. den XIX. Vortrag S. 513). Dieser entstand wahrscheinlich im südlichen Asien oder im östlichen Afrika gegen Ende der Tertiärzeit aus Menschenaffen (Anthropoides) oder schwanzlosen schmalnasigen Affen

(Catarrhina lipocerca), welche dem heute noch lebenden Gorilla und Schimpanse, Orang und Gibbon nahe standen. Aus der Nachkommenschaft des Urmenschen gingen als zwei divergente Zweige eine wollhaarige Art (A) und eine schlichthaarige Species (B) hervor. Aus den wollhaarigen Urmenschen (Ulotriches, A) entwickelten sich der Papua, der Hottentotte und der Afroneger. Aus den schlichthaarigen Urmenschen (Lissotriches, B) entwickelten sich der Alfuru (Neuholländer) und der Polynesier (Malaye), und aus divergenten Aesten des letzteren entstanden wahrscheinlich der Polarmensch, die mongolische und amerikanische Art, und endlich die vollkommenste von allen, die kaukasische oder iranische Menschenart.

Register.

Druck von Fr. Frommann in Jena.

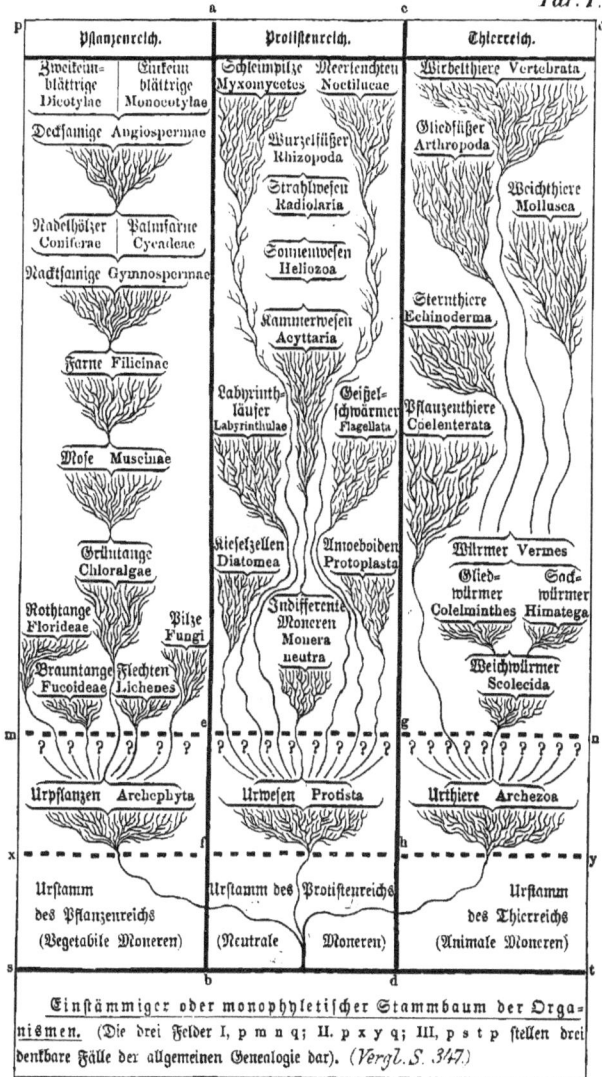

Einstämmiger oder monophyletischer Stammbaum der Organismen. (Die drei Felder I, p m n q; II. p x y q; III, p s t p stellen drei denkbare Fälle der allgemeinen Genealogie dar.) (*Vergl. S. 347.*)

Thalluspflanzen. Thallophyta.						Mose Musci.	Farne. Filicinae.				Nacktsame
tge. Algae (Phyceae)				*Fagerpflanzen. Inophyta.*		*Bryophyta*	*Schaftfarne Calamarine (Calamophyta.)*	*Laubfarne Filices (Gropterides)*	*Schuppenfarne Selagines (Lepidophyta)*	*Wasserfarne Rhizocarpeae (Hydropterides)*	*Nadelhöl Coniferæ*
gr be rae	*Grünlange Chlora phyceae*	*Braunlange Phaeo phyceae*	*Rothlange Rhodo phyceae*	*Flechten Lichenes*	*Pilze Fungi*						

Einheitlicher oder monophyletischer
Stammbaum des Pflanzenreichs
palaeontologisch begründet.

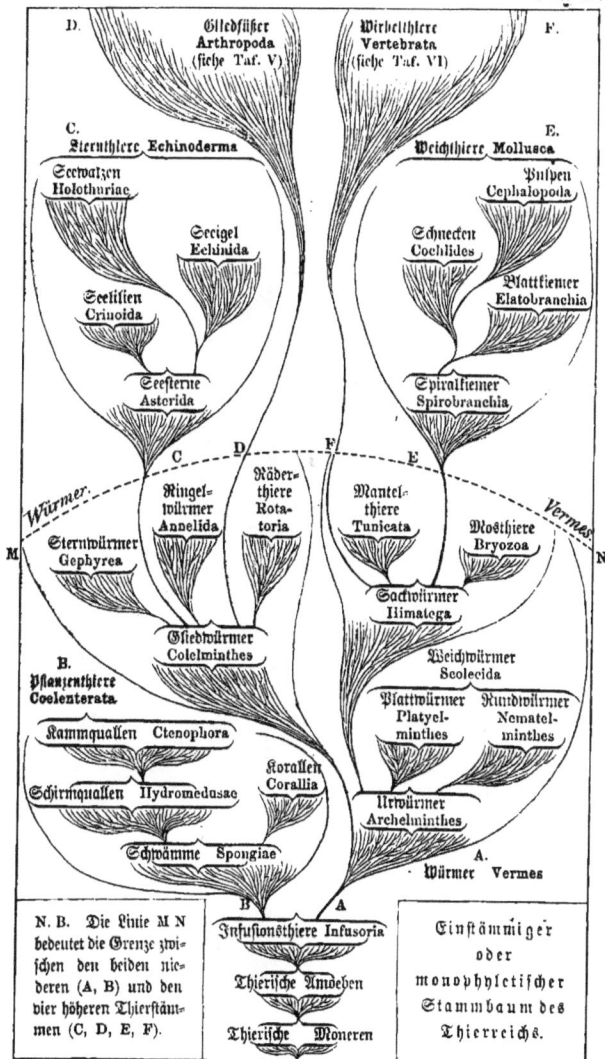

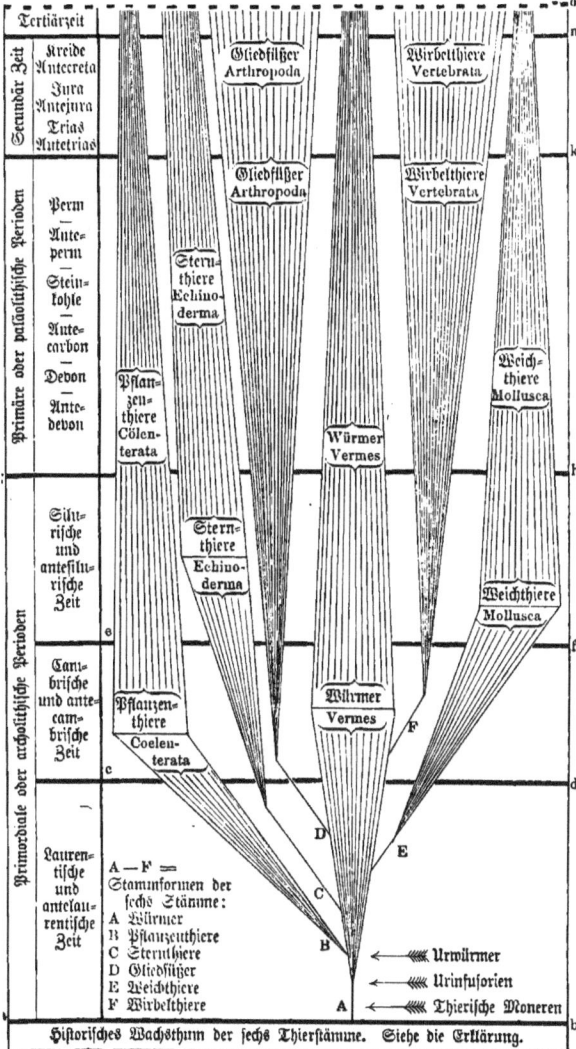

Tertiärzeit

Secundär Zeit

Kreide / Antecreta
Jura / Antejura
Trias / Antetrias

Primäre oder paläolithische Perioden

Perm — Anteperm — Steinkohle — Antecarbon — Devon — Antedevon

Silurische und antesilurische Zeit

Cambrische und antecambrische Zeit

Primordiale oder archolithische Perioden

Laurentische und antelaurentische Zeit

Gliedfüßer Arthropoda

Wirbelthiere Vertebrata

Gliedfüßer Arthropoda

Wirbelthiere Vertebrata

Sternthiere Echinoderma

Weichthiere Mollusca

Pflanzenthiere Cölenterata

Würmer Vermes

Sternthiere Echinoderma

Weichthiere Mollusca

Pflanzenthiere Coelenterata

Würmer Vermes

A—F =
Stammformen der
sechs Stämme:
A Würmer
B Pflanzenthiere
C Sternthiere
D Gliedfüßer
E Weichthiere
F Wirbelthiere

←— Urwürmer

←— Urinfusorien

←— Thierische Moneren

Historisches Wachsthum der sechs Thierstämme. Siehe die Erklärung.

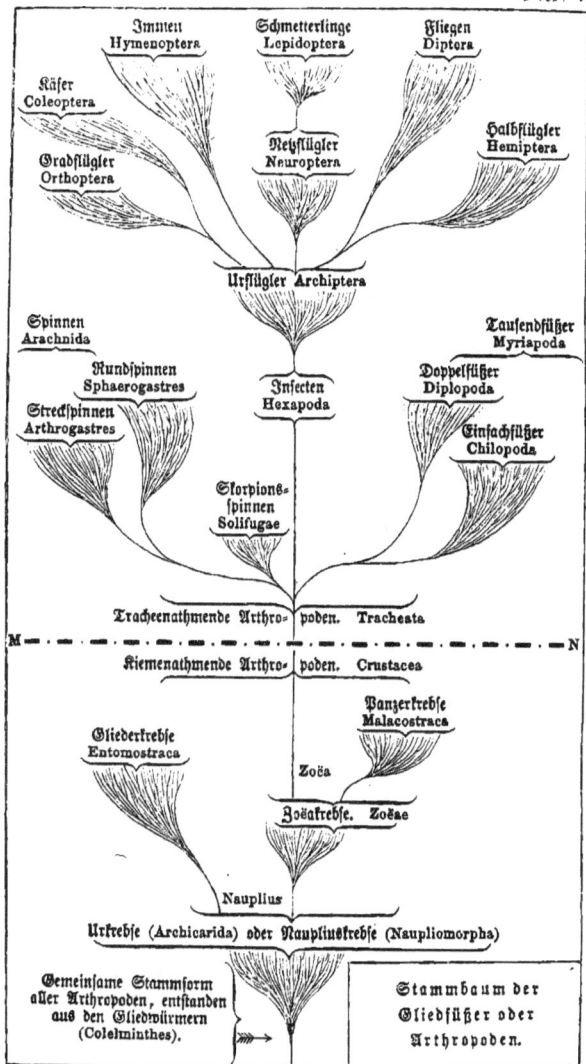

Stammbaum der Gliedfüßer oder Arthropoden.

Amnionlose. Anamnia.	Paarnasen oder Amphirrhinen, mit Kiemen, ohne Amnion.				Amnionthiere. Amniota.	Paarnasen oder Amphirrhinen mit Amnion, ohne Kiemen.										
Fische. Pisces.			Lurch-Fische. Dipneusta	Lurche. Amphibia	Schleicher. Reptilia.									Vögel. Aves.	Säugethiere. Mammalia.	
Urfische Selachii	Schmelzfische Ganoides	Knochenfische Teleostei			Stamm-Schleicher Tocosauria	See-Drachen Halisauria	Croco-dile Crocosauria	Drachen Dinosauria	Eidechsen Lacertilia	Schlangen Ophidia	Schnabel-echsen Inamniota	Flug-echsen Pterosauria	Schild-kröten Chelonia		Schnabel-thiere Monotrema	Beutel-thiere Marsupialia	Placental-thiere Placentalia

Einheitlicher
oder monophyletischer
Stammbaum
des **Wirbelthierstammes**
palaeontologisch begründet.

— ⁂ —

Schleicher Reptilia — Vögel Aves — Säugethiere Mammalia — Amnionthiere Amniota — Molchfische Protopteri — Lurche Amphibia — Fische Pisces — Lurche Amphibia — Lurchfische Dipneusta — Rundmäuler Cyclostoma — Lanzenthiere Amphioxus — Urfische Selachii — Urpaarnasen Monorrhina — Röhrenherzen Leptocardia

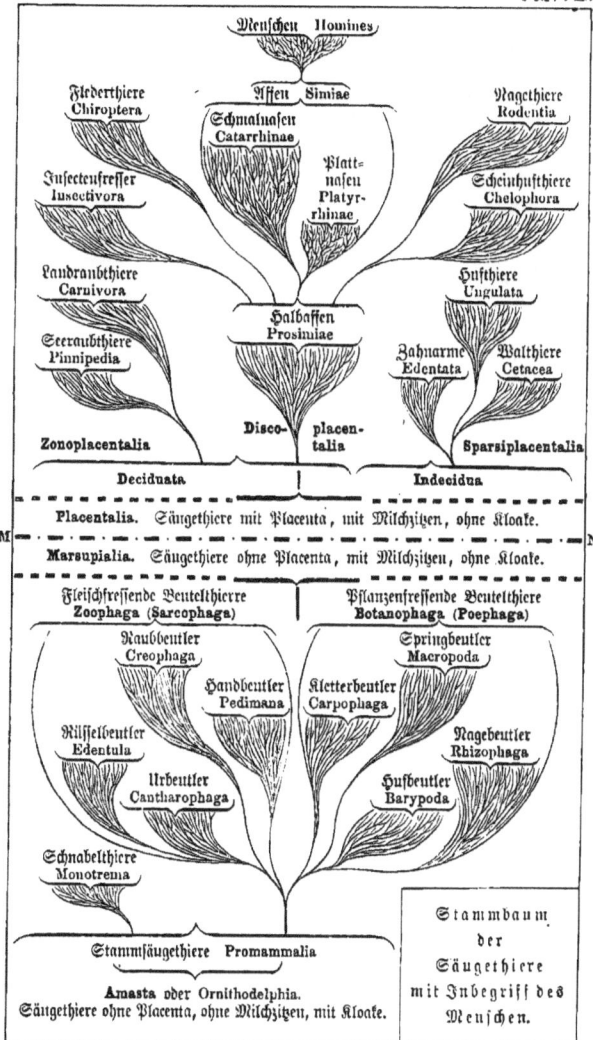

Menschen Homines

Flederthiere Chiroptera · Affen Simiae · Nagethiere Rodentia

Schmalnasen Catarrhinae

Insectenfresser Insectivora · Platt-nasen Platyr-rhinae · Scheinhufthiere Chelophora

Landraubthiere Carnivora · Hufthiere Ungulata

Seeraubthiere Pinnipedia · Halbaffen Prosimiae · Zahnarme Edentata · Waltdiere Cetacea

Zonoplacentalia · Disco- placen-talia · Sparsiplacentalia

Deciduata · Indecidua

Placentalia. Säugethiere mit Placenta, mit Milchzitzen, ohne Kloake.

M ————————————————————————————— N

Marsupialia. Säugethiere ohne Placenta, mit Milchzitzen, ohne Kloake.

Fleischfressende Beutelthierre Zoophaga (Sarcophaga) · Pflanzenfressende Beutelthiere Botanophaga (Poephaga)

Raubbeutler Creophaga · Springbeutler Macropoda

Handbeutler Pedimana · Kletterbeutler Carpophaga

Rüsselbeutler Edentula · Nagebeutler Rhizophaga

Urbeutler Cantharophaga · Hufbeutler Barypoda

Schnabelthiere Monotrema

Stammsäugethiere Promammalia

Amasta oder Ornithodelphia. Säugethiere ohne Placenta, ohne Milchzitzen, mit Kloake.

Stammbaum der Säugethiere mit Inbegriff des Menschen.

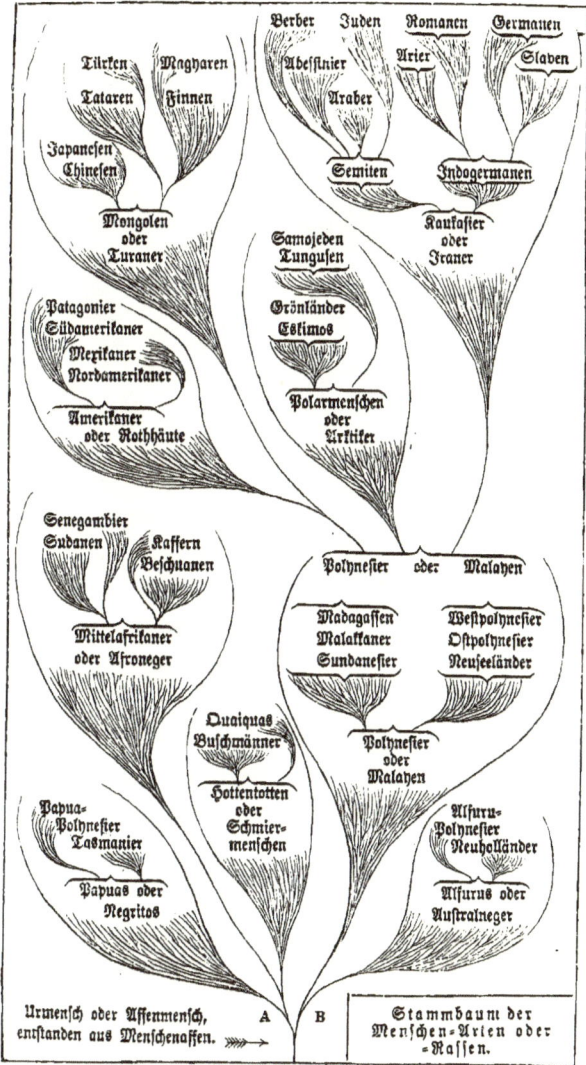

Urmenſch oder Affenmenſch, entſtanden aus Menſchenaffen. ⟶ A B Stammbaum der Menſchen-Arten oder -Raſſen.